面向新工科普通高等教育系列教材

通信原理

李 环 任 波 编著

机械工业出版社

本书介绍通信理论基础和通信系统设计。通信基础部分包括通信的基本概念（绪论）、确知信号、随机过程、信道。通信系统设计部分分为模拟调制系统设计和数字通信系统设计。数字通信系统设计是本书的重点内容，包括数字基带传输系统、数字带通传输系统、数字信号的最佳接收、信源编码、差错控制编码（见本书电子资源）。

本书内容经过总结和提炼，采用知识点的形式讲解，条理清晰、重点突出，有深度和广度。本书有丰富的典型例题详解，解题方法和思路清晰明了，书后习题内容和题型丰富，增加了习题与各高校考研题的相关度，可供考研参考。

本书是新形态教材，以授课语言的形式讲述，深入浅出、简洁易懂。涵盖全书内容的38个授课视频读者可以通过书中二维码链接观看，既可作为高等学校信息与通信相关专业的教材，又可作为从事通信工程开发的技术人员的参考书。

本书配有电子教案、教学大纲、习题参考答案等电子资源，需要的读者可登录 www.cmpedu.com 免费注册，审核通过后下载使用，或联系编辑索取（微信15910938545，电话010-88379739）。

图书在版编目（CIP）数据

通信原理 / 李环，任波编著. —北京：机械工业出版社，2022.4
（2024.1 重印）
面向新工科普通高等教育系列教材
ISBN 978-7-111-70517-8

Ⅰ. ①通⋯ Ⅱ. ①李⋯ ②任⋯ Ⅲ. ①通信原理 – 高等学校 – 教材 Ⅳ. ①TN911

中国版本图书馆 CIP 数据核字（2022）第 058011 号

机械工业出版社（北京市百万庄大街22号　邮政编码100037）
策划编辑：尚　晨　责任编辑：尚　晨
责任校对：张艳霞　责任印制：邓　博
北京盛通数码印刷有限公司印刷
2024年1月第1版第2次印刷
184mm×260mm・20印张・548千字
标准书号：ISBN 978-7-111-70517-8
定价：79.00元

电话服务　　　　　　　　网络服务
客服电话：010-88361066　机　工　官　网：www.cmpbook.com
　　　　　010-88379833　机　工　官　博：weibo.com/cmp1952
　　　　　010-68326294　金　　书　　网：www.golden-book.com
封底无防伪标均为盗版　机工教育服务网：www.cmpedu.com

前　言

"通信原理"是通信工程等专业的核心课程，课程内容不是具体介绍某一种通信系统，而是站在更高的角度来分析通信系统设计中需要面临的共性问题，例如，信源问题（确知信号和随机过程）、信道问题和通信系统架构问题。在通信系统设计中，人们并不关注放大等量变环节，而是关注调制等使信号发生质变的理论和技术。因此，基础理论是推动通信未来发展的核心动力，是通信人才培养的教学目标。通信原理课程的特点是理论性强、数学分析多、晦涩难懂，存在难学难讲的教学难点。针对这种情况，编者总结多年教学经验对课程内容进行了整理和提炼，重新按内容要点来组织每个知识点，以授课的形式讲述，深入浅出、简洁易懂，力求将本书打造为有深度广度、便于自学、能快速入门的优秀教材。

本书由3部分构成。第1部分为通信基础，介绍所有通信系统设计都会面临的基本问题，包括第1~4章：通信的基本概念（绪论）、确知信号、随机过程、信道。第2部分是第5章模拟调制系统。第3部分是第6~11章，介绍数字通信系统，这部分是本书的重点内容，包括第6章数字基带传输系统、第7章和第8章数字带通传输系统、第9章数字信号的最佳接收、第10章信源编码和第11章差错控制编码（其中第11章见本书电子资源）。本书以通信系统的有效性和可靠性指标为主线来分析和设计通信系统，采用LabVIEW软件对主要通信系统进行仿真，生动形象地展示通信系统各部分的实现原理和各点波形，便于学生深入理解，以及供通信工程开发人员参考。

本书在内容上的特点如下：

1）将通信原理的核心内容调制原理和技术分散在各章中介绍，并在第1章中加入通信调制理论基础一节，对全书中涉及的调制方面内容进行了梳理。

2）第2章确知信号介绍的是通信信源信号，如果从时间域的角度来分析随机信号，会因其随机性使确知信号的概念和功率谱密度及能量谱密度的计算公式难以理解，故本章中明确了确知信号的概念和分类，给出了能量谱密度和功率谱密度清晰的计算公式和典型例题，增加了由傅里叶级数到傅里叶变换的过程、矩形脉冲信号及其频谱抽样信号的波形及分析、通信中的相关分析。

3）第3章随机过程介绍的是采用统计分析的方法研究随机信号，由于统计分析是针对随机成分来进行统计平均，是针对随机变量的，因此增加了随机变量一节，再由随机变量过渡到随机过程，并增加例题详解帮助理解。

4）第5章中对模拟调制系统抗噪声性能部分举例推导其中一种调制方式，其余调制方式直接给出结论，通过例题来应用结论设计系统，强化了结论的应用。

5）第6章中增加了常用数字基带信号的功率谱密度及其特征分析，并用LabVIEW软件仿真了AMI码和HDB3码、数字基带系统的信道中信号波形、第Ⅰ类部分响应系统及眼图，并给出了编码、无码间串扰系统设计和部分响应系统设计的例题详解。

6）将数字带通传输系统内容在第7、8两章予以介绍。第7章介绍的是二进制数字带通传输系统，把每种二进制数字调制方式的内容按照信号的时间表达式和波形、功率谱密度、调制器、解调器和LabVIEW仿真5个部分来讲解，并补充了习题。第8章介绍的是多进制以及新型数字带通传输系统，增加了各种调制方式的波形和频谱分析，仿真了4FSK、QPSK系统的时间波形图和频谱图。

7）第9章的结构按照统计特性和最佳接收、相关器形式最佳接收机设计、匹配滤波器形式最佳接收机设计、最佳基带传输系统设计的顺序来组织，给出了相关器形式和匹配滤波器形式的最佳接收机设计实例和最佳接收系统仿真。

8）第10章通过插图和例题详细阐述了PCM编译码，对抽样定理和PAM进行了LabVIEW仿真。

第11章差错控制编码（见电子资源）分为概述（纠错编码基础）、线性分组码和循环码三个知识点，增加了线性分组码的比重，由线性分组码监督矩阵和生成矩阵过渡到循环码的生成和校验计算。

本书内容简洁，以讲清楚理论的来龙去脉和实际应用为重点，以知识点为框架组织内容，有深度和广度、重点突出，语言简洁易懂、深入浅出。本书强化例题部分，增加习题内容和题型，整理出重点题型和常见题型，解题方法和思路清晰明了，便于学生理解和掌握，可供考研参考。此外，还采用LabVIEW软件对本书主要内容进行仿真，既便于学生理解又可供通信系统开发参考。

本书是新形态教材，将二维码印刷在图书相应位置，码中存放课程授课视频数字资源，读者通过手机扫码即可随时查看和学习。授课视频共38个，共766分钟，涵盖书中全部课程内容。作者主讲的"通信原理"课程是辽宁省首批精品资源共享课，本书可作为配套教材。课程视频观看方法：登录辽宁省本科教学网（www.upln.cn）→教学资源中心→资源共享课→通信原理。

本书第1章、第4~11章由李环编著，第2章和第3章由任波编著，华宇宁参与仿真程序开发、绘图和校对。本书的顺利出版得到了朋友和家人的大力支持和帮助，在此一并表示衷心感谢。

由于作者水平有限，书中难免存在错误和不妥之处，敬请读者批评指正。

李 环 任 波

目 录

前 言
第1章 绪论 ··· 1
1.1 通信的基本概念 ·· 1
1.2 通信系统的组成 ·· 2
1.3 通信系统的分类以及通信方式 ·· 6
1.4 信息及其度量 ··· 8
1.5 通信系统的主要性能指标 ··· 13
1.6 通信调制理论基础 ··· 19
思考题与习题 ··· 23

第2章 确知信号 ·· 25
2.1 确知信号的定义和类型 ·· 25
2.2 确知信号的频域性质 ··· 27
2.2.1 能量信号的能量谱密度和能量 ··· 27
2.2.2 功率信号的功率谱密度和功率 ··· 29
2.3 确知信号的时域性质——自相关函数 ·· 35
2.3.1 通信中的相关分析 ··· 35
2.3.2 能量信号的自相关函数 ·· 35
2.3.3 功率信号的自相关函数 ·· 37
思考题与习题 ··· 40

第3章 随机过程 ·· 42
3.1 随机变量 ·· 43
3.1.1 随机变量的定义及其分类 ··· 43
3.1.2 连续型随机变量的分布函数和概率密度函数 ···························· 44
3.1.3 随机变量的数字特征 ··· 46
3.2 随机过程的基本概念 ··· 53
3.2.1 随机过程的定义 ·· 53
3.2.2 随机过程的分布函数和概率密度函数 ······································ 54
3.2.3 随机过程的统计特性 ··· 55
3.3 通信中的典型随机过程 ·· 61
3.3.1 平稳随机过程 ··· 61
3.3.2 高斯随机过程 ··· 66
3.3.3 窄带随机过程 ··· 70
3.4 随机过程通过线性系统 ·· 72
3.5 通信中的白噪声 ··· 72
思考题与习题 ··· 76

第4章 信道 ··· 78
4.1 信道的定义和分类 ··· 78

- 4.2 信道数学模型 ··· 79
- 4.3 恒参信道特性及其对信号传输的影响 ··· 81
- 4.4 随参信道特性及其对信号传输的影响 ··· 83
- 4.5 分集接收 ··· 85
- 4.6 信道加性噪声 ··· 86
- 4.7 信道容量 ··· 88
- 思考题与习题 ··· 91

第5章 模拟调制系统 ··· 92

- 5.1 调制与解调 ··· 93
- 5.2 幅度调制 ··· 95
  - 5.2.1 调幅 AM ··· 95
  - 5.2.2 双边带调制 DSB ··· 99
  - 5.2.3 单边带调制 SSB ··· 100
  - 5.2.4 残余边带调制 VSB ··· 104
- 5.3 角度调制 ··· 106
  - 5.3.1 角度调制的基本概念 ··· 106
  - 5.3.2 频率调制 FM ··· 108
- 5.4 频分复用和多级调制 ··· 114
- 5.5 模拟调制系统抗噪声性能 ··· 115
  - 5.5.1 抗噪声性能分析模型 ··· 116
  - 5.5.2 DSB 系统抗噪声性能 ··· 117
  - 5.5.3 模拟调制系统抗噪声性能分析 ··· 118
- 5.6 模拟调制系统性能比较 ··· 122
- 思考题与习题 ··· 123

第6章 数字基带传输系统 ··· 126

- 6.1 数字基带传输系统概述 ··· 126
- 6.2 数字基带信号的波形 ··· 130
- 6.3 数字基带信号的功率谱密度 ··· 137
  - 6.3.1 数字基带信号的功率谱密度计算 ··· 137
  - 6.3.2 常用数字基带信号的功率谱密度及其特征 ··· 142
- 6.4 基带传输的常用码型 ··· 147
- 6.5 无码间干扰的基带传输特性 ··· 151
  - 6.5.1 数字基带系统与码间串扰 ··· 151
  - 6.5.2 无码间串扰的理论条件 ··· 153
  - 6.5.3 两种典型的无码间串扰的基带传输系统 ··· 158
- 6.6 部分响应系统 ··· 164
  - 6.6.1 部分响应系统原理及第Ⅰ类部分响应系统 ··· 164
  - 6.6.2 部分响应系统的一般形式及第Ⅳ类部分响应系统 ··· 170
- 6.7 基带传输系统的抗噪声性能以及眼图 ··· 174
- 思考题与习题 ··· 180

第7章 二进制数字带通传输系统 ··· 183

- 7.1 数字带通传输系统概述 ··· 184

7.2 二进制数字调制原理 ·· 186
   7.2.1 二进制振幅键控（2ASK） ··· 186
   7.2.2 二进制频移键控（2FSK） ·· 191
   7.2.3 二进制相移键控（2PSK） ·· 198
   7.2.4 二进制差分相移键控（2DPSK） ··· 202
7.3 二进制数字调制系统的抗噪声性能 ··· 206
   7.3.1 2ASK 系统的抗噪声性能 ·· 208
   7.3.2 2FSK 系统的抗噪声性能 ·· 211
   7.3.3 2PSK 和 2DPSK 系统的抗噪声性能 ··· 214
   7.3.4 二进制数字调制系统的误码率比较 ··· 217
7.4 二进制数字调制系统的性能比较 ··· 218
思考题与习题 ·· 219

第 8 章　多进制以及新型数字带通传输系统　222

8.1 多进制数字调制系统——MASK 和 MFSK ······························ 223
   8.1.1 多进制数字调制系统概述 ·· 223
   8.1.2 多进制数字幅度调制（MASK） ·· 224
   8.1.3 多进制数字频率调制（MFSK） ·· 226
8.2 多进制数字调制系统——QPSK 和 QDPSK ···························· 228
   8.2.1 多进制数字相位调制（MPSK） ·· 228
   8.2.2 四进制相移键控 QPSK ·· 230
   8.2.3 四进制差分相移键控 QDPSK ·· 234
   8.2.4 多进制数字相位调制系统性能 ·· 237
8.3 正交振幅调制 QAM ·· 238
8.4 最小移频键控 MSK ·· 244
思考题与习题 ·· 251

第 9 章　数字信号的最佳接收　253

9.1 数字信号的统计特性和最佳接收 ··· 253
   9.1.1 数字通信系统的统计模型和似然函数 ···································· 254
   9.1.2 数字信号最佳接收的最大似然比准则 ···································· 255
9.2 确知数字信号相关器形式最佳接收法 ······································· 257
   9.2.1 确知信号相关器形式最佳接收机设计 ···································· 257
   9.2.2 相关器形式最佳接收机抗噪声性能 ·· 263
9.3 随相信号和起伏信号的相关器形式最佳接收法 ······················· 264
9.4 数字信号的匹配滤波接收法 ··· 266
   9.4.1 匹配滤波器的设计原理 ·· 266
   9.4.2 确知数字信号匹配滤波器形式的最佳接收 ···························· 270
   9.4.3 随相数字信号匹配滤波器形式的最佳接收 ···························· 274
9.5 最佳基带传输系统 ·· 275
思考题与习题 ·· 276

第 10 章　信源编码　278

10.1 信源编码概述 ··· 278
10.2 抽样定理及脉冲振幅调制 PAM ··· 281

  10.2.1 抽样定理 ·················· 281
  10.2.2 脉冲振幅调制 PAM ·········· 284
 10.3 模拟信号的量化················ 285
  10.3.1 均匀量化 ·················· 286
  10.3.2 非均匀量化 ················ 287
 10.4 脉冲编码调制 PCM ·············· 289
  10.4.1 PCM 定义及其系统组成 ······· 290
  10.4.2 PCM 十三折线 A 律编译码 ····· 291
  10.4.3 PCM 编码器和译码器 ········· 296
  10.4.4 PCM 系统性能分析 ·········· 298
 10.5 差分脉冲编码调制 DPCM ········· 301
 10.6 增量调制 ΔM ················ 303
 10.7 时分复用 ···················· 307
 思考题与习题 ······················ 309
第 11 章 差错控制编码（见电子资源）
参考文献 ························ 312

第1章 绪 论

本章要点

- 通信的基本概念
- 通信系统的组成
- 通信系统的分类以及通信方式
- 信息及其度量
- 通信系统的主要性能指标
- 通信调制理论基础

内容导读

- "通信原理"是通信专业基础课程,该课程不是具体介绍某一通信系统,而是从总体上来考虑通信系统设计都要面临的问题。内容设计的视角是站在高处来看通信系统设计中都要面临的问题,通信系统的组成和各部分的工作原理,是通信系统分析和设计的基础。绪论的主要内容包括以下几个部分:
- 通信的基本概念,通信中常用的术语,包括:消息、信号、信息、信息量、信源、信宿、信道、调制、解调、基带信号、频带(带通或窄带)信号、码元(符号)、码速率、信息速率、频带利用率、误码率、误信率。
- 通信系统的组成、分类以及通过通信系统模型梳理全书脉络,以便对本书有总体的认识。通信系统的分析和设计采用模块化的形式,每个组成部分是一个模块,模块组合成系统,即系统的模型。在通信系统的分析和设计中,将会详细阐述模型中的发送模块和接收模块。
- 通信方式是指通信传输的方式(单向或双向)以及占用信道情况,是系统总体设计中应该考虑的问题。
- 信息及其度量部分是针对数字信源的,给出了数字信源的信息量计算公式。
- 通信系统的主要性能指标是有效性和可靠性,有效性用来衡量传输快慢以及系统占用频带资源大小,可靠性则用来衡量传输质量。通信系统设计的核心是实现快速且可靠的传输,这两项指标是系统设计时必须考量的。

1.1 通信的基本概念

1. 通信的概念

通信是信息的传输与交换。通信的目的是传输含有信息的消息。

1) 消息:信息的某种物理形式,如文字、数据和语言、图像等。
2) 信息:消息中包含的有意义的内容。
3) 信号:消息的表现形式。

人们日常熟悉的是消息和信号,信息与之有一定的区别和联系。了解通信的概念先从消息、信号及信息这三个概念的关系说起。

2. 消息、信号、信息的定义及其区别和联系

1）消息：是有待传输的文字、数据和语音、图像等，是待传输的内容。

消息是以一定信号的形式来表现的。消息的表现形式是信号。消息是信号的内容。

2）信号：是随时间变化的物理量；是消息的载体；是消息的表现形式。

通信中的信号指的都是电信号，简称为信号，用数学上的函数 $f(t)$ 表示，是时间 t 的函数，也称为时间域，简称时域。例如话音，经过声电转换，变成电信号 $f(t)$。

3）信息：是消息中包含的有意义的内容；是消息的不确定性的度量；是消息的统计特性的定量描述。

有意义的内容才值得传输，因此定义通信为信息的传输与交换。因为不确定才有必要通信传输，否则就是浪费资源，不确定性决定了通信传输的必要性。不确定性在数学上用概率来描述，用统计特性来分析，信息量是对信息的定量描述，后面给出其计算过程。

3. 通信概念解析

本书围绕通信的概念来讨论信息的传输与交换。通信的关键词：信息、传输。这也是通信学科区别于其他学科的关键。在通信中，通常把涉及传输方面的研究归属于通信学科，落到实际通信系统时是信号的传输问题。

通信中的传输信号是随机信号。通常的信号指确定信号，由于确定信号没有必要传输，传输没有意义，不确定的随机信号才构成信息，才需要传输。通信中传输的信号是具有不确定性的随机信号，包括确知信号和随参信号，随参信号即是随机过程。确知信号是研究随机信号的基础，例如：二进制数字通信系统中，"0"和"1"分别采用两个不同的波形来表示，这两个波形是确定信号，不确定性表现在当前码元可能是"0"，也可能是"1"，接收机的任务是要对收到的码元进行正确判决。确知信号和随机过程将在第2章和第3章中讨论。

1.2 通信系统的组成

通信系统的分析和设计是通信原理课程的主要内容。本节给出了通信系统的模型，即通信系统的组成。采用模块化的形式，由不同功能的模块组成通信系统模型。依据通信系统模型来进行通信系统的总体设计和各个模块的设计。

首先，给出所有通信系统的公共模型，即通信系统的一般模型，由信源、发送器、信道、接收器以及信宿这五个模块组成。所有的通信系统都包含这五个模块，否则不能构成通信系统。其中信源、信道和信宿属于所有系统的公共模块，因此在第4章单独介绍了信道模块。信源和信宿模块的主要功能是把消息转换成信号，其中声电转换和电声转换等方面的内容不在本书讨论范围内，本书讨论了信号的特性——确知信号和随机信号特性，以及信息量计算等，属于信源和信宿的内容。信源输出默认为是已经经过声电转换等的信号（电信号简称信号），是已知信号，即原始电信号，是基带信号。例如电话通信系统，信源输出语音信号默认为是已知的信号 $m(t)$，$m(t)$ 是基带信号，是原始电信号。

其次，给出了模拟通信系统模型、数字基带系统模型、数字带通系统模型。这三个模型分别是本书第5~8章采用的模型。不同的通信系统，系统模型不同，实际上是系统模型中的发送器和接收器不同。例如，模拟通信系统模型中的调制器就是发送器，解调器就是接收器。因此，通信系统的分析设计，是研究发送器和接收器，而针对调制系统，是研究调制器和解调器。第9章数字信号的最佳接收，是研究最佳接收机的设计，给出了数字通信系统中最佳接收机的设计方法。对比最佳接收机时,将第 7 章和第 8 章中的接收机称为普通接收机。第 10 章介绍的是数字通信系统模型中的信源编码模块,即模/数转换(A/D 转换)。

1. 通信系统的一般模型

通信系统的一般模型是所有通信系统都具有的,任何一个通信系统不外乎由信源、发送器、信道、接收器以及信宿这五部分组成的。所有通信系统都会含有这几个部分,因此,把此模型称为通信系统的一般模型,如图 1-1 所示。

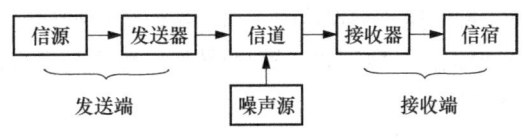

图 1-1 通信系统一般模型

发送端在甲地,接收端在乙地,甲地发出的信号经信道传输到乙地。

本书介绍的通信系统是围绕此模型来分析的。采用模块化的形式,分为信源模块、信宿模块、信道模块、发送器模块、接收器模块。

1)信源:也称为信息源,其功能是把消息转化成电信号。例如语音传输时,通过听筒进行声电转换,把话音变成电信号。此时的信号又称为原始电信号,频带在零频附近,属于基带信号。

2)信宿:常称为受信者,功能与信源相反,是把接收端电信号还原成消息。例如语音传输时,接收端通过扬声器把电信号转换成语音。

3)信道:是信号传输的介质。信道可分为有线信道和无线信道。

① 有线信道:例如有线电话系统,话音信号由甲地通过电话线、电缆或者光纤传到乙地,其中,电话线、电缆或者光纤就是信道,属于有线信道。电话线、电缆或者光纤的一根线是一个信道。有线电话用两根线即两个信道,一路发送,另一路接收,这样才能实现同时收发,既能说又能听。

② 无线信道:例如手机等无线电话系统,语音信号由甲地通过自由空间传到乙地,通过电磁波传播,其中,自由空间是信道,是无线信道。无线信道的一个工作频率是一个信道。手机通信系统通常采用两个工作频率来实现同时收发,一个上行频率实现发送,另一个下行频率实现接收。

4)发送器:也叫发送设备,把信源输出的基带信号变换成适合信道传输的信号。

5)接收器:也叫接收设备,是发送设备的逆过程,把接收到的信号还原成基带信号。

2. 模拟通信系统的模型

把通信系统一般模型中的发送器换成调制器,接收器换成了解调器,就得到模拟通信系统模型,如图 1-2 所示。

第 5 章依据图 1-2 模型讨论调制器和解调器,即模拟调制系统的发送器和接收器。通信系统设计的核心是发送器和接收器的设计,对于调制系统是调制器和解调器的设计。调制和解调是通信的核心内容。模拟通信系统和数字通信系统设计的核心内容是各种调制方式。

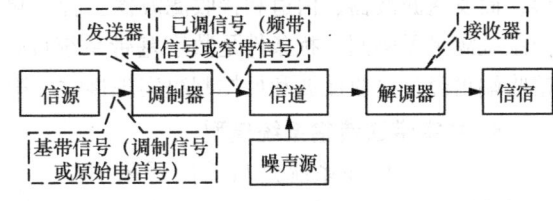

图 1-2 模拟通信系统的模型

已调信号有三个基本特征:携带有信息、适合在信道中传输及信号的频谱具有带通形式(中心频率远离零频,带宽远小于载频)。已调信号又称带通信号或频带信号。

实际通信系统中还有滤波、放大、天线辐射、控制等过程。由于调制与解调两种变换对信号的变化起决定性作用,而其他过程对信号不会发生质的变化,只是对信号进行了放大或改善了信号特性,因而被认为是理想的而不予讨论。

3. 模拟信号数字化传输系统模型

模拟信号数字化传输系统模型如图1-3所示。数字通信系统的信源信号是数字信号，因此模拟信源要经过抽样、量化、编码，变成数字信号之后，送入数字通信系统，然后在接收端再经过数/模转换，实现接收。信源编码器由抽样、量化、编码组成的模/数转换器即信源编码器，功能是模拟信号数字化。模/数转换，输入是模拟信号，输出是数字码流。接收端的数/模转换器即信源译码器。

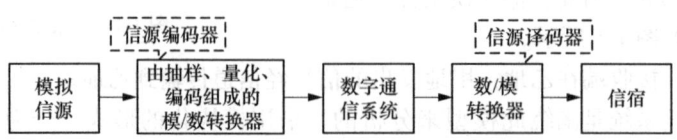

图1-3 模拟信号数字化传输系统模型

本书第10章信源编码器和信源译码器中介绍模拟信号的数字化传输，对模拟信号进行信源编码，经抽样、量化和脉冲编码调制（Pulse Code Modulation, PCM），把模拟信号数字化，转换成数字的PCM码流。

把数字码流送入数字通信系统进行传输。数字通信系统可以是基带传输系统，也可以是带通传输系统；不同的系统对应的模型不同，分别对应数字基带通信系统模型和数字带通传输系统模型。

4. 数字基带通信系统模型

数字基带通信系统模型如图1-4所示。数字基带通信系统中数字信号不经过调制直接传输，模型中没有调制器和解调器，数字信号没有经过正弦载波调制，没有频谱迁移，在基带传输。因此，图中的信道是基带信道，通常是有线信道和短距离传输的无线信道。

模型中取样判决模块是所有数字通信系统共有且必有的，接收端由接收信号中提取位同步，按照位同步周期（CP）对接收信号进行抽样和判决，恢复信息码。

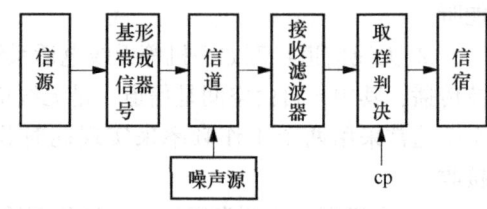

图1-4 数字基带通信系统模型

基带信号形成器的功能是把信源信号变成适合信道传输的信号，由信道信号形成器和发送滤波器两部分组成，信道信号形成器中通过信号波形变换和码型变换来形成适合信道传输的信号波形，而发送滤波器、信道和接收滤波器三者一起组成数字基带系统的系统函数$H(\omega)$，设计$H(\omega)$使系统满足无码间干扰条件是数字基带系统设计问题。信源信号经过基带信号形成器送入信道，接收端再经过接收滤波和抽样判决实现接收。第6章将围绕图1-4中的模型来讨论数字基带系统。

5. 数字带通传输系统模型

数字带通传输系统是目前广泛采用的通信系统，模型如图1-5所示。本书后五章均围绕此模型来讨论，每一章的内容是此模型中的一个模块。

(1) 数字带通传输系统的组成

1) 发送端：信源经过信源编码和信道编码，再经过数字调制送入信道。

2) 接收端：是发送端的逆过程，由

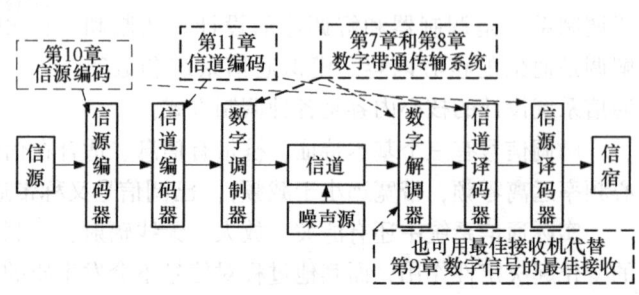

图1-5 数字带通传输系统的模型

数字解调、信道译码和信源译码组成。

（2）信源编码器和信源译码器　信源编码器的功能之一是模拟信号数字化，模/数转换，输入是模拟信号，输出是数字码流。信源编码器的功能之二是针对数字信号通过编码减小码元数目以降低码元速率，目的是提高信息传输的有效性，这部分内容属于信息论范畴。

（3）信道编码器和信道译码器　信道编码器对输入信息码进行编码，生成具有一定的检纠错能力的码。信道编码器的输入和输出都是数字码流。信道编码的目的是抗信道干扰，降低误码率，提高系统可靠性，因此称为信道编码。信道编码器和信道译码器是第 11 章的内容。信道编码器和译码器不是数字通信系统必须有的模块，根据用户对可靠性的要求来选择是否添加。

（4）数字调制器和数字解调器　数字调制器，输入是数字码流，经正弦载波调制，把数字信息加载在正弦载波上，频谱由基带搬移到载频处，输出是已调信号，将已调信号送入信道进行传输。数字调制器和数字解调器是数字系统发送器和接收器，是第 7、8 章数字带通传输系统的内容。第 7、8 章将会介绍各种数字调制方式的原理和性能分析以及调制器和解调器的组成框图。

（5）数字最佳接收机　数字解调器是数字通信系统模型中的接收机，是普通接收机。用最佳接收机取代模型中的数字解调器，就构成最佳接收系统，相比于普通接收机系统性能更优。第 9 章数字最佳接收系统将讲述最佳接收机的设计。

6. 通过通信系统模型来看本书的脉络

第 1、2、3 章讲的是基本概念，通信系统的常用的术语及通信系统分类等。第 4 章介绍所有通信模型共有的信道。任何一个通信系统都有信道，都要经过信道传输，发送端输出信号要适合信道传输，要与信道特性相匹配。本书介绍通信系统设计中要面对的信道问题。

第 5 章模拟调制系统，围绕模拟调制系统模型，主要介绍模型中的调制和解调。

第 6 章数字基带系统，围绕数字基带系统模型来讨论其设计。

本书后五章的每一章对应图 1-5 数字带通系统模型中的一个相应模块。第 7、8 章介绍数字带通传输系统，介绍数字调制方式、数字调制器以及数字解调器如何设计，第 7 章介绍二进制系统，第 8 章介绍多进制系统和新型的数字调制系统。第 9 章介绍数字信号的最佳接收，采用最佳接收的方式设计数字接收机，具有更好的性能，可代替数字解调器形式的普通接收机。第 10 章介绍信源编码器和信源译码器的设计，围绕模拟信号数字化的模型进行，即把模拟信源转换为数字信号（A/D）及其逆转换过程（D/A）。第 11 章介绍信道编/解码器设计。

本书围绕着通信系统的模型来模块化的组织各部分内容。前四章是通信基础，是所有通信系统设计面临的共性问题，后面各章是各种通信系统的设计，核心发送器和接收器设计以及针对调制系统即调制器和解调器的设计。

7. 模拟通信和数字通信二者之间的优势与缺点对比

数字通信是通信发展的主流，与模拟通信相比有如下的优点。

1）抗干扰：由于数字信号可再生，从而可以消除噪声积累，接收信号更保真。

因为数字信号在接收端可再生，从而可以消除噪声积累。而模拟信号并不能够再生，接收信号即使经过滤波等处理，但由于带内的干扰很难消除，信号失真也难以避免。数字信号则不同，当无误码时，可以重新再生一个无失真的和发射端一样的信号。保证无误码可以有很多方法，比如微波接力，在传输中间的接力阶段每次都可以重新再生信号，这样就可以消除噪声积累。这是数字通信的最主要的一个优点，数字系统抗干扰能力强，清晰度更好。

2）差错可控：在数字系统模型中有个信道编码模块，通过此模块可以进行差错控制编码，从而降低误码率，进一步提高可靠性，而模拟系统则不能。

3）可以采用现代数字信号处理的技术。

4）可以加密。

5）可以实现信息的综合传输：在数字系统中传输的是数字码流，不管是音频还是图像，都可以变成同样的一个数字码流来综合传输。

数字通信的缺点或代价：数字通信的优点是用占据更宽的系统频带为代价换来的，同时任何一个数字系统都要求严格的同步，而且设备更复杂。

1.3 通信系统的分类以及通信方式

1. 通信系统的分类

根据不同的分类方式，通信系统有不同的分类。

1）按业务分类：可以分成电报系统、电话系统等。

2）按照是否经过调制（指正弦载波调制）分类：可以分成基带系统和带通系统。

① 基带系统：没有经过调制的系统，例如数字基带系统。

② 带通系统（也叫频带系统或窄带系统）：经过调制的系统，例如模拟调制系统和数字带通调制系统，都属于带通系统。调制方式列表见表1-1。

表1-1 通信调制方式及用途

调制方式			用途
连续波调制	模拟调制	线性调制	常规幅度调制 AM	广播
			抑制载波双边带调幅 DSB	立体声广播
			单边带调幅 SSB	载波通信、无线电台、数传
			残留边带调幅 VSB	电视广播、数传、传真
		非线性调制	频率调制 FM	微波中继、卫星通信、广播
			相位调制 PM	移动无线电业务
	数字调制		幅度键控 ASK	数据传输
			频移键控 FSK	数据传输
			相位键控 PSK、DPSK、QPSK、QDPSK	数据传输、数字微波、空间通信
			新型数字调制 QAM、MSK	数字微波、空间通信
脉冲调制	脉冲模拟调制		脉幅调制 PAM	时分复分、遥测、遥控
			脉宽调制 PDM（PWM）	电机调速与变频
			脉位调制 PPM	遥测、光纤传输
	脉冲数字调制		脉码调制 PCM	市话、卫星、空间通信
			增量调制 DM	军用、民用电话
			差分脉码调制 DPCM	电视电话、图像编码
			其他语言编码方式 ADPCM、APC、LPC	中低速数字电话

本书主要围绕各种调制方式来进行的讲述的。因为调制对信号的改变不是量变而是质变，是通信系统设计的核心内容。

总体上来说，调制方式分为脉冲调制和连续波调制（即正弦载波调制）。脉冲调制是脉冲作载波的调制，属于基带调制。大部分情况下，所谓的调制都是指正弦载波调制，简称调制，属于频带调制。

基带信号是原始电信号，特点是频谱在零频附近。比如语音信号，频谱集中在 300～3400Hz。针对调制系统，基带信号也称为调制信号，调制后的信号成为已调信号、频带信号或带通信号。

通信中经常说的调制通常是指正弦载波调制，载波是正弦波，把要传送的信息加载在正弦波的参数上，比如加载在正弦波的幅度上就是幅度调制——调幅。正弦载波调制之后的信号也称为已调信号，频谱由基带迁移到高频处，变成了高频的带通型信号，实现了频谱迁移。已调信号的频谱具有带通型信号的特点，即中心频率远离零频，带宽远小于载频。

调制分为模拟调制和数字调制，又分为线性调制和非线性调制。模拟调制中的 AM、DSB、SSB、VSB 属于线性调制，角度调制的调频和调相属于非线性调制。数字调制方式有 ASK、FSK、PSK 等。

脉冲调制分成模拟脉冲调制和数字脉冲调制。脉冲振幅调制属于模拟调制，就信息加载在脉冲的幅度上，但这幅度是模拟量，所以是模拟调制。如果把模拟量的幅值经过量化和编码变成数字的，就是脉冲编码调制——PCM，脉冲数字调制之所以叫调制，是因为它的载波是脉冲，即信息加载在脉冲载波的幅度上了，属于数字调制，但是它属于基带调制。

3) 按照信号特征分类：根据信道中传输的是模拟信号还是数字信号，把相应系统分成模拟通信系统和数字通信系统。

4) 按照介质分类：可以分成有线通信系统和无线通信系统。

5) 按照复用方式分类：可以分成频分复用、时分复用、码分复用系统。

复用是指多路信号一起传输，在同一信道中传输多路信号。多路一起传输，需要能区分出各路信号，为此采用的方法称为复用方式。常用复用有如下三种方式。

① 频分复用（Frequency Division Multiplexing，FDM）：每一路占用不同的频率。用频率不同来区分各路。

② 时分复用（Time Division Multiplexing，TDM）：每一路占用不同的时隙。用时隙不同来区分各路。

③ 码分复用（Code Division Multiplexing，CDM）：每一路使用不同的码。码字之间是正交的，用正交码来区分各路。

6) 按工作波段分类：分为长波、中波、短波、微波、光波通信等。

波长和频率之间的关系公式：$\lambda = c/f$，其中：$c = 3 \times 10^8$（m/s），为光速。波长 λ 和频率 f 相乘等于光速。波长与频率成反比，即波长越长，频率越小；频率越高，波长越短。无线传输时，所需天线的长度约等于波长的 1/4，因此工作频率越高，接收机所需天线长度越短。通信波段和常用的传输介质见表 1-2，频率由低到高，对应的波长由长到短。

表 1-2 通信波段与常用传输介质

频率范围	波长	符号	传输介质	用途
3Hz～30kHz	10^4～10^8 m	甚低频 VLF	有线线对，长波无线电	音频、电话、远程导航、水下通信
30～300 kHz	10^3～10^4 m	低频 LF	有线线对，长波无线电	导航、信标、电力线通信
300kHz～3MHz	10^2～10^3 m	中频 MF	同轴电缆，短波无线电	调幅广播、移动陆地通信、业余无线电
3～30MHz	10～10^2 m	高频 HF	同轴电缆，短波无线电	移动无线电话、短波广播定点军用通信、业余无线电
30～300MHz	1～10 m	甚高频 VHF	同轴电缆，米波无线电	电视、调频广播、空中管制、车辆通信、导航

(续)

频率范围	波长	符号	传输介质	用途
300MHz~3GHz	10~100 cm	特高频 UHF	波导，分米波无线电	微波接力、卫星和空间通信、雷达
3~30 GHz	1~10 cm	超高频 SHF	波导，厘米波无线电	微波接力、卫星和空间通信、雷达
30~300 GHz	1~10 mm	极高频 EHF	波导，毫米波无线电	雷达、微波接力、射电天文学
10^7~10^8 GHz	3×10^{-5}~3×10^{-4} cm	紫外、可见光、红外	光纤，激光空间传播	光通信

7) 按同步方式分类：分为同步通信和异步通信。

8) 按照通信网的形式分类：分为点对点的通信以及点对面的通信。

点对点的通信是指 A 点和 B 点两点之间的通信或称为甲地与乙地之间的通信。点对面的通信是指 A 点发送，多点接收，例如收音机。点对点之间的通信，是点对面通信的基础。本书介绍的是点对点之间的通信。

2. 通信方式

通信方式是指通信双方的工作方式和信号传输的方式。一般由甲传到乙，通信是单向的，占用一个信道，还可以互通，就是双向传输，从这个角度，通信方式分成单工、半双工以及双工。

1) 单工：单向传输。例如：信号由甲传到乙，甲只能发，乙只能收，需要一个信道。常见的电视、收音机都是单向传输，属于单工方式。

2) 半双工：双向传输，但不能同时双向传输，只占用一个信道。

甲或乙既可以发又可以收，但是它只占用一个信道，不可能同时发和同时收，只能甲发乙收或乙发甲收。例如车载电话和手持电话系统。采用半双工的方式时，甲和乙平时都处于守候状态。如果甲想发送信号，甲就把通话按键按下开始说话，此时乙处于守候状态，可以听见甲说话，实现了甲到乙的通信。甲说完了以后把通话按键松开，再回到守候状态。乙到甲的通信同理。半双工方式只需要单向信道，既可以发又可以收。

3) 全双工：双向传输，能同时双向传输，占用两个信道，一个用于发送，另一个用于接收。例如有线电话，手机，都属于全双工的方式。全双工的方式占用了两个信道，收和发各自占用一个信道，可以同时收和发。

1.4 信息及其度量

消息、信号、信息是三个不同的概念。消息是待传输的图像、文字等，消息以一个具体的信号的形式来表现，信息是消息中包含的有意义的内容，有意义的内容才构成信息。

1. 信息的定义

信息的定义：消息中包含的有意义的内容；消息的不确定性的度量；是消息的统计特性的定量描述。

信息用点来定义，①有意义：有意义的内容才是有必要传输的信息。②不确定性：具有不确定性的信息才有意义。③统计特性：不确定性用概率或概率密度函数等统计特性来描述。这三点的实质是一样的，都表达了信息的本质。

2. 模拟信源和数字信源

在通信中，信源输出信号的取值具有不确定性，是随机信号。随机信号根据其取值是模拟量还是数字量，分为模拟随机信号和数字随机信号，两者的统计量不同，数字随机信号的统计量是概率，模拟随机信号的统计量用概率密度函数。信源根据其输出信号的取值是模拟量还是数字量分为数字信源和模拟信源。

① 数字信源是数字随机信号，取值是离散的数字量，只取有限的几个值，其不确定性通常用概率来描述。

② 模拟信源是模拟随机信号，取值是模拟量，是连续的，有无穷多个值，其不确定性通常用概率密度函数来描述。

在实际系统中，概率值或概率密度函数是通过大量的实验数据得到的，在"概率与数理统计"课程中学习，在本书中，假定概率或概率密度函数是已知条件。信息量的计算是针对数字信源的。

3. 数字信源及其统计量

数字信源取值离散，取值个数有限，只取个数有限的几个值。通常取值个数是 2 的幂次。

N 进制信源，信源取值有 N 种状态，此 N 种状态，可以是 $\{1, 2, \cdots, N\}$，也可以是 N 个不同的电压值（电平）或 N 个不同的频率。N 个值记为 N 个符号。通常 N 取 2 的幂次。

例如，四进制信源 $\{A, B, C, D\}$，用 A，B，C，D 四个符号表示信源取值有四种状态，可以是四个不同的电平值，也可以是四个不同的相位等。

数字信源的统计量用符号出现的概率来描述。概率值要通过大量统计实验获得，在本书中通常直接给出概率值，相当于已知条件。例如某信源符号集由 A、B、C、D 组成，其出现的概率分别为 1/2、1/4、1/8、1/8。即表示四进制信源 $\{A, B, C, D\}$，用 A、B、C、D 出现的概率 $p(A)=1/2$，$p(B)=1/4$，$p(C)=1/8$，$p(D)=1/8$ 来描述四进制信源的统计量。

4. 信息量的定义和计算

信息量的计算是针对数字信源的，信息量的值表示的是数字信源信息的多少。信息是消息的不确定性的度量，不确定性用概率来统计。信息是消息的统计特性的一个定量描述，这个定量描述就是信息量。

信息量是衡量信息大小的量，用大写的 I 表示。

如何定量描述信息呢？首先从常识的角度来感觉三条消息：①太阳从东方升起；②太阳比往日大 2 倍；③太阳从西方升起。第一条几乎没有带来任何信息量，第二条带来了大量信息，第三条带来的信息量多于第二条。第一条是常识性的知识，并不含有信息量；第二条信息量比第一条要大；第三条的信息量更大，它是不可能事件，如果发生了，那么它含有大量的信息，人们特别感到惊奇。究其原因，第一个事件是一个必然事件，人们不足为奇；第三事件不可能发生，它使人感到惊奇，也就是说，它带来更多的信息量。因此，信息含量是与惊奇这一因素相关联的，这是不确定性或不可预测性的结果。越是不可预测的事件，越会使人感到惊奇，带来的信息量越多。也就是说，实际上信息量是和消息的概率成反比的。

① 信息量 I 是概率的函数，概率越小信息量就越大。

② 如果概率等于 1，就是全概率，那么信息量是零。如果概率是零，是不可能事件，那么信息量是无穷大。

③ 另外，还满足：独立的多个事件一起发生时的信息量等于各自信息量的和。

对数把算术积变成算术加：$\log_a xy = \log_a x + \log_a y$，满足独立的多个事件一起发生时信息量的计算，等于各自信息量的和。用对数函数来表示 I，设事件的概率为 $p(x)$，将 $1/p(x)$ 取对数，则信息量 I 的计算公式定义为

$$I = \log_a \frac{1}{p(x)} = -\log_a [p(x)] \tag{1-1}$$

式中，$p(x)$ 在分母上，$p(x)$ 越小，I 越大；$p(x)$ 越大，I 越小。对于全概率事件，$p(x)=1$，计算得出 $I=0$，信息量是零；对于不可能事件，概率是零，$p(x)=0$，计算得出 $I=\infty$，信息量是无穷大。

在式（1-1）中，a 是对数的底，a 取值不同时，信息量的单位不同。

$a=2$ 时，信息量的单位是比特，记为 bit；

$a=e$ 时，信息量的单位是奈特，记为 net。

信息量常用单位是比特（bit，有时简写为 b），此时，取 $a=2$，则信息量为

$$I=\log_2\frac{1}{p(x)}=-\log_2[p(x)] \tag{1-2}$$

5. 等概的信源中任一符号的信息量

等概是指信源中符号出现的概率相等。考虑全概率公式，所有符号的概率之和等于 1，则 M 进制信源，每个符号出现的概率为 $1/M$。

（1）二进制等概信源的信息量 观察一个二进制信源，若信源只取 0 和 1，记为 $\{0,1\}$。设信源输出信号中 "0" 的概率 $p(0)$ 和 "1" 的概率 $p(1)$ 相等，简称等概，即 $p(0)=p(1)=1/2$，那么发送一个 "0" 码，发出的信息量 I 或收到一个 "0" 码，得到的信息量 I 为

$$I=\log_2\frac{1}{p(x)}=-\log_2[p(0)]=-\log_2(1/2)\text{bit}=\log_2 2\text{bit}=1\text{bit}$$

也就是说，如果接收一个二进制码，就收到 1bit 的信息量；如果发送一个二进制码，就发出 1bit 的信息量。

（2）四进制等概信源的信息量 等概的四进制信源中，一个四进制符号（或波形）含有的信息量。等概时四个符号每个符号出现的概率都相等，都等于 $1/4$，$p(x)=1/4$，代入信息量公式就会得出：

$$I=\log_2\frac{1}{p(x)}=-\log_2[p(x)]=-\log_2(1/4)=\log_2 4\text{bit}=2\text{bit}$$

一个四进制波形含有 2bit 的信息量。

（3）M 进制等概信源的信息量 对于 M 进制离散信源，一般取 $M=2^k$，等概的时候，M 个波形独立等概率（$p=1/M$）发送，则传送 M 进制波形之一的信息量为

$$I=-\log_2[p(x)]=-\log_2(1/M)=\log_2 M=\log_2 2^k\text{bit}=k\text{bit}$$

可见，不同进制的等概信源符号含有的信息量不同，二进制是 1bit，四进制是 2bit，八进制是 3bit，M 进制符号的信息量是 $k$bit，$M=2^k$。

6. 信源总信息量的计算

信源符号在不等概的时候，同一信源，每一符号的概率不同，对应的信息量也不同，当计算信源总的信息量的时候比较烦琐。

信源总的信息量 = 各符号的信息量之和

各符号的信息量 = 该符号的信息量 × 该符号出现的次数

符号的概率不同，则信息量就不同。另外信源是一串字符串，每个符号出现的次数需要计数，一般信息流符号数目成千上万，数起来烦琐，都要计数也不现实。通常做法是事先通过大量数据统计，得到每个符号出现的概率。为此定义了信源熵，由概率求得信源熵，再由信源熵求得信息量。引入信源熵可以更方便计算总信息量和信息速率。

定义信源为信源每符号信息量的统计平均值，则信源总的信息量 = 信源熵 × 信源符号总个数。

n 个符号构成的信源 $\{x_1, x_2, \cdots, x_i, \cdots, x_n\}$，由该信源组成的字符串，其中 x_i 出现 n_i 次，x_i 出现的概率为 $p(x_i)$，总共有 N 个字符，没引入信源熵的概念时，信息量总和的计算公式为

$$I = -\sum_{i=1}^{n} n_i \log_2 p(x_i) \tag{1-3}$$

引入信源熵的概念时，信息量总和的计算公式为

$$I = N \times H(x) \tag{1-4}$$

比较式（1-3）和式（1-4），显然后者更简洁，是常用公式。

7. 算术平均与统计平均

统计平均是通信中常用概念，是在概率条件下引入的，是概率加权的平均值。通常所熟悉的算术平均值是对无关概率的平均。

（1）算术平均 a 和 b 的算术平均值是 a 加 b 的和除以 2；三个数的算术平均值是 a 加 b 加 c 的和除以 3。算术平均意味着是等概的情况下，默认每一个取值是等概的。

例如，求两个数 a 和 b 的算术平均值。

$$a \text{ 和 } b \text{ 的算术平均} = \frac{a+b}{2} = \frac{1}{2}a + \frac{1}{2}b$$

（2）统计平均 求算术平均时相当于默认的是 a 和 b 出现的概率相等，都是 1/2。当 a 和 b 出现的概率不相等时，a 和 b 的平均值不仅与 a 和 b 的值有关，还应该考虑 a 和 b 出现的概率，当平均值是概率加权的 a 与 b 之和时，就是 a 和 b 的统计平均。

不等概的时候，用概率加权的平均值就是统计平均。概率加权是统计平均的核心。后面章节中要介绍的随机变量和随机过程的分析中，常用统计量，比如均值、方差，都是概率加权意义下的统计平均值。

设 a 出现的概率为 $p(a)$，b 出现的概率为 $p(b)$，则

$$a \text{ 和 } b \text{ 的统计平均值} = p(a) \times a + p(b) \times b$$

概率加权后，如果 a 的概率大，a 在平均值中占的权重也大，平均值更趋向 a。

8. 信源熵的定义

1）信源熵的定义：平均每符号所含有的信息量。

n 进制信源，符号有 n 种可能的取值，从 x_1 到 x_n，符号的概率是 $p(x_i)$，则每一个符号所含有的信息量是 $-\log_2 p(x_i)$，平均每个符号含有的信息量定义为信源熵。因为和热力学中的熵的形式一样，把它叫作信源熵，记为 $H(x)$，单位是每符号比特（bit/符号）。

2）信源熵计算公式。

设离散信源是一个由 n 个符号 x_i（$i=1,2,\cdots,n$）组成的符号集，每个符号出现的概率为 $p(x_i)$，且有 $\sum_{i=1}^{n} p(x_i) = 1$；则 $x_1, x_2, \cdots, x_n$ 所包含的信息量分别为：$-\log_2 p(x_1)$，$-\log_2 p(x_2)$，$\cdots$，$-\log_2 p(x_n)$。于是，每个符号所含信息量的统计平均值为

$H(x) = p(x_1)[-\log_2 p(x_1)] + p(x_2)[-\log_2 p(x_2)] + \cdots + p(x_n)[-\log_2 p(x_n)]$，即

$$H(x) = -\sum_{i=1}^{n} p(x_i) \log_2 p(x_i) \tag{1-5}$$

式中，$-\log_2 p(x_i)$ 是 x_i 符号的信息量；$-p(x_i)\log_2 p(x_i)$ 是 x_i 符号的信息量的概率加权；$-\sum_{i=1}^{n} p(x_i) \log_2 p(x_i)$ 是 n 个符号的信息量的概率加权之和，即统计平均值。

信源熵是每符号信息量的统计平均值。如果符号的概率大，其信息量在权重中的所占的比例就大，得到的平均值就是统计平均。

9. 信源熵的最大值

信源熵与符号概率有关，是概率的函数。同一信源，当符号概率不同时，信源熵的值可能也不同。当信源符号的概率是多少时，信源熵取得极大值呢？

（1）二进制离散信源信源熵的最大值　观察二进制离散信源的信源熵。设二进制离散信源 $\{0,1\}$，发送数字"0"的概率为 P，发送数字"1"的概率为 $1-P$。

信源熵 ="0"的概率 ×"0"的信息量 +"1"的概率 ×"1"的信息量，为

$$H(x) = P\log_2\frac{1}{P} + (1-P)\log_2\frac{1}{1-P} = P(-\log_2 P) + (1-P)[-\log_2(1-P)]$$

$H(x)$ 是关于概率 P 的一个函数。P 取不同的值时，$H(x)$ 不同。把 P 从 0 到 1 分别取值，求出相应的 $H(x)$，画出 $H(x)—P$ 关系曲线，如图 1-6 所示。图中，$P=0$ 和 $P=1$ 时，$H(x)$ 都是零。$P=1/2$ 时，信源熵取得极大值。

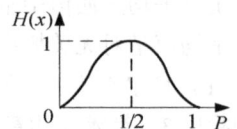

图 1-6　$H(x)—P$ 关系曲线

当 $P=0$ 或 $P=1$ 时，该信源发出的消息是确定的，不提供任何信息，$H(x)=0$；当 $P=1/2$ 时，"0"和"1"等概率，说明选择任一种符号的可能性均等，没有任何倾向，其不确定性最大，此时信源提供最多的信息，信源熵最大。此最大值为

$$H(x)|_{\max} = 2 \times \frac{1}{2} \times \log_2\frac{1}{1/2} = \log_2 2 = 1$$

二进制离散信源，独立等概时，$P=1/2$ 时，信源熵取得最大值，极大值是 1 bit/符号。

（2）M 进制离散信源信源熵的最大值　由二进制扩展到多进制，结论相同：M 进制离散信源，当信源符号独立等概时，不确定性最大，此时信源提供最多的信息，信源熵最大。

M 进制信源，$M=2^k$，信源中 M 个符号独立等概出现，即 $P(x_1)=P(x_2)=\cdots=P(x_M)=1/M$，此时信源熵取得最大值，最大值为

$$H(x)|_{\max} = M \times \frac{1}{M} \times \log_2\frac{1}{1/M} = \log_2 M = \log_2 2^k = k$$

M 进制离散信源，$M=2^k$，独立等概时，信源熵取得最大值 k（单位为 bit/符号）。

【例 1-1】信源总信息量的计算。某离散信源由 0、1、2、3 四个符号组成，出现的概率分别为 3/8、1/4、1/4、1/8，且每个符号的出现都是独立的。试求消息 201020130213001203210100321010023102002010312032100120210 的信息量。

解：此消息共有 57 个符号，其中，0 出现 23 次，1 出现 14 次，2 出现 13 次，3 出现 7 次，代入式 (1-3)，该消息的总信息量为

$$I = -\sum_{i=1}^{n} n_i \log_2 p(x_i) = \left(23\log_2\frac{1}{3/8} + 14\log_2\frac{1}{1/4} + 13\log_2\frac{1}{1/4} + 7\log_2\frac{1}{1/8}\right)\text{bit} = 107.545\text{bit}$$

每个符号的算术平均信息量为

$$\bar{I} = \frac{I}{总符号数} = \frac{107.545}{57}\text{bit/符号} = 1.887\text{bit/符号}$$

或用式 (1-4)：$I = N \times H(x)$ 来计算总信息量。先求 $H(x)$，即

$$H(x) = -\sum_{i=1}^{n} p(x_i)\log_2 p(x_i) = \left(-\frac{3}{8}\log_2\frac{3}{8} - \frac{1}{4}\log_2\frac{1}{4} - \frac{1}{4}\log_2\frac{1}{4} - \frac{1}{8}\log_2\frac{1}{8}\right)\text{bit/符号}$$

$$= 1.906\text{bit/符号}$$

比较 $H(x)$ 和 $\bar{I}$，略有误差，误差产生的原因是因为概率统计时需要大量的数据，统计结果与实际数据略有误差是正常的。实际系统设计中，信源概率是通过大量统计得到的，本书将其设为

已知条件，通常已知信源符号概率，就能求得信源熵，进而用式（1-4）求得总信息量为
$$I = N \times H(x) = 57 \times 1.906\text{bit} = 108.642\text{bit}$$

两种算法求得的信息量结果，一个是107.545bit，一个是108.642bit，有一定误差，原因是统计的量不够大，只是57个符号，如果大量统计，两者结果趋向一致。在实际设计中，数据是大量的，不是每次都计数每个符号出现多少次，而是事先统计每个符号出现的概率，然后用信源熵来求信息量，这也是定义信源熵的原因。总的信息量 $I = N \times H(x)$，57个符号乘以信源熵就是57个符号的总信息量。用信源熵来计算总信息量是求信息量的常用方法。

1.5 通信系统的主要性能指标

1. 通信系统的主要性能指标——有效性和可靠性

通信系统有很多指标，最主要的指标有两项。通信的任务是快速、准确地传递信息，评价一个通信系统优劣的主要性能指标，是系统的有效性和可靠性。

有效性是指传输信息的速度，是衡量传输快慢以及系统占用频带资源大小的。

可靠性是指接收信息的准确程度，是衡量传输质量的。

通信系统设计的核心是实现快速且可靠的传输，这两项指标是系统设计时必须考量的。有效性和可靠性这两项指标，是矛盾统一体，两者经常可以互换。有的时候要保证有效性，有的时候要保证可靠性，经常要兼顾两者进行取舍。

有效性和可靠性指标是本书暗含的主线。通信系统设计都是围绕这两项指标进行的，也可以说，是以这两项指标为指导来设计和分析通信系统的。无论是模拟通信系统设计还是数字通信系统设计，其中各种调制方式的讨论和性能比较都针对这两项指标。

2. 模拟系统和数字系统的性能指标

有效性和可靠性两项指标在模拟系统和数字系统中的具体体现不同。

（1）模拟通信系统的有效性和可靠性指标

1）模拟通信系统的有效性是衡量系统占用的带宽。在模拟通信系统中，信源信号经过调制后送入信道，一般是无线信道，通过电磁波传输，瞬间到达接收端，没有传输速度问题。有效性是衡量系统占用频带资源大小的。

在无线通信中，信号在空中传播。信号占用一个信道，就是占用一个工作频率和一定的带宽，A用户占用了，B用户就不能再用，否则就会互相干扰。随着通信发展，用户增加，需要的工作频率和带宽越来越多。频带是珍贵的资源，要科学划分，合理分配。在模拟系统设计中，如何节约带宽，使系统带宽尽量小，是核心问题，带宽是系统有效性指标。

2）模拟通信系统的可靠性指标是解调器的输出信噪比。可靠性是衡量接收信息的准确程度。信号经信道传输会受到信道噪声干扰，在接收端收到的是叠加有噪声的信号。当噪声很大时甚至会把信号淹没。衡量接收端是否可靠收到信息，用解调器输出端（也是信宿输入端）的信噪比。信噪比是信号功率与噪声功率之比。信噪比越大，接收端恢复的信号越清晰，可靠性越好。

在模拟调制系统一章中，针对每一种调制方式，都重点讨论了占用带宽，并进行了对比，这些都是在分析系统的有效性。然后，分析接收机中解调器的输出信噪比，围绕模拟调制系统的可靠性指标（解调器的输出信噪比）来分析系统的抗噪声性能。

（2）数字通信系统的有效性和可靠性

1）数字通信系统的有效性指标：码速率、信息速率以及频带利用率。数字通信系统的有效性指标是指传送的速度。衡量速度的快慢有三项指标，码速率、信息速率以及频带利用率。三项

指标实质相同，只是在不同的情况下，为了分析系统需要来选择使用。当用码速率不能说明问题的时候，就用信息速率；当同时考虑速率和频带宽度的时候，就用频带利用率指标。

2）数字通信系统的可靠性指标：误码率和误信率。两者实质是相同的，在不同情况下来选择使用。数字通信系统的性能指标是下面重点讨论的内容。

3. 码元传输速率 R_B

（1）码元　码元又称为符号或字母。每个码元，用一个符号表示，表示数字信源离散取值中的一种。例如四进制信源，可以用字母 A、B、C、D 表示，可以用 0、1、2、3 表示，也可以用 00、01、10、11 表示，用四个符号代表四种状态。

（2）码周期　码周期是码元的持续时间，又称为码元长度或者码元时间，记为 T_B。二进制和四进制码元波形如图 1-7 所示。图中 T_B 是码周期。图 1-7a 是二进制信号波形，对于二进制信号，由 "0" 码和 "1" 码组成，图中画有 1、0、1、1、0、1 六个码元。码周期 T_B 是一位二进制码持续的时间。图 1-7b 是四进制信号波形，对于四进制信号，由 "00" 码、"01" 码、"10" 码和 "11" 码组成。图中画有 00、11、01、10、11、00 六个码元。其码周期 T_B 是一位四进制码持续的时间。

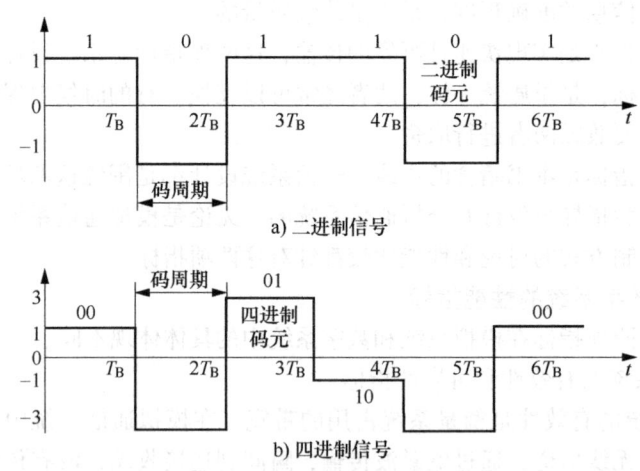

图 1-7　二进制和四进制码元波形

需要注意的是，每个四进制码元可以用两位二进制码来表示，当四进制用 00、01、10、11 表示时，四进制的码周期是两位二进制码 00、01、10 或 11 持续的时间，不是其中一位二进制码 0 或 1 持续的时间。无论进制数是多少，码周期都是指 "码" 的周期和 "码" 的持续时间。

（3）码元传输速率　码元传输速率，简称码速率，又称为传码率或者符号速率，定义是单位时间内传送码元的数目，即每秒传送码元的数目，记为 R_B，单位是波特（Baud），简记为大写的 B。

码速率 R_B 是单位时间内传送码元的数目，码周期 T_B 是传送一个码需要的时间，码速率是码周期的倒数。即

$$R_B = \frac{1}{T_B}$$

无论进制多少，码速率与码周期一直是互为倒数的关系。因此，两者已知其中的一个就能求得另一个。在通信系统设计中，往往给定码速率，即已知码速率，码速率是常用的参数，码周期不是经常给出的参数，但由于码周期和码速率的关系，暗含着码周期也给定了。

（4）码速率与码频率　周期和频率互为倒数，码周期 T_B 的倒数是码频率 f_B。

$$f_B = \frac{1}{T_B}$$

数字通信中都是以码元组成码流进行传输，专门定义了码速率这个术语来强调。码速率是每秒传送码元的数目，码速率与码频率两者数值相等，都是码周期的倒数，但两者单位不同，码速率 R_B 的单位是波特（Baud），码频率 f_B 的单位是赫兹（Hz）。

所谓"码"周期、"码"速率，其中的"码"字本身是含有进制信息的，是在信源进制下的。一定要充分理解"码"的概念。所谓的码元、字母、符号，含义相同，都是指数字信源取值的可能状态。数字信源中取值是离散的，是分成进制的。例如四进制信源的"码"，是四进制的码，码周期是四进制码的码周期，码速率是四进制码的码速率。可见"码"字中含有进制信息，进制数是信源的进制数。

一般情况下，码速率是一个已知量。在设计系统时，系统要以什么样的速率传输，一般是一项设计指标，是指定的已知量。例如信号要是按奈奎斯特频率采样，信号的采样周期就是一定的，决定了码速率也是一定的。

4. 信息传输速率 R_b

（1）信息传输速率的定义　信息传输速率，简称信息速率，又称传信率、比特率等。信息速率是单位时间内传输的信息量，即每秒传输的比特数。记为 R_b，单位是比特/秒（bit/s）。

（2）信息速率和码元速率的关系　信息速率是每秒含有多少比特，码速率是每秒有多少个符号，信源熵是平均每符号含有多少比特，则：$\dfrac{比特数}{秒数} = \dfrac{符号数}{秒数} \cdot \dfrac{比特数}{符号数}$，三者之间的关系为

$$R_b = R_B \times H(x) \tag{1-6}$$

信息速率和码速率之间的关系：信息速率等于码速率乘以信源熵。

一般情况下，码速率是通信系统设计指标之一，是已知条件。信源熵通过给定的信源符号概率来求得，信源符号概率经常是等概的情况。再利用式（1-6），就能求得系统的信息速率。

（3）信息速率的极大值　信源熵在等概的时候取得极值，即为极大值。信息速率等于码速率乘以信源熵，信源熵取得极大值的时候，信息速率也取得极大值。所以，信息速率的极大值，对应的是信源等概的时候。

对于 M 进制信源，等概传输时，熵有最大值 $H(x)|_{max} = \log_2 M$，信息速率也达到最大，即 $(R_b)_{max} = R_B \log_2 M$。

例如：某等概信源，设码元速率为 1200Baud，即 $R_B = 1200$Baud，则：

　　　　　采用八进制（$M=8$）时，$(R_b)_{max} = R_B \log_2 M = 1200 \log_2 8 \text{bit/s} = 3600 \text{bit/s}$

　　　　　采用二进制（$M=2$）时，$(R_b)_{max} = R_B \log_2 M = 1200 \log_2 2 \text{bit/s} = 1200 \text{bit/s}$

可见，在等概的情况下：

1）采用多进制能传输更多的信息量。同样的码元速率下，信源的进制数越大，信息速率也越大。

2）二进制的码元速率和信息速率在数量上相等。有时简称它们为数码率。等概的二进制信源，有：$R_b = R_B$。

等概是数字信源通常的情况。在不等概的时候，会给出信源符号的概率。大部分情况下，没有给出信源符号概率时，默认是等概的。比如常用的二进制信源，只有"0"和"1"两个符号，通常是等概的。

5. 频带利用率 η

有效性的另一项指标，也是重要的一项指标，是频带利用率。信息速率和码速率两项指标都

是反映系统信息传输的快慢，但是并没有反映出在该速率下系统占用的信号带宽。频带利用率是考虑了系统占用信号带宽下的速率，是单位频带内的速率，是更能体现数字通信系统传输效率的指标。

若通信系统用 R_B 的码速率传输，所占用的信号带宽是 B，则码速率 R_B 除以信号带宽 B，是单位信号带宽上的码速率，称其为码速率下的频带利用率 η_B（单位为 Baud/Hz），即

$$\eta_B = \frac{R_B}{B} \tag{1-7}$$

式中，B 为信号带宽（Hz）。

注意：信号带宽的单位不能取 rad/s，必须取 Hz，是频带利用率定义中规定的。如果已知的信号带宽 B 是以 rad/s 为单位的，要把它除以 2π，变换成 Hz 的形式，再代入频带利用率公式。

若通信系统用 R_b 的信息速率传输，所占用的信号带宽是 B，则，信息速率 R_b 除以信号带宽 B，是单位带宽上的信息速率，称其为信息速率下的频带利用率 η_b（单位为 bit/（s·Hz）），即

$$\eta_b = \frac{R_b}{B} \tag{1-8}$$

式中：B 为信号带宽（Hz）。

系统设计中希望的是：传输的速率 R_B 和 R_b 越快越好；系统占用的信号带宽 B 越小越好；频带利用率 η_b 越高越好。

什么时候用码速率形式的频带利用率，什么时候用信息速率形式的频带利用率呢？这两种形式的频带利用率实质是一样的，都用来反映系统的有效性和传输速率，选用哪种要根据分析问题的需要来决定。例如在讨论数字调制的时候，当采用多进制的情况下，码速率形式的频带利用率都相等，与进制数无关，不能反映实际速率，而实际上，多进制时，传输速率更快，要用信息速率形式的频带利用率。

6. 误码率和误信率

衡量数字通信系统可靠性的指标是差错率，常用误码率和误信率表示。

1）误码率 p_e：指码元在传输系统中被传错的概率，定义为错误码元数除以传输总码元数，即

$$p_e = \frac{错误码元数}{传输总码元数}$$

2）误信率 p_b：指发生错误的比特数在传输总比特数中所占的比例，定义为错误比特数除以传输总比特数，即

$$p_b = \frac{错误比特数}{传输总比特数}$$

误码率和误信率都是数字系统的可靠性指标，根据实际分析问题需要选择其一即可，通常情况下选择误码率。在讨论数字系统的时候，针对每一种调制方式，都要详细地讨论相应的误码率，然后对各种调制系统进行性能比较，看哪一种抗干扰能力强，在设计通信系统的时候，应根据抗干扰能力来选择合适的调制方式。

【例 1-2】 某信息源的符号集由 A、B、C、D 组成，设每一符号独立出现，其出现的概率分别为 1/4、1/8、1/8、1/2。求：

1）求该信源的信源熵。

2）若信源以 1000Baud 传送信息，则该信源的信息速率是多少？码元宽度是多少？传送 1h 的信息量是多少？

3）传送 1h 可能达到的最大信息量是多少？

解题思路：

1）信源熵公式：$H(x) = -\sum_{i=1}^{n} p(x_i)\log_2 p(x_i)$。信源熵是概率的函数，把已知四个概率代入信源熵的公式可以求出信源熵。

2）信息速率与码速率关系：$R_b = R_B \times H(x)$。码元宽度T_B与码速率关系：$R_B = 1/T_B$。信息量与信息速率关系：$I = t \times R_b$，1h 是 3600s，乘以R_b，得到 1h 传递的总的信息量。

3）最大信息速率时得到最大信息量，即等概时：$(R_b)_{max} = R_B \log_2 M$。求传送 1h 可能达到的最大信息量是求$R_b$取得极大值时的信息量。$R_b$在信源熵取得极大值时取得极大值。信源熵在等概的时候取得极大值。题中给的概率是不等概的，不是极值的情况。在等概的时候，M进值等概信源，符号概率都是$1/M$，信源熵取得极大值$\log_2 M$，$M = 4$。

解：1）信源熵：

$$H(x) = -\sum_{i=1}^{n} p(x_i)\log_2 p(x_i)$$

$$= \frac{1}{4} \times \log_2 4 + 2 \times \frac{1}{8} \times \log_2 8 + \frac{1}{2} \times \log_2 2 \text{bit/符号}$$

$$= \frac{1}{4} \times 2 + \frac{1}{4} \times 3 + \frac{1}{2} \times 1 \text{bit/符号} = 1.75 \text{bit/符号}$$

2）码速率：

$$R_b = R_B \times H(x) = 1000 \times 1.75 \text{bit/s} = 1750 \text{bit/s}$$

码元宽度：

$$T_B = \frac{1}{R_B} = \frac{1}{1000}\text{ms} = 1\text{ms}$$

信息量：

$$I = t \times R_b = 3600 \times 1750 \text{bit} = 6300000 \text{bit}$$

3）最大信息量：

$$(R_b)_{max} = R_B \times (H(x))_{max} = R_B \log_2 M = 1000 \times \log_2 4 \text{bit/s} = 2000 \text{bit/s}$$

$$I_{max} = t \times (R_b)_{max} = 3600 \times 2000 \text{bit} = 7200000 \text{bit}$$

计算的结果：1）是信源熵。2）是信息速率，是码速率乘以信源熵；码元宽度是码速率的倒数；总的信息量是时间t乘以信息速率（$t = 3600$s）。3）信息速率的最大值为R_B乘以信源熵的极大值，信源熵的极大值是等概时，即$\log_2 M$，得到R_b的极大值。

求得的R_b的极大值是 2000，比本例题中 2）求得的$R_b = 1750$ 要大。1750 是例题中给出的信源概率不相等的情况下求得的信息速率，而$R_b = 2000$ 是信息速率的极大值。用信息速率的最大值 2000 代入总信息量公式，求得的信息量就是最大信息量，即 3600s 乘以 2000bit/s，是 1h 能传送的最大的信息量。

【例1-3】 设英文字母 E 出现的概率为 0.105，X 出现的概率为 0.002。试求 E 及 X 的信息量。

解：英文字母 E 出现的概率为 $P(E) = 0.105$，其信息量为：$I_E = \log_2[1/P(E)] = 3.25$bit，字母 X 出现的概率为 $P(X) = 0.002$，其信息量为：$I_X = \log_2[1/P(X)] = 8.97$bit。

【例1-4】 某信息源的符号集由 A、B、C、D 和 E 组成，设每一符号独立出现，其出现概率分别为 1/4、1/8、1/8、3/16 和 5/16。试求该信息源符号的平均信息量。

解：该信息源符号的平均信息量为

$$H(x) = -\sum_{i=1}^{n} p(x_i) \log_2 p(x_i)$$

$$= \left(-\frac{1}{4} \times \log_2 \frac{1}{4} - 2 \times \frac{1}{8} \times \log_2 \frac{1}{8} - \frac{3}{16} \times \log_2 \frac{3}{16} - \frac{5}{16} \times \log_2 \frac{5}{16}\right) \text{bit/符号} = 2.23 \text{bit/符号}$$

【例1-5】 一个由字母 A、B、C、D 组成的字,对于传输的每一个字母用二进制脉冲编码,00 代替 A,01 代替 B,10 代替 C,11 代替 D,每个脉冲宽度为 5ms。

1) 不同的字母是等可能出现时,试计算传输的平均信息速率。

2) 若每个字母出现的可能性分别为 $P_A = 1/5$,$P_B = 1/4$,$P_C = 1/4$,$P_D = 3/10$,试计算传输的平均信息速率。

解:1) 每个字母的持续时间: 2 个脉冲,即码周期 $T_B = 2 \times 5\text{ms}$

字母传输速率,即码速率为

$$R_B = \frac{1}{T_B} = \frac{1}{2 \times 5 \times 10^{-3}} \text{Baud} = 100\text{Baud}$$

不同的字母以相等可能性出现时,即等概。四进制等概信源每个字母的平均信息量,即信源熵为

$$H(x) = \log_2 4 \text{bit/符号} = 2 \text{bit/符号}$$

平均信息速率就是信息速率,$H(x)$ 是个统计平均值,由 $H(x)$ 进一步求得的 R_b 也是个统计平均值,即

$$R_b = R_B \times H(x) = 200 \text{bit/s}$$

2) 每个字母不等概时,根据题中给出字母概率来计算每字母的平均信息量,即信源熵

$$H(x) = \left(-\frac{1}{5} \times \log_2 \frac{1}{5} - \frac{1}{4} \times \log_2 \frac{1}{4} - \frac{1}{4} \times \log_2 \frac{1}{4} - \frac{3}{10} \times \log_2 \frac{3}{10}\right) \text{bit/符号} = 1.985 \text{bit/符号}$$

平均信息速率为

$$R_b = R_B \times H(x) = 100 \times 1.985 \text{bit/s} = 198.5 \text{bit/s}$$

【例1-6】 1) 如果二进制独立等概信号的码元宽度为 0.5ms,求 R_B 和 R_b。

2) 若改为四进制信号,码元宽度不变,求传码率 R_B 和独立等概时的传信率 R_b。

解:1) 码元宽度为 0.5ms,即 $T_B = 0.5\text{ms}$,$R_B = 1/T_B = 1/(0.5 \times 10^{-3}) \text{Baud} = 2000\text{Baud}$。

二进制独立等概信号,信源熵 $H(x) = \log_2 2 \text{bit/符号} = 1 \text{bit/符号}$,$R_b = R_B \times H(x)$,此时信息速率和码速率数值相等,即 $R_b = R_B = 2000 \text{bit/s}$。

2) 若改为四进制信号,且码元宽度不变,即 $T_B = 0.5\text{ms}$,此时的 T_B 是四进制的码周期。码速率和码周期永远是互为倒数的关系,无论进制数是多少,一直存在,有:

$$R_B = \frac{1}{T_B} = \frac{1}{0.5 \times 10^{-3}} \text{Baud} = 2000 \text{Baud}$$

四进制信源独立等概时,

$$H(x) = \log_2 4 \text{bit/符号} = 2 \text{bit/符号}, \quad R_b = R_B \times H(x) = 2000 \times 2 \text{bit/s} = 4000 \text{bit/s}$$

本例可见,同样的码速率或码周期下,一个是二进制,另一个是多进制,比较可得:进制数越大,信源熵越大,信息速率越高,相同时间内传输的信息量越多。M 进制等概信源的信息速率是二进制信源的 $\log_2 M$ 倍:$(R_b)_M = (R_b)_2 \times \log_2 M$。

【例1-7】 已知某四进制数字传输系统的码速率为 2400bit/s,接收端在 0.5h 内共收到 432 个错误码元,试计算该系统的误码率 p_e。

解:误码率的定义是错误码元数除以传输总码元数。已知 0.5h 内的错误码元数是 432,需求得 0.5h 内的总的码元数,再将二者相除,是系统误码率。码速率为 2400bit/s,即 $R_b = 2400 \text{bit/s}$。

题中某四进制数字传输系统，没有给出信源概率，默认信源等概，故：

$$H(x) = \log_2 M = \log_2 4 \text{bit/符号} = 2\text{bit/符号}$$

$R_b = R_B \times H(x)$，得

$$R_B = \frac{R_b}{H(x)} = \frac{2400}{2} \text{Baud} = 1200\text{Baud}$$

$1h = 3600s$，$0.5h$ 内的总码元数 $= t \times R_B = 0.5 \times 3600 \times 1200 = 2160000$。

误码率为

$$p_e = \frac{\text{错误码元数}}{\text{传输总码元数}} = \frac{432}{2160000} = 2 \times 10^{-4}$$

1.6 通信调制理论基础

1. 调制与解调

调制：把信息加载在载波的某些参数上的过程。解调：从带有信息的载波中恢复原信号的过程。

（1）调制器和解调器模型　调制器和解调器模型如图1-8所示。调制是把信息加载在载波的某些参数上。信息的传输不是直接传输信息，而是把要传输的信息加载在载波上，传输带有信息的载波。接收端接收再从带有信息的载波中恢复原信号。

调制信号 → 调制器 → 已调信号　　已调信号 → 解调器 → 调制信号
　　　　a)发送端　　　　　　　　　　　　　b)接收端

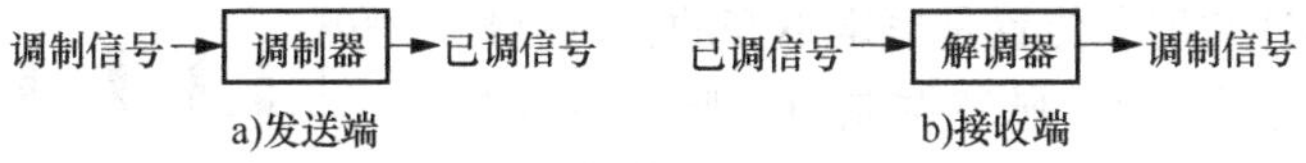

图1-8　调制器和解调器模型

针对调制器而言，把调制器的输入信号称为调制信号，调制器的输出信号称为已调信号。针对解调器而言，解调器的输入信号是已调信号，调制器的输出信号是调制信号（恢复的原始电信号）。调制在发送端，是把调制信号即原信号变成已调信号。已调信号送入信道进行传输。解调在接收端，收到的是信道输出的已调信号。解调是调制的逆过程，把已调信号恢复成原信号，即调制信号。

（2）调制的总体分类　调制的总体分类是根据调制采用的载波的不同来分类。

调制采用的载波不是唯一的，最常用的载波是正弦信号和矩形脉冲。

1）正弦载波调制：当载波是正弦信号时，称为正弦载波调制，简称调制，被广泛采用。

2）脉冲调制：当载波是脉冲序列时，称为脉冲调制。

载波不是唯一的正弦波，作为载波需满足的条件之一是载波能重复产生，接收端恢复原信号的时候要用到和发送端一模一样的载波。

2. 脉冲调制

脉冲调制：是把信息加载在矩形脉冲序列的某些参数上。矩形脉冲序列简称脉冲序列，是周期矩形信号，如图1-9所示。

（1）矩形脉冲序列的占空比　矩形脉冲序列的占空比定义为在一个周期内，高电平持续时间与周期之比。

图1-9中，频率设为50Hz，则周期 T_c 为频率 f_c 的倒数，$T_c = 1/f_c = 0.02s$。占空比设为20%，占空比 = 高电平的持续时间/T_c = 20%，则高电平的持续时间为0.004s。

（2）脉冲调制分类　矩形脉冲序列的参数有三个：脉冲幅度、脉冲宽度、脉冲位置。根据信

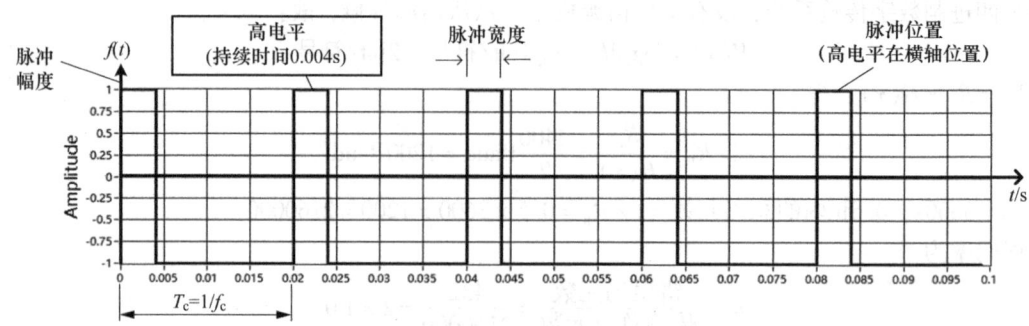

图 1-9 矩形脉冲序列载波（频率 50Hz，占空比 20%）

息加载所在的参数不同，把脉冲调制分为三种，三种脉冲调制波形如图 1-10 所示。

1）脉幅调制：把信息加载在脉冲的幅度上，简记为 PAM。

2）脉宽调制：把信息加载在脉冲的宽度上，简记为 PDM。

3）脉位调制：把信息加载在脉冲的位置上，简记为 PPM。

脉幅调制时，脉冲宽度和位置是恒定不变的，只有幅度随信号 $m(t)$ 的变化而变化；脉宽调制时，脉冲幅度和位置是恒定不变的，只有脉冲宽度随信号 $m(t)$ 的变化而变化；脉位调制时，脉冲幅度和宽度是恒定不变的，只有脉冲位置随信号 $m(t)$ 的变化而变化。

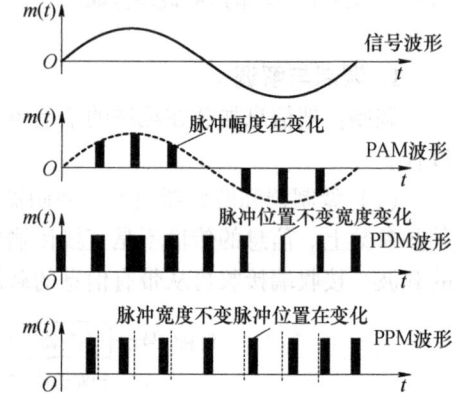

图 1-10 三种脉冲调制波形图

脉冲调制在本书属于了解内容，没有详细介绍，此处简单介绍的目的是要说明脉冲可以做载波，尽管正弦波是最广泛使用的载波，调制载波不是唯一的正弦波。本书学习的脉冲编码调制中，并没有像调幅、调频那样用正弦载波调制，之所以也称为调制，实质是矩形脉冲做载波的调制。

（3）脉幅调制 PAM 与脉冲编码调制 PCM　脉幅调制是对信号等间隔采样，采样值随信号变化而变化。此时，采样值是模拟量，所以，脉幅调制属于模拟调制。

如果进一步把 PAM 的抽样值进行数字化处理，经过量化和编码变成数字信号，就是第 10 章中的脉冲编码调制 PCM，属于数字调制。

无论 PAM 还是 PCM，都没有乘以正弦波，也就是没有把频谱搬移到载频处，都属于基带调制，PAM 和 PCM 信号是基带信号。将在第 10 章模拟信号数字化传输中详细介绍。

3. 正弦载波调制

（1）正弦载波信号

正弦信号是周期信号，表达式为：$f(t)=A\cos(\omega_0 t+\varphi)=A\cos(2\pi f_0 t+\varphi)$，这里说正弦信号却给出了余弦信号表达式，这种情况在通信中是常见的通用写法。余弦和正弦无本质区别，分别对应相位取值不同时的同一个信号，当 $\varphi=\pm(\pi/2)$ 时二者互相转化，两者差别可以在相位 φ 中体现。正弦信号的傅里叶变换为：$F(w)=\pi[\delta(\omega+\omega_0)+\delta(\omega-\omega_0)]$。

正弦信号做调制载波时称为正弦载波信号，表达式为

$$f(t)=A\cos(\omega_c t+\varphi)=A\cos(2\pi f_c t+\varphi)$$

正弦载波参数有三个：幅度 A、载波相位 φ、载波频率 ω_c 或 f_c。ω_c 为角频率，单位是弧度/

（rad/s）。f_c 为频率，单位是赫兹（Hz）。正弦载波信号及其三个参数如图 1-11 所示。

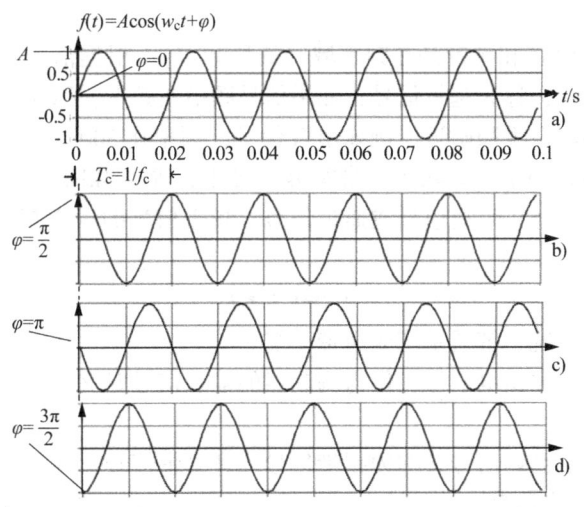

图 1-11　正弦载波信号及其三个参数（$f_c = 50\text{Hz}$）

1）幅度 A：幅值是正弦曲线振荡包络线。

2）频率：表示振荡的快慢，单位时间（1s）内周期重复的次数。当频率 $f_c = 50\text{Hz}$ 时，表示横坐标 t 为 1s 时，包含 50 个周期的正弦波，一个周期的持续时间 $T_c = 1/f_c = 0.02\text{s}$。$\omega_c$ 和 f_c 都表示频率，只是单位不同，二者之间的换算关系是：$\omega_c = 2\pi f_c$。频率单位换算：$1\text{kHz} = 10^3\text{Hz}$，$1\text{MHz} = 10^6\text{Hz}$，$1\text{GHz} = 10^9\text{Hz}$。

3）相位：表示波形起点，一个周期的正弦波形对应相位 φ 从 0°到 360°，相位取值不同，对应的波形起点不同，如图 1-11 所示。可以理解为随着相位的不同，波形沿着横坐标移动，以 2π 为周期，周期性重复。图 1-11a 左移 $\pi/2$ 是图 1-11b，图 1-11b 左移 $\pi/2$ 是图 1-11c，图 1-11c 图左移 $\pi/2$ 是图 1-11d。相位影响波形的起始时刻与波形位置有关，即傅里叶变换性质中时域的时移对应频域的相移。

（2）正弦载波调制定义　正弦载波调制的载波是正弦波，是广泛应用的调制方式，简称调制。一般情况下，调制泛指正弦载波调制，模拟通信系统模型和数字通信系统模型中的调制器和解调器，均为正弦载波调制。

正弦载波调制：是把信息加载在正弦载波的某些参数上。

（3）正弦载波调制的分类　根据信息加载在的参数的不同，把调制分为三种。

1）幅度调制：把信息加载在正弦载波的幅度上。

在模拟调制中就是调幅，简记为 AM。在数字调制中就是幅移键控 ASK。

2）频率调制：把信息加载在正弦载波的频率上。

在模拟调制中就是调频，简记为 FM。在数字调制中就是频移键控 FSK。

3）相位调制：把信息加载在正弦载波的相位上。

在模拟调制中就是调相，简记为 PM。在数字调制中就是相移键控 PSK。

（4）调制系统工作频率和带宽　通信系统工作频率和带宽是通信常用术语。

系统频率：即系统工作频率，系统的频点，通常是已调信号的载波频率。

信号带宽：信号所在的频谱区间，用 B 表示，带宽的单位通常用 Hz。

系统带宽：等于送入信道信号的带宽，是传输信号的带宽。

信道带宽：大于等于传输信号的带宽。信道带宽必须与信号带宽相匹配才能使信号通过信道实现正确传输。

（5）基带和频带　基带和频带是在频率域（简称频域），根据信号频谱所在的频率区间定义的。如果信号频谱在基带，称为基带信号；如果信号频谱在频带，称为频带信号。

基带信号的中心频率在零频附近，例如语音信号，频率在 300～3400Hz 之间，默认值为 0～4kHz，其最高频率即截止频率 f_m =4kHz，带宽 B 也等于 f_m 等于 4kHz。

频带信号也称窄带信号、带通信号或通带信号。频带信号的中心频率 f_c 远离零频，带宽 B 远小于载频 f_c，即

$$f_c \gg 0, B \ll f_c$$

频带系统也称窄带系统、带通系统或通带系统。

基带信号也可以称为原始电信号，作为调制器的输入信号时又称为调制信号。基带信号经过调制之后变成了已调信号。

经正弦载波调制后的已调信号又称为频带信号或者窄带信号，具有下面的一些特征：

1）已调信号要携带有信息。

2）适合在信道中传输。

3）频谱具有带通的性质，即中心频率远离零频，带宽远小于载频。

4. 不同调制系统之间的区别

（1）正弦载波调制和脉冲调制的区别　正弦载波调制和脉冲调制，两种调制的已调信号的核心区别如下。

1）正弦载波调制将调制信号频谱搬移到了正弦载波的载频处，搬移到了高频处，已调信号是带通信号或称为频带信号、窄带信号。

2）脉冲调制没有频谱搬移，已调信号是基带信号。

可见，区分基带信号和带通信号，基带系统和带通系统，看是否经过正弦载波调制：经过正弦载波调制的才是带通信号以及带通系统；没有经过正弦载波调制，就没有频谱搬移过程，调制后已调仍是基带信号，例如 PAM 和 PCM，都属于基带。

（2）模拟调制系统与数字调制系统的区分　模拟调制系统与数字调制系统的区别在于调制器的输入信号是模拟信号还是数字信号。

1）模拟调制系统：送入调制器的信号是模拟信号。

如果信源输出信号（基带信号）是模拟信号，那么将此模拟信号进行调制再传输，系统是模拟调制系统。

2）数字调制系统：送入调制器的信号是数字信号。

如果信源输出信号（基带信号）是模拟信号，应将模拟信号数字化变成数字信号后，再进行调制，系统是数字调制系统。将数字化后的信源称为数字信源。

（3）数字基带系统与数字调制系统的区别　基带系统与带通系统的区别看是否经过正弦载波调制：数字基带系统中没有调制器，没有经过正弦载波调制，没有频谱搬移至高频处，仍是基带；数字调制系统中有调制器，经过正弦载波调制，频谱搬移至高频处，是频带或带通或窄带。

数字调制系统首先是数字系统，其次是正弦载波调制。数字化体现在正弦载波的参数（幅度，频率或相位）是数字量，只有几种状态。经过正弦载波调制，已调信号经过频谱搬移，是带通信号（或称为频带信号或窄带信号）。

在数字系统的信道中传输的信号不一定是数字量，也可能是模拟量。

数字基带系统信道中信号是数字基带信号，可以是二进制的脉冲序列，也可以是部分响应波

形。二进制的脉冲序列的幅值只有两种状态,是数字量。而部分响应波形的幅值是连续变化的模拟量,数字化部分体现在取样点处的采样值只有几种状态,是数字量。

数字调制系统信道中信号是数字已调信号,是某种形式的正弦波,正如正弦波始终是时间连续、幅值连续的模拟量一样,数字已调信号的波形也是这样的模拟量,其数字化体现在正弦波的参数(比如幅度)的取值是离散的,只有几种状态,比如2ASK时,正弦波的幅度只有两种可能的取值,幅值离散。

思考题与习题

1-1 通信系统的两项重要性能指标是什么?这两项指标分别反映通信系统的什么性能?模拟通信和数字通信对应于这两项的具体指标是什么?

1-2 与模拟通信相比,数字通信有哪些优缺点?

1-3 数字通信系统的一般模型中各组成部分的主要功能是什么?

1-4 如果按是否经过调制,通信系统该如何分类?

1-5 什么是调制以及为什么要调制?通信中常用调制方式有哪些?

1-6 解释基带信号和频带信号,已调信号有哪些特征?

1-7 按传输信号的复用方式,通信系统应如何分类?

1-8 常用通信方式有哪些?解释它们的工作方式并举例说明。

1-9 通信系统的主要性能指标是什么?

1-10 衡量模拟通信系统有效性和可靠性的性能指标有哪些?

1-11 衡量数字通信系统有效性和可靠性的性能指标有哪些?

1-12 何谓调制?何谓解调?

1-13 已调信号具有哪些特征?

1-14 正弦载波调制和脉冲调制的区别是什么?

1-15 数字基带系统与数字调制系统的区别是什么?

1-16 名词解释:通信、信息、码速率、信息速率、频带利用率、信源熵。

1-17 下列哪个描述不符合数字通信的特点( )。
A. 占用信道带宽窄　　B. 便于构成综合业务网　C. 抗干扰能力强　　D. 易于加密

1-18 二进制数字信号,码元时间长度是 $0.1\mu s$,在传输过程中平均 $2.5s$ 产生一个错码,则其平均误码率近似为( )。
A. 5×10^{-6}　　B. 2×10^{-8}　　C. 2×10^{-7}　　D. 4×10^{-8}

1-19 按照调制方式,通信系统分为基带和( )系统。
A. 宽带　　　　　　　B. 窄带　　　　　　　C. 通带　　　　　　　D. 频带

1-20 数字通信相对于模拟通信具有( )。
A. 占用频带小　　　　B. 抗干扰能力强　　　C. 传输容量大　　　　D. 易于频分复用

1-21 某二进制信源,各符号独立出现,若"1"符号出现的概率为3/4,则"0"符号的信息量为( )bit。
A. 1　　　　　　　　B. 2　　　　　　　　C. 1.5　　　　　　　　D. 2.5

1-22 已知二进制离散信源(0,1),每一符号波形等概独立发送,传送二进制波形之一的信息量为( )。
A. 1 bit/s　　　　　　B. 1 bit　　　　　　　C. 2 bit/s　　　　　　　D. 2 bit

1-23 如果在已知发送独立的符号中,符号"E"出现的概率为1/8,则符号"E"所包含的信息量为( )。
A. 1bit　　　　　　　B. 2 bit　　　　　　　C. 3 bit　　　　　　　D. 4 bit

1-24 离散信源输出五个不同符号,若各符号概率分别为1/2、1/4、1/8、1/16、1/16,则该信源的熵为( )。
A. 1.5bit/符号　　　　B. 1.875 bit/符号　　　C. 2 bit/符号　　　　　D. 1 bit/符号

1-25 离散信源输出四个不同符号，若各符号概率分别为1/2、1/4、1/8、1/8，则该信源的熵为多少(　　)。
A. 1.5bit/符号　　　　　B. 1.875 bit/符号　　　C. 1.75bit/符号　　　　D. 1bit/符号
1-26 已知一个八进制信号的码速率为4800Baud，则其对应的信息速率是(　　)。
A. 4800bit/s　　　　　　B. 2400bit/s　　　　　C. 9600bit/s　　　　　D. 14400bit/s
1-27 下列哪个描述不符合数字通信的特点(　　)。
A. 抗干扰能力强　　　　B. 占用信道带宽窄　　　C. 便于构成综合业务网　D. 可以时分复用
1-28 下面描述正确的是(　　)。
A. 数字通信系统的主要性能指标是传输速率和差错率
B. 从研究消息的传输来说，通信系统的主要性能指标是其标准性和可靠性
C. 对于数字通信系统，传码率和传信率是数值相等，单位不同的两个性能指标
D. 所谓误码率是指错误接收的信息量在传送信息总量中所占的比例
1-29 在模拟通信系统中，传输带宽属于通信系统性能指标中的(　　)。
A. 可靠性　　　　　　　B. 有效性　　　　　　　C. 适应性　　　　　　　D. 标准性
1-30 某信源符号集由 A、B、C、D 和 E 组成，设每一符号独立出现。其出现的概率分别为1/2、1/4、1/8、1/16、1/16。码速率为2000Baud，试求该信源符号的信源熵和信息速率。

第 2 章 确知信号

本章要点

- 确知信号的定义和类型
- 确知信号的频域性质
  - ☆ 能量信号是能量谱密度和能量
  - ☆ 功率信号的功率谱密度和功率
- 确知信号的时域性质——自相关函数
  - ☆ 通信中的相关分析
  - ☆ 能量信号的自相关函数
  - ☆ 功率信号的自相关函数

内容导读

- 本章确知信号和下一章随机过程都是讨论通信中传输的信号——随机信号。本章是从时间域的角度来讨论，下一章随机过程则是从数理统计的角度来讨论。
- 首先，能量信号和功率信号的判定。常见的通信信号不外乎有两种，一种是能量有限的信号——能量信号；另一种是功率有限的信号——功率信号。一个信号，一定是两者之一，不可能两者都是。分析一个信号，第一步要判定该信号是能量信号还是功率信号。
- 其次，分析确知信号的频谱特性。如果是能量信号，求出其能量谱密度（简称能量谱）；如果是功率信号，求出其功率谱密度（简称功率谱）。常见的通信传输信号是功率信号，频谱特性就是功率谱密度。
- 最后，求确知信号的自相关函数。自相关函数与能量谱密度或功率谱密度互为傅里叶变换对，取能量谱密度或功率谱密度的傅里叶反变换，就得到信号的自相关函数。

2.1 确知信号的定义和类型

1. 确知信号的定义

（1）信号的分类　信号分为确定信号和随机信号。确知信号是什么样的信号？属于确定信号还是随机信号？

在"信号与系统"课程中，研究的是确定信号，给出了确定信号的定义，即任一时刻 t 都有一个确定的函数值 $f(t)$ 与之对应，这样的信号是确定信号。通常所谓的"信号"是指确定信号。信号就是函数，是时间 t 的函数 $f(t)$，确定信号波形如图 2-1 所示。

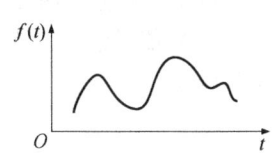

图 2-1　确定信号波形图

通信中传输的信号，从广义上来说，都是随机信号，不是确定的。如果是确定的，就没有意义来传输它们。随机信号又分为确知信号和随参信号。

$$\text{随机信号} \begin{cases} \text{确知信号例如：确知 2FSK 信号} \\ \text{随参信号例如：随参 2FSK 信号} \end{cases}$$

(2) 确知信号定义　确知信号是指取值在任何时间都是确定的或可预知的信号。确知信号是指一个信号出现后，它的所有参数（如幅度、频率、相位、到达时刻等）都是确知的。随参信号是指一个信号出现后，它的某些参数（如幅度、频率、相位、到达时刻等）是随机的。例如：二进制数字频率调制信号2FSK，信息码是由"0"和"1"组成的码流（例如10110100001101…），"0"码采用一个f_0频率的正弦波$s_0(t) = \cos(2\pi f_0 t)$，"1"码采用一个$f_1$频率的正弦波$s_1(t) = \cos(2\pi f_1 t)$。2FSK信号用两个不同的频率表示信息，正弦波的幅度（设为1）和相位（设为0）是常数。经过信道传输后到达接收端，如果信道是理想信道，接收信号的幅度和相位仍然是常数，接收信号是确知信号；如果信道是非理想信道，例如衰落信道，接收信号的幅度和相位不再是常数，而是随机变量，此时的接收2FSK信号是随参信号。随机性表现在：当前码元可能是"0"也可能是"1"，具体是"0"码还是"1"码是不确定的，是随机的。例如：

1）确知2FSK信号。其表达式为

$$\begin{cases} s_0(t) = \cos(2\pi f_0 t), 0 \leq t \leq T_B,发送"0"码 \\ s_1(t) = \cos(2\pi f_1 t), 0 \leq t \leq T_B,发送"1"码 \end{cases}$$

确知性表现在："0"码和"1"码所对应的2FSK信号波形是确定的，是确定信号波形。"0"码对应的波形是$s_0(t)$，"1"码对应的波形是$s_1(t)$。$s_0(t)$和$s_1(t)$都是确定信号，是确定的时间的函数，一旦码确定，码元波形就是确定的。这样的信号是确知信号。

2）随参2FSK信号。确知2FSK信号是信道理想的情况下接收端收到的理想的2FSK信号，载波相位φ是常数（通常值设为0）。当信道特性不理想时，经信道传输后可能造成相位变成随机变量，接收端收到的2FSK信号是随参2FSK信号，表达式为

$$\begin{cases} s_0(t) = \cos(2\pi f_0 t + \varphi), 0 \leq t \leq T_B,发送"0"码 \\ s_1(t) = \cos(2\pi f_1 t + \varphi), 0 \leq t \leq T_B,发送"1"码 \end{cases}$$

式中，φ设为在$[0, 2\pi]$内均匀分布的随机变量。$s_0(t)$和$s_1(t)$不再是确定的时间的函数，而是含有随机变量φ，是一个随机过程。这样的信号是随参信号。此时的2FSK信号由于相位是随机变量，称为随相2FSK信号。

类似于掷硬币，结果可能是正面也可能是反面，是不确定的。但结果的取值只能是两个，即正面和反面，是确定的，不可能是其他值。当正面和反面所对应的图案也是确定的，不含有随机成分，就是确知信号；当正面和反面所对应的图案也不是确定的，含有随机成分，是随参信号。

确知信号是和随参信号相对应来定义的，本节讨论确知信号，是大部分的情况下通信系统中所遇到的信号。随参信号在数字信号的最佳接收中讨论。

2. 确知信号的类型

确知信号分成两类，一类是能量信号，另一类是功率信号。

(1) 能量信号　能量信号是指能量有限的信号。能量E等于信号的模的二次方的积分，能量信号满足：

$$E = \int_{-\infty}^{\infty} |f(t)|^2 dt < \infty$$

如果积分值小于无穷，是能量信号。一般情况下，非周期信号是能量信号。例如，矩形非周期信号是一个能量有限的信号，如图2-2所示。

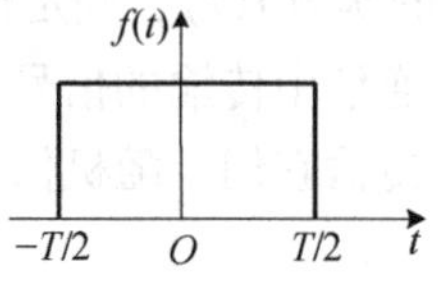

(2) 功率信号　功率信号是指功率为有限值的信号。一般周期信号等属于功率信号。

例如接收机输出的噪声，能量是无穷大的，但其单位时间内的能量是有限的。把单位时间内的能量定义为功率，功率有限的信号

图2-2　确定信号举例

定义为功率信号。

把功率信号 $f(t)$ 取其时间 T 内截短信号 $f_T(t)$，如图 2-3 所示。$f_T(t)$ 能量是有限的，能量是 $f_T(t)$ 的模的二次方的积分，再除以截短时间 T，得到的是单位时间上的能量，把它定义为功率 P。如果功率是有限的，小于无穷，则信号是功率信号。功率信号满足：

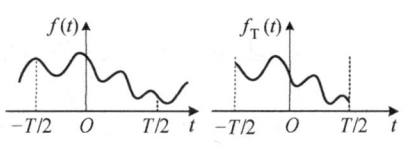

图 2-3 功率信号 $f(t)$ 及其截短信号

$$P = \lim_{T \to \infty} \frac{1}{T} \int_{-\frac{T}{2}}^{\frac{T}{2}} |f(t)|^2 dt < \infty$$

可见，对于能量信号，它的功率是零。能量信号的能量被 T 除（$T \to \infty$）的结果是零；对于功率信号，能量是无穷大。

信号能不能既是功率信号又是能量信号呢？实际生活中的信号是不可能的，不是功率信号就是能量信号，只能是其中之一。

2.2 确知信号的频域性质

确知信号的频域性能指标是能量谱密度或功率谱密度，根据信号类型选择一种，如果是能量信号，用能量谱密度来分析；如果是功率信号，用功率谱密度来分析。

2.2.1 能量信号的能量谱密度和能量

1. 能量谱密度

能量谱密度是单位频带上的能量，简称能量谱。一般来说，非周期信号是能量信号。以非周期信号 $s(t)$ 为例来给出能量谱密度计算公式。

设 $s(t)$ 的傅里叶变换为 $S(f)$。由帕塞瓦尔（Parseval）定理——时域和频域能量守恒，即时域能量等于频域能量可得

$$E = \int_{-\infty}^{\infty} s^2(t) dt = \int_{-\infty}^{\infty} |S(f)|^2 df = \frac{1}{2\pi} \int_{-\infty}^{\infty} |S(\omega)|^2 d\omega$$

将 $|S(f)|^2$ 定义为能量谱密度 $G(\omega)$ 或 $G(f)$，则

$$G(f) = |S(f)|^2 \tag{2-1}$$

能量谱密度等于信号的傅里叶变换的模的二次方。

2. 能量

能量谱密度的积分等于能量 E，即

$$E = \int_{-\infty}^{\infty} G(f) df \tag{2-2}$$

能量谱密度是单位频带上的能量。类似于物理学里面密度的概念，是能量密度在频带上分布情况。能量谱密度的积分等于能量，这是定义使然，是一直存在的公式。

3. 角频率形式的能量谱密度和能量公式

由于 $\omega = 2\pi f$，能量谱密度公式也可以写成角频率 ω 的函数：$E = \int_{-\infty}^{\infty} s^2(t) dt = \int_{-\infty}^{\infty} |S(f)|^2 df = \frac{1}{2\pi} \int_{-\infty}^{\infty} |S(\omega)|^2 d\omega$。将 $|S(\omega)|^2$ 定义为能量谱密度 $G(\omega)$，即

$$G(\omega) = |S(\omega)|^2 \tag{2-3}$$

则

$$E = \frac{1}{2\pi}\int_{-\infty}^{\infty} G(\omega) d\omega \tag{2-4}$$

4. 以 f 或 ω 为自变量的两种能量谱密度和能量表达式的对比

$\omega = 2\pi f$，计算中，以 f 或以 ω 为自变量均可，计算结果相同。其中关系：

1）不同自变量 f 或 ω 下，傅里叶变换是相同的，即 $S(f) = S(\omega)$。
2）二者的能量谱密度为 $G(\omega) = G(f)$。
3）二者的能量无论采用 f 或 ω，都是能量谱密度的积分，即

$$E = \int_{-\infty}^{\infty} G(f) df \quad \text{或} \quad E = \frac{1}{2\pi}\int_{-\infty}^{\infty} G(\omega) d\omega$$

【例 2-1】 确定信号 $s(t)$ 为矩形脉冲信号，是幅度为 E，脉冲宽度为 τ 的矩形。1）写出矩形脉冲信号表达式并画出波形图；2）写出矩形脉冲信号傅里叶变换，画出频谱图。

解析：本例的方波信号是确定信号。确定信号存在傅里叶变换，信号与其傅里叶变换之间互为傅里叶变换对，是一一对应关系。方波，即门函数，也叫矩形信号或矩形脉冲信号，是通信中常用的信号，其表达式和傅里叶变换须熟记。

解：1）矩形脉冲信号波形如图 2-4 所示。幅度为 E，脉冲宽度为 τ 的矩形脉冲信号，E 和 τ 都是常数，矩形脉冲信号 $s(t)$ 的表达式为

$$s(t) = \begin{cases} E & |t| \leq \tau/2 \\ 0 & |t| > \tau/2 \end{cases} \text{或} \; s(t) = E\left\{u\left(t + \frac{\tau}{2}\right) - u\left(t - \frac{\tau}{2}\right)\right\}$$

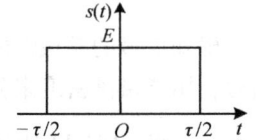

2）矩形脉冲信号的傅里叶变换为 $S(\omega) = E\tau Sa\left(\dfrac{\omega\tau}{2}\right)$。

图 2-4 矩形脉冲信号波形

上式中包含的 $Sa(\ )$ 函数是通信中常用函数之一，归一化时令 $E = 1$，$S(\omega)$ 波形如图 2-5 所示。

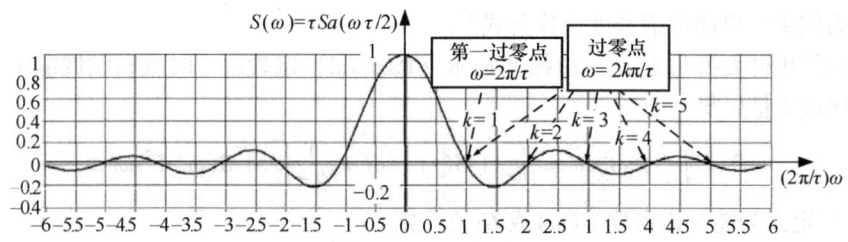

图 2-5 矩形脉冲信号的傅里叶变换 $S(\omega)$ 波形图

5. 矩形脉冲信号的傅里叶变换 $S(\omega)$ 的特点

矩形脉冲信号是通信中常用信号，观察图 2-5，总结出其傅里叶变换 $S(\omega)$ 的特点如下：

1）$S(\omega)$ 为抽样信号，是一个幅度衰减振荡；第一个峰值是 1（$\omega = 0$ 时），第二个峰值是 $-0.2[\omega = 1.5 \times (2\pi/\tau)$ 时]，当 ω 趋于无穷时，$S(\omega)$ 趋于零。

2）当 $\omega = 2\pi/\tau, 4\pi/\tau, \cdots, 2k\pi/\tau$ 时，$S(\omega) = 0$。$\omega = 2k\pi/\tau$（k 为不等于 0 的整数）时，是 $S(\omega)$ 的过零点。

3）$S(\omega)$ 的第一过零点：在 $k = 1$ 时，$\omega = 2\pi/\tau$ 是 $S(\omega)$ 的第一过零点。

4）$S(\omega)$ 第一个峰值是 1（$\omega = 0$ 时），第二个峰值是 $-0.2[\omega = 1.5 \times (2\pi/\tau)$ 时]，主能量集中在第一主瓣的 $-2\pi/\tau \sim 2\pi/\tau$ 之间。

5）通常近似的把第一过零点，$\omega = 2\pi/\tau$，即 $f = 1/\tau$，定义为信号的带宽 B，即

$$B = 1/\tau$$

频率单位取角频率（单位为 rad/s）时的带宽：$B = 2\pi/\tau$，频率单位取赫兹时的带宽：$B = 1/\tau$。计算带宽时常用单位是 Hz，不用或很少用 rad/s 为单位。

B 为信号在频域的带宽，τ 为信号在时域的脉冲宽度，$B = 1/\tau$，二者互为倒数关系，说明信号在时域脉冲宽度 τ 越窄，在频域占用带宽 B 越大。

注：第一主瓣在 $-2\pi/\tau \sim 2\pi/\tau$ 之间，带宽为什么不是 $4\pi/\tau$ 呢？

这个问题关乎负频率。负频率是数学上的人为引入，在实际中是不存在的，只有正频率，只看正频率范围内的 $S(\omega)$ 来确定带宽。信号的实际频率范围是在横坐标正半轴上，从 $\omega = 0$ 到正无穷大，看信号频谱所在的区间，就是信号的频率范围和带宽。

【例 2-2】 确知信号 $s(t)$ 为幅度 E、脉冲宽度为 τ 的矩形脉冲信号，波形如图 2-4 所示。1）判定该信号是能量信号还是功率信号？2）如果是能量信号，则求信号的能量谱密度和能量；如果是功率信号，则求信号的功率谱密度和功率。

解析： 本例与例 2-1 是同样的矩形脉冲信号 $s(t)$，例 2-1 中 $s(t)$ 是确定信号，本例中 $s(t)$ 是确知信号，确知信号的频域特性用能量谱密度或功率谱密度来描述。

1）确知信号不是能量信号就是功率信号，必是其中之一，首先判断属于哪种。能量有限的信号是能量信号。一般情况下，非周期信号可能是能量信号。比如本例中的矩形脉冲信号是能量有限的非周期信号，是能量信号。功率信号是功率有限的信号。一般情况下，周期信号可能是功率信号。

2）能量谱密度计算公式为 $G(f) = |S(f)|^2$ 或 $G(\omega) = |S(\omega)|^2$。能量谱密度等于信号 $s(t)$ 的傅里叶变换 $S(\omega)$ 的模的二次方，只要求出 $s(t)$ 的傅里叶变换代入即可求得能量谱密度。信号的傅里叶变换在例 2-1 中已经求出。能量谱密度的积分等于能量，这是始终存在的公式，定义使然，即 $E = \int_{-\infty}^{\infty} G(f) \mathrm{d}f$ 或 $E = \frac{1}{2\pi}\int_{-\infty}^{\infty} G(\omega) \mathrm{d}\omega$。

解： 1）求矩形脉冲信号 $s(t)$ 能量为 $E = \int_{-\infty}^{\infty} s^2(t) \mathrm{d}t$，$s(t)$ 为矩形，$s^2(t)$ 也是矩形，是底为 τ，高为 E^2 的矩形。$E = s^2(t)$ 的积分 = 矩形面积 = 底 × 高 = $E^2\tau$，即

$$E = \int_{-\infty}^{\infty} s^2(t) \mathrm{d}t = E^2\tau < \infty$$，能量有限，该信号是能量信号。

2）$s(t)$ 的傅里叶变换为

$$S(\omega) = E\tau Sa\left(\frac{\omega\tau}{2}\right) \text{ 或 } S(f) = E\tau Sa\left(\frac{2\pi f\tau}{2}\right)$$

能量谱密度为

$$G(\omega) = |S(\omega)|^2 = \left|E\tau Sa\left(\frac{\omega\tau}{2}\right)\right|^2 \text{ 或 } G(f) = \left|E\tau Sa\left(\frac{2\pi f\tau}{2}\right)\right|^2$$

能量（以 ω 为自变量）为

$$E = \frac{1}{2\pi}\int_{-\infty}^{\infty} G(\omega) \mathrm{d}\omega = \frac{1}{2\pi}\int_{-\infty}^{\infty} \left|E\tau Sa\left(\frac{\omega\tau}{2}\right)\right|^2 \mathrm{d}\omega$$

或（以 f 为自变量）

$$E = \int_{-\infty}^{\infty} G(f) \mathrm{d}f = \int_{-\infty}^{\infty} \left|E\tau Sa\left(\frac{2\pi f\tau}{2}\right)\right|^2 \mathrm{d}f$$

采用不同的自变量 ω 或 f 下，能量 E 的计算结果相同，都等于时域能量 $E^2\tau$。总之，对于能量信号，求出信号的频谱，频谱的模的二次方就是它的能量谱密度。能量等于能量谱密度的积分。时域和频域能量相等。

2.2.2 功率信号的功率谱密度和功率

1. 功率和功率谱密度的定义

功率信号是能量无穷大的，定义功率为单位时间内的能量，是能量的时间平均值。功率信号

的频率特性用功率谱密度来描述。将功率信号 $s(t)$ 截短为 $s_T(t)$，取 $-T/2 < t < T/2$ 内的一段，截短信号 $s_T(t)$ 能量有限，是一个能量信号，可以用傅里叶变换求其能量谱密度 $|S_T(f)|^2$。由帕塞瓦尔定理，能量守恒，$s_T(t)$ 的时域能量和频域能量相等：$\int_{-T/2}^{T/2} s_T^2(t) \mathrm{d}t = \int_{-\infty}^{\infty} |S_T(f)|^2 \mathrm{d}f$。

功率定义为单位时间内的能量，功率是能量的时间平均值。$s_T(t)$ 的能量被时间 T 除，再取 T 趋于无穷，得到的是能量的时间平均值，即功率 P 为

$$P = \lim_{T \to \infty} \frac{1}{T} \int_{-\frac{T}{2}}^{\frac{T}{2}} |s(t)|^2 \mathrm{d}t = \lim_{T \to \infty} \frac{1}{T} \int_{-\infty}^{\infty} |s_T(t)|^2 \mathrm{d}t = \lim_{T \to \infty} \frac{1}{T} \int_{-\infty}^{\infty} |S_T(f)|^2 \mathrm{d}f$$

则功率的定义和求解公式为

$$P = \int_{-\infty}^{\infty} \lim_{T \to \infty} \frac{|S_T(f)|^2}{T} \mathrm{d}f \tag{2-5}$$

由式（2-5）功率定义可知功率是个平均值，所谓"功率"和"平均功率"是一样的。由式（2-5），定义功率信号的功率谱密度 $P(f)$ 为

$$P(f) = \lim_{T \to \infty} \frac{1}{T} |S_T(f)|^2 \text{ 或 } P(\omega) = \lim_{T \to \infty} \frac{1}{T} |S_T(\omega)|^2 \tag{2-6}$$

式（2-6）是功率谱密度的定义和求解公式。

功率等于功率谱密度的积分，谱密度定义和含义使然，是一直存在的一个公式，即

$$P = \int_{-\infty}^{\infty} P(f) \mathrm{d}f \tag{2-7}$$

式（2-7）写成角频率 ω 的形式，即

$$P = \frac{1}{2\pi} \int_{-\infty}^{\infty} P(\omega) \mathrm{d}\omega \tag{2-8}$$

求功率信号的功率谱密度，需要代入功率谱密度的定义，计算比较烦琐。本书中采用此公式，是在数字基带传输系统一章中，在求数字基带信号的功率谱密度中用到了。下面介绍一种功率谱密度的简洁的计算公式，是求功率谱密度的常用方法，适用于周期信号。

2. 周期信号的功率谱密度

（1）周期信号的功率谱密度计算公式　一般情况下，周期信号是功率信号。设周期信号 $s(t)$ 的周期为 T_0，$f_0 = 1/T_0$，f_0 为周期信号的基频。周期信号的频率特性用傅里叶级数来表示，傅里叶级数的系数是 F_n。

把功率的定义式（2-5）中的 T 取为周期信号的周期 T_0，令 $T = T_0$，于是有

$$P = \lim_{T \to \infty} \frac{1}{T} \int_{-T/2}^{T/2} s^2(t) \mathrm{d}t = \frac{1}{T_0} \int_{-T_0/2}^{T_0/2} s^2(t) \mathrm{d}t \tag{2-9}$$

由周期函数的帕塞瓦尔定理，即时域和频域功率守恒，有

$$P = \frac{1}{T_0} \int_{-T_0/2}^{T_0/2} s^2(t) \mathrm{d}t = \sum_{n=-\infty}^{\infty} |F_n|^2 \tag{2-10}$$

F_n 是第 n 次谐波的傅里叶级数的系数，第 n 次谐波的频点在 $f = nf_0$ 处。$|F_n|^2$ 是第 n 次谐波的功率，所有谐波功率的和是信号功率。

利用 $\delta()$ 函数可将式（2-10）表示为

$$P = \int_{-\infty}^{\infty} \sum_{n=-\infty}^{\infty} |F_n|^2 \delta(f - nf_0) \mathrm{d}f = \int_{-\infty}^{\infty} p(f) \mathrm{d}f \tag{2-11}$$

注：式（2-11）的推导为

利用 $\delta()$ 函数的性质：$\delta()$ 函数积分为 1，则 $\int_{-\infty}^{\infty} \delta(f - nf_0) \mathrm{d}f = 1$。

设 C 为常数，$\delta(\ )$ 函数乘以常数的积分等于常数，即 $\int_{-\infty}^{\infty} C\delta(f - nf_0) df = C$。

$\sum_{n=-\infty}^{\infty} |F_n|^2$ 相对于 f 是常数，故

$$\int_{-\infty}^{\infty} \sum_{n=-\infty}^{\infty} |F_n|^2 \delta(f - nf_0) df = \sum_{n=-\infty}^{\infty} |F_n|^2 \tag{2-12}$$

由式 (2-10) 和式 (2-12) 得

$$P = \sum_{n=-\infty}^{\infty} |F_n|^2 = \int_{-\infty}^{\infty} \sum_{n=-\infty}^{\infty} |F_n|^2 \delta(f - nf_0) df \tag{2-13}$$

由式 (2-7) 和式 (2-13)，得式 (2-11)。证毕。

对比式 (2-11) 的被积分项（式中阴影部分），可知周期信号的功率谱密度 $P(f)$ 公式，即

$$P(f) = \sum_{n=-\infty}^{\infty} |F_n|^2 \delta(f - nf_0) \tag{2-14}$$

或写成角频率形式的功率谱密度 $P(\omega)$ 计算公式，即

$$P(\omega) = \sum_{n=-\infty}^{\infty} |F_n|^2 \delta(\omega - n\omega_0) \tag{2-15}$$

式中，F_n 是周期信号 $s(t)$ 的傅里叶级数的系数，第 n 次谐波 $f = nf_0$ 时的傅里叶级数的系数。

(2) 周期信号的功率谱密度特点及求解步骤

1) 周期信号的功率谱密度特点：是离散谱，只在 $f = nf_0$ 这些谐波频点上有值，值的大小等于 $|F_n|^2$。

2) 求周期信号的功率谱密度步骤：

① 求出周期信号的傅里叶级数的系数 F_n。

② 再将 F_n 代入此功率谱密度计算公式，即式 (2-14) 或式 (2-15)。

两步即可求得，不必用功率谱密度的定义式 (2-6) 来求，使计算简化。求解的关键是求傅里叶级数的系数 F_n，求得后代入功率谱密度公式即可。

3) 求周期信号的功率的步骤：先求出功率谱密度 $P(f)$，代入式 (2-7) 或式 (2-8)，功率谱密度的积分等于功率 P，即

$$P = \int_{-\infty}^{\infty} P(f) df \text{ 或 } P = \frac{1}{2\pi} \int_{-\infty}^{\infty} P(\omega) d\omega$$

4) 求周期信号的傅里叶级数的系数 F_n 的方法：

① 熟记常用非周期信号的傅里叶变换 $F(\omega)$，见表 2-1。

表 2-1 常用非周期信号的傅里叶变换

	$f(t)$	$F(\omega)$
门函数（矩形，幅度 E，脉宽 τ）	$E\,G_\tau(t)$	$E\tau\,Sa\left(\dfrac{\omega\tau}{2}\right)$
三角函数（幅度 E，脉宽 τ）	$E\,Tri_\tau(t)$	$\dfrac{E\tau}{2}Sa^2\left(\dfrac{\omega\tau}{4}\right)$
双边指数衰减信号	$e^{-\alpha|t|}$	$\dfrac{2\alpha}{\alpha^2 + \omega^2}$
余弦信号	$A\cos(\omega_0 t + \theta)$	$\pi[\delta(\omega + \omega_0) + \delta(\omega - \omega_0)]$
	或：$A\cos(2\pi f_0 t + \theta)$	或：$\dfrac{1}{2}[\delta(f + f_0) + \delta(f - f_0)]$

② 将非周期信号 $f(t)$ 以 T_0 为周期，进行周期化拓展，得到周期信号。周期信号的傅里叶级数 F_n 与此非周期信号 $f(t)$ 的傅里叶变换 $F(\omega)$ 之间关系公式为

$$F_n = \frac{1}{T_0}F(f)|_{f=nf_0} \text{ 或 } F_n = \frac{1}{T_0}F(\omega)|_{\omega=n\omega_0} \tag{2-16}$$

式 (2-16) 是由非周期信号的傅里叶变换 $F(\omega)$ 来求其周期化后信号的傅里叶级数系数 F_n 的公式。式中 $\omega_0 = 2\pi/T_0$，为周期信号的基频。式 (2-16) 的证明见"信号与系统"课程。

可见，只需记住常用非周期信号的傅里叶变换，然后利用式 (2-16)，用傅里叶变换来求其周期化后的周期信号傅里叶级数 F_n，不必经复杂的积分运算，使计算大大简化。将 F_n 代入功率谱密度公式：$P(f) = \sum_{n=-\infty}^{\infty} |F_n|^2 \delta(f - nf_0)$，就求得了周期信号的功率谱密度。

注：由周期信号到非周期信号的时间波形及其频谱的演化过程如下（针对确定信号 $f(t)$）：

如图 2-6 所示，$f(t)$ 由周期到非周期，频谱对应着由傅里叶级数 F_n 到傅里叶变换 $F(\omega)$。周期矩形图 2-6a 随着周期 T_0 的增加至图 2-6b 逐渐过渡到图 2-6c，当 T_0 趋于无穷大时由周期矩形变为非周期门函数，对应的频谱随着 T_0 的增加由离散谱 F_n 到谱线变密集直至变成连续谱 $F(\omega)$。信号带宽 B 在 $F(\omega)$ 的第一过零点，为 $B = 2\pi/\tau$。可见，信号带宽由信号时域的脉冲宽度决定，时域 $f(t)$ 的脉冲宽度 τ 越小，频域信号的带宽越大。快速传输是以牺牲带宽为代价的。傅里叶变换 $F(\omega)$ 由傅里叶级数 F_n 演化而来，定义 $F(\omega) = F(\omega) = \lim_{T_0 \to \infty} T_0 F_n = \lim_{T_0 \to \infty} T_0 \frac{1}{T_0} \int_{-\frac{T_0}{2}}^{\frac{T_0}{2}} f(t) e^{-jn\omega_0 t} dt = \int_{-\infty}^{\infty} f(t) e^{-j\omega t} dt$，这是傅里叶变换定义的由来，故有式 (2-16)。

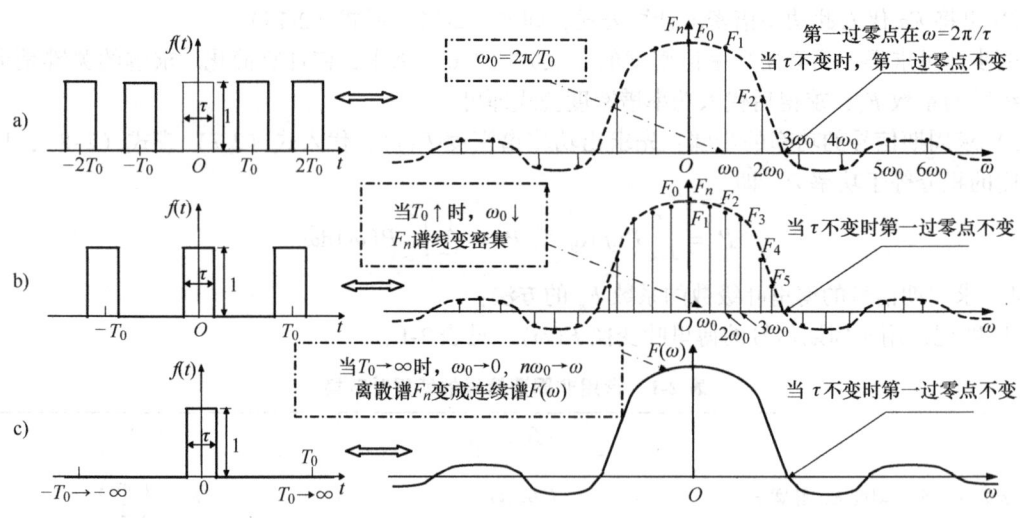

图 2-6 $f(t)$ 由周期到非周期，由傅里叶级数 F_n 到傅里叶变换 $F(\omega)$ 波形演示图

【例 2-3】 确知信号 $s(t)$ 为幅度 $E=1$、脉冲宽度为 τ 的周期矩形脉冲信号，周期为 T_0，波形同图 2-6a 中 $f(t)$ 图。1) 判定该信号是能量信号还是功率信号？2) 如果是能量信号，则求信号的能量谱密度和能量；如果是功率信号，则求信号的功率谱密度和功率。

解：1) $s(t)$ 是周期信号，周期信号通常为功率信号。

2) 求功率谱密度和功率。图 2-6a 的周期矩形脉冲可以由图 2-6c 的门函数 $f(t)$ 以 T_0 为周期进行周期拓展得到。非周期的门函数 $f(t)$ 的傅里叶变换为 $F(\omega)$，由表 2-1 可知

$$F(\omega) = E\tau Sa\left(\frac{\omega\tau}{2}\right) = \tau Sa\left(\frac{\omega\tau}{2}\right), \text{ 或 } F(f) = E\tau Sa(\pi f\tau) = \tau Sa(\pi f\tau)$$

代入式（2-16），得

$$F_n = \frac{1}{T_0}F(\omega)|_{\omega=n\omega_0} = \frac{\tau}{T_0}Sa\left(\frac{n\omega_0\tau}{2}\right), \text{ 或 } F_n = \frac{1}{T_0}F(f)|_{f=nf_0} = \frac{\tau}{T_0}Sa(n\pi f_0\tau)$$

把 F_n 代入式（2-14）或式（2-15），得 $s(t)$ 的功率谱密度为

$$P_s(f) = \sum_{n=-\infty}^{\infty}|F_n|^2\delta(f-nf_0) = \sum_{n=-\infty}^{\infty}\left(\frac{\tau}{T_0}\right)^2 Sa^2(n\pi f_0\tau)\delta(f-nf_0)$$

或：

$$P_s(\omega) = \sum_{n=-\infty}^{\infty}|F_n|^2\delta(f-nw_0) = \sum_{n=-\infty}^{\infty}\left(\frac{\tau}{T_0}\right)^2 Sa^2\left(\frac{n\omega_0\tau}{2}\right)\delta(\omega-n\omega_0)$$

式中，$\omega_0 = 2\pi/T_0 = 2\pi f_0$；$f_0 = 1/T_0$。

将功率谱密度 $P_s(f)$ 代入式（2-7）求功率得

$$P = \int_{-\infty}^{\infty}P_s(f)df = \int_{-\infty}^{\infty}\sum_{n=-\infty}^{\infty}\left(\frac{\tau}{T_0}\right)^2 Sa^2(n\pi f_0\tau)\delta(f-nf_0)df$$

或将功率谱密度 $P_s(\omega)$ 代入式（2-8）求功率得

$$P = \frac{1}{2\pi}\int_{-\infty}^{\infty}P_s(\omega)d\omega = \frac{1}{2\pi}\int_{-\infty}^{\infty}\sum_{n=-\infty}^{\infty}\left(\frac{\tau}{T_0}\right)^2 Sa^2\left(\frac{n\omega_0\tau}{2}\right)\delta(\omega-n\omega_0)d\omega$$

式中功率的计算复杂难求。本例为冲激函数的积分，可求出，而一般情况下难以计算求出。因此，通常不用这么复杂积分运算来求功率，而是用下一节介绍的通过自相关函数来求，先求出信号的自相关函数 $R(\tau)$，$R(\tau)$ 在 $\tau = 0$ 时的值 $R(0)$ 是信号的功率。

【例 2-4】 确知信号是周期正弦信号，$s(t) = A\cos(\omega_0 t)$，求其功率谱密度和功率。

（1）例 2-4 解析　调制常指正弦载波调制，载波是一个正弦信号，正弦信号是通信中最常用的信号。另外，说正弦信号，写表达式的时候却写成了余弦，这也是通信中默认的惯例。因为正弦和余弦二者实质是一个信号，区别在于初始相位不同。余弦信号中含有的相位信息，使余弦信号表达式中包含正弦信号。

正弦信号是周期信号，求周期信号的功率谱密度，关键是求其傅里叶级数的系数 F_n。那么正弦信号傅里叶级数的系数 F_n 等于什么呢？回答这个问题要从什么是傅里叶级数说起。

傅里叶级数：设周期信号的周期为 T_0，则 $\omega_0 = 2\pi/T_0$，为基频，$2\omega_0$、$3\omega_0$、$n\omega_0$ 分别为二次谐波、三次谐波、n 次谐波。任何一个周期信号可以分解为一系列的基频及其谐波的和。换言之，把周期信号用基频以及它的谐波来表示。基频及其谐波构成一个正交函数集，周期信号在这个函数集上的正交分解，是傅里叶级数，就是频谱。F_0、F_1、F_2、F_n 分别是周期信号在 0 频、基频、二次谐波、n 次谐波上分解值，为这些频点上频谱的幅值。

本题中确知信号是周期正弦信号，本身是一个谐波，就是一个正弦波形，所以它就是用它本身这个谐波来表示自己，它自身就是基频。它只有一次谐波，而二谐波、三次谐波等都为零，没有其他谐波。只有一次谐波，即 $n = \pm 1$ 的情况，只有 $F_{\pm 1} \neq 0$，n 取其他整数值时的 F_n 均为零。$F_{\pm 1}$ 等于多少呢？

① 求 F_n 方法一：周期信号的傅里叶级数有两种形式，一种是三角函数形式的 C_n，另一种是复指数形式的 F_n，二者之间的关系为

$$\begin{cases} F_0 = C_0, & \text{当 } n = 0 \\ F_n = \frac{1}{2}C_n, & \text{当 } n \neq 0 \end{cases} \quad (2\text{-}17)$$

求 F_n。周期正弦信号 $s(t)$，表示成三角函数形式的傅里叶级数，即

$$s(t) = \sum_{n=0}^{\infty} C_n \cos(n\omega_0 t + \varphi_n)$$

当 $s(t) = A\cos(\omega_0 t)$，则

$$A\cos\omega_0 t = \sum_{n=0}^{\infty} C_n \cos(n\omega_0 t + \varphi_n)$$

右式为

$$\sum_{n=0}^{\infty} C_n \cos(n\omega_0 t + \varphi_n) = C_0 \cos\varphi_0 + C_1 \cos(\omega_0 t + \varphi_1) + C_2 \cos(2\omega_0 t + \varphi_2) + \cdots$$

左式和右式恒等，则

$$A\cos\omega_0 t = C_0 \cos\varphi_0 + C_1 \cos(\omega_0 t + \varphi_1) + C_2 \cos(2\omega_0 t + \varphi_2) + \cdots$$

左式只有一个频率，只有基频 ω_0，$n=1$；故有：$C_1 = A$；$C_n = 0$，$n \neq 1$，求得了 C_n。
根据三角函数形式和复指数形式之间的关系公式可以由 C_n 求 F_n，则

$$F_{\pm 1} = \frac{1}{2} C_1 = \frac{1}{2} A;\quad F_n = 0, n \neq 1$$

② 求 F_n 方法二：正弦波表示式为 $s(t) = A\cos(\omega_0 t)$ 波形和功率谱密度如图 2-7 所示。

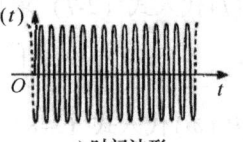
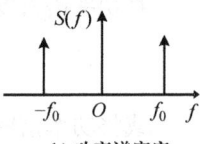

a) 时间波形 b) 功率谱密度

图 2-7 确知正弦信号 $s(t) = A\cos(\omega_0 t)$ 波形和功率谱密度

$s(t)$ 的傅里叶变换为

$$S(\omega) = A\pi[\delta(\omega - \omega_0) + \delta(\omega + \omega_0)] \text{ 或 } S(f) = \frac{A}{2}[\delta(f - f_0) + \delta(f + f_0)] \quad (2\text{-}18)$$

周期信号的傅里叶变换公式（详见信号与系统）为

$$S(f) = \sum_{n=-\infty}^{\infty} F_n \delta(f - nf_0) \quad (2\text{-}19)$$

比较式 (2-18) 和式 (2-19)，有

$$S(f) = \frac{A}{2}[\delta(f - f_0) + \delta(f + f_0)] = \sum_{n=-\infty}^{\infty} F_n \delta(f - nf_0)$$

得：$F_{+1} = F_{-1} = A/2$；$n \neq 1$ 时，$F_n = 0$，求得了正弦波的傅里叶级数 F_n。

(2) 求解例 2-4

① 求功率谱密度：将 F_n 代入式 (2-15)，得到确知周期信号的功率谱密度 $P(\omega)$，即

$$P(\omega) = \sum_{n=-\infty}^{\infty} |F_n|^2 \delta(\omega - n\omega_0) = |F_{+1}|^2 \delta(\omega - \omega_0) + |F_{-1}|^2 \delta(\omega + \omega_0)$$

$$= \frac{A^2}{4}[\delta(\omega - \omega_0) + \delta(\omega + \omega_0)]$$

或者，将 F_n 代入式 (2-14)，得到确知周期信号的功率谱密度 $P(f)$，即

$$P(f) = \sum_{n=-\infty}^{\infty} |F_n|^2 \delta(f - nf_0) = \frac{A^2}{4}[\delta(f - f_0) + \delta(f + f_0)]$$

② 求功率 P：功率为功率谱密度的积分。即

$$P = \frac{1}{2\pi}\int_{-\infty}^{\infty} P(\omega) d\omega = \int_{-\infty}^{\infty} P(f) df = \int_{-\infty}^{\infty} \frac{A^2}{4}[\delta(f - f_0) + \delta(f + f_0)] df = \frac{A^2}{2}$$

式中，$\int_{-\infty}^{\infty} \delta(f - f_0) df = \int_{-\infty}^{\infty} \delta(f + f_0) df = 1$。

确知正弦信号 $s(t) = A\cos(\omega_0 t)$ 的功率等于 $A^2/2$，幅度 A 决定信号功率的大小。

3. 确知信号频谱小结

确知信号是随机信号,频域用能量谱或功率谱来描述。随机信号与其功率谱之间不是一一对应关系,由信号能求出功率谱密度,反之则不能。因此,功率谱密度只有幅度谱,相位谱没有意义,只是用幅度谱来表示信号的工作频率和带宽,因此功率谱密度取幅度谱的模的二次方。针对随机信号的频谱,功率谱密度或能量谱密度不关心具体幅值是多少,而是更关心其谱的形状、频率分布情况以及中心频率和带宽。

2.3 确知信号的时域性质——自相关函数

2.3.1 通信中的相关分析

在通信中,需要对信号的相互关系进行研究,经常用到相关、自相关、互相关的术语,用在同步信号的识别、接收信号与发射信号相似度评估及最佳接收等方面。例如发送端的信号波形是已知的,在接收端信号中,要判断是否存在由发送端发出的信号,但是困难在于接收端信号中即使包含了发送端发送的信号,也往往因各种干扰产生畸变。一个很自然的想法是用已知的发送波形与畸变了的接收波形相比较,利用它们的相似或相异性做出判断,解决信号之间的相似或相异性的度量问题,是信号的相关分析要解决的重要问题。

信号的相关有自相关和互相关两种。

1) 自相关。两个相同函数的相关运算称为自相关,用于描述一个信号在一定时移前后 $x(t)$ 与 $x(t+\tau)$ 之间的相似性关系,用 $R_x(\tau)$ 表示,定义为 $R_x(\tau) = \int_{-\infty}^{\infty} x(t)x(t+\tau)\mathrm{d}t$。

$R_x(\tau)$ 的含义:$R_x(\tau)$ 是时差 τ 的函数,$R_x(\tau)$ 的值表示的是时差为 τ 时两者的相似度;当 $R_x(\tau) = 0$ 时,相关性为 0,即不相关;当 $R_x(\tau)$ 取得最大值时,两者最相似,相关性最大。把 $R_x(\tau)$ 的最大值称为相关峰,相关峰对应的 τ 值,表示 τ 取此值时两者最相似。

2) 互相关。两个不相同的函数的相关运算称为互相关,用于描述两个信号 $x(t)$ 与 $y(t)$ 之间的相似性关系,用 $R_{xy}(\tau)$ 表示,定义为 $R_{xy}(\tau) = \int_{-\infty}^{\infty} x(t)y(t+\tau)\mathrm{d}t$。

$R_{xy}(\tau)$ 的含义与 $R_x(\tau)$ 含义相似,反映的是 τ 取不同值时 $x(t)$ 与 $y(t)$ 之间的相似性大小。

一般来讲,自相关函数得到的自相关运算值是比较大的。因为两个相同的信号相互滑过相乘的面积肯定是很大的。但当两个函数的相关性为 0 的时候,表示两个函数没有重合的情况,相似度为 0,是不相关的。

根据通信实际应用情况,相关峰对应的 τ 值可能是同步时刻、滞后时刻或最佳判决时刻等。通信中应用相关运算的目的就是要找到相关峰,从而求得相关峰对应的 τ 值。

2.3.2 能量信号的自相关函数

1. 能量信号的自相关函数定义

能量信号 $s(t)$ 的自相关函数定义为

$$R_s(\tau) = \int_{-\infty}^{\infty} s(t)s(t+\tau)\mathrm{d}t \quad -\infty < \tau < \infty \quad (2-20)$$

一般情况下,能量信号是非周期信号。其自相关函数是信号 $s(t)$ 与它的时移 $s(t+\tau)$ 的相乘再对时间 t 求积分,积分的结果 $R_s(\tau)$ 是 τ 的函数。τ 是两个信号的时差,自相关函数是时差 τ 的函数。$R_s(\tau)$ 的值反映的是 τ 取何值时,两信号最像或最不像,即不同时差下的相似程度。

自相关函数的求解方法类似于图解法求卷积。从数学的角度来讲，相关是一个与卷积类似的运算。两个信号相卷积的公式为 $f_1(t) * f_2(t) = \int_{-\infty}^{\infty} f_1(\tau) f_2(t-\tau) \mathrm{d}\tau$。

在两个函数的卷积运算中，其中一个函数要针对纵轴做翻转，然后再求两函数滑动的乘积面积和。相关是指将一个函数滑过另一个函数并求出两者乘积下的面积。相关运算中，两个函数不做任何翻转直接进行相对滑动的乘积面积和。

【例2-5】 以矩形脉冲信号为例，设 $s(t)$ 为幅度为1，脉冲宽度为 T 的矩形脉冲信号，图解法求 $s(t)$ 的自相关函数 $R_s(\tau)$。

解：$R_s(\tau) = \int_{-\infty}^{\infty} s(t)s(t+\tau) \mathrm{d}t$，图解法求解自相关函数 $R_s(\tau)$ 如图 2-8 所示。图中演示解析：

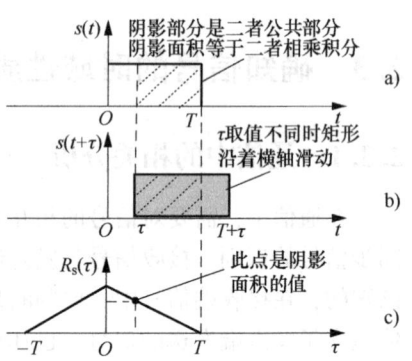

图 2-8　图解法求矩形脉冲信号的自相关函数

$s(t)$ 与 $s(t+\tau)$ 滑动相乘，再积分，是 $R_s(\tau)$。当 τ 取不同的值时，矩形沿着横轴滑动，如图 2-8b 所示。图 2-8a 与图 2-8b 的公共部分的面积为二者相乘后积分的值，如图 2-8c 中圆点所示，这个值就是 τ 所对应的相关函数值 $R_s(\tau)$。

当 $\tau=0$ 时，$s(t+\tau)$ 无时移，$s(t+\tau)$ 与 $s(t)$ 相同，二者图形完全重合，阴影部分面积最大，$R_s(\tau)$ 取得最大值 $R_s(0)$，对应图 2-8c 中三角形的顶点。

当 $0<\tau<T$ 时，图 2-8b 中，随着 τ 的增加，矩形向右移动，与 $s(t)$ 图的重叠部分逐渐减少，阴影部分面积逐渐减小。对应的 $R_s(\tau)$ 是由 $R_s(0)$ 到 0 的一条直线。

当 $\tau \geq T$ 时，图 2-8b 中，矩形继续向右移动，移出右侧虚线，与 $s(t)$ 图没有重叠部分了，阴影部分面积为 0，对应的 $R_s(\tau)$ 是 0。

可见，$s(t)$ 的自相关函数 $R_s(\tau)$ 是三角形，三角形的宽度是 $2T$，是矩形宽度 T 的 2 倍。这一点和卷积类似。矩形脉冲信号和自己相卷积，结果也是宽度是 $2T$ 的三角形，只是三角形的顶点不一定在原点，而相关函数的三角形顶点一定在原点，因为原点对应相关函数的 $R_s(0)$ 是 $R_s(\tau)$ 的极大值。

2. 能量信号自相关函数的性质

自相关函数 $R_s(\tau)$ 和时间 t 无关，只和时间差 τ 有关，是时差 τ 的函数。

1) 当 $\tau=0$ 时，$R_s(0)$ 等于信号的能量 E，即

$$R_s(0) = \int_{-\infty}^{\infty} s^2(t) \mathrm{d}t = E$$

2) $R_s(0) \geq R_s(\tau)$，当 $\tau=0$ 时，$R_s(\tau)$ 取得极大值。τ 为 0 时，时差为 0，自己和自己最相似，此时自相关函数取得极大值。

3) $R_s(\tau)$ 是 τ 的偶函数，即

$$R_s(\tau) = R_s(-\tau)$$

4) 自相关函数 $R_s(\tau)$ 和其能量谱密度 $G(f)$ 是一对傅里叶变换对，即

$$G_s(f) = \int_{-\infty}^{\infty} R_s(\tau) \mathrm{e}^{-\mathrm{j}2\pi f\tau} \mathrm{d}\tau, R_s(\tau) = \int_{-\infty}^{\infty} G_s(f) \mathrm{e}^{\mathrm{j}2\pi f\tau} \mathrm{d}f$$

用 $F^{-1}[\ ]$ 表示傅里叶反变换，用 $F[\ ]$ 表示傅里叶变换，则

$$G_s(f) = F[R_s(\tau)], R_s(\tau) = F^{-1}[G_s(f)]$$

3. 求能量信号的自相关函数和能量的步骤

1) 首先,求能量谱密度:$G(f) = |S(f)|^2$ 或 $G(\omega) = |S(\omega)|^2$。$S(f)$ 或 $S(\omega)$ 是信号 $s(t)$ 的傅里叶变换,常用信号的傅里叶变换需要熟记。

2) 其次,对能量谱密度进行傅里叶反变换,求得自相关函数:$R_s(\tau) = F^{-1}[G_s(f)]$。

3) 最后,求自相关函数在 $\tau = 0$ 时的值 $R_s(0)$,得到能量 E:$E = R_s(0)$。

这是求自相关函数和能量的方法。通常不直接用自相关函数的定义来求,而是用性质,即自相关函数与能量谱密度互为傅里叶变换对,先求出能量谱密度,然后经傅里叶反变换得到自相关函数。

2.3.3 功率信号的自相关函数

1. 功率信号自相关函数定义

功率信号 $s(t)$ 的自相关函数定义为

$$R_s(\tau) = \lim_{T \to \infty} \frac{1}{T} \int_{-T/2}^{T/2} s(t)s(t+\tau) dt \quad -\infty < \tau < \infty$$

功率信号的自相关函数是信号 $s(t)$ 与它的时移 $s(t+\tau)$ 的相乘积分再取时间平均。功率信号的自相关函数求解和分析方法都和能量信号的自相关分析类似,其含义也类似,反映的是信号在不同时差下的相似程度。

周期信号是功率信号,周期信号的自相关函数也是周期的,而且周期与信号相同。

下面以周期矩形脉冲信号为例,图解法求 $s(t)$ 的自相关函数 $R_s(\tau)$。

【例 2-6】 周期矩形脉冲信号 $s(t)$,周期为 T,幅度为 1,脉冲宽度为 $T/2$,图解法求 $s(t)$ 的自相关函数 $R_s(\tau)$。

解:图解法求解 $R_s(\tau)$ 如图 2-9 所示。$R_s(\tau) = \lim_{T \to \infty} \frac{1}{T} \int_{-T/2}^{T/2} s(t)s(t+\tau) dt = \frac{1}{T} \int_{-T/2}^{T/2} s(t)s(t+\tau) dt$。$s(t)$ 是周期信号,$R_s(\tau)$ 也是周期信号。可见,周期信号的自相关函数也是周期的。

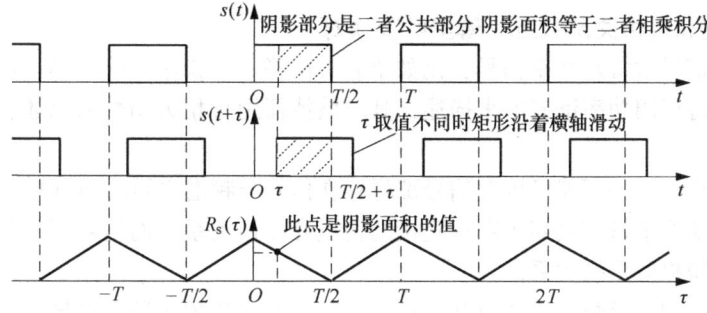

图 2-9 图解法求周期矩形脉冲信号 $s(t)$ 的自相关函数 $R_s(\tau)$

2. 功率信号自相关函数的性质

自相关函数 $R_s(\tau)$ 和时间 t 无关,只和时间差 τ 有关,是时差 τ 的函数。

1) 当 $\tau = 0$ 时,根据功率的定义 $R_s(0)$ 等于信号的功率 P,即

$$R_s(0) = \lim_{T \to \infty} \frac{1}{T} \int_{-T/2}^{T/2} s^2(t) dt = P$$

2) $R_s(0) \geq R_s(\tau)$,当 $\tau = 0$ 时,$R_s(\tau)$ 取得极大值。τ 为 0 时,时差为 0,自己和自己最相似,此时自相关函数取得极大值。

3) $R_s(\tau)$ 是 τ 的偶函数，即

$$R_s(\tau) = R_s(-\tau)$$

4) 自相关函数 $R_s(\tau)$ 和其功率谱密度 $P_s(f)$ 是一对傅里叶变换对，即

$$P_s(f) = \int_{-\infty}^{\infty} R_s(\tau) e^{-j2\pi f\tau} d\tau, \quad R_s(\tau) = \int_{-\infty}^{\infty} P_s(f) e^{j2\pi f\tau} df$$

用 $F^{-1}[\ ]$ 表示傅里叶反变换，用 $F[\ ]$ 表示傅里叶变换，则

$$P_s(f) = F[R_s(\tau)], \quad R_s''(\tau) = F^{-1}[P_s(f)]$$

3. 求功率信号的自相关函数和功率的步骤

1) 求周期信号是 $s(t)$ 的傅里叶级数系数 F_n，即

$$F_n = \frac{1}{T_0} F(\omega)|_{\omega = n\omega_0}$$

式中，$F(\omega)$ 是非周期信号 $f(t)$ 的傅里叶变换，$s(t)$ 是 $f(t)$ 的周期拓展。

2) 求功率谱密度 $P(f)$，即

$$P(f) = \sum_{n=-\infty}^{\infty} |F_n|^2 \delta(f - nf_0)$$

3) 对功率谱密度进行傅里叶反变换，求得自相关函数为

$$R_s(\tau) = F^{-1}[P(f)]$$

4) 求自相关函数在 $\tau = 0$ 时的值 $R_s(\tau)$，得到功率 P，即

$$P = R_s(0)$$

这是求周期功率信号的自相关函数和功率的方法。通常不是直接用自相关函数的定义来求，而是用性质，即自相关函数与功率谱密度互为傅里叶变换对，先求出功率谱密度，然后经傅里叶反变换得到自相关函数。再求自相关函数在 $\tau = 0$ 时的值得到功率。

功率、总功率和平均功率这些称谓实际是同一个概念。功率本身是一个平均值，功率的定义表明了这一点，功率是单位时间上的能量，是时间平均。功率就是平均功率，也是总功率，无论怎么提问都是指功率。

4. 功率谱密度和自相关函数互为傅里叶变换对

通信中传输的信号常常是功率信号，比如语音、图像、字符串、码流等，都是能量无穷大的功率信号，其频域特征用功率谱密度来描述，其时域特征用自相关函数来描述，二者互为傅里叶变换对。

功率信号是随机信号，不能像确定信号那样存在信号与频谱之间的傅里叶变换关系。

功率信号与其功率谱密度之间不存在直接的傅里叶变换关系，而是功率信号的自相关函数与其功率谱密度存在傅里叶变换关系。

功率谱密度和自相关函数互为傅里叶变换对，时域是自相关函数，频域是功率谱密度，二者一一对应，求得一个，就可以求得另一个。这是功率信号时域与频域之间唯一的一个一一对应的关系公式，是时域与频域联系的桥梁。

5. 功率信号的互相关函数

(1) 互相关函数定义　设两个功率信号 $x(t)$ 和 $y(t)$，其互相关函数定义为

$$R_{xy}(\tau) = \lim_{T \to \infty} \frac{1}{T} \int_{-T/2}^{T/2} x(t) y(t+\tau) dt \quad -\infty < \tau < \infty$$

周期信号是功率信号，以周期信号为例，图解法求其互相关函数。

(2) 互相关函数波形举例　设周期信号 $x(t)$ 和 $y(t)$，周期相同，都等于 T，图解法求这两个信号的互相关函数 $R_{xy}(\tau)$ 的示意图如图 2-10 所示。由 $R_{xy}(\tau)$ 波形可见：

1) 当 $\tau = T/2$ 时，$R_{xy}(\tau)$ 取得极大值，是相关峰，此时 $x(t)$ 和 $y(t)$ 相似度最高，也就是最相关，相关函数值取得一个最大值。

2) 当 $\tau = 0, T, \cdots,$ 时，$R_{xy}(\tau) = 0$，相关值为 0，此时 $x(t)$ 和 $y(t)$ 相似度为 0，二者不相关。

(3) 通过互相关函数波形进一步理解相关函数的物理含义　互相关函数是时差 τ 的函数，反映的是时差取不同值时两个信号的相似程度，取得最大值时二者最相关。

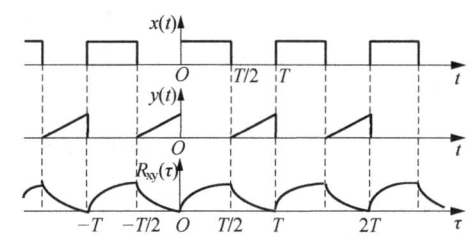

图 2-10　图解法求周期信号的互相关函数示意图

自相关函数是和自己相比较，当 τ 为 0 的时候，自相关函数取得一个极大值，表示没有时移，自己和自己最相像，也就是最相关。τ 为 0 时的值 $R(0)$ 对应的是信号的能量或功率，能量信号对应的是能量，功率信号对应的是功率。

相关函数在通信中广泛使用。例如在通信系统的同步中，接收端要与发送信号完全同步才能正确接收，同步中经常用到相关。比如位同步，发送端发一个同步码，接收端要捕捉到对应的同步码，找到位同步时刻。接收端用同步码和收到的信号进行相关运算，如果取得相关峰，就找到了相关峰对应的 τ 的时刻，这个时刻就是位同步时刻。

【例 2-7】 确知信号是正弦信号 $s(t) = A\cos(\omega_0 t)$，求其自相关函数和功率，画功率谱密度和自相关函数的波形图。

解题思路：正弦信号是周期信号，周期信号是功率信号。先求功率谱密度，然后对功率谱密度进行傅里叶反变换，即可求出其自相关函数，自相关函数在 $\tau = 0$ 时的值等于功率。

解：例 2-4 中已求得正弦信号 $s(t)$ 的功率谱密度 $P(f)$，即

$$P(f) = \sum_{n=-\infty}^{\infty} |F_n|^2 \delta(f - nf_0) = \frac{A^2}{4}[\delta(f-f_0) + \delta(f+f_0)]$$

则

$$R_s(\tau) = F^{-1}[P(f)] = F^{-1}\left\{\frac{A^2}{4}[\delta(f-f_0) + \delta(f+f_0)]\right\} = \frac{A^2}{4}[e^{j2\pi f_0 \tau} + e^{-j2\pi f_0 \tau}] = \frac{A^2}{2}\cos(2\pi f_0 \tau)$$

可见，正弦信号的自相关函数也是正弦信号，它们的频率相同，幅值不同。功率 P 为

$$P = R_s(0) = \frac{A^2}{2}\cos(2\pi f_0 \tau)|_{\tau=0} = \frac{A^2}{2}$$

确知正弦信号 $s(t) = A\cos(\omega_0 t)$ 的自相关函数和功率谱密度波形图如图 2-11 所示。

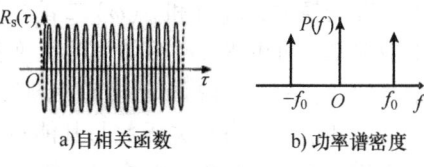

a) 自相关函数　　b) 功率谱密度

图 2-11　确知正弦信号的自相关函数及功率谱密度波形图

注：证明 $\cos(2\pi f_0 \tau) \leftrightarrow \frac{1}{2}[\delta(f+f_0) + \delta(f-f_0)]$ 如下。

冲激函数的傅里叶变换是 1，即 $\delta(t) \leftrightarrow 1$。
由傅里叶变换的对称性得：$1 \leftrightarrow \delta(f)$。
时域乘指数对应频域频移：

$$1 \cdot e^{-j2\pi f_0 \tau} \leftrightarrow \delta(f-f_0), \quad 1 \cdot e^{j2\pi f_0 \tau} \leftrightarrow \delta(f+f_0)$$

则

$$\frac{1}{2}[e^{j2\pi f_0 \tau} + e^{-j2\pi f_0 \tau}] \leftrightarrow \frac{1}{2}[\delta(f+f_0) + \delta(f-f_0)]$$

利用欧拉公式有

$$\frac{1}{2}[e^{j2\pi f_0\tau}+e^{-j2\pi f_0\tau}]=\cos(2\pi f_0\tau)$$

得

$$\cos(2\pi f_0\tau)\leftrightarrow\frac{1}{2}[\delta(f+f_0)+\delta(f-f_0)]$$

证毕。

（4）例 2-4 与例 2-7 的对比　$s(t)$ 是确知信号，对比图 2-7 和图 2-11，两题中的时域和频域波形图都相同，不同点在于：

例 2-4 图 2-7 中，时域是 $s(t)$，频域是功率谱密度 $S(f)$。二者不构成傅里叶变换对。

例 2-7 图 2-11 中，时域是自相关函数 $R_s(\tau)$，频域是功率谱密度 $P(f)$，二者互为傅里叶变换对。

自相关函数 $R_s(\tau)$ 和功率谱密度 $P(f)$ 是为描述随机信号的时域和频域特性而定义的，$R_s(\tau)$ 与 $P(f)$ 互为傅里叶变换对，所以把 $R_s(\tau)$ 称为随机信号的时域。自相关函数与功率谱密度互为傅里叶变换对是随机信号中唯一的时域与频域之间一一对应的联系公式，是时域与频域联系的桥梁。

【例 2-8】　例 2-7 扩展：如果确知信号是正弦信号 $s(t)=A\cos(\omega_0 t+\theta)$，求其功率谱密度、自相关函数和功率。

确知正弦信号中多了相位 θ。正弦信号的相位在时域表示正弦信号的起始位置，即时移，在频域体现在相频特性上。功率谱密度、自相关函数和功率，与信号幅频特性有关，与相频特性无关，不体现相频特性。所以 $s(t)=A\cos(\omega_0 t)$ 与 $s(t)=A\cos(\omega_0 t+\theta)$ 二者幅频特性相同，功率谱密度、自相关函数和功率均相同。本例求解与例 2-7 相同，略。

本 章 小 节

确定信号和确知信号的时域和频域特性对比见表 2-2。确定信号用傅里叶变换表示信号的频率特性，确知信号用能量谱密度或功率谱密度表示信号的频率特性。二者含义类似，波形类似，但又有所不同。

确定信号 $s(t)$ 和其傅里叶变换 $S(\omega)$ 互为傅里叶变换对，$s(t)$ 和 $S(\omega)$ 二者之间是一一对应关系。可由 $S(\omega)$ 的傅里叶反变换求得原信号 $s(t)$。$S(\omega)$ 有幅频特性和相频特性。

表 2-2　确定信号和确知信号的时域和频域特性对比

	时域	傅里叶变换对	频域
确定信号	$s(t)$	傅里叶变换对	$S(\omega)$
确知信号	$R_s(\tau)$	傅里叶变换对	$P_s(\omega)$

确知信号的自相关函数与其能量谱密度或功率谱密度互为傅里叶变换对。能量谱密度或功率谱密度都是幅频特性，没有相频特性。原因是确知信号是随机信号，确知信号本身与其能量谱密度或功率谱密度之间不是互为傅里叶变换对，不是一一对应关系，给不出其相频特性，也没有必要给出。

确知信号的能量谱密度或功率谱密度的作用是用来看确知信号含有哪些频率分量，由确知信号的中心频率和带宽是多少，知道信号的工作频率和占用带宽。不能由能量谱密度或功率谱密度逆推来求原信号，能量谱确知信号的或功率谱确知信号的与原信号之间不是互为傅里叶变换关系，能量谱密度或功率谱密度的傅里叶反变换是自相关函数，自相关函数反映的是确知信号的时域特性。

思考题与习题

2-1　何谓确知信号？举例说明确知信号与确定信号的区别。

2-2　确知信号的时域特性和频域特性分别用哪个函数表示？

2-3 确知信号有哪两种类型？是如何划分的？

2-4 试分别说明能量信号和功率信号的特性。

2-5 设幅度为 E，脉冲宽度为 T 的矩形脉冲信号 $s(t)$，试写出其傅里叶变换 $S(\omega)$ 的表达式，$S(\omega)$ 有哪些特点？

2-6 写出抽样信号 $s(t) = \dfrac{\omega_H}{\pi} Sa(\omega_H t)$ 的傅里叶变换 $S(\omega)$ 表达式，$s(t)$ 和 $S(\omega)$ 有哪些特点？

2-7 能量信号自相关函数的性质。

2-8 功率信号自相关函数的性质。

2-9 信号的相关有哪两种？在通信中为什么要进行相关分析？

2-10 周期信号的频谱用什么来表示？具有哪些特征？

2-11 确定信号、能量信号、功率信号的频率特性分别用什么来表示？

2-12 名词解释：确知信号、随相信号、能量谱密度、功率谱密度、自相关函数、互相关函数。

2-13 功率、总功率、平均功率，如何区分这几个有关功率的概念？

2-14 确知周期信号的功率谱密度特点是什么？

2-15 确知能量信号 $s(t)$ 的傅里叶变换为 $S(\omega)$，$s(t)$ 的频率特性用（　　）来表示。
A. $S(\omega)$　　　B. $|S(\omega)|^2$　　　C. 功率谱密度　　　D. 自相关函数

2-16 确知功率信号的频率特性用（　　）来表示。
A. 傅里叶变换　　　B. 能量谱密度　　　C. 功率谱密度　　　D. 自相关函数

2-17 确知周期信号 $s(t)$ 的傅里叶级数为 F_n，$s(t)$ 的频率特性用（　　）来表示。
A. F_n　　　B. $|F_n|^2$　　　C. 能量谱密度　　　D. $P(f) = \sum\limits_{n=-\infty}^{\infty} |F_n|^2 \delta(f - nf_0)$

2-18 确知信号 $s(t)$ 波形如图 2-12 所示。求 $s(t)$ 的傅里叶变换、能量谱密度、自相关函数、能量，并画出自相关函数波形图。

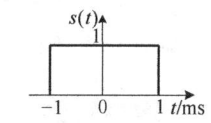

图 2-12 题 2-18 图

2-19 设一个确知信号 $s(t)$ 可以表示为 $s(t) = 6\cos(2000\pi t + \pi/4)$，$-\infty < t < \infty$，试问它是功率信号还是能量信号？若是功率信号，求出其功率谱密度和功率；若是能量信号，求出其能量谱密度和能量。

2-20 确知信号 $s(t) = A\cos(3000\pi t)$，$-\infty < t < \infty$，试求它的自相关函数，并根据其自相关函数求出其功率谱密度和功率。

2-21 确知信号 $s(t) = 8\cos(2000\pi t)\cos(20000\pi t)$。求：1) 功率谱密度；2) 自相关函数。

2-22 设确知信号 $s(t)$ 的傅里叶变换为 $s(f) = Sa(\pi f) = \dfrac{\sin(\pi f)}{\pi f}$，求 $s(t)$ 的自相关函数 $R_s(\tau)$。

2-23 已知一确知信号 $s(t)$ 的自相关函数为 $R_s(\tau) = \dfrac{k}{2} e^{-k|\tau|}$，$k$ 为常数，试求其功率谱密度 $P_s(f)$ 和功率，画出 $R_s(\tau)$ 和 $P_s(f)$ 的曲线。

2-24 已知一确知信号 $s(t)$ 的双边功率谱密度为
$$P_s(f) = \begin{cases} 10^{-4} f^2, & -10\text{kHz} < f < 10\text{kHz} \\ 0, & \text{其他} \end{cases}$$
，试求其平均功率。

2-25 确知信号 $s(t)$ 的能量谱密度函数为 $G(\omega) = 4Sa^2(\omega)$，求：1) 信号 $s(t)$，并画出 $s(t)$ 波形图；2) $s(t)$ 的自相关函数 $R_s(\tau)$，并画出 $R_s(\tau)$ 波形图。

第3章 随机过程

本章要点

- 随机变量
  - ☆ 随机变量的定义及其分类
  - ☆ 连续型随机变量的分布函数和概率密度函数
  - ☆ 随机变量的数字特征
- 随机过程的基本概念
  - ☆ 随机过程的定义
  - ☆ 随机过程的分布函数和概率密度函数
  - ☆ 随机过程的统计特性
- 通信中的典型随机过程
  - ☆ 平稳随机过程
  - ☆ 高斯随机过程
  - ☆ 窄带随机过程
- 随机过程通过线性系统
- 通信中的白噪声

内容导读

- 信号分为确定信号和随机信号。确定信号没有必要传输，通信中传输的信号，广义上来讲都是随机信号，接收端要对收到的随机信号进行统计判决来识别出发送信号。本章的主要内容是采用统计分析的方法研究随机信号。
- 随机信号中某些参数的取值是不确定的，以一定的概率或概率分布来取值，这样的参数称为随机变量。随机变量通常用数理统计的方法来描述其特性，常用均值、方差、分布函数、概率密度函数等来表示信号的特征。通信中的信号是时间 t 的函数，含有随机变量，是随机过程。随机变量是统计分析基础，首先理解随机变量进而才能理解随机过程。
- 统计分析是针对随机成分来做的概率平均，是针对随机变量，计算中的自变量是随机变量。随机过程的统计平均同样是针对随机变量，计算中的自变量也是随机变量，t 相对于自变量随机变量而言是常数，也可以理解为随机过程是含有时间 t 的随机变量的函数。所以，掌握随机变量的统计分析方法，再由随机变量过渡到随机过程，就很容易掌握随机过程的统计方法。
- 随机变量根据其取值不同分为离散型和连续型两种，二者统计分析的公式不同，一个是求和运算，另一个是积分运算。离散型随机变量的取值是数字量，例如掷骰子。概率是对离散型随机变量的，统计平均是对随机变量进行概率加权求和。连续型随机变量的取值是模拟量，例如收音机在没有收到电台信号时的噪声。概率密度函数是对连续型随机变量的，统计平均是对随机变量进行概率密度函数加权求积分，积分的自变量是随机变量。
- 离散型和连续型随机变量之间的对应关系：概率对应概率密度函数，求和对应积分。连续型与离散型统计平均含义相同,都是概率加权平均,只不过连续型因为取值连续,概率变成了概率密度函数,求和变成了积分。

> 离散型随机变量用概率来描述,概率通常通过大量实验数据得来,是先验数据,在本书习题中一般是已知条件。连续型随机变量用概率密度函数来描述。服从哪种分布通常通过大量实验数据得来,分布函数和概率密度函数在"概率与数理统计"课程中学习,是先验数据,在本书习题中一般是已知条件。通信中常用随机信号都是连续型随机变量。常用的概率分布有高斯分布、均匀分布、瑞利分布、莱斯分布等。通信中的信道噪声通常服从高斯分布;有时随参信道下接收端收到的调制信号的相位服从均匀分布;带通通信系统接收端收到的正弦加窄带信号的包络有时服从瑞利分布或莱斯分布。通信中常用分布的概率密度函数见表3-1。

表 3-1 通信中常用分布的概率密度函数

概 率 分 布	概率密度函数
高斯分布 $N(a, \sigma^2)$	$f(x) = \dfrac{1}{\sqrt{2\pi}\sigma} \exp\left[-\dfrac{(x-a)^2}{2\sigma^2}\right]$
均匀分布 $U(a,b)$	$f(x) = \begin{cases} \dfrac{1}{b-a} & b < x < a \\ 0 & \text{其他} \end{cases}$
瑞利分布	$f(x) = \dfrac{x}{\sigma^2} \exp\left[-\dfrac{x^2}{2\sigma^2}\right],\ x \geq 0$
莱斯分布	$f(x) = \dfrac{z}{\sigma^2} \exp\left[-\dfrac{1}{2\sigma^2}(x^2 + A^2)\right] I_0\left(\dfrac{Ax}{\sigma^2}\right)\ x \geq 0$

3.1 随机变量

通信中传输的信号,广义上来讲是随机信号。随机信号中某些参数的取值是不确定的,以一定的概率或概率分布来取值,这样的参数是随机变量。随机变量取值虽然具有随机性,但也有特征可循,通常用数理统计的方法来描述,常用均值、方差、分布函数、概率密度函数等来表示信号的特征。

3.1.1 随机变量的定义及其分类

1. 随机变量的定义

随机变量是表示随机实验结果的一个变量。用大写字母 X,Y,…等表示随机变量,用小写字母 x,y,…等,表示随机变量的取值。

例如掷骰子,骰子有六个面,有 1~6 六种可能的取值,取值是确定的;但是,每次实验到底取哪一个值是不确定的。这样的一个随机事件叫作一个随机变量。用大写字母 X 表示随机变量,用小写字母 x 表示 X 可能的取值,$x = \{1,2,3,4,5,6\}$。

2. 随机变量的分类

根据取值不同,随机变量分为离散型和连续型两种。

1) 离散型随机变量的取值是数字量,为有限个或可数个。例如掷骰子,是离散型随机变量,用大写字母 X 表示,每次掷骰子看成一次随机实验,实验取值为整数 1~6,六个离散值,每次实验必取整数1~6其中之一，整数1~6是X的取值，用小写字母x表示，x的取值为$\{1,2,3,4,5,6\}$。X以一定的概率取$\{1,2,3,4,5,6\}$。概率P是用来描述离散型随机变量的，是先验数据，通常通过大量实验数据得来，在本书习题中一般是已知条件。等概时，$P(1)=P(2)=P(3)=P(4)=P(5)=P(6)=1/6$，概率和为1，满足全概率公式。

2）连续型随机变量的取值是模拟量，有无限个或数值无法一一列举出来。例如收音机在没有收到电台信号时的噪声，取值有无穷多个，不能再用概率来描述了，连续型随机变量用概率密度函数来描述。连续型随机变量服从哪种分布是先验数据，通常通过大量实验数据得来，通过数理统计来估计。

在通信中，随机信号中随机变量通常是连续型的。分布函数和概率密度函数是指连续型随机变量的，理解其含义是求解随机变量统计特性的关键。

3.1.2 连续型随机变量的分布函数和概率密度函数

在实际问题中，往往研究$X \leq x_i$的概率比研究$x = x_i$的概率更有意义。

1. 分布函数定义

随机变量X的取值不超过x的概率$P(X \leq x)$定义为X的（概率）分布函数，记为$F(x)=P(X \leq x)$。

例如：设离散随机变量X可能取值有$x_1 \sim x_6$，且$x_1 < x_2 < \cdots < x_5 < x_6$，概率表见表3-2，概率$P(x)$如图3-1所示。

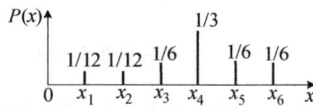

图3-1 离散随机变量X的概率

表3-2 离散随机变量X概率表

X	x_1	x_2	x_3	x_4	x_5	x_6
$P(x_i)$	1/12	1/12	1/6	1/3	1/6	1/6

其分布函数：$F(x)=P(X \leq x)$，是关于x的函数。

如取$x=x_3$，即$F(x_3)=P(X \leq x_3)=P(x_1)+P(x_2)+P(x_3)=1/12+1/12+1/6=1/3$。

1）$x<x_1$时，$F(x)=P(X \leq x<x_1)=0$。
2）$x_1 \leq x<x_2$时，$F(x)=P(X \leq x)=P(x_1)=1/12$。
3）$x_2 \leq x<x_3$时，$F(x)=P(X \leq x)=P(x_1)+P(x_2)=1/12+1/12=1/6$。
4）$x_3 \leq x<x_4$时，$F(x)=P(X \leq x)=P(x_1)+P(x_2)+P(x_3)=1/12+1/12+1/6=1/3$。
5）$x_4 \leq x<x_5$时，$F(x)=P(X \leq x)=P(x_1)+P(x_2)+P(x_3)+P(x_4)=1/12+1/12+1/6+1/3=2/3$。
6）$x_5 \leq x<x_6$时，$F(x)=P(X \leq x)=P(x_1)+\cdots+P(x_5)=2/3+1/6=5/6$。
7）$x_6 \leq x$时，$F(x)=P(X \leq x)=P(x_1)+\cdots+P(x_6)=5/6+1/6=1$。

随机变量的分布函数$F(x)$示意图如图3-2所示。图3-2a中$F(x)$是离散型随机变量，x取值离散，故$F(x)$曲线是台阶形由0上升到1，曲线不连续。当x是连续型随机变量时，x取值是模拟量，取值连续，则$F(x)$曲线是平滑的由0上升到1，曲线连续，如图3-2b所示，可见，连续型随机变量的分布函数是x的连续函数，分布函数的函数值表示的是随机变量X取值小于x的概率。例如，当$x=3.2$时的$F(x)$值$F(3.2)$，表示的是$F(3.2)=P(X \leq 3.2)$。

需要说明的是，离散型随机变量用概率来描述，不用分布函数，此处为了理解分布函数的含义而采用由离散过渡到连续的示意图（见图3-2）。分布函数是用来描述连续型随机变量的。

分布函数$F(x)$的性质如下。

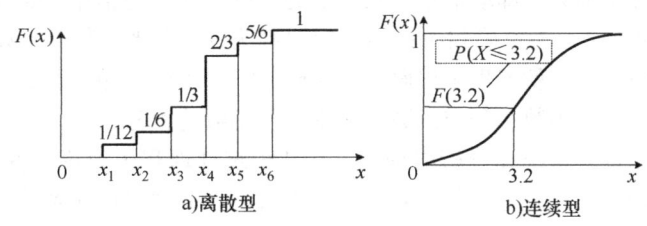

图 3-2 随机变量的分布函数 $F(x)$ 示意图

1) $0 \leq F(x) \leq 1$。
2) $F(-\infty)=0$, $F(\infty)=1$。
3) $F(x)$ 单调增，即：若 $x_1 \leq x_2$，则 $F(x_1) \leq F(x_2)$。
4) $F(x)$ 右连续。

分布函数在 $x=-\infty$ 的时候值为 0，在 $x=\infty$ 的时候值为 1，取值范围在 0 到 1 之间，单调增，是右连续的函数。

2. 概率密度函数

概率密度函数 $f(x)$ 是针对连续型随机变量定义的。连续型随机变量的分布函数才是连续的，所以，如果分布函数连续而且一阶导数存在，则定义分布函数的一阶导数为它的概率密度函数。

（1）概率密度函数 $f(x)$ 的定义　若分布函数 $F(x)$ 是连续的，一阶导数存在，则定义：$\dfrac{\mathrm{d}F(x)}{\mathrm{d}x}=f(x)$ 为随机变量 X 的概率密度函数，记为 $f(x)$。

连续型随机变量的概率密度函数曲线示意图如图 3-3 所示。曲线反映的是随机变量集中出现区间，与离散型随机变量中的概率相对应。分布函数的导数为概率密度函数，则概率密度函数的积分等于分布函数。分布函数曲线是单调递增的，导数为正，所以 $f(x) \geq 0$。

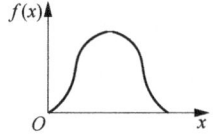

图 3-3 连续型随机变量的概率密度函数示意图

（2）概率密度函数 $f(x)$ 的性质

1) 非负，即 $f(x) \geq 0$。
2) $F(x)=P(X \leq x)=\int_{-\infty}^{x} f(\eta) \mathrm{d}\eta$。
3) $\int_{-\infty}^{\infty} f(x) \mathrm{d}x = F(\infty) = 1$。
4) $P(x_1 \leq x \leq x_2) = P(x \leq x_2) - P(x \leq x_1) = \int_{x_1}^{x_2} f(x) \mathrm{d}x$。

实际上，离散型随机变量用概率来描述，分布函数不连续，也不可导，不存在概率密度函数，上述举例中用离散过渡到连续是为了帮助理解分布函数的含义。

3. 求分布函数的方法

首先，根据随机变量 X 的分布求 X 的概率密度函数的参数；其次，对概率密度函数积分，求得分布函数。

通信中经常要求出的是分布函数。在计算误码率的时候，要计算取值小于判决门限 x_R 的概率，即分布函数 $F(x_R)=P(X \leq x_R)$。

一般来说，针对离散型随机变量，通过大量的统计得到概率，取某一值的概率。而针对连续型的随机变量，往往的是通过大量统计分析得到随机变量服从哪一种分布，这些常用分布的概率密度函数是已知的，往往是已知概率密度函数，然后把概率密度函数积分得到它的分布函数。在通信中，更关心的是分布函数，即取值小于某一值的概率。例如通信中经常求误码率，一般设定一个门限，大于门限判为1，为正确判决；小于门限判为0，为错误判决。如果实际的信号值没有大于门限而是小于门限了，就产生了误码，求误码率需要求先分布函数，经常用的是求小于判决门限值的概率，来求分布函数。分布函数是概率密度函数的积分。

概率密度函数是通过大量统计分析得到的，在数理统计课程中讨论，首先估计是哪种分布，然后再估计该分布的均值、方差等参数。对于本课程来说设概率密度函数为已知条件，由概率密度函数来求分布函数。常用分布的概率密度函数见表3-1。

上面介绍的分布函数和概率密度函数是一个随机变量的情况，称为一维，即一维分布函数和一维概率密度函数。当有两个随机变量时，就是二维，下面给出二维分布函数和二维概率密度函数的定义。

4. 二维分布函数和二维概率密度函数

（1）二维分布函数定义　两个随机变量 X、Y，其可能取值为 x、y，将两个事件（$X \leq x$）和（$Y \leq y$）同时出现的概率定义为二维随机变量 X、Y 的二维（联合概率）分布函数——$F(x, y)$。即 $F(x, y) = P(X \leq x, Y \leq y)$。

（2）二维概率密度函数定义　若二维分布函数 $F(x, y)$ 是连续的，且二阶混合偏导数存在，则定义：

$$\frac{\partial^2 F(x, y)}{\partial x \partial y} = f(x, y)$$

为二维概率密度函数，记为 $f(x, y)$。显然：$F(x, y) = \int_{-\infty}^{y} \int_{-\infty}^{x} f(\xi, \eta) \mathrm{d}\xi \mathrm{d}\eta$。

（3）二维概率密度函数 $f(x, y)$ 的性质

1）$f(x, y) \geq 0$。

2）$F(x, y) = \int_{-\infty}^{y} \int_{-\infty}^{x} f(\xi, \eta) \mathrm{d}\xi \mathrm{d}\eta$。

3）$\int_{-\infty}^{\infty} \int_{-\infty}^{\infty} f(\xi, \eta) \mathrm{d}\xi \mathrm{d}\eta = 1$。

4）$F(x) = \int_{-\infty}^{\infty} f(x, y) \mathrm{d}y$，$F(y) = \int_{-\infty}^{\infty} f(x, y) \mathrm{d}x$。

5）若 $f(x, y) = f(x)f(y)$，则称 X、Y 相互统计独立。

（4）统计独立的概念　统计独立定义为二维联合概率密度函数等于各自一维概率密度函数的积，即

$$f(x, y) = f(x)f(y) \tag{3-1}$$

如果满足此式，就称为随机变量 X 和 Y 统计独立。经常提到两个随机变量或两个随机过程统计独立，是指二维概率密度函数，即二维联合概率密度函数等于各自一维概率密度函数的积，则称 X 和 Y 统计独立。

3.1.3　随机变量的数字特征

1. 数学期望

数学期望是随机变量 X 的统计平均值，简称均值，记为 $E[x]$ 或 m_x。

（1）数学期望的计算公式

1）X 为离散型随机变量时，m_x 的计算公式为

$$m_x = E(x) = \sum_{i=1}^{n} x_i P(x = x_i) = \sum_{i=1}^{n} x_i P(x_i) \tag{3-2}$$

2) X 为连续型随机变量时，m_x 的计算公式为

$$m_x = E(x) = \int_{-\infty}^{\infty} x f(x) \mathrm{d}x \tag{3-3}$$

随机变量 X 的数学期望 m_x 是 X 的统计平均值。统计平均值表示的是随机变量可能出现的位置的中心点，是随机变量的中心值。

离散型随机变量的数学期望 m_x 首先是个平均值，不是算术平均值，而是统计平均值。熟知的平均值是算术平均值，例如，两个数 a 和 b 的平均值等于 $(a+b)/2$，平均值中默认的是两个数概率相等，都是 1/2。当一个随机变量的取值是 a 和 b 的时候，设 a、b 的概率分别为 $P(a)$ 和 $P(b)$，则：$aP(a) + bP(b)$ 是概率加权下的平均值，称为统计平均值，也叫数学期望。在统计平均中，概率大的值在平均值中占的权重也大。

概率是描述离散型随机变量的。离散型随机变量的统计平均值是对随机变量进行概率加权求和：$m_x = E(x) = \sum_{i=1}^{n} x_i P(x_i)$。再由离散型过渡到连续型，把概率换成概率密度函数，把求和换成积分，离散值 x_i 换成连续值 x，就得到连续型随机变量的统计平均值：$m_x = E(x) = \int_{-\infty}^{\infty} x f(x) \mathrm{d}x$。连续和离散两者类型随机变量求统计平均值的对比如图 3-4 所示。

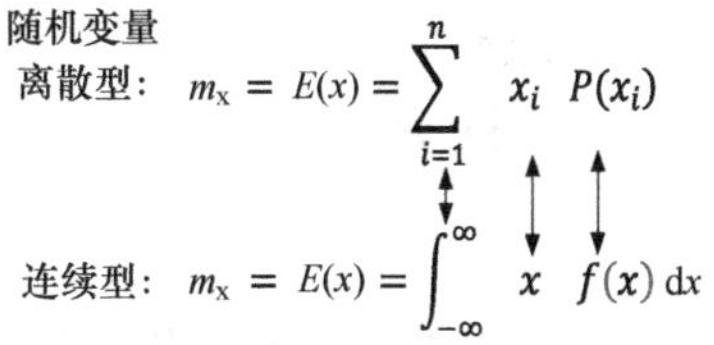

图 3-4 离散型和连续型随机变量均值的对比

连续型随机变量的统计平均值是对随机变量进行概率密度函数加权后再求积分。积分的自变量是随机变量。所谓统计，是针对随机事件、随机变量的。

连续型与离散型的统计平均值含义相同，都表示随机变量的中心值，只不过一个取值连续，一个取值离散；都是加权平均值，一个是概率加权值，一个是概率密度函数加权值；求平均值时，一个是求和，一个是求积分。

（2）数学期望的性质

1) $E(a) = a$（a 为常数）。

2) $E(ax) = a E(x)$。

3) $E(x \pm y) = E(x) \pm E(y)$（$X$、$Y$ 均为随机变量）。

4) 随机变量 X 的函数 $g(x)$ 的期望如下。

当 X 为离散型随机变量时：

$$E[g(x)] = \sum_{i=1}^{n} g(x_i) P(x = x_i) = \sum_{i=1}^{n} g(x_i) P(x_i) \tag{3-4}$$

当 X 为连续型随机变量时：

$$E[g(x)] = \int_{-\infty}^{\infty} g(x) f(x) \mathrm{d}x \tag{3-5}$$

这两个求随机变量的函数的期望的公式是常用公式。

（3）数学期望的性质的解析

1) 常数 a 的均值就是它本身：随机变量等于常数，只取一个值，均值当然是它本身。

2) aX 的均值 $E(ax)$：a 是一个常数，可以把 a 拿到统计符号 $E(\ )$ 的外面，aX 的统计均值 $E(ax)$ 是 a 倍的 $E(x)$，即 $E(ax) = aE(x)$。

3) $X \pm Y$（和或差）的统计平均 $E(x \pm y)$：等于 X 和 Y 各自统计平均的和或差。X 和 Y 可以分别求统计平均值，然后再相加减。这也是一个常用的性质。

4）随机变量的函数的数学期望如下。

① 举例1：设 X 是随机变量，求 $2X+1$ 的数学期望。$2X+1$ 是随机变量的 X 的函数 $g(x)$，记为 $g(x)=2x+1$。

a. 如果 X 是个连续型随机变量：$2X+1$ 的均值是 $g(x)$ 乘以 X 概率密度函数 $f(x)$，再对 x 求积分，即 $E[g(x)] = \int_{-\infty}^{\infty} g(x)f(x)\mathrm{d}x = \int_{-\infty}^{\infty} (2x+1)f(x)\mathrm{d}x$。

b. 如果 X 是离散型随机变量：X 取 n 个离散值 x_i，i 为 $1\sim n$，则随机变量的函数 $g(x)$ 的期望等于 $g(x)$ 乘以这个取值的概率 $P(x_i)$，然后求和，即

$$E[g(x)] = \sum_{i=1}^{n} g(x_i)P(x_i) = \sum_{i=1}^{n} (2x_i+1)P(x_i)$$

② 举例2：设 θ 是个随机变量，求 $\cos(n\theta)$ 的数学期望。由式（3-5）可知，$\cos(n\theta)$ 是自变量 θ 的函数 $g(\theta)$。

a. 当 θ 是连续型随机变量时，设 θ 的概率密度函数为 $f(\theta)$，则 $\cos(n\theta)$ 的期望为

$$E[\cos(n\theta)] = \int_{-\infty}^{\infty} \cos(n\theta)f(\theta)\mathrm{d}\theta$$

积分的自变量是随机变量 θ，统计平均值是对随机变量求概率密度加权平均值。

b. 当 θ 是离散型随机变量时，θ 取 n 个离散值 θ_i，i 为 $1\sim n$，则 $\cos(n\theta)$ 的期望为

$$E[\cos(n\theta)] = \sum_{i=1}^{n} \cos(n\theta_i)P(\theta_i)$$

统计平均值是对随机变量的函数每个离散函数值 $\cos(n\theta_i)$ 求概率加权平均值。

2. 原点矩

1）n 阶原点矩定义：$E(x^n) = \int_{-\infty}^{\infty} x^n f(x)\mathrm{d}x$。

2）2 阶原点矩定义：$E(x^2) = \int_{-\infty}^{\infty} x^2 f(x)\mathrm{d}x$，$E(x^2)$ 为 X 的均方值。

3）1 阶原点矩定义：$E(x) = \int_{-\infty}^{\infty} x f(x)\mathrm{d}x$，$E(x)$ 为 X 的期望。

原点矩定义为 x 的 n 次幂的统计平均值，$E(x^n)$ 叫 n 阶原点矩。其实，可以把这个 x^n 看成是 x 的一个函数 $g(x)$，$g(x)=x^n$，按照随机变量的函数的期望的定义，$g(x)$ 乘以 X 的概率密度函数 $f(x)$ 再积分，就是 $E(x^n)$。$E(x^n) = \int_{-\infty}^{\infty} g(x)f(x)\mathrm{d}x = \int_{-\infty}^{\infty} x^n f(x)\mathrm{d}x \{BFQ$。当 $n=2$ 时，就是二阶原点距 $E(x^2)$，也叫 X 的均方值，是 X 的二次方取均值。当 $n=1$ 时，一阶原点矩 $E(x)$，是 X 的数学期望。

3. 中心矩

（1）n 阶中心矩的定义 n 阶中心矩定义：$E[(x-m_x)^n] = \int_{-\infty}^{\infty} (x-m_x)^n f(x)\mathrm{d}x$。

$(x-m_x)^n$ 的统计平均 $E[(x-m_x)^n]$，叫 n 阶中心距。$(x-m_x)^n$ 是 X 的函数，利用随机变量的函数的期望公式，得到 $E[(x-m_x)^n] = \int_{-\infty}^{\infty} (x-m_x)^n f(x)\mathrm{d}x$。

1 阶中心矩定义：$E[(x-m_x)^1] = E(x) - E(m_x) = m_x - m_x = 0$。

利用数学期望的性质：$E(x\pm y) = E(x) \pm E(y)$，和或差的期望等于分别求期望，再相加或减，则 $E[(x-m_x)^1] = E(x) - E(m_x) = m_x - m_x = 0$。其中 m_x 是常数。

（2）方差的定义 2 阶中心矩称为方差，用 σ_x^2 或 $D(x)$ 表示。方差反映随机变量 X 相对于统

计平均值 m_x 的分散程度。$D(x) = E[(x-m_x)^2]$，其中 $(x-m_x)^2$ 是 X 的函数，利用随机变量的函数的期望公式，得到 $E[(x-m_x)^2] = \int_{-\infty}^{\infty} (x-m_x)^2 f(x) \mathrm{d}x$。

利用此公式来求方差需要求积分，计算烦琐，采用下面的公式可以避开求积分的烦琐。

（3）方差常用计算公式为

$$D(x) = E(x^2) - E^2(x) \tag{3-6}$$

公式推导如下：$E[(x-m_x)^2] = E(x^2 - 2m_x x + m_x^2)$
$$= E(x^2) - E(2m_x x) + E(m_x^2)$$
$$= E(x^2) - 2m_x^2 + m_x^2$$
$$= E(x^2) - m_x^2 = E(x^2) - E^2(x)$$

1）把 $(x-m_x)^2$ 展开，则：$E[(x-m_x)^2] = E(x^2 - 2m_x x + m_x^2)$。

2）再利用数学期望的性质：$E(x \pm y) = E(x) \pm E(y)$，和或差的期望等于分别求期望，再相加或减，得到：$E(x^2 - 2m_x x + m_x^2) = E(x^2) - E(2m_x x) + E(m_x^2)$。

其中，第二项，利用性质 $E(ax) = aE(x)$，$2m_x$ 是常数则 $E(2m_x x) = 2m_x E(x) = 2m_x^2$；第三项，利用性质 $E(a) = a$，m_x^2 是常数则 $E(m_x^2) = m_x^2$。

3）$D(x) = E[(x-m_x)^2] = E(x^2) - 2m_x^2 + m_x^2 = E(x^2) - m_x^2 = E(x^2) - E^2(x)$。

方差等于均方值减均值的二次方，一旦随机变量的概率或概率密度函数给定了，就可以求它的均值和均方值，然后用此公式得到方差。

（4）方差的物理含义　方差表示随机变量相对于均值的偏离程度。方差值越大，相对于均值的偏离程度就越大。

衡量随机变量的最主要的两个参数是均值和方差。随机变量最常出现的那一点就是均值，偏离均值的程度是多少，用方差来衡量，所以均值和方差是最主要的两个衡量随机变量的参数。随机变量取值不确定，知道了这两个参数，就知道了随机变量的主要取值区域是以均值为中心，偏离程度由方差大小决定，方差越大，偏离均值的范围越大。

（5）方差的性质

1）$D(x) = E(x^2) - E^2(x)$

2）$D(a) = E(a^2) - E^2(a) = 0$

3）$D(ax) = E(a^2 x^2) - E^2(ax) = a^2[E(x^2) - E^2(x)] = a^2 D(x)$

4）$D(x \pm y) = D(x) + D(y) \pm 2C_{xy}$

方差等于均方值减均值的二次方；常数 a 的方差是 0；求 aX 的方差 $D(ax)$，不像求均值那样直接可以把常数 a 拿到 $E(\ )$ 的括号外面，求 $D(ax)$ 时，把常数 a 拿到 $D(\ )$ 的括号外面要乘以 a 的二次方，$D(ax) = a^2 D(x)$；和或差的方差 $D(x \pm y)$，等于 X 的方差 $D(x)$，加上 Y 的方差 $D(y)$，再加或减 XY 之间的协方差 $2C_{xy}$，协方差在下面联合矩中介绍。

4. 联合矩

均值和方差描述的是一个随机变量的统计特性，是一维的；两个随机变量之间的统计特性用联合矩来描述，是二维的。

（1）联合原点矩　称 $E(x^n y^k)$ 为两个随机变量 X 和 Y 的联合原点矩，反映 X 和 Y 的关联程度。

（2）互相关函数　当 $n = k = 1$ 时的联合原点矩：$E(xy)$ 称为 X 和 Y 的互相关函数或相关矩，记为 R_{xy}，即

$$E(xy) = \int_{-\infty}^{\infty} \int_{-\infty}^{\infty} xyf(x,y)\mathrm{d}x\mathrm{d}y = R_{xy} \tag{3-7}$$

式中，$f(x,y)$ 是 X 和 Y 的二维联合概率密度函数。

(3) 联合中心矩　定义：$E\{[x-E(x)]^n[y-E(y)]^k\}$ 为联合中心矩。

(4) 协方差　当 $n=k=1$ 时的联合中心矩称为协方差 C_{xy}：$C_{xy}=E\{[x-E(x)][y-E(y)]\}$。

利用均值的性质，得到：

$$\begin{aligned}C_{xy} &= E\{[x-E(x)][y-E(y)]\} = E[(xy-ym_x-xm_y+m_xm_y)] \\ &= E(xy) - E(ym_x) - E(xm_y) + E(m_xm_y) \\ &= E(xy) - m_xE(y) - m_yE(x) + m_xm_y \\ &= E(xy) - m_xm_y - m_ym_x + m_xm_y \\ &= E(xy) - m_xm_y \\ &= E(xy) - E(x)E(y) \\ &= R_{xy} - m_xm_y\end{aligned}$$

得到协方差与互相关函数 R_{xy} 之间关系公式，即

$$C_{xy} = E(xy) - E(x)E(y) = R_{xy} - m_xm_y \tag{3-8}$$

(5) 不相关的定义　当 $C_{xy}=0$ 时，称 X 与 Y 不相关。此时：

$$E(xy) = E(x)E(y) \tag{3-9}$$

不相关的充要条件为：$C_{xy}=0$，协方差为 0。

当 X 与 Y 的协方差等于 0 时，定义 X 与 Y 不相关。不相关是数理统计里面经常提到的概念，不相关时，$E(xy)=E(x)E(y)$，X 与 Y 积的期望等于各自期望的积，满足这样性质的时候就称为随机变量 X 和 Y 不相关。

(6) 随机变量 X 与 Y 不相关时的性质

1) $C_{xy}=E(xy)-E(x)E(y)=0$。协方差为 0 时定义为不相关。

2) $R_{xy}=E(xy)=E(x)E(y)$。X 和 Y 的互相关函数定义为 X 和 Y 积的期望，在 X 和 Y 不相关时，等于各自取期望，再相乘。

3) $D(x \pm y) = D(x) + D(y)$。和或差的方差等于各自方差的和，因为不相关时 $C_{xy}=0$。

(7) 统计独立与不相关

1) 统计独立与不相关是两个不同的概念。随机变量 X 和 Y 统计独立，是指二维联合概率密度函数 $f(x,y)$，等于 X 和 Y 的各自一维概率密度函数 $f(x)$ 和 $f(y)$ 的积：$f(x,y)=f(x)f(y)$，统计独立是从联合概率密度函数的角度。

随机变量 X 和 Y 不相关，是指联合的期望等于 X 和 Y 各自期望的积：$E(xy)=E(x)E(y)$，不相关是从联合的期望的角度。

2) 根据统计独立和不相关的定义推导出二者之间的关系。

① 若两个随机变量相互统计独立，则它们必然是不相关的。

若 X、Y 相互统计独立，则 $f(x,y)=f(x)f(y)$，可推导出：

$$E(xy) = \int_{-\infty}^{\infty}\int_{-\infty}^{\infty} xyf(x,y)\mathrm{d}x\mathrm{d}y = \int_{-\infty}^{\infty}\int_{-\infty}^{\infty} xyf(x)f(y)\mathrm{d}x\mathrm{d}y = \int_{-\infty}^{\infty} xf(x)\mathrm{d}x \int_{-\infty}^{\infty} yf(y)\mathrm{d}y = E(x)E(y)$$

即 $R_{xy}=E(xy)=E(x)E(y)$，以及 $C_{xy}=0$，故 X、Y 不相关。

② 若 X 与 Y 不相关，不一定统计独立。

X 与 Y 不相关时 $E(xy)=E(x)E(y)$，由这个条件推导不出 X 与 Y 独立时联合概率密度函数应该满足的条件 $f(x,y)=f(x)f(y)$。如果不相关则不一定统计独立，有可能统计独立，也有可能不统计独立。

下面给出两个求随机变量的数学期望和方差的例题,例 3-1 为离散型,例 3-2 为连续型。

【例 3-1】 随机变量 X 取离散值 2、5、8,概率分别为 0.5、0.2、0.3,求该随机变量的数学期望和方差。

解题思路:方差等于均方值减均值的二次方,所以先求均值,再求均方值,然后均方值减均值的二次方就得到方差。随机变量 X,取值可能有 $x_i = 2, 5, 8$,X 是离散型随机变量,可能取三个离散的值,$n = 3$,$x_i = 2, 5, 8$,i 为 1~3,每个取值的概率分别为 $P(x_i) = 0.5, 0.2, 0.3$。代入离散型随机变量的数学期望公式为 $m_x = E(x) = \sum_{i=1}^{n} x_i P(x = x_i) = \sum_{i=1}^{n} x_i P(x_i)$,可求得 $E(x)$。离散型随机变量求均方值公式:$E(x^2) = \sum_{i=1}^{n} x_i^2 P(x_i)$,求方差公式:$D(x) = E(x^2) - E^2(x)$。

解: 1)数学期望:
$$m_x = E(x) = \sum_{i=1}^{n} x_i P(x = x_i) = \sum_{i=1}^{n} x_i P(x_i)$$
$$= 2 \times P(2) + 5 \times P(5) + 8 \times P(8)$$
$$= 2 \times 0.5 + 5 \times 0.2 + 8 \times 0.3 = 4.4$$

解析:数学期望是平均值,是统计平均值,是概率加权的平均值。X 可能的取值是 2,取 2 的概率是 0.5,均值中 2×0.5 是 2 被概率 0.5 加权。同理,可能的取值是 5,取 5 的概率是 0.2,可能的取值是 8,取 8 的概率是 0.3。三个取值分别被概率加权后相加:$2 \times 0.5 + 5 \times 0.2 + 8 \times 0.3 = 4.4$,得到均值等于 4.4。可见均值是常数,是概率加权意义下的平均值,是统计平均,也叫数学期望。概率大的取值,在均值中的权重也大。均值反映的是随机变量可能出现的中心位置。

2)方差:$D(x) = E(x^2) - E^2(x)$。
$$E(x^2) = \sum_{i=1}^{n} x_i^2 P(x = x_i) = \sum_{i=1}^{n} x_i^2 P(x_i) = 2^2 \times 0.5 + 5^2 \times 0.2 + 8^2 \times 0.3 = 26.2$$
$$D(x) = E(x^2) - E^2(x) = 26.2 - 4.4^2 = 6.84$$

解析:均方值 $E(x^2)$ 括号里面 x^2 看成是随机变量的函数 $g(x)$,$g(x) = x^2$,利用离散型随机变量的函数的期望公式,得到:$E(x^2) = E[g(x)] = \sum_{i=1}^{n} g(x_i) P(x_i) = \sum_{i=1}^{n} x_i^2 P(x_i)$。

X 可能的取值是 2,2^2 乘以取 2 的概率 0.5;可能取值是 5,5^2 乘以取 5 的概率 0.2;可能取值是 8,8^2 乘以取 8 的概率 0.3;三个取值的二次方分别被概率加权后相加:$2^2 \times 0.5 + 5^2 \times 0.2 + 8^2 \times 0.3 = 26.2$,得到 X 的均方值 $E(x^2)$。

均方值减均值的二次方得到方差:$D(x) = E(x^2) - E^2(x) = 26.2 - 4.4^2 = 6.84$。此时,方差的物理意义是此随机变量偏离其均值 4.4 的程度是 6.84。

用均值和方差可以表示 X 经常出现的区间,即 $(-2.44, 11.24)$。

【例 3-2】 已知随机变量 θ 在区间 $(-\pi, \pi)$ 均匀分布。求 θ 和 $2\sin\theta$ 的均值和方差。

(1)解题思路:先求均值,再求均方值,然后均方值减均值的二次方得到方差。θ 是一个连续型随机变量,是取值区间在 $(-\pi, \pi)$ 均匀分布。均匀分布的概率密度函数 $f(\theta)$ 是已知的,如图 3-5 所示。θ 在 $-\pi \sim \pi$ 之间时,$f(\theta) = 1/(2\pi)$;θ 取其他值时,$f(\theta) = 0$。所以,对于连续型随机变量,首先要已知服从哪种分布。这里,θ 服从均匀分布,是通信中常用到的,相位经常服从均匀分布。均匀分布的概率密度函数是在 $-\pi \sim \pi$ 之间取值是常数。常数值不管是不是 $1/(2\pi)$,都叫均匀分布。

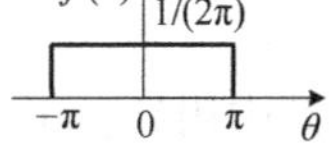

图 3-5 均匀分布概率密度函数 $f(\theta)$

1)连续型随机变量的数学期望公式为 $m_x = E(x) = \int_{-\infty}^{\infty} x f(x) \mathrm{d}x$,连续型随机变量求均方值公

式为 $E(x^2) = \int_{-\infty}^{\infty} x^2 f(x) \mathrm{d}x$，求方差公式为 $D(x) = E(x^2) - E^2(x)$。

2）将 x 换成 θ，可求得 $E(\theta)$、$E(\theta^2)$ 和 $D(\theta)$。$2\sin\theta$ 看成 θ 的函数 $g(\theta)$，$g(\theta) = 2\sin\theta$，用连续型随机变量的函数的均值公式：$E[g(x)] = \int_{-\infty}^{\infty} g(x)f(x)\mathrm{d}x$，求 $E(2\sin\theta)$。

3）求 $2\sin\theta$ 的均方值 $E[(2\sin\theta)^2]$ 时，常用三角函数半角公式来降低幂次。三角函数半角公式为

$$\sin^2\theta = \frac{1}{2}[1 - \cos(2\theta)], \quad \cos^2\theta = \frac{1}{2}[1 + \cos(2\theta)]$$

（2）**解**：θ 在区间 $[-\pi, \pi]$ 均匀分布，则 θ 的概率密度函数为

$$f(\theta) = \begin{cases} \dfrac{1}{2\pi}, & -\pi < \theta < \pi \\ 0, & \theta \text{ 取其他值时} \end{cases}$$

1）θ 的均值（数学期望）：

$$E(\theta) = \int_{-\infty}^{\infty} \theta f(\theta) \mathrm{d}\theta = \int_{-\pi}^{\pi} \theta \frac{1}{2\pi} \mathrm{d}\theta = \frac{1}{2\pi} \frac{\theta^2}{2} \Big|_{\theta=-\pi}^{\theta=\pi} = 0$$

解析：θ 的均值 $E(\theta)$ 等于 θ 乘以 θ 的概率密度函数 $f(\theta)$，再对 θ 求积分。$f(\theta)$ 在 $\theta \in [-\pi, \pi]$ 内值为 $1/(2\pi)$，其余 θ 区间 $f(\theta)$ 值为 0，所以积分上下限由 $-\infty \sim \infty$ 变成 $-\pi \sim \pi$，把 $f(\theta)$ 换成 $1/(2\pi)$，$\int \theta \mathrm{d}\theta = \dfrac{\theta^2}{2}$，再把积分上下限代入得到均值得 $E(\theta) = 0$。

2）θ 的方差：$D(\theta) = E(\theta^2) - E^2(\theta)$。

θ 的均方值：$E(\theta^2) = \int_{-\infty}^{\infty} \theta^2 f(\theta) \mathrm{d}\theta = \int_{-\pi}^{\pi} \theta^2 \frac{1}{2\pi} \mathrm{d}\theta = \frac{1}{2\pi} \frac{\theta^3}{3} \Big|_{\theta=-\pi}^{\theta=\pi} = \frac{\pi^2}{3}$。

均方值 $E(\theta^2)$ 是 θ^2 二次方乘以 θ 的概率密度函数 $f(\theta)$，再对 θ 求积分。

3）$2\sin\theta$ 的均值和方差：$2\sin\theta$ 是随机变量 θ 的函数 $g(\theta)$，利用随机变量的函数的期望的公式：$E[g(x)] = \int_{-\infty}^{\infty} g(x)f(x)\mathrm{d}x$。函数的均值等于函数 $g(x)$ 乘以函数中的随机变量的概率密度函数 $f(x)$，再对这个随机变量求积分。这里，随机变量是 θ，把 x 换成 θ，得到 $2\sin\theta$ 的均值为

$$E(2\sin\theta) = \int_{-\infty}^{\infty} 2\sin\theta f(\theta) \mathrm{d}\theta = \int_{-\pi}^{\pi} 2\sin\theta \frac{1}{2\pi} \mathrm{d}\theta = \frac{1}{\pi}(-\cos\theta) \Big|_{\theta=-\pi}^{\theta=\pi} = 0$$

或 $E(2\sin\theta) = 2E(\sin\theta) = 0$

$2\sin\theta$ 的均方值为

$$E[(2\sin\theta)^2] = \int_{-\infty}^{\infty} (2\sin\theta)^2 f(\theta) \mathrm{d}\theta = \int_{-\pi}^{\pi} 4\sin^2\theta \frac{1}{2\pi} \mathrm{d}\theta$$

$$= \frac{1}{\pi} \int_{-\pi}^{\pi} (1 - \cos 2\theta) \mathrm{d}\theta = \frac{1}{\pi}\left(\theta - \frac{1}{2}\sin 2\theta\right) \Big|_{\theta=-\pi}^{\theta=\pi} = 2$$

其中用到：$\sin^2\theta = \dfrac{1}{2}(1 - \cos 2\theta)$ 和 $\int \cos\theta \mathrm{d}\theta = \sin\theta$，$\int \sin\theta \mathrm{d}\theta = -\cos\theta$

求期望中遇到三角函数的二次方时用降幂公式，即

$$E[(2\sin\theta)^2] = E(4\sin^2\theta) = 2E(1 - \cos 2\theta)$$

再利用期望的性质，和或差的期望等于各自取期望再相加减，即

$$E(1 - \cos 2\theta) = E(1) - E(\cos 2\theta)$$

常数的期望是它本身，$E(1) = 1$，$E(\cos 2\theta) = 0$，得到均方值为

$$E\left[(2\sin\theta)^2\right] = E(4\sin^2\theta) = 2E(1-\cos2\theta) = 2$$

$2\sin\theta$ 的方差：$D(2\sin\theta) = E\left[(2\sin\theta)^2\right] - E^2(2\sin\theta) = 2$

（3）由例 3-2 可以得出的经验公式　当 θ 服从均匀分布时，θ 以及 $n\theta$ 的三角函数（正弦和余弦）的均值都为 0，即

$$E(\cos\theta) = E(\cos n\theta) = 0; E(\sin\theta) = E(\sin n\theta) = 0$$

正弦曲线一个周期内正、负交替平均值为 0。只要 θ 在一个周期 $[-\pi \sim \pi]$ 或 $(0 \sim 2\pi)$ 内服从均匀分布，其统计平均为 0。扩展到 $\sin\theta$、$\cos\theta$、$\sin n\theta$、$\cos n\theta$，都是零均值的。

小结：利用数学期望的性质，不用烦琐的求积分，记住常用公式即可求得均值、均方值和方差，使随机变量及其函数求均值和方差得到简化。之后，再把随机变量过渡到随机过程。随机过程是含有时间 t 的随机变量，完全可以利用随机变量的性质来求数字特征。随机变量是数理统计基础，掌握好随机变量，求随机过程的数字特征就简单容易了。

3.2　随机过程的基本概念

随机变量的特点是在每次实验的结果中，以一定的概率取某个事先未知，然而是确定的数值。例如：等概的 0、1 码。

当试验的结果取值不再是确定的数值，而是随时间随机变化的，这时就由一个随机变量演化成了一个随机过程。

前面讨论的随机变量，比如掷骰子，可能的取值是 1~6，取值是确定的，但是每次实验究竟取哪一个值是不确定的，这样的一个事件，定义为随机变量。如果取值也不再是确定的了，而是随时间变化的，就由随机变量过渡到了随机过程。

3.2.1　随机过程的定义

随时间变化的随机变量称为随机过程，记为 $\xi(t)$。

随机过程基本的特点之一：它是时间 t 的函数。随机过程的表达式里一定含有 t，是 t 的函数。

例如，接收机的输出噪声信号是一个随机过程。每一次测量结果会得到一个样本曲线，每次测量得到的曲线都不一样，样本都不同，分别对应多条曲线，把所有可能的样本的集合称为随机过程，如图 3-6 所示。

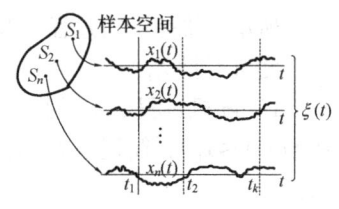

图 3-6　随机过程样本总体

随机过程定义为样本函数的总体，即随机实验的所有样本的集合。所有可能出现的结果的总体构成一个随机过程。

（1）随机过程的严格定义　设 $S_k(k=1,2,\cdots)$ 是随机试验。每一次试验都有一个时间波形（称为样本函数或实现），记作 $x_i(t)$，所有可能出现的结果的总体 $\{x_1(t), x_2(t), \cdots, x_n(t), \cdots\}$ 构成一随机过程，记作 $\xi(t)$。简言之，无穷多个样本函数的总体叫作随机过程。

随机过程的基本特点：任一确定时刻的随机过程就是一个随机变量。

（2）随机过程与随机变量　随机过程与随机变量示意图如图 3-7 所示。随机过程由样本 $\{x_1(t), x_2(t), \cdots, x_n(t), \cdots\}$ 构成，每次实验一定取其中的一个样本，但是究竟取哪个样本是带有随机性的。t 是取值时刻，当 t 固定的时候，是一般意义下的随机变量，例如 t 取 t_1 时刻，一定取 $\{x_1(t_1), x_2(t_1), \cdots, x_n(t_1), \cdots\}$ 这几个样本值其中之一，但是取哪一个值是不确定的。所以，一旦 t 固定，t_1 时刻，就是一个随机变量 X_1。那么，取另一个时刻 t_2，就是一个随机变量 X_2，t_n 时刻就

是一个随机变量 X_n。可见，当 t 取一簇：t_1、t_2 到 t_n 的时候，随机过程就是这样一簇随机变量 $\{X_1, X_2, \cdots, X_n, \cdots\}$ 的集合，这一簇随机变量是随时间 t 变化的，把它叫作随机过程。

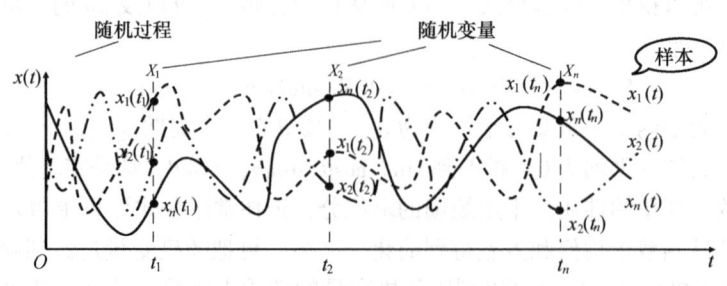

图 3-7　随机过程与随机变量示意图

（3）随机过程的特性　随机过程具有如下两重性：首先，它是 t 的函数，是随 t 变化的；另外，一旦 t 取固定的某一个时刻，它就是一个随机变量。

随机过程的表达式是含有随机变量 t 的函数。例如：随机过程 $\xi(t) = 2\cos(2\pi t + \theta)$，式中 θ 是一个均匀分布的随机变量。此表达式中含有时间 t，还含有随机变量 θ。如果没有 t 只有 θ，就是随机变量的函数，还是随机变量，不构成随机过程；如果没有 θ 只有 t，就是一个确定信号，不是随机信号了。所以随机过程的表达式中既含有 t 又含有随机变量。随机过程是 t 的函数，当 t 取固定的某一值时，随机过程就是随机变量。例如：$t = 0.5\mathrm{s}$ 时，$\xi(0.5) = 2\cos(\pi + \theta)$ 是随机变量（θ 是随机变量，θ 的函数 $2\cos(\pi + \theta)$ 也是随机变量）。

因为随机过程有这样两重性，把握随机变量的特性，就可以把随机变量的知识过渡到随机过程。

3.2.2　随机过程的分布函数和概率密度函数

（1）一维分布函数和概率密度函数　随机过程 $\xi(t)$ 在任一时刻 t_1 上的取值是一维随机变量 $\xi(t_1)$。

所谓一维是随机过程只取一个时刻，取一个时刻，随机过程就是一个随机变量。t_1 时刻对应一个随机变量 X_1。

1）随机过程 $\xi(t)$ 的一维分布函数定义。随机变量 $\xi(t_1)$ 小于或等于某一数值 x_1 的概率 $P[\xi(t_1) \leq x_1]$，简记为 $F_1(x_1, t_1)$，即 $F_1(x_1, t_1) = P[\xi(t_1) \leq x_1]$，$F_1(x_1, t_1)$ 定义为 $\xi(t)$ 的一维分布函数。

2）随机过程 $\xi(t)$ 的一维概率密度函数定义。如果 $F_1(x_1, t_1)$ 对 x_1 的偏导数存在，即有 $\dfrac{\partial F_1(x_1, t_1)}{\partial x_1} = f(x_1, t_1)$，则称 $f(x_1, t_1)$ 为 $\xi(t)$ 的一维概率密度函数。

一维随机过程其实就是一个随机变量，是 t_1 时刻对应的随机变量。t_1 可以等于 $1\mathrm{ms}$、$5\mathrm{s}$ 或 $t\mathrm{s}$。也可以把一维分布函数和一维概率密度函数记为 $F(x,t)$ 和 $f(x,t)$。

数理统计是针对随机变量求统计平均，统计平均的自变量是随机变量，t 相对于随机变量是常数。

随机过程的一维分布函数或一维概率密度函数仅仅描述了随机过程在各个孤立时刻的统计特性，而没有说明随机过程在不同时刻取值之间的内在联系，为此需要进一步引入二维分布函数。

（2）二维分布函数和概率密度函数　若随机过程 $\xi(t)$ 在任意两个时刻 t_1，t_2 且 $t_1, t_2 \in t$，则随机变量 $\xi(t_1)$ 和 $\xi(t_2)$ 构成一个二维随机变量 $\{\xi(t_1), \xi(t_2)\}$。取两个时刻，对应两个随机变量，概率密度函数和分布函数是二维的。

1) 随机过程 $\xi(t)$ 的二维分布函数定义。随机变量 $\xi(t_1)$ 小于或等于某一数值 x_1，且 $\xi(t_2)$ 小于或等于某一数值 x_2 的联合概率 $P\{\xi(t_1) \leq x_1, \xi(t_2) \leq x_2\}$，简记为 $F_2(x_1, x_2; t_1, t_2)$，即

$$F_2(x_1, x_2; t_1, t_2) = P\{\xi(t_1) \leq x_1, \xi(t_2) \leq x_2\}$$

定义为随机过程 $\xi(t)$ 的二维分布函数。

2) 随机过程 $\xi(t)$ 的二维概率密度函数定义。如果 $F_2(x_1, x_2; t_1, t_2)$ 对 x_1 和 x_2 的混合偏导数存在，即有 $\dfrac{\partial^2 F_2(x_1, x_2; t_1, t_2)}{\partial x_1 \partial x_2} = f(x_1, x_2; t_1 t_2)$，则称 $f(x_1, x_2; t_1, t_2)$ 为 $\xi(t)$ 的二维概率密度函数。

(3) n 维分布函数和概率密度函数　随机过程 $\xi(t)$ 在任意给定 n 个时刻，即 $t_1, t_2, \cdots, t_n \in t$，则随机变量 $\xi(t_1), \xi(t_2), \cdots, \xi(t_n)$ 构成一个 n 维随机变量 $\{\xi(t_1), \xi(t_2), \cdots, \xi(t_n)\}$。

1) 随机过程 $\xi(t)$ 的 n 维分布函数定义。联合概率 $P\{\xi(t_1) \leq x_1, \xi(t_2) \leq x_2, \cdots, \xi(t_n) \leq x_n\}$，定义为随机过程 $\xi(t)$ 的 n 维分布函数，即

$$F_n(x_1, x_2, \cdots, x_n; t_1, t_2, \cdots, t_n) = P\{\xi(t_1) \leq x_1, \xi(t_2) \leq x_2, \cdots, \xi(t_n) \leq x_n\}$$

2) 随机过程 $\xi(t)$ 的 n 维概率密度函数定义。如果 $F_n(x_1, x_2, \cdots, x_n; t_1, t_2, \cdots, t_n)$ 对 $x_1, x_2, \cdots, x_n$ 的混合偏导数存在，即

$$f_n(x_1, x_2, \cdots, x_n; t_1, t_2, \cdots, t_n) = \frac{\partial^n F(x_1, x_2, \cdots, x_n; t_1, t_2, \cdots, t_n)}{\partial x_1 \partial x_2 \cdots \partial x_n}$$

则称 $f_n(x_1, x_2, \cdots, x_n; t_1, t_2, \cdots, t_n)$ 为 $\xi(t)$ 的 n 维概率密度函数。

随机过程的一维概率密度函数以及分布函数的定义和随机变量的相比较，几乎完全一样，随机过程的实质就是一个随机变量，是 t 时刻对应的随机变量。再过渡到随机过程的二维和 n 维，对应的是随机变量的二维和 n 维。

显然，n 越大，对随机过程统计特性的描述就越充分，但问题的复杂性也随之增加。在一般实际问题中，掌握二维分布函数就已经足够了。用一维表示随机过程单独时刻的特性，用均值和方差来描述。用二维表示随机过程两个时刻之间的特性，用相关函数来描述。均值、方差和相关函数是描述随机过程的常用数字特征。

3.2.3　随机过程的统计特性

分布函数或概率密度函数虽然能够较全面地描述随机过程的统计特性，但在实际工作中，用随机过程的数字特征来描述随机过程的统计特性，更简单直观。常用的数字特征有数学期望（均值）、均方值、方差、协方差、自相关函数、互相关函数等。

1. 数学期望

(1) 随机过程数学期望的定义　随机过程的均值也称为数学期望，是随机过程的统计平均值。设随机过程 $\xi(t)$ 在任意给定时刻 t_1 的取值 $\xi(t_1)$ 是一个随机变量，一维概率密度函数为 $f_1(x_1, t_1)$，则 $\xi(t_1)$ 的数学期望为

$$E[\xi(t_1)] = \int_{-\infty}^{\infty} x_1 f_1(x_1, t_1) \mathrm{d}x_1 \tag{3-10}$$

期望用 $E(\ )$ 来表示，随机过程 $\xi(t)$ 的期望用 $E[\xi(t)]$ 来表示。求 $E[\xi(t)]$ 的公式是：t 取一个时刻，$t = t_1$ 时刻，对应一个随机变量 x_1，x_1 乘以概率密度函数 $f_1(x_1, t_1)$，再对 x_1 求积分。

这里 t_1 是任取的，可以把 t_1 直接写为 t，x_1 改为 x，式 (3-10) 变为随机过程在任意时刻的数学期望，记作 $a(t)$，即

$$a(t) = E[\xi(t)] = \int_{-\infty}^{\infty} x f_1(x, t) \mathrm{d}x \tag{3-11}$$

式 (3-11) 中 $\xi(t)$、x、$f_1(x_1, t_1)$ 和 $\mathrm{d}x$ 都是什么？与 $\xi(t)$ 之间是什么关系？如何由 $\xi(t)$ 得到

x 和 $f_1(x_1,t_1)$ 呢？dx 是针对谁来求积分呢？

$\xi(t)$ 是一个随机过程，x_1 是 t_1 时刻对应的随机变量。t 取一个时刻，$t=t_1$，可以是2s或5s，也可以是 ts，这时的 x_1 就是这个随机过程 $\xi(t)$。随机过程有两重性，一个是 t 的函数，另一个是随机过程中含有随机变量。所谓的"统计平均"，都是针对随机信号，因为存在随机变量，才针对随机变量来求概率加权平均。所以，概率密度函数 $f_1(x_1,t_1)$ 是随机过程 $\xi(t)$ 中含有的随机变量的概率密度函数，然后对随机变量求积分，dx 是针对 $\xi(t)$ 中含有的随机变量来求积分。把握期望公式中每一项的含义，对应的代入就可以求期望了。后面给出的求均值和方差的公式中，每一项的含义也是类似的，不再赘述。

【例3-3】 $x(t)$ 是一个随机过程，$x(t)=2\sin(\omega t+\theta)$，其中 θ 是在区间 $(-\pi,\pi)$ 均匀分布随机变量，求随机过程的均值。

1) 例3-3 解析：

① 首先通过该随机过程的表达式可以验证随机过程的二重性。

随机过程 $x(t)=2\sin(\omega t+\theta)$ 中含有时间 t，是 t 的函数；还含有随机变量 θ，如果没有 θ，$x(t)=2\sin(\omega t)$ 就是确定信号不是随机信号了。

② 求期望的公式为 $E[\xi(t_1)]=\int_{-\infty}^{\infty}x_1 f_1(x_1,t_1)dx_1$，其中，$x_1$ 是 t_1 时刻对应的随机变量 $x_1=2\sin(\omega t_1+\theta)$，$t_1$ 可以是2s或5s，也可以是 ts，这时的 x_1 就是这个随机过程 $x(t)$。$f_1(x_1,t_1)$ 是随机过程 $x(t)$ 中含有的随机变量 θ 的概率密度函数 $f(\theta)$。θ 在区间 $(-\pi,\pi)$ 均匀分布，则 θ 在区间 $(-\pi,\pi)$ 内 $f(\theta)=1/(2\pi)$；θ 其余区间 $f(\theta)=0$。dx_1 是针对 $x(t)$ 中含有的随机变量 θ 来求积分，$dx_1=d\theta$。求随机过程 $x(t)$ 的期望的公式为

$$E[x(t)]=\int_{-\infty}^{\infty}x(t)f(\theta)d\theta \tag{3-12}$$

随机过程 $x(t)$ 的期望是 $x(t)$ 乘以其中含有的随机变量的概率密度函数 $f(\theta)$，然后对随机变量 θ 求积分 $d\theta$。把握这个公式就能理解和应用随机过程期望公式了。

2) 例3-3 解：

$$E[x(t)]=\int_{-\infty}^{\infty}x(t)f(\theta)d\theta=\int_{-\pi}^{\pi}2\sin(\omega t+\theta)\frac{1}{2\pi}d\theta=\frac{1}{\pi}\cos(\omega t+\theta)\Big|_{-\pi}^{\pi}=0$$

上式求积分的自变量是随机变量 θ，对 θ 求积分，t 和 ωt 相对于 θ 是常数。

(2) 随机过程的均值的物理含义　均值的含义：随机过程的均值 $a(t)$ 是时间 t 的函数，它表示的是样本摆动的中心。

随机过程的均值一般是一个 t 的函数。随机变量的均值是常数。随机过程在 t 取不同的时刻，均值是不同的值，均值是 t 的函数，是随时间 t 变化的，记为 $a(t)$。

随机过程的均值与方差物理含有演示曲线如图3-8所示。图中，$\xi(t)$ 有很多个样本，其中中间的这条粗线，是 $\xi(t)$ 的均值，反映的是随机过程的样本曲线摆动的中心，这是均值的物理含义，是工程中关心的。

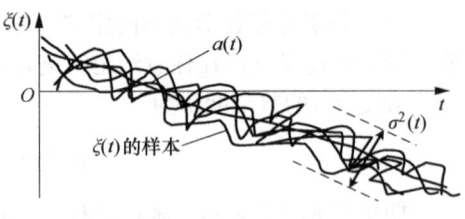

图3-8　随机过程的均值与方差物理含有演示曲线

(3) 均方值

$$E[\xi^2(t)]=\int_{-\infty}^{\infty}x^2 f_1(x,t)dx$$

式中，x 是 t 时刻对应的随机变量，是 $\xi(t)$，x^2 是随机过程 $\xi^2(t)$；$f_1(x,t)$ 是随机过程 $\xi(t)$ 中含有的随机变量的概率密度函数；dx 是针对 $\xi(t)$ 中含有的随机变量来求积分。

2. 方差

1) 方差记为 $\sigma^2(t)$ 和 $D[\xi(t)]$，定义为二阶中心矩：$D[\xi(t)] = E\{[\xi(t) - a(t)]^2\}$

随机过程的方差是一维的，取一个时刻 t，对应的是一个随机变量，因此可以应用随机变量的知识，与随机变量相似，随机过程的方差等于均方值减均值的二次方，即

$$\sigma^2(t) = D[\xi(t)] = E[\xi^2(t)] - a^2(t) \tag{3-13}$$

这是计算方差的常用公式。

2) 方差的物理含义。方差反映的是随机过程偏离均值的程度。

方差 $\sigma^2(t)$ 是 t 的函数，表示随机过程在时刻 t 对于均值 $a(t)$ 的偏离程度。在图 3-8 随机过程的均值与方差演示曲线中，均值反映样本摆动的中心，实际样本可能偏离均值曲线，偏离的程度用方差来衡量。方差越大，说明偏离均值的程度越大。

有了均值和方差两项指标，就知道了随机过程的活动区域，即在均值附近，偏离程度为方差大小的区域内。均值和方差是表征随机过程的两个主要数字特征。

3. 相关函数和协方差

均值和方差都只与随机过程的一维概率密度函数有关，都是对于同一个随机过程的，取一个时刻的是一维的，描述的是随机过程在各个孤立时刻的特征。要想描述一个随机过程的多个时刻互相之间的关系或多个随机过程互相之间的关系，一般情况下只需要用到二维。二维是取两个时刻，对应两个随机变量，利用二维概率密度引入新的数字特征：相关函数和协方差，来描述随机过程在两个不同时刻状态之间的联系。

衡量随机过程 $\xi(t)$ 在任意两个时刻对应的随机变量之间的关联程度时，常用协方差函数 $B_\xi(t_1, t_2)$ 和相关函数 $R_\xi(t_1, t_2)$ 来表示。

(1) 协方差函数定义 随机过程 $\xi(t)$，取两个时刻 t_1 和 t_2，对应两个随机变量 x_1 和 x_2，其协方差函数用 $B_\xi(t_1, t_2)$ 表示，定义为

$$\begin{aligned} B_\xi(t_1, t_2) &= E\{[\xi(t_1) - a(t_1)][\xi(t_2) - a(t_2)]\} \\ &= \int_{-\infty}^{\infty} \int_{-\infty}^{\infty} [x_1 - a(t_1)][x_2 - a(t_2)] f_2(x_1, x_2; t_1, t_2) \mathrm{d}x_1 \mathrm{d}x_2 \end{aligned} \tag{3-14}$$

随机过程的协方差函数定义与两个随机变量的协方差函数定义类似，只是这两个随机变量是对应随机过程的两个时刻。

(2) 相关函数定义 随机过程 $\xi(t)$，取两个时刻 t_1 和 t_2，对应两个随机变量 x_1 和 x_2，$x_1 = \xi(t_1)$，$x_2 = \xi(t_2)$。$\xi(t_1)$ 和 $\xi(t_2)$ 的相关函数用 $R_\xi(t_1, t_2)$ 表示，定义为 $\xi(t_1)$ 和 $\xi(t_2)$ 的积的期望，即

$$R_\xi(t_1, t_2) = E[\xi(t_1)\xi(t_2)] = \int_{-\infty}^{\infty} \int_{-\infty}^{\infty} x_1 x_2 f_2(x_1, x_2; t_1, t_2) \mathrm{d}x_1 \mathrm{d}x_2 \tag{3-15}$$

相关函数是起始时刻 t 和时差 τ 的函数 $R_\xi(t, t+\tau)$，即

$$R_\xi(t, t+\tau) = E[\xi(t)\xi(t+\tau)] \tag{3-16}$$

相关函数的相关程度与选择时刻 t_1 及 t_2 有关。若 $t_2 > t_1$，并令 $t_2 = t_1 + \tau$，则 $R(t_1, t_2)$ 可表示为 $R_\xi(t_1, t_1+\tau)$ 或 $R_\xi(t, t+\tau)$（再令 $t_1 = t$）。这说明，相关函数依赖于起始时刻 t_1 及 t_2 与 t_1 之间的时间间隔 τ，即相关函数是 t_1 和 τ 的函数。

(3) 相关函数和协方差之间的关系

协方差与相关函数的关系式为

$$B_\xi(t_1, t_2) = R_\xi(t_1, t_2) - a(t_1)a(t_2) \tag{3-17}$$

即协方差等于相关函数减各自的均值的积。

式 (3-17) 由协方差和相关函数的定义，再利用期望的性质即可证明如下：

$$B_\xi(t_1,t_2) = E\{[\xi(t_1)-a(t_1)][\xi(t_2)-a(t_2)]\}$$
$$= E[\xi(t_1)\xi(t_2) - a(t_1)\xi(t_2) - a(t_2)\xi(t_1) + a(t_1)a(t_2)]$$
$$= E[\xi(t_1)\xi(t_2)] - E[a(t_1)\xi(t_2)] - E[a(t_2)\xi(t_1)] + E[a(t_1)a(t_2)]$$
$$= R_\xi(t_1,t_2) - a(t_1)a(t_2) - a(t_1)a(t_2) + a(t_1)a(t_2)$$
$$= R_\xi(t_1,t_2) - a(t_1)a(t_2)$$

证毕。

若 $a(t_1)=0$ 或 $a(t_2)=0$，则式 (3-17) 为 $B(t_1,t_2)=R(t_1,t_2)$。通信中传输的信号常常均值为 0，这时协方差和相关函数是相等的，这是常用情况。

(4) 不相关的定义　当随机过程 $\xi(t)$ 的两个时刻 $\xi(t_1)$ 和 $\xi(t_2)$ 的协方差为 0 时，定义为 $\xi(t_1)$ 和 $\xi(t_2)$ 不相关。

协方差为 0 时定义为不相关，不相关是定义的，由此定义和相关函数和协方差之间的关系，可以推导出：不相关时，$B_\xi(t_1,t_2)=R_\xi(t_1,t_2)-a(t_1)a(t_2)=0$，则相关函数满足的关系式：$R_\xi(t_1,t_2)=a(t_1)a(t_2)$，即

$$E[\xi(t_1)\xi(t_2)] = E[\xi(t_1)]E[\xi(t_2)] \tag{3-18}$$

若积的期望等于各自期望的积，则随机过程在这两个时刻之间是不相关的。不相关是经常用到的，需要掌握。

(5) 自协方差与自相关　由于 $B_\xi(t_1,t_2)$ 和 $R_\xi(t_1,t_2)$ 是衡量同一随机过程 $\xi(t)$ 的相关程度的，一个随机过程 $\xi(t)$ 分别取两个不同的时刻，对应的随机变量 $\xi(t_1)$ 和 $\xi(t_2)$ 的关联程度，因此，它们又常分别称为自协方差函数和自相关函数，用 $B_\xi(t_1,t_2)$ 和 $R_\xi(t_1,t_2)$ 表示。

(6) 互协方差与互相关　对于两个或更多个随机过程，可引入互协方差及互相关函数。设 $\xi(t)$ 和 $\eta(t)$ 分别表示两个随机过程。$\xi(t)$ 取一个时刻 t_1，对应随机变量 $\xi(t_1)$；$\eta(t)$ 取一个时刻 t_2，对应随机变量 $\eta(t_2)$。衡量 $\xi(t_1)$ 和 $\eta(t_2)$ 这两个随机变量之间的关联程度用互协方差函数，定义为

$$B_{\xi\eta}(t_1,t_2) = E\{[\xi(t_1)-a_\xi(t_1)][\eta(t_2)-a_\eta(t_2)]\} \tag{3-19}$$

而互相关函数定义为

$$R_{\xi\eta}(t_1,t_2) = E[\xi(t_1)\eta(t_2)] \tag{3-20}$$

$\xi(t_1)$ 与 $\eta(t_2)$ 之积的期望定义为 $\xi(t)$ 和 $\eta(t)$ 的互相关函数 $R_{\xi\eta}(t_1,t_2)$。显然，$B_{\xi\eta}(t_1,t_2)$ 和 $R_{\xi\eta}(t_1,t_2)$ 都是二维的。

(7) 本章讨论的自相关函数与确知信号的自相关函数的区别和联系

① 区别：本章讨论的自相关函数是从数理统计的角度求得的，针对随机过程两个时刻对应的两个随机变量求统计意义下的自相关函数，积分的自变量是随机变量。

确知信号的自相关函数是从时间域的角度求得的，求确知信号的两个时刻之间关联程度，积分的自变量是时间。

② 联系：都是表示随机信号两个时刻的关联程度，只是研究角度不同而已，二者研究的结论往往也是一致的，并不冲突。

下面是两个求随机过程数字特征的例题，分别针对离散型随机过程和连续型随机过程。

【例 3-4】 设随机过程 $\xi(t)$ 可表示为 $\xi(t)=2\cos(2000\pi t+\theta)$，式中 θ 是一个离散型随机变量，且 $P(\theta=0)=1/2, P(\theta=\pi/2)=1/2$，试求 $E[\xi(1)]$、$E[\xi(2)]$ 及 $R_\xi(0,1)$。

解： 1) $\xi(1)=\xi(t)|_{t=1}$，$E[\xi(1)]$ 表示 $t=1$ 时，$\xi(t)$ 的期望。$t=1$ 时，$\xi(1)=2\cos(2\pi\times 1+\theta)=2\cos\theta$，

θ 为随机变量，$2\cos\theta$ 是 θ 的函数，也是随机变量。应用随机变量的函数求期望的公式为

$$E[g(x)] = \sum_{i=1}^{\infty} g(x_i) P(x=x_i) = \sum_{i=1}^{\infty} g(x_i) P(x_i)$$

则

$$E[\xi(1)] = E[2\cos\theta] = 2\cos\theta\mid_{\theta=0} \cdot P(\theta=0) + 2\cos\theta\mid_{\theta=\frac{\pi}{2}} \cdot P\left(\theta=\frac{\pi}{2}\right)$$

$$= \frac{1}{2} \times 2\cos 0 + \frac{1}{2} \times 2\cos\frac{\pi}{2} = 1$$

2）$E[\xi(t)] = E[2\cos(2\pi t + \theta)]$

$$= 2\cos(2\pi t + \theta)\mid_{\theta=0} \cdot P(\theta=0) + 2\cos(2\pi t + \theta)\mid_{\theta=\frac{\pi}{2}} \cdot P\left(\theta=\frac{\pi}{2}\right)$$

$$= \frac{1}{2} \times 2\cos 2\pi t + \frac{1}{2} \times 2\cos\left(2\pi t + \frac{\pi}{2}\right) = \cos 2\pi t - \sin 2\pi t$$

3）$R_\xi(t_1, t_2) = E[\xi(t_1)\xi(t_2)]$，$R_\xi(0,1)$ 表示 $t_1=0$，$t_2=1$ 时 $\xi(t)$ 的自相关函数。

$$\therefore R_\xi(0,1) = E[2\cos(2\pi t_1 + \theta) \cdot 2\cos(2\pi t_2 + \theta)]\mid_{t_1=0, t_2=1}$$

$$= E(4\cos^2\theta) = 4\cos^2\theta\mid_{\theta=0} \cdot P(\theta=0) + 4\cos^2\theta\mid_{\theta=\frac{\pi}{2}} \cdot P\left(\theta=\frac{\pi}{2}\right)$$

$$= \frac{1}{2} \times 4\cos^2 0 + \frac{1}{2} \times 4\cos^2\frac{\pi}{2} = 2$$

(8) 小结

1) 随机过程的二重性为既是时间 t 的函数，又含有随机变量。例 3-4 可进一步验证随机过程的二重性。随机过程 $\xi(t) = 2\cos(2000\pi t + \theta)$，表达式中含有 t 和随机变量 θ。

① 随机过程中含有 t，是时间 t 的函数。

② 随机过程一旦 t 固定取某一时刻（本例 t 取 1s），就是一个随机变量。

$\xi(1) = \xi(t)\mid_{t=1} = 2\cos(2\pi\times 1 + \theta) = 2\cos\theta$，$\theta$ 为随机变量，$2\cos\theta$ 是 θ 的函数，也是随机变量，所以 $\xi(1)$ 是随机变量。

2) 随机变量分为连续型和离散型。如果随机过程中含有的随机变量是连续型的，就是连续型随机过程；如果随机过程中含有的随机变量是离散型的，就是离散型随机过程。离散型的统计平均用概率加权平均公式，连续型的统计平均用概率密度函数相乘求积分公式。

3) 由随机变量过渡到随机过程，求统计平均中，$E(\ )$ 这个符号表示的是对括号内表达式中的随机变量求统计平均。统计平均的自变量是随机变量，t 相对于积分自变量而言是常数，所以，在求随机过程的统计时，可以利用和随机变量一样的方法和公式。

【例 3-5】 已知随机变量 θ 在区间 $(-\pi, \pi)$ 均匀分布。求随机过程 $x(t) = 2\sin(\omega t + \theta)$ 的均值、方差、自相关函数和功率。

1) 例 3-5 解析：

随机过程 $x(t) = 2\sin(\omega t + \theta)$ 是正弦信号，是通信中最常用到的信号，可以理解成载波或者调制波等。由信号的表达式更能直观地理解随机过程的两重性。首先，随机过程一定是 t 的函数，$x(t)$ 里面一定含有 t。另外，$x(t)$ 里面一定含有随机变量，没有随机变量，$x(t)$ 不构成随机过程，就是一个确定函数了。比如 $x(t) = 2\sin(\omega t)$ 是确定函数；而 $x(t) = 2\sin(\omega t + \theta)$，$\theta$ 是随机变量，则 $x(t)$ 是一个随机过程。随机过程是 t 的函数，含有随机变量，这样就把握了它的两重性。θ 在区间 $(-\pi, \pi)$ 均匀分布，θ 的概率密度函数为

$$f(\theta) = \begin{cases} 1/(2\pi), & -\pi < \theta < \pi \\ 0, & \theta \text{ 取其他值} \end{cases}$$

求随机过程的均值和方差。均值和方差都是一维的，随机过程只取一个时刻，对应一个随机变量，求均值、方差和随机变量时的求法是完全一样的。

2）解：

① $x(t)$的均值为

$$E[x(t)] = 2E[\sin(\omega t + \theta)] = 2\int_{-\infty}^{\infty}\sin(\omega t + \theta)f(\theta)d\theta = 2\int_{-\pi}^{\pi}\sin(\omega t + \theta)\frac{1}{2\pi}d\theta$$

$$= -\frac{1}{\pi}\cos(\omega t + \theta)\bigg|_{\theta=-\pi}^{\theta=\pi} = 0$$

$x(t)$中的随机变量θ的概率密度函数为$f(\theta)$，$x(t) = 2\sin(\omega t + \theta)$的均值是对$2\sin(\omega t + \theta)$中的随机变量$\theta$求统计平均值，是$x(t)$乘以$f(\theta)$再对$\theta$求积分，即$E[x(t)] = \int x(t)f(\theta)d\theta$。$\theta$是均匀分布的，概率密度函数$f(\theta)$在$(-\pi,\pi)$内值是常数，等于$1/(2\pi)$，代入积分公式中。另外，正弦函数的积分等于余弦函数，把上下限$-\pi$和π代入，得到积分结果等于0。

② $x(t)$的均方值为

$$E[x^2(t)] = E[4\sin^2(\omega t + \theta)] = 2E[1 - \cos 2(\omega t + \theta)]$$

$$= 2\int_{-\pi}^{\pi}[1 - \cos 2(\omega t + \theta)]\frac{1}{2\pi}d\theta = \frac{2}{2\pi}\left[\theta + \frac{1}{2}\sin 2(\omega t + \theta)\right]\bigg|_{\theta=-\pi}^{\theta=\pi} = 2$$

均方值是对其二次方求期望，遇到三角函数的二次方，用三角函数的降幂公式，把二次幂降为一次幂，即$2\sin^2(\omega t + \theta) = 1 - \cos 2(\omega t + \theta)$，变成两项，利用期望的性质，和的期望等于分别取期望再相加，$E[4\sin^2(\omega t + \theta)] = 2E[1 - \cos 2(\omega t + \theta)] = 2E(1) - 2E[\cos 2(\omega t + \theta)]$。常数的期望是它本身：$E(1) = 1$，而三角函数的一次幂的期望已经求得了，值为0：$E[\cos 2(\omega t + \theta)] = 0$。这样就非常简单的求出了均方值等于2。

③ $x(t)$的方差：$D[x(t)] = E[x^2(t)] - E^2[x(t)] = 2$。均方值减均值的二次方，就是方差。

④ $x(t)$的自相关函数：

$$R_x(t_1,t_2) = R_x(t_1,t_1+\tau) = E[x(t_1)x(t_1+\tau)]$$

$$= 4E\{\sin(\omega t_1 + \theta)\sin[\omega(t_1+\tau) + \theta]\}$$

$$= 4E\left\{\frac{1}{2}\cos\omega\tau - \frac{1}{2}\cos[\omega(2t_1+\tau) + 2\theta]\right\} = 2\cos\omega\tau$$

衡量随机过程两两之间特性的是相关函数，相关函数是二维的。对于不同随机过程叫互相关函数。对于同一个随机过程$x(t)$来说，取两个时刻t_1和t_2，对应的两个随机变量$x(t_1)$和$x(t_2)$的积的期望，是$x(t)$的自相关函数：$R_x(t_1,t_2) = E[x(t_1)x(t_2)]$，这是自相关函数的定义。两个时刻也可写成$t_1$和$t_1+\tau$的形式，其中$t_1$是起始时刻，$\tau = t_2 - t_1$，是两个时刻的时差。针对起始时刻$t_1$，可以取$t_1 = 1$s，也可以取$t_1 = 5$s或取$t_1 = t$s，这样，还可以把两个时刻写成$t$和$t+\tau$的形式，$x(t)$的自相关函数公式为$R_x(t_1,t_1+\tau) = E[x(t_1)x(t_1+\tau)]$，或$R_x(t,t+\tau) = E[x(t)x(t+\tau)]$。把$x(t) = 2\sin(\omega t + \theta)$代入，得

$$E[x(t)x(t+\tau)] = 4E\{\sin(\omega t_1 + \theta)\sin[\omega(t_1+\tau) + \theta]\}$$

然后用三角函数积化和差公式，即

$$\sin a \sin b = -\frac{1}{2}[\cos(a+b) - \cos(a-b)]$$

得$4E\{\sin(\omega t_1 + \theta)\sin[\omega(t_1+\tau) + \theta]\} = 4E\left\{\frac{1}{2}\cos\omega\tau - \frac{1}{2}\cos[\omega(2t_1+\tau) + 2\theta]\right\}$，一项是两角的差，

三角函数积化和差公式
$\sin a \sin b = -\frac{1}{2}[\cos(a+b) - \cos(a-b)]$
$\cos a \cos b = \frac{1}{2}[\cos(a+b) + \cos(a-b)]$
$\sin a \cos b = \frac{1}{2}[\sin(a+b) + \sin(a-b)]$

一项是两角的和。

再用期望的性质,差的期望等于分别取期望,再相减,即

$$4E\left\{\frac{1}{2}\cos\omega\tau-\frac{1}{2}\cos[\omega(2t_1+\tau)+2\theta]\right\}=4E\left(\frac{1}{2}\cos\omega\tau\right)-4E\left\{\frac{1}{2}\cos[\omega(2t_1+\tau)+2\theta]\right\}$$

其中第一项:$E\left(\frac{1}{2}\cos\omega\tau\right)=\frac{1}{2}\cos\omega\tau$,期望是对随机变量求统计平均值,积分的自变量是随机变量 θ,$\cos\omega\tau$ 相对于自变量 θ 是常数,常数的期望是它本身。

第二项:当 θ 服从均匀分布时,$E\left\{\frac{1}{2}\cos[\omega(2t_1+\tau)+2\theta]\right\}$ 与 $E\left(\frac{1}{2}\cos2\theta\right)$ 或 $E\left[\frac{1}{2}\cos(\omega t+2\theta)\right]$ 结果相同,都等于 0。$\omega(2t_1+\tau)$ 相当于是 2θ 的初相,正弦函数无论初相是多少,在一个周期内的积分都为 0。求得了 $x(t)$ 的自相关函数,即

$$R_x(t,t+\tau)=E[x(t)x(t+\tau)]=4E\{\sin(\omega t+\theta)\sin[\omega(t+\tau)+\theta]\}$$
$$=4E\left\{\frac{1}{2}\cos\omega\tau-\frac{1}{2}\cos[\omega(2t+\tau)+2\theta]\right\}=2\cos\omega\tau$$

⑤ $x(t)$ 的功率(平均功率或总功率):$x(t)$ 的功率 $P=R_x(0)=2$。

后续分析中给出功率与自相关函数之间的关系公式:$P=R_x(\tau)|_{\tau=0}=R_x(0)$。

自相关函数在 τ 为 0 时候的值是信号的功率。

第 2 章讨论确知信号的时候也求了信号的功率,与本章有相同的结论:$P=R_x(0)$。第 2 章是从时域 t 的角度给出相关函数的定义,本章是统计意义下的,自变量是随机变量。但是这两章的结论是相同的,自相关函数和功率谱密度同样都是互为傅里叶变换对、自相关函数在 τ 为 0 时候的值同样等于功率。

3)例 3-5 的扩展:随机过程为三角函数时的均值(其中 θ 是服从均匀分布的随机变量)。

由随机变量过渡到随机过程,随机过程求统计平均值中,$E(\ )$ 这个符号表示的是对括号内表达式中的随机变量求统计平均值。例 3-5 中,统计平均的函数自变量是随机变量 θ,ωt 是对 θ 而言是常数,无论 ωt 取多少,θ 如果在一个周期内,正弦函数在一个周期内的积分值或平均值为 0。相对于自变量 θ 而言,ωt 也可以理解为是初相,初相不同时正弦波形的起始点在 $0\sim2\pi$ 之间不同,但无论起点在哪里,正弦函数在一个周期内的积分结果都为 0。

① 针对随机变量:均匀分布的随机变量 θ,其正弦函数的均值都是 0,即

$$E(\sin\theta)=E(\cos\theta)=E(\sin n\theta)=E(\cos n\theta)=0$$

② 过渡到随机过程:均匀分布的随机变量 θ,其正弦函数的随机过程的均值都是 0,即

$$E[\sin(\omega t+\theta)]=E[\cos(\omega t+\theta)]=0$$
$$E[\sin(\omega t+n\theta)]=E[\cos(\omega t+n\theta)]=E[\sin(\omega t+\theta)]=E[\cos(\omega t+\theta)]=0$$

3.3 通信中的典型随机过程

在通信系统中,发送端信号经过信道传输到达接收端,由于信道中存在噪声和干扰,接收端要在含有噪声和干扰的信号中识别原信号,是一个统计判决的过程。依据通信系统分析和设计需要,本节重点介绍通信中典型的随机过程,包括平稳随机过程、高斯随机过程和窄带随机过程,并研究这几种随机过程的统计特性。

3.3.1 平稳随机过程

1. 狭义平稳(严平稳)随机过程定义

狭义平稳(严平稳)指随机过程的任何 n 维分布函数或概率密度函数与时间起点无关。

狭义平稳随机过程定义：若对于任意正整数 n 和任意实数 $t_1 < t_2 < \cdots < t_n$，τ，随机过程 $\xi(t)$ 的 n 维概率密度函数满足：$f_n(x_1, x_2, \cdots, x_n; t_1, t_2, \cdots, t_n) = f_n(x_1, x_2, \cdots, x_n; t_1+\tau, t_2+\tau, \cdots, t_n+\tau)$，则称 $\xi(t)$ 是平稳随机过程，简称平稳过程。

该定义说明：平稳随机过程的统计特性不随时间的推移而变化。当取样点在时间轴上做任意平移时，随机过程的所有有限维分布函数是不变的。

如果随机过程的 n 维联合概率密度函数与时间起点无关，定义此随机过程为狭义平稳的随机过程。与时间起点无关是指：取 n 个时刻 $t_1, t_2, \cdots, t_n$，如果把 n 个时刻都平移 τ，又得到 n 个时刻 $t_1+\tau, t_2+\tau, \cdots, t_n+\tau$，如果平移前后的 n 个随机变量对应的 n 维概率密度函数是一样的，称为与时间起点无关。

一般情况下，通信中的噪声等都有这样的特性——统计特性和时间起点没有关系。无论什么时候统计，都满足同样的概率密度函数特性，这样的特性叫作平稳特性，就是统计特性不随时间的推移而变化。

2. 平稳过程特性

1) 一维分布与时间 t 无关，即有 $f_1(x_1, t_1) = f_1(x_1)$。

2) 二维分布只与时间间隔 τ 有关：$f_2(x_1, x_2; t_1, t_2) = f_2(x_1, x_2; t_1, t_1+\tau) = f_2(x_1, x_2; \tau), \tau = t_2 - t_1$。

3) 平稳随机过程 $\xi(t)$ 的均值：$E[\varepsilon(t)] = \int_{-\infty}^{\infty} x_1 f_1(x_1) \mathrm{d} x_1 = a$，为常数。

4) 平稳随机过程的方差：$\sigma^2(t) = \sigma^2$，为常数。

5) 平稳随机过程 $\xi(t)$ 的自相关函数仅是时间间隔 $\tau = t_2 - t_1$ 的函数，即

$R(t_1, t_2) = R(t_1, t_1+\tau) = E[\xi(t_1)\xi(t_1+\tau)] = R(\tau) = \int_{-\infty}^{\infty}\int_{-\infty}^{\infty} x_1 x_2 f_2(x_1, x_2; \tau) \mathrm{d} x_1 \mathrm{d} x_2 = R(\tau)$，

即平稳过程 $\xi(t)$ 的自相关函数为

$$R_\xi(t_1, t_2) = E[\xi(t_1)\xi(t_2)] = E[\xi(t)\xi(t+\tau)] = R_\xi(\tau) \tag{3-21}$$

平稳随机过程 $\xi(t)$ 具有"平稳"的数字特征：它的均值为常数；自相关函数只与时间间隔 τ 有关，$R_\xi(t_1, t_2) = R_\xi(\tau)$，是 τ 的函数。

3. 广义平稳随机过程

对一维分布来说，均值是常数。对二维分布函数只是两个时刻时差 τ 的函数，相关函数是 τ 的函数，满足这样的特性，称随机过程是广义平稳的。经常讨论的是一维和二维，如果一维和二维满足平稳，就叫平稳、广义平稳或宽平稳。一般来讲，平稳均指广义平稳，是一维和二维满足平稳。与之对应的，把 n 维平稳叫作严平稳或狭义平稳。

称均值是常数，自相关函数是 τ 的函数的随机过程为宽平稳或广义平稳随机过程。

4. 狭义平稳过程与广义平稳的关系

1) 狭义平稳过程一定是广义平稳过程，但广义平稳过程不一定是狭义平稳过程。

广义平稳表明二维是平稳的，并不能表明多维是平稳的，不能推导出狭义平稳；而如果狭义平稳，即多维是平稳的，则二维一定是平稳的，即广义平稳。所以，狭义一定广义，但是广义并不一定狭义。

2) 广义平稳是泛指的平稳。平稳随机过程 $\xi(t)$ 具有"平稳"的数字特征：均值为常数；自相关函数只与时间间隔 τ 有关，是 τ 的函数，即 $R(t_1, t_1+\tau) = R(\tau)$。

3) 通信系统中所遇到的信号及噪声，大多数可视为平稳的随机过程。后续讨论的随机过程除特殊说明外，均假定是平稳的，且均指广义平稳随机过程，简称平稳过程。

5. 各态历经性

（1）各态历经性的定义 各态历经性又称为遍历性，是指随机过程的任一实现，可遍历随机

过程的所有可能状态,可以化"统计平均"为"时间平均",随机过程的数学期望(统计平均值)可以用任一实现的时间平均值来代替。

均值的时间平均: $\bar{a} = \overline{X(t)} = \lim_{T \to \infty} \dfrac{1}{T} \int_{-T/2}^{T/2} X(t) \mathrm{d}t$

相关函数的时间平均: $\overline{R(\tau)} = \overline{X(t)X(t+\tau)} = \lim_{T \to \infty} \dfrac{1}{T} \int_{-T/2}^{T/2} X(t)X(t+\tau) \mathrm{d}t$

对于平稳过程,如果满足时间平均等于统计平均,就具有各态历经性。

统计平均是概率或概率密度函数的加权平均,自变量是随机变量。随机过程的数学期望和自相关函数都是统计平均。时间平均是对时间而言,是单位时间上的均值,自变量是时间 t。

(2) 平稳随机过程与各态历经性之间的关系 只有平稳随机过程才具有各态历经性,具有各态历经性的随机过程必定是平稳过程。

但平稳随机过程不一定是各态历经的,只有当平稳随机过程满足

$$\begin{cases} a = \bar{a} \\ R(\tau) = \overline{R(\tau)} \end{cases}$$

时,认为该随机过程是各态历经的。

通信系统中所遇到的随机信号和噪声,一般均能满足各态历经条件。因此,经常化统计平均为时间平均,这样使计算大大简化。

6. 平稳随机过程自相关函数 $R(\tau)$ 具有的主要性质

(1) 平稳随机过程自相关函数 $R(\tau)$ 的主要性质

1) $R(\tau) = R(-\tau)$ [$R(\tau)$ 是偶函数,关于纵轴对称]

2) $|R(\tau)| \leq R(0)$ [$R(0)$ 是 $R(\tau)$ 的上界,最大值]

3) $R(0) = E[\xi^2(t)] = P$ [$\xi(t)$ 的功率(也称为平均功率或总功率)]

4) $R(\infty) = E[\xi(t)\xi(t+\infty)] = E[\xi(t)]E[\xi(t+\infty)] = E^2[\xi(t)]$ [$\xi(t)$ 的直流功率]

当 $\tau \to \infty$ 时,$\xi(t)$ 与 $\xi(t+\tau)$ 统计独立,且认为 $\xi(t)$ 中不含周期分量。

5) $R(0) - R(\infty) = E[\xi^2(t)] - E^2[\xi(t)] = \sigma^2$ [$\xi(t)$ 的交流功率 = 方差]

当 $\xi(t)$ 均值为 0 时,直流功率为 0,有:$R(0) = \sigma^2$,功率等于交流功率等于方差。

6) 自相关函数 $R(\tau)$ 与功率谱密度 $P_\xi(\omega)$ 互为傅里叶变换对:$R(\tau) \Leftrightarrow P_\xi(\omega)$

(2) 平稳随机过程自相关函数 $R(\tau)$ 主要性质的解析

自相关函数 $R(\tau)$ 为

$$R(\tau) = E[\xi(t)\xi(t+\tau)]$$

式中,τ 是两个时刻的时差。

① $R(0)$:当 $\tau = 0$ 时,$R(0) = E[\xi^2(t)] = P$,$R(0)$ 是均方值,是统计意义下的功率,根据功率的原始定义,其本身是一个平均值,所以功率也称为平均功率或总功率。

② $R(\infty)$:当 $\tau = \infty$ 时,$t + \tau$ 时刻和 t 时刻足够远,可以认为两个随机变量 $\xi(t)$ 和 $\xi(t+\infty)$ 之间是统计独立的,如果统计独立则不相关,这两个随机变量的积的期望等于分别求期望然后再相乘,即 $E[\xi(t)\xi(t+\infty)] = E[\xi(t)]E[\xi(t+\infty)]$;因为 $\xi(t)$ 是平稳的,与时间起点无关,则 $E[\xi(t+\infty)] = E[\xi(t)]$,所以,$E[\xi(t)\xi(t+\infty)] = E^2[\xi(t)]$,是均值的二次方,是统计意义下的直流功率。

$R(0) - R(\infty)$:$R(0)$ 是均方值,$R(\infty)$ 是均值的二次方,均方值 - 均值的二次方 = 方差,$R(0) - R(\infty) = \sigma^2$,是 $\xi(t)$ 的方差 σ^2;同时,$R(0)$ 值等于总功率,$R(\infty)$ 值等于直流功率,总功率减去直流功率等于交流功率,故交流功率等于方差。

特别是当 $\xi(t)$ 的均值为 0 时，直流功率为 0，总功率 = 交流功率 = 方差。

通信中传输的信号常常都是均值为 0 的，直流功率为 0 的，因为直流是没有必要传输的，如果传输会产生功耗，不传输也可以通过在接收端直接加入即可恢复原信号。

由此可见，通过自相关函数，可以求出功率、直流功率、交流功率，还可以求出均值、方差。自相关函数另外一个主要的性质：随机过程的自相关函数和功率谱密度互为傅里叶变换对，是时域和频域联系的桥梁，唯一的一个一一对应表达式，已知任意一个就可以求出另一个。自相关函数的傅里叶变换等于功率谱密度：$P_\xi(\omega) = F[R(\tau)]$；功率谱密度的傅里叶反变换等于自相关函数：$R(\tau) = F^{-1}[P_\xi(\omega)]$。

7. 平稳随机过程的功率谱密度

平稳随机过程的自相关函数 $R(\tau)$ 与功率谱密度 $P_\xi(\omega)$ 互为傅里叶变换对，即

$$P_\xi(\omega) = \int_{-\infty}^{\infty} R(\tau) e^{-j\omega\tau} d\tau, R(\tau) = \frac{1}{2\pi}\int_{-\infty}^{\infty} P_\xi(\omega) e^{j\omega\tau} d\omega$$

$$\text{或 } p_\xi(f) = \int_{-\infty}^{\infty} R(\tau) e^{-j2\pi f\tau} d\tau, R(\tau) = \int_{-\infty}^{\infty} p(f) e^{j2\pi f\tau} df \tag{3-22}$$

此关系式称为维纳-辛钦关系，在平稳随机过程的理论和应用中是一个非常重要的工具。它是联系随机过程的频域和时域两种分析方法的基本关系式。

当 $R(\tau)$ 取 $\tau = 0$ 时，式 (3-22) 有：$R(0) = \frac{1}{2\pi}\int_{-\infty}^{\infty} P_\xi(\omega) d\omega = E[\xi^2(t)] = P$。

$R(0)$ 等于功率谱密度的积分，即功率谱密度曲线下的面积。功率谱密度的积分等于功率（功率谱密度的定义），$R(0)$ 是随机过程的功率：$P = R(0)$，是随机过程求功率常用公式。

【例 3-6】 某随机相位正弦波 $\xi(t) = \sin(\omega_0 t + \theta)$，其中 ω_0 为常数，θ 是在区间 $(0, 2\pi)$ 内均匀分布的随机变量。①求 $\xi(t)$ 的期望、方差、自相关函数；②讨论 $\xi(t)$ 是否平稳？③求 $\xi(t)$ 的功率谱密度及平均功率、直流功率、交流功率；④讨论 $\xi(t)$ 是否具有各态历经性？

解题思路：

1) 求期望、方差、自相关函数。先求期望（均值），再求均方值，然后用均方值减均值的二次方，就是方差。自相关函数根据定义来求，是 t 和 $t+\tau$ 两个时刻对应的随机变量 $\xi(t)$ 和 $\xi(t+\tau)$ 的积的期望，即 $R_\xi(t, t+\tau) = E[\xi(t)\xi(t+\tau)]$，把 $\xi(t)$ 和 $\xi(t+\tau)$ 代入，再利用三角函数积化和差公式，利用期望的性质，即可求得。

2) 讨论 $\xi(t)$ 是不是平稳的，一般情况下，指是否广义平稳，看是否满足广义平稳的条件：均值是不是常数、自相关函数是不是时差 τ 的函数。在①中求得的自相关函数与 t 无关，就是与时间起点无关，只是时差 τ 的函数，$\xi(t)$ 就是一个平稳的随机过程。

3) 求功率。①中求得了自相关函数，②中得出了该过程平稳的结论，可以利用平稳过程自相关函数的性质3) 4) 5) 来求。根据自相关函数可以求出功率 $P = R(\tau)| = R(0)$ 或者功率等于功率谱密度的积分。功率谱密度和自相关函数互为傅里叶变换对，有了自相关函数，对它进行傅里叶变换，就得到了这个过程的功率谱密度，再对功率谱密度积分，也能得到功率。两种方法求功率的结果是相等的，用哪种来求都可以。功率就是总功率或平均功率。直流功率就是均值的二次方，交流功率就是总功率减去直流功率，也就是方差。

4) 各态历经性的讨论。求 $\xi(t)$ 的均值和自相关函数的时间平均值，然后看时间平均值是否等于统计平均值，如果相等就是各态历经的，不等就不是。

解： ① $a(t) = E[\xi(t)] = E[\sin(\omega_0 t + \theta)] = \int_0^{2\pi} \sin(\omega_0 t + \theta) \frac{1}{2\pi} d\theta = 0$

$$E[\xi^2(t)] = E[\sin^2(\omega_0 t + \theta)] = \frac{1}{2}E[1 - \cos 2(\omega_0 t + \theta)] = \frac{1}{2}$$

$$D[\xi(t)] = E[\xi^2(t)] - E^2[\xi(t)] = \frac{1}{2}$$

$$R_\xi(t, t+\tau) = E[\xi(t)\xi(t+\tau)] = E[\sin(\omega_0 t + \theta)\sin(\omega_0(t+\tau) + \theta)]$$

$$= \frac{1}{2}E\{\cos\omega_0\tau - \cos[\omega_0(t_2 + t_1) + 2\theta]\} = \frac{1}{2}\cos\omega_0\tau - 0 = \frac{1}{2}\cos\omega_0\tau = R(\tau)$$

② $\xi(t)$ 的数学期望为常数，自相关函数只与时间间隔 τ 有关，$\xi(t)$ 是广义平稳随机过程。

③ 平稳随机过程的自相关函数与功率谱密度互为傅里叶变换，即

$$R(\tau) = \frac{1}{2}\cos\omega_0\tau$$

则功率谱密度为

$$P_\xi(\omega) = F[R(\tau)] = \frac{\pi}{2}[\delta(\omega + \omega_0) + \delta(\omega - \omega_0)]$$

平均功率为

$$P = R(0) = \frac{1}{2}\cos\omega_0\tau\bigg|_{\tau=0} = \frac{1}{2}$$

或

$$P = \frac{1}{2\pi}\int_{-\infty}^{\infty} P_\xi(\omega)\mathrm{d}\omega = \frac{1}{2\pi}\int_{-\infty}^{\infty}\frac{\pi}{2}[\delta(\omega+\omega_0) + \delta(\omega-\omega_0)]\mathrm{d}\omega = \frac{1}{2}$$

两种求法结论相同。

平均功率（即总功率）为 $R(0) = E[\xi^2(t)] = P = \frac{1}{2}$

均值的二次方（即直流功率） $E^2[X(t)] = 0$

方差（即交流功率）为 $D[X(t)] = E[x^2(t)] - E^2[x(t)] = \frac{1}{2}$

④ 求 $\xi(t)$ 的时间平均为

$$\overline{a} = \overline{\xi(t)} = \lim_{T\to\infty}\frac{1}{T}\int_{-T/2}^{T/2}\xi(t)\mathrm{d}t = \lim_{T\to\infty}\frac{1}{T}\int_{-T/2}^{T/2}\sin(\omega_0 t + \theta)\mathrm{d}t = 0$$

$$\overline{R(\tau)} = \lim_{T\to\infty}\frac{1}{T}\int_{-T/2}^{T/2}\xi(t)\xi(t+\tau)\mathrm{d}t = \lim_{T\to\infty}\frac{1}{T}\int_{-T/2}^{T/2}\sin(\omega_0 t + \theta)\sin[\omega_0(t+\tau) + \theta]\mathrm{d}t$$

$$= \lim_{T\to\infty}\frac{1}{T}\bigg\{\int_{-T/2}^{T/2}\sin(\omega_0 t + \theta)\sin[\omega_0(t+\tau) + \theta]\mathrm{d}t + \int_{-T/2}^{T/2}\sin(\omega_0 t + \theta)\sin[\omega_0(t+\tau) + \theta]\mathrm{d}t\bigg\}$$

$$= \frac{1}{2}\cos\omega_0\tau - 0 = \frac{1}{2}\cos\omega_0\tau$$

比较统计平均与时间平均，得：$a = \overline{a}, R(\tau) = \overline{R(\tau)}$，随机相位正弦波是各态历经的。

【例3-7】 随机过程 $z(t) = m(t)\cos(\omega_0 t + \theta)$。其中 $m(t)$ 是平稳过程，$m(t)$ 的自相关函数 $R_m(\tau)$ 是幅值为1，宽度为2的矩形脉冲；θ 为 $[-\pi, \pi]$ 内均匀分布的随机变量；$m(t)$ 与 θ 之间彼此统计独立。求 $z(t)$ 的自相关函数和功率谱密度。

解： $R_z(t, t+\tau) = E[z(t)z(t+\tau)] = E[m(t)\cos(\omega_0 t + \theta)m(t+\tau)\cos(\omega_0(t+\tau) + \theta)]$

$$= E[m(t)m(t+\tau)]E\{\cos(\omega_0 t + \theta)\cos[\omega_0(t+\tau) + \theta]\}$$

$$= R_m(\tau)\frac{1}{2}E[\cos(\omega_0\tau) + \cos(2\omega_0 t + \omega_0\tau + 2\theta)] = R_m(\tau) * \frac{1}{2}\cos(\omega_0\tau)$$

$R_m(\tau)$ 为幅值 $E=1$，宽度 $\tau=2$ 的矩形脉冲，矩形脉冲的傅里叶变换为抽样信号 $E\tau Sa\left(\dfrac{\omega\tau}{2}\right)$，即 $F[R_m(\tau)] = \tau Sa\left(\dfrac{\omega\tau}{2}\right) = 2Sa(\omega) = P_z(\omega)$，自相关函数与功率谱密度互为傅里叶变换对，$F[R_m(\tau)]$ 等于 $m(t)$ 的功率谱密度 $P_z(\omega)$。

$$P_z(\omega) = F[R_z(\tau)] = F\left[R_m(\tau) * \dfrac{1}{2}\cos(\omega_0\tau)\right] = \dfrac{1}{4}[2Sa(\omega+\omega_0) + 2Sa(\omega-\omega_0)]$$

$$= \dfrac{1}{2}[Sa(\omega+\omega_0) + Sa(\omega-\omega_0)]$$

3.3.2 高斯随机过程

1. 随机变量的高斯分布

正态分布也称高斯分布，是高斯从测量误差分布的实验中导出的。中心极限定理指出：大量独立随机变量之和的分布趋于正态分布，与每个随机变量的分布无关。正态分布在各种分布中占有特殊重要的地位，通信系统中的噪声通常是正态分布。

均值为 a，方差为 σ^2 的正态分布记为 $N(a,\sigma^2)$，概率密度函数为

$$f(x) = \dfrac{1}{\sqrt{2\pi}\sigma}\exp\left[-\dfrac{(x-a)^2}{2\sigma^2}\right] \tag{3-23}$$

正态分布概率密度函数曲线如图 3-9 所示。a 点是均值，是随机变量可能取值的中心点；方差在曲线中体现在曲线的尖锐程度上，方差越小曲线越窄，方差越大曲线越宽，方差反映的是随机变量取值可能偏离均值的程度。

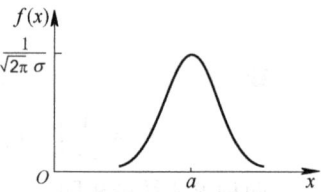

图 3-9 高斯分布 $N(a,\sigma^2)$ 的概率密度函数曲线

2. 高斯随机过程的定义

若随机过程 $\xi(t)$ 的任意 n 维（$n=1,2,\cdots$）分布都是正态分布，则称它为高斯随机过程或正态过程。其 n 维正态概率密度函数为

$$f_n(x_1,x_2,\cdots,x_n) = \dfrac{1}{(2\pi)^{\frac{n}{2}}\sigma_1\sigma_2\cdots\sigma_n|B|^{\frac{1}{2}}}\exp\left[\dfrac{-1}{2|B|}\sum_{j=1}^{n}\sum_{k=1}^{n}|B|_{jk}\left(\dfrac{x_j-a_j}{\sigma_j}\right)\left(\dfrac{x_k-a_k}{\sigma_k}\right)\right]$$

式中，$a_k = E[\xi(t_k)]$，$\sigma_k^2 = E\{[\xi(t_k)-a_k]^2\}$，$|B|$ 为归一化协方差矩阵的行列式，即

$$|B| = \begin{vmatrix} 1 & b_{12} & \cdots & b_{1n} \\ b_{21} & 1 & \cdots & b_{2n} \\ \vdots & \vdots & & \vdots \\ b_{n1} & b_{n2} & \cdots & 1 \end{vmatrix}$$

$|B|_{jk}$ 为行列式 $|B|$ 中元素 b_{jk} 的代数余因子，b_{jk} 为归一化协方差函数，且

$$b_{jk} = \dfrac{E\{[\xi(t_j)-a_j][\xi(t_k)-a_k]\}}{\sigma_j\sigma_k}$$

3. 高斯随机过程的性质

高斯过程的 n 维联合概率密度函数由一维的均值 a_k、方差 σ_k^2 和二维的两个时刻之间的协方差 $|b|_{jk}$，这三个因素决定。因此，可总结出高斯过程的性质如下：

1) 高斯过程的 n 维分布完全由 n 个随机变量的数学期望、方差和两两之间的归一化协方差函数所决定。均值和方差是一维的；协方差是二维的，是两个时刻对应的两个随机变量两两之间

的。只要知道一维和二维就可以知道它的 n 维联合概率密度函数。因此，对于高斯过程，只需要研究它的一维和二维数字特征就可以了。

2）广义平稳的高斯过程也是狭义平稳的。如果高斯过程是广义平稳的，则它的均值为常数，协方差函数与时间起点无关，只是时差 τ 的函数，由性质1）知，它的 n 维分布是由一维和二维决定的，一维和二维与时间起点无关，则 n 维分布也与时间起点无关，即如果它是广义平稳的，一维和二维就是平稳的，那么 n 维也满足平稳特性。所以，广义平稳的高斯过程也是狭义平稳的。

对于高斯过程，广义平稳则必然狭义平稳，这是高斯过程特有的性质，一般随机过程没有这样的性质。一般的随机过程，当狭义平稳时则必然广义平稳，但广义平稳却不一定狭义平稳。

3）高斯过程若不相关，则统计独立。如果高斯过程在不同时刻的取值是不相关的，则协方差为0，即对所有 $j \neq k$ 有 $b_{jk}=0$，$|B|=1$，则高斯过程的 n 维概率密度函数为

$$f_n(x_1,x_2,\cdots,x_n;t_1,t_2,\cdots,t_n) = \frac{1}{(2\pi)^{\frac{n}{2}} \prod_{j=1}^{n} \sigma_j} \exp\left[-\sum_{j=1}^{n} \frac{(x_j-a_j)^2}{2\sigma_j^2}\right]$$

$$= \prod_{j=1}^{n} \frac{1}{\sqrt{2\pi}\sigma_j} \exp\left[-\frac{(x_j-a_j)^2}{2\sigma_j^2}\right] = f(x_1,t_1)f(x_2,t_2)\cdots f(x_n,t_n)$$

上式表明：n 维联合概率密度函数等于各自一维概率密度函数的积。这正是统计独立的定义，表明统计独立。也就是说，如果高斯过程在不同时刻的取值是不相关的，也必然是统计独立的。这是高斯过程特有的性质，一般随机过程没有。针对一般随机过程，统计独立则必然不相关，而不相关却不一定统计独立。

4）高斯过程经线性变换后仍为高斯过程　若 $\xi_1(t)$、$\xi_2(t)$ 为高斯过程，则 $a\xi_1(t)+b\xi_2(t)$ 也为高斯过程。

这也是高斯过程一个特有性质，线性变换之后得到的过程还是高斯过程。进一步扩展有下面性质。

5）高斯随机过程经过线性系统，输出过程仍然是高斯过程　性质5）为性质4）的推广。

4. 高斯过程与一般随机过程性能比较

高斯随机过程的性质是高斯过程特有的，一般随机过程不一定有此特性，高斯过程与一般随机过程性能比较见表3-3。

表3-3　高斯过程与一般随机过程性能比较

一般随机过程	高斯过程
若统计独立，则必不相关；反之，则不然，即若不相关，则不一定统计独立	若不相关，则统计独立
若狭义平稳，则必广义平稳；反之，则不然，即若广义平稳，则不一定狭义平稳	若广义平稳，则狭义平稳

5. 高斯分布函数的计算——查表法

高斯分布函数的计算，是通信中经常用到的，例如求误码率。高斯分布函数 $f(x)$，也就是高斯概率密度函数 $f(z)$ 的积分，即

$$F(x) = p(\xi \leq x) = \int_{-\infty}^{x} f(z)\mathrm{d}z, f(z) = \frac{1}{\sqrt{2\pi}\sigma}\exp\left[-\frac{(z-a)^2}{2\sigma^2}\right]$$

$$F(x) = p(\xi \leq x) = \int_{-\infty}^{x} \frac{1}{\sqrt{2\pi}\sigma} \exp\left[-\frac{(z-a)^2}{2\sigma^2}\right] dz$$

这个积分的计算，不能用高等数学中的常用积分公式求得。为解决此类问题，专门定义了误差函数，给出了误差函数表，可以通过查误差函数表的方法简便地求得高斯分布函数。

误差函数有：误差函数 erf(x)、互补误差函数 erfc(x)、$Q(x)$ 函数。误差函数的定义见表3-4。

表3-4 误差函数的定义

误差函数	$\mathrm{erf}(x) = \frac{2}{\sqrt{\pi}}\int_0^x e^{-t^2}dt$
互补误差函数	$\mathrm{erfc}(x) \approx \frac{1}{\sqrt{\pi}x}e^{-x^2}$
$Q(x)$ 函数	$Q(x) = \frac{1}{\sqrt{2\pi}}\int_x^{\infty} e^{-t^2/2}dt$

$$F(x) = p(\xi \leq x)$$
$$= \int_{-\infty}^{x} \frac{1}{\sqrt{2\pi}\sigma} \exp\left[-\frac{(z-a)^2}{2\sigma^2}\right] dz$$
$$= \frac{1}{2} + \frac{1}{2}\mathrm{erf}\left(\frac{x-a}{\sqrt{2}\sigma}\right)$$

或 $F(x) = 1 - \frac{1}{2}\mathrm{erfc}\left(\frac{x-a}{\sqrt{2}\sigma}\right)$

或 $F(x) = Q\left(\frac{x-a}{\sigma}\right)$

高斯分布函数与概率密度函数关系如图3-10所示。$f(z)$ 是高斯概率密度函数，高斯分布函数 $F(x)$ 是对 $f(z)$ 求积分，就是求 $f(z)$ 曲线下的面积。$F(x)$ 积分限为 $-\infty \sim x$，$F(x)$ 等于图中竖线部分的面积。$Q(x)$ 函数积分限为 $x \sim \infty$，$Q(x)$ 等于图中横线部分的面积。

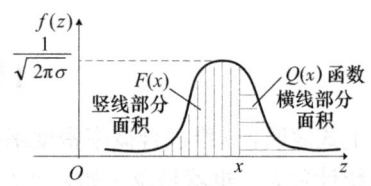

图3-10 高斯分布函数与概率密度函数关系

【例3-7】 $Z(t) = X_1\cos\omega_0 t - X_2\sin\omega_0 t$ 是一随机过程。若 X_1、X_2 是彼此独立且具有均值为0，方差为 σ^2 的正态随机变量，求：1) $E[Z(t)]$ 和 $D[Z(t)]$；2) $Z(t)$ 的一维概率密度函数 $f(z)$；3) $Z(t)$ 的自相关函数 $R_z(t_1,t_2)$；4) 此随机过程是否广义平稳？5) $Z(t)$ 的平均功率、直流功率、交流功率。

解析：本例 $Z(t)$ 是一个高斯随机过程，$Z(t)$ 中含有的随机变量 X_1 和 X_2 是彼此独立的、零均值、方差是 σ^2 的正态随机变量。由正态分布的 X_1 和 X_2 线性变换构成的随机过程 $Z(t)$ 是高斯过程。本例题中求高斯过程的统计特性，包括均值、方差、一维概率密度函数、自相关函数，分析过程是不是广义平稳，然后求功率、直流功率、交流功率。本例题涵盖面很广，是典型题之一。

在求随机过程的数字特征中，需要把握两点：首先，利用期望的性质，即两个随机变量之和或差的期望等于分别求期望再相加或减。其次，$E(\ )$ 是对括号内的随机变量求统计平均，可利用期望的性质 $E(ax) = aE(x)$，a 为常数。

解：1) 求均值：

$E[Z(t)] = E[x_1\cos\omega_0 t - x_2\sin\omega_0 t) = \cos\omega_0 t E(x_1) - \sin\omega_0 t E(x_2)$

已知 $E(x_1) = E(x_2) = 0$

可得 $E[Z(t)] = 0$

均值是对随机变量求统计平均，$Z(t)$ 中 x_1 和 x_2 是随机变量。统计平均是对随机变量求积分，积分的自变量是随机变量，相对而言，$\cos\omega_0 t$ 和 $\sin\omega_0 t$ 是常数，这样就可以把它拿到 $E(\ )$ 符号的外面去，即 $E(x_1\cos\omega_0 t) = \cos\omega_0 t E(x_1)$。已知 $E(x_1)$ 和 $E(x_2)=0$，代入就可以得到 $E[Z(t)]$。

求均方值：$E[Z^2(t)] = E[(x_1\cos\omega_0 t - x_2\sin\omega_0 t)^2]$

$= \cos^2\omega_0 t\, E(x_1^2) - 2\cos\omega_0 t\sin\omega_0 t\, E(x_1 x_2) + \sin^2\omega_0 t\, E(x_2^2)$

因为 $D(x_1) = E(x_1^2) - E^2(x_1) = \sigma^2, E^2(x_1) = 0$

所以
$$E(x_1^2) = \sigma^2$$
同理：
$$E(x_2^2) = \sigma^2$$
若 X_1、X_2 是彼此独立，则必然是不相关的，即
$$E(x_1 x_2) = E(x_1)E(x_2) = 0$$
$$E[Z^2(t)] = \cos^2\omega_0 t \sigma^2 + \sin^2\omega_0 t \sigma^2 = \sigma^2$$
求方差：
$$D[Z(t)] = E[Z^2(t)] - E^2[Z(t)] = \sigma^2$$

方差等于均方值减均值的二次方，所以需要求均方值。均方值是 $Z^2(t)$ 的期望，即 $E[Z^2(t)]$，同样是利用期望的性质，把 $Z^2(t)$ 展开成三项，然后三项分别求均值，常数项拿到 $E(\ )$ 符号外面去。

求 $E(x_1^2)$ 和 $E(x_2^2)$：已知 $E(x_1)=0$ 和方差 $D(x_1)=\sigma^2$，则 $D(x_1)=E(x_1^2)-E^2(x_1)=\sigma^2$，$E(x_1^2)=\sigma^2$。同理，$E(x_2^2)=\sigma^2$。

已知条件给出，两个随机变量 X_1 与 X_2 是彼此独立的，根据随机过程的性质：如果独立则必然不相关。因为不相关，则积的期望等于各自期望的积，$E(x_1 x_2) = E(x_1)E(x_2)$。

2）$Z(t) = X_1\cos\omega_0 t - X_2\sin\omega_0 t$ 是正态随机变量 X_1、X_2 的线性变换，所以 $Z(t)$ 是正态随机过程，只要求出 $Z(t)$ 的均值和方差，代入正态分布的一维概率密度函数即式（3-23），可得
$$f(z) = \frac{1}{\sqrt{2\pi}\sigma}\exp\left(-\frac{(z-a)^2}{2\sigma^2}\right) = \frac{1}{\sqrt{2\pi}\sigma}\exp\left(-\frac{z^2}{2\sigma^2}\right)$$

随机过程 $Z(t)$ 是正态随机变量 X_1 和 X_2 的线性变换，根据高斯过程的性质，$Z(t)$ 是高斯过程。高斯过程的一维概率密度函数公式是已知的，只要求出均值和方差，代入即可。在 1）中已经求得了 $Z(t)$ 的均值为 0，方差为 σ^2。

3）求自相关函数：
$$\begin{aligned}R_z(t_1,t_2) &= E[Z(t_1)Z(t_2)] \\ &= E[(x_1\cos\omega_0 t_1 - x_2\sin\omega_0 t_1)(x_1\cos\omega_0 t_2 - x_2\sin\omega_0 t_2)] \\ &= \cos\omega_0 t_1 \cos\omega_0 t_2 E(x_1^2) - \cos\omega_0 t_1 \sin\omega_0 t_2 E(x_1 x_2) \\ &\quad - \sin\omega_0 t_1 \cos\omega_0 t_2 E(x_1 x_2) + \sin\omega_0 t_1 \sin\omega_0 t_2 E(x_2^2) \\ &= \sigma^2[\cos\omega_0 t_1 \cos\omega_0 t_2 + \sin\omega_0 t_1 \sin\omega_0 t_2] \\ &= \sigma^2 \cos\omega_0(t_1 - t_2) = \sigma^2 \cos\omega_0 \tau\end{aligned}$$

自相关函数 $R_z(t_1,t_2)$ 等于两个时刻的 $Z(t_1)$ 和 $Z(t_2)$ 相乘取期望：$R_z(t_1,t_2)=E[Z(t_1)Z(t_2)]$。把 $Z(t_1)$ 和 $Z(t_2)$ 代入，然后展开成四项，利用期望的性质，分别对随机变量取期望，把常数拿到统计符号 $E(\ )$ 的外面，把求得的值代入即可求得。得到 $R_z(t_1,t_2)=\sigma^2\cos\omega_0\tau$，是两个时刻时差 τ 的函数，与时间起点无关。

4）随机过程 $Z(t)$：均值 $a=E[Z(t)]=0$ 为常数；自相关函数 $R_z(t_1,t_2)=\sigma^2\cos\omega_0\tau=R_z(\tau)$，是 τ 的函数；是广义平稳随机过程。

5）$E[Z(t)]=0$，$Z(t)$ 的直流功率 $=E^2[Z(t)]=0$；交流功率 $=D[Z(t)]=\sigma^2$；平均功率 = 直流功率 + 交流功率 $=\sigma^2$ 或 $E[Z^2(t)]=\sigma^2$。

随机过程的功率，也叫总功率或者平均功率。$Z(t)$ 均值是 0，方差是 σ^2。方差等于交流功率。均值是 0，直流功率是 0。总功率等于直流功率加交流功率等于 σ^2。

【例 3-8】 随机过程 $x(t)=A\cos\omega_0 t$，其中 A 是均值为 0，方差为 4 的高斯分布的随机变量，求 $x(t)$ 的均值、方差、自相关函数、一维概率密度函数。

解：已知 $E(A)=0$，$D(A)=4$，则 $D(A)=E(A^2)-E^2(A)=4$，$E(A^2)=4$。

$$E[x(t)] = E(A\cos\omega_0 t) = E(A)\cos\omega_0 t = 0$$

$$D[x(t)] = E[x^2(t)] - E^2[x(t)] = E(A^2\cos^2\omega_0 t) - 0 = \frac{1}{2}E(A^2) = \frac{4}{2} = 2$$

$$R_x(t,t+\tau) = E[A\cos\omega_0 t A\cos\omega_0(t+\tau)] = E\left\{\frac{A^2}{2}[\cos\omega_0(2t+\tau) + \cos\omega_0\tau]\right\}$$

$$= E\left\{\frac{A^2}{2}\cos[\omega_0(2t+\tau)]\right\} + E\left(\frac{A^2}{2}\cos\omega_0\tau\right) = \frac{1}{2}E(A^2)\cos\omega_0\tau = \frac{1}{2}\sigma^2\cos\omega_0\tau$$

$x(t)$ 的均值为 0，方差 $\sigma^2=2$，$x(t)=A\cos\omega_0 t$ 是随机变量 A 的线性变换，与 A 一样都服从高斯分布，由式（3-23）得 $x(t)$ 的一维概率密度函数为

$$f(x) = \frac{1}{\sqrt{2\pi}\sigma}\exp\left[-\frac{(x-a)^2}{2\sigma^2}\right] = \frac{1}{2\sqrt{\pi}}\exp\left(-\frac{x^2}{2}\right)$$

3.3.3 窄带随机过程

1. 窄带随机过程的定义

所谓"窄带"系统，是指其频谱被限制在载波或某中心频率附近一个窄的频带上，而这个中心频率又远离零频率，即 $\Delta f \ll f_c$，且 f_c 远离零频率。

Δf：带宽；f_c：载波频率、工作频率，通常是中心频率。

例如随机过程通过以 f_c 为中心频率的带通滤波器后，即是窄带过程。实际中，大多数通信系统都是窄带型的，信号和噪声都满足"窄带"的假设。窄带过程的波形和频谱示意图如图 3-11 所示，图 3-11a 为用示波器观察的一个实现的波形，它是一个频率近似为 f_c，包络和相位随机缓慢变化的正弦波；图 3-11b 为窄带过程的频谱示意图。

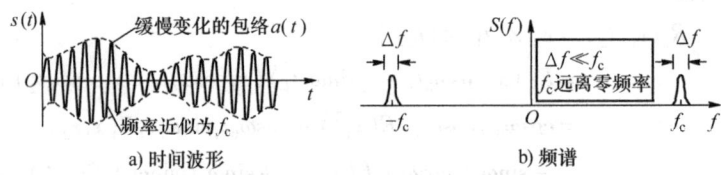

图 3-11 窄带过程的波形和频谱示意图

2. 窄带随机过程的表示

（1）窄带随机过程写成包络和相位的形式为

$$\xi(t) = a_\xi(t)\cos[\omega_c t + \varphi_\xi(t)] \tag{3-24}$$

式中，$a_\xi(t)$ 是随机包络，是低频分量；$\varphi_\xi(t)$ 是随机相位，是低频分量。

把 $\cos[\omega_c t + \varphi_\xi(t)]$ 三角函数展开，$\xi(t)$ 为 $\xi(t) = a_\xi(t)\cos\varphi_\xi(t)\cos\omega_c t - a_\xi(t)\sin\varphi_\xi(t)\sin\omega_c t$

令：
$$\xi_c(t) = a_\xi(t)\cos\varphi_\xi(t)$$

式中，$\xi_c(t)$ 为 $\xi(t)$ 的同相分量

$$\xi_s(t) = a_\xi(t)\sin\varphi_\xi(t)$$

式中，$\xi_s(t)$ 为 $\xi(t)$ 的正交分量

（2）窄带随机过程写成同相分量和正交分量的形式为

$$\xi(t) = \xi_c(t)\cos\omega_c t - \xi_s(t)\sin\omega_c t \tag{3-25}$$

$\xi_c(t)$ 及 $\xi_s(t)$ 也是随机过程，具有低通性质，均属于低通型过程。

$\xi(t)$ 的统计特性由包络 $a_\xi(t)$ 和相位 $\varphi_\xi(t)$ 或同相分量 $\xi_c(t)$ 和正交分量 $\xi_s(t)$ 的统计特性

确定。

反之，如果已知 $\xi(t)$ 的统计特性，则可确定 $a_\xi(t)$，$\varphi_\xi(t)$ 和 $\xi_c(t)$，$\xi_s(t)$ 的统计特性。

通信中最常遇到的是窄带、平稳、均值为 0 的高斯过程，通过对这种随机过程的详细推导和论证，得出同相和正交分量的统计特性，以及包络和相位的统计特性，结论如下。

3. 同相和正交分量的统计特性

前提条件：针对一个均值为 0、方差为 σ_ξ^2、窄带、平稳、高斯过程 $\xi(t)$，其同相和正交分量的统计特性：

1) 同相分量 $\xi_c(t)$ 和正交分量 $\xi_s(t)$ 也是平稳、高斯过程，而且均值都为 0，方差也相同。
2) 在同一时刻上得到的 $\xi_c(t)$ 和 $\xi_s(t)$ 是互不相关的或统计独立的。

随机过程 $\xi(t)$ 可以表示为同相分量和正交分量的形式，同相分量 $\xi_c(t)$ 和正交分量 $\xi_s(t)$ 是两个随机过程，这两个随机过程和随机过程 $\xi(t)$ 之间的关系如下。

$\xi_c(t)$ 和 $\xi_s(t)$ 与 $\xi(t)$ 具有相同的均值和方差、具有相同的分布；而且，如果 $\xi(t)$ 是平稳的、高斯的，那么 $\xi(t)$ 的同相分量和正交分量也是平稳的、高斯的，均值也是一样的，功率等都相同。因此，只要知道 $\xi(t)$ 的统计特性，就可以知道同相分量和正交分量的统计特性。

此外，还可以分析推导出同相分量和正交分量是不相关的。因为是高斯过程，根据高斯过程的性质，如果不相关则也是统计独立的。

4. 包络和相位的统计特性

前提条件：针对一个均值为 0、方差为 σ_ξ^2、窄带、平稳、高斯过程 $\xi(t)$，其包络和相位的统计特性为

1) 包络 $a_\xi(t)$ 的一维分布是瑞利分布。

瑞利分布的概率密度函数为

$$f(a_\xi) = \frac{a_\xi}{\sigma_\xi^2}\exp\left[-\frac{a_\xi^2}{2\sigma_\xi^2}\right], a_\xi \geq 0$$

2) 相位 $\varphi_\xi(t)$ 的一维分布是在 $(0, 2\pi)$ 内均匀分布。
3) 就一维分布而言，$a_\xi(t)$ 与 $\varphi_\xi(t)$ 之间是统计独立的，即 $f(a_\xi, \varphi_\xi) = f(a_\xi) f(\varphi_\xi)$。包络和相位的联合概率密度函数等于各自一维概率密度函数的积。

通信中经常用到调制和解调，调制常用正交调制，解调常用相干解调（乘以余弦载波，再经低通滤波），常把信道噪声表示成同相分量和正交分量的形式，便于分析噪声对通信传输的影响。用正交表示后，研究随机过程的统计特性只要研究同相分量和正交分量的统计特性就可以了。换言之，同相分量和正交分量的统计特性，决定了过程的统计特性；或者说，一旦随机过程的统计特性确定了以后，其同相分量和正交分量的统计特性也就确定了，其包络和相位的统计特性也都确定了。

5. 正弦波加窄带高斯噪声

接收机前端带通滤波器的输出是信号与窄带噪声的混合波形，通信系统中最常见的是正弦波加窄带高斯噪声的合成波：

$$z(t) = A\cos(\omega_c t + \theta) + n(t)$$

式中，信号部分 $A\cos(\omega_c t + \theta)$ 为正弦信号；噪声部分 $n(t) = n_c(t)\cos\omega_c t - n_s(t)\sin\omega_c t$ 为窄带高斯噪声。正弦波加窄带高斯过程的包络概率密度函数为广义瑞利分布，也称莱斯分布，概率密度函数为

$$f(z) = \frac{z}{\sigma_n^2}\exp\left[-\frac{1}{2\sigma_n^2}(z^2 + A^2)\right]I_0\left(\frac{Az}{\sigma_n^2}\right), z \geq 0$$

广义瑞利分布包络和相位的概率密度函数如图 3-12 所示。小信噪比时，合成波的包络接近于瑞利分布，相位接近于均匀分布；大信噪比时，包络接近于高斯分布，相位 φ 集中在有用信号相位 θ 附近。

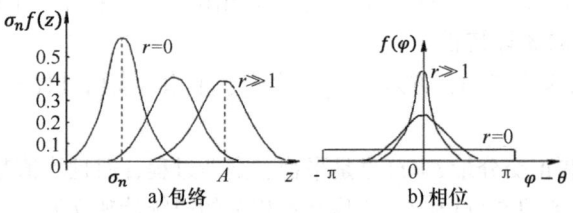

图 3-12 广义瑞利分布包络和相位的概率密度函数

3.4 随机过程通过线性系统

1. 确定信号通过线性系统

确定信号和随机过程经过线性系统的对比如图 3-13 所示。在"信号与系统"课程中，讨论了确定信号通过线性系统，若输入信号为确定信号 $e(t)$，线性系统的系统函数为 $H(\omega)$，输出信号 $r(t)$，$e(t)$ 和 $r(t)$ 的傅里叶变换分别为 $E(\omega)$ 和 $R(\omega)$，则：$R(\omega) = E(\omega)H(\omega)$，如图 3-13a 所示。

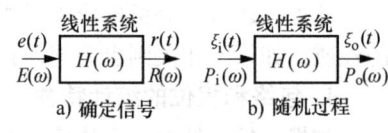

图 3-13 确定信号和随机过程经过线性系统的对比

2. 随机过程通过线性系统的一些性质

随机过程通过线性系统如图 3-13b 所示。仅讨论平稳过程通过线性时不变系统且系统是物理可实现系统的情况，针对确知信号。输出过程 $\xi_o(t)$ 的统计特性与输入过程 $\xi_i(t)$ 的统计特性之间的关系如下。

1) $E[\xi_o(t)] = E[\xi_i(t)]H(0) = aH(0)$
2) $R_{\xi_o}(t_1, t_1 + \tau) = R_{\xi_o}(\tau)$，即若线性系统的输入过程是平稳的，则输出过程也是平稳的。
3) 功率谱密度为

$$P_o(\omega) = H^*(\omega)H(\omega)P_i(\omega) = |H(\omega)|^2 P_i(\omega) \tag{3-26}$$

输出过程功率谱密度 $P_o(\omega)$ 等于输入过程功率谱密度 $P_i(\omega)$ 乘以系统函数 $H(\omega)$ 模的二次方。

4) 若高斯过程经过线性系统，则系统的输出过程也是高斯过程。

3.5 通信中的白噪声

1. 白噪声

（1）白噪声的定义　白噪声 $n(t)$ 功率谱密度在整个频率范围内均匀分布，是一个理想的宽带随机过程。即双边功率谱密度 $P_n(f)$ 为

$$P_n(f) = \frac{n_0}{2} \tag{3-27}$$

式中，n_0 为常数（W/Hz）。

通信中常用的白噪声，"白"的含义指在整个频率范围内，它的功率谱是均匀分布的，是常数，所以把它叫作白噪声。

(2) 白噪声功率谱密度的双边表示和单边表示　白噪声功率谱密度的表示如图 3-14 所示。把功率谱密度表示成双边的，频率范围从负无穷到正无穷，常数值等于 $n_0/2$。或者把功率谱密度表示成单边的，频率范围从零到正无穷，常数值等于 n_0。

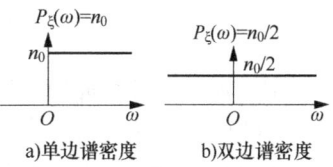

图 3-14　白噪声功率谱密度表示

功率谱密度的双边表示和单边表示是等价的。实际信号是不存在负频率的，负频率是在傅里叶变换中引入的，为数学运算引入。实际信号频率是从零到正无穷，即是单边的，功率谱密度采用单边表示时，常数值等于 n_0。

经常把它说成是双边噪声功率谱密度等于 $n_0/2$ 或者说成单边噪声功率谱密度等于 n_0，这两种说法是等价的，表示方法不一样而已。

(3) 白噪声的自相关函数　白噪声的自相关函数和功率谱密度为傅里叶变换对，如图 3-15 所示。白噪声的自相关函数：$R(\tau) = \frac{n_0}{2}\delta(\tau)$，是冲激函数，$R(\tau)$ 只在 $\tau=0$ 时不为 0，其余在 $\tau \neq 0$ 时 $R(\tau)$ 均为 0，即"自"相关，"互"不相关。τ 表示随机过程取两个时刻的时

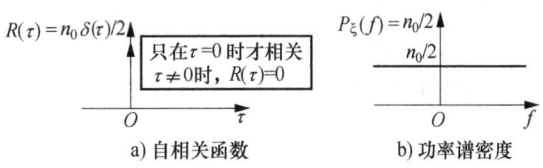

图 3-15　白噪声的自相关函数和功率谱密度

差，$R(\tau)$ 是这两个时刻对应的两个随机变量的相关函数，说明白噪声在任意两个时刻上的随机变量都是互不相关的。

理想化的白噪声在实际中是不存在的，但是，如果噪声的功率谱密度的频率范围远远大于通信系统的工作频带，可以视为白噪声。在通信系统中，一般把信道噪声近似为白噪声。

【例 3-9】　高斯白噪声 $n(t)$ 的数学期望为 1，方差也为 1，求 $n(t)$ 的二维概率密度函数。

解： 白噪声只有在 $\tau=0$ 时才相关，即自相关，而在任意两个时刻 t_1，$t_2(t_1 \neq t_2)$ 上的随机变量都是互不相关的。

又因为是高斯分布，所以若不相关则统计独立，即

$$f(x_1,x_2;t_1,t_2) = f(x_1,t_1)f(x_2,t_2)$$
$$= \frac{1}{2\pi\sigma^2}\exp\left[-\frac{(x_1-a_1)^2+(x_2-a_2)^2}{2\sigma^2}\right] = \frac{1}{2\pi}\exp\left[-\frac{(x_1-1)^2+(x_2-1)^2}{2}\right]$$

2. 带限白噪声

如果白噪声被限制在 $(-f_H, f_H)$ 之内，则称为带限白噪声。

【例 3-10】　功率谱密度为 $n_0/2$ 的白噪声 $n_i(t)$ 通过截止频率为 f_H 的理想低通滤波器 LPF 后成为带限白噪声 $n_0(t)$，如图 3-16 所示。理想低通滤波器系统函数为

$$H(\omega) = \begin{cases} K_0 e^{-j\omega t_0} & |\omega| \leq \omega_H \\ 0 & \text{其他} \end{cases}$$

图 3-16　白噪声经 LPF 系统形成带限白噪声

求此带限白噪声的功率谱密度、自相关函数和噪声平均功率。

解： 图 3-16a 中，设 $n_i(t)$ 是白噪声，$P_{ni}(\omega) = n_0/2$，经过理想低通滤波器 LPF 系统后，输出带限白噪声 $n_0(t)$。图 3-16b 是截止频率为 ω_H 的理想低通滤波器的系统函数。随机过程经过线性系统 LPF 后，由式 (3-26)，$n_0(t)$ 的功率谱密度为

$$P_{n0}(\omega) = P_{ni}(\omega)|H(\omega)|^2 = \frac{K_0^2 n_0}{2}, |\omega| \le \omega_H$$

$P_{n0}(\omega)$ 在 $|\omega| \le \omega_H$ 内是均匀的，在此范围外为 0。由 $P_{n0}(\omega)$ 经傅里叶反变换推导出带限白噪声的自相关函数 $R_{n0}(\tau)$，推导的过程如下：

$P_{n0}(\omega)$ 波形为矩形。抽样信号和矩形信号互为傅里叶变换对，时域是抽样信号，对应的傅里叶变换是矩形信号。

对于随机过程，频域即功率谱密度，时域是自相关函数，自相关函数与功率谱密度互为傅里叶变换对。自相关函数 $R_{n0}(\tau)$ 为功率谱密度 $P_{n0}(\omega)$ 的傅里叶反变换。$P_{n0}(\omega)$ 是矩形，是门函数。

如果时域是门函数，其傅里叶变换是抽样信号；利用傅里叶变换的对称性，如果时域是抽样信号，则其傅里叶变换是门函数。频域门函数与时域抽样信号之间系数的对应关系为式（3-8），描述如下。

设 $f(t)$ 与 $F(\omega)$ 互为傅里叶变换对，如果 $F(\omega)$ 是截止频率为 ω_H 的门函数，即理想低通滤波器，则其傅里叶反变换对应的时域信号 $f(t)$ 为

$$f(t) = \frac{\omega_H}{\pi} Sa(\omega_H t) \tag{3-28}$$

式（3-28）是通信中常用公式之一。自相关函数是时域，功率谱密度是频域，若功率谱密度是门函数，则自相关函数是抽样信号，可以得到

$$R_{n0}(\tau) = F^{-1}[P_{n0}(\omega)] = k_0^2 n_0 f_H \frac{\sin \omega_H \tau}{\omega_H \tau}$$

噪声平均功率为

$$P = R_{n0}(\tau)|_{\tau=0} = R_{n0}(0) = k_0^2 n_0 f_H$$

带限白噪声的自相关函数和功率谱密度如图 3-17 所示。$R_{n0}(\tau)$ 为抽样信号，在 $\tau = 1/(2f_H)$ 时，$R_{n0}(\tau) = 0$，为 $R_{n0}(\tau)$ 的过零点，过零点时相关函数值为 0，即表明不相关。而 $1/(2f_H)$ 恰好是抽样定理中的抽样频率，即奈奎斯特采样率。就是说，如果一个信号，用奈奎斯特速率进行采样，每个采样时刻对应一个随机变量，各个采样点的随机变量之间是不相关的，这也是经常用奈奎斯特速率进行采样的原因。

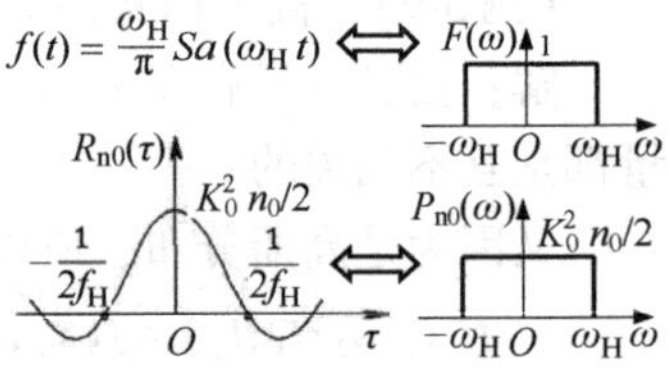

图 3-17 带限白噪声的自相关函数和功率谱密度

由本例题可见：对带限白噪声按抽样定理抽样，各抽样值是互不相关的随机变量。

【例 3-11】 单边功率谱密度 $n_0 = 10^{-9}$ W/Hz 的零均值高斯白噪声 $x(t)$，通过截止频率为 1kHz 的理想低通滤波器，求输出噪声 $y(t)$ 的自相关函数、平均功率、均值、方差和概率密度函数。

解题思路：本题是随机过程经过线性系统之后，求输出过程的统计特性。针对随机过程，时域是自相关函数；随机过程经过线性系统，输出过程与输入过程之间关系公式是功率谱密度之间的，时域与频域之间联系的桥梁是自相关函数与功率谱密度互为傅里叶变换对。先求输出过程的功率谱密度，再求此功率谱密度的傅里叶反变换得到自相关函数 $R(\tau)$。根据平稳过程自相关函数的性质，可以得到：$R(0)$ 等于功率；$R(\infty)$ 等于直流功率，也是均方值；$R(0) - R(\infty)$ 等于交流功率，也是方差。

白噪声是平稳过程，功率谱密度均匀分布的，在整个频率范围内为常数，$P_i(\omega) = n_0$。平稳过程经过线性系统后，输出过程也是平稳过程。白噪声经过理想低通滤波器这个线性系统（系统

函数为 $H(\omega)$）后,输出过程也是平稳的,功率谱密度 $P_0(\omega)$ 等于输入过程的功率谱密度乘以线性系统的系统函数的模的二次方。输出过程是带限白噪声。

功率谱密度的傅里叶反变换是自相关函数,求 $P_y(\omega)$ 的傅里叶反变换得到输出过程的自相关函数 $R_y(\tau)$。$R_y(0)$ 是输出过程的功率。输入过程是零均值的,输出过程的均值等于输入过程的均值乘以 $H(0)$,结果是 0,输出过程也是零均值的。

对于零均值的随机过程:直流功率为 0,功率等于交流功率;平稳随机过程自相关函数 $R(\tau)$ 的性质中,交流功率等于方差;所以,对于零均值的随机过程,功率等于方差。

高斯过程经过线性系统后,输出仍然是高斯过程,所以输出噪声是高斯过程,把均值和方差代入高斯过程的概率密度函数公式即可求得概率密度函数。

解: $P_x(\omega) = n_0, H(\omega) = 1$（$|f| < f_H, f_H = 1\text{kHz}$ 时,$H(\omega) = 1$;f 取其他值时,$H(\omega)$ 值为 0）。

由式 (3-26) 可知:$P_y(\omega) = P_x(\omega)|H(\omega)|^2 = \dfrac{n_0}{2}$（$|f| < f_H$ 时,$H(\omega) = 1$;f 取其他值时,$P_y(\omega)$ 值为 0）。

自相关函数:
$$R_y(\tau) = F^{-1}[P_y(\omega)] = \frac{n_0}{2}\frac{\omega_H}{\pi}Sa(\omega_H \tau) = n_0 f_H Sa(2\pi f_H \tau) = 10^{-6}Sa(2000\pi\tau)$$

平均功率:
$$P = R_y(0) = 10^{-6}\text{W}$$

均值:
$$m_y = E[y(t)] = E[x(t)]H(0) = 0 \times H(0) = 0$$

方差:
$$\sigma^2 = R(0) - R(\infty) = 10^{-6}$$

概率密度函数:
$$f(y) = \frac{1}{\sqrt{2\pi}\sigma}\exp\left[-\frac{(y-m_y)^2}{2\sigma^2}\right] = \frac{1}{\sqrt{2\pi}\times 10^{-3}}\exp\left(-\frac{y^2}{2\times 10^{-6}}\right)$$

3. 窄带白噪声

一般情况下,无线通信中常用调制把基带信号调制到高频段后再送入信道传输,信道中传输的已调信号是窄带信号、带通型信号。信道中噪声通常是白噪声,信道输出信号通常是窄带信号和白噪声二者的叠加。接收机的前端通常加一个带通滤波器 BPF,目的是让有用已调信号通过,滤除带外噪声。白噪声是宽带的,在整个频率范围内都取常数值,白噪声经此滤波器后,成了窄带白噪声,其功率谱密度形成过程如图 3-18 所示。

理想带通滤波器 BPF 是线性系统,系统函数 $H(\omega)$ 为在通带内值为 1,在通带外值为 0。窄带白噪声是白噪声经过线性系统 BPF 后的输出过程,输出过程的功率谱密度等于输入过程的功率谱密度乘以系统函数模的二次方,满足式 (3-26),即在通带内时,$P_{n_o}(\omega) = |H(\omega)|^2 P_{n_i}(\omega) = 1 \times n_0 = n_0$;其余为 0。

功率谱密度的积分是功率,这是功率谱密度的概念,是始终存在的公式,是功率谱密度的定义;功率谱密度是单位频带内的功率。功率谱密度对频率求积分是功率,这是由定义得来的。此积分值是功率谱密度 $P_{n_o}(\omega)$ 曲线下的面积,等于图 3-18d 中方块面积,大小等于 $n_0 B$,B 是 BPF 的通带宽度,单位为 Hz;n_0 是信道白噪声的单边功率谱

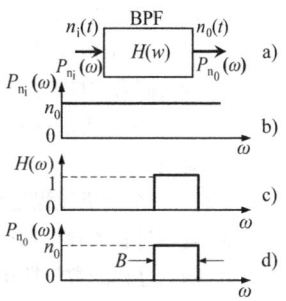

图 3-18 窄带白噪声功率谱密度形成过程

密度，单位为 W/Hz，通过信道特性参数实测和计算得到。窄带白噪声的功率为

$$P = n_0 B \tag{3-29}$$

窄带白噪声的功率是通信系统分析和设计中经常要用到的。

思考题与习题

3-1 何谓随机过程？它具有什么特点？

3-2 随机过程的数字特征主要有哪些？分别表征随机过程的什么特性？

3-3 何谓严平稳？何谓广义平稳？它们之间的关系如何？

3-4 什么是高斯过程？高斯过程的主要性质有哪些？

3-5 随机过程通过线性系统时，输出与输入功率谱密度的关系如何？如何求输出过程的均值和自相关函数？

3-6 什么是窄带随机过程？它的频谱和时间波形有什么特点？

3-7 窄带高斯过程的包络和相位分别服从什么概率分布？

3-8 窄带高斯过程的同相分量和正交分量的统计特性如何？

3-9 正弦波加窄带高斯噪声的合成包络服从什么分布？

3-10 什么是白噪声？其频谱和自相关函数有什么特点？白噪声通过理想低通或理想带通滤波器后的情况如何？如何求其功率谱密度和自相关函数？

3-11 何谓高斯白噪声？它的概率密度函数、功率谱密度如何表示？

3-12 不相关、统计独立、正交的含义各是什么？它们之间的关系如何？

3-13 窄带高斯白噪声中，"窄带""高斯""白"的含义？

3-14 平稳随机过程的自相关函数有哪些主要性质？

3-15 通信中常见的概率分布有哪几种？

3-16 如何由白噪声得到窄带白噪声，窄带白噪声的功率与其同相分量的功率及正交分量的功率有何关系？

3-17 对于 M 进制的离散消息源，其平均信息量最大时的概率分布为（　　）。
A. 均匀分布　　　　B. 正态分布　　　　C. 瑞利分布　　　　D. 指数分布

3-18 高斯白噪声通过线性系统，其输出分布为（　　）。
A. 高斯分布　　　　B. 瑞利分布　　　　C. 广义瑞利分布　　D. 均匀分布

3-19 窄带噪声 $n(t)$ 的同相分量和正交分量（　　）。
A. 都具有带通性质　B. 都具有低通性质　C. 都具有带阻性质　D. 都具有高通性质

3-20 高斯白噪声通常是指噪声的（　　）服从高斯分布。
A. 功率谱密度　　　B. 相位　　　　　　C. 自相关函数　　　D. 幅值

3-21 随机过程的样本函数是（　　）。
A. 确定的时间函数　B. 随机函数　　　　C. 随机变量的函数　D. 随机变量

3-22 平稳随机过程的数学期望值是（　　）。
A. 与时间有关的常数　B. 与时间有关的变数　C. 与时间无关的常数　D. 与时间有关的随机变量

3-23 如果随机过程 $x(t)$ 是广义平稳的，那么它一定具有的特点是（　　）。
A. 高斯分布　　　　B. 满足各态历经的性质　C. 严格平稳　　　　D. 均值是常数

3-24 一个随机过程是平稳随机过程的充分必要条件是（　　）。
A. 随机过程的数学期望与时间无关，且其相关函数与时间间隔无关
B. 随机过程的数学期望与时间无关，且其相关函数仅与时间间隔有关
C. 随机过程的数学期望与时间有关，且其相关函数与时间间隔无关
D. 随机过程的数学期望与时间有关，且其相关函数与时间间隔有关

3-25 对于 n 维高斯过程，各统计样本之间的不相关特性与统计独立的关系（　　）。

A. 没有直接的关系　　　　B. 等价　　　　　　　C. 不等价　　　　　　D. 不相关不一定统计独立

3-26　设 X 是 $a=0$，$\sigma=1$ 的高斯随机变量，试确定随机变量 $Y=cX+d$ 的概率密度函数 $f(y)$，其中 c，d 为常数。

3-27　设随机过程 $Y(t)=X_1\cos\omega_0 t - X_2\cos\omega_0 t$，若 X_1 和 X_2 是彼此独立且均值为 0，方差为 σ^2 的高斯随机变量，试求：1) $E[Y(t)]$、$E[Y^2(t)]$、$D[Y(t)]$。2) $Y(t)$ 的一维概率密度函数 $f(y)$。3) $R(t_1,t_2)$ 和 $B(t_1,t_2)$。

3-28　已知 $X(t)$ 和 $Y(t)$ 是统计独立的平稳随机过程，且它们的均值分别为 a_x 和 a_y，自相关函数分别为 $R_x(\tau)$ 和 $R_y(\tau)$。1) 求 $Z(t)=X(t)Y(t)$ 的自相关函数。2) 求 $Z(t)=X(t)Y(t)$ 的自相关函数。

3-29　已知随机过程 $Z(t)=m(t)\cos(\omega_0 t+\theta)$，其中 $m(t)$ 是广义平稳过程，且其自相关函数为 $R_m(\tau)= \begin{cases} 1+\tau, & -1<\tau<0 \\ 1-\tau, & 0\leq\tau<1 \\ 0, & \text{其他} \end{cases}$。随机变量 θ 在 $(0,2\pi)$ 上服从均匀分布，它与 $m(t)$ 彼此统计独立。1) 证明 $Z(t)$ 是广义平稳的。2) 求自相关函数 $R_Z(\tau)$ 并画出其波形。3) 求功率谱密度 $P_Z(f)$ 及功率 P。

3-30　已知噪声 $n(t)$ 的自相关函数为 $R_n(\tau)=\frac{k}{2}e^{-k|\tau|}$，$k$ 为常数。1) 求 $n(t)$ 的功率谱密度 $P_n(f)$ 及功率 P。2) 画出 $R_n(\tau)$ 和 $P_n(f)$ 的波形。

3-31　一个均值分别为 a，自相关函数为 $R_x(\tau)$ 的平稳随机过程 $X(t)$ 通过一个线性系统后的输出过程为 $Y(t)=X(t)+X(t-T)$，T 为延迟时间。1) 画出此线性系统的框图。2) 求 $Y(t)$ 的自相关函数 $R_Y(\tau)$ 和功率谱密度 $P_Y(f)$ 以及功率 P。

3-32　设平稳随机过程 $X(t)$ 的功率谱密度为 $P_x(\omega)$，其自相关函数为 $R_x(\tau)$；若随机过程 $Y(t)$ 的功率谱密度为 $\frac{1}{2}[P_x(\omega+\omega_0)+P_x(\omega-\omega_0)]$，其中 ω_0 为正的常数，求 $Y(t)$ 的自相关函数。

3-33　已知 $x(t)=3\cos(\omega_0 t+\theta)$，其中 θ 是在 $(-\pi,\pi)$ 内均匀分布的随机变量。求 $x(t)$ 的均值、方差、自相关函数和功率。说明 $x(t)$ 是否广义平稳？

第4章 信　　道

本章要点

- 信道的定义和分类
- 信道数学模型
- 恒参信道特性及其对信号传输的影响
- 随参信道特性及其对信号传输的影响
- 分集接收
- 信道加性噪声
- 信道容量

内容导读

- 通信是信息传输理论，由发送端经过信道传输到接收端，信道是传输的必经通路，信道中存在噪声，干扰信息的传输。本章介绍通信中信道的类型、特点，对信号传输会造成的影响，克服这些影响的措施，考虑信道的影响，在通信系统设计中应该注意的问题。
- 首先对信道定义、分类和建模，重点针对调制系统的调制信道建模，给出了数学模型。研究调制信道对信号传输的影响，研究调制信道模型中乘性干扰 $k(t)$ 和加性干扰 $n(t)$ 对信号传输的影响。其次，根据乘性干扰 $k(t)$ 的特点，把信道划分为恒参信道和随参信道，讨论了恒参信道和随参信道的特点、对信号传输的影响以及抗干扰措施。
- 信道加性噪声 $n(t)$ 主要是高斯白噪声，是通信系统中广泛存在且不可避免的，是影响通信可靠性的重要原因，本书中介绍的各种通信系统，都在系统设计后对系统进行了的可靠性分析，分析中都是针对的加性噪声即高斯白噪声。本章研究了高斯白噪声和窄带高斯白噪声的特点、功率谱密度和功率。
- 信道的最大传输速率是信道容量，通信系统的信息速率必须在信道容量之内，信息速率一定要小于等于信道容量，才能够实现没有误码的传输。本章给出了在高斯白噪声下的信道容量及其计算。

4.1　信道的定义和分类

1. 信道的定义

信道是信号传输的介质。或者说，信道是以传输介质为基础的信号通道。

2. 信道的分类

信道分类如图4-1所示。狭义的信道是指介质，包括有线信道和无线信道。有线信道，如明线、对称电缆、同轴电缆、光纤。无线信道也就是空中的，在大气中传输，如卫星通信、散射和电离层反射通信等，这些是利用电磁波在空间传

信道
- 狭义信道：信号传输的介质
  - 有线信道
  - 无线信道
- 广义信道：媒质+转换装置
  - 调制信道
    - 恒参信道
    - 随参信道
  - 编码信道

（转换装置：发送、接收设备，天线、馈线、调制解调器等）

图4-1　信道的分类

播来实现的，是无线信道，一个工作频率是一个无线信道。

3. 广义信道

狭义信道仅指介质，广义信道不仅包括介质，还包括一些转换装置，通信中的收发装置等。从研究通信系统设计的角度，广义信道又可以分成调制信道和编码信道，如图 4-2 所示。调制信道指图中调制器输出端到解调器输入端的部分，又称模拟信道。编码信道指图中编码器输出端到译码器输入端的部分，又称数字信道。

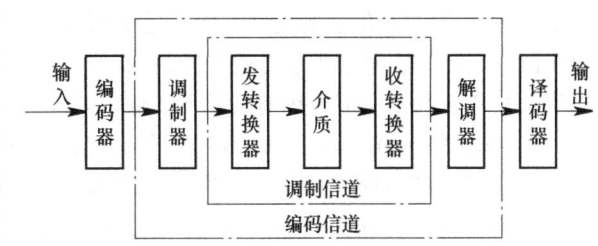

图 4-2　调制信道和编码信道的划分

1）调制信道：是从研究调制器性能的角度来定义的，从调制器的输出到解调器的输入之间的所有的转换装置，包括介质，都把它定义为调制信道。调制信道属于模拟信道。根据调制信道中干扰的特点，调制信道又分为恒参信道和随参信道。

2）编码信道：是从研究数字的通信系统的角度来定义的，编码信道属于数字信道，从编码器的输出到译码器的输入之间的所有装置和介质，都定义成编码信道。编码器的输出是码流，比如二进制码流是 1 和 0 字符串组成的高低电平波形。译码器的输入也是码流，考虑信道对传输的影响时，关心的是从发码到收码是不是正确传输，发 0 码收到的是 0 码还是 1 码，如果收到的是 0 码是正确传输，若收到的是 1 码就是产生误码了。所以，只关心传输正确与否的概率就行了，误码率反映了信道对信号传输的影响。因此可以给数字信道建立由概率组成的信道模型来描述其输入输出之间关系。从这个角度来说，把装置和介质都可以定义成信道。

在信道分类中，重点讨论的是广义信道。广义信道不仅包括介质，还包括收发转换装置。怎么能把装置叫信道呢？因为信号在信道中传输，信道总是对信号产生各种干扰，影响信号的正确接收，研究信道是为了研究如何克服信道干扰，提高系统的抗噪声性能。为此，在研究调制器的时候，只关心从发送端调制器的输出，到接收端解调器的输入之间信号进行了怎样的变化，不用关心具体的形式以及中间经历了什么。经常关心的是接收端解调器的输入信噪比和输出信噪比，用它来衡量通信系统的可靠性。调制信道属于模拟信道，对于模拟系统，关心的是系统的可靠性指标，是信噪比，是解调器的输入信噪比和输出信噪比。在这个意义下可以把中间的所有的装置都定义成信道，称其为调制信道。

4.2　信道数学模型

广义信道是为通信系统设计而定义的，在通信系统中应用广泛。针对广义信道，建立调制信道和编码信道的数学模型，根据调制信道模型给出了其输入输出之间关系的数字模型。

1. 调制信道模型

（1）调制信道的共性

1）输入和输出一一对应。

2）大部分的信道都是线性的，满足叠加原理。

3）信号经过信道传输之后有一定的延迟时间，而且还会受到（固定或时变的）损耗。信道产生延时和衰减。

4）即使没有信号输入，在信道输出端仍有一定的功率输出。例如收音机调台过程中的噪声。

（2）调制信道模型　根据调制信道的共性，用二对端或者多对端的网络来描述。调制信道的数学模型是二对端（或多对端）线性时变网络，如图4-3所示。

（3）调制信道的数学模型 以二对端网络模型为例，如图4-3a所示为调制信道的模型。模型是依据调制信道的特点给出，旨在讨论调制信道对输入信号的干扰情况，经过信道后的输出有哪几项？在考虑调制信道干扰的情况下，输出与输入之间的关系式。

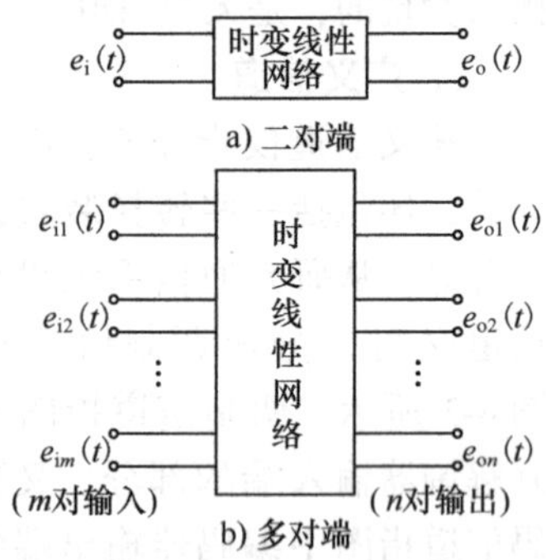

二对端网络的输入 $e_i(t)$ 是有用信号，经过信道之后的输出是 $e_o(t)$。信道是线性时变网络，给网络一个输入 $e_i(t)$，对应的网络输出一个 $e_o(t)$。把这种关系表示成函数，输出是输入的一个函数，然后再叠加一个噪声，输出和输入之间的关系表达式为

$$e_o(t) = f[e_i(t)] + n(t) \quad (4\text{-}1)$$

图4-3 调制信道模型

信道在没有输入的时候仍然有噪声输出，这个噪声是独立于信号 $e_i(t)$ 的，叫作加性噪声，用 $n(t)$ 表示。$n(t)$ 是独立于有用信号的加性干扰，无论信号有没有，它一直存在。

$f[e_i(t)]$ 表达由输入信号产生的信道输出部分，是针对输入信号的，表示输出是输入的线性时变的一个变换，是一个函数。也可以认为，这个变换本身是一个高度概括的结果。作为数学上的一种简洁，可以把变换 $f[e_i(t)]$ 写成 $k(t)$ 乘以 $e_i(t)$ 的形式，即

$$f[e_i(t)] = k(t)e_i(t)$$

$k(t)$ 是对信号 $e_i(t)$ 的一个乘性干扰。代入式（4-1），输出和输入之间满足：

$$e_o(t) = k(t)e_i(t) + n(t) \quad (4\text{-}2)$$

式（4-2）是调制信道二对端网络的模型，如图4-4所示。由模型可知，研究调制信道对信号传输的影响，只要研究乘性干扰 $k(t)$ 和加性干扰 $n(t)$ 对信号传输的影响即可。

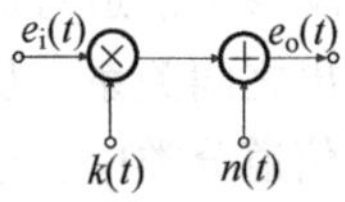

图4-4 调制信道二对端网络的模型

（4）调制信道分类 依据乘性干扰特点调制信道划分为恒参信道和随参信道。

1）恒参信道：乘性干扰 $k(t)$ 随时间变化比较缓慢或者是基本不变。相对于信号的统计特性的变化而言，信道特性基本上不随时间变化或随时间缓慢变化。这样的信道主要有明线、电缆、光纤等有线信道，以及超短波、微波视距传播、卫星通信等传输特性比较好的无线信道。有线信道和传输特性较好的无线信道，都属于恒参信道。相对于信号的快速变化而言，信道特性基本上不改变，这样的信道是恒参信道。

恒参信道可以用一个线性时不变网络来作为它的模型，如图4-5a所示。$H(\omega)$ 是一个线性时不变网络，时不变是与 t 无关，信道特性不随时间变化而变化。

2）随参信道：是指乘性干扰是随机快变化的。比如，短波电离层反射信道、散射信道、超短波移动通信信道等。一般情况下，经过反射、散射、折射（城市中楼群折射）等的信道属于随参信道，而能够视距中继传输（如卫星通信）属于恒参信道。有线信道和传输特性较好的无线信道属于恒参信道，而其余的大部分无线信道属于随参信道。

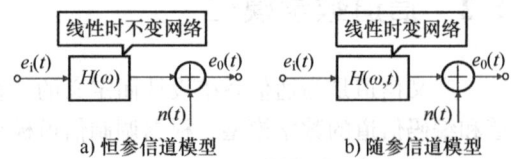

图4-5 调制信道线性网络模型

随参信道用一个线性时变网络作为其数学模型。随参信道是随时间快变化的，信道特性与时间 t 有关，随时间不同而变化，系统函数是时变的，用线性时变网络 $H(\omega,t)$ 作为随参信道的模型，如图4-5b所示。

2. 编码信道的数学模型

编码信道的输入输出均为数字序列，编码信道的数学模型用转移概率（条件概率）来描述。例如二进制系统，发送端可能发的码元是 0 和 1。接收端可能发送 0 的时候收到的是 0，也可能发送 0 的时候收到的是 1。关心的是正确传输概率 $P(0/0)$ 和 $P(1/1)$，以及错误传输概率 $P(1/0)$ 和 $P(0/1)$，传输概率对信道的特性给予了描述，表明了信道对码元传输的影响，编码信道模型中用传输概率来描述信道特性。

编码信道模型如图 4-6 所示，由一系列转移概率组成，图 4-6a 和图 4-6b 分别是二进制和四进制离散无记忆编码信道的数学模型，模型中每一条线都代表着一个相应的转移概率。转移概率是由信道特性来决定的，对于一个特定的信道有特定的转移概率，通过对实际信道的大量统计分析得到。实际在什么样的信道传输要实测，实测之后通过大量的统计得到这些概率。这些是先验数据，是进行分析的第一数据。离散无记忆信道 DMC（Discrete Memoryless Channel）是指在任何时刻信道的输入只与此时的输入有关，与以前的输入无关。

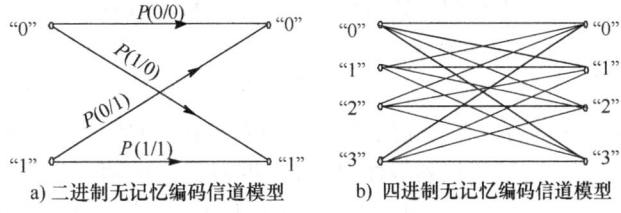

a) 二进制无记忆编码信道模型　　b) 四进制无记忆编码信道模型

图 4-6 编码信道的数学模型

4.3 恒参信道特性及其对信号传输的影响

恒参信道的数学模型可以用线性时不变网络 $H(\omega)$ 来描述，如图 4-5a 所示。

1. 理想恒参信道满足无失真传输条件

理想恒参信道即理想信道，理想信道 $H(\omega)$ 模型如图 4-7 所示。理想信道中，线性时不变网络 $H(\omega)$ 应该满足无失真传输的条件，即满足时域和频域无失真传输的条件。

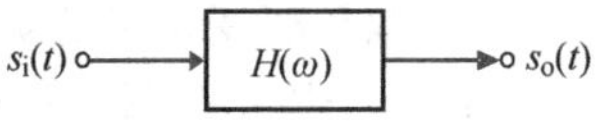

图 4-7 理想信道 $H(\omega)$ 模型

（1）无失真传输的时域条件　信号经过传输之后，接收信号的波形不变，与发送波形形状相同，只产生一个延时 t_d（延时也叫时移）和衰减 K_0，称为无失真传输。

图 4-7 中，设理想信道的输入是 $s_i(t)$，输出是 $s_o(t)$。无失真传输时满足的时域条件是 $s_o(t) = K_0 s_i(t - t_d)$，输出是输入的衰减和时移。

（2）无失真传输的频域条件　理想信道无失真传输时的信道频率特性 $H(\omega)$ 如图 4-8 所示。理想信道的系统函数 $H(\omega) = |H(\omega)| e^{j\varphi(\omega)}$，无失真传输时幅频特性 $|H(\omega)|$ 和相频特性 $\varphi(\omega)$ 应满足的条件：

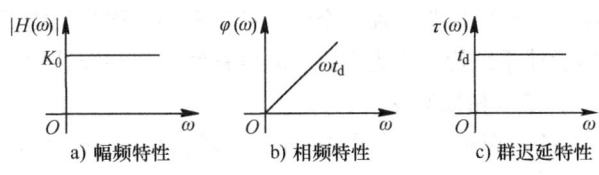

a) 幅频特性　　b) 相频特性　　c) 群迟延特性

图 4-8 理想信道无失真传输时的信道频率特性

1）幅频特性 $|H(\omega)|$：信号经信道传输后有一个衰减，对所有的频率衰减都一样，即幅频特性是常数，$|H(\omega)| = K_0$，如图 4-8a 所示。

2）相频特性 $\varphi(\omega)$：信号经信道传输后有一个时移 t_d，在频域体现在相频特性上，即 $\varphi(\omega) = \omega t_d$，是过原点的一条直线，斜率为 t_d，如图 4-8b 所示。

3）群迟延 $\tau(\omega)$ 作为相频特性的另一种表示，定义为相频特性的导数：$\tau(\omega) = \mathrm{d}\varphi(\omega)/\mathrm{d}\omega$。对于无失真传输而言，$\varphi(\omega) = \omega t_d$，$\tau(\omega) = t_d$，群迟延 $\tau(\omega)$ 是常数 t_d，如图 4-8c 所示。

信道的 $H(\omega)$ 满足图 4-8 特性，能做到无失真传输，是理想信道。理想信道的频域条件可以表述为：幅频特性和群迟延特性均为常数。

注：信号的时移与其相频特性的相移相对应。

① 时域的时移，在频域上，不会体现在幅频特性上，而是体现在相频特性上，产生相移。

如果 $f(t)$ 的傅里叶变换是 $F(\omega)$，$f(t)$ 时移 t_d 为 $f(t-t_d)$，则 $f(t-t_d)$ 的傅里叶变换是 $F(\omega)\mathrm{e}^{-j\omega t_d}$，其相频 $\varphi(\omega) = -\omega t_d$。

② 反之，频域的相频特性，反应在时域就是时移。相位不同，就是时域波形的时移不同，即时间起点不同。例如正弦波 $\cos(\omega_0 t + \varphi_0)$，初相 φ_0 取 0、$\pi/2$、π、$3\pi/2$ 时，相位起点不同，则正弦波时间波形的延时不同，波形在时间轴上随着时延不同而移动。

2. 非理想恒参信道对信号传输的影响

信道不理想会造成信号失真，频域失真有两个方面：幅频畸变和相频畸变。

（1）幅频畸变

1）幅频畸变是幅频特性不理想引起的。典型音频电话信道的相对衰减的幅频特性曲线如图 4-9 所示。图中把幅频特性画成了衰减的形式，横坐标是频率，纵坐标是信道对不同频率的衰减值，是信道幅频特性 $|H(\omega)|$ 取对数后的值。当信道不衰减时，$|H(\omega)|$ 幅值为 1，对数值为 0，对应的是图中频率在 300~1100Hz 的频带范围内，信号没有衰减，称为通带；对于 0~300Hz 和 1100Hz 以上的频段，信号衰减很大，称为阻带。可见幅频特性不是常数，信道对不同的频段衰减不同，有些频率信号能通过信道传输到接收端，有些频率不能通过信道，对不同频率衰减不同，即幅频特性不理想。

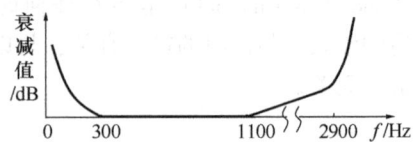

图 4-9 典型音频电话信道的相对衰减的幅频特性曲线

2）幅频畸变带来的影响。

① 对于模拟信号，可能引起波形失真。

② 对于数字信号，可能产生码间串扰。

码间串扰（Inter Symbol Interference，ISI）是由于系统传输特性不理想，导致前后码元的波形畸变、展宽，并使前面码元波形出现很长的拖尾，蔓延到当前码元的抽样时刻上，从而对当前码元的判决造成干扰。

3）解决信道幅频失真的方法：一方面，使用畸变较小的区域，即使系统的工作频带在畸变较小的区域内。否则，超过范围系统不能正常工作；另一方面，是采用均衡措施，也是最主要的措施，即在接收端加一个线性补偿网络，称为均衡器，来补偿系统的时域或频域特性。加入均衡器后使系统特性变为理想，频域补偿时使幅频特性成为常数或近似为常数。

（2）相频畸变

1）相频畸变是相幅频特性不理想引起的。相频特性不理想意味着对于不同的频率相移是不一样的。

频域的相移，时域对应的是时移，根据傅里叶变换的性质：如果 $f(t)$ 的傅里叶变换是 $F(\omega)$，则 $f(t-t_d)$ 的傅里叶变换是 $F(\omega)\mathrm{e}^{-j\omega t_d}$，复指数部分 $\varphi(\omega) = \omega t_d$ 是相频特性，信号的时移 t_d 反映在相频特性 $\varphi(\omega)$ 上了，与幅频特性无关，幅频特性不变。

当相频特性不理想时，图 4-8b 中相频特性 $\varphi(\omega)$ 就不再是过原点的直线，意味着对于不同的频率时延不同。

例如周期方波的合成波中，不同谐波相移不同时，波形如图 4-10 所示。周期方波可以用傅里叶级数表示，由基频及其一系列奇次谐波相加得到，偶次谐波皆为零。周期方波是基频加上奇次谐波的合成波，波形如图 4-10a 所示，加的谐波次数越多，合成波越接近于方波。对方波而言，如果对不同的谐波频率相移不同，则合成波不再是方波，意味着波形失真。基频是方波的周期频率 f_0，三次谐波是另一个频率 $3f_0$，如果信道对于基频的移相是 π 相，而对于三次谐波没有移相，对不同频率移相不同，是相频失真。基频和三次谐波分别相移 π 和 0 后叠加，合成波是图 4-10b 波形，不再是方波，可见产生了波形失真。

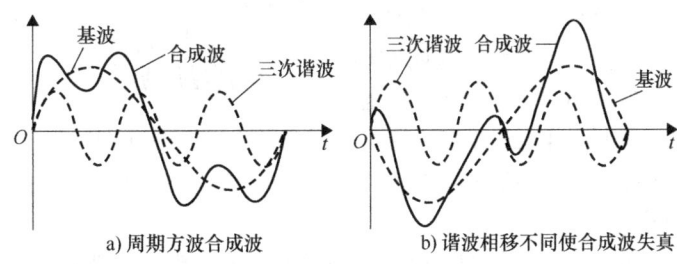

图 4-10　周期方波的合成波中不同谐波相移不同

2）相频畸变对信号传输的影响。
① 对模拟信号会产生波形失真
② 对数字信号会引起码间串扰（ISI）。
3）改善相频畸变的措施是均衡措施，在接收端加入均衡器，即线性补偿网络，实现相频特性补偿，迫使相频特性近似为理想。当相频特性不理想时相频特性不再是过原点的直线，加入均衡器之后迫使相频特性近似为过原点的直线。

上述讨论的是恒参信道的特性，恒参信道引起信号频谱产生两种失真，幅频失真和相频失真，以及改善措施。下面接着讨论随参信道的特性以及改善措施。

4.4　随参信道特性及其对信号传输的影响

随参信道的模型是一个线性时变网络 $H(\omega,t)$，模型如图 4-5b 所示。
1. 随参信道的主要特性
随参信道是乘性干扰随机快变化的信道，信道特性随时间不同而变化。随参信道主要特性如下。
　　1）对信号的衰减随时间变化：不同时刻衰减不同。
　　2）对信号的延时随时间变化：不同时刻延时不同。
　　3）经过多径传输：接收信号是衰减和时延都随时间变化的多条路径的信号的合成。
　　多径传输是指发送端发的是一个信号，而接收端收到的信号是经过多条路径到达的多个信号的合成波。引起多径的原因有很多，比如：二次反射、电离层反射、寻常波和非寻常波、漫射等，引起多径传播的主要原因如图 4-11 所示。
2. 多径对信号传输的影响
多径传输会引起：
　　1）一般衰落。
　　2）频率弥散。
　　3）频率选择性衰落。
多径引起衰落和频率弥散如图 4-12 所示。设图 4-12a 发送信

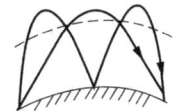
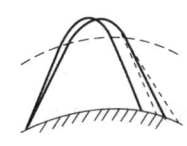
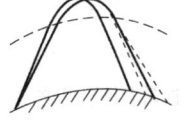
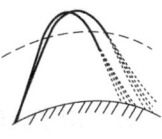

a) 一次反射和二次反射　　b) 反射层高度不同
c) 寻常波与非寻常波　　d) 漫射

图 4-11　引起多径传播的主要原因

号是一个正弦波 $f(t)=\cos2\pi f_0 t$，幅度为常数，只有一个频率 f_0，图4-12b发送信号幅频特性 $F(f)$ 中只有一个频点 f_0。经过多径信道传输，图4-12c信道输出信号 $f_0(t)$ 变成了一个衰落信号，包络不再是恒定了，而是包络服从瑞利分布的随机过程，是一个衰落信号，这种衰落叫作瑞利型衰落，也叫一般衰落。同时，在频谱上，输出信号 $f_0(t)$ 的频谱 $F_0(f)$ 由图4-12b中的单一频率 f_0 变成了图4-12d窄带谱，引起频率弥散。

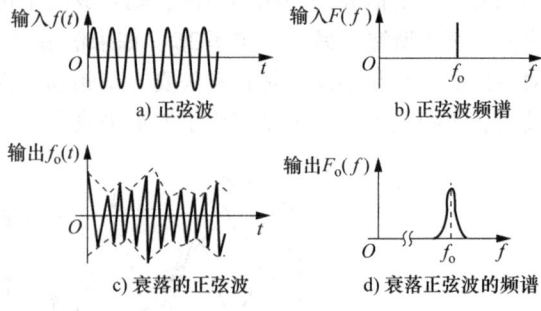

图4-12 多径引起衰落和频率弥散

3. 频率选择性衰落

频率选择性衰落是多径的主要影响，以两条路径为例来分析频率选择性衰落。信号经信道传输到达接收端，把信道看成一个系统，设系统函数为 $H(\omega)$，输入信号 $f(t)$ 经过信道这个系统后，输出是 $f_0(t)$。要讨论的问题是多径信道具有什么样的特性，即 $H(\omega)$ 是什么样的，然后才可以知道信号能不能经过这样一个信道传输，要想经过此信道传输，信号应该工作在什么样的频带等。

（1）求两径信道的传输特性 $H(\omega)$ 两径信道如图4-13所示。设发送端发送一个信号 $f(t)$，送入随参信道，经过两条路径到达接收端，为分析方便，假定两条路径的衰减是一样的，都是 V_0，只是时延不同，一路经过信道传输之后时延是 t_0，另一路经过信道传输之后时延是 $t_0+\tau$，两路的时延差为 τ，信道输出是这两路信号的合成波 $f_0(t)$，即

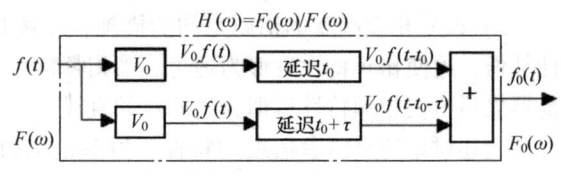

图4-13 两径信道

$$f_0(t) = V_0 f(t-t_0) + V_0 f(t-t_0-\tau) \tag{4-3}$$

信道输入信号 $f(t)$ 的傅里叶变换为 $F(\omega)$，信道输出信号 $f_0(t)$ 的傅里叶变换为 $F_0(\omega)$，则信道系统函数 $H(\omega)$ 为：$H(\omega)=F_0(\omega)/F(\omega)$。经两径信道传输后，输出 $f_0(t)$ 是两路多径信号的和为 $V_0 f(t-t_0)$ 和 $V_0 f(t-t_0-\tau)$。

$f_0(t-t_0)$ 的傅里叶变换为

$$F[f(t-t_0)] = F(\omega)\mathrm{e}^{-\mathrm{j}\omega t_0}$$

$f_0(t-t_0-\tau)$ 的傅里叶变换为

$$F[f(t-t_0)] = F(\omega)\mathrm{e}^{-\mathrm{j}\omega t_0-\tau}$$

输出信号 $f_0(t)$ 的傅里叶变换为

$$F_0(\omega) = F[V_0 f(t-t_0)] + F[V_0 f(t-t_0)]$$
$$= V_0 F(\omega)\mathrm{e}^{-\mathrm{j}\omega t_0} + V_0 F(\omega)\mathrm{e}^{-\mathrm{j}\omega t_0-\tau} = V_0 F(\omega)\mathrm{e}^{-\mathrm{j}\omega t_0}(1+\mathrm{e}^{-\mathrm{j}\omega\tau})$$

信道传输特性 $H(\omega)$ 为

$$H(\omega) = \frac{F_0(\omega)}{F(\omega)} = V_0 \mathrm{e}^{-\mathrm{j}\omega t_0}(1+\mathrm{e}^{-\mathrm{j}\omega\tau})$$
$$= V_0 \mathrm{e}^{-\mathrm{j}\omega t_0} 2 \mathrm{e}^{-\frac{\mathrm{j}\omega\tau}{2}} \frac{\mathrm{e}^{\frac{\mathrm{j}\omega\tau}{2}}+\mathrm{e}^{-\frac{\mathrm{j}\omega\tau}{2}}}{2} = 2V_0 \mathrm{e}^{-\mathrm{j}\omega(t_0+\tau/2)}\cos\frac{\omega\tau}{2}$$

上式应用了通信中常用公式之一，欧拉公式：

$$\cos(x) = \frac{\mathrm{e}^{\mathrm{j}x}+\mathrm{e}^{-\mathrm{j}x}}{2} \tag{4-4}$$

欧拉公式即复指数公式。复指数是数学引入，用一正一负两个复指数表示三角函数，复指数

的实质是三角函数,二者表述方式不同,实质是一个,都是表示频率。

(2) 两径信道的传输特性 $H(\omega)$ 的幅频特性为

$$|H(\omega)| = 2V_0\cos\frac{\omega\tau}{2} \tag{4-5}$$

两径信道传输幅频特性 $|H(\omega)|$ 的曲线如图 4-14 所示。从幅频特性中能表明哪些频率能通过系统,能通过信道到达接收端,哪些频率不能通过系统,被信道衰减掉了。图中可见,在 π/τ、$3\pi/\tau$、$5\pi/\tau$ 等频率点是系统函数的过零点,过零点处系统函数值为 0,信号中此频率成分不能通过系统,被系统全部衰减掉了。如果信号的工作频率或者说系统的工作频率在这些频率点上或这些频点附近,信号就不能通过信道实现传输。由此可知信号不能工作在这些频点上,应该工作在系统函数的通带内,信号在通带内工作才能通过信道到达接收端。

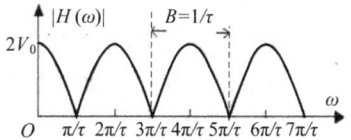

图 4-14 两径信道传输幅频特性曲线

(3) 信道等效带宽　信道通带带宽 B(单位为 Hz)的最大值称为信道的等效带宽,为

$$B = \frac{5\pi}{\tau} - \frac{3\pi}{\tau} = \frac{2\pi}{\tau}(\text{rad/s}) = \frac{1}{\tau}(\text{Hz})$$

式中,τ 为两径时延差,通带的最大宽度是两径时延差的倒数,如图 4-14 所示。由两径扩展到多径,设 τ_{max} 为多径时的最大时延差,τ_{max} 可以通过实际多径信道的实测得到,τ_{max} 的倒数,$1/\tau_{max}$ 定义成信道的等效带宽,也叫相关带宽 B(单位为 Hz),即

$$B = \frac{1}{\tau_{max}}$$

信号的工作频带、信号带宽必须小于相关带宽,在相关带宽之内,信号才能够经过信道,实现正确传输。所以,实际设计系统的时候要考虑信道多径引起的频率选择性衰落的影响。

4.5 分集接收

随参信道往往经过多径传输,多径引起信号衰落,到达接收端的是多个衰落信号的合成。能不能把衰落的信号经过适当的接收和合并来减小衰落呢? 分集接收是改善随参信道影响的常用措施之一。

分集接收的目的: 抗衰落、减小衰落的影响、改善系统性能。

因为快衰落信道收到的是各径信号的合成,即

$$R(t) = \sum_{i=1}^{n} u_i(t)\cos[\omega_0 t + \tau_i(t)] = \sum_{i=1}^{n} u_i(t)\cos[\omega_0 t + \varphi_i(t)]$$

所以若把各径信号"适当地"合并,可减小衰落。

(1) 分集接收包括的两重含义　一个是分散接收,另一个是集中处理。分散接收:接收端得到携带同一信息的多个统计独立的信号。集中处理:采用适当的方式把这些统计独立的信号进行适当的合并。

(2) 常用的分散接收的方式

1) 空间分集。空间分集如图 4-15 所示。接收端使用多个位于不同位置的天线,天线之间的距离要足够远,这样才能满足彼此之间统计独立的要求,得到多个独立的信号。

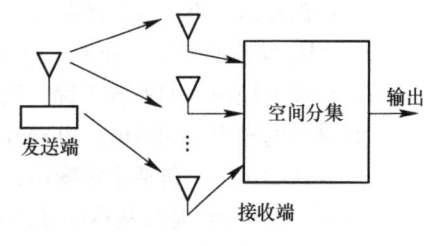

图 4-15 空间分集

2) 频率分集。它采用多个频率传送同一信息。

3) 角度分集。它的天线角度指向不同。

4) 极化分集。它使天线的极化方式不同。

接收端得到多个统计独立的信号之后，可以采用多种方式把它们合并，合并的方式是选择下列逻辑方式之一，把它们合并输出，即集中处理。

(3) 常用的集中处理方式

1) 最佳选择式。在多个独立的信号中选择信噪比最大的信号作为输出信号，其他信号舍弃。认为信噪比最大的信号是最佳信号，就是最佳选择式。

2) 等增益相加式。加权集中处理如图4-16所示，各路独立的信号乘以一个加权系数k_i后相加之和作为输出信号。如果每一路的加权系数k_i都取1，各路所占权重相同，即等增益相加式。

3) 最大比值相加式。使图4-16中各路接收信号的加权系数k_i与信噪比成正比，然后再把各路相加，叫最大比值相加式，属于不等增益加权，分集的路数越多分集效果越好。

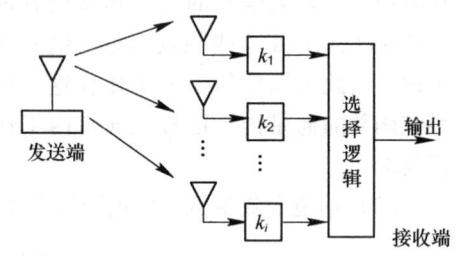

图4-16 加权集中处理

通过实测，得出这三种集中处理方式的性能比较：最大比值合并效果最好；等增益合并其次；最佳选择式性能最差。

4.6 信道加性噪声

根据信道的数学模型式（4-2），即$e_o(t) = k(t)e_i(t) + n(t)$，把信道干扰分为乘性干扰$k(t)$和加性干扰$n(t)$。前面讨论的是乘性干扰，根据乘性干扰是随机快变化的或者慢变化的，把信道分成恒参信道和随参信道，讨论了恒参信道对信号传输的影响、随参信道对信号传输的影响以及相应改善措施。加性噪声$n(t)$是独立于有用信号而且是一直存在的，一直干扰有用信号，是通信中不可避免的，是重点研究对象。在本书后续各章的抗噪声性能讨论中，常常假定的信道噪声都是指的加性噪声，是在加性噪声的意义下讨论的通信系统的抗噪声性能。后续章节中，除非特殊声明，一般情况下所说的噪声均是指的加性噪声。

加性噪声是分散在通信系统中各处噪声的集中表示。它独立于有用信号，却始终干扰有用信号，又简称噪声。

1. 噪声的分类

1) 从噪声的来源来分，可以分成：

① 人为的噪声。比如外台信号、荧光灯产生的干扰等。

② 自然的噪声。像闪电、大气中的噪声等。

③ 内部噪声。电子器件的热噪声、电源哼声等。

2) 根据噪声的特征来分类，分成：

① 单频的噪声。如外台干扰、无线电攻击等。

② 脉冲的噪声。如闪电、电器开关瞬态干扰等。

③ 起伏噪声。它包括宇宙噪声、热噪声和散弹噪声。

其中，起伏噪声是最基本的噪声来源，是普遍存在的，不可避免的，是影响通信质量的主要因素。外台干扰等不一定总存在，时有时无，而起伏噪声是一直存在的，研究通信系统的抗噪声性能必须研究如何抗起伏噪声。起伏噪声是主要研究对象。

2. 起伏噪声——高斯白噪声

起伏噪声波形随时间做不规律的随机变化，且具有很宽的频谱，主要包括信道内元器件所产生的热噪声、散粒噪声和天电噪声中的宇宙噪声。

(1) 起伏噪声的特点　从起伏噪声的统计特性看，起伏噪声是高斯白噪声。"高斯"指它的概率密度函数服从高斯分布。"白"是指功率谱密度在相当宽的频带内是常数。实际系统是没有真正的白噪声的，白噪声定义为功率谱密度在所有频段均为常数，这是理想化的一种定义，实际工作频段不可能涵盖整个频谱范围，实际噪声只要在系统的工作频带内为常数就视为白噪声。起伏噪声频谱很宽，视为白噪声。

(2) 窄带高斯白噪声　调制信道（经带通滤波器后）的加性噪声近似为窄带高斯白噪声。

当起伏噪声通过通信系统时，会受到通信系统中各种变换的影响，使其频谱特性发生变化。一个通信系统的线性部分可用线性网络来描述，通常具有带通特性。当宽带起伏噪声通过带通特性网络时，输出噪声变成带通型噪声。如果线性网络具有窄带特性，则输出噪声为窄带噪声。如果输入噪声是高斯噪声，则输出噪声是带通型（或窄带）高斯噪声。在研究调制解调问题时，解调器输入端噪声通常都可以表示为窄带高斯白噪声。

1) 等效带宽 B_n。如果窄带高斯噪声的功率谱密度 $p_n(f)$ 已知，如图4-17所示。功率谱密度的积分等于功率，即 $P = \int_{-\infty}^{\infty} p_n(f) df$，$p_n(f)$ 曲线下的面积是 $p_n(f)$ 的积分，噪声功率为功率谱密度曲线下的面积，是个常数值。此功率值除以中心频率 f_0 时的功率谱密度：$p_n(f_0) = n_0$，得到一个带宽值 B，把此带宽 B 定义为等效带宽 B_n，即

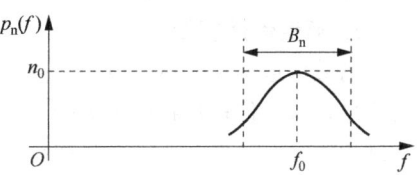

图4-17　窄带高斯噪声功率谱密度 $p_n(f)$

$$B_n = \frac{\int_{-\infty}^{\infty} p_n(f) df}{p_n(f_0)} = \frac{P}{n_0} \tag{4-6}$$

2) 功率谱密度和功率。在等效带宽 B_n 内，噪声的功率谱密度是常数 n_0，即 $p_n(f) = n_0$，仍然称噪声为白噪声。

信道的噪声功率 P，是图4-17中矩形面积，与功率谱密度曲线下的面积是等价的，即

$$P = n_0 B_n \tag{4-7}$$

通信中经常遇到的噪声是起伏噪声，在频带通信系统中，频带信号的带宽 B 往往远小于 B_n，在系统工作频带 B 内噪声功率谱密度是常数，近似认为信道噪声是白噪声。接收端经带通滤波器后的噪声带宽为频带信号带宽 B，带通滤波器的输出噪声功率等于 $n_0 B$。

(3) 窄带高斯白噪声功率谱密度的单边与双边　窄带高斯白噪声的噪声功率谱密度是常数 n_0，n_0 是统计测量得到的结果，单位是 W/Hz。噪声功率谱密度 $p_n(f)$ 有单边和双边两种表示法，二者是等价的，只是表示方法不同而已。

1) 单边功率谱密度为 n_0，即 $p_n(f) = n_0$，$0 < f < \infty$，频率取值在正频率范围。

2) 双边噪声功率谱密度为 $n_0/2$，即 $p_n(f) = n_0/2$，$-\infty < f < \infty$，频率取值在正负频率范围。

两种表示方法等价。现实中是没有负频率的，为了处理问题的方便用复数表示信号就出现了负频率。

由欧拉公式 $\cos(x) = (e^{jx} + e^{-jx})/2$，可得：$\cos(\omega t) = (e^{j\omega t} + e^{-j\omega t})/2$，一个频率 ω 写成复数时为 ω 和 $-\omega$ 正负两个频率的复指数，幅值为原来的一半。

"双边"的密度总是"单边"的一半，是因为 n_0 本身是单边白噪声功率谱密度，是实际的功

率谱密度值，而"双边"的密度总是"单边"的一半。无论采用哪种表示方式，功率都等于功率谱密度的积分，都等于n_0B。

4.7 信道容量

1. 信道容量的定义

信道容量是信道能够传输信息的最大传输速率，即信道的极限传输能力。信道容量为

$$C = \max_{\{P(x)\}} R_b$$

信道容量为C，是信息速率R_b的极大值。C的单位与R_b相同，是 bit/s 或 b/s。

设计通信系统时，要求信息速率R_b和信道容量C之间满足：

$$R_b \leq C$$

系统工作的信息速率R_b一定要小于信道容量，在信道容量之内，才能够实现没有误码的传输。否则，如果信息速率超过了信道容量，必然引起误码，不可能做到正确传输。可见，C是R_b的极大值，信道容量是一个极限值，是允许的极限的传输速率。

针对两种广义信道：调制信道和编码信道，分别用连续信道容量和离散信道容量来表征。

2. 离散信道容量

离散信道容量是指信道中信息无差错传输的最大速率。在信息传输过程中，发送端发送的平均信息量减去传输过程中丢失的等于实际传输过去的平均信息量。无差错传输是无误码，要求传输过程中没有丢失，要求信息速率一定要在信道容量之内，这个极限信息速率定义成信道容量。要求实际工作的信息速率一定要小于信道容量。

3. 连续信道的信道容量

（1）香农公式 香农公式给出了连续型信道容量的计算公式，应用前提是信道噪声为加性高斯白噪声。

香农公式：设加性噪声的双边功率谱密度是$n_0/2$，信道工作频带为B，B的单位为 Hz，有用信号的功率是S，单位是 W，则此信道的信道容量C（单位为 bit/s）为

$$C = B \log_2\left(1 + \frac{S}{N}\right) = B \log_2\left(1 + \frac{S}{n_0 B}\right) \tag{4-8}$$

S是信号功率，N是噪声功率（$N = n_0 B$），S/N是信噪比。香农公式给出了信道容量与带宽和信噪比之间的关系。对于带宽为B的带限（即工作频带有限）信号，如果给定了信噪比，就可以求得信道容量。

香农公式的意义：在高斯白噪声（简记为 G.W）的背景下，而且信道带宽和有用信号功率受限的情况下，调制信道无差错传输数据的极限信息速率，即理论上单位时间内可能传输的信息量——R_b的极限数值。该式还是频谱扩展技术的理论基础。

（2）信道容量与三要素（B、n_0、S）之间的关系 式(4-8)信道容量C的公式中有三个要素：B、S和n_0，信道容量与三个要素的关系：

1）增加信号功率S或者减小噪声功率谱密度n_0，都能增加信道容量。

减小噪声功率谱密度能增加信道容量，但是如果给定信道，则信道的噪声功率谱密度n_0是确定值，不是想降低就能降低的，是由自然条件来决定的。增加信号功率能增加信道容量，信号功率是可以人为提高，提高信号功率能直接增加信道容量。但是，信号功率也不是能任意增加的，一个是受到物理器件的限制，另外一个是发射功率有时也不允许太大，太大可能对外台、邻

台有干扰。增加信道容量可以从增加信号功率和减小噪声功率这两方面来考虑，另外一个方面就是增加带宽。

2) 增加带宽可以增加信道容量，但是不能无限制的使其增大。

增加带宽也使 $S/(n_0B)$ 项减小，趋于 0；当 B 趋于无穷时，C 趋于极限值 1.44 (S/n_0)。表明：增加带宽能一定程度地改善信道容量，但不能无限制的改善。

(3) 在信道容量一定的情况下带宽和信噪比之间可以互换 在信道容量 C 一定的情况下，增加信号带宽可以降低对信噪比的要求；当信噪比太小、不能保证通信质量时，常采用宽带系统，从而使系统具有较好的抗干扰性。

1) 例如，互换前，设信道带宽 B_1 = 3kHz，希望传输的信息速率为 10^4 bit/s。为了保证信息能够无误地通过信道，信息速率要在信道容量之内，要小于等于信道容量，要求信道容量 C 至少为 10^4 bit/s。取 $C=10^4$ bit/s，带宽 B 已知，代入式 (4-8) 信道容量的香农公式，可以求出所需要的信噪比为 $S_1/N_1 = 2^{C/B_1} - 1 \approx 9$ 倍。

2) 互换后，如果将信道带宽改为 B_1 = 10kHz，带宽增加，由原来的 3kHz 变成 10kHz，信道容量不变，仍然是 $C=10^4$ bit/s，代入式 (4-8) 香农公式，求出所要求的信噪比为 $S_2/N_2 = 2^{C/B_2} - 1 \approx 1$ 倍。

可见，增加信道带宽，可以换来对信噪比要求的降低，带宽与信噪比可以互换。反之，增加信噪比能换来小带宽，对带宽的要求的降低。

信噪比与带宽互换在通信工程中有广泛的应用。在宇宙飞船与地面的通信中，由于传输距离远信号衰减大，接收端信噪比小。可用增大带宽的方法来换取对信噪比要求的降低。空中传输时的频带资源并不是很紧张，在设计这类通信系统时往往都采用宽带，用大带宽换来对信噪比要求的降低。相反，如果信道频带比较紧张，如有线载波电话信道，这时主要考虑频带利用率，可用提高信号功率来增加信噪比的方法来换取较窄的频带。

制约通信系统性能的两个最基本的因素分别是传输信号的带宽和接收端信噪比。带宽是有效性指标，信噪比是可靠性指标，香农公式表明，二者可以互换，牺牲有效性可以换取可靠性的提高或牺牲可靠性换取有效性的提高。

注：信噪比的常用单位分贝。

信噪比是通信系统设计提出的一个可靠性指标要求，低于信噪比则认为系统不能正常工作了。至于信噪比到底取多少才合适，不同的系统有不同的要求。

信噪比常用分贝表示。信噪比等于信号功率 S 除以噪声功率 N，是两个功率之比，是一个无量纲的值，取以 10 为底的对数之后再乘以 10，称为 dB。dB = $10\lg(S/N)$。

例如信噪比等于 30dB，即 $10\lg(S/N) = 30$dB，$\lg(S/N) = 3$，$S/N = 10^3 = 1000$。信噪比为 30dB 表示信号功率是噪声功率的 1000 倍。

通信中还经常用到的信噪比单位有：

dB·m：是以 1mW 为参考的 dB 值。即 dB·m = $10\lg(P_2/P_1)$ 中 P_1 = 1mW 时的 dB 值。

dB·W：是以 1W 为参考的 dB 值。即 dB·W = $10\lg(P_2/P_1)$ 中 P_1 = 1W 时的 dB 值。

【例 4-1】 彩色电视图像，一幅（或帧）图像有 5×10^5 个像素，每个像素有 64 种色彩，每种色彩有 16 个亮度等级，求每秒传送 100 个画面所需要的信道容量。如果接收机的信噪比是 30dB，求传送彩色图像所需要的信道带宽是多少？

解题思路：已知 S/N，若求得 B，代入香农公式可求得，但需先求信道容量 C；信息速率要在信道容量之内，$R_b \leq C$，即 $C \geq R_b$，C 至少是 R_b；$R_b = R_B H(x)$，已知每秒传送 100 个画面，即 $R_B = 100$，需求彩色电视图像的信源熵 $H(x)$。

解：首先求彩色电视图像的信源熵。每个像素有64种色彩，每个色彩有16个亮度等级，在没有特殊说明时都默认的是等概的，每一个像素取64个色彩之一和16个亮度等级之一，取值概率 $P=1/(64\times16)$。每一个像素的信息量为

$$I=\log_2(1/P)=\log_2(64\times16)\text{bit}=10\text{bit}$$

每幅图也叫每帧，一幅图像含有 5×10^5 个像素，含有的信息量为

$$I\times5\times10^5=10\times5\times10^5\text{bit/幅}=5\times10^6\text{bit/幅}=H(x)$$

是信源熵。

信源信息速率为

$$R_b=R_B H(x)=100\times5\times10^6\text{bit/s}=5\times10^8\text{bit/s}$$

已知信噪比为30dB，即

$$10\lg(S/N)=30\text{dB},\ S/N=10^3=1000,$$

由 C 的定义可知：$R_b\leq C$，即

$$R_b=5\times10^8\leq C=B\log_2(1+S/N)$$

$$B\geq R_b/\log_2(1+S/N)=5\times10^8/\log_2(1+1000)\text{Hz}\approx50\text{MHz}$$

传送此彩色图像所需要的信道带宽至少是50MHz。

【**例4-2**】 已知传真图像有 2.25×10^6 个像素，每个像素有12个亮度等级，在电话线路上传输一张传真图片需要多少时间？电话线路的带宽是3kHz，信噪比要求是30dB。

解题思路：一张图片的信息量为 I，传输一张图片需要时间为 T，$I/T=R_b$，信息速率 R_b 为单位时间内的信息量，即每秒传输多少比特，求得 R_b 就能求得 T，即 $T=I/R_b$，信息量除以信息速率是传送一张图片需要的时间。

解：每像素信息量：

$$\log_2\left(\frac{1}{P}\right)=\log_2 12\text{bit}=3.58\text{bit}$$

每张图片信息量：

$$I=3.58\times2.25\times10^6\text{bit/张}=8.06\times10^6\text{bit/张}$$

已知信噪比是30dB，即

$$10\lg\frac{S}{N}=30\text{dB},\ \frac{S}{N}=10^3=1000$$

已知 $B=3\times10^3\text{Hz}$，信道容量为

$$C=B\log_2\left(1+\frac{S}{N}\right)=3\times10^3\log_2(1+1000)\text{bit/s}\approx29.9\times10^3\text{bit/s}$$

每张图片含有的信息量为 I，传输一张传真图片需要的时间为 T，则：

$$R_b=\frac{I}{T}R_b=\frac{I}{T}\leq C, T\geq\frac{I}{C}=\frac{8.06\times10^6\text{bit/张}}{29.9\times10^3\text{bit/s}}=269\text{s/张}$$

传输一张图片需要时间至少为

$$T_{\min}=269\text{s}\approx4.48\text{min}$$

本题思考：降低每张图片传输时间 T 应该从哪些方面考虑？

传输一张图片至少需要4.48min，要等待四分多钟显然太慢了。如何减小传输时间让它传得快一些呢？降低传输时间需要提高信息速率，要想提高信息速率需提高信道容量，如何提高信道

容量呢？前面讨论了信道容量和三要素的关系，增加信号功率或者增加信道带宽等，从这些角度来讨论才能够提高信道容量，从而提高信息速率，降低传送的时间。

思考题与习题

4-1 信道的定义及其分类。

4-2 何谓多径效应？多径对信号传输的影响有哪些？

4-3 何谓恒参信道？何谓随参信道？它们对信号传输的影响及克服方法有哪些？

4-4 何谓加性干扰？何谓乘性干扰？

4-5 信道模型有哪几种？

4-6 试述调制信道的数学模型及其表达式。

4-7 理想恒参信道需满足的无失真传输条件有哪些？

4-8 非理想恒参信道造成信号的频域失真有哪两个方面？对信号传输的影响有哪些？改善的措施是什么？

4-9 随参信道的主要特性？

4-10 信道的相关带宽取决于哪个参数？通信系统带宽与相关带宽有什么关系？

4-11 何谓分集接收？分集接收的目的是什么？

4-12 试述起伏噪声的特点。

4-13 试述高斯白噪声的统计特性。

4-14 窄带高斯白噪声的功率谱密度和功率的表达式。

4-15 试述信道容量的定义。简述提高信道容量的方法。

4-16 写出香农公式。由此公式可以看出信道容量的大小取决于哪些参量？

4-17 信源符号集由 256 个符号组成，且各符号独立等概率出现，信道带宽 B 为 3.4kHz，信噪比为 30dB，求信道容量，信源熵和最大码速率。

4-18 设一幅黑白数学图片有 400 万个像素，每个像素有 16 个亮度等级。若用 3kHz 带宽的信道传输它，且信噪比等于 10dB，试问一幅图片需要的传输时间是多少？

4-19 已知黑白电视图像信号每帧有 30 万个像素，每个像素有 8 个亮度电平，各电平独立地以等概率出现，图像每秒发送 25 帧，若要求接收图像信噪比达到 30dB，试求所需传输带宽。

4-20 产生频率选择性衰落的原因是（　　）。
A. 幅频畸变　　　　　B. 相频畸变　　　　　C. 多径传播　　　　　D. 瑞利衰落

4-21 下列对恒参信道的描述中，正确的是(　　)。
A. 衰落　　　　　　　　　　　　　　B. 信道的参数不随时间变化或随时间缓慢变化
C. 多径传播　　　　　　　　　　　　D. 信道的参数随时间快速变化

4-22 以下可以消除或减小码间干扰方法是(　　)。
A. 自动增益控制技术　　B. 均衡技术　　C. 最佳接收技术　　D. 量化技术

4-23 高斯白噪声通常是指噪声的(　　)服从高斯分布。
A. 功率谱密度　　　　　B. 相位　　　　　C. 自相关函数　　　　　D. 幅值

第 5 章 模拟调制系统

本章要点

- 调制与解调
- 幅度调制
  - ☆ 调幅 AM
  - ☆ 双边带调制 DSB
  - ☆ 单边带调制 SSB
  - ☆ 残余边带调制 VSB 　有效性——带宽
- 角度调制
  - ☆ 角度调制的基本概念
  - ☆ 频率调制 FM
- 频分复用和多级调制
- 模拟调制系统抗噪声性能
  - ☆ 抗噪声性能分析模型
  - ☆ DSB 系统抗噪声性能　可靠性——解调器输出信噪比
  - ☆ 模拟调制系统性能分析
- 模拟调制系统性能比较

内容导读

- 模拟调制系统的模型包括信源、调制器、信道、解调器、信宿（受信者）这五个部分，模拟调制系统的设计就是围绕着模拟调制系统的模型图 5-1 来展开。

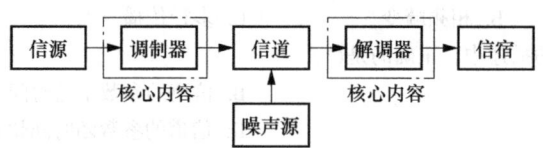

图 5-1 模拟调制系统设计的核心内容

- 模拟系统中，信源的输出信号和信宿的输入信号都是模拟信号。信道部分已经在前面的章节中讨论了，因此，模拟调制系统设计的核心就是调制器和解调器，本章的主要内容就是调制器和解调器的设计，即各种调制方式和解调方式。模拟调制主要包括幅度调制和角度调制，本章介绍各种调制方式及其对应的解调方式的原理。
- 在本章的学习中，还有一个暗含的主线，是通信系统有效性指标和可靠性指标。针对模拟调制系统，有效性指标是指系统占用的带宽，因此在幅度调制和角度调制中重点讨论了各种调制方式的带宽。接着讨论了系统的抗噪声性能，即可靠性。针对模拟系统，可靠性指标是解调器的输出信噪比，因此，在抗噪声性能分析中，可针对各种调制方式，计算和比较了解调器的输出信噪比。

5.1 调制与解调

调制使无线通信实现了远距离传输，对原信号进行的改变是质变不是量变，是通信原理课程的核心内容。模拟调制系统一章中讲的是各种模拟调制方式，数字带通传输系统一章中讲的是各种常用的数字调制方式，模拟信号的数字传输一章中讲的是脉冲编码调制。

1. 调制与解调的基本概念

1）调制是把信号转换成适合在信道中传输形式的一种过程。把待传输的信号加载在载波的某些参数上，之后送入信道传输。调制是用调制信号控制载波的参数的过程。

2）调制信号是指来自信源的基带信号，即原始电信号，例如语音信号。这些信号是调制器的输入又称为调制信号，调制器的输出称为已调信号。模拟调制系统中的信号如图 5-2 所示。

3）常用的载波有正弦波和矩形脉冲。

当载波是正弦波时，调制也称为正弦载波调制。当载波是矩形脉冲时，调制也称为脉冲调制。

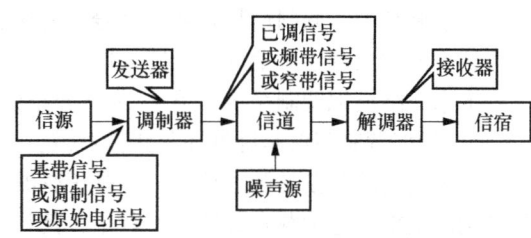

图 5-2 模拟调制系统中的信号

4）正弦载波调制是把信号加载在正弦载波的参数上，简称调制。例如，把信号加载在正弦载波的幅度上是幅度调制；加载在正弦载波的频率上是频率调制；加载在正弦载波的相位上是相位调制。

5）脉冲调制是把信号加载在脉冲的参数上。例如，把信号加载在脉冲的幅度上是脉冲振幅调制；加载在脉冲的宽度上是脉宽调制；加载在脉冲的位置上是脉位调制。本书模拟信号的数字传输一章中的脉冲编码调制 PCM，就是矩形脉冲信号做载波的调制。

大多数场合，载波指正弦波，调制均指正弦载波调制。在第 1 章的通信系统分类中，按照是否经过正弦载波调制，把通信系统分为基带系统和带通系统。调制也分为基带调制和带通调制。

6）已调信号是载波受调制后的信号。

7）解调也称为检波，是调制的逆过程，将已调信号中的调制信号恢复出来的过程。

调制是用调制信号去控制载波的某些参数，例如，控制载波的幅度就是振幅调制，控制载波的角度就是角度调制。调制信号是信源输出的原始基带信号，针对调制系统又叫作调制信号。经过调制器之后的信号称为已调信号。已调信号是载波受到调制以后的信号，就是频带搬移到载频处了。解调也叫检波，是调制的一个逆过程。

2. 调制的目的

1）提高无线通信时的天线辐射效率。例如，话音频率在 0～4kHz 之间，一般认为最高频率是 4kHz。根据频率和波长的关系，频率乘以波长等于光速。频率越低，相应的波长就越长。那么针对语音信号，波长可能是几公里，天线的长度是传输信号波长的 1/4，这样长度的天线是难以实现的，显然高频信号的辐射效率更高。手机信号采用的工作频率是 GHz，它的波长是厘米量级的，手机的天线可以做成内置天线，它的辐射效率就很高。为了在无线信道中传输，经常是把基带信号通过调制搬移到高频段，然后才能通过天线辐射传输。这是调制的一个主要目的，就是提高天线的辐射效率。

2）把多个基带信号分别搬移到不同的载频处，以实现信道的多路复用，提高信道利用率。实现频分复用，提高信道的利用率。频分复用是把各路信号分别搬移到不同的载波频率上去，实现在同一信道中传输多路信号。频分复用提高了信道的利用率。

3）扩展信号带宽，提高系统抗干扰、抗衰落能力，还可实现传输带宽与信噪比的互换。

通过调制扩宽了传输信号带宽，根据带宽和信噪比互换的原理，可以提高系统的抗噪声性能，例如调频系统。

调制是通信系统设计的核心技术之一，新调制技术及功能在不断研究中。

3. 调制的分类

1）根据调制信号是模拟还是数字信号，调制可以分成模拟调制和数字调制。基带信号就是原始电信号，是信源的输出，是调制系统的输入，针对调制而言，又称为调制信号。

模拟调制中，调制信号是模拟信号，是对模拟信号进行调制，把模拟信号加载在载波的一些参数上。

数字调制中，调制信号是数字信号，是经过模数转换的，是数字化之后的信号，把数字信息加载到载波的某些参数上就是数字调制。

本章介绍模拟调制系统，第7、8章介绍的是数字调制系统。

2）根据调制载波是脉冲还是正弦载波，调制可以分为基带调制和带通调制。

基带调制的载波是脉冲信号，不是正弦波。例如脉冲编码调制 PCM、脉冲振幅调制 PAM 等。基带调制是把信息加载在脉冲的参数上，例如脉冲的幅度、宽度或脉冲的位置。

带通调制也称正弦载波调制，简称调制或载波调制，调制的载波是正弦波，是把信息加载在正弦载波的参数上，例如幅度、频率或相位。

基带调制与带通调制的核心区别为是否经过正弦载波调制。经过正弦载波调制后，产生频谱搬移，已调信号的频带是带通型。而脉冲调制是没有经过正弦载波调制的，不会产生频谱搬移，已调信号仍然是基带信号。大多数场合，调制均指正弦载波调制。调制系统是带通系。

4. 常见的模拟调制方式

设基带信号（原始电信号或调制信号）为 $m(t)$，已调信号为 $s_m(t)$，已调信号表达式为

$$s_m(t) = A(t)\cos\left[\omega_c t + \varphi(t)\right] \tag{5-1}$$

式中，$A(t)$ 是正弦载波的幅度，$\left[\omega_c t + \varphi(t)\right]$ 是正弦载波的角度。

常用的模拟调制方式有幅度调制和角度调制。

1）幅度调制是把信息加载在正弦载波的幅度上。即把基带信号 $m(t)$ 加载在载波幅度 $A(t)$ 上，使 $A(t)$ 随 $m(t)$ 的变化而变化。加载方式有几种，常见的幅度调制方式如下。

① 调幅。

② 双边带调制。

③ 单边带调制。

④ 残余边带调制。

2）角度调制是把原始电信号的信息加载在载波的角度上。把基带信号 $m(t)$ 加载在载波的角度 $\left[\omega_c t + \varphi(t)\right]$ 上，使角度随 $m(t)$ 的变化而变化。常见的角度调制方式如下。

① 调频（FM）：把基带信号 $m(t)$ 加载在正弦载波的频率上称为调频。

② 调相（PM）：把基带信号 $m(t)$ 加载在正弦载波的相位上称为调相。

3）线性调制与非线性调制。幅度调制是基带信号频谱的简单搬移，由基带搬移到高频处，搬移后的频谱波形形状和基带频谱形状完全相同，属于线性调制。角度调制属于非线性调制，调制后的频谱形状与基带信号频谱形状不同，产生了新的频率分量。

线性调制不能用数学上的线性来简单理解，在时域和频域上，调制信号和已调信号都没有数学上的线性关系。"线性调制"是个四字的名词，把频谱简单搬移的调制称为线性调制，否则就是非线性调制。

5.2 幅度调制

5.2.1 调幅 AM

幅度调制（Amplitude Modulation，AM），也称为调幅，调幅是把信息加载在载波的幅度上的一种调制方式。

1. AM 调制器模型

幅度调制器模型如图 5-3 所示，此模型图为 AM 调制器的原理框图。AM 调制器由加法器和乘法器等构成，图中载波 $\cos(\omega_c t)$ 是由频率发生器产生的。频率发生器在通信的调制解调设备中是不可或缺的必备环节，根据需要的频率，可以采用振荡器、锁相环等来实现。

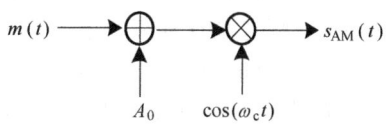

图 5-3 幅度调制器模型

在基带信号 $m(t)$ 中插入直流 A_0 之后再乘以载波 $\cos(\omega_c t)$，就完成了调幅过程，得到 AM 已调信号。

2. AM 信号表示式

AM 信号表达式为

$$s_{AM}(t) = [A_0 + m(t)]\cos(\omega_c t) \tag{5-2}$$

式中，A_0 为常数，是叠加的直流分量；$m(t)$ 是原始电信号，比如话音是基带信号，针对调制而言，又称为调制信号，一般情况下均值为 0。通信中传输信号的通常规定均值为 0，即不含直流。因为直流在传输中会产生功耗消耗能量，含直流的信号通常隔直流后再传输，在接收端只需插入直流就可以恢复含直流的信号。

3. AM 调制过程演示波形图

1) AM 调制过程演示。AM 调制过程演示的波形如图 5-4 所示。把基带信号 $m(t)$ 插一个直流 A_0，即把 $m(t)$ 曲线向上平移 A_0，插直流之后再乘以高频的载波 $\cos(\omega_c t)$ 得到已调信号 $s_{AM}(t)$。图中可见，已调信号的包络是基带信号 $m(t)$。载波的幅度为常数，是恒定包络的，调幅后就把基带信号的信息加载在正弦载波的包络上了，所以叫幅度调制或振幅调制。

把这样一个调幅信号发送出去，经过信道传输到达接收端，只要在接收端加一个包络检波器，提取出包络，就可以实现解调，恢复原信号 $m(t)$。

2) 防止出现"过调幅"对插入直流 A_0 的要求。由波形图 5-4 可以看出，当满足条件：$|m(t)|_{max} \leq A_0$ 时，已调信号的包络与调制信号波形相同，因此用包络检波法很容易恢复出原始调制信号。

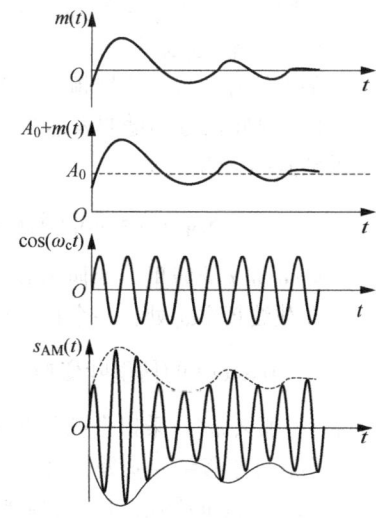

图 5-4 AM 调制过程演示波形图

否则，出现"过调幅"现象。这时已调信号的包络不再是基带信号，解调的时候就不能用包络检波的方法来恢复原信号了。但是可以采用其他解调方法，如相干解调，即同步检波。

为防止产生过调幅，对插入直流 A_0 的要求是

$$A_0 \geq |m(t)|_{max} \tag{5-3}$$

要求 A_0 大于等于信号的最大幅值，才能使已调信号的包络是基带信号，不会出现"过调幅"

而产生失真。

4. 基带信号的频谱和带宽

基带信号和 AM 信号频谱图如图 5-5 所示。

1) 基带信号。基带信号即原始电信号,当基带信号作为调制器的输入信号时又称为调制信号,调制器的输出信号称为已调信号。

2) 基带信号频谱。设基带信号 $m(t)$ 的傅里叶变换为 $M(\omega)$,频谱如图 5-5a 所示。一般情况下,$m(t)$ 是低频的,频率范围为 $0 \sim \omega_H$,最高频率(截止频率)为 ω_H,则基带信号的带宽为 ω_H(单位为 rad/s)或 f_H(单位为 Hz)。

3) 基带信号带宽 $B_{基}$。它是从 $-\omega_H \sim \omega_H$,带宽是 $2\omega_H$ 吗?当然不是。实际信号是不存在负频率的,负频率是人为引入的。$M(\omega)$ 图中,根据傅里叶变换的对称性,$-\omega_H \sim 0$ 部分的波形是 $0 \sim \omega_H$ 部分波形的镜像,两者所含信息相同。带宽就是信号所在的频率范围,要看频谱图中 ω 轴的正半轴上信号所在的频段。$M(\omega)$ 在 $0 \sim \omega_H$ 的频率范围内有信号,在其他的频率上没有信号,$0 \sim \omega_H$ 就是基带信号的频带,带宽为 $B_{基} = \omega_H$(单位为 rad/s)。带宽一般以 Hz 为单位,即 $B_{基} = f_H$。

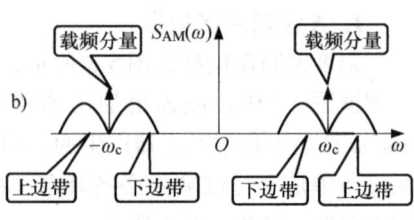

图 5-5 基带信号和 AM 信号频谱图

4) 实际信号是不存在负频率的,负频率是傅里叶变换时引入的。因此,看信号的频率范围以及带宽,要从 ω 轴正半轴来看,信号频谱在正半轴的哪个区间存在,此区间就是信号的频率范围。

5) 频率的表示有两种:ω_H 为角频率,单位是弧度/秒(rad/s);f_H 为频率,单位是赫(Hz)。二者之间的关系为 $\omega_H = 2\pi f_H$。通常带宽单位用 Hz。

5. AM 信号频谱

基带信号和 AM 信号频谱如图 5-5 所示。

(1) AM 信号频谱的表达式　将时域 AM 已调信号 $s_{AM}(t) = [A_0 + m(t)]\cos\omega_c t$ 进行傅里叶变换得到其频谱为

$$S_{AM}(\omega) = \pi A_0[\delta(\omega + \omega_c) + \delta(\omega - \omega_c)] + \frac{1}{2}[M(\omega + \omega_c) + M(\omega - \omega_c)] \quad (5-4)$$

$A_0\cos\omega_c t$ 的傅里叶变换为载波分量,即 $\pi A_0[\delta(\omega + \omega_c) + \delta(\omega - \omega_c)]$,是载频处的两个冲激,一个在载波频率 ω_c 处,一个在 $-\omega_c$ 处。

$m(t)\cos\omega_c t$ 的傅里叶变换为 $\frac{1}{2}[M(\omega + \omega_c) + M(\omega - \omega_c)]$。如果信号 $m(t)$ 的傅里叶变换是 $M(\omega)$,那么 $m(t)$ 乘以余弦的傅里叶变换就是把 $M(\omega)$ 幅度减半,再左右搬移到载频 ω_c 处,一个是把 $M(\omega)$ 左移到 $-\omega_c$ 处,另一个是 $M(\omega)$ 右移到 ω_c 处,如图 5-5b 所示。

(2) $S_{AM}(\omega)$ 频谱图及其频谱组成　AM 信号的频谱由载频分量、上边带和下边带三部分组成,如图 5-5b 所示。

首先,AM 信号频谱包括一个载波分量,即载频。载频是由于插入直流 A_0 引起的,就相当于插入了载频,就在已调信号的传输中传输了一个载频。另外,已调信号有上、下两个边带。下边带是上边带的镜像,它们含有相同的信息,其实只需要传输一个边带就可以了,另一个边带是冗余。

6. AM 信号的特性

(1) AM 已调信号的带宽 B_{AM}　模拟通信系统的有效性指标之一是带宽,AM 调制是把基带信号频谱搬移到高频段,搬移到载频ω_c处。搬移以后的频率范围是$\omega_c - \omega_H \sim \omega_c + \omega_H$,AM 信号的带宽$B_{AM}$(单位为 rad/s)为

$$B_{AM} = 2\omega_H$$

AM 已调信号的带宽是基带信号带宽的 2 倍,写成 Hz 的形式为$B_{AM} = 2f_H$,f_H是基带信号的带宽,是基带信号的截止频率和最高频率。

(2) 功率 功率等于信号的二次方的时间平均值。依据第 3 章中讨论的,把已调信号$s_{AM}(t)$信号看成是一个平稳的、各态历经的随机过程,用时间平均来代替统计平均,$\overline{s_{AM}^2(t)}$是其功率的时间平均值。把$[A_0 + m(t)]^2\cos^2\omega_c t$展开成三项,每项分别求均值再相加,即

$$P_{AM} = \overline{s_{AM}^2(t)} = \overline{[A_0 + m(t)]^2\cos^2\omega_c t} = \overline{A_0^2\cos^2\omega_c t} + \overline{m^2(t)\cos^2\omega_c t} + \overline{2A_0 m(t)\cos^2\omega_c t}$$

第一项的均值:对于$\overline{\cos^2\omega_c t}$,余弦的二次方,一般都把它降幂,用公式:$\cos^2\theta = (1 + \cos 2\theta)/2$。第一项中$\cos^2\omega_c t = (1 + \cos 2\omega_c t)/2$,其中$\cos 2\omega_c t$是均值为 0 的周期信号,在一个周期内的时间平均值为 0,所以$\overline{\cos^2\omega_c t} = 1/2$。第一项的均值就是$A_0^2/2$。

同理,第二项的均值是$\overline{m^2(t)}/2$。载波和信号$m(t)$是彼此独立的、不相关的,二者之积的均值就等于各自分别取均值,再相乘。

同理,第三项载波和信号$m(t)$不相关。不相关时,乘积的均值等于各自取均值再相乘,因此第三项可以把$m(t)$和$\cos^2\omega_c t$分别取均值,再相乘。

设$m(t)$的均值为零。通信中传输的信号通常均值为零,基带信号通常不传输直流,要先隔去直流后再传输。直流在线路上传输要消耗能量,产生功耗,如果不传输,在接收端恢复直流是非常容易的,只要插入一个直流就可以了。所以一般来说,认为基带信号不含有直流,均值为零,即$\overline{m(t)} = 0$。因此第三项均值是零,AM 信号功率等于前两项的和。

AM 信号功率为

$$P_{AM} = \frac{A_0^2}{2} + \frac{\overline{m^2(t)}}{2} = P_C + P_S$$

$P_C = A_0^2/2$是载波的功率,$P_S = \overline{m^2(t)}/2$是有用信号的功率。载波的功率并不含有信息,只有有用信号才含有信息,可见总功率里面不是都有用的,有一大部分是无用的。为此定义了"调制效率"来衡量功率的有效性。

(3) 调制效率η定义为

$$\eta = \frac{\text{有用信号功率}}{\text{总功率}}$$

(4) AM 的调制效率为

$$\eta_{AM} = \frac{P_S}{P_{AM}} = \frac{\overline{m^2(t)}}{A_0^2 + \overline{m^2(t)}} \tag{5-5}$$

为分析问题方便,假定基带信号$m(t)$是一个单音的信号,只含有一个频率ω_m,即

$$m(t) = A_m\cos\omega_m t$$

可以求出$m(t)$的功率为$\overline{m^2(t)} = A_m^2/2$,代入调制效率式(5-5),得到

$$\eta_{AM} = \frac{P_S}{P_{AM}} = \frac{\overline{m^2(t)}}{A_0^2 + \overline{m^2(t)}} = \frac{A_m^2}{2A_0^2 + A_m^2}$$

其中,A_0在分母上,A_0越小,调制效率越大。

为保证 AM 不产生过调幅,对插入直流A_0的要求是$A_0 \geq |m(t)|_{\max}$。要求A_0大于等于信号的最大幅值,即$A_0 \geq A_m$。A_0的极小值是A_m,当$A_0 = A_m$时,调制效率取得极大值,此时是百分之百调

制,调制效率最高,为

$$\eta_{AM|\max} = \frac{1}{3}$$

可见,调幅信号的功率利用率低,只利用了 1/3,另外 2/3 都是被载波功率中无用功率占用了,AM 是一种功率利用率不高的调制方式。为了解决这个问题,采用不传输载波的方法,就是之后介绍的抑制载波双边带调制。

7. AM 解调原理

采用 AM 调制的通信系统,首先将基带信号进行 AM 调制,之后送入信道进行传输,接收端将收到的 AM 信号进行解调来恢复基带信号。AM 信号的解调方法有两种:包络检波法和相干解调法。

(1) AM 解调方式之一:包络检波法 调幅最主要的解调方法是包络检波法。包络检波法比相干解调法更简单。包络检波器的输出是输入信号的包络。

包络检波法适用条件:AM 信号,且要求 $|m(t)|_{\max} \leqslant A_0$。

包络检波器结构通常由半波、全波整流器和低通滤波器组成。包络检波法的电路举例如图 5-6 所示,由一个半波整流,再加一个低通滤波器就能够实现提取载波的包络,非常简单,这是 AM 的特点之一。电容两端输出的锯齿形电压近似为 AM 信号的包络。输入 AM 信号为 $s_{AM}(t) = [A_0 + m(t)]\cos\omega_c t$,选择 RC 满足 $f_H \leqslant 1/RC \leqslant f_c$,检波器输出是输入信号的包络,为 $A_0 + m(t)$,隔去直流 A_0 就可得到原信号 $m(t)$。检波电路提取包络的过程:电容的充放电,当输入信号为正,二极管直通,输出等于输入;当信号振荡下降至负半轴的时候,电容开始放电。这样的话,只要合理的设计 1/RC 这个常数,使 $f_H \leqslant 1/RC \leqslant f_c$,就能够使电容的输出是输入信号的包络,就能提取载波的包络。f_H 是基带信号的最高频率。

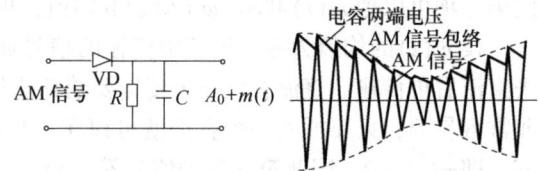

a) AM信号的包络检波电路   b) 包络检波器的输入和输出波形

图 5-6 包络检波法的电路举例

包络检波器的功能是提取输入信号的包络。包络检波器的输出是输入信号的包络。信号经过包络检波器之后,再经过隔直流,去掉插入的直流 A_0,就可以恢复基带信号 $m(t)$。

(2) AM 解调方式之二:相干解调法

1) 相干解调的模型。相干解调的模型如图 5-7 所示。相干解调由乘法器和低通滤波器组成。乘法器中,与已调信号 $s_m(t)$ 相乘的是正弦载波 $c(t) = \cos\omega_c t$。通信中经常说正弦而表达式却是余弦,这是一个常识性的共识,正弦和余弦只是初相不同,可以互相表示。

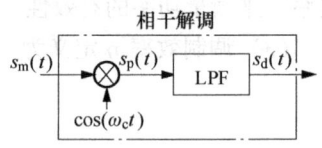

图 5-7 相干解调的模型

2) 对相乘的载波的要求。要求与发端的调制载波完全同频同相。不仅要求同频,相位也要相同,要严格同频同相,才能够实现正确的解调。相干解调和载波相干,是和载波相比较的过程。比较频率和相位,只有同频同相才能恢复原信号。在接收端,用载波同步提取电路从接收信号中提取相干载波。

3) AM 信号相干解调过程的数学分析。图 5-7 相干解调中,已调信号经过和载波相乘,再经过低通来恢复原信号。已调信号 $s_{AM}(t) = [A_0 + m(t)]\cos\omega_c t$,与相干载波 $c(t) = \cos\omega_c t$ 相乘后,得

$$s_p(t) = [A_0 + m(t)]\cos\omega_c t \times \cos\omega_c t = \frac{1}{2}[A_0 + m(t)](1 + \cos2\omega_c t)$$

已调信号乘载波之后得到载波的二次方项,将二次方项降幂,$\cos^2\omega_c t = (1+\cos 2\omega_c t)/2$,$\cos 2\omega_c t$ 是载波的二倍频,不能通过理想低通滤波器 LPF。LPF 的截止频率一般设计为基带信号的最高频率 ω_H,目的是只让基带信号通过,恢复基带信号。$s_p(t)$ 经 LPF 后,高倍频率 $2\omega_c$ 频率分量被滤除,得到 $s_d(t) = [A_0 + m(t)]/2$,$s_d(t)$ 再经过隔直流去掉 A_0,就恢复了基带信号 $m(t)$。从数学上证明了相干解调可以恢复原信号。

4) AM 信号相干解调中的频谱搬移过程如下。相干解调由已调信号乘载波、理想低通滤波器这两部分组成。已调信号乘载波的作用是把已调信号由高频段搬移回基带;理想低通滤波器的作用是去掉高倍频,只保留基带,把基带的原信号提取出来。相干解调是将已调信号频谱搬移回基带的过程如图 5-8 所示。

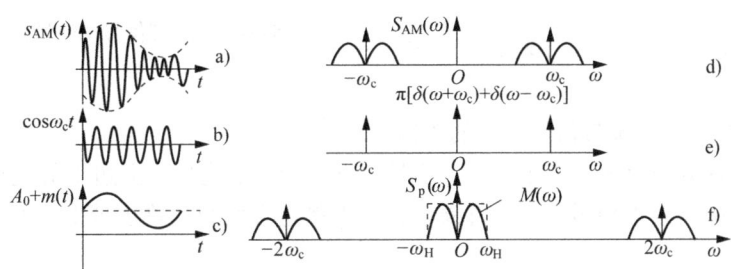

图 5-8 相干解调频谱的搬移过程

根据傅里叶变换的性质,在时域,一个信号 $s_{AM}(t)$ 与载波相乘,即 $s_{AM}(t) \times \cos\omega_c t$,在频域,对应的 $S_p(\omega)$ 是这个信号的频谱 $S_{AM}(\omega)$ 和载波信号的频谱的一个卷积,载波信号的频谱是载频处的冲激函数,如图 5-8e 所示,和冲激函数 $\delta(\omega - \omega_c)$ 相卷积也就是频谱搬移到 ω_c,即

$$s_{AM}(t) \times \cos\omega_c t \Leftrightarrow \frac{1}{2\pi} S_{AM}(\omega) * \pi[\delta(\omega+\omega_c) + \delta(\omega-\omega_c)] = \frac{1}{2}[S_{AM}(\omega+\omega_c) + S_{AM}(\omega-\omega_c)]$$

把 $s_{AM}(\omega)$(见图 5-8d)再左右搬移 ω_c,搬移到了基带和 $\pm 2\omega_c$ 处,如图 5-8f 所示。

信号再经过低通滤波器 LPF(见图 5-8f 中的虚线方框)。LPF 的截止频率设定为基带信号的最高频率 ω_H,LPF 让基带信号通过,滤除 $\pm 2\omega_c$ 处的频率成分,就恢复了基带信号的频谱 $M(\omega)$。

傅里叶变换的特点是时域信号和频域信号是一一对应的关系,已知其中之一就可以求得另一个。所以,恢复了基带信号的频谱 $M(\omega)$ 也就是恢复了基带信号 $m(t)$,即恢复了原信号,实现了解调。

5.2.2 双边带调制 DSB

双边带调制(Double-Sideband Modulation,DSB)是抑制载波双边带调制的简称。与 AM 相比,抑制了载波,不传输载波。提高了功率利用率,功率利用率是 100%。

1) DSB 调制器模型。双边带调制器模型如图 5-9 所示。DSB 调制器由 $m(t)$ 乘以 $\cos\omega_c t$ 构成。AM 已调信号中的载波是插入直流引起的,DSB 调制中不再插入直流了,基带信号 $m(t)$ 直接与载波 $\cos\omega_c t$ 相乘,输出就是双边带调制信号 $s_{DSB}(t)$。

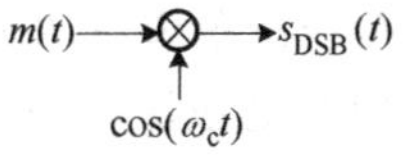

图 5-9 双边带调制器模型

2) DSB 信号的时域和频域表达式为

$$s_{DSB}(t) = m(t) \times \cos\omega_c t \tag{5-6}$$

基带信号 $m(t)$ 乘以载波 $\cos\omega_c t$ 之后的频谱 $S_{DSB}(\omega)$,是把基带信号的频谱 $M(\omega)$ 幅度减半,再左右搬移到载频处。DSB 信号的频域表达式为

$$S_{\text{DSB}}(\omega) = \frac{1}{2}[M(\omega+\omega_c) + M(\omega-\omega_c)] \tag{5-7}$$

双边带信号的时域波形和频谱图如图 5-10 所示。$s_{\text{DSB}}(t)$ 已调信号的波形的包络显然不再是基带信号了，因此不能再用包络检波法来进行解调，需要用相干解调法。$S_{\text{DSB}}(\omega)$ 中没有 $\pm\omega_c$ 处的冲激 $\pi A_0[\delta(\omega+\omega_c)+\delta(\omega-\omega_c)]$。因为 DSB 中不插入直流 A_0，DSB 信号中没有载波，功率中不含载波功率，都是有用信号功率。

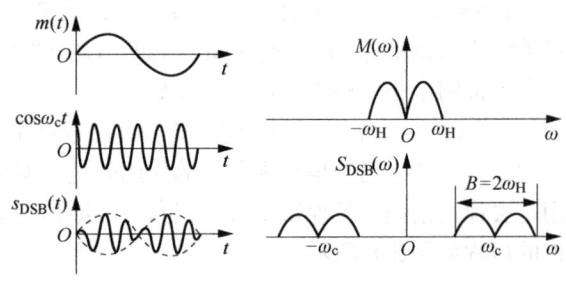

图 5-10 双边带信号的时域波形和频谱图

3) DSB 信号的调制效率是 100%，功率利用率比 AM 增加。

4) DSB 信号的带宽是基带信号带宽的 2 倍，$B=2\omega_H$。

和调幅相比，DSB 也有两个边带，有上边带和下边带，下边带是上边带的镜像，含有相同的信息，因此，为了提高频带利用率，节省频带，引入单边带调制。单边带中，上、下边带只传输一个，滤除另一个。

5) DSB 解调器

采用相干解调器，双边带的相干解调原理框图如图 5-11 所示。将 $s_{\text{DSB}}(t)$ 和载波相乘，之后经过低通滤波器 LPF 滤除二倍频分量，得到基带信号 $m(t)$，恢复了原信号，实现解调。DSB 解调的频谱搬移过程和 AM 信号的相干解调类似。

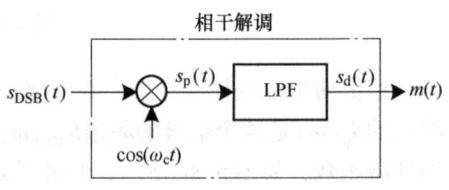

图 5-11 双边带的相干解调

5.2.3 单边带调制 SSB

1. 单边带调制（Single-Sideband Modulation，SSB）**原理**

1) 采用 SSB 原因：克服 DSB 的缺点，DSB 上、下边带含相同的频谱信息，频带利用率低。

2) 单边带的基本思想：在双边带信号的后面再加一个滤波器 $H(\omega)$，设计合适的 $H(\omega)$ 滤掉一个边带，只传一个边带。

3) SSB 信号的带宽：$B=\omega_H$。所占用的频带宽度是 DSB 和 AM 时带宽的一半。

4) SSB 信号的调制效率：等于 100%。已调信号功率中都是有用信号功率。

SSB 调制既传输了有用信号，又节省了发射功率和频带，是通信中广泛应用的一种调制方式。产生 SSB 信号的方法有两种：滤波法和相移法。

2. 单边带信号的产生——滤波法

滤波法单边带调制器原理框图如图 5-12 所示。

(1) 滤波法的基本思想 基带信号 $m(t)$ 乘载波 $\cos(\omega_c t)$ 得到双边带信号 $s_{\text{DSB}}(t)$，然后加一个滤波器 $H(\omega)$，滤掉一个边带，得到单边带信号 $s_{\text{SSB}}(t)$。用滤波器 $H(\omega)$ 滤除不要的边带，单边带信号频谱如图 5-13 所示。

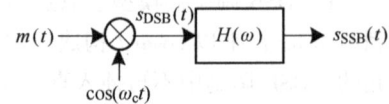

图 5-12 滤波法单边带调制器模型

1) 若 $H(\omega)$ 是一个截止频率为 ω_c 的理想低通滤波器时，可滤除上边带，保留下边带，得到的是单边带下边带信号 $s_{\text{LSB}}(t)$。

2) 若 $H(\omega)$ 是一个截止频率为 ω_c 的理想高通滤波器时，可滤除下边带，保留上边带，得到的是单边带上边带信号 $s_{USB}(t)$。

只要合理的设计滤波器 $H(\omega)$，采用滤波法就可以得到单边带信号。

（2）滤波法的技术难点　滤波器的设计中，要求具有陡峭的截止频率特性。理想高通或者理想低通在截止频率处是陡变的，是理论上的，物理不可实现的。实际设计中，可以采用多级（一般采用两级）DSB 调制及边带滤波的方法，目的是增大过渡带，以利于滤波器的制作。

实际中的滤波器在截止频率处上升沿或下降沿不是陡变的，而是渐变的，有一个过渡带。如果信号中含有丰富的低频或者直流，通过过渡带时就会被滤掉一部分而产生频谱失真，使解调后的恢复信号相应的也产生失真。滤波法的技术

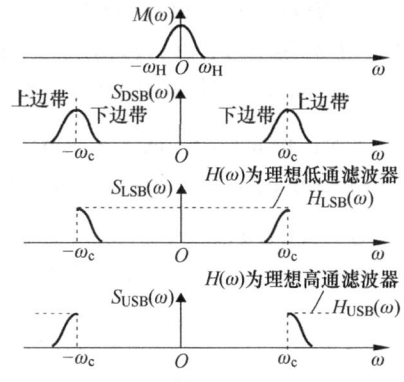

图 5-13　单边带信号频谱

难点是很难做到陡峭的截止频率特性，当调制信号中含有直流及丰富的低频分量时滤波法就不适用了。

3. 单边带信号的产生——相移法

（1）相移法的基本原理　以单边带下边带为例。产生下边带时要在 DSB 信号后面加一个理想低通滤波器 $H_{LPF}(\omega)$，保留下边带，滤除上边带。理想低通滤波器 $H_{LPF}(\omega)$ 可写成两个不同时移的符号函数相减的形式，即

$$H_{LPF}(\omega) = [\text{sgn}(\omega + \omega_c) - \text{sgn}(\omega - \omega_c)] \quad (5-8)$$

符号函数 $\text{sgn}(\omega)$ 表示 ω 的正负，当 ω 为正时，$\text{sgn}(\omega) = 1$；当 ω 为负时，$\text{sgn}(\omega) = -1$。用两个符号函数之差来表示理想低通滤波器如图 5-14 所示，图 5-14a 和图 5-14b 之差 $= H_{LPF}(\omega)$。

单边带信号的频谱为 $S_{SSB}(w) = S_{DSB}(w) H_{LPF}(\omega)$，代入式 (5-8) 得

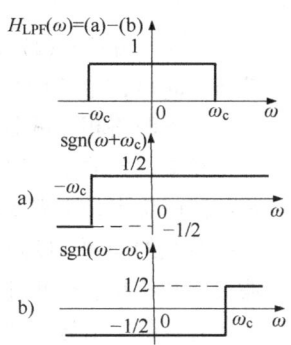

图 5-14　用两个符号函数之差来表示理想低通滤波器

$$S_{SSB}(w) = S_{DSB}(w) H_{LPF}(\omega) = \frac{1}{4}[M(\omega+\omega_c) + M(\omega-\omega_c)][\text{sgn}(\omega+\omega_c) - \text{sgn}(\omega-\omega_c)]$$

$$= \frac{1}{4}[-M(\omega+\omega_c)\text{sgn}(\omega-\omega_c) + M(\omega-\omega_c)\text{sgn}(\omega+\omega_c)] \quad (a)$$

$$+ \frac{1}{4}[M(\omega+\omega_c)\text{sgn}(\omega+\omega_c) - M(\omega-\omega_c)\text{sgn}(\omega-\omega_c)] \quad (b)$$

- 其中（a）：

$$\frac{1}{4}[-M(\omega+\omega_c)\text{sgn}(\omega-\omega_c) + M(\omega-\omega_c)\text{sgn}(\omega+\omega_c)] = \frac{1}{4}[M(\omega+\omega_c) + M(\omega-\omega_c)]$$

$M(\omega+\omega_c)$ 是 $M(\omega)$ 的左移 ω_c，频谱存在于 ω 轴的左半轴；$\text{sgn}(\omega-\omega_c)$ 是符号函数 $\text{sgn}(\omega)$ 右移 ω_c，在 ω 轴的左半轴上值为 -1，所以，$-M(\omega+\omega_c)\text{sgn}(\omega-\omega_c) = M(\omega+\omega_c)$；

同理，$M(\omega-\omega_c)\text{sgn}(\omega+\omega_c) = M(\omega-\omega_c)$。

$\frac{1}{2}[M(\omega+\omega_c) + M(\omega-\omega_c)]$ 是 $M(\omega)$ 的左、右搬移到载频 ω_c 处 $\Leftrightarrow$ 对应的时域信号 $m(t)\cos(\omega_c t)$

- 其中（b）：

$$(b) = \frac{1}{2}\left\{\frac{1}{2\pi}M(\omega)[-j\text{sgn}(\omega)] * j\pi[\delta(\omega+\omega_c) - \delta(\omega-\omega_c)]\right\} \Leftrightarrow \text{对应的时域信号 } \hat{m}(t)\sin(\omega_c t)$$

$[M(\omega+\omega_c)\mathrm{sgn}(\omega+\omega_c) - M(\omega-\omega_c)\mathrm{sgn}(\omega-\omega_c)]$ 是 $[M(\omega)\mathrm{sgn}(\omega)]$ 的左、右搬移到载频 ω_c 处，右移是负号，在时域对应的是信号 $m(t)$ 乘以正弦 $\sin(\omega_c t)$，$\sin(\omega_c t)$ 的频谱是 $\mathrm{j}\pi[\delta(\omega+\omega_c) - \delta(\omega-\omega_c)]$。时域的两个信号相乘，频域对应的是两个信号的频谱相卷积。

令：$\hat{M}(\omega) = M(\omega)[-\mathrm{jsgn}(\omega)]$，$\hat{M}(\omega)$ 对应的时域信号 $\hat{m}(t)$ 称为 $m(t)$ 的希尔伯特变换 (Hilbert transform)。则：$1/(2\pi)M(\omega)[-\mathrm{jsgn}(\omega)] * \mathrm{j}\pi[\delta(\omega+\omega_c) - \delta(\omega-\omega_c)]$ 对应的时域信号是 $\hat{m}(t)\sin(\omega_c t)$。

- 综合（a）和（b），得到单边带信号的表达式为

$$s_{\mathrm{SSB}}(t) = \frac{1}{2}m(t)\cos(\omega_c t) \pm \frac{1}{2}\hat{m}(t)\sin(\omega_c t) \tag{5-9}$$

上述是以单边带下边带为例推导出的，同理可推导出单边带上边带的时间表达式，式（5-9）中"+"表示下边带，"-"表示上边带。

（2）相移法单边带调制器原理框图　由式（5-9）可以得到单边带信号调制器，相移法单边带调制器模型如图 5-15 所示。图中分为上下两路，一路是信号 $m(t)/2$ 乘以余弦载波 $\cos(\omega_c t)$，另一路是 $m(t)/2$ 的希尔伯特变换 $\hat{m}(t)/2$ 乘以正弦载波 $\sin(\omega_c t)$，希尔伯特变换 $H_h(\omega)$ 是一个宽带相移 $\pi/2$ 网络。上、下两路相加减就得到双边带信号，相加得到的是下边带，相减得到的是上边带。实现了单边带信号的调制。

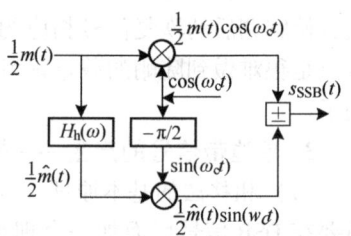

图 5-15　相移法单边带调制器模型

相移法的优点是不需要滤波器具有陡峭的截止频率特性，解决了滤波法中滤波器需要陡峭的截止频率特性的问题。缺点是实际上宽带相移网络在硬件上也是难以实现的。

滤波法和相移法这两种方法对滤波器的苛刻要求都只能在一定条件下近似满足，不可能严格实现。但是在数字信号处理技术中，要实现宽带 90°相移的希尔伯特滤波器确是比较简单的事情（FIR 滤波器），因此，单边带调制中相移法更常用。

4. 希尔伯特变换

在相移法产生单边带信号中，输入信号 $m(t)$ 的相移是通过希尔伯特变换器来实现的。希尔伯特变换系统如图 5-16 所示。

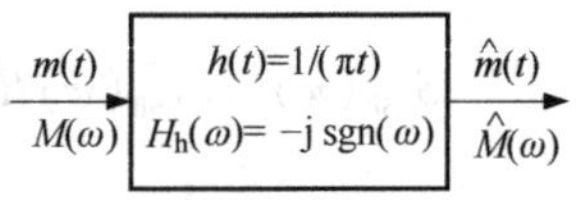

在数学与信号处理的领域中，一个实值函数的希尔伯特变换是将信号 $m(t)$ 与 $1/(\pi t)$ 卷积，以得到 $\hat{m}(t)$。因此，希尔伯特变换结果 $\hat{m}(t)$ 可以被解读为输入是 $m(t)$ 的线性时不变系统的输出，系统的冲激响应为 $1/(\pi t)$，系统函数为 $H_h(\omega)$。

图 5-16　希尔伯特变换系统

$m(t)$ 的希尔伯特变换记为 $\hat{m}(t)$。若 $M(\omega)$ 为 $m(t)$ 的傅里叶变换，$\hat{M}(\omega)$ 为 $\hat{m}(t)$ 的傅里叶变换，则希尔伯特变换的频域表达式为

$$\hat{M}(\omega) = M(\omega)[-\mathrm{jsgn}(\omega)] \tag{5-10}$$

希尔伯特变换相当于经过系统函数为 $H_h(\omega)$ 的系统，$H_h(\omega) = -\mathrm{jsgn}(\omega)$，$-\mathrm{jsgn}(\omega)$ 的傅里叶反变换是 $\frac{1}{\pi t}$，则系统的冲激响应 $h(t) = \frac{1}{\pi t}$。系统的输出 $\hat{m}(t)$ 等于 $m(t)$ 与 $h(t)$ 的卷积，即为希尔伯特变换的时域表达式：

$$\hat{m}(t) = \frac{1}{\pi}\int_{-\infty}^{\infty}\frac{m(\tau)}{t-\tau}\mathrm{d}\tau \tag{5-11}$$

一个信号 $m(t)$ 经过希尔伯特变换，在时域是 $m(t)$ 和 $\dfrac{1}{\pi t}$ 卷积，在频域是 $M(\omega)$ 乘以 $-\mathrm{jsgn}(\omega)$。希尔伯特变换系统函数为 $H_\mathrm{h}(\omega) = \hat{M}(\omega)/M(\omega)$，为

$$H_\mathrm{h}(\omega) = -\mathrm{jsgn}(\omega) = \begin{cases} -\mathrm{j}, & \omega > 0 \\ \mathrm{j}, & \omega < 0 \end{cases} = \begin{cases} \mathrm{e}^{-\mathrm{j}\frac{\pi}{2}}, & \omega > 0 \\ \mathrm{e}^{\mathrm{j}\frac{\pi}{2}}, & \omega < 0 \end{cases}$$

这里用到欧拉公式为 $\mathrm{e}^{\mathrm{j}x} = \cos(x) + \mathrm{j}\sin(x)$，则 $\mathrm{e}^{-\mathrm{j}\frac{\pi}{2}} = -\mathrm{j}$，$\mathrm{e}^{\mathrm{j}\frac{\pi}{2}} = \mathrm{j}$。

$H_\mathrm{h}(\omega)$ 的幅频特性和相频特性为

$$|H_\mathrm{h}(\omega)| = 1$$

$$\varphi_\mathrm{h}(\omega) = \begin{cases} -\dfrac{\pi}{2}, & \omega > 0 \\ \dfrac{\pi}{2}, & \omega < 0 \end{cases}$$

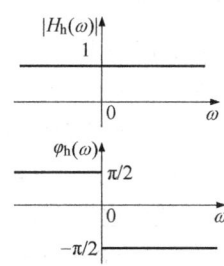

图 5-17 希尔伯特变换频率特性

希尔伯特变换频率特性如图 5-17 所示。希尔伯特变换的幅频特性为常数 1，表明所有频率都能通过系统。相频特性为奇函数，实际是不存在负频率的，在 $\omega > 0$，相频特性为常数 $-\pi/2$，表明移相 $-\pi/2$，即 $-90°$。可见，希尔伯特变换是一个宽带相移 $-\pi/2$ 网络。

信号 $m(t)$ 的希尔伯特变换可以看成信号 $m(t)$ 通过一个幅度为 1 的全通滤波器输出，其负频率成分做 $90°$ 的相移，正频率成分做 $-90°$ 的相移。信号经希尔伯特变换后，在频域各频率分量的幅度保持不变，但相位将出现 $90°$ 相移，因此希尔伯特变换器又称为 $90°$ 移相器。

希尔伯特变换作为一种数学工具在通信系统中得到广泛应用。用希尔伯特变换解析信号，可以把实信号表示成复信号。用希尔伯特变换可以研究实信号的瞬时包络、瞬时相位和瞬时频率。对于任意因果系统 $H(\omega)$，实部与虚部满足希尔伯特变换的约束关系。在通信理论中，希尔伯特变换是分析信号的工具，有着重要的理论意义和实用价值。在数字信号处理中，不仅可用于信号变换，还可用于滤波，可以做成不同类型的希尔伯特滤波器。常用信号的希尔伯特变换见表 5-1。

表 5-1 常用信号的希尔伯特变换

$m(t)$	$\cos(\omega_0 t)$	$\sin(\omega_0 t)$	$\mathrm{e}^{\mathrm{j}\omega_0 t}$	$m(t)\mathrm{e}^{\mathrm{j}\omega_0 t}$
$\hat{m}(t)$	$\sin(\omega_0 t)$	$-\cos(\omega_0 t)$	$-\mathrm{j}\mathrm{e}^{\mathrm{j}\omega_0 t}$	$-\mathrm{j}m(t)\mathrm{e}^{\mathrm{j}\omega_0 t}$

注：$1/(\pi t)$ 与 $-\mathrm{jsgn}(\omega)$ 互为傅里叶变换对。

在《信号与系统》中，常用信号之一是符号函数 $\mathrm{sgn}(t)$，它的傅里叶变换是 $2/(\mathrm{j}\omega)$。利用傅里叶变换的对称性，把时域 t 和频域 ω 互换，则 $2/(\mathrm{j}t)$ 对应的傅里叶变换是 $2\pi\mathrm{sgn}(-\omega)$，符号函数是奇函数，$\mathrm{sgn}(-\omega) = -\mathrm{sgn}(\omega)$。$2/(\mathrm{j}t)$ 与 $-2\pi\mathrm{sgn}(\omega)$ 互为傅里叶变换对，再利用傅里叶变换的线性性质，把两边整理就得到 $1/(\pi t)$ 与 $-\mathrm{jsgn}(\omega)$ 互为傅里叶变换对。

5. 单边带信号的解调

单边带的相干解调器如图 5-18 所示。SSB 信号的解调和 DSB 一样，不能采用包络检波，因为 SSB 信号也是抑制载波的已调信号，它的包络不能直接反映调制信号的变化，所以仍需采用相干解调。$s_\mathrm{SSB}(t)$ 为式 (5-9)，$s_\mathrm{SSB}(t)$ 乘以载波后得到 $s_\mathrm{p}(t)$，即

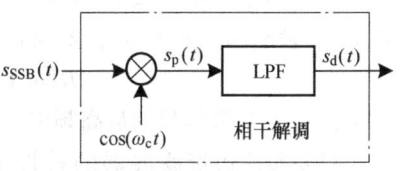

图 5-18 单边带的相干解调器

$$s_p(t) = s_{SSB}(t)\cos(\omega_c t) = \left[\frac{1}{2}m(t)\cos(\omega_c t) \pm \frac{1}{2}\hat{m}(t)\sin(\omega_c t)\right]\cos(\omega_c t)$$

$$= \frac{1}{2}m(t)\cos^2(\omega_c t) \pm \frac{1}{2}\hat{m}(t)\sin(\omega_c t)\cos(\omega_c t) = \frac{1}{4}m(t)[1+\cos(2\omega_c t)] \pm \frac{1}{4}\hat{m}(t)\sin(2\omega_c t)$$

$s_p(t)$ 经过理想低通滤波器 LPF 滤除高频分量后，载波的二倍频成分被滤除，得到 $s_d(t) = \frac{1}{4}m(t)$，恢复了原基带信号，实现了正确的解调。可见相干解调能够实现单边带信号的解调。

5.2.4 残余边带调制 VSB

单边带时要求滤波器具有陡峭的截止特性，残余边带时滤波器 $H(\omega)$ 不具有陡峭的截止特性，有过渡带，使不应该滤除的部分被滤除了一部分，使应该滤除的部分没有完全滤除，残余了一部分边带，所以叫残余边带。VSB 是介于 SSB 与 DSB 之间的一种折中方式，它既克服了 DSB 信号占用频带宽的缺点，又解决了 SSB 信号实现中的困难。

(1) 残余边带调制的特点

1) 不像 SSB 那样完全抑制 DSB 信号的一个边带，而是逐渐切割，使其残留一小部分。

2) 残余边带滤波器 $H(\omega)$ 不再要求十分陡峭的截止频率特性，比单边带滤波器容易制作。

3) 残余边带的带宽和单边带近似，比单边带略宽一点点，$B = f_H$，f_H 是基带信号的最高频率（也是基带信号的带宽）。

那么残余边带是不是也能恢复原信号呢？下面由解调过程来逆推，看一看要想能够通过解调恢复原信号，对残余边带滤波器 $H(\omega)$ 应该提出什么要求。

(2) 残余边带的调制　残余边带调制器原理框图如图 5-19 所示。先产生双边带信号 $s_{DSB}(t)$，再加残余边带滤波器 $H(\omega)$ 得到残余边带信号 $s_{VSB}(t)$。故：

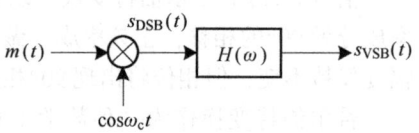

图 5-19 残余边带调制器原理框图

$$S_{VSB}(\omega) = S_{DSB}(\omega)H(\omega) = \frac{1}{2}[M(\omega+\omega_c) + M(\omega-\omega_c)]H(\omega) \quad (5-12)$$

(3) 残余边带的解调　采用相干解调，残余边带的相干解调模型如图 5-20 所示。残余边带的相干解调过程：

$s_{VSB}(t)$ 乘以载波 $2\cos(\omega_c t)$ 得到 $s_p(t)$，则：

$$S_p(\omega) = S_{VSB}(\omega+\omega_c) + S_{VSB}(\omega-\omega_c)$$

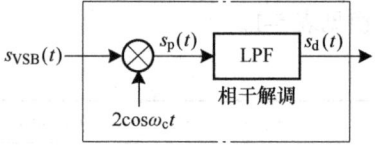

图 5-20 残余边带的相干解调模型

式 (5-12) 代入上式，得

$$S_p(\omega) = \frac{1}{2}[M(\omega+2\omega_c) + M(\omega)]H(\omega+\omega_c) + \frac{1}{2}[M(\omega) + M(\omega-2\omega_c)]H(\omega-\omega_c)$$

再经过理想低通滤波器 LPF 滤除 $2\omega_c$ 处的 $M(\omega+2\omega_c)$ 和 $M(\omega-2\omega_c)$ 项，得到 $S_d(\omega)$，即

$$S_d(\omega) = \frac{1}{2}M(\omega)[H(\omega+\omega_c) + H(\omega-\omega_c)] \quad (5-13)$$

(4) 残余边带滤波器 $H(\omega)$ 需要满足的条件　为保证无失真地恢复调制信号 $m(t)$，即恢复 $M(\omega)$，使 $S_d(\omega) = M(\omega)$，要求式 (5-13) 中的传递函数必须满足：

$$H(\omega+\omega_c) + H(\omega-\omega_c) = 常数 \quad |\omega| \leq \omega_H \quad (5-14)$$

式中，ω_H 是基带信号的最高频率。

只要残留边带滤波器的特性 $H(\omega)$ 在 ω_c 处具有互补对称（奇对称）特性，就能满足式 (5-14)，相干解调时就能无失真地从残留边带信号中恢复所需的调制信号。

残余边带滤波器 $H(\omega)$ 需要满足的条件：
$H(\omega+\omega_c)+H(\omega-\omega_c)=$ 常数　$|\omega|\leqslant\omega_H$，即在 ω_c 处具有互补对称（奇对称）特性。

(5) 满足在载频处具有互补对称性的残余边带滤波器举例　残余边带滤波器举例如图 5-21 所示。图 5-21a 和图 5-21b 都是在载频处具有互补对称性的残留边带滤波器。图 5-21a 是低通型的，残留"部分下边带"的滤波器；图 5-21b 是高通型的，残留"部分上边带"的滤波器。A 点和 B 点对应的横坐标是载频 ω_c。如果把 A 点或 B 点看成坐标原点，则图中的滚降部分是奇对称的，这种性质称为互补对称性。

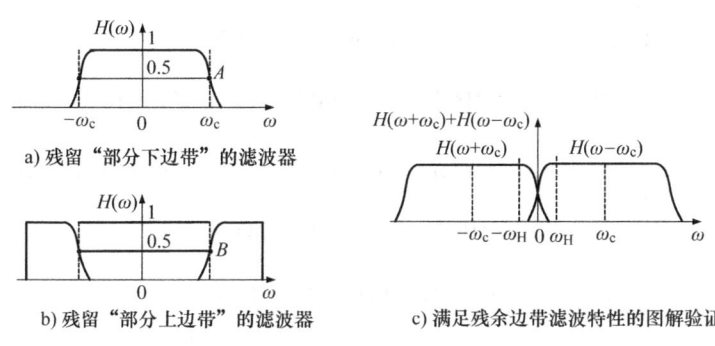

a) 残留"部分下边带"的滤波器

b) 残留"部分上边带"的滤波器

c) 满足残余边带滤波特性的图解验证

图 5-21　残留边带滤波器举例

图 5-21a 和图 5-21b 在载频处具有互补对称性的滤波器是否满足残留边带滤波器应该满足的条件呢？以图 5-21a 中的残留部分下边带滤波器为例来验证。把图 5-21 a 中 $H(\omega)$ 的左移到 $-\omega_c$ 处得到 $H(\omega+\omega_c)$，右移到 ω_c 处得到 $H(\omega-\omega_c)$，由于 $H(\omega)$ 在载频 ω_c 处具有互补对称性，则图 5-21c 中 $H(\omega+\omega_c)+H(\omega-\omega_c)$ 在 $|\omega|\leqslant\omega_H$ 区间就可以叠加出常数，满足 $H(\omega+\omega_c)+H(\omega-\omega_c)=$ 常数，相干解调时就可以恢复基带信号即原始信号 $m(t)$ 的频谱 $M(\omega)$，$m(t)$ 和其傅里叶变换 $M(\omega)$ 是一一对应关系，恢复了 $M(\omega)$ 即恢复了 $m(t)$。可见，这种在载频处具有互补对称性的滤波器，可以作为残余边带滤波器。

DSB、SSB、VSB 频谱对比如图 5-22 所示。VSB 信号的带宽与 SSB 近似，略大于 SSB。

(6) 残余边带信号相干解调时的频谱搬移回基带的过程

VSB 频谱经相干解调搬移回基带的过程如图 5-23 所示。残余边带信号在相干解调时，首先，和载波相乘，使其频谱由载频 f_c 处搬移到基带和载波的二倍频 $2f_c$ 处；其次，加入理想低通滤波器，滤除 $2f_c$ 处的频率分量，剩下基带。搬移回基带的信号频谱是（a）和（b）的叠加。由于残余边带滤波器的互补对称性，残余的部分和不应该滤除的部分是互补的，故（a）+（b）= $M(\omega)$，相干解调恢复了 $M(\omega)$。傅里叶变换中时域信号和频域信号是一一对应关系，恢复了 $M(\omega)$ 就恢复了 $m(t)$，实现了正确解调。

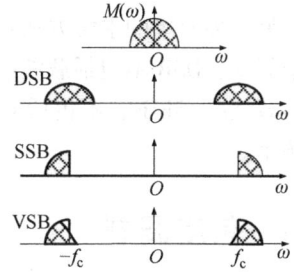

图 5-22　DSB、SSB、VSB 频谱对比

【例 5-1】　已知调制信号 $m(t)=\cos(2000\pi t)$，载波为 $2\cos(10^4\pi t)$，分别画出 AM、DSB、SSB（下边带）信号的频谱。

解：载波为 $2\cos(10^4\pi t)$，$\omega_c=10^4\pi$，$f_c=10^4\pi/(2\pi)=5\mathrm{kHz}$，
调制信号 $m(t)=\cos(2000\pi t)$，$\omega_m=2000\pi$，$f_m=2000\pi/(2\pi)=1\mathrm{kHz}$，$M(\omega)=\pi[\delta(\omega+\omega_m)+\delta(\omega-\omega_m)]=\pi[\delta(\omega+$

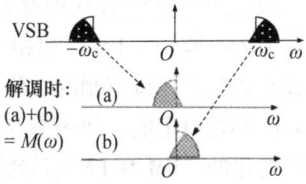

图 5-23　残余边带相干解调时频谱搬移回基带的过程

$2000\pi) + \delta(\omega - 2000\pi)]$

AM 调制为式（5-2）：$s_{AM}(t) = [A_0 + m(t)]\cos(\omega_c t)$，AM 频谱为式（5-4）：

$$S_{AM}(\omega) = \pi A_0[\delta(\omega + \omega_c) + \delta(\omega - \omega_c)] + \frac{1}{2}[M(\omega + \omega_c) + M(\omega - \omega_c)]$$

$$= \pi A_0[\delta(\omega + \omega_c) + \delta(\omega - \omega_c)] + \frac{1}{2}[\delta(\omega + \omega_m + \omega_c) + \delta(\omega - \omega_m + \omega_c)]$$

$$+ \frac{1}{2}[\delta(\omega + \omega_m - \omega_c) + \delta(\omega + \omega_m - \omega_c)]$$

$$= \pi A_0[\delta(\omega + 2\pi \times 5000) + \delta(\omega - 2\pi \times 5000)]$$

$$+ \frac{1}{2}[\delta(\omega + 2\pi \times 1000 + 2\pi \times 5000) + \delta(\omega - 2\pi \times 1000 + 2\pi \times 5000)]$$

$$+ \frac{1}{2}[\delta(\omega + 2\pi \times 1000 - 2\pi \times 5000) + \delta(\omega - 2\pi \times 1000 - 2\pi \times 5000)]$$

$$= \pi A_0[\delta(\omega + 2\pi \times 5000) + \delta(\omega - 2\pi \times 5000)]$$

$$+ \frac{1}{2}[\delta(\omega + 2\pi \times 6000) + \delta(\omega + 2\pi \times 4000)]$$

$$+ \frac{1}{2}[\delta(\omega - 2\pi \times 4000) + \delta(\omega - 2\pi \times 6000)]$$

例 5-1 图如图 5-24 所示。图 5-24a 为 AM 频谱，同理求得 DSB 和 SSB 频谱为图 5-24b 和图 5-24c。

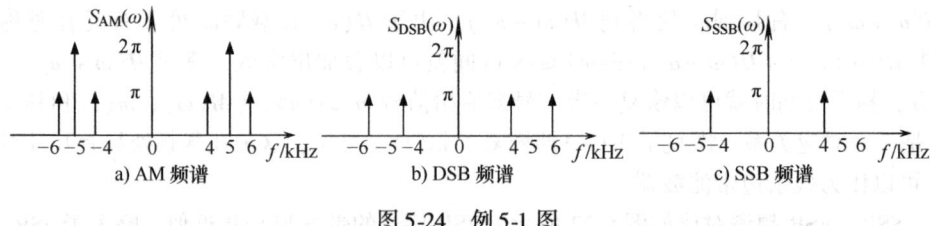

图 5-24　例 5-1 图

另一种简单的求解方法：AM 包括载波 $f_c = 5\text{kHz}$，$f_c \pm f_m = (5 \pm 1)\text{kHz}$，共 4kHz、5kHz、6kHz 三个频率；DSB 不包括载波 $f_c = 5\text{kHz}$，有 $f_c \pm f_m = (5 \pm 1)\text{kHz}$，有 4kHz 和 6kHz 二个频率，SSB 不包括载波 $f_c = 5\text{kHz}$，不包括上边带 $f_c + f_m = (5 + 1)\text{kHz} = 6\text{kHz}$，只有 $f_c - f_m = (5 - 1)\text{kHz} = 4\text{kHz}$ 一个频率。

5.3　角度调制

5.3.1　角度调制的基本概念

角度调制是把信息加载在载波的角度上。角度调制分为频率调制（FM）和相位调制（PM）。角度调制是频率调制和相位调制的总称。在这两种调制中，载波的幅度都是恒定的，而频率和相位是随着基带信号的变化而变化的。PM 和 FM 信号波形如图 5-25 所示。

角度调制的频谱不再是基带信号频谱的简单搬移，产生了新的频率分量，属于非线性调制。幅度调

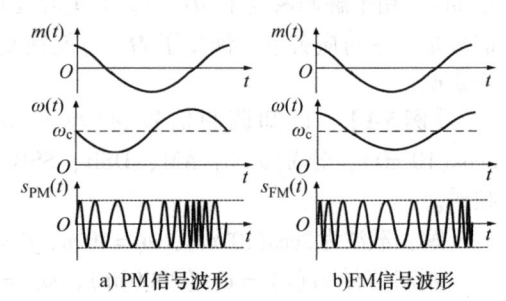

图 5-25　PM 和 FM 信号波形图

制的频谱是基带信号频谱的线性搬移,属于的线性调制。角度调制属于非线性调制。与幅度调制相比,角度调制最突出的优势是其具有较高的抗噪声性能。

1. 角度调制信号的表达式

(1) 角度调制信号的一般表达式为

$$S_m(t) = A\cos[\theta(t)] = A\cos[\omega_c t + \varphi(t)] \tag{5-15}$$

式中,A 为载波的恒定振幅;ω_c 为载频,角度调制信号的中心频率,也称为工作频率;$\theta(t)$ 为瞬时相位,$\theta(t) = \omega_c t + \varphi(t)$;$\varphi(t)$ 为(相对于 $\omega_c t$ 的)瞬时相位偏移;其最大值是最大相偏 $\Delta\varphi$。

瞬时相位的导数等于瞬时频率,用 $\omega(t)$ 表示瞬时角频率,即

$$\omega(t) = \frac{\mathrm{d}\theta(t)}{\mathrm{d}t} = \frac{\mathrm{d}[\omega_c t + \varphi(t)]}{\mathrm{d}t} = \omega_c + \frac{\mathrm{d}\varphi(t)}{\mathrm{d}t}$$

式中,$\mathrm{d}\varphi(t)/\mathrm{d}t$ 为瞬时频偏,其最大值为最大频偏 $\Delta\omega$。角度调制信号的频率范围在 $(\omega_c \pm \Delta\omega)$ 之间。

1) 角度调制的一般表达式是 FM 和 PM 通用表达式。调制信号 $m(t)$ 经角度调制后,已调信号为 $S_m(t)$,角度调制的实质是要将 $m(t)$ 加载在正弦载波的角度 $\theta(t)$ 上。$\theta(t)$ 也称为瞬时相位,单位是 rad。$\varphi(t)$ 为相对于 $\omega_c t$ 的瞬时相位偏移。

2) 相位的导数是频率,瞬时相位 $\theta(t)$ 的导数等于瞬时频率 $\omega(t)$。$\mathrm{d}\varphi(t)/\mathrm{d}t$ 为相对于 ω_c 的瞬时频偏。

3) PM 是把 $m(t)$ 加载在瞬时相偏 $\varphi(t)$ 上;FM 是把 $m(t)$ 加载在瞬时频偏 $\mathrm{d}\varphi(t)/\mathrm{d}t$ 上。

(2) 相位调制(PM)表达式 把调制信号 $m(t)$ 加载在瞬时相偏 $\varphi(t)$ 上,使 $\varphi(t)$ 随 $m(t)$ 做线性变化,即令

$$\varphi(t) = K_P m(t)$$

式中,K_P 为调相灵敏度,是可以设定的常数(rad/V)。

将 $\varphi(t)$ 代入角度调制的一般表达式(5-15),得到 PM 信号表达式:

$$s_{PM}(t) = A\cos[\omega_c t + K_P m(t)] \tag{5-16}$$

(3) 频率调制(FM)表达式 把调制信号 $m(t)$ 加载在瞬时频偏 $\mathrm{d}\varphi(t)/\mathrm{d}t$ 上,使 $\mathrm{d}\varphi(t)/\mathrm{d}t$ 随 $m(t)$ 做线性变化,即令

$$\frac{\mathrm{d}\varphi(t)}{\mathrm{d}t} = K_f m(t)$$

式中,K_f 为调频灵敏度,是可以设定的常数 $[\mathrm{rad}/(\mathrm{s}\cdot\mathrm{V})]$。上式积分,得相位偏移为

$$\varphi(t) = K_f \int_{-\infty}^{t} m(\tau)\mathrm{d}\tau$$

代入角度调制的一般表达式(5-15),得到 FM 信号表达式,即

$$s_{FM}(t) = A\cos\left[\omega_c t + K_f \int_{-\infty}^{t} m(\tau)\mathrm{d}\tau\right] \tag{5-17}$$

2. PM 与 FM 的关系

比较调相和调频表达式(5-16)和式(5-17)可见,PM 是相位偏移 $\varphi(t)$ 随调制信号 $m(t)$ 线性变化,FM 是相位偏移 $\varphi(t)$ 随 $m(t)$ 的积分呈线性变化。如果预先不知道调制信号 $m(t)$ 的具体形式,则无法判断已调信号是调相信号还是调频信号。

图 5-26a 为直接调频。若将调制信号先积分,再进行调相,则得到调频波,称为间接调频,如图 5-26b 所示。

图 5-26c 为直接调相。若将调制信号先微分,再进行调频,则得到调相波,称为间接调相,如图 5-26d 所示。

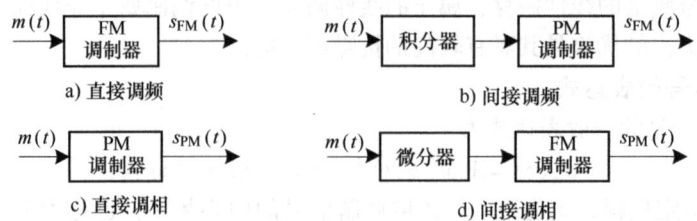

图 5-26 直接调频与间接调频以及直接调相与间接调相

积分器 + PM = FM（间接调频）；微分器 + FM = PM（间接调相）。如果已知 FM 和 PM 两者中的一个，加上微分器或积分器就可以得到另一个。因此只讨论 FM 和 PM 其中一种即可，下面以 FM 为例来讨论角度调制，不再讨论 PM。

5.3.2 频率调制 FM

1. 单音调频

以调制信号是单音信号（单一频率信号）为例，来求得 FM 信号表达式、性能指标和频谱，再把此特例推广到一般，给出一般调制信号时的 FM 指标和性能。

频率的表示有两种：角频率 ω，单位 rad/s；频率 f，单位 Hz；二者关系：$\omega = 2\pi f$。

把单音信号 $m(t)$ 作为调制信号，设 $m(t) = A_m \cos \omega_m t = A_m \cos 2\pi f_m t$，代入 FM 表达式 (5-17)，得

$$s_{FM}(t) = A\cos\left[\omega_c t + K_f \int_{-\infty}^{t} m(\tau)d\tau\right]$$

$$= A\cos\left[\omega_c t + K_f \int_{-\infty}^{t} A_m \cos \omega_m \tau d\tau\right] = A\cos\left[\omega_c t + \frac{K_f A_m}{\omega_m}\sin \omega_m t\right]$$

令

$$m_f = \frac{K_f A_m}{\omega_m} = \frac{\Delta \omega}{\omega_m} = \frac{\Delta f}{f_m} \tag{5-18}$$

称 m_f 为调频指数。则单音调频的表达式为

$$s_{FM}(t) = A\cos\left[\omega_c t + m_f \sin \omega_m t\right] \tag{5-19}$$

在式 (5-18) 中可知

最大角频偏：$\Delta \omega = K_f A_m$；最大频偏：$\Delta f = \dfrac{\Delta \omega}{2\pi \Delta f}$；最大相偏：$\Delta \varphi = m_f$。

总结：

① 单音调频：$s_{FM}(t) = A\cos(\omega_c t + m_f \sin \omega_m t)$，$m_f = \dfrac{K_f A_m}{\omega_m} = \dfrac{\Delta \omega}{\omega_m} = \dfrac{\Delta f}{f_m}$。

a. 瞬时相位：$\varphi(t) = m_f \sin \omega_m t$，其最大值 m_f 是最大相偏：$\Delta \varphi = m_f$。

b. 瞬时频率：$\dfrac{d\varphi(t)}{dt} = K_f m(t) = K_f A_m \cos \omega_m t$，其最大值是最大角频偏：$\Delta \omega = K_f A_m$。

c. 最大相偏和最大频偏的关系为 $\Delta \varphi = m_f = \dfrac{\Delta \omega}{\omega_m} = \dfrac{\Delta f}{f_m}$，$\omega_m$ 是单音调制信号的频率。

② 再将调制信号由单音信号扩展到一般信号：上述公式适用于频带在 $0 \sim \omega_m$ 之间的低频带限调制信号 $m(t)$。其中 ω_m 为调制信号的最高频率，也是其带宽。

【例 5-2】 某单频调频波的振幅 A 是 10V，瞬时频率为 $f(t) = 10^6 + 10^4 \cos(2\pi \times 10^3 t)$，求：1) 调频波表达式；2) 最大频率偏移 Δf、调频指数 m_f、带宽 B。

解： 1) 已知瞬时频率 $f(t)$，则瞬时角频率 $\omega(t) = 2\pi f(t)$。瞬时相位的导数等于瞬时频率，瞬时频率的积分等于瞬时相位，即 $\theta(t) = \int_{-\infty}^{t} \omega(\tau) d\tau = \int_{-\infty}^{t} 2\pi f(\tau) d\tau$，得

$$\theta(t) = 2\pi \int_{-\infty}^{t} (10^6 + 10^4 \cos 2\pi \times 10^3 \tau) d\tau = 2\pi \times 10^6 t + 10 \times \sin 2\pi \times 10^3 t$$

$$s_{FM}(t) = A\cos[\theta(t)] = 10\cos(2\pi \times 10^6 t + 10 \times \sin 2\pi \times 10^3 t) \tag{5-20}$$

2) 已知此调制是单音调频，单音信号 $m(t) = A_m \cos \omega_m t = A_m \cos 2\pi f_m t$。

单音调频的表达式为
$$s_{FM}(t) = A\cos(\omega_c t + m_f \sin \omega_m t) \tag{5-21}$$

对比式（5-20）和式（5-21），得 $\omega_c = 2\pi \times 10^6$ rad/s，$m_f = 10$ rad/s，$\omega_m = 2\pi \times 10^3$ rad/s，$f_m = 10^3$ Hz。

由式（5-18），得 $\Delta f = m_f \times f_m = 10 \times 10^3$ Hz $= 10^4$ Hz。

带宽 $B_{FM} = 2(\Delta f + f_m) = 2 \times (10^4 + 10^3)$ Hz $= 22$ kHz [卡森公式式（5-27），下一节给出]；

或 $B_{FM} = 2(m_f + 1)f_m = 2 \times (10 + 1) \times 10^3$ Hz $= 22$ kHz。

【例 5-3】 已知单音调频信号：$s(t) = 10\cos[10^7 \pi t + 8\sin(10^3 \pi t)]$。求此信号的平均功率、最大相偏、最大频偏、调制指数和带宽。

解： $s(t) = 10\cos[10^7 \pi t + 8\cos(10^3 \pi t)]$ 与 $s_{FM}(t) = A\cos[\omega_c t + m_f \sin \omega_m t]$ 对比，得

单音频率 $\omega_m = 10^3 \pi$ rad/s，$f_m = 10^3 \pi/(2\pi) = 500$ Hz，调制指数 $m_f = 8$。

平均功率 $P = \overline{s^2(t)} = A^2/2 = 10^2/2$ W $= 50$ W；

最大相偏 $\Delta \varphi = [8\cos(10^3 \pi t)]_{max} = m_f = 8$ rad；

$\Delta \varphi = m_f = \dfrac{\Delta f}{f_m}$，最大频偏 $\Delta f = m_f \times f_m = 8 \times 10^3 \pi/(2\pi)$ Hz $= 4$ kHz。

带宽 $B = 2(\Delta f + f_m) = 2 \times (4 + 0.5)$ kHz $= 9$ kHz，$B = 2(\Delta f + f_m) = 2 \times (4 + 0.5)$ kHz $= 9$ kHz

【例 5-4】 角度调制信号 $s(t) = A\cos[\omega_c t + 100\cos(\omega_m t)]$，1) 如果调制为 PM，且 $K_P = 2$，试求调制信号 $m(t)$ 及 $m(t)$ 所导致的峰值角频率变化 $\Delta \varphi$；2) 如果调制为 FM，且 $K_f = 5$，试求调制信号 $m(t)$ 及 $m(t)$ 所导致的峰值角频率变化 $\Delta \varphi$。

解： 无论 PM 还是 FM，都有最大相偏：$\Delta \varphi = [100\cos(\omega_m t)]_{max} = m_f = 100$ rad。

最大频偏：$\Delta \omega = m_f \times \omega_m = 100 \omega_m$。

1) PM 调制的表达式为 $s_{PM}(t) = A\cos[\omega_c t + K_P m(t)]$，比较 $s(t)$ 和 $s_{PM}(t)$ 得

$$K_P m(t) = 100\cos(\omega_m t)，m(t) = 100\cos(\omega_m t)/2 = 50\cos(\omega_m t)$$

2) FM 调制的表达式为 $s_{FM}(t) = A\cos\left[\omega_c t + K_f \int_{-\infty}^{t} m(\tau) d\tau\right]$，比较 $s(t)$ 和 $s_{FM}(t)$ 得

$$K_f \int_{-\infty}^{t} m(\tau) d\tau = 100\cos(\omega_m t)，m(t) = \frac{100 \omega_m [-\sin(\omega_m t)]}{K_f} = -20 \omega_m \sin(\omega_m t)$$

2. 窄带调频（NBFM）

（1）窄带调频定义　如果 FM 信号的最大瞬时相位偏移满足下式条件：

$$\left| K_f \int_{-\infty}^{t} m(\tau) d\tau \right| \ll \frac{\pi}{6} \quad (\text{或} 0.5)$$

则称为窄带调频；反之，称为宽带调频。

根据调频指数 m_f 来定义：当调频指数 $m_f \ll 1$ 时，称为窄带调频，当 $m_f \gg 1$ 时，称为宽带调频。

（2）窄带调频的时域表达式 $s_{FM}(t)$　当满足窄带调频条件时：

$$s_{\text{FM}}(t) = A\cos\left[\omega_c t + K_f \int_{-\infty}^{t} m(\tau) \mathrm{d}\tau\right]$$

$$= A\cos\omega_c t \cos\left[K_f \int_{-\infty}^{t} m(\tau) \mathrm{d}\tau\right] - A\sin\omega_c t \sin\left[K_f \int_{-\infty}^{t} m(\tau) \mathrm{d}\tau\right]$$

当 x 在 0 附近时, 有 $\cos(x) \approx 1$, $\sin(x) \approx x$。故:

$$\cos\left[K_f \int_{-\infty}^{t} m(\tau) \mathrm{d}\tau\right] \approx 1, \sin\left[K_f \int_{-\infty}^{t} m(\tau) \mathrm{d}\tau\right] \approx K_f \int_{-\infty}^{t} m(\tau) \mathrm{d}\tau$$

窄带调频的表达式为

$$s_{\text{NBFM}}(t) \approx A\cos\omega_c t - \left[A K_f \int_{-\infty}^{t} m(\tau) \mathrm{d}\tau\right]\sin\omega_c t \tag{5-22}$$

(3) 窄带调频的频域表达式 $S_{\text{NBFM}}(\omega)$ 求式 (5-22) 的傅里叶变换为

$$\cos\omega_c t \Leftrightarrow \pi[\delta(\omega+\omega_c) + \delta(\omega-\omega_c)], \sin\omega_c t \Leftrightarrow \mathrm{j}\pi[\delta(\omega+\omega_c) - \delta(\omega-\omega_c)]$$

$$m(t) \Leftrightarrow M(\omega), \int m(t)\mathrm{d}t \Leftrightarrow \frac{M(\omega)}{\mathrm{j}\omega}$$

$$\left[\int m(t)\mathrm{d}t\right] \cdot \sin\omega_c t \Leftrightarrow \frac{1}{2}\left[\frac{M(\omega+\omega_c)}{\omega+\omega_c} - \frac{M(\omega-\omega_c)}{\omega-\omega_c}\right]$$

得到窄带调频信号的频谱 $S_{\text{NBFM}}(\omega)$, 即

$$S_{\text{NBFM}}(\omega) = \pi A[\delta(\omega+\omega_c) + \delta(\omega-\omega_c)] + \frac{AK_f}{2}\left[\frac{M(\omega-\omega_c)}{\omega-\omega_c} - \frac{M(\omega+\omega_c)}{\omega+\omega_c}\right]$$

(4) 窄带调频信号频谱特点和带宽特点

1) 含有一个载波和位于载频处的两个边带, 带宽 $B = 2f_H$, 较窄 (与 AM 调制频谱类似)。此时, 窄带调频与后面要介绍的宽带调频相比, 带宽是固定的, 是调制信号最高频率的 2 倍 ($B = 2f_H$), 不可调整, 因此, 不能像宽带调频那样用大带宽换取抗噪声性能的提高。

2) 窄带调频的两个边频不再是基带信号频谱的简单搬移 $M(\omega-\omega_c)$ 和 $M(\omega+\omega_c)$, 而是分别乘了因式 $[1/(\omega-\omega_c)]$ 和 $[1/(\omega+\omega_c)]$, 是频率的函数, 属于非线性调制。

(5) 窄带调频调制器 依据窄带调频的表达式 (5-20) 来构成调制器, 窄带调频调制器原理框图如图 5-27 所示。下路由本地载波发生器产生 $A\cos\omega_c t$, 上路是调制信号积分后乘以正弦载波, 上、下两路相减得到窄带调频信号 $s_{\text{NBFM}}(t)$。因为窄带调频的带宽固定不随 K_f 变化, 此时可令 $K_f = 1$。

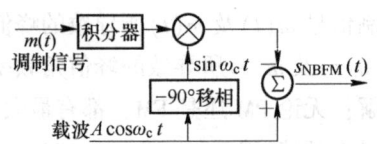

图 5-27 窄带调频调制器原理框图

(6) 窄带调频解调器 窄带调频解调器原理框图如图 5-28 所示。首先在接收端加入的带通滤波器是频带 (或称窄带) 调制系统接收机中的惯例, 其作用和目的是让有用信号通过, 滤除带外噪声。故此带通滤波器的中心频率和带宽与窄带调频信号相同, 这样才能让窄带调频信号通过, 同时滤除窄带

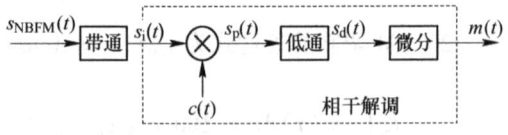

图 5-28 窄带调频解调器原理框图

调频信号之外的噪声。带通滤波器的中心频率为载频 ω_c, 带宽是 $B = 2f_H$, $s_i(t) = s_{\text{NBFM}}(t)$。之后, 信号通过由相乘器和低通滤波器构成的相干解调器。$c(t)$ 是相干载波, 通常情况下相干载波是 $\cos\omega_c t$, 但在此处, 要想从 $s_{\text{NBFM}}(t) \approx A\cos\omega_c t - \left[A\int_{-\infty}^{t} m(\tau)\mathrm{d}\tau\right]\sin\omega_c t$ 中恢复调制信号 $m(t)$, 表达式的第二项中乘以的是正弦, 如果 $c(t)$ 是余弦, 余弦乘以正弦等于二倍频, 经低通滤波器后第二项就被滤掉了, 所有 $c(t)$ 必须是正弦 $\sin\omega_c t$, 才能使:

$$s_p(t) = s_i(t) \times c(t) = \left\{ A\cos\omega_c t - \left[A\int_{-\infty}^{t} m(\tau)d\tau \right] \sin\omega_c t \right\} \times \sin\omega_c t$$

$$= A\cos\omega_c t \times \sin\omega_c t - \left[A\int_{-\infty}^{t} m(\tau)d\tau \right] \sin^2\omega_c t$$

$$= \frac{A}{2}\left[\sin 2\omega_c t - \int_{-\infty}^{t} m(\tau)d\tau + \cos 2\omega_c t \right]$$

$s_p(t)$ 经过低通滤波器滤除高频 $\sin 2\omega_c t$ 和 $\cos 2\omega_c t$ 频率分量后得到 $s_d(t) = \int_{-\infty}^{t} m(\tau)d\tau$。最后，微分器把 $s_d(t)$ 微分就恢复了调制信号 $m(t)$，实现了正确解调。

窄带调频应用很少，一般情况下调频均指宽带调频（WBFM）。宽带调频具有带宽与信噪比互换的特性，带来高可靠性，因此得到广泛应用。本书"调频"均指宽带调频，后续讨论均是针对宽带调频系统。

3. 调频信号的频谱和带宽

以单音调制信号为例来推导出调频信号频谱，观察频谱图，求出中心频率和带宽。再由单音调制信号推广到一般调制信号，得出一般调制信号的频谱图、中心频率和带宽。

设调制信号为单音信号，则 $m(t) = A_m\cos\omega_m t = A_m\cos 2\pi f_m t$。

此时的调频信号为式（5-19），即 $s_{FM}(t) = A\cos[\omega_c t + m_f\sin\omega_m t]$，利用三角公式展开，有

$$s_{FM}(t) = A\cos\omega_c t\cos(m_f\sin\omega_m t) - A\sin\omega_c t\sin(m_f\sin\omega_m t) \quad (5-23)$$

式中，偶数阶贝塞尔函数 $\cos(m_f\sin\omega_m t) = J_0(m_f) + \sum_{n=1}^{\infty} 2J_{2n}(m_f)\cos 2n\omega_m t \quad (5-24)$

奇数阶贝塞尔函数 $\sin(m_f\sin\omega_m t) = 2\sum_{n=1}^{\infty} J_{2n-1}(m_f)\sin(2n-1)\omega_m t \quad (5-25)$

$J_n(m_f)$ 为第一类 n 阶贝塞尔函数，其曲线如图 5-29 所示。横坐标为 m_f，随着 m_f 的增加，曲线振荡衰减。给定 m_f，查此图可以求得 $J_n(m_f)$ 值，即当 m_f 给定时，$J_n(m_f)$ 值是常数。

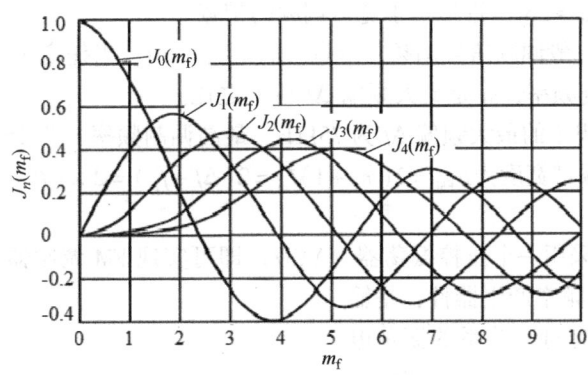

图 5-29 $J_n(m_f)$ 曲线图

将式（5-24）和式（5-25）代入式（5-23），并利用三角公式得

$$\cos A\cos B = \frac{1}{2}\cos(A-B) + \frac{1}{2}\cos(A+B), \sin A\sin B = \frac{1}{2}\cos(A-B) - \frac{1}{2}\cos(A+B)$$

及利用贝塞尔函数的性质：$J_{-n}(m_f) = -J_n(m_f)$，当 n 为奇数时；$J_{-n}(m_f) = J_n(m_f)$，当 n 为偶数时。得到 FM 信号的级数展开式，即

$$s_{FM}(t) = AJ_0(m_f)\cos\omega_c t - AJ_1(m_f)[\cos(\omega_c - \omega_m)t - \cos(\omega_c + \omega_m)t] + AJ_2(m_f)[\cos(\omega_c - 2\omega_m)t + \cos(\omega_c + 2\omega_m)t] - AJ_3(m_f)[\cos(\omega_c - 3\omega_m)t - \cos(\omega_c + 3\omega_m)t] + \cdots$$

$$= A \sum_{n=-\infty}^{\infty} J_n(m_f) \cos(\omega_c + n\omega_m) t$$

将此式进行傅里叶变换得到 FM 信号频谱，即

$$s_{FM}(\omega) = \pi A \sum_{-\infty}^{\infty} J_n(m_f) [\delta(\omega - \omega_c - n\omega_m) + \delta(\omega + \omega_c + n\omega_m)] \tag{5-26}$$

FM 信号频谱图如图 5-30 所示。观察频谱图可见：

1) FM 信号的频谱不再是调制信号频谱的线性搬移，而是非线性调制。

FM 信号频谱由中心频率在载波频率 f_c 处，由 $(f_c \pm nf_m)$ 的一系列的边频组成，单音基带频谱只有 f_m 一个频率成分，调频之后的频谱不是基带信号频谱的简单搬移，而是产生了新的频率成分，因此，FM 属于非线性调制。

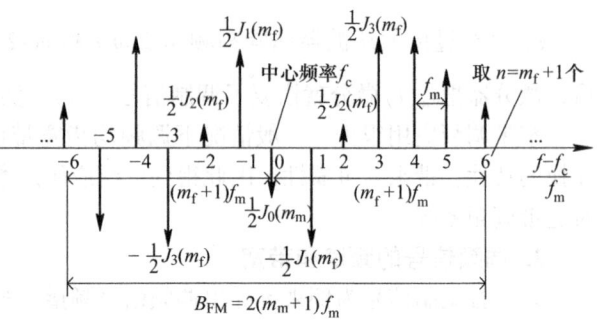

图 5-30　FM 信号频谱图

2) 调频信号的带宽。理论上，调频信号的频带宽度为无限宽。实际上，边频幅度是贝塞尔函数，贝塞尔函数曲线是振荡衰减的，边频幅度随着谐波次数 n 的增大而逐渐减小，可近似认为具有有限宽频谱。

当 $m_f \geq 1$ 时，$n > m_f + 1$ 以上的边频幅度均小于 0.1，可忽略；取谐波次数 $n = m_f + 1$，上、下边频数共有 $2n = 2(m_f + 1)$，相邻边频之间的频率间隔为 f_m，所以调频波的有效带宽为

$$B_{FM} = 2(m_f + 1)f_m = 2(\Delta f + f_m) \tag{5-27}$$

称此带宽计算公式为卡森（Casson）公式。

- 当 $m_f \ll 1$ 时，$B_{FM} = 2(m_f + 1)f_m \approx 2f_m$，近似等于窄带调频的带宽。
- 当 $m_f \gg 1$ 时，$B_{FM} \approx 2\Delta f$，近似等于宽带调频的带宽。

由单音调频扩展到一般调制信号调频，卡森公式同样适用。当任意带限信号 FM 调制时，上式中 f_m 是调制信号的最高频率，m_f 是最大频偏 Δf 与 f_m 之比。

例如，调频广播中规定的最大频偏 Δf 为 75kHz，最高调制频率 f_m 为 15kHz，调频指数 $m_f = 5$，可计算出此 FM 信号的频带宽度为 $B_{FM} = 2(m_f + 1)f_m = 2(\Delta f + f_m) = 2 \times (75 + 15)\text{kHz} = 180\text{kHz}$。

4. FM 调制器

（1）直接调频法　采用一个压控振荡器（VCO）即可实现 FM 调制器，FM 调制器原理框图如图 5-31 所示。VCO 是频率产生器件，是输出频率与输入控制电压有对应关系的振荡电路，常用于通信设备中的频率合成器和锁相回路等，其特性用输出角频率 ω 与输入控制电压 U 之间的关系曲线来表示。VCO 的振荡频率正比于输入控制电压。VCO 本身就是一个 FM 调制器。

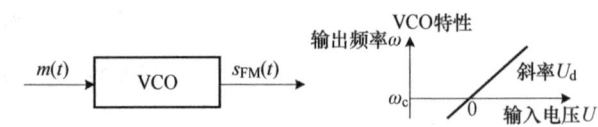

图 5-31　FM 调制器原理框图（采用 VCO）

直接调频法的优点是可以获得较大的频偏；缺点是频率稳定度不高。改进途径是采用锁相环（PLL）调制器，如图 5-32 所示，可以达到和其中晶振一样的精度。

（2）间接法调频　阿姆斯特朗（Armstrong）法是一种间接调频法，原理框图如图 5-33 所示。

1) 工作原理。先将调制信号积分，然后对载波进行调相，即可产生一个窄带调频（NBFM）

信号，再经 n 次倍频器得到宽带调频（WBFM）。

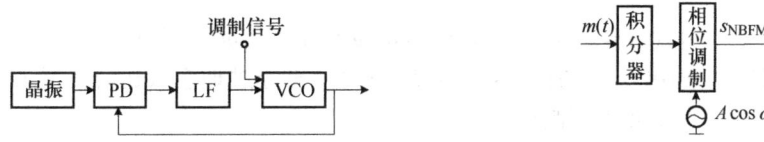

图 5-32　FM 调制器原理框图（采用 PLL）　　图 5-33　FM 调制器原理框图（Armstrong 法）

2）倍频。二倍频：$s_i(t) = A\cos[\omega_c t + \varphi(t)]$，$s_0(t) = as_i^2(t) = \frac{1}{2}aA^2\{1 + \cos[2\omega_c t + 2\varphi(t)]\}$
二倍频后载频和相位偏移均增为原来的 2 倍，因而调频指数也必然增为原来的 2 倍。同理，经 n 次倍频后可以使调频信号的载频和调频指数均增为 n 倍。

3）调频广播发射机设计实例。调频广播调制器方案如图 5-34 所示。

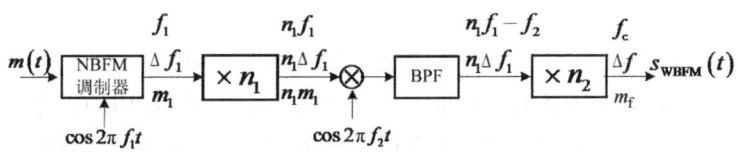

图 5-34　调频广播的调制器方案（Armstrong 法）

要求：载频 $f_1 = 200\text{kHz}$，调制信号最高频率 $f_m = 15\text{kHz}$，间接法产生的最大频偏 $\Delta f_1 = 25\text{Hz}$，调频广播要求的最终频偏 $\Delta f = 75\text{kHz}$，发射载频 f_c 在 88~108MHz 频段内。

采用间接调频法，首先经过积分器和调相器产生窄带调频信号，最大频偏 $\Delta f_1 = 25\text{Hz}$，最终频偏 $\Delta f = 75\text{kHz}$，所以需要经过 $n = \Delta f/\Delta f_1 = 75 \times 10^3/25 = 3000$ 的倍频，以满足调频广播要求的最终频偏 $\Delta f = 75\text{kHz}$ 的要求。但是，倍频器在提高相位偏移的同时，也使载波频率提高了，倍频后新的载波频率（nf_1）高达 600MHz，不符合 f_c 为 88~108MHz 的要求，因此需用混频器变频。选取混频器参考频率 $f_2 = 10.9\text{MHz}$，选择倍频次数 $n_1 = 64$，$n_2 = 48$。

$$m_1 = \frac{\Delta f_1}{f_m} = \frac{25}{15 \times 10^3} = 1.67 \times 10^{-3}, f_c = n_2(n_1 f_1 - f_2) = 91.2\text{MHz}$$

$$\Delta f = n_1 n_2 \Delta f_1 = 76.8\text{kHz}, m_f = \frac{\Delta f}{f_m} = \frac{76.8 \times 10^3}{15 \times 10^3} = 5.12$$

最终频偏 $\Delta f = 76.8\text{kHz}$，发射载频 $f_c = 91.2\text{MHz}$，在 88~108MHz 频段内。

5. FM 解调器

采用鉴频器实现宽带调频信号的解调。鉴频器特性如图 5-35 所示。

鉴频器：完成频率—电压转换关系的器件。鉴频器的种类很多，例如振幅鉴频器、相位鉴频器、比例鉴频器、正交鉴频器、斜率鉴频器、频率负反馈解调器、锁相环（PLL）鉴频器等。

采用振幅鉴频器的 FM 解调器原理框图如图 5-36 所示。限幅器作用是消除信道中噪声等引起的调频波的幅度起伏。

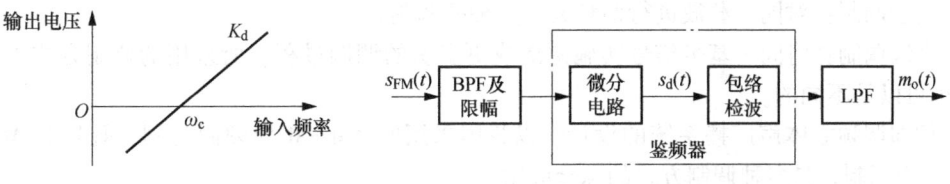

图 5-35　鉴频器特性　　　　图 5-36　FM 解调器原理框图（振幅鉴频器）

$$s_{FM}(t) = A\cos\left[\omega_c t + K_f \int_{-\infty}^{t} m(\tau)d\tau\right], S_{FM}(t)微分后得到：$$

$$s_d(t) = s'_{FM}(t) = A\{\omega_c + K_f m(t)\}\sin\left[\omega_c t + K_f \int_{-\infty}^{t} m(\tau)d\tau\right]$$

$s_d(t)$ 经包络检波器后，输出 $s_d(t)$ 的包络：$\omega_c + K_f m(t)$。再经过理想低通滤波器 LPF 和隔直流后，输出 $m_o(t)$ 等于 $m(t)$，恢复了调制信号。

鉴频器属于非相干解调。相干解调由与载波相乘的乘法器和低通滤波器构成，除此之外的解调方式都属于非相干解调。比如 AM 的包络检波法也属于非相干解调方式。

5.4 频分复用和多级调制

1. 频分复用

频分复用（Frequency Division Multiplexing，FDM）：多路信号，分别占用不同的频率，在同一信道中传输。

频分复用的目的：充分利用信道的频带资源，提高信道利用率。

频分复用的基本思想是要传送的信号带宽是有限的，而线路可使用的带宽则远远大于要传送的信号带宽，通过对多路信号采用不同频率进行调制的方法，使调制后的各路信号在频率位置上错开，以达到多路信号同时在一个信道内传输的目的。因此，频分复用的各路信号是在时间上重叠而在频谱上不重叠的信号。频分复用系统原理框图如图 5-37 所示。

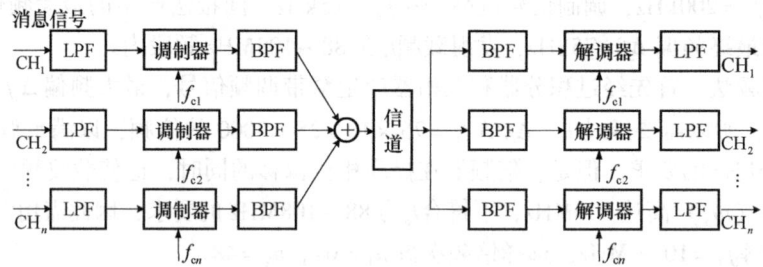

图 5-37 频分复用系统原理框图

频分复用实例：多路载波电话系统设计。每路电话信号的频带限制在 300～3400Hz，在各路已调信号间留有防护频带，取 4 kHz 作为标准带宽。采用 SSB 下边带调制 LSB。层次结构：12 路电话复用为一个基群；5 个基群复用为一个超群，共 60 路电话；由 10 个超群复用为一个主群，共 600 路电话。如果需要传输更多路电话，可以将多个主群进行复用，组成巨群。载波电话基群频谱结构如图 5-38 所示。

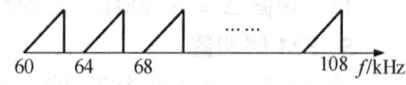

图 5-38 载波电话基群频谱结构图

频分复用的优点是信道利用率高，技术成熟；缺点是设备复杂，滤波器难以制作，在复用、调制、解调等过程中引入非线性失真，产生各路信号的相互干扰。

2. 复合调制及多级调制

1）复合调制：对同一载波进行两种或更多种的调制。

2）多级调制：将同一基带信号实施两次或更多次的调制过程。所采用的调制方式可以是相同的，也可以是不同的。

3）例如调频立体声广播系统的设计：以我国采用的 AM-FM 导频制为例，既是 FDM，也是 AM-FM 二级调制，是多种调制方式的综合应用。

① 调频立体声广播系统调制器如图5-39所示。FM立体声广播中，声音在空间上被分成两路音频信号，一个左声道信号L，一个右声道信号R，频率都在50Hz～15kHz之间。左声道与右声道相加形成和信号（L+R），相减形成差信号（L-R）。在调频之前，差信号（L-R）先对38kHz的副载波进行抑制载波双边带（DSB-SC）调制，然后与和信号（L+R）进行频分复用FDM后，作为FM立体声广播的基带信号，经FM调制后送入信道传输。插入19kHz导频用于接收端相干解调，DSB相干解调时需要提取38kHz的副载波，由于已调信号在38kHz间隙小而无法提取，因此在发送信号中插入导频。$s_{FM}(t) = [L(t)+R(t)] + \cos(2\pi \times 19 \times 10^3 t) + [L(t)-R(t)]\cos(2\pi \times 38 \times 10^3 t)$。

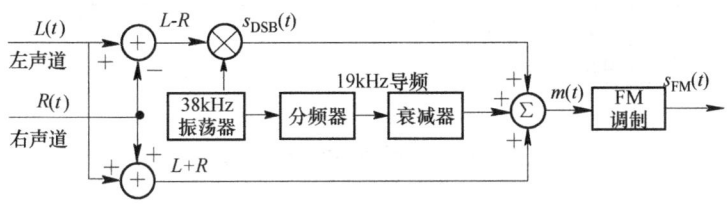

图5-39 调频立体声广播系统调制器

② 调频立体声广播系统中$s_{FM}(t)$的频谱$S_{FM}(f)$结构如图5-40所示。左、右声道信号$L(t)$和$R(t)$的带宽都是15kHz，（L+R）和（L-R）信号的带宽也是15kHz。（L-R）信号经DSB调制后的$s_{DSB}(t)$信号工作频带在（38±15）kHz之间，即23～53kHz，59～75kHz则用作辅助通道。

③ 调频立体声广播系统的解调器如图5-41所示。接收立体声广播后先进行鉴频，恢复$m(t)$，得到频分复用信号。采用LPF、BPF和导频滤波，对频分复用信号$m(t)$进行相应的分离。导频经倍频器得到38kHz相干载波，对BPF分离出的DSB上边带信号进行相干解调。恢复出左声道信号L和右声道信号R。

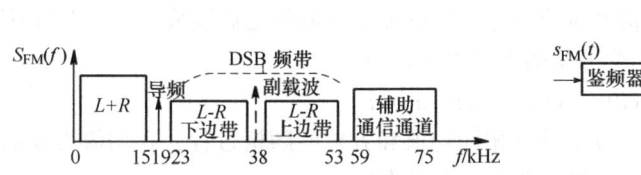

图5-40 调频立体声广播系统的频谱结构

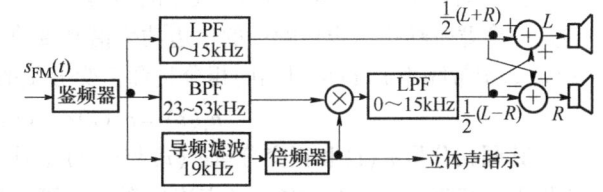

图5-41 调频立体声广播系统解调器

5.5 模拟调制系统抗噪声性能

有效性和可靠性是通信系统的两个主要指标。对于模拟调制系统，有效性指标是带宽，可靠性指标是解调器的输出信噪比S_o/N_o。在AM、DSB、SSB、FM等模拟调制方式学习中，对每种调制方式都讨论了已调信号带宽，即有效性。抗噪声性能分析讨论的是系统可靠性，目标是求出模拟通信系统的可靠性指标，即解调器的输出信噪比S_o/N_o，输出信噪比显然是越大越好，这项指标反映了系统的品质程度。模拟系统的抗噪声性能分析是比较AM、DSB、SSB、FM等这些调制方式的解调器输出信噪比。输出信噪比越大，调制方式的抗噪声性能越好。

本知识点的目标是针对各种调制方式，求解调器的输入信噪比S_i/N_i、输出信噪比S_o/N_o以及系统的调制制度增益$G = \dfrac{S_i/N_i}{S_o/N_o}$。对其进行比较，得出各种调制方式的抗噪声性能。

本知识点设计思路：推导了双边带系统的可靠性指标，给出调幅、双边带、单边带和调频等其他几种调制方式的可靠性指标，对各种调制方式进行性能比较。

5.5.1 抗噪声性能分析模型

抗噪声性能分析是在接收端，发送信号经信道传输后叠加的噪声对接收信号造成影响，分析模型即接收端解调器模型，抗噪声性能分析模型如图 5-42 所示。

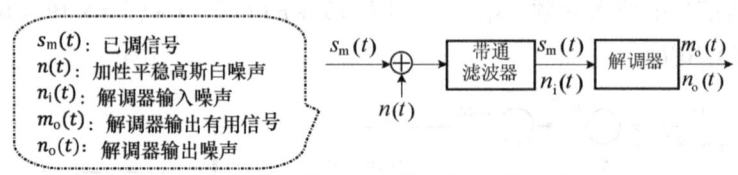

图 5-42 抗噪声性能分析模型

（1）带通滤波器 通常情况下在接收端，都要首先加一个带通滤波器。带通滤波器的作用是让有用信号通过，滤除带外噪声。其中心频率和带宽与有用信号 $s_m(t)$ 相同。带通滤波器的输出为信号和噪声两个部分。信号部分是已调信号 $s_m(t)$。噪声部分是高斯窄带白噪声 $n_i(t)$。

带通滤波器的带宽 B 等于已调信号 $s_m(t)$ 的频带宽度。设 ω_H 为基带信号带宽。

1) 对于 AM、DSB 系统：$B = 2\omega_H$。
2) 对于 SSB 系统：$B = \omega_H$。
3) 对于 VSB 系统：$B \approx \omega_H$。
4) 对于 FM 系统：$B = 2(m_f + 1)\omega_H$。

B 也是窄带噪声 $n_i(t)$ 的带宽。

（2）解调器输入噪声 $n_i(t)$ 通信中信道噪声 $n(t)$ 通常是均值为零的平稳高斯白噪声。白噪声是一个宽带噪声，设白噪声的单边功率谱密度值为 n_0。经过带通滤波器之后变成一个窄带噪声 $n_i(t)$。窄带噪声 $n_i(t)$ 可以用同相分量和正交分量的形式表示，即

$$n_i(t) = n_c(t)\cos\omega_0 t - n_s(t)\sin\omega_0 t$$

其同相分量 $n_c(t)$ 和正交分量 $n_s(t)$ 与 $n_i(t)$ 是具有相同均值和方差的随机过程，在均值为 0 的前提下，直流功率为 0，方差（交流功率）就等于功率（总功率）。

（3）解调器输入噪声功率 N_i 带通滤波器输出是解调器的输入，解调器的输入噪声为 $n_i(t)$，功率为 N_i。当信道白噪声 $n(t)$ 的双边功率谱密度为 $n_0/2$，带通滤波器传输特性是幅值为 1，带宽为 $B(\text{Hz})$ 的理想矩形函数时，输入噪声功率为

$$N_i = \overline{n_i^2(t)} = \overline{n_c^2(t)} = \overline{n_s^2(t)} = n_0 B \tag{5-28}$$

经过带通滤波器之后的 $n_i(t)$ 的功率谱密度只在带宽 B 的范围内有值，值是常数 n_0，在其他范围时取值为 0。因此，$n_0 \times B$ = 功率谱密度的积分 = 功率，即 $N_i = n_0 B$。

噪声 $n_i(t)$、其同相分量 $n_c(t)$、其正交分量 $n_s(t)$，三者都是零均值的平稳高斯随机过程，具有相同的均值和方差，具有各态历经性，可以化统计平均为时间平均。零均值时，功率 = 交流功率 = 方差 = 均方值 − 均值的二次方 = 均方值。再将均方值用时间平均代替统计平均，得到解调器输入噪声功率 $N_i = \overline{n_i^2(t)} = \overline{n_c^2(t)} = \overline{n_s^2(t)}$。故有式（5-28）：解调器输入噪声是窄带噪声 $n_i(t)$，功率为 $n_0 B$。

（4）模拟通信系统的可靠性指标 抗噪声性能分析讨论的是系统可靠性，目标是求出模拟通信系统的可靠性指标，即解调器的输入信噪比 S_i/N_i、输出信噪比 S_o/N_o，以及系统的调制制度增益 G。

信噪比定义为 $S/N=$ 信号功率/噪声功率。信噪比的单位：信噪比的本身是无量纲的，常取对数单位 dB：定义 $10\lg(\ )$。例如：信噪比为 30dB，则：$10\lg(S/N)=30$dB，$\lg(S/N)=3$，$S/N=10^3=1000$。

1）解调器的输入信噪比为

$$\frac{S_i}{N_i} = \frac{解调器输入已调信号的平均功率}{解调器输入噪声的平均功率} = \frac{\overline{s_m^2(t)}}{\overline{n_i^2(t)}} \tag{5-29}$$

解调器的输入信号是 $s_m(t)$，输入信号功率 S_i 是 $s_m(t)$ 的二次方的时间平均 $\overline{s_m^2(t)}$，利用的是随机过程的各态历经性，假定 $s_m(t)$ 是平稳的各态历经的，就可以化统计平均为时间平均。

2）解调器的输出信噪比为

$$\frac{S_o}{N_o} = \frac{解调器输出有用信号的平均功率}{解调器输出噪声的平均功率} = \frac{\overline{m_o^2(t)}}{\overline{n_o^2(t)}} \tag{5-30}$$

3）系统的调制制度增益定义为

$$G = \frac{S_o/N_o}{S_i/N_i} \tag{5-31}$$

调制制度增益反映的是解调器对信噪比的改善情况。

假定调制信号 $m(t)$ 和已调信号 $s_m(t)$ 均值为 0。则通信中通常不传输直流，直流信号不能通过电容、电感这类常用的电子元件，不便于过滤、放大等。信号中的直流分量不便于传输，通常滤除直流后再传输，在接收端插入直流即可恢复含直流的信号。均值为 0 时，直流功率为 0，功率 = 直流功率 + 交流功率 = 交流功率 = 方差。

信号的均值为 0 时，功率 = 交流功率 = 方差 = 均方值 − 均值的二次方 = 均方值。均方值统计平均化为时间平均时等于 $\overline{s_m^2(t)}$。所以 $S_i = \overline{s_m^2(t)}$。同理，$S_o = \overline{m_o^2(t)}$，$N_i = \overline{n_i^2(t)}$，$N_o = \overline{n_o^2(t)}$。

5.5.2 DSB 系统抗噪声性能

DSB 解调器采用相干解调，其抗噪声性能分析模型如图 5-43 所示。解调器输入信号为 DSB 信号：$s_m(t) = m(t)\cos\omega_c t$。

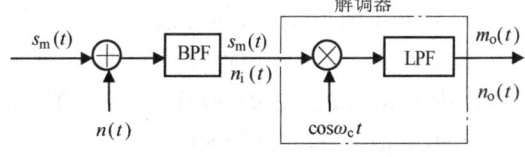

图 5-43 DSB 相干解调抗噪声性能分析模型

（1）解调器输入信噪比

1）解调器输入信号功率为

$$S_i = \overline{s_m^2(t)} = \overline{[m(t)\cos\omega_c t]^2} = \overline{m^2(t) \times \cos^2(\omega_c t)} = \overline{m^2(t) \times \frac{1}{2}(1+\cos 2\omega_c t)} = \frac{1}{2}\overline{m^2(t)}$$

2）输入噪声功率为

$$N_i = \overline{n_i^2(t)} = \overline{n_c^2(t)} = \overline{n_s^2(t)} = n_0 B$$

3）输入信噪比为

$$\frac{S_i}{N_i} = \frac{\frac{1}{2}\overline{m^2(t)}}{n_0 B}$$

（2）解调器输出信噪比

1）解调器输出信号功率 S_o。解调器输入信号为 DSB 信号：$s_m(t) = m(t)\cos\omega_c t$，与相干载波 $\cos\omega_c t$ 相乘后，得 $m(t)\cos^2\omega_c t = \frac{1}{2}m(t) + \frac{1}{2}m(t)\cos 2\omega_c t$，经低通滤波器后，输出信号为 $m_o(t) = \frac{1}{2}m(t)$。因此，解调器输出端的有用信号功率为

$$S_\text{o} = \overline{m_\text{o}^2(t)} = \frac{1}{4}\overline{m^2(t)}$$

2）解调器输出噪声功率N_o。解调器输入端的窄带噪声可表示为$n_\text{i}(t) = n_\text{c}(t)\cos\omega_\text{c}t - n_\text{s}(t)\sin\omega_\text{c}t$，它与相干载波相乘后，得

$$n_\text{i}(t)\cos\omega_\text{c}t = [n_\text{c}(t)\cos\omega_\text{c}t - n_\text{s}(t)\sin\omega_\text{c}t]\cos\omega_\text{c}t$$
$$= \frac{1}{2}n_\text{c}(t) + \frac{1}{2}[n_\text{c}(t)\cos2\omega_\text{c}t - n_\text{s}(t)\sin2\omega_\text{c}t]$$

经低通滤波器后，解调器最终的输出噪声为$n_\text{o}(t) = \frac{1}{2}n_\text{c}(t)$。故输出噪声功率为

$$N_\text{o} = \overline{n_\text{o}^2(t)} = \frac{1}{4}\overline{n_\text{c}^2(t)} = \frac{1}{4}\overline{n_\text{s}^2(t)} = \frac{1}{4}n_0B, N_\text{o} = \frac{1}{4}n_0B$$

解调器输出信噪比为

$$\frac{S_\text{o}}{N_\text{o}} = \frac{\frac{1}{4}\overline{m^2(t)}}{\frac{1}{4}N_\text{i}} = \frac{\overline{m^2(t)}}{n_0B}$$

（3）调制制度增益为

$$G_\text{DSB} = \frac{S_\text{o}/N_\text{o}}{S_\text{i}/N_\text{i}} = 2$$

可见，DSB 调制系统的制度增益为 2。即 DSB 信号的解调器使信噪比改善一倍。原因：采用相干解调使输入窄带噪声中的正交分量被消除，使噪声功率减小为原来的一半。

5.5.3 模拟调制系统抗噪声性能分析

按 DSB 系统类似的分析方法，可以推导出其他模拟调制系统可靠性指标，推导过程不再赘述，模拟调制系统抗噪声性能见表 5-1。表 5-1 中结论的前提条件：DSB 和 SSB 采用相干解调；AM 采用包络检波且在大信噪比下；FM 在单音调频大信噪比下；VSB 系统的抗噪声性能未列出，其与 SSB 类似，可以参照 SSB。

表 5-1 模拟调制系统抗噪声性能列表

	S_i	N_i	S_i/N_i	S_o	N_o	S_o/N_o	G
DSB	$\frac{1}{2}\overline{m^2(t)}$	n_0B	$\frac{\overline{m^2(t)}}{2n_0B}$	$\frac{1}{4}\overline{m^2(t)}$	$\frac{1}{4}n_0B$	$\frac{\overline{m^2(t)}}{n_0B}$	2
SSB	$\frac{1}{4}\overline{m^2(t)}$	n_0B	$\frac{\overline{m^2(t)}}{4n_0B}$	$\frac{1}{16}\overline{m^2(t)}$	$\frac{1}{4}n_0B$	$\frac{\overline{m^2(t)}}{4n_0B}$	1
AM	$\frac{A_0^2 + \overline{m^2(t)}}{2}$	n_0B	$\frac{A_0^2+\overline{m^2(t)}}{2n_0B}$	$\overline{m^2(t)}$	n_0B	$\frac{\overline{m^2(t)}}{n_0B}$	$\frac{2\overline{m^2(t)}}{A_0^2+\overline{m^2(t)}}$
FM	$A^2/2$	n_0B	$\frac{A^2}{2n_0B_\text{FM}}$	$(K_\text{d}K_\text{f})^2\overline{m^2(t)}$	$\frac{8\pi^2K_\text{d}^2n_0f_\text{m}^3}{3A^2}$	$\frac{3A^2K_\text{f}^2\overline{m^2(t)}}{8\pi^2n_0f_\text{m}^3}$	$\approx 3m_\text{f}^3$

（1）DSB、SSB、AM、FM 四种系统的输入、输出信噪比和调制制度增益

1）双边带系统的信噪比计算公式为

$$S_\text{i} = \frac{1}{2}\overline{m^2(t)}, N_\text{i} = n_0B, G = 2, N_\text{o} = \frac{1}{4}N_\text{i}, S_\text{o} = \frac{1}{4}\overline{m^2(t)} \tag{5-32}$$

2）单边带系统的信噪比计算公式为

$$S_i = \frac{1}{4}\overline{m^2(t)}, N_i = n_0 B, G = 1, N_o = \frac{1}{4}N_i, S_o = \frac{1}{16}\overline{m^2(t)} \tag{5-33}$$

（2）模拟调制系统抗噪声性能分析　对表 5-1 进行观察和对比，分析和比较各种模拟调制方式的抗噪声性能，讨论如下：

1）针对 AM 系统。AM 信号的调制制度增益为

$$G_{AM} = \frac{S_o/N_o}{S_i/N_i} = \frac{2\,\overline{m^2(t)}}{A_0^2 + \overline{m^2(t)}}$$

AM 信号的调制制度增益 G_{AM} 随 A_0 的增加而减小，A_0 是 AM 中插入的直流，为保证不产生过调幅，要求 $A_0 \geqslant |m(t)|_{max}$，故 G_{AM} 总是小于 1，这说明包络检波器对输入信噪比没有改善，而是恶化了。

例如：当 $m(t)$ 是单频正弦信号 $m(t) = A_m\cos\omega_m t$，且 100% 调制时，$A_0 = A_m$，$\overline{m^2(t)} = A_m^2/2$，AM 的调制制度增益为

$$(G_{AM})_{max} = \frac{2}{3}$$

$(G_{AM})_{max}$ 是最大调制制度增益，超过这个值会产生过调幅。

对于 AM 调制系统，在大信噪比时，采用包络检波器解调时的性能与同步检测器时的性能几乎一样。

AM 也可以采用相干解调的方法来解调，表中列出的是大信噪比下 AM 采用包络检波器解调时的性能指标，与采用同步检波（即相干解调）时的性能指标相同。

2）AM 系统和 FM 系统存在门限效应。门限效应：在小信噪比时，解调器输出中没有单独的信号项，有用信号 $m(t)$ 淹没在噪声中，输出信噪比不是按比例地随着输入信噪比的下降而下降，而是急剧恶化，通常把这种现象称为门限效应。把开始出现门限效应的输入信噪比称为门限值。

门限效应产生原因是解调器的非线性引起。非相干解调存在门限效应，而相干解调不存在门限效应。

DSB 和 SSB 采用相干解调，图中是由原点起的直线，没有门限点。相干解调时，解调器的输出中有单独的信号项，不与噪声混叠，不会产生门限效应。

各种模拟系统的输入信噪比与输出信噪比关系曲线如图 5-44 所示。横坐标是输入信噪比，纵坐标是输出信噪比。$m_f = 6$ 时 FM 系统的曲线图中，圆点对应的横坐标就是门限值。圆点右侧曲线是一条直线，输出信噪比与输入信噪比成比例变化。圆点左侧没有画出曲线，因为输入信噪比低于门限，出现了门限效应，输出陡降，这时候系统不能正常工作。

3）DSB 系统与 SSB 系统的抗噪声性能是否相同。表 5-1 中，$G_{DSB} = 2$，$G_{SSB} = 1$，这能否说明 DSB 系统的抗噪声性能比 SSB 系统好呢？回答是否定的。

因为，两者的输入信号功率不同、带宽不同，在相同的噪声功率谱密度条件下，输入噪声功率也不同，所以两者的输出信噪比是在不同条件下得到的。

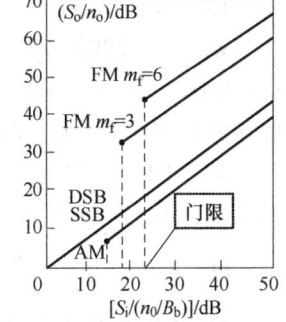

图 5-44　模拟系统的信噪比及门限

在相同的发送功率、相同的信道噪声、相同的调制信号这三个条件下，比较双边带和单边带系统的解调器输出信噪比，即相同的输入信号功率 S_i，相同的信道噪声功率谱密度 n_0，相同的基带信号带宽 f_H 条件下，对这两种调制方式进行比较，则

$$\left.\frac{S_o}{N_o}\right|_{\text{DSB}} = G_{\text{DSB}} \left.\frac{S_i}{N_i}\right|_{\text{DSB}} = 2\left.\frac{S_i}{n_0 B_{\text{DSB}}}\right|_{\text{DSB}} = 2\frac{S_i}{n_0 \times 2f_H} = \frac{S_i}{n_0 f_H}$$

$$\left.\frac{S_o}{N_o}\right|_{\text{SSB}} = G_{\text{SSB}} \left.\frac{S_i}{N_i}\right|_{\text{SSB}} = 1\left.\frac{S_i}{n_0 B_{\text{SSB}}}\right|_{\text{SSB}} = \frac{S_i}{n_0 f_H}$$

$$\left.\frac{S_o}{N_o}\right|_{\text{DSB}} = \left.\frac{S_o}{N_o}\right|_{\text{SSB}}$$

由于双边带信号带宽是基带信号带宽的 2 倍,分析模型中的带通滤波器的带宽 $B = 2f_H$,解调器的输入噪声功率 $N_i = n_0 B = n_0 \times 2f_H$。而单边带信号带宽等于基带信号带宽,带通滤波器的带宽 $B = f_H$,解调器的输入噪声功率 $N_i = n_0 B = n_0 \times f_H$。比较二者解调器输入端的噪声功率,双边带的是单边带的 2 倍,双边带输入噪声大,综合掉了 2 倍的调制制度增益。因此,比较结果是两种调制方式的输出信噪比相等。这就是说,两者的抗噪声性能相同。因此图 5-44 中 DSB 和 SSB 为同一条直线。但 SSB 所需的传输带宽仅是 DSB 的 1/2,因此 SSB 应用普遍。

4) FM 系统的带宽和信噪比可以互换,幅度调制系统无此特性。表 5-1 中 FM 系统:$G \approx 3m_f^3$,$B_{\text{FM}} = 2(m_f + 1)f_m = 2(\Delta f + f_m)$。

① FM 的调频指数 m_f 越大,G 越大,抗噪声性能越好;带宽 B 越大,有效性越差。

$G \approx 3m_f^3$,比如 $m_f = 10$,$G = 3000$ 倍,意味着经过调频器解调后,输出信噪比提高了 3000 倍,说明抗噪声性能是极强的。但是,带宽也与调频指数 m_f 有关,m_f 越大占用的带宽就越宽。说明调频系统带宽和信噪比可以互换,用牺牲有效性,采用大带宽,来换取可靠性的提高。

② FM 系统的带宽和信噪比可以互换,可以牺牲带宽来换取可靠性的提高。

FM 调制可以通过改变参数 m_f 来改变系统带宽和调制制度增益,二者是相互矛盾的,不能兼顾,m_f 值的选择要从通信质量和带宽限制两方面考虑。对于高质量通信(高保真音乐广播、电视伴音、双向式固定或移动通信、卫星通信和蜂窝电话系统)采用宽带调频,m_f 值选大些。目的是利用此特性提高可靠性。

③ 带宽和信噪比互换特性是角度调制特有的,幅度调制没有。幅度调制带宽 B 分别为 $B_{\text{AM}} = B_{\text{DSB}} = 2f_H$,$B_{\text{SSB}} \approx B_{\text{VSB}} \approx f_H$,$f_H$ 是调制信号的截止频率。针对确定的调制信号,B 是固定值,带宽不能改变和调整,调制制度增益也是固定值,不能带宽与信噪比互换。

【例 5-5】 设计一个单边带下边带调制系统,信道白噪声的双边功率谱密度为 $n_0/2 = 0.5 \times 10^{-5}$ W/Hz,载波频率 f_c 为 100kHz。模拟基带调制信号为 $m(t)$,功率为 4W,频带在 $0 \sim f_H$ 范围内,$f_H = 4$kHz,求:1)单边带已调信号的表达式;2)单边带已调信号所在的频带范围;3)画出接收端原理方框图;4)解调器输入端信噪比和输出端信噪比;5)解调器输出端的噪声功率谱密度;6)对于二级调制,若 N 路最高频率为 $f_H = 4$kHz 的信号按 SSB 方式进行频分复用,之后再进行调频,最大频偏为 Δf,求调频后输出信号带宽。

解:1)单边带信号表达式为式(5-9),下边带为 $s_{\text{SSB}}(t) = \frac{1}{2}m(t)\cos(\omega_c t) - \frac{1}{2}\hat{m}(t)\sin(\omega_c t)$

2)系统工作在频率处,载频 f_c 等于 100kHz,单边带下边带时,$f_c - f_H = (100 - 4)$kHz = 96kHz。单边带下边带信号所在的频带范围为 96~100kHz。

3)单边带信号采用相干解调,SSB 接收端相干解调原理框图与 DSB 相干解调框图 5-43 相同。先加一个带通滤波器,然后是解调器,采用相干解调:与载波相乘之后再用理想低通滤波器 LPF 滤除二倍频信号,恢复调制信号。

4)查表 5-1,单边带的一些计算公式为 $s_i = \frac{1}{4}\overline{m^2(t)}$,$N_i = n_0 B$,$G = 1$,$N_o = \frac{1}{4}N_i$。

① 求s_i。输入信号功率$s_i = \frac{1}{4}\overline{m^2(t)}$。$\overline{m^2(t)}$是调制信号功率，本题中是已知条件[模拟基带调制信号为$m(t)$，功率为$4W$]；$s_i = \overline{s_m^2(t)} = \frac{1}{4}\overline{m^2(t)} = 1W$。

如果给出调制信号的功率谱密度$p_m(f)$，其积分等于功率，即$\overline{m^2(t)} = \int p_m(f) df = 4W$

② 求N_i。$N_i = n_0 B = 10^{-5} \times 4 \times 10^3 W = 0.04W$

其中，n_0已知，信道白噪声的双边功率谱密度为$n_0/2 = 0.5 \times 10^{-5} W/Hz$，$n_0 = 2 \times 0.5 \times 10^{-5} W/Hz = 10^{-5} W/Hz$。

无论功率谱密度用双边还是单边表示，功率都等于$N_i = n_0 B$，B为带通滤波器的带宽，带通滤波器应该让SSB已调信号通过，与SSB的中心频率和带宽一致，所以

$$B = B_{SSB} = f_H = 4kHz, \quad N_i = n_0 B = 10^{-5} \times 4 \times 10^3 W = 0.04 W$$

③ 求$\frac{S_i}{N_i}$和$\frac{S_o}{N_o}$。$\frac{S_i}{N_i} = \frac{1}{0.04} = 25$，$\frac{S_o}{N_o} = G \times \frac{S_i}{N_i} = 1 \times 25 = 25$。

5) 求解调器输出端的噪声功率谱密度，即求解调器输出$n_o(t)$的功率谱密度。$n_o(t)$是低通滤波器LPF的输出噪声。LPF的作用是滤除调制信号之外的信号，让调制信号通过，恢复调制信号，LPF频带与调制信号相同，为$0 \sim 4kHz$。所以$n_o(t)$的频带与LPF相同，为$0 \sim 4kHz$，其余频段的噪声都被LPF滤除了，噪声$n_o(t)$带宽$B' = 4kHz$。

另外，信道噪声是白噪声，功率谱密度值是常数n_0，经带通滤波器后是窄带噪声$n_i(t)$，$n_i(t)$的功率谱密度在BPF通带内值为常数；$n_i(t)$经相干解调和LPF后输出的是其同相分量$n_c(t)$，$n_c(t)$是带限白噪声，在通带内功率谱值也是常数，是均匀分布的，频带限制在$0 \sim f_H$之内。此问欲求的就是此常数值，姑且记带限白噪声的功率谱密度为$P_{n_o}(f)$。

$n_o(t)$带宽为$B' = 4kHz$，在$0 \sim 4 kHz$内功率谱密度为常数，功率等于功率谱密度的积分 = $B' \times P_{n_o}(f)$，而$N_i = 0.04W$，再用SSB公式，即$N_o = \frac{1}{4} N_i$，得$N_o = 0.01W$。

$B' \times P_{n_o}(f) = N_o$，$P_{n_o}(f) = N_o/B' = 0.01W/4kHz = 2.5 \times 10^{-6} W/Hz$ 即单边谱，单边谱的频带范围在$0 \sim 4kHz$。或写成双边谱的形式：$P_{n_o}(f) = N_o/(2B') = 0.01W/(2 \times 4kHz) = 1.25 \times 10^{-6} W/Hz$，双边谱的频带范围在$-4 \sim 4kHz$。

说明：关于信道噪声功率谱密度的单边与双边。实际信号没有负频率，是单边的，是正的，双边是人为引入的，是正的值一分为二，分一半到负半轴上了。二者只是表示方法不同。

如果已知条件中是"信道噪声的单边功率谱密度为0.5×10^{-5}"，则：

$$n_0 = 0.5 \times 10^{-5} W/Hz$$

如果已知条件中是"信道噪声的双边功率谱密度为0.5×10^{-5}"，则：

$$n_0/2 = 0.5 \times 10^{-5} W/Hz, n_0 = 2 \times 0.5 \times 10^{-5} W/Hz = 10^{-5} W/Hz$$

6) 本例是二次调制，把N路$f_H = 4kHz$的信号，经SSB调制后，进行频分复用，频分复用后的信号带宽$= Nf_H$，再作为调制信号去调频。代入调频系统带宽公式，即$B_{FM} = 2(\Delta f + f_m)$，其中的$f_m$是调制信号带宽，此处为$f_m = Nf_H$，故二次调制后的带宽为$B = 2(\Delta f + Nf_H)$。

【例5-6】 调制系统中，信道双边噪声功率谱密度$n_0/2 = 0.5 \times 10^{-6} W/Hz$，传输抑制载波双边带信号。设基带信号$m(t)$的频带限制在10kHz，功率是20W。载波频率是1MHz。采用相干解调，接收机在输入信号加至解调器之前先经过一理想带通滤波器。试问：1) 解调器输入端的信噪比是多少？2) 解调器输出端的信噪比是多少？调制制度增益是多少？3) 解调器输出端的信号功率是多少？

解：利用双边带的一些计算公式为 $S_i = \frac{1}{2}\overline{m^2(t)}$，$N_i = n_0 B$，$G = 2$，$N_o = \frac{1}{4}N_i$，$S_o = \frac{1}{4}\overline{m^2(t)}$。

1)
$$S_i = \frac{1}{2}\overline{m^2(t)} = \frac{1}{2} \times 20\text{W} = 10\text{W}$$
$$N_i = n_0 B, B = 2f_m = 2 \times 10 = 20\text{kHz}$$
$$n_0/2 = 0.5 \times 10^{-6}\text{W/Hz}$$
$$N_i = n_0 B = 2 \times 0.5 \times 10^{-6} \times 20 \times 10^3 \text{W} = 2 \times 10^{-2}\text{W}$$
$$S_i/N_i = 10/(2 \times 10^{-2}) = 500$$

2) $G = 2, S_o/N_o = G(S_i/N_i) = 2 \times 500 = 1000$

3)
$$N_o = \frac{1}{4}N_i = \frac{2 \times 10^{-2}}{4}\text{W} = 5 \times 10^{-3}\text{W}$$
$$S_o/N_o = 1000, S_o = 1000 \times N_o = 1000 \times 5 \times 10^{-3}\text{W} = 5\text{W}$$

或用双边带公式：$S_o = \frac{1}{4}\overline{m^2(t)} = \frac{1}{4} \times 20\text{W} = 5\text{W}$。

5.6 模拟调制系统性能比较

在相同的输入信号功率、输入噪声功率谱密度、基带信号带宽条件下，比较模拟调制系统的性能，表 5-2 为模拟调制系统性能比较。

表 5-2 模拟调制系统性能比较

调制方式	带宽	S_o/N_o	设备复杂程度	主要应用
AM	$2f_m$	$\left(\frac{S_o}{N_o}\right)_{AM} = \frac{1}{3}\left(\frac{S_i}{n_0 f_m}\right)$	简单	中、短波无线电广播
DSB	$2f_m$	$\left(\frac{S_o}{N_o}\right)_{DSB} = \left(\frac{S_i}{n_0 f_m}\right)$	中等	点对点专用通信
SSB	f_m	$\left(\frac{S_o}{N_o}\right)_{SSB} = \left(\frac{S_i}{n_0 f_m}\right)$	复杂	短波无线电广播、话音频分复用、载波通信、数据传输
VSB	略大于 f_m	近似 SSB	复杂	电视广播、数据传输
FM	$2(m_f + 1)f_m$	$\left(\frac{S_o}{N_o}\right)_{FM} = \frac{3}{2}m_f^2\left(\frac{S_i}{n_0 f_m}\right)$	中等	超短波小功率电台（窄带 FM）、调频立体声广播等高质量通信（宽带 FM）

(1) 比较模拟调制方式的抗噪声性能——可靠性

1) FM 抗噪声性能最好，DSB、SSB、VSB 次之，AM 最差。
2) DSB、SSB 抗噪声性能相同。
3) VSB 系统的抗噪声性能和带宽均与 SSB 相近，性能比较中没有给出，均参照 SSB。

模拟系统抗噪声性能比较如图 5-45 所示。在相同的输入信噪比下，几种模拟调制方式的输出信噪比有如下关系：FM > DSB = SSB > AM。

(2) 比较模拟调制方式的频带利用率——有效性

1) 表 5-2 中几种模拟调制方式的带宽如下。

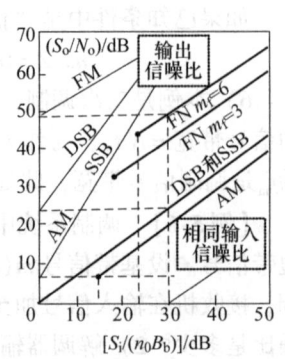

图 5-45 模拟系统抗噪声性能比较

① AM 系统：$B = 2f_m$（f_m 为基带信号带宽）。
② SSB 系统：$B = f_m$。
③ VSB 系统：$B \approx f_m$。
④ FM 系统：$B = 2(m_f + 1)f_m$。

2）模拟调制方式的带宽比较。
① SSB 的带宽最窄，其频带利用率最高。
② DSB 和 AM 频带利用率其次。
③ FM 最差，占用的带宽随调频指数 m_f 的增大而增大，频带利用率最低。

(3) 模拟调制方式的特点与应用

1）AM 调制：优点是接收设备简单；缺点是功率利用率低，频带利用率低，抗干扰能力差，存在门限效应。主要用在中波和短波调幅广播。

2）DSB 调制：优点是功率利用率高，且带宽与 AM 相同；缺点是频带利用率低，设备较复杂。应用较少，一般用于点对点专用通信。

3）SSB 调制：优点是功率利用率和频带利用率都较高，抗干扰能力和抗选择性衰落能力均优于 AM，而带宽只有 AM 的一半；缺点是发送和接收设备结构都复杂。SSB 常用于频分多路复用系统中。

4）VSB 调制：抗噪声性能和频带利用率与 SSB 相当。在电视广播、数据传输等系统中得到了广泛应用。

5）FM 调制：FM 的抗干扰能力强，广泛应用于长距离高质量的通信系统中。缺点是频带利用率低，存在门限效应。

思考题与习题

5-1 何谓调制？调制在通信系统中的作用是什么？

5-2 什么是线性调制？常见的线性调制方式有哪些？

5-3 单边带信号的产生方法有哪些？各有何技术难点？

5-4 残留边带滤波器的传输特性应如何？为什么？

5-5 DSB 和 SSB 系统的调制制度增益各是多少？两者的抗噪声性能是否相同？为什么？

5-6 试分析 AM 和 DSB 可否采用包络检波方式进行解调。

5-7 什么是门限效应？哪些模拟调制系统存在门限效应？在什么情况下会出现门限效应？为什么相干解调不存在门限效应？

5-8 FM 系统调制制度增益和信号带宽的关系如何？这一关系说明什么问题？

5-9 为什么调频系统可进行带宽与信噪比互换，而调幅不能？

5-10 在大信噪比的情况下，宽带调频解调器的调制制度增益是多少？信号带宽是多少？此 FM 系统调制制度增益和信号带宽的关系说明什么问题？（已知调频指数为 m_f，调制信号最高频率为 f_m）。

5-11 常见模拟调制方式有哪些？从带宽和抗噪声性能两个方面对其进行性能比较。

5-12 什么是频分复用？

5-13 每路基带信号带宽均为 1MHz，对信号分别进行 DSB 和 SSB 调制，若采用 FDM 进行 6 路信号复用传输，试问至少需要信道带宽是多少？

5-14 DSB 系统的抗噪声性能比 SSB 系统(　　)。
A. 好 3dB　　　　　　B. 好 6dB　　　　　　C. 差 3dB　　　　　　D. 相同

5-15 下面(　　)情况下，会发生解调门限效应。
A. SSB 解调　　　　　B. DSB 同步检波　　　C. FM 信号的鉴频解调　　D. VSB 同步检测解调

5-16 若采用频分复用方式，从节约频带的角度考虑，最好选择( )调制方式。
A. DSB B. VSB C. SSB D. AM

5-17 在模拟通信系统中，传输带宽属于通信系统性能指标中的( )。
A. 可靠性 B. 有效性 C. 适应性 D. 标准性

5-18 模拟调幅中 DSB、SSB、VSB 的已调信号所占用带宽大小关系为( )。
A. DSB > SSB > VSB B. DSB > VSB > SSB C. SSB > DSB > VSB D. VSB > SSB > DSB

5-19 以下不属于线性调制的调制方式是( )。
A. AM B. DSB C. SSB D. FM

5-20 下面列出的方式当中，属于非线性调制的是( )。
A. SSB B. DSB C. VSB D. FM

5-21 下列模拟调制方式中，已调信号占用频带最小的调制是( )。
A. FM B. DSB C. SSB D. VSB

5-22 下列模拟调制方式中，抗噪声性能最差的是( )。
A. AM B. FM C. SSB D. VSB

5-23 设基带信号为 $f(t)$，载波角频率为 ω_c，$\hat{f}(t)$ 为 $f(t)$ 的希尔伯特变换，则 AM 信号的一般表示式为( )。
A. $s(t) = [A_0 + f(t)]\cos\omega_c t$
B. $s(t) = f(t)\cos\omega_c t$
C. $s(t) = \frac{1}{2}[f(t)\cos\omega_c t - \hat{f}(t)\sin\omega_c t]$
D. $s(t) = \frac{1}{2}[f(t)\cos\omega_c t + \hat{f}(t)\sin\omega_c t]$

5-24 对于 SSB 调制技术而言，下述不正确的是( )。
A. 传输带宽比 AM 和 DSB 减少一半 B. 信道利用率低
C. 同等条件下比 AM 更节省功率 D. 在军用短波通信中有广泛应用

5-25 在中波（AM）调幅广播中，如果调制信号带宽为 20kHz，发送机要求的带宽为( )。
A. 10kHz B. 20kHz C. 40kHz D. 80kHz

5-26 在大信噪比条件下，对 AM 信号进行包络检波，其调制制度增益 G 的最大值为( )。
A. 1 B. 2 C. 2/3 D. 3/2

5-27 设基带信号 $m(t)$，载波频率为 f_c，则单边带下边带信号的一般表示式为( )。
A. $s(t) = A[1 + m(t)]\cos(2\pi f_c t)$
B. $s(t) = m(t)\cos(2\pi f_c t) + \hat{m}(t)\sin(2\pi f_c t)$
C. $s(t) = Am(t)\cos(2\pi f_c t)$
D. $s(t) = A\cos[2\pi f_c t + K_P m(t)]$

5-28 设 $m(t)$ 为调制信号，调频波的表示式为 $\cos\left[\omega_c t + K_f \int_{-\infty}^{t} m(\tau)d\tau\right]$，则 FM 调制方式的瞬时频率偏移为( )。
A. $\omega_c t + K_f \int_{-\infty}^{t} m(\tau)d\tau$ B. $K_f \int_{-\infty}^{t} m(\tau)d\tau$ C. $\omega_c + K_f m(t)$ D. $K_f m(t)$

5-29 设某信道传输单边带下边带调制信号，并设调制信号 $m(t)$ 的频带限制于 5kHz，载频是 100 kHz，若接收机的输入信号加至包络检波器进行解调前，先经过一个带宽为 5kHz 理想带通滤波器，则该理想带通滤波器的中心频率为( )。
A. 97.5kHz B. 102.5kHz C. 100kHz D. 105kHz

5-30 若频率为 10kHz，振幅为 1V 的正弦调制信号，以频率为 100MHz 的载频进行频率调制，已调信号的最大频偏为 1MHz。1）求此调频波的近似带宽。2）若调制信号的振幅加倍，求此时调频波带宽。3）若调制信号的频率也加倍，求此时调频波带宽。

5-31 已知 FM 波的表达式 $s(t) = 10\cos(2\times 10^6 \pi t + 10\sin(10^3 \pi t))$，可求出载波频率、已调波的卡森带宽、单位电阻上已调波的功率。

5-32 设调制信号 $f(t) = \cos(4000\pi t)$，对载波 $c(t) = 2\cos(2\times 10^6 \pi t)$ 进行双边带调制。写出已调信号的时域和频域表达式，并画出频谱图。

5-33 已知线性调制信号表达式如下：1) $\cos\Omega t\cos\omega_c t$；2) $(1+0.5\sin\Omega t)\cos\omega_c t$。式中$\omega_c = 6\Omega$，试分别画出它们的波形图和频谱图。

5-34 若对某一信号用 DSB 进行传输，设调制信号 $m(t)$ 的功率谱密度为

$$P_m(f) = \begin{cases} \dfrac{k}{2}\dfrac{|f|}{f_m}, & |f| \le f_m \\ 0, & |f| > f_m \end{cases}$$

试求：1) 接收机的输入信号功率；2) 接收机的输出信号功率；3) 若叠加于 DSB 信号的白噪声具有双边功率谱密度为$n_0/2$，设解调器输出端接有截止频率为f_m的理想低通滤波器，那么，输出信噪比为多少？

5-35 设调制信号 $m(t)$ 的功率谱密度与 5-34 题相同，若用单边带调制方式进行传输，试求：1) 接收机的输入信号功率；2) 接收机的输出信号功率；3) 若叠加于 SSB 信号的白噪声具有双边功率谱密度为$n_0/2$，设解调器输出端接有截止频率为f_m的理想低通滤波器，那么，输出信噪比为多少？4) 该系统的调制制度增益 G 为多大？

5-36 设某信道具有均匀的双边噪声功率谱密度$P_n(f) = 0.5 \times 10^{-6}$ W/Hz，在该信道中传输抑制载波双边带信号，并设调制信号 $m(t)$ 的频带限制在 5kHz，而载波为 100kHz，已调信号的功率为 10W。若接收机的输入信号在加至解调器之前，先经过一理想带通滤波器滤波，试问：1) 该理想带通滤波器中心频率多大？2) 解调器输入端的信噪比为多少？3) 解调器输出端的信噪比为多少？4) 解调器输出端噪声功率谱密度。

5-37 信道双边噪声功率谱密度$n_0/2 = 0.5 \times 10^{-6}$ W/Hz，传输抑制载波单边带（下边带）信号。设基带信号 $m(t)$ 的频带限制在 10kHz，功率是 20W。载波频率是 1MHz。采用相干解调，接收机在输入信号加至解调器之前先经过一理想带通滤波器。试问：1) 解调器输入端的信噪比是多少？2) 解调器输出端的信噪比是多少噪声？调制制度增益是多少？3) 解调器输出端的信号功率是多少？

5-38 某调频信号的时域表达式为 $s(t) = 10\cos[2 \times 10^6 \pi t + 5\cos(2 \times 10^3 \pi t)]$，调频灵敏度为$K_f = 5$ kHz/V，求此信号的调频指数、最大相偏、最大频偏、带宽、基带信号的时域表达式。

第 6 章 数字基带传输系统

本章要点

- 数字基带传输系统概述
- 数字基带信号的波形
- 数字基带信号的功率谱密度 ⎫
- ☆ 数字基带信号的功率谱密度计算 ⎬ 数字基带信号的表示
- ☆ 常用数字基带信号的功率谱密度及其特征 ⎭
- 基带传输的常用码型
- 无码间干扰的基带传输特性 ⎫
- ☆ 数字基带系统与码间串扰 ⎪
- ☆ 无码间串扰的理论条件 ⎪
- ☆ 两种典型的无码间串扰的基带传输系统 ⎬ 数字基带系统设计
- 部分响应系统 ⎪
- ☆ 部分响应系统原理及第 Ⅰ 类部分响应系统 ⎪
- ☆ 部分响应系统的一般形式及第 Ⅳ 类部分响应系统 ⎭
- 基带传输系统的抗噪声性能以及眼图

内容导读

- 信源经数字化后再传输,传输数字信源的系统为数字系统。根据是否经过正弦载波调制,通信系统可分为基带系统和带通(频带)系统。本章讨论数字基带传输系统,后续两章则讨论数字带通传输系统。
- 本章围绕数字基带系统模型,主要讨论数字基带信号和数字基带系统设计。数字基带信号部分包括常用数字脉冲序列的波形、码型和功率谱。数字基带系统设计中消除码间串扰(ISI)是要解决的核心问题,围绕如何设计系统函数 $H(\omega)$ 和冲激响应 $h(t)$ 才能消除 ISI,提出了 $h(t)$ 和 $H(\omega)$ 需满足的理论条件,即时域条件和频域条件。给出了满足理论条件的典型系统的 $h(t)$ 和 $H(\omega)$,即设计出了系统。所谓系统设计的核心是求系统函数,求得了满足系统要求的系统函数的表达式或波形,就设计出了系统。
- 本章暗含的主线是数字通信系统的有效性指标和可靠性指标。在数字基带信号波形和频谱中,以有效性为指标讨论各种波形,即波形的码速率和带宽。在数字基带系统设计中,分析系统的有效性指标,即频带利用率、可靠性指标,即误码率。为解决无码间干扰的基带系统的频带利用率低的问题,提出另一种数字基带系统,即部分响应系统。对数字基带系统进行抗噪声性能分析,用眼图的观察方法来分析系统的误码率。

6.1 数字基带传输系统概述

针对基带与频带、数字与模拟等概念,本节讨论数字基带的模型等。

1. 几个基本概念

（1）基带信号

1）基带信号：原始电信号。基带信号频谱示意图如图6-1所示。

2）基带信号的特点：

① 没有经过正弦载波调制，频带在零频～最高截止频率f_H（单位为Hz）之间；往往包含丰富的低频分量，甚至直流分量。

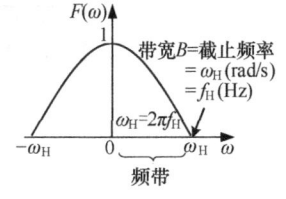

图6-1 基带信号频谱示意图

② 基带信号可以是模拟信号，也可以是数字信号。

a. 模拟信号：信号幅值连续，有一个时刻就有一个确定的函数值与之对应，例如话音。

b. 数字信号：信号取值离散，只有有限的几个状态。例如计算机输出的二进制序列。

模拟基带信号举例：图6-2是话音信号的波形和频谱。频率有两种表达形式：一种是角频率ω_H，单位是rad/s；另一种是频率f_H，单位是Hz。二者关系为$\omega_H = 2\pi f_H$。话音信号的频带通常在300～3400Hz，通常默认带宽为4kHz。

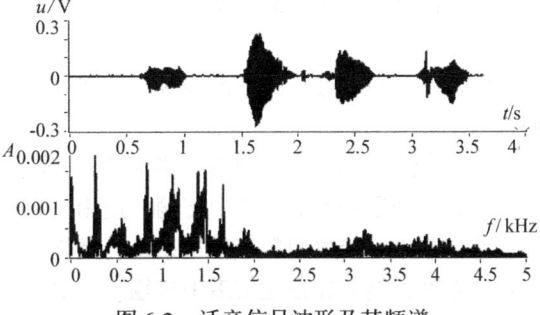

图6-2 话音信号波形及其频谱

（2）数字基带信号

1）数字基带信号是二进制或多进制的脉冲序列、码流或者叫比特流。例如：计算机输出的二进制序列、电传机输出的代码、PCM码组、ΔM序列等。

数字基带信号是把模拟基带信号幅度值的采样、量化、编码，把码字用电平值等表示。图6-3是一个典型的数字基带信号波形，是二进制的脉冲序列。信息码a_n是由1和0组成的随机的字符串，设"1"采用高电平1V，"0"采用低电平0V，图中a_n = 1011100010。

数字基带信号波形中，一个主要参数是码速率R_B，一般情况下，码速率是已知条件，需要给定，给定码速率下的波形才有确切的时间坐标。码速率：R_B，单位是Baud；码频率：f_B，单位是Hz。f_B与R_B数值相等，单位不同，$f_B = R_B = 1/T_B$，都等于码周期T_B（即码元持续时间）的倒数。图6-3中设$R_B = 50$Baud，则码周期$T_B = 0.02$s。

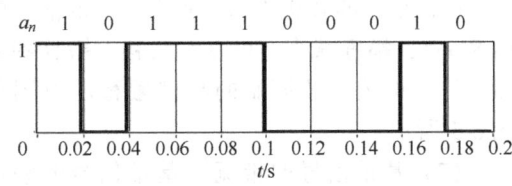

图6-3 二进制的脉冲序列波形（码速率 $R_B = 50$Baud，a_n为1011100010）

数字基带信号特点：没有经过正弦载波调制，频带在0～f_B之间，往往包含丰富的低频分量，甚至直流分量。

2）二进制数字基带信号的表达式为

$$s(t) = \sum_{n=-\infty}^{\infty} a_n g(t - nT_B), \text{其中} a_n = \begin{cases} 1, & \text{以概率} P \\ 0, & \text{以概率}(1-P) \end{cases}$$

式中，a_n是随机变量；$s(t)$是随机过程；$g(t)$是二进制的脉冲序列所采用的波形，此处$g(t)$采用的是矩形，也可采用三角波、高斯脉冲等其他波形。

（3）数字通信系统 一般情况下，声音信号等都是模拟信号，数字系统的工作要经过A/D转换。A/D转换是模拟信号的数字传输一章的内容，模拟信号数字传输系统如图6-4所示。

把模拟信号经过抽样、量化和编码，进行A/D变换，把模拟信号变成数字信号，变成数字随机序列$\{a_n\}$，然后送入数字通信系统进行传输。接收端要再进行译码，即D/A变换，恢复模拟信号。发送端A/D和接收端D/A变换部分是模拟信号数字化传输的主要内容。

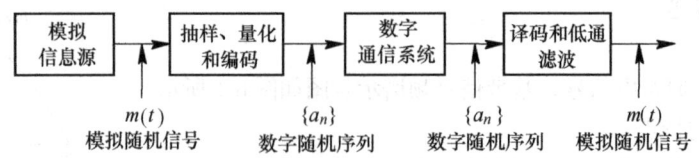

图 6-4 模拟信号数字传输系统图

数字通信系统是重点内容,其输入是数字量,输入信号默认的是已经模数转换后的数字化随机序列 $\{a_n\}$。a_n 可能是二进制或多进制。

(4) 基带系统与频带系统 根据是否经过正弦载波调制,把通信系统分成基带系统和频带传输系统。没有经过正弦载波调制,直接传输的为基带传输系统;经过正弦载波调制的,为频带传输系统。

模拟调制系统经正弦载波调制后传输,是频带系统。数字通信系统分为数字基带系统和数字频带系统。

(5) 数字基带系统和数字频带系统 数字基带系统不经过正弦载波调制,直接传输基带信号,在具有低通特性的信道中传输。适用于有线信道和传输距离不太远的情况。

数字频带系统也叫数字带通系统,是把数字基带信号经过正弦载波调制,把基带信号频谱搬移到高频处,然后在带通信道中传输。一般适用于无线和远距离传输。

(6) 正弦载波调制 对于调制系统,基带信号作为调制器的输入信号,此时把基带信号称为调制信号。

正弦载波调制就是把基带信号 $s(t)$ 乘以正弦载波 $\cos(\omega_c t)$,得到已调信号 $y(t) = s(t)\cos(\omega_c t)$。设 $s(t)$ 的傅里叶变换为 $S(\omega)$,已调信号 $y(t)$ 的傅里叶变换为 $Y(\omega)$。

$$y(t) = s(t)\cos(\omega_c t) \Leftrightarrow Y(\omega) = \frac{1}{2}[S(\omega + \omega_c) + S(\omega - \omega_c)]$$

已调信号的频谱 $Y(\omega)$ 是把原基带信号的谱 $S(\omega)$,幅度减半,再左右搬移,搬移到载频 ω_c 处。正弦载波调制的频谱搬移示意图如图 6-5 所示。

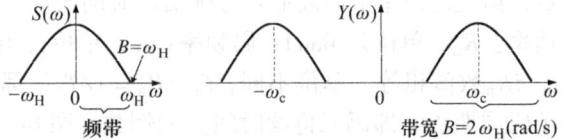

图 6-5 正弦载波调制的频谱搬移示意图

(7) 基带信号的带宽 基带信号的频谱 $S(\omega)$,持续的范围是 $-\omega_H \sim \omega_H$,那么是不是通常认为它的带宽 B 是 $2\omega_H$?不是,实际上带宽为 ω_H。

负频率是人为引入的,实际信号是没有负频率的。如果已知信号的频谱图,从横坐标 ω 轴的原点 0 向右看,在 $\omega = 0 \sim \infty$ 区间内,看频谱图在哪个区间内有值,信号的带宽就是这个区间。

(8) 已调信号的带宽 经过正弦载波调制以后的已调信号 $y(t)$ 的频谱 $Y(\omega)$ 的带宽是 $2\omega_H$,如图 6-5 所示。把基带信号搬移到高频处之后,就变成了一个频带信号,在 $\omega = 0 \sim \infty$ 区间内看频谱图,信号频谱在 $2\omega_H$ 的范围之内是正频率,频带信号的带宽就是 $2\omega_H$。

频带信号有两个突出的特点,一个是载频 ω_c 远离零频,远大于零频;另外一个是带宽远小于载频。

(9) 带宽与载频 带宽和载频是两个不同的概念,也是不同的值。对于频带信号,通常情况下,带宽远小于载频。例如移动电话,工作频率是 GHz,而带宽通常是几十兆赫。工作频率,即载频,通常远大于带宽,这是判断频带信号的一个主要特征,基带信号是在零频附近。

【例6-1】 区分下列几种系统是基带系统还是频带系统，是模拟系统还是数字系统？
1）AM、DSB、SSB、VSB、FM、PM；2）升余弦系统函数的系统、部分响应系统；3）ASK、FSK、PSK、DPSK、MSK；4）PAM、PCM、DPCM、ADPCM、ΔM。

解：1）~4）中的系统是本书中的主要通信系统，在后续分章节逐步介绍。

1）中列出的是模拟调制系统，调幅、调频、调相等，是模拟系统，是正弦载波调制系统，是频带系统。

2）中列出的系统是数字基带系统，没有经过正弦载波调制，是基带系统。

3）中列出的 ASK、FSK、PSK 等是数字调制系统，是数字系统，经过正弦载波调制，是频带系统。

4）中列出的 PAM、PCM、DPCM、ΔM 等系统，是模拟信号数字化传输系统。

① PCM 是脉冲编码调制。常用的调制载波有正弦和脉冲两种，一种调制是加载在正弦载波上，叫正弦载波调制，另一种调制是把信息加载在脉冲的幅度、脉冲的宽度或脉冲的位置上，叫脉冲调制。如 PAM 是把这个信息加载在脉冲的幅度上，如果把幅度再进行量化编码，就是脉冲编码调制，简称 PCM。它并不是一个频带系统，而是一个基带系统，没有经过正弦载波调制。不要被脉冲编码调制中的所谓"调制"迷惑而认为 PCM 是频带，PCM 是脉冲调制，没有频谱搬移过程，属于基带。同理，PAM、DPCM、ΔM 等都是基带系统。

② 区分基带系统和频带系统的关键是是否经过了正弦载波调制。

对于 PCM，虽然它的带宽可能很宽，比如采用 PCM 的语音群系统，一次群带宽是 2.048 兆赫，但是，系统没有经过正弦载波调制，还是基带系统。

③ 区分模拟系统和数字系统的关键是信源信号的幅值是模拟量还是数字量。

模拟量是连续取值的，取值个数无穷多个；数字量取值个数有限。例如把信号幅度量化成 8 个电平，取值个数是 8 个，即八进制，就可以用 3 位二进制码来表示，将幅度值的编码实现数字化。

④ PAM 是脉冲振幅调制，把信息加载脉冲的幅度上，此时，幅度值是连续取值的模拟量，因此，PAM 系统是模拟系统。而 PCM 系统是把 PAM 的脉冲幅度再进行量化编码，信号幅值是数字量，因此是数字系统。同理，DPCM 和 ΔM 也是要量化编码，是数字系统。

2. 数字基带系统的模型

数字基带系统由信道信号形成器、信道、接收滤波器以及同步提取器和抽样判决器几个部分组成，数字基带系统模型如图 6-6 所示。

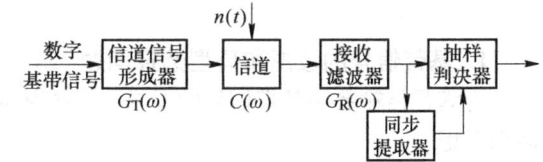

图 6-6 数字基带系统的模型

（1）模型中各部分功能

1）信道信号形成器是用来形成适合信道传输的信号。

2）接收滤波器是对于信号信道输出的含有噪声的信号进行滤波，从而生成适合用于最终判决的信号。

3）同步和抽样是数字系统都需要包含的部分，要提取位同步，然后按位同步信号，对接收信号进行抽样、判决，来恢复原信号。

（2）基带系统模型中各点可能的波形 基带系统模型中各点可能的波形示意图如图 6-7 所示。输入信号（见图 6-7a）是一个数字序列，经过码型变换（见图 6-7b）和波形变换（见图 6-7c）形成的适合信道传输的波形，即发送滤波器的输出波形，然后经过信道传输之后的波形（见图 6-7d）以及接收滤波器的输出波形（见图 6-7e），提取的同步信号（见图 6-7f），按照同步信号对接收信号进行采样判决得到恢复的信号（见图 6-7g）。对于本例的二进制双极性信号，发送信号 1 码和 0 码等概率的情况下，判决门限应该是 0，采样值大于 0 就判为 1 码，小于 0 判为 0 码。这样在接收端重新生成数字序列（见图 6-7g），恢复的信号（见图 6-7g）在噪声等干扰下可能存在误码。

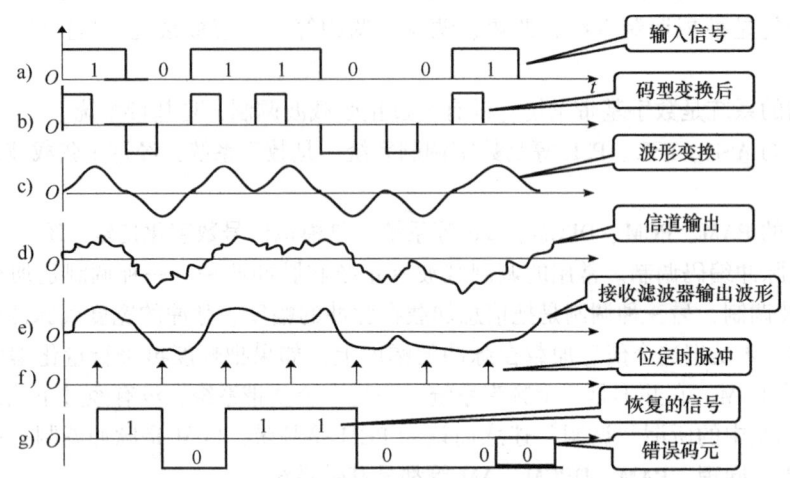

图 6-7 数字基带系统模型中各点可能的波形示意图

数字基带系统的模型图 6-6 可以进一步细化分为图 6-8。发送端信道信号形成器可以分成两部分：码型和波形变换器以及发送滤波器，它们共同把原信号形成适合信道传输的信号。接收滤波器部分实际由接收滤波和均衡器组成。

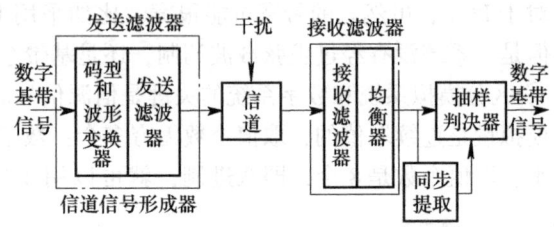

图 6-8 数字基带系统的模型的细化表示

6.2 数字基带信号的波形

1. 基带信号的波形和码型选择问题

为满足传输数字基带信号的要求，主要从对代码的要求和对所选码型的电波形要求这两个方面来考虑。

（1）对在信道中传输的数字基带信号电波形的要求　传输数字基带系统的信道往往是低通型的，对于低通型信道，并不是所有的信号分量都适合在信道中传输。

在实际的数字基带传输系统中，对在信道中传输的电波形的要求：
1）高频分量尽量少。
2）不含直流分量，低频分量尽量少。
3）能提取位定时信号。

（2）提出上述要求的原因
1）高频分量往往随着频率的增高信道衰减增大。
2）直流分量应该尽量少。为了隔离和阻抗匹配，通信线路中往往含有隔直流电容和耦合器，不适合直流分量的传输。直流分量通常是没有传输必要的，不传输直流也能在接收端很容易的插入直流来恢复直流，如果传输直流会在传输中产生功耗消耗能量，所以通常是不传输直流信号的，因此，基带信号的均值默认为 0，直流功率为 0，信号功率 = 交流功率。

3) 低频分量也应该尽量少。基带信号本身就是低频的，怎么能要求低频分量尽量少呢？例如，通常话音信道的通带频率范围在 300~3400Hz，在 0~300 Hz 频率范围是阻带，低频分量尽量少是指零频率附近的频率分量应该尽量少。

4) 位定时的提取是从接收波形中进行的，因此要求基带信号波形中包含位定时信息，这样才能从波形中提取位定时。

2. 常用数字基带信号波形

数字基带信号 $s(t)$ 是由一系列码元 $s_n(t)$ 组成的脉冲序列，表达式为

$$s(t) = \sum_{n=0}^{\infty} s_n(t) = \sum_{n=0}^{\infty} a_n g(t - n T_B) \tag{6-1}$$

在随机脉冲序列 $s(t)$ 中，$\{a_n\}$ 是待传输的信息码，是随机变量，码速率为 R_B（即已知码周期 T_B），码元采用的波形为 $g(t)$，$g(t)$ 的常用波形有矩形波、三角波、高斯、升余弦等。

(1) 矩形波　矩形波是最常用的数字基带信号波形，是通信中最常用的信号。例如，由高低电平组成的二进制数字脉冲序列，其二进制码元采用的波形为矩形；理性低通滤波器是频域为矩形的信号。矩形信号的傅里叶变换是 $Sa(\ )$ 函数，也称为抽样函数。

1) 抽样函数。抽样函数定义为 $Sa(x) = \sin(x)/x$，是通信中常用信号，抽样函数波形如图 6-9 所示。

$Sa(x)$ 特点：

① 振荡衰减，第一个衰减峰为 0.2，主要能量集中在主脉冲。

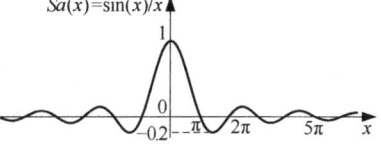

图 6-9　抽样函数波形

② 在 $x = k\pi$，当 k 为整数时是 $Sa(x)$ 的过零点。

2) 矩形波及其频谱。矩形波也叫矩形脉冲，或门函数，是幅度为 E，脉冲宽度为 τ 的矩形，表达式为 $f(t)$，其傅里叶变换为 $F(\omega)$，$f(t)$ 与 $F(\omega)$ 为傅里叶变换对，即

$$f(t) = \begin{cases} E & |t| \leq \dfrac{\tau}{2} \\ 0 & |t| \geq \dfrac{\tau}{2} \end{cases} \xrightarrow{\text{傅里叶变换对}} F(\omega) = E\tau Sa\left(\dfrac{\omega\tau}{2}\right) \tag{6-2}$$

如果时域是矩形信号 $f(t)$，则对应频域的 $F(\omega)$ 是抽样信号，矩形波形和频谱如图 6-10 所示。$f(t)$ 脉冲持续时间为 τ，频域 $F(\omega)$ 的第一过零点频率 $\omega = 2\pi/\tau$（单位为 rad/s）或 $f = 1/\tau$（单位为 Hz）。

频谱 $F(\omega)$ 主要能量集中在第一主瓣，近似认为带宽 $B = 2\pi/\tau$（单位为 rad/s）或 $B = 1/\tau$（单位为 Hz）。τ 越小，B 越大。

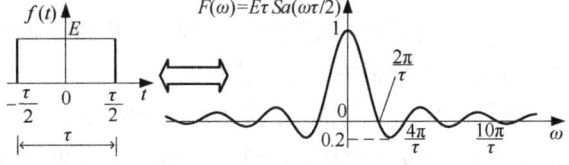

图 6-10　矩形波和频谱图

3) 当时域为抽样信号时，对应的频谱是矩形，即理想低通滤波器。

利用傅里叶变换的对称性：若 $f(t) \Leftrightarrow F(\omega)$，则 $F(t) \Leftrightarrow 2\pi f(-\omega)$

若

$$f(t) = \begin{cases} E & |t| \leq 1/\tau \\ 0 & |t| \geq 1/\tau \end{cases} \Leftrightarrow F(\omega) = E\tau Sa\left(\dfrac{\omega\tau}{2}\right)$$

则

$$F(t) = E\tau Sa\left(\dfrac{t\tau}{2}\right) \Leftrightarrow 2\pi f(-\omega) = \begin{cases} 2\pi E & |-\omega| \leq 1/\tau \\ 0 & |-\omega| \geq 1/\tau \end{cases}$$

方程中，t 或 ω 是变量，其余的 E 和 τ 都是常数，可取任意常数值。令 $E = 1$，$\tau/2 = \omega_H$，再

利用傅里叶变换的线性性质,两端同除2π得

$$F(t) = \frac{\omega_H}{\pi} Sa(\omega_H t) \Leftrightarrow f(\omega) = \begin{cases} 1 & |\omega| \leq \omega_H \\ 0 & |\omega| \geq \omega_H \end{cases}, \text{可改写为}$$

$$s(t) = \frac{\omega_H}{\pi} Sa(\omega_H t) \xrightarrow{\text{傅里叶变换对}} S(\omega) = \begin{cases} 1 & |t| \leq \omega_H \\ 0 & |t| \geq \omega_H \end{cases} \tag{6-3}$$

根据傅里叶变换的对称性推导出结论:如果时域$s(t)$是抽样信号,则对应的频域$S(\omega)$是矩形信号,即截止频率为ω_H的理性低通滤波器。式(6-2)和式(6-3)是通信中常用公式,需要熟记。

4)当数字基带信号的码元波形为矩形时的波形和频谱。设数字脉冲序列的码周期为T_B,当码元波形采用100%占空比的矩形时,取矩形的脉冲宽带τ等于码周期T_B,$\tau = T_B$,100%占空比矩形脉冲的波形和频谱如图6-11所示,表达式为式(6-4)。

$$f(t) = \begin{cases} E & |t| \leq \frac{T_B}{2} \\ 0 & |t| \geq \frac{T_B}{2} \end{cases} \Leftrightarrow F(\omega) = E T_B Sa\left(\frac{\omega T_B}{2}\right) \tag{6-4}$$

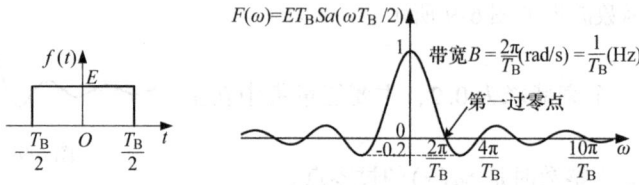

图6-11 数字基带信号波形为矩形脉冲(100%占空比)时的波形和频谱图

观察图6-11可见:

① 频域$F(\omega)$的第一过零点频率:$\omega = 2\pi/T_B$(单位为rad/s)或$f = 1/T_B$(单位为Hz)。

② 频谱主要能量集中在第一主瓣,近似认为信号的带宽$B = 2\pi/T_B$(单位为rad/s)或$B = 1/T_B$(单位为Hz)。

③ 当100%占空比$\tau = T_B$时,$B = 1/T_B = f_B = R_B$。T_B越小,R_B越大,信号传输的越快,但占用的频带越宽。

可见,时域码元宽度越宽,频域占用带宽越小;时域码元宽度越窄,频域占用带宽越宽。有效性的提高是以牺牲带宽为代价的。

5)占空比。占空比定义为码元的高电平持续时间与码周期之比,占空比 = τ/T_B(100%)。图6-11为100%占空比:$\tau = T_B$。50%占空比矩形脉冲波形和频谱如图6-12所示,$\tau = T_B/2$。对比图6-11和图6-12可见:占空比越小,信号带宽越宽。时域脉冲持续时间缩短,使频域频带宽展宽。

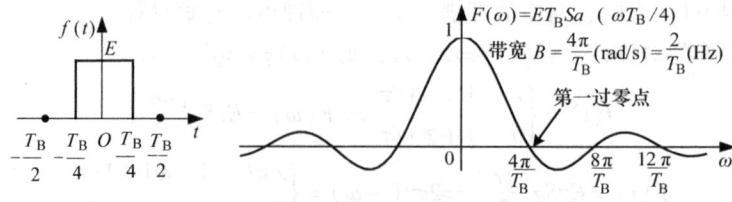

图6-12 50%占空比矩形脉冲的波形和频谱图

数字基带信号常用波形是100%占空比的矩形波。矩形波的频谱是抽样信号，通常都以第一过零点作为带宽，带宽以外的分量为带外泄露。抽样信号拖尾严重，带外泄露是很大的，产生原因是矩形波的上升沿很陡峭，越陡峭表明信号所含的带外高频成分越多。采用三角波、高斯脉冲、升余弦脉冲等能减小带外泄露。

（2）三角波　三角波是通信中常用波形之一，当数字基带信号的码元波形采用三角波时，取三角波的脉冲宽带等于码周期T_B，三角波波形和频谱如图6-13所示，表达式为式（6-5）。

$$f(t) = \begin{cases} E\left(1 - \dfrac{2|t|}{T_B}\right) & |t| \leq T_B/2 \\ 0 & |t| \geq T_B/2 \end{cases} \Leftrightarrow F(\omega) = \dfrac{ET_B}{2}Sa^2\left(\dfrac{\omega T_B}{4}\right) \tag{6-5}$$

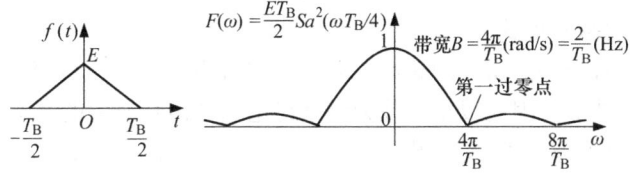

图 6-13　三角波的波形和频谱图

与矩形波相比，三角波的上升沿不再陡峭了，带外泄露减小；但是，在相同码速率下，带宽展宽了，带宽$B = 4\pi/T_B$（单位为 rad/s）或$B = 2/T_B$（单位为 Hz）。与矩形波相比，三角波的占用的带宽增加一倍，意味着相同码速率下（或相同码周期下），采用三角波时需要更大的系统带宽。

（3）高斯脉冲　高斯脉冲的表达式是高斯函数，波形像钟也叫钟形函数，表达式$f(t)$和频谱$F(\omega)$为

$$f(t) = Ee^{-\left(\frac{t}{\tau}\right)^2}, F(\omega) = \sqrt{\pi}E\tau\, e^{-\left(\frac{\omega\tau}{2}\right)^2}$$

高斯脉冲波形和频谱如图6-14所示。高斯脉冲的波形变化比较平缓，带外泄露也很少。

（4）升余弦脉冲

1）升余弦脉冲波形及其频谱。把余弦信号$\cos(x)$截取$-\pi \sim \pi$之间的一段，再加1，即提升1，称为升余弦脉冲，表达式$f(t)$和频谱$F(\omega)$为

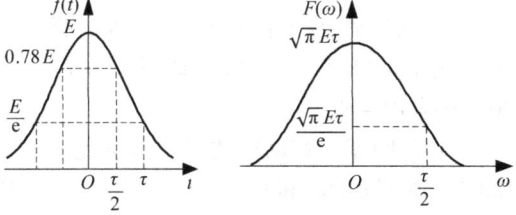

图 6-14　高斯脉冲的波形和频谱图

$$f(t) = \dfrac{E}{2}\left[1 + \cos\left(\dfrac{\pi t}{\tau}\right)\right] \quad 0 \leq |t| \leq \tau, \quad F(\omega) = \dfrac{E\tau Sa(\omega\tau)}{1 - \left(\dfrac{\omega\tau}{\pi}\right)^2}$$

升余弦脉冲的波形和频谱如图6-15所示，具有下列特点：

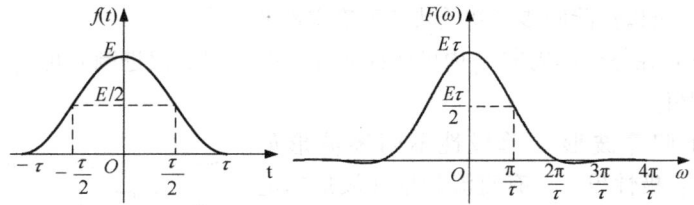

图 6-15　升余弦脉冲波形和频谱图

① $f(t)$ 变化比较平缓。

② $F(\omega)$ 的分母中含有 ω^2 项，尾巴衰减比抽样函数 $Sa(\omega\tau)$ 更快，带外泄露更少。升余弦脉冲是仅次于矩形波的常用的数字基带信号波形。

2）数字基带信号波形采用升余弦脉冲。如果码元波形采用升余弦脉冲，数字脉冲序列的码周期为 T_B，取 $2\tau = T_B$，即 $\tau = T_B/2$，则 $F(\omega)$ 的第一过零点为信号带宽 B，此时 $B = 2\pi/\tau = 4\pi/T_B$。

数字基带信号波形采用升余弦脉冲与采用 100% 占空比的矩形脉冲相比如下。

① 优点：时域波形变化平缓没有陡变；$F(\omega)$ 的尾巴减小，π/τ 和 $3\pi/\tau$ 之间多了一个过零点，带外衰减加快，带外泄露减小。

② 缺点：频域带宽展宽了，是矩形带宽的 2 倍。

3. 基带信号波形的基本形式

基带信号波形虽然有带外泄露大的缺点，但矩形波占用带宽小，最容易形成和变换，仍然是最常用的数字基带信号波形，因此以矩形波为例来讨论基带信号波形的基本形式。

（1）基带信号波形的基本形式 基带信号波形的基本形式如图 6-16 所示，分为二进制和多进制，图 6-16a ~ e 为二进制，图 6-16f 为多进制。二进制包括单极性、双极性、不归零（NRZ）、归零（RZ）、差分波形。

1）单极性波形：只有正极性，如图 6-16a 和 c，"1" 码采用一个 $+E$，"0" 码采用 0V。

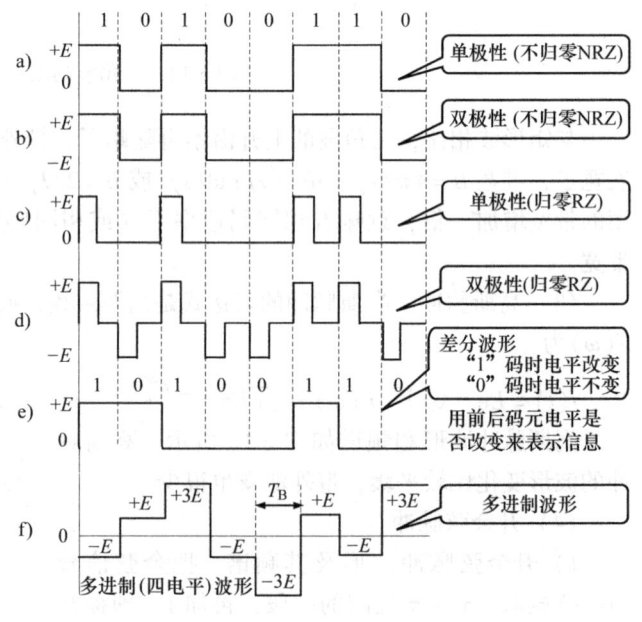

2）双极性波形：有正、负两个极性，如图 6-16b 和 d，"1" 码采用 $+E$，"0" 码采用 $-E$。

3）不归零（NRZ）波形：占空比 = 100%，如图 6-16a 和 b。

4）归零（RZ）波形：占空比 < 100%，如图 6-16c 和 d，在码周期内，非 0 电平持续一段时间后回归到 0 电平。

图 6-16 基带信号波形的基本形式

5）单极性归零波形："1" 码用 $+E$ 回归到 0 表示，"0" 码采用 0V。

6）双极性归零波形："1" 码用 $+E$ 回归到 0 表示，"0" 码用 $-E$ 回归到 0 表示。

7）差分波形：不是直接用高低电平表示信息，而是用前后码元电平是否改变来表示信息，如图 6-16e。这样的信号经过信道传输之后，接收端可以依赖前后码元之间的关系来恢复信息，是通信中常采用的，可以消除同步等初始状态不确定性的影响。

8）多进制波形：在每个码周期 T_B 内可选择多种状态，例如四进制时可以用 4 个可选电平波形来表示，如图 6-16f。

（2）单极性不归零波形 单极性不归零波形如图 6-17 所示，特点：极性单一、有直流分量（波形的电平平均值不为 0）、脉冲之间无间隔（脉冲宽度 = 码元宽度，占空比 = 100%）、判决电平为 0.5E（0、1 等概率

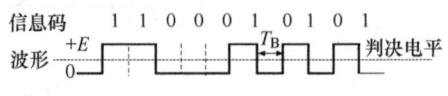

图 6-17 单极性不归零波形

时）、带宽 $B = R_B = 1/T_B = f_B$（单位为 Hz）。

不归零波形也叫 NRZ，单极性只有一个正极性，均值不为零，含有直流。另外，连续为 1 或 0 的情况下码元波形之间没有间隔。再有，在 1 码和 0 码等概的情况下，判决门限是 $0.5E$，是幅值的一半，门限与波形的幅值有关。由于信道的衰减可能忽大忽小，导致接收到的信号幅值也可能忽大忽小，如果判决门限是一个不变的确定值，就容易产生误判，抗噪声性能较差。单极性波形不常被采用，原因之一是含直流，原因之二是判决门限与信号幅值有关，判决容易受信道特性影响而产生误判，不利于抗干扰。

(3) 双极性不归零波形　双极性不归零波形如图 6-18 所示，特点：无直流分量、脉冲之间无间隔（脉冲宽度＝码元宽度，占空比＝100%）、信号的判决电平为 0（0、1 等概时）、抗干扰能力较强、判决电平为 $0.5E$（0、1 等概时）；带宽 $B = R_B = 1/T_B = f_B$（单位为 Hz）。

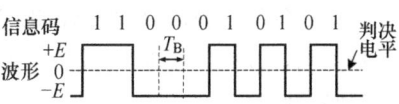

图 6-18　双极性不归零波形

双极性波形幅值是正负交替的，在 1 码和 0 码等概的情况下，均值为零，波形没有直流。在等概的情况下，判决电平是 0V，判决门限与信号的幅值无关，不易受信道特性变化的影响，抗干扰能力强。另外，还是脉冲之间没有间隔不利于位定时的提取。

(4) 单极性归零波形　单极性归零波形如图 6-19 所示，特点：码元间隔明显（占空比＜100%），有利于同步时钟提取脉冲；脉冲窄，有利于减少码元间波形干扰；码元能量小、抗干扰能力差；占用带宽增加，即占空比＝50% 时，$B = 2R_B = 2/T_B = 2f_B$（单位为 Hz）；连续为 0 时不利于同步时钟提取。

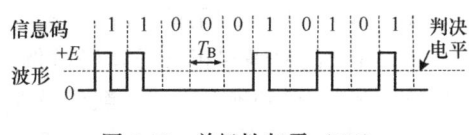

图 6-19　单极性归零（RZ）波形（50% 占空比时）

单极性归零波形含有直流，码元能量小，带宽增加。带宽和脉冲的持续时间有关，时域越窄，频域越宽。脉冲变窄，频带展宽。单极性归零波形的优点是定时信息比较丰富，有利于同步提取，但是连续为 0 时没法提取同步，双极性归零波形可以解决此问题。

(5) 双极性归零波形　双极性归零波形如图 6-20 所示，特点：无直流分量；信号的判决电平为 0（0、1 等概时）；抗干扰能力较强；利于同步脉冲的提取，但以增加带宽为代价；判决电平为 $0.5E$（0、1 等概时）；带宽 $B = R_B = 1/T_B = f_B$（单位为 Hz）。双极性归零波形优点是定时方式丰富，有利于同步提取，而且不含直流。但是，这也是以增加带宽为代价的。

(6) 差分波形　差分波形如图 6-21 所示。差分波形又叫相对码波形。差分波形是用前后码元的波形的幅度是否改变来表示 "1" 码和 "0" 码，目的是消除设备初始状态的影响，例如用在相位调制系统中来解决载波相位模糊问题。

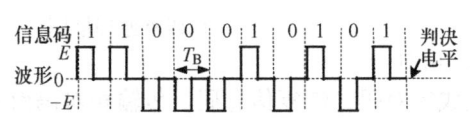

图 6-20　双极性归零（RZ）波形（50% 占空比时）

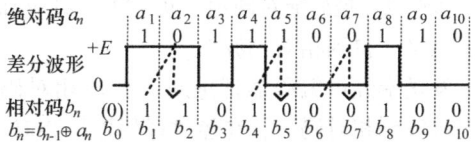

图 6-21　差分波形

1) 差分波形规则：

$$差分波形 \begin{cases} "1"码 & 电平跳变 \\ "0"码 & 电平不变 \end{cases}$$

2) 绝对码 a_n 与相对码 b_n。

① 绝对码a_n。待传输的信息码通常是已知的，二进制时用高、低电平直接表示"1"码元和"0"码元，称为绝对码，用a_n表示。设$a_n = 1011100110$。

② 相对码b_n。把差分波形中的高电平用 1 表示，低电平用 0 表示，得到的码元序列称为相对码，用b_n表示。

3）相对码编码器。图 6-21 中，设：$a_n = a_1 \sim a_{10} = 1011100110$，则：$b_n = (b_0)b_1 \sim b_{10} = (0)1101000100$，$b_n$ 与 a_n 之间的关系满足：

$$b_n = b_{n-1} \oplus a_n \tag{6-6}$$

式（6-6）为相对码编码器的公式。信息码a_n是已知的，设b_n的初始状态为$b_0 = 0$，则利用此编码公式，可依次递推出b_1，b_2，…，b_n，可见，已知绝对码a_n就能求得相对码b_n，这个过程也叫相对码编码。

4）相对码译码器。已知相对码b_n求绝对码a_n称为相对码译码。

二进制的模二运算规律如图 6-22 所示。若：$a \oplus b = c$，则：a、b、c 三者中任意两个模二加等于第三个。故由式（6-6）可以推得相对码译码的规则为

$$a_n = b_{n-1} \oplus b_n \tag{6-7}$$

式（6-7）为相对码译码器的公式。

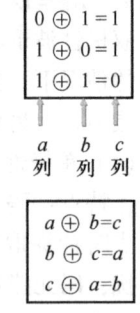

图 6-22 模二运算规则

5）相对码编码和相对码译码举例。相对码编码和相对码译码举例如图 6-23 所示。已知绝对码a_n，默认设b_n初始值为(0)，由式（6-6），可求得b_n，实现相对码编码；再由式（6-7），$a_n = b_{n-1} \oplus b_n$，由b_n求得a_n，实现相对码译码。

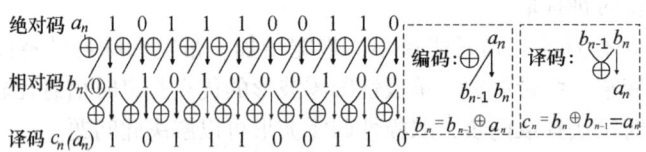

图 6-23 相对码编码和相对码译码运算举例

6）相对码编码和相对码译码的电路实现。

实现编码和译码规则由式（6-6）和式（6-7）得到，相对码编码器和相对码译码器原理框图如图 6-24 所示。

7）绝对码波形通常的产生过程。

步骤 1：绝对码a_n经过编码器产生b_n。

步骤 2：把b_n绝对映射，即"1"对应高电平、"0"对应低电平，得到相对码波形。

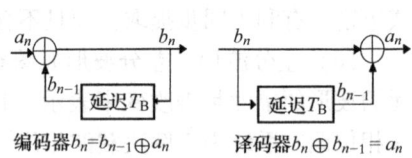

图 6-24 相对码编码器和相对码译码器原理框图

发送端经过编码器把绝对码变成相对码，发送相对码。接收端收到相对码后，在经过译码器把相对码变换成绝对码，恢复信息码。传输相对码而不是传输绝对码，不用绝对电平表示信息，而是用前后码元之间的关系表示信息，可以在恢复信息时消除初始状态不确定性影响。

（7）多电平波形 多电平脉冲波形的幅度取值是多值的，有 M（一般取 2 的幂次，$M = 2^n$）种可能的取值。每种脉冲值代表 n 位二元代码。以四进制波形为例，在每个码周期内有 4 种可能的电平幅度，四进制脉冲波形示意图如图 6-25 所

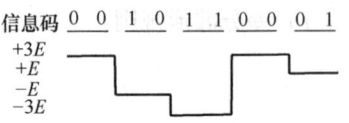

图 6-25 四进制脉冲波形示意图

示。与二进制相比,多进制脉冲波形的信息量更大了。一个码元,如果只有两种可能的取值,信息量是 1bit;如果有 4 种可能的取值,信息量是 2bit。多进制系统能够提供更高的频带利用率,代价是抗干扰能力下降。

多进制脉冲波形特点如下。

① 携带信息量大:适合于高数据速率传输系统(例如采用 64QAM 的有线电视系统)。

② 提高了系统的频带利用率:M 元码传输所需信道频带宽度降为二元码的 $1/n$,频带利用率提高为 n 倍($n = \log_2 M$)。

③ 抗干扰能力差:信息能量相同的情况下,抗干扰能力比二进制差。

6.3 数字基带信号的功率谱密度

数字基带信号是随机脉冲序列。对于确定信号 $f(t)$,可以用其傅里叶变换 $F(\omega)$ 来表示频谱密度,那么随机脉冲序列的频谱密度是功率谱密度,通信中的信号大部分都是功率信号,频谱密度特性用功率谱密度来表示。而对于随机过程 $s(t)$,由于 $s(t)$ 是随机的,与其频谱密度没有一一对应关系,频谱密度特性用功率谱密度来描述,要用确知信号和随机过程两章中介绍的方法求解,这两章都是随机过程的分析,确知信号是从时间域角度,随机过程是从概率统计的角度,尽管分析角度不同,两种分析方法得出的结论并不矛盾,是一致的,本节功率谱密度推导综合运用了这两种方法。

信息码 $\{a_n\}$ 是随机码元序列,每个码元的取值是不确定的,例如二进制 $\{1, 0\}$,a_n 以一定的概率取值"1"和"0",是随机变量。"1"码采用波形 $g_1(t)$,"0"码采用波形 $g_2(t)$。波形 $g_1(t)$ 和 $g_2(t)$ 是矩形波或三角波等,是确定信号,是存在傅里叶变换的。数字基带脉冲序列是随机过程,是功率信号,频谱密度特性用功率谱密度来描述。

研究数字基带信号的功率谱密度的意义:通过功率谱密度分析,可以了解信号占据的频带宽度,所包含的频谱密度分量,有无直流分量,有无定时分量等。这样,才能针对信号谱密度的特点来选择相匹配的信道,以及确定是否可从信号中提取定时信号。

6.3.1 数字基带信号的功率谱密度计算

随机过程功率谱密度与自相关函数互为傅里叶变换对,由随机过程的自相关函数可以来求随机过程的功率(或能量)谱密度,但有时复杂的表达式难以推导。另一种方法是以随机过程功率谱密度的原始定义为出发点,求出数字随机序列的功率谱密度公式,是数字基带信号的功率谱密度推导采用的方法,而且以二元随机脉冲序列为例来推导,推广到多进制时结论同样适用。

1. 数字基带信号的数学表达式

二元随机脉冲序列 $s(t)$ 的数学表达式为

$$s(t) = \sum_{n=-\infty}^{\infty} s_n(t), s_n(t) = \begin{cases} g_1(t), & \text{以概率 } P \\ g_2(t), & \text{以概率 } (1-P) \end{cases} \quad (6-8)$$

数字基带信号的波形示意图如图 6-26 所示。以二元随机序列为例,用 $g_1(t)$ 和 $g_2(t)$ 分别表示码元"1"和"0",且它们的出现是统计独立的。T_B 为码周期(码元宽度或码元持续时间);f_B 为码频率;R_B 为码速率;在数值上,$f_B = 1/T_B = R_B$。$G_1(f)$ 和 $G_2(f)$ 分别是 $g_1(t)$ 和 $g_2(t)$ 的傅里叶变换。

2. 求数字基带信号功率谱密度的推导思路

波形分解:将 $s(t)$ 看成由稳态波 $v(t)$ 和交变波 $u(t)$ 构成,即 $s(t) = v(t) + u(t)$,则 $s(t)$ 的功

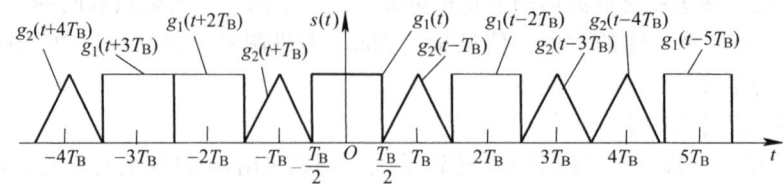

图 6-26 数字基带信号的波形示意图

率谱密度 $P_s(f) = P_v(f) + P_u(f)$。分析步骤如下。

1) 稳态波分析，即求稳态波的功率谱密度 $P_v(f)$。
2) 交变波分析，即求交变波的功率谱密度 $P_u(f)$。
3) 求合成波的功率谱密度 $P_s(f)$。

推导结论：1) $\quad P_v(f) = f_B^2 \sum_{n=-\infty}^{\infty} | P G_1(nf_B) + (1-P) G_2(nf_B) |^2 \delta(f - nf_B)$

2) $\quad P_u(f) = f_B P(1-P) | G_1(f) - G_2(f) |^2$

3) $\quad P_s(f) = P_u(f) + P_v(f)$

即数字基带信号功率谱为

$$P_s(f) = f_B P(1-P) | G_1(f) - G_2(f) |^2 + f_B^2 \sum_{n=-\infty}^{\infty} | P G_1(nf_B) + (1-P) G_2(nf_B) |^2 \delta(f - nf_B)$$
(6-9)

3. 功率谱密度的推导过程

(1) 波形分解 首先把二元随机脉冲序列 $s(t)$ 分解为稳态波 $v(t)$ 和交变波 $u(t)$：$s(t) = v(t) + u(t)$。稳态波是每码元波形的概率平均值，可以近似理解为直流（但不是直流）；交变波是每码元波形的变化部分，可以近似理解为交流（但不是交流）。

1) 稳态波波形分解过程。概率平均即统计平均，算术平均相当于等概情况下的平均，概率加权的平均就是统计平均。稳态波 $v(t)$ 是随机序列 $s(t)$ 的统计平均分量，它取决于每个码元内出现 $g_1(t)$、$g_2(t)$ 的概率加权平均：$v_n(t) = P g_1(t) + (1-P) g_2(t)$。任意第 n 个码元，脉冲波形 $s_n(t)$ 以 P 的概率取矩形波 $g_1(t - nT_B)$，以 $(1-P)$ 的概率取三角形波 $g_2(t - nT_B)$，统计平均 $v_n(t)$，即

$$v_n(t) = P g_1(t - nT_B) + (1-P) g_2(t - nT_B)$$

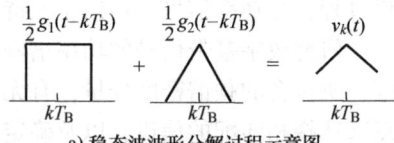

a) 稳态波波形分解过程示意图

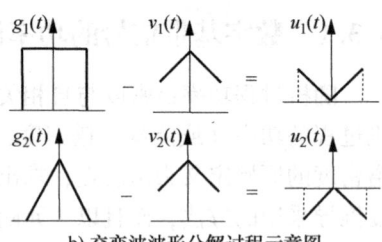

b) 交变波波形分解过程示意图

图 6-27 稳态波和交变波波形分解过程示意图

为便于理解假设 $P = 1/2$，稳态波波形分解过程示意图如图 6-27a 所示，稳态波 $v_n(t)$ 波形示意图如图 6-28 所示。$v_n(t)$ 波形是以 T_B 为周期的周期信号，且在每个码元内都相同。

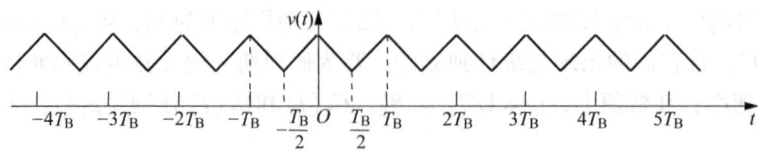

图 6-28 稳态波波形示意图

2) 交变波分解过程。交变波波形分解过程示意图如图 6-27b 所示。交变波 $u(t)$ 是随机序列 $s(t)$ 相对于稳态波 $v(t)$ 的变动部分，$u(t) = s(t) - v(t)$，它取决于 $g_1(t)$、$g_2(t)$ 随机出现的情况，采用双极性波形。如果当前码元取矩形波 $g_1(t)$，则当前码元波形减稳态波得到取矩形波形时的交变波 $u_1(t)$；如果当前码元取矩形波 $g_2(t)$，则当前码元波形减稳态波得到取三角波形时的交变波 $u_2(t)$。图中 $u_1(t)$ 和 $u_2(t)$ 一个是正的，另一个是负的，二者是正负交替双极性的，故称为交变波。当信息码序列为图 6-26 数字基带信号的波形时，其交变波波形如图 6-29 所示。图 6-26 数字基带信号可分解为图 6-28 稳态波和图 6-29 交变波的叠加。

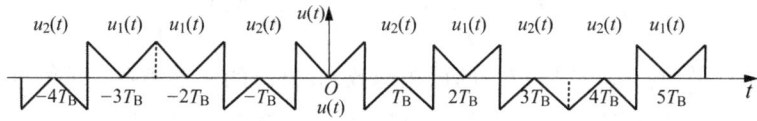

图 6-29 交变波波形示意图

(2) 稳态波分析 稳态波 $v(t)$ 是随机序列 $s(t)$ 的统计平均分量，它取决于每个码元内出现 $g_1(t)$、$g_2(t)$ 的概率加权平均，且每个码元统计平均波形相同，即 $v_n(t) = Pg_1(t - nT_B) + (1-P)g_2(t - nT_B)$，因此 $v(t)$ 可表示成

$$v(t) = \sum_{n=-\infty}^{\infty} v_n(t) = \sum_{n=-\infty}^{\infty} Pg_1(t - nT_B) + (1-P)g_2(t - nT_B) \tag{6-10}$$

$v(t)$ 是以 T_B 为周期的功率信号。在确知信号一章中，给出周期功率信号的功率谱密度公式，即

$$P_v(f) = \sum_{n=-\infty}^{\infty} |F_n|^2 \delta(f - nf_B) \tag{6-11}$$

式中，$f_B = 1/T_B$；F_n 是周期信号的指数型傅里叶级数系数，求得 F_n 后代入式（6-11）可求得稳态波的功率谱密度 $P_v(f)$。

求 F_n，$v(t)$ 是以 T_B 为周期的周期信号，周期信号的指数型傅里叶级数公式为

$$v(t) = \sum_{n=-\infty}^{\infty} F_n e^{-j2\pi nf_B t}, F_n = \frac{1}{T_B} \int_{-T_B/2}^{T_B/2} v(t) e^{-j2\pi nf_B t} dt$$

式中，F_n 是指数型傅里叶级数的系数，求 F_n 的公式中，积分上下限在 $(-T_B/2, T_B/2)$ 范围内，相当于在 $v(t) = \sum_{n=-\infty}^{\infty} v_n(t)$ 中只取 $n = 0$，此时，$v(t) = v_0(t) = Pg_1(t) + (1-P)g_2(t)$，所以

$$F_n = \frac{1}{T_S} \int_{-T_B/2}^{T_B/2} [Pg_1(t) + (1-P)g_2(t)] e^{-j2\pi nf_B t} dt$$

又由于 $Pg_1(t) + (1-P)g_2(t)$ 只存在 $(-T_B/2, T_B/2)$ 范围内，所以上式的积分限可以改为从 $-\infty$ 到 ∞，即

$$F_n = \frac{1}{T_S} \int_{-\infty}^{\infty} [Pg_1(t) + (1-P)g_2(t)] e^{-j2\pi nf_B t} dt \tag{6-12}$$

$g_1(t)$ 和 $g_2(t)$ 是矩形波或三角波等确定信号，存在傅里叶变换，设它们的傅里叶变换分别为 $G_1(f)$ 和 $G_2(f)$，则

$$G_1(nf_B) = \int_{-\infty}^{\infty} g_1(t) e^{-j2\pi nf_B t} dt, G_2(nf_B) = \int_{-\infty}^{\infty} g_2(t) e^{-j2\pi nf_B t} dt$$

代入式（6-12）得

$$F_n = f_B [PG_1(nf_B) + (1-P)G_2(nf_B)] \tag{6-13}$$

式中，$f_B = 1/T_B$。

将 F_n 代入式 (6-11)，得到稳态波的功率谱密度，即

$$P_v(f) = f_B^2 \sum_{m=-\infty}^{\infty} |PG_1(nf_B) + (1-P)G_2(nf_B)|^2 \delta(f - nf_B) \qquad (6\text{-}14)$$

(3) 交变波分析　交变波 $u(t)$ 是功率型的随机脉冲序列，其功率谱密度用功率谱密度的原始定义公式来求，采用截短函数和求统计平均的方法，参照确知信号一章中的功率谱密度的原始定义：功率等于单位时间上的能量，时域能量与频域能量相等，设 $u(t)$ 在时间 T 内的截短函数为 $u_T(t)$，有

$$P_u(f) = \lim_{T \to \infty} \frac{E(|U_T(f)|^2)}{T}, P_u(f) = \lim_{N \to \infty} \frac{E(|U_T(f)|^2)}{(2N+1)T_B} \qquad (6\text{-}15)$$

式中，$E(\ )$ 表示统计平均；$U_T(f)$ 是 $u(t)$ 的截短函数和 $u_T(t)$ 的频谱函数。求解过程：求 $U_T(f) \to |U_T(f)|^2 \to E[|U_T(f)|^2] \to$ 再代入式 (6-15)，可求得 $u(t)$ 的功率谱密度 $P_u(f)$。

1) 求 $U_T(f)$。交变波截短信号 $u_T(t)$ 波形如图 6-30 所示。设 $u(t)$ 的截短信号为 $u_T(t)$，截取时间 T 从 $-N$ 到 $+N$，共 $(2N+1)$ 个码元的长度，即 $T = (2N+1)T_B$，则

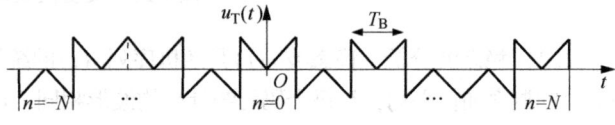

图 6-30　交变波截短信号 $u_T(t)$ 波形

$$u_T(t) = \sum_{n=-N}^{N} u_n(t)$$

式中，N 为一个足够大的数值，且当 $T \to \infty$ 时，意味着 $N \to \infty$。

要想求出 $u_T(t)$ 需先求出 $u_n(t)$。

$u(t) = s(t) - v(t)$，第 n 个码元为 $u_n(t) = s_n(t) - v_n(t)$，其中：

$$s_n(t) = \begin{cases} g_1(t), & \text{以概率 } P \\ g_2(t), & \text{以概率 } (1-P) \end{cases}, v_n(t) = Pg_1(t - nT_B) + (1-P)g_2(t - nT_B)，则$$

$$u_n(t) = \begin{cases} g_1(t) - v_n(t), & \text{以概率 } P \\ g_2(t) - v_n(t), & \text{以概率}(1-P) \end{cases}$$

$$= \begin{cases} g_1(t) - [Pg_1(t - nT_B) + (1-P)g_2(t - nT_B)], & \text{以概率 } P \\ g_2(t) - [Pg_1(t - nT_B) + (1-P)g_2(t - nT_B)], & \text{以概率}(1-P) \end{cases}$$

$$= \begin{cases} (1-P)[g_1(t - nT_B) - g_2(t - nT_B)], & \text{以概率 } P \\ (-P)[g_1(t - nT_B) - g_2(t - nT_B)], & \text{以概率}(1-P) \end{cases}$$

设随机变量 $c_n = \begin{cases} (1-P), & \text{以概率 } P \\ (-P), & \text{以概率 } (1-P) \end{cases}$，则 $u_n(t) = c_n[g_1(t - nT_B) - g_2(t - nT_B)]$。

显然，c_n 是一个随机变量，$u_n(t)$ 是一个随机过程。把 $u_n(t)$ 代入 $u_T(t)$ 公式，得

$$u_T(t) = \sum_{n=-N}^{N} u_n(t) = \sum_{n=-N}^{N} c_n[g_1(t - nT_B) - g_2(t - nT_B)]$$

对 $u_T(t)$ 进行傅里叶变换 $F[u_T(t)]$，得

$$U_T(f) = \int_{-\infty}^{\infty} u_T(t) e^{-j2\pi ft} dt = \int_{-\infty}^{\infty} \sum_{n=-N}^{N} c_n[g_1(t - nT_B) - g_2(t - nT_B)] e^{-j2\pi ft} dt$$

$$= \int_{-\infty}^{\infty} \sum_{n=-N}^{N} c_n e^{-j2\pi fnT_B} [G_1(f) - G_2(f)]$$

式中，$G_1(f) = \int_{-\infty}^{\infty} g_1(t) e^{-j2\pi ft} dt, G_2(f) = \int_{-\infty}^{\infty} g_2(t) e^{-j2\pi ft} dt$

说明：$G_1(f) = F[g_1(t)] = \int_{-\infty}^{\infty} g_1(t) \mathrm{e}^{-\mathrm{j}2\pi f t} \mathrm{d}t$，利用傅里叶变换的时移特性，$G_1(f)\mathrm{e}^{-\mathrm{j}2\pi f n T_B} = F[g_1(t - nT_B)]$，时域的时移 nT_B，对应频域乘指数 $\mathrm{e}^{-\mathrm{j}2\pi f n T_B}$。

2）求 $|U_T(f)|^2$。

$$|U_T(f)|^2 = U_T(f) U_T^*(f)$$

$$U_T(f) = \int_{-\infty}^{\infty} \sum_{n=-N}^{N} c_n \mathrm{e}^{-\mathrm{j}2\pi f n T_B} [G_1(f) - G_2(f)]$$

共轭为复指数部分取反，把 $-\mathrm{j}$ 变为 $+\mathrm{j}$、$[G_1(f) - G_2(f)]$ 变为 $[G_1(f) - G_2(f)]^*$，得

$$U_T^*(f) = \int_{-\infty}^{\infty} \sum_{m=-N}^{N} d_m \mathrm{e}^{\mathrm{j}2\pi f m T_B} [G_1(f) - G_2(f)]^*$$

其中，$d_m = c_n = \begin{cases} (1-P), & \text{以概率 } P \\ (-P), & \text{以概率 } (1-P) \end{cases}$，$d_m$ 和 c_n 为取值相同的两个随机变量。

$$|U_T(f)|^2 = U_T(f) U_T^*(f)$$

$$= \sum_{m=-N}^{N} \sum_{n=-N}^{N} c_n d_m \mathrm{e}^{\mathrm{j}2\pi f(m-n)T_B} [G_1(f) - G_2(f)][G_1(f) - G_2(f)]^*$$

$$= \sum_{m=-N}^{N} \sum_{n=-N}^{N} c_n d_m \mathrm{e}^{\mathrm{j}2\pi f(m-n)T_B} |G_1(f) - G_2(f)|^2$$

3）求 $E[|U_T(f)|^2]$。

统计平均 $E(\ )$ 是概率加权平均，针对的是其中的随机变量，故可以把 $E(\ )$ 移到求和符号的内部。其统计平均为

$$E[|U_T(f)|^2] = \sum_{m=-N}^{N} \sum_{n=-N}^{N} E(c_n d_m) \mathrm{e}^{\mathrm{j}2\pi f(m-n)T_B} |G_1(f) - G_2(f)|^2$$

下一步，求 $E(c_n d_m)$。

当 $m = n$ 时，$c_n d_m = c_n^2 = \begin{cases} (1-P)^2, & \text{以概率 } P \\ P^2, & \text{以概率}(1-P) \end{cases}$

$$E(c_n d_m) = E(c_n^2) = P(1-P)^2 + (1-P)P^2 = P(1-P)$$

当 $m \neq n$ 时，$c_n d_m = \begin{cases} (1-P)^2, & \text{以概率 } P \\ P^2, & \text{以概率}(1-P)^2 \\ -P(1-P), & \text{以概率 } 2P(1-P) \end{cases}$

$$E(c_n d_m) = P(1-P)^2 + (1-P)^2 P^2 + 2P(1-P)[-P(1-P)] = 0$$

由1）和2）知，统计平均值 $E(c_n d_m)$ 仅在 $m = n$ 时存在，即 $E(c_n d_m) = P(1-P)$。因此，$E[|U_T(f)|^2]$ 中的二重求和简化为一重求和，即

$$E(|U_T(f)|^2) = \sum_{n=-N}^{N} E(c_n^2) |G_1(f) - G_2(f)|^2$$

$$= \sum_{n=-N}^{N} P(1-P) |G_1(f) - G_2(f)|^2 = (2N+1) P(1-P) |G_1(f) - G_2(f)|^2$$

4）把 $E[|U_T(f)|^2]$ 代入交变波功率谱密度定义式（6-15），得

$$P_u(f) = \lim_{N \to \infty} \frac{E[|U_T(f)|^2]}{(2N+1)T_B} = \lim_{N \to \infty} \frac{(2N+1) P(1-P) |G_1(f) - G_2(f)|^2}{(2N+1)T_B}$$

得到交变波的功率谱密度为

$$P_u(f) = f_B P(1-P) |G_1(f) - G_2(f)|^2 \tag{6-16}$$

由式（6-16）可见，交变波的功率谱密度 $P_u(f)$ 是连续谱，是始终存在的（因为0码和1码

不能采用完全一样的波形），$P_u(f)$ 与 $g_1(t)$ 和 $g_2(t)$ 的频谱密度以及概率 P 有关。根据连续谱可以确定随机序列的带宽，带宽等于 $G_1(f)$ 和 $G_2(f)$ 的带宽，如果二者带宽不同，则取带宽大的作为随机序列的带宽。

4. 数字基带信号的功率谱密度，即合成波的功率谱密度

合成波的功率谱密度 $P_s(f)$ 等于交变波功率谱密度 $P_u(f)$ 与稳态波功率谱密度 $P_v(f)$ 之和。式 (6-14) 与式 (6-16) 相加，$P_s(f) = P_u(f) + P_v(f)$，得到的是数字基带信号的双边功率谱密度。

1) 数字基带信号的功率谱密度，即双边谱（写成双边的形式）：

$$P_s(f) = f_B P(1-P) |G_1(f) - G_2(f)|^2 + f_B^2 \sum_{n=-\infty}^{\infty} |P G_1(nf_B) + (1-P) G(nf_B)|^2 \delta(f - nf_B)$$

(6-17)

式中，码频率 $f_B = 1/T_B$，在数值上，$f_B =$ 码速率 R_B，P 为 "1" 出现的概率，$G_1(f)$，$G_2(f)$ 是 $g_1(t)$，$g_2(t)$ 的傅里叶变换。

双边谱频率范围取 $(-\infty, +\infty)$，包含负频率，对应 n 取 $(-\infty, +\infty)$ 的整数。负频率是傅里叶变换中引入的，实际信号是不存在负频率的，因此表达式还有另一种形式，单边谱。

2) 数字基带信号的功率谱密度，即单边谱写成单边的形式：

$$P_s(f) = 2f_B P(1-P) |G_1(f) - G_2(f)|^2 + f_B^2 |P G_1(0) + (1-P) G(0)|^2 \delta(f) +$$

$$f_B^2 \sum_{n=1}^{\infty} |P G_1(nf_B) + (1-P) G(nf_B)|^2 \delta(f - nf_B)$$

(6-18)

单边谱是实际的谱，取频率范围 $[0, +\infty)$，是正的频率，对应 n 取 $[0, +\infty)$ 的整数。单边谱的值是双边谱的 2 倍，是实际信号谱值，双边谱是把这个实际值分一半到负频率上去了。$n = 0$ 时频率为 0，表示离散谱中的直流，$nf_B = 0$，$\delta(f - nf_B) = \delta(f)$ 为原点处的冲激，$\delta(f)$ 的系数表示直流的幅度值，为 0 时表示频谱密度中不含直流。

单边谱及双边谱是数字基带信号功率谱密度的两种不同表示方法，实质相同，但双边谱更常用。

6.3.2 常用数字基带信号的功率谱密度及其特征

(1) 随机脉冲序列的功率谱密度的特征 观察式 (6-17) 可知随机脉冲序列的功率谱密度的特征如下。

1) 由连续谱 $P_u(f)$ 和离散谱 $P_v(f)$ 组成。
2) 连续谱总是存在的，连续谱决定信号的带宽。
3) 离散谱不一定总存在，离散谱决定能否提取 f_B 定时脉冲。

随机脉冲序列的功率谱密度可能包含连续谱 $P_u(f)$ 和离散谱 $P_v(f)$。对于连续谱而言，由于代表数字信息的 $g_1(t)$ 及 $g_2(t)$ 不能完全相同，故 $G_1(f) \neq G_2(f)$，因而 $P_u(f)$ 总是存在的；而离散谱是否存在，取决 $g_1(t)$ 和 $g_2(t)$ 的波形及其出现的概率 P，决定接收端能否提取 f_B 定时脉冲，有无定时信号。

(2) 单极性波形的功率谱密度公式 若设 $g_1(t) = 0$，$g_2(t) = g(t)$，则 $G_1(f) = 0$，$G_2(f) = G(f)$，代入双边功率谱密度公式 (6-17)，得到单极性波形的功率谱密度公式，即

$$P_s(f) = f_B P(1-P) |G(f)|^2 + f_B^2 \sum_{n=-\infty}^{\infty} |(1-P) G(nf_B)|^2 \delta(f - nf_B) \quad (6-19)$$

等概（$P = 1/2$）的单极性波形功率谱密度公式为

$$P_s(f) = \frac{1}{4}f_B |G(f)|^2 + \frac{1}{4}f_B^2 \sum_{n=-\infty}^{\infty} |G(nf_B)|^2 \delta(f - nf_B) \tag{6-20}$$

(3) 双极性波形的功率谱密度公式　若设 $g_1(t) = -g_2(t) = g(t)$，则 $G_1(f) = -G_2(f) = G(f)$，代入双边功率谱密度公式（6-17），得到双极性波形的功率谱密度公式，即

$$P_s(f) = 4f_B P(1-P)|G(f)|^2 + f_B^2 \sum_{n=-\infty}^{\infty} |(2P-1)G(nf_B)|^2 \delta(f - nf_B) \tag{6-21}$$

等概（$P = 1/2$）的双极性波形功率谱密度公式为

$$P_s(f) = f_B |G(f)|^2 \tag{6-22}$$

下面以常用的矩形脉冲序列为例来分析数字基带信号的功率谱密度及其特征。

(4) 单极性不归零矩形脉冲序列的功率谱密度

【例 6-2】 单极性二进制等概率随机脉冲序列 $s(t)$，$s(t)$ 为周期 T_B 的不归零（NRZ）矩形脉冲，$s(t)$ 及其码元 $g(t)$ 波形如图 6-31 所示，求 $s(t)$ 的双边功率谱密度 $P_s(f)$。

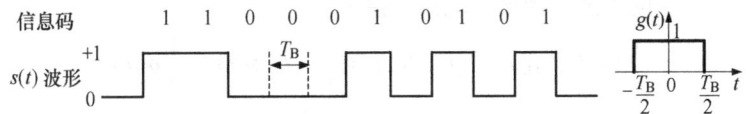

图 6-31　单极性二进制等概率随机脉冲序列 $s(t)$ 及其码元 $g(t)$ 波形

解题思路：等概（$P = 1/2$）的单极性波形功率谱密度为 $P_s(f) = \frac{1}{4}f_B |G(f)|^2 + \frac{1}{4}f_B^2 \sum_{n=-\infty}^{\infty} |G(nf_B)|^2 \delta(f - nf_B)$，已知 $g(t)$，求得其傅里叶变换 $G(f)$、整数倍频点上的离散值 $G(nf_B) = G(f)|_{f=nf_B}$，代入即可。码频率 $f_B = 1/T_B$，数值上等于码速率。

解： 1) 求 $G(f)$。幅度为 E，脉冲宽度为 τ 的矩形波 $f(t)$，其傅里叶变换 $F(\omega)$，即 $F(\omega) = E\tau Sa\left(\frac{\omega\tau}{2}\right)$，矩形波 $f(t)$ 及其傅里叶变换 $F(\omega)$ 波形如图 6-11 所示。当码元波形 $g(t)$ 为幅度 $E = 1$，脉冲宽度 $\tau = T_B$ 的矩形波，其傅里叶变换 $G(\omega) = T_B Sa\left(\frac{\omega T_B}{2}\right)$ 或写成频率的形式，即 $G(f) = T_B Sa(\pi f T_B)$，$g(t)$ 和 $G(\omega)$ 波形如图 6-32 所示。

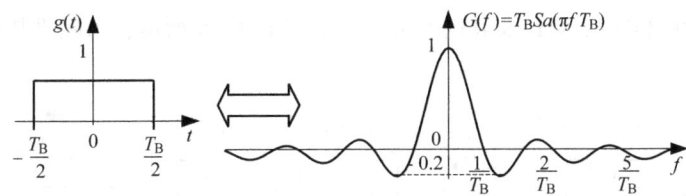

图 6-32　单极性不归零码元波形 $g(t)$ 和 $G(\omega)$ 波形（100% 占空比）

2) 求 $G(nf_B)$。$G(nf_B)$ 分析图如图 6-33 所示。

$G(nf_B) = G(f)|_{f=nf_B} = T_B Sa(\pi n f_B T_B) = T_B Sa(\pi n)$，其中，$f_B T_B = 1$。

① $n = 0$ 时，$G(0) = G(nf_B)|_{n=0} = T_B Sa(\pi n f_B T_B)|_{n=0} = T_B Sa(0) = T_B \neq 0$，离散谱密度中有直流分量。

② n 为不等于零的整数时，$G(nf_B) = T_B Sa(\pi n f_B T_B) = T_B Sa(\pi n) = 0$，离散谱密度均为零，不含有 $f = nf_B$ 的离散

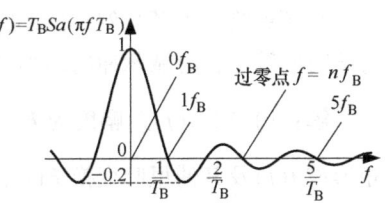

图 6-33　$G(nf_B)$ 分析图（NRZ）

谱密度。

③ $n=1$ 时，$G(nf_B)=G(f_B)=0$，因而接收端不能提取 f_B 定时脉冲，即无定时信号。

$$\frac{1}{4}f_B^2 \sum_{n=-\infty}^{\infty} |G(nf_B)|^2 \delta(f-nf_B) = \frac{1}{4}f_B^2|G(0f_B)|^2 \delta(f-0f_B) = \frac{1}{4}f_B^2 T_B^2 \delta(f) = \frac{1}{4}\delta(f)$$

3）求 $P_s(f)$。由等概的单极性不归零脉冲序列的功率谱密度为

$$P_s(f) = \frac{1}{4}f_B|G(f)|^2 + \frac{1}{4}f_B^2 \sum_{n=-\infty}^{\infty} |G(nf_B)|^2 \delta(f-nf_B)，其中，$$

① 连续谱部分：$G(f)=T_B Sa(\pi f T_B)$，所以 $\frac{1}{4}f_B|G(f)|^2 = \frac{1}{4}f_B T_B^2 Sa^2(\pi f T_B) = \frac{1}{4}T_B Sa^2(\pi f T_B)$。

② 离散谱部分：$\sum_{n=-\infty}^{\infty} |G(nf_B)|^2 \delta(f-nf_B) = \cdots + |G(0f_B)|^2 \delta(f-0f_B) + |G(1f_B)|^2 \delta(f-1f_B) + \cdots$，其中只有 $n=0$ 时存在离散谱密度，$|G(0f_B)|^2 = T_B^2 \neq 0$；在 n 为不等于零的整数时，离散谱密度均为零，不含有 $f=nf_B$ 的离散谱密度。故离散谱为

$$\frac{1}{4}f_B^2|G(0f_B)|^2 \delta(f-0f_B) = \frac{1}{4}f_B^2 T_B^2 \delta(f) = \frac{1}{4}\delta(f)$$

$P_s(f)=$ 连续谱 $+$ 离散谱，得 $P_s(f) = \frac{1}{4}T_B Sa^2(\pi f T_B) + \frac{1}{4}\delta(f)$

单极性不归零脉冲序列功率谱密度 $P_s(f)$ 波形如图 6-34 所示，图中可见：

① 连续谱振荡衰减，近似认为序列带宽 $B=$ 第一过零点 f_B（$n=1$ 时），即 $B=f_B$。

② $n=0$ 时的离散谱为 $\frac{1}{4}\delta(f)$，存在直流，这正是单极性波形的特点。

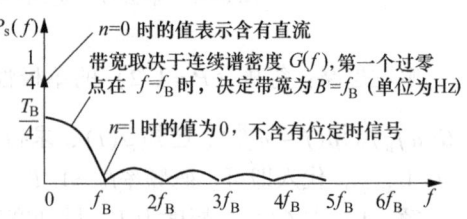

图 6-34 单极性不归零脉冲序列功率谱密度

③ $n=1$ 时，$G(1f_B)=0$ 为抽样信号的过零点，$|G(1f_B)|^2 \delta(f-1f_B)=0$，不含位定时分量 $\delta(f-f_B)$，故接收端不能从此信号中提取位定时信号。

（5）单极性归零矩形脉冲序列的功率谱密度

【例 6-3】 单极性二进制等概率序列 $s(t)$，码元波形 $g(t)$ 为周期 T_B 的半占空比（50% 占空比）的归零矩形脉冲（RZ），$s(t)$ 及其码元波形 $g(t)$ 如图 6-35 所示，求随机脉冲序列 $s(t)$ 的双边功率谱密度 $P_s(f)$。

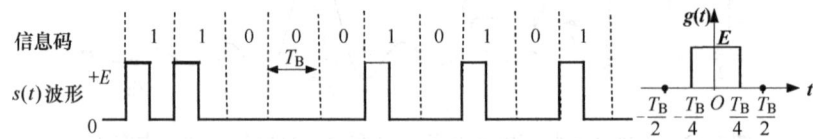

图 6-35 单极性归零二进制脉冲序列 $s(t)$ 及其码元 $g(t)$ 波形（50% 占空比）

解题思路：本题与例 6-1 解题思路相同。不同点：$g(t)$ 不同，码元采用归零的矩形波，脉冲持续时间缩短，时域脉冲的缩小对应频域占据的频带展宽。

解：1）求 $G(f)$。幅度为 E，脉冲宽度为 τ 的矩形波 $f(t)$，其傅里叶变换 $F(\omega)=E\tau Sa\left(\frac{\omega\tau}{2}\right)$，矩形波 $f(t)$ 及其傅里叶变换 $F(\omega)$ 波形如图 6-11 所示。

50% 占空比的矩形波 $g(t)$ 幅度为 1，脉冲宽度为 $\tau=T_B/2$，其傅里叶变换 $G(\omega)=\frac{T_B}{2}Sa\left(\frac{\omega T_B}{4}\right)$

或写成频率的形式：$G(f) = \dfrac{T_B}{2} Sa\left(\dfrac{\pi f T_B}{2}\right)$，$g(t)$ 和 $G(f)$ 波形如图 6-36 所示。

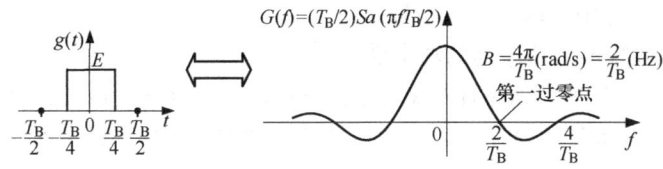

图 6-36　码元波形 $g(t)$ 和 $G(f)$ 波形（50% 占空比）

50% 占空比的归零矩形脉冲与不归零矩形脉冲相比，时域：脉冲持续时间缩小为原来的 1/2；频域：带宽展宽了 2 倍。

2）求 $G(nf_B)$。$G(nf_B)$ 分析图如图 6-37 所示。

$$G(nf_B) = G(f)|_{f=nf_B} = \dfrac{T_B}{2} Sa\left(\dfrac{\pi nf_B T_B}{2}\right) = \dfrac{T_B}{2} Sa\left(\dfrac{\pi n}{2}\right)，其中：f_B T_B = 1。$$

① $n = 0$ 时，$G(0) = G(nf_B)|_{n=0} = (T_B/2) Sa(0) = T_B/2 \neq 0$，因此离散谱中有直流分量。

② n 为不等于零的偶数时，$G(nf_B) = 0$，离散谱均为零。

③ n 为不等于零的奇数时，$G(nf_B) \neq 0$，含有 $f = nf_B$ 的离散谱。

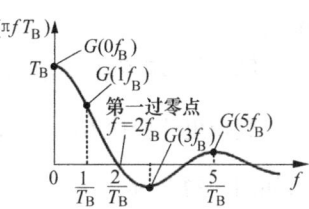

图 6-37　$G(nf_B)$ 分析图（RZ）

④ 特别是当 $n = 1$ 时，$G(nf_B) = G(f_B) \neq 0$，有定时信号，因而接收端能提取 f_B 位定时脉冲。

3）求 $P_s(f)$。等概的单极性不归零脉冲序列的功率谱密度为

$$P_s(f) = \dfrac{1}{4} f_B |G(f)|^2 + \dfrac{1}{4} f_B^2 \sum_{n=-\infty}^{\infty} |G(nf_B)|^2 \delta(f - nf_B)，其中。$$

① 连续谱部分：$G(f) = \dfrac{T_B}{2} Sa\left(\dfrac{\pi f T_B}{2}\right)$，所以 $\dfrac{1}{4} f_B |G(f)|^2 = \dfrac{1}{16} f_B T_B^2 Sa^2\left(\dfrac{\pi f T_B}{2}\right) = \dfrac{T_B}{16} Sa^2\left(\dfrac{\pi f T_B}{2}\right)$

② 离散谱部分：$\dfrac{1}{4} f_B^2 \sum_{n=-\infty}^{\infty} |G(nf_B)|^2 \delta(f - nf_B) = \dfrac{1}{16} \sum_{n=奇} Sa^2\left(\dfrac{n\pi}{2}\right) \delta(f - nf_B) \sum_{n=-\infty}^{\infty}$

$|G(nf_B)|^2 \delta(f - nf_B)$

$= \cdots + |G(0f_B)|^2 \delta(f) + |G(1f_B)|^2 \delta(f - 1f_B) + |G(3f_B)|^2 \delta(f - 3f_B) + \cdots$

$G(nf_B)$ 的取值分析图 6-37 可见：在 $n = 0, 1, 3, 5$ 等奇数时存在离散谱，在 n 为偶数时不存在离散谱。

$P_s(f) = $ 连续谱 + 离散谱，得

$$P_s(f) = \dfrac{T_B}{16} Sa^2\left(\dfrac{\pi f T_B}{2}\right) + \dfrac{1}{16} \sum_{\substack{n=0,\\ n=奇}} Sa^2\left(\dfrac{n\pi}{2}\right) \delta(f - nf_B)$$

$P_s(f)$ 波形如图 6-38 所示，图中可见：

① 连续谱振荡衰减，近似认为序列带宽 B = 第一过零点频率 $f = 2f_B$（$n = 2$ 时），$B = 2f_B$。

② $n = 0$ 时的离散谱为 $\dfrac{1}{16} \delta(f)$，存在直流，是单极性波

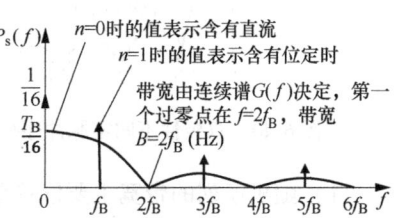

图 6-38　单极性归零脉冲序列功率谱

形的特点。

③ $n=1$ 时 $G(1f_B) \neq 0$，为抽样信号的过零点，$|G(1f_B)|^2 \delta(f-1f_B) \neq 0$，含位定时分量 $\delta(f-f_B)$，故接收端能从此信号中提取位定时信号。

(6) 双极性不归零矩形脉冲序列的功率谱密度

【例 6-4】 双极性二进制等概率序列 $s(t)$，$g_1(t) = -g_2(t) = g(t)$，$g(t)$ 为周期 T_B 的不归零（NRZ）矩形脉冲，波形如图 6-39 所示，求随机脉冲序列的双边功率谱密度 $P_s(f)$。

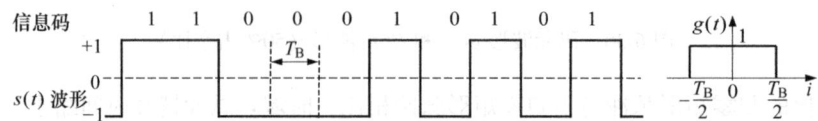

图 6-39 双极性不归零二进制脉冲序列 $s(t)$ 及其码元 $g(t)$ 波形（100% 占空比）

解题思路：等概（$P=1/2$）的双极性波形功率谱密度为式（6-22），即 $P_s(f) = f_B |G(f)|^2$。双极性等概时不含离散谱，只有连续谱。已知 $g(t)$，求得其傅里叶变换 $G(f)$，代入式（6-22）即可。

解：1) 求 $G(f)$。$g(t)$ 与例 6-2 中相同，$G(f)$ 也相同：矩形波形 $g(t)$ 幅度为 1，脉冲宽度为 T_B，其傅里叶变换 $G(\omega) = T_B Sa\left(\dfrac{\omega T_B}{2}\right)$ 或写成频率的形式：$G(f) = T_B Sa(\pi f T_B)$，$g(t)$ 和 $G(\omega)$ 波形如图 6-32 所示。

2) 求 $P_s(f)$。

$$P_s(f) = f_B |G(f)|^2 = f_B |T_B Sa(\pi f T_B)|^2$$
$$= T_B Sa^2(\pi f T_B)$$

$P_s(f)$ 波形如图 6-40 所示。图中可见：

① 连续谱振荡衰减，近似认为序列带宽 $B = $ 第一过零点 f_B（$n=1$ 时），$B = f_B$
② 离散谱均为零，无直流 $\delta(f)$，不含位定时分量 $\delta(f-f_B)$，故接收端不能从此信号中提取位定时信号。

(7) 二进制基带信号功率谱密度的对比和总结 例 6-2～例 6-4 中三种基带脉冲序列的功率谱密度对比如图 6-41 所示。

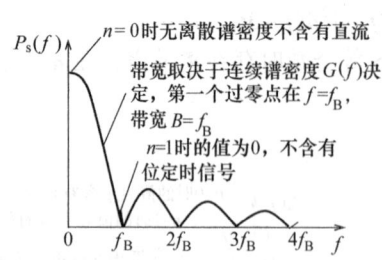

图 6-40 双极性不归零脉冲序列功率谱密度

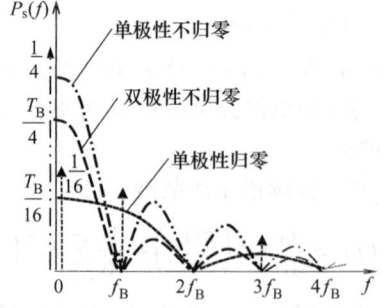

图 6-41 三种基带脉冲序列功率谱密度对比

1) 随机序列的带宽主要依赖单个码元波形的频谱密度函数 $G_1(f)$ 或 $G_2(f)$，两者之中应取较大带宽的一个作为序列带宽。时间波形的占空比越小，频带越宽。通常以谱的第一个零点作为矩形脉冲的近似带宽，它等于脉宽 τ 的倒数，即 $B=1/\tau$。不归零脉冲的 $\tau = T_B$，则 $B = f_B$；半占

空归零脉冲的 $\tau = T_B/2$，则 $B = 1/\tau = 2f_B$。其中 $f_B = 1/T_B$，是位定时信号的频率，在数值上与码速率 R_B 相等。

2）单极性基带信号是否存在离散谱取决于矩形脉冲的占空比，单极性归零信号中有定时分量，可直接提取。0、1 等概的双极性不归零信号没有离散谱，也就是说无直流分量和定时分量，若想获取定时分量，要进行波形变换。

3）等概的双极性矩形脉冲序列不存在离散谱。等概双极性矩形脉冲序列的功率谱密度如图 6-42 所示。

(8) 基带随机脉冲序列的功率谱密度特点

1）基带随机脉冲序列的功率谱密度由连续谱和离散谱两部分构成。连续谱是总存在的，决定信号的带宽；离散谱不一定总存在，双极性等概的二进制波形不存在离散谱。

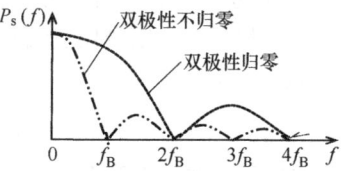

图 6-42　双极性脉冲序列功率谱密度

2）带宽的确定：带宽取决于连续谱，由单个码元的 $G(f)$ 决定，带宽 B 等于第一个过零点所在 f。脉宽 τ，$B = 1/\tau$，τ 越小，频带越宽。

例如等概的双极性脉冲序列功率谱密度图 6-42 中，归零波形的带宽取决于高电平持续时间，即脉冲宽度 τ，不归零波形的 τ 等于码周期 T_B，因此，$B = f_B = 1/T_B$。

3）离散谱决定信号中是否含有直流，是否含有位定时。离散谱由在 $f = nf_B$ 的一系列离散频点上的冲激组成，$\{\cdots, A(0)\delta(f), B(f_B)\delta(f-f_B), C(2f_B)\delta(f-2f_B), \cdots\}$。$n = 0$ 时对应 $A(0)\delta(f)$，如果 $A(0) \neq 0$，代表含直流；$n = 1$ 时对应 $B(f_B)\delta(f-f_B)$，如果 $B(f_B) \neq 0$，则含位定时。

6.4　基带传输的常用码型

1. 传输码的码型选择原则

并不是所有的信号都适合在数字基带信道中传输，因为系统中常常有隔直电容，另外，高频分量随着频率的增高衰减增大，所以，对于实际信道，要求信号高频分量尽量少，不含直流。再有，需要从接收的信号中提取位定时信号，因此要求信号中含有位定时分量，能提取位定时信号。

要满足这样的要求，需要从码形和波形两方面来考虑。波形的选择是对所选码型的电波形要求，即波形变换，是上节内容；本节介绍码型，也就是把信息码变换成适合信道传输的传输码，即码型变换。

传输码的码型选择原则：

1）不含直流，且低频分量和高频分量尽量少。

2）含有丰富的定时信息，以便于从接收码流中提取位定时信号。

3）功率谱密度主瓣宽度窄，以节省传输频带，码型的传输效率应尽可能高。

4）不受信源统计特性的影响，即能适应于信息源的变化。

5）码型结构含有内在的检错能力。

6）编译码简单，以降低通信延时和成本等。

以上 1）、2）、3）点是主要的考虑因素。

CCITT 建议的接口码型：AMI 码、HDB3 码、PST 码、双相码、密勒码、CMI 码、$nBmB$ 码，我国 PCM 数字设备间的传输接口码型是 HDB3 码。下面介绍 AMI 码和 HDB3 码。

2. AMI 码

AMI（Alternate Mark Inversion）码，叫作传号交替反转码，编码规则是信息码的"0"码，也叫空号，变成传输码时，空号不变，编码为 0。信息码"1"，也叫传号，把传号交替的变成 +1 和 –1。

(1) AMI 码的编码规则

1) 信息码"0"，即空号，仍编为传输码的 0。

2) 信息码"1"，即传号，交替地变换为 +1，–1，+1，–1，…，也称传号交替反转。

"0"码不变，空号仍然编码为 0 码；"1"码交替的变成 +1 和 –1。例如：

信息码 a_n	0	1	0	0	0	0	1	1	1	0	0	0	0	1	1	0
AMI 码	0	+1	0	0	0	0	–1	+1	–1	0	0	0	0	+1	–1	+1

AMI 码的波形中采用的是"0"码用 0 电平，+1 和 –1 用双极性不归零电平。

(2) AMI 码的优点

1) 没有直流成分，高、低频分量少，能量集中在 1/2 码速率处。

2) 编译码电路简单，可利用传号极性交替这一规律观察误码情况。

如果它是 AMI–RZ 波形，接收后只要全波整流，就可变为单极性 RZ 波形，从中可以提取位定时分量。鉴于上述优点，AMI 码成为较常用的传输码之一。

(3) AMI 码的缺点　当信息码出现长连续"0"串时，信号的电平长时间不跳变，造成提取定时信号困难。解决连续"0"码问题的有效方法之一是采用 HDB3 码。

(4) AMI 码的波形和频谱仿真图

图 6-43 为采用 LabVIEW 软件仿真实现的 AMI 码的波形和频谱图。图中信息码 a_n 设置了 61 位，位数设置较多，是为了减小仿真时采集数据截短造成的失真，因为求取功率谱密度时，理论上要求输入数据是无穷多的，而实际采集数据是截短的、有限多的，信息码位数设置越多仿真失真越小。图中的采样率设置为 1000Hz，码速率设置为 100Baud。频谱图中可见第一过零点在 100Hz，数值上与码速率相等，为信号带宽。频谱的主要能量集中在频谱的第一主瓣，集中在 50 Hz，即码速率的 1/2 处。

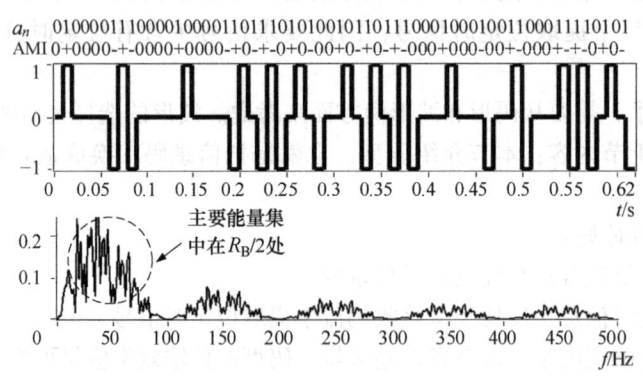

图 6-43　AMI 码的波形和频谱图（采样率 f_s：1000Hz，码速率 R_B：100Baud）

3. HDB3 码

HDB3（High Density Bipolar 3）码，也叫作三阶高密度双极性码，是 AMI 码的一种改进型，使连续"0"个数不超过 3 个；改进目的：保持 AMI 码的优点而克服其缺点，便于提取位定时。

(1) HDB3 码编码规则

1) 首先，将信息码变换成 AMI 码。

2) 然后，检查 AMI 码中连续"0"的情况：

① 当没有发现 4 个及以上连续 "0" 码元时，则不做改变，AMI 码就是 HDB3 码。

② 当发现 4 个或 4 个以上连续 "0" 码元时：

a. 将第 4 个 "0" 码元变成与前一非 "0" 码元（"−1"或"+1"）同极性的码元；将这个码元称为 "破坏码元"，并用符号 "V" 表示，即用 "+V" 表示 "+1"，即用 "−V" 表示 "−1"。

b. 为了保证相邻 "V" 码元也是极性交替：当相邻 "V" 码元之间有奇数个非 "0" 码元时，这是能够保证极性交替的；当相邻 "V" 码元之间有偶数（包括 0）个非 "0" 码元时，不符合此极性交替要求。这时，需将这个连续 "0" 码元串的第 1 个 "0" 变成 "+B" 或 "−B"，B 的符号与前一非 "0" 码元符号相反。

3）让后面的非 "0" 码元从 V 码元开始再极性交替变化。

（2）AMI 码和 HDB3 码的编码举例

【例 6-5】 设信息码 a_n 为 010010000100001100001，求其 AMI 码和 HDB3 码。

解：（实际的 HDB3 码用 "HDB3 码 2" 表示）

信息码 a_n	0	1	00	1	0000	1	0000	1	1	0000	1
AMI 码	0	+1	00	−1	0000	+1	0000	−1	+1	0000	−1
HDB3 码 1	0	+1	00	−1	000−V	+1	000+V	−1	+1	−B00−V	+1
HDB3 码 2	0	+1	00	−1	000−1	+1	000+1	−1	+1	−100−1	+1

（3）HDB3 码编码规则总结

1）若信息码中不出现 4 个连续 "0" 码元，HDB3 码就是 AMI 码。

2）若出现 4 个连续 "0" 码元：

a. 加 "V" 码元：将第 4 个 "0" 变成 "V" 码元，即 0000→000V。

b. 判断是否加 "B" 码元：若 "V" 码元与前一个 "V" 码元之间 "1" 码元的个数为偶数（包括 0），则将 4 个连续 0 码元的第 1 个 "0" 码元变成 "B" 码元，即 0000→B00V。

3）"V" 和 "B" 码元的极性：B 码元与前一非 0 码元符号极性相反，"V" 码元与前一非 0 码元符号极性相同，这是 4 个连续 "0" 码元的标记，是编码要领的核心，其余非 0 符号均正负交替。

> 编码核心："V" 码元与前一非 0 符号极性相同，是 4 个连续 "0" 码元标记，其余非 0 符号均正负交替。

这也是译码的核心，译码时，找到同号的，就找到了 4 个连续 "0" 码元，恢复 4 个连续 "0" 码元即可实现译码。

（4）HDB3 码的编码特点

1）只有 "V" 码元与前一非 0 符号极性相同，这是 HDB3 码的显著特点。

2）相邻 "V" 码元符号极性交替。

3）"B" 码元与前一非 0 符号极性相反。

4）同一个破坏节中，"B" 与 "V" 码元极性相同。

5）所有 "1" 与 "B" 码元一起极性交替。

6）"V" 码元符号之后非 0 符号与 "V" 码元极性交替。

（5）HDB3 码的译码规则

"V" 码元与前一非 0 符号极性相同，是译码的核心，找到同号的，就找到了 4 个连续 "0"

码元,恢复4个连续"0"码元即可实现译码。

1) 首先找到4个连续0码元的位置,恢复4个连续0码元:

若HDB3码中出现连续的同符号的"非0符号",将后面的"非0符号"及其前面的3个符号均译为"0"; +100+1 → 0000, −100−1 → 0000, 0+10000+1−1 →01000001

2) 然后,将HDB3码中"+1"和"−1"均译为"1",就恢复了信息码。

【例6-6】 设HDB3码为0+100−1000−1+1000+1−1+1−100−1+1,求信息码。

解:

HDB3码	0	+1	00	−1	000−1	+1	000+1	−1	+1	−100−1	+1
恢复4个连续0码元	0	+1	00	−1	0000	+1	0000	−1	+1	0000	−1
信息码	0	1	00	1	0000	1	0000	1	1	0000	1

【例6-7】 1) 设信息码a_n为0100100011000011100001,求其AMI码和HDB3码。2) 设HDB3码为0+100−1000−1+1−1+100+1−1+1−1000−1+1,求信息码。

解: 1) AMI码和HDB3的编码:

信息码a_n	0	1	00	1	0000	1	1	0000	1	1	1	0000	1
AMI码	0	+1	00	−1	0000	+1	−1	0000	+1	−1	+1	0000	−1
HDB3码	0	+1	00	−1	000−V	+1	−1	+B00+V	−1	+1	−1	000−V	+1
即	0	+1	00	−1	000−1	+1	−1	+100+1	−1	+1	−1	000−1	+1

2) HDB3的译码:

HDB3码	0	+1	00	−1	000−1	+1	−1	+100+1	−1	+1	−1	000−1	+1
恢复4个连续0码元	0	+1	00	−1	0000	+1	−1	0000	+1	−1	+1	0000	−1
信息码	0	1	00	1	0000	1	1	0000	1	1	1	0000	1

(6) HDB3码的波形和功率谱密度

HDB3码和AMI码都是三电平波形,即双极性波形,可以采用100%占空比的不归零波形NRZ,也可以采用归零波形RZ。

图6-44为采用LabVIEW软件仿真实现的HDB3码的波形和频谱图,采用100%占空比的不归零波形。图中信息码a_n设置了61位,采样率设置为1000Hz,码速率设置为100Baud,都与AMI码的仿真设置相同。对比两者的时间波形可见,HDB3码消除了AMI码中的4个以上的连续0码

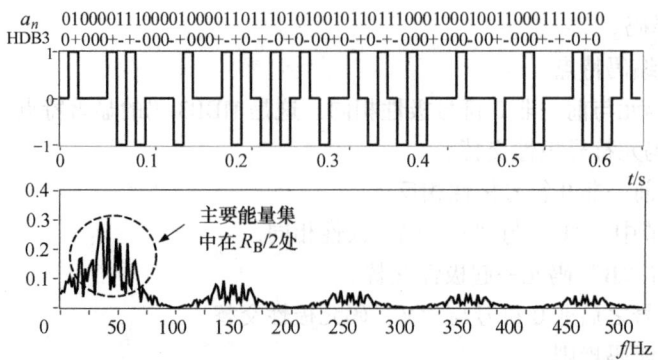

图6-44 HDB3码的波形和频谱图(采样率f_s:1000Hz,码速率R_B:100Baud)

元。图中频谱第一过零点在 100Hz，数值上与码速率相等，为信号带宽。频谱的主要能量集中在频谱的第一主瓣，集中在 50Hz，即码速率的 1/2 处。可见，HDB3 码的频谱与 AMI 码相似，保持了 AMI 码的优点。

（7）HDB3 码的优点：

1）HDB3 码保持了 AMI 码的优点。

a. 没有直流成分，且高、低频分量少，能量集中在 1/2 码速率处。

b. 编译码电路简单，且可利用传号极性交替这一规律观察误码情况。

2）将连续"0"码元限制在 4 个以内（不包括 4 个），故有利于位定时信号的提取。

HDB3 码是应用最为广泛的码型，A 律 PCM 4 次群以下的接口码型均为 HDB3 码。

【例 6-8】 设信息码为 10000111000010001，求 AMI 码和 HDB3 编码并画出波形。

解：例 6-8 的编码及波形如图 6-45 所示。图中采用 50% 占空比的 RZ 波形。

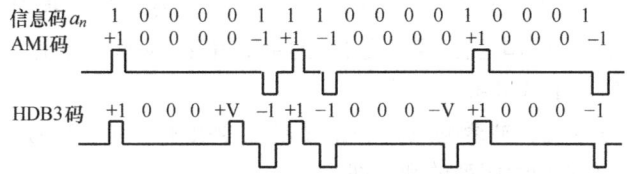

图 6-45 例 6-8 中 AMI 码和 HDB3 码的编码和波形

6.5 无码间干扰的基带传输特性

前面介绍波形的选择以及码型的选择，本节和下一节介绍如何设计数字基带系统才能够适合信道传输的要求。本节是无码间干扰数字基带系统，下一节是受控制的有码间干扰的数字基带传输系统，即部分响应系统。数字基带系统分析和设计围绕数字基带系统的模型，讨论如何设计基带系统的系统函数，才能达到消除码间干扰、降低对位定时精度的要求以及提高系统频带利用率的效果。

数字信号在传输过程中会产生两种畸变：叠加的噪声干扰和传输波形失真。奈奎斯特准则讨论的是数字序列在无噪声信道上传输时的无失真问题。奈奎斯特第一准则是抽样点无失真准则或无码间串扰准则。

理想低通频率特性系统满足奈奎斯特第一准则，频带利用率（等于 2）能达到理论极大值，传输速率达到理论极大值，称为奈奎斯特速率，理想低通滤波器的带宽达到理论极小值，称为奈奎斯特带宽。但理想低通滤波器在实际中是不可能存在的，频域上无法实现矩形幅度特性滤波器，即使能实现也要求接收端的抽样点非常精确，如果稍微偏离，码间串扰将急剧增加。

什么样的滤波器可以满足无码间串扰要求，又怎么实现呢？一些有过渡特性的滤波器可以。满足奇对称特性的系统能等效为理想低通特性，满足奈奎斯特第一准则，无码间串扰。

寻找具有过渡特性滤波器的方法是系统函数在互补对称点满足奇对称关系即可。这样的系统可以有很多种，比如系统函数为三角形、梯形等，常用的一种是余弦滚降特性系统。

6.5.1 数字基带系统与码间串扰

数字基带系统的模型如图 6-46a 所示。围绕数字基带系统的模型来分析系统，把模型写成系统函数的形式,如图 6-46b 所示。数字基带系统由发送滤波器、信道、接收滤波器以及抽样判决器组成。发送滤波器 $G_T(\omega)$、信道 $C(\omega)$、接收滤波器 $G_R(\omega)$ 构成数字基带系统函数 $H(\omega)$,即 $H(\omega) = G_T(\omega)C(\omega)G_R(\omega)$。

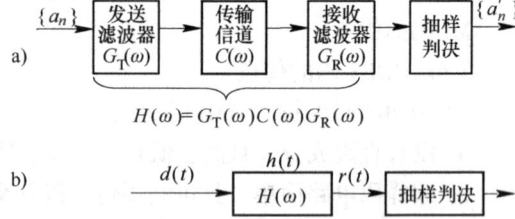

图 6-46 系统函数的形式的数字基带系统模型

码间串扰也叫码间干扰(Inter Symbol Interference, ISI)为其余码元对采样码元的干扰。消除码间串扰是数字基带系统设计的主要问题,如果有码间干扰,系统就不可能正常工作。要合理设计系统,使系统没有码间串扰或者尽可能减小码间串扰,这是本节的主要内容。

问题:如何设计基带系统的传输特性 $H(\omega)$ 或 $h(t)$,才能使系统无 ISI,找到无 ISI 的 $H(\omega)$?

$H(\omega)$ 是系统函数,$h(t)$ 是系统的冲激响应,二者是一对傅里叶变换对。问题就是如何设计系统函数 $H(\omega)$ 才能够消除码间串扰,找到无 ISI 的系统 $H(\omega)$ 应该满足的条件,再依据条件找到适合条件的 $H(\omega)$,即实现了基带系统设计。

信息码为 a_n,码周期为 T_B,冲激响应 $h(t)$ 的激励是冲激脉冲 $\delta(t)$ 时的响应,数字基带系统的发送端信号 $d(t)$ 是一系列的冲激序列的和,即

$$d(t) = \sum_{n=-\infty}^{\infty} a_n \delta(t - nT_B)$$

接收滤波器输出信号为

$$r(t) = d(t) * h(t) + n_R(t) = \sum_{n=-\infty}^{\infty} a_n h(t - nT_B) + n_R(t)$$

$r(t)$ 中的信号部分为激励 $d(t)$ 与冲激响应 $h(t)$ 的卷积,噪声部分为 $n_R(t)$。信道噪声设为高斯白噪声,经过接收滤波器之后的噪声是 $n_R(t)$。

说明:依据《信号与系统》知识,任一信号与冲激函数的卷积等于信号本身,与冲激函数的时移的卷积等于信号的时移,即 $h(t) * \delta(t) = f(t)$,$h(t) * \delta(t - T_B) = h(t - T_B)$。

对接收滤波器的输出信号进行采样,目的是提取和识别信息码 a_n。取 $t = t_k = kT_B + t_0$,$r(t)$ 在第 k 个时刻的抽样值为

$$r(kT_B + t_0) = a_k h(t_0) + \sum_{n \neq k} a_n h[(k-n)T_B + t_0] + n_R(kT_B + t_0) \tag{6-23}$$

第 k 个码元在 t_k 时刻是输出值,即有用信号值 a_k

除第 k 个码元之外所有的码元在 $t=t_k$ 时刻对 a_k 造成的干扰总和称为码间串扰 ISI

信道中随机噪声在 $t=t_k$ 时刻对 a_k 造成的干扰值

第 k 个时刻的采样值式(6-23)由 3 项组成:

① 第 1 项是 $n = k$ 时的值 $a_k h(t_0)$,是有用信号,应该是信息码 a_k。

② 第 2 项是 $n \neq k$ 的其他码元(a_k 以外的码元)对 a_k 造成的干扰,称为码间串扰 ISI。由于信息码的数字码流通常很长,解决码字之间的相互干扰问题是系统设计关键问题,不解决此问题系统就不能正常工作。无 ISI 时,此项应该为 0。

③ 第 3 项是信道噪声对 a_k 采样值的干扰。

首先假定第 3 项为 0,在忽略信道干扰的理想信道条件下,讨论如何设计系统才能消除 ISI,得到无 ISI 的理论条件。将在第 6.7 节基带传输系统的抗噪声性能中再讨论第 3 项信道噪声对系统传输的影响。

6.5.2 无码间串扰的理论条件

1. 无码间串扰的理论条件之时域条件

(1) 无码间串扰系统对冲激响应 $h(t)$ 的要求　式（6-23）中，t_0 是信道延时，为分析简化，设 $t_0=0$，此简化不影响推导结论正确性。假定在理想信道的情况下（忽略噪声的影响），$n_R(kT_B+t_0)=0$。基带信号经过传输后在抽样点上无码间串扰，也即瞬时抽样值应满足第 1 项为 a_k，第 2 项 ISI 为 0。第 1 项是有用信号项，应该是 a_k，$h(0)=1$。第 2 项需满足 $h[(k-n)T_B]=0$ $k\neq n$，即

$$\begin{cases} a_k h(0)=a_k \\ \sum_{n\neq k} a_n h[(k-n)T_B]=0 \end{cases} \xrightarrow{\text{即}} \begin{cases} h(0)=1 \\ h[(k-n)T_B]=0, k\neq n \end{cases} \xrightarrow{\text{等价于}} h(kT_B)=\begin{cases} 1, & k=0 \\ 0, & k=\pm 1,\pm 2,\cdots \end{cases}$$

无 ISI 的理论条件即时域条件为

$$h(kT_B)=\begin{cases} 1, & k=0 \\ 0, & k=\pm 1,\pm 2,\cdots \end{cases} \tag{6-24}$$

若数字基带系统的冲激响应 $h(t)$ 满足式（6-24），则以 R_B 的码速率传输，系统无 ISI。

例如抽样信号：$h(t)=Sa(\pi t/T_B)$，波形如图 6-47 所示，满足式（6-24），即满足系统无 ISI 的时域条件。$Sa(\pi t/T_B)$ 是通信中的常用信号。图 6-48 中，在 $t=0$ 原点处，$Sa(0)=1$；在 $t=\pm kT_B$、$k\neq 0$ 处，在 $\pm kT_B$ 码周期的整数倍的这些离散时间点上，$Sa(\pi t/T_B)=Sa(\pm k\pi)=0$，都是过零点，满足式（6-24）。

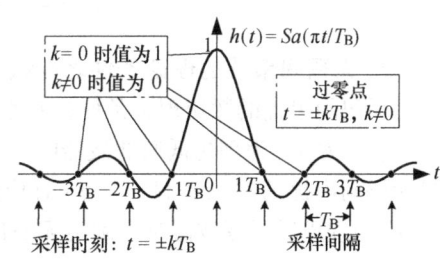

图 6-47　$h(t)=Sa(\pi t/T_B)$ 的波形

当基带系统的冲激响应为 $h(t)=Sa(\pi t/T_B)$ 时，如果以 T_B 为码周期，也就是以码速率 R_B（$R_B=1/T_B$）来传输信息码，就能够满足无码间串扰的时域条件，实现无码间串扰。需要强调的是，对于一个基带系统，R_B 通常是已知条件。

冲激响应为 $h(t)=Sa(\pi t/T_B)$ 的基带系统，并不是以任何码速率传输都没有 ISI，而是以 R_B 的码速率传输才满足无 ISI 的时域理论条件，没有 ISI。

(2) 数字基带系统中各信息码对应的冲激脉冲波形　设信息码是一串码流 1011010…，对应于信息序列的各冲激响应脉冲序列波形如图 6-48 所示，每个码元的冲激脉冲波形采用双极性，波形间隔为一个码周期 T_B。在采样点 $t=\pm kT_B$ 处，例如 $k=5$ 时，目标是恢复信息码 a_5，图中可见，采样时刻的信号值只有 a_5 码元的序列脉冲，其他码元序列脉冲在此点都是过零点。这正是无 ISI 的时域理论条件要求，即冲激响应 $h(t)$ 需要满足只有 $k=0$ 时 $h(0)=1$，其余 $k\neq 0$ 时所有的 T_B 整数倍点 $\pm kT_B$ 都是过零点，能使本码元对其他码元不产生干扰。

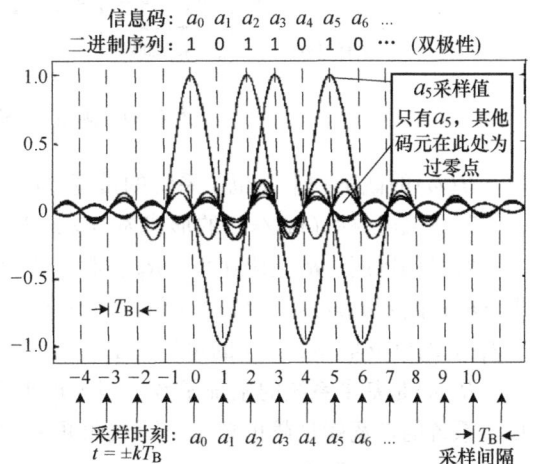

图 6-48　信息序列 1011010 对应的各冲激响应脉冲序列波形（采用双极性）

(3) LabVIEW 软件仿真实现的数字基带系统的信道中信号波形

图 6-49a 是采用 LabVIEW 软件仿真实现的信息序列 1011010 对应的各抽样脉冲序列的波形（采用双极性），参数设置为：码周期 $T_B=50\text{ms}$，图 6-49b 是实际信道中传输的波形，是图 6-49a 中各脉冲波形的叠加。图 6-49b 中可以看出，基带信号信道中的实际波形是连续的模拟信号，但各采样点的抽样值只有 1 和 -1 两种离散值。因此，仍然是数字系统。

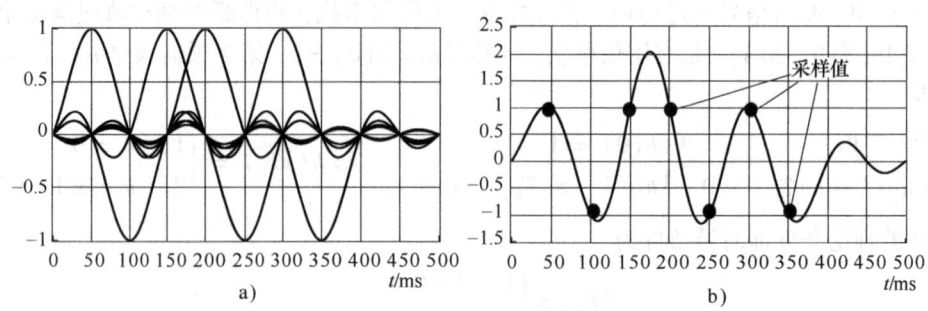

图 6-49 数字基带系统信道中信号的波形

2. 无码间串扰的理论条件之频域条件

无码间串扰的频域理论条件是对系统函数 $H(\omega)$ 的要求。

（1）$H(\omega)$ 为理想低通滤波器时可满足无 ISI 冲激响应为 $h(t)=Sa(\pi t/T_B)$ 的基带系统满足无码间串扰的时域条件，$h(t)$ 对应的系统函数 $H(\omega)$ 为理想低通滤波器，如图 6-50 所示。$H(\omega)$ 为理想低通滤波器时可满足无 ISI。

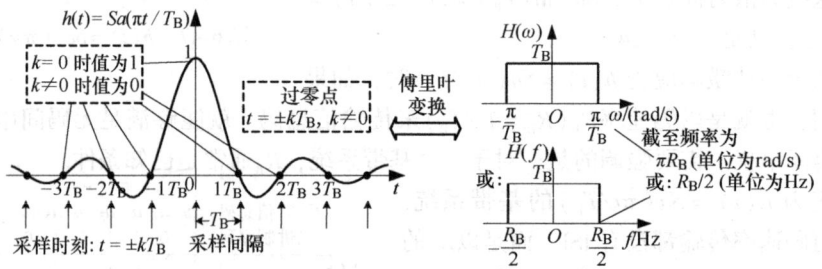

图 6-50 满足无 ISI 的冲激响应和系统函数

$H(\omega)$ 的截止频率（也是系统的带宽 B）：

写成弧度/秒（rad/s）的形式为 $\omega=\pi/T_B=\pi R_B$；写成赫（Hz）的形式为 $f=R_B/2$。

T_B 是码周期，R_B 是码速率。R_B 通常是已知条件，$R_B=1/T_B$。把截止频率写成码速率的形式，即 πR_B（单位为 rad/s）或 $R_B/2$（单位为 Hz）。ω 和 f 是频率的两种不同表达形式，是等价的，$\omega=2\pi f$，ω 的单位是 rad/s，f 的单位是 Hz。

$H(\omega)$ 是基带系统的系统函数，当为理想低通滤波器时，其截止频率点后面就是阻带了，所以，系统的带宽就是截止频率。写成角频率的形式，$B=\pi R_B$，单位是 rad/s；写成频率的形式，$B=R_B/2$，单位是 Hz。

如果数字基带系统的系统函数是一个截止频率为 $R_B/2$ 的理想低通滤波器，则以 R_B 的速率传输，就没有码间串扰。需要注意的是，若系统以其他码速率传输时不能保证没有码间串扰。

可见：如果数字基带系统的系统函数 $H(\omega)$ 为截止频率 $f=R_B/2$ 的理想低通滤波器，则以 R_B 的码速率传输时，系统满足无码间串扰。

上述用到的通信中常用的两个公式的推导证明如下。

1) 傅里叶变换对的推导：$\frac{\omega_H}{\pi} Sa(\omega_H t) \Leftrightarrow$ 截止频率为 ω_H 的理想低通滤波器。

已知时域 $f(t)$ 是矩形时，对应频域 $F(\omega)$ 为抽样函数。利用傅里叶变换的对称性，把时域与频域互换，可以得到：当时域是抽样信号时，对应的频域信号是矩形，是一个理想低通滤波器。

傅里叶变换的对称性：若 $f(t) \Leftrightarrow F(\omega)$，则 $F(t) \Leftrightarrow 2\pi f(-\omega)$。

当 $f(t)$ 是幅度为 E、脉冲宽度为 τ 的矩形时，傅里叶变换 $F(\omega)$ 为抽样信号，$F(\omega) = E\tau Sa(\omega\tau/2)$。

应用傅里叶变换的对称性，$F(t) = E\tau Sa(t\tau/2) \Leftrightarrow 2\pi f(-\omega) = 2\pi E G_\tau(\omega)$。

其中 $G_\tau(\ )$ 叫作门函数，表示幅值为 1，脉冲宽度为下标 τ 的矩形。

令 $\tau = 2\omega_H$，则：$\frac{\omega_H}{\pi} Sa(\omega_H t) \Leftrightarrow G_{2\omega_H}(\omega)$。$G_{2\omega_H}(\omega)$ 是截止频率为 ω_H 的门函数。

2) 傅里叶变换对的推导：$Sa(\pi t, T_B) \Leftrightarrow$ 幅值为 T_B、截止频率为 πR_B 的理想低通滤波器。

1) 中 t 和 ω 是变量，ω_H 是常数，可令：$\omega_H = \pi$，T_B，则 $\frac{\omega_H}{\pi} Sa(\omega_H t) = \frac{1}{T_B} Sa(\pi t, T_B)$。

再将傅里叶变换对两端同乘 T_B，得到：$Sa(\pi t, T_B)$ 的傅里叶变换是幅值为 T_B、截止频率为 $\omega = \pi/T_B = \pi R_B$ 或 $f = R_B/2$ 的理想低通滤波器。得证。

(2) 无 ISI 的理论条件，即频域条件（奈奎斯特第一准则）

显然 $H(\omega)$ 是一个理想低通滤波器时能实现无码间串扰，但 $H(\omega)$ 并不是必须为理想低通滤波器才能够实现无码间串扰。即使 $H(\omega)$ 不是理想低通滤波器，若能通过下列一系列的平移和叠加后能等效成一个理想低通滤波器，也能够实现无码间串扰，这就是奈奎斯特第一准则，是等效理想低通滤波器，其证明略。

1) 奈奎斯特第一准则：
无 ISI 的理论条件，即

$$H_{eq}(\omega) = \sum_i H\left(\omega + \frac{2\pi i}{T_B}\right) = T_B, |\omega| \leq \frac{\pi}{T_B} \tag{6-25}$$

这是频域条件。

若 $H(\omega)$ 的特性能满足（6-25），使 $H_{eq}(\omega)$ 等效成一个理想低通滤波器，则系统以 $R_B = 1/T_B$ 的速率传输时可实现无 ISI。此准则是无 ISI 的理论条件，即频域条件。

2) 奈奎斯特第一准则解析：$H\left(\omega + \frac{2\pi i}{T_B}\right)$ 是把 $H(\omega)$ 左右平移 $2\pi/T_B$ 的整数倍，把这一系列平移叠加得 $H_{eq}(\omega)$，若 $H_{eq}(\omega)$ 能在理想低通的截止频率 $|\omega| \leq \pi/T_B$ 的范围内为常数，与理想低通滤波器等效，也能消除码间串扰。至于 $H_{eq}(\omega)$ 的值是否等于 T_B 都无所谓，只要等于常数即可。符合式（6-25）要求的 $H(\omega)$，以 R_B 为码速率传输时，能消除码间串扰。

3) 奈奎斯特第一准则的等价表达式。由于 R_B 常常是已知条件，式（6-25）可写成 R_B 的形式，等价为

$$H_{eq}(\omega) = \sum_i H(\omega + 2\pi R_B i) = 常数, |\omega| \leq \pi R_B \tag{6-26}$$

或

$$H_{eq}(f) = \sum_i H(f + R_B i) = 常数, |f| \leq R_B/2 \tag{6-27}$$

式（6-26）频率 ω 单位为 rad/s，式（6-27）频率 f 单位为 Hz，$f = \omega/2\pi$。式（6-26）和式（6-27）是式（6-25）的另一种写法，三者是等价的，是奈奎斯特第一准则，常用来判定数字基带系统有无码间串扰。若系统函数 $H(\omega)$ 满足奈奎斯特第一准则，即满足式（6-26）或式

(6-27)，则以 R_B 的码速率传输时系统能够实现无码间串扰。

（3）用奈奎斯特第一准则验证系统 $H(\omega)$ 以 R_B 的速率传输是否存在 ISI 已知系统函数和码速率，问该系统在此码速率下有无码间串扰。这是数字基带系统设计中的典型问题。用奈奎斯特第一准则来验证系统 $H(\omega)$ 以 R_B 的速率传输是否存在 ISI，即

① 把 $H(\omega)$ 按 $2\pi R_B$ 的整数倍来平移。

② 在 $|\omega| \leq \pi R_B$ 内对各平移进行叠加，看叠加结果是否为常数。

③ 若为常数，则系统无 ISI。

依据式（6-25）或其等价形式，即式（6-26）和式（6-27），在式（6-25）奈奎斯特第一准则中 $H_{eq}(\omega)$ 是 $H(\omega)$ 的一系列频移 $H(\omega + 2\pi R_B i)$ 的和。其中，R_B 是系统传输的码速率，通常是系统要求达到的值，是已知的；i 为整数。把 $H(\omega)$ 按 $2\pi R_B$ 的整数倍进行左右平移，即

$$H(\omega + 2\pi R_B i) = \begin{cases} \vdots \\ H(\omega - 2\pi R_B), & i = -1 \rightarrow H(\omega) \text{右移} 2\pi R_B \\ H(\omega), & i = 0 \rightarrow H(\omega) \\ H(\omega + 2\pi R_B), & i = 1 \rightarrow H(\omega) \text{左移} 2\pi R_B \\ \vdots \end{cases}$$

把 $H(\omega)$ 的一系列频移进行叠加，在 $-\pi R_B \leq \omega \leq \pi R_B$ 频段内，看能否叠加出常数，此 $-\pi R_B \leq \omega \leq \pi R_B$ 频段正是理想低通的通带，如果能在此频段内叠加出常数，就满足等效理想低通，这个系统就能够实现无码间串扰，没有 ISI，否则，有 ISI。

【例 6-9】 设数字基带系统的系统函数为升余弦信号：$H(\omega) = T_B/2 \left[1 + \cos(\omega T_B/2) \right]$，$|\omega| < 2\pi/T_B$，若以 $R_B = 1/T_B$ 的码速率传输，系统有无 ISI？

解： 升余弦信号是通信中常用信号，在此不同的是自变量由 t 变成了 ω，频域为升余弦函数。升余弦函数系统的奈奎斯特第一准则的图解法验证如图 6-51 所示。图中利用奈奎斯特第一准则，采用图解法来验证系统是否存在码间干扰。图 6-51a 是系统函数为升余弦时的波形，图 6-51b、图 6-51c、图 6-51d 分别为 $i=0$、-1、1 时的 $H(\omega + 2\pi R_B i)$，将图 6-51b、图 6-51c、图 6-51d 叠加，由于 $H(\omega)$ 在 $\omega = \pi R_B$ 处是互补对称点，在 $-\pi R_B \leq \omega \leq \pi R_B$ 频段内，叠加值 $H_{eq}(\omega)$ 是常数，如图 6-51e，从而验证了此系统以 R_B 的码速率传输时无码间串扰。（图中只画出了 $i=0$、-1、1 时的情况，当 $i=$ 其他整数时的 $H(\omega + 2\pi R_B i)$ 在 $-\pi R_B \leq \omega \leq \pi R_B$ 频段内值为 0，故忽略）。

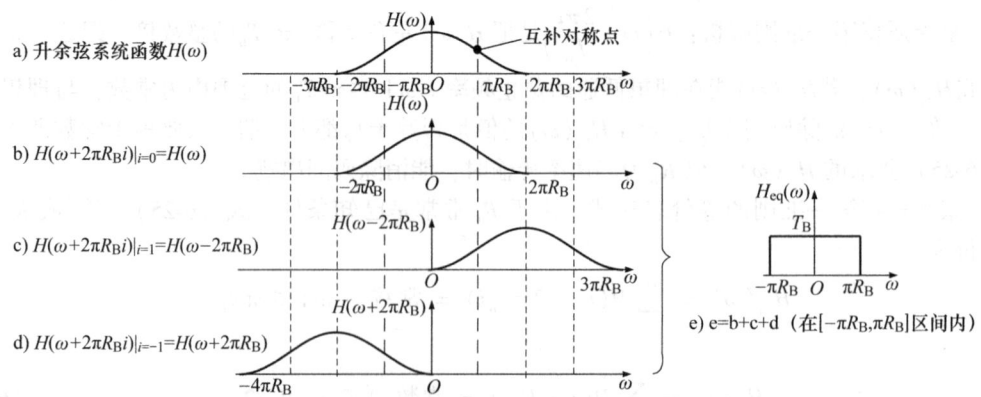

图 6-51 升余弦函数系统的奈奎斯特第一准则的图解法验证

把例 6-9 题中参数值具体化，可以改为例 6-10，例 6-10 能直观理解奈奎斯特第一准则，理解基带系统的系统函数、码速率和 ISI 之间的关系。

【例 6-10】 设数字基带系统的系统函数为升余弦信号：$H(\omega) = [1 + \cos(\omega/2000)]/2$，$|\omega| < 2000\pi$，若以 $R_B = 1000\text{Baud}$ 的码速率传输，系统有无 ISI？

解：图 6-52 为本例题的图解法验证过程。$H(\omega)$ 为取值范围在 $[-2000\pi, 2000\pi]$ 内的升余弦信号，$H(\omega)$ 的互补对称点在 $\omega = 1000\pi$ 处。依据奈奎斯特第一准则，采用图解法，利用式（6-25），来验证系统以 $R_B = 1000\text{Baud}$ 的码速率传输时是否存在码间干扰。求解步骤：首先，把 $H(\omega)$ 平移 $2\pi R_B i = 2000\pi i$，（i 为整数）；其次，将一系列平移 $H(\omega + 2\pi R_B i)$ 叠加，在 $|\omega| \leq \pi R_B = 1000\pi$ 频段内，看叠加值 $H_{eq}(\omega)$ 是否为常数；如果是常数，则此系统以 1000Baud 的码速率传输时无 ISI，否则，有 ISI。

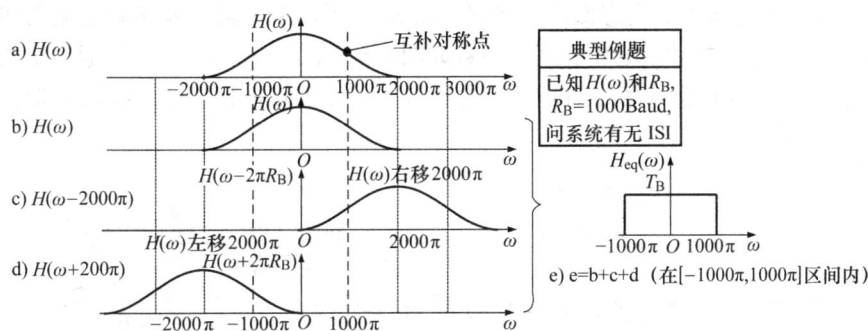

图 6-52 例 6-10 的图解法验证

图 6-52a 为系统函数为升余弦时的波形，图 6-52b、6-52c、图 6-52d 分别为 $i = 0$、-1、1 时的 $H(\omega + 2\pi R_B i)$，将图 6-52b、图 6-52c、图 6-52d 叠加，由于 $H(\omega)$ 在 $\omega = \pi R_B$ 处是互补对称点，在 $-\pi R_B \leq \omega \leq \pi R_B$ 频段内，叠加值 $H_{eq}(\omega)$ 是常数，如图 6-52e，从而验证了此系统以 R_B 的码速率传输时无码间串扰。

（4）奈奎斯特第一准则中 $H(\omega)$ 平移与叠加的等效和简化方法　奈奎斯特第一准则中 $H(\omega)$ 平移与叠加的等效方法如图 6-53 所示。

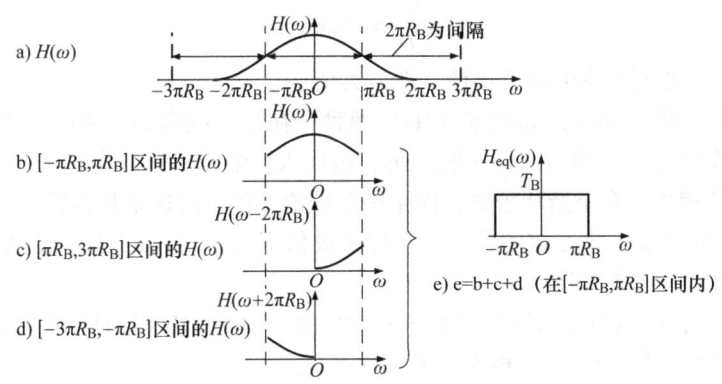

图 6-53 奈奎斯特第一准则中 $H(\omega)$ 平移与叠加的等效方法

1）将 $H(\omega)$ 在 ω 轴上以 $2\pi R_B$ 为间隔切段，即等价于在 f 轴上以 R_B 为间隔切段。

2）把各段沿 ω 轴平移到 $(-\pi R_B, \pi R_B)$ 区间内，即等价于沿 f 轴平移到 $(-R_B/2, R_B/2)$ 区间内。

3）将平移后的各段进行叠加，若叠加结果为常数（不必一定是 T_B），则系统无 ISI。

按 $2\pi R_B$ 的长度把 $H(\omega)$ 分段，把这些等长的各段叠加，看叠加结果是否为常数。此等效方法的实质是用分段代替了平移，使验证过程得到简化，实现了与平移同样的效果。

6.5.3 两种典型的无码间串扰的基带传输系统

哪些系统函数能满足奈奎斯特第一准则呢？设计出满足条件的系统函数 $H(\omega)$，就实现了无码间串扰的基带系统设计。下面设计满足奈奎斯特第一准则的系统函数。

1. 理想低通传输特性系统

（1）无码间串扰的理想低通系统　理想低通滤波器的冲激响应 $h(t)$ 满足无 ISI 的时域条件，系统函数 $H(\omega)$ 满足无 ISI 的频域条件，显然理想低通系统是一个无码间串扰的系统。如果频域 $H(\omega)$ 是一个截止频率为 πR_B 的理想低通滤波器，以 R_B 的码速率传输，就能满足无码间串扰。无码间串扰的理想低通系统的冲激响应和系统函数如图 6-54 所示。图中，理想低通系统的截止频率为 $\pi/T_B = \pi R_B$，ω 在 0～截止频率之间是系统的通带，ω 大于截止频率是系统的阻带，截止频点对应的是系统的带宽 B。

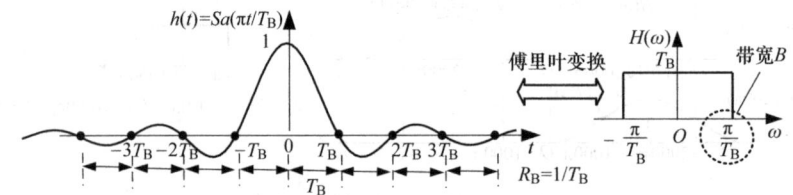

图 6-54　无码间串扰的理想低通系统的冲激响应和系统函数

$B = \pi T_B$（单位为 rad/s）$= \pi R_B$（单位为 rad/s）$= R_B/2$（单位为 Hz），即 $R_B = 2B$

1）对于带宽为 $B = R_B/2$ 的 $H(\omega)$ 为理想低通传输特性的系统，即

① 若以 $R_B = 1/T_B$ 的速率进行传输，则在抽样时刻无 ISI。

② 若以高于 $R_B = 1/T_B$ 的码元速率传送时，将存在码间串扰。

2）理想低通传输特性系统的频带利用率 η，即

$$\eta = \frac{R_B}{B} = 2\text{Baud/Hz} \tag{6-28}$$

这是数字基带系统频带利用率的理论极值，即最大值。

B 的单位有角频率（rad/s）和频率（Hz）两种，在计算频带利用率时，要求 B 的单位必须用 Hz。如果是角频率，需要除以 2π 换算成 Hz，再代入频带利用率公式。

（2）奈奎斯特速率和奈奎斯特带宽，即系统在理论极值下的速率和带宽　频带利用率给出了码速率和带宽之间的关系，即 2 倍的关系，在理论极值下（$\eta = 2\text{Baud/Hz}$）的系统码速率和带宽定义为奈奎斯特速率和奈奎斯特带宽。

1）基带系统中，将达到最高频带利用率 $\eta = R_B/B = 2\text{Baud/Hz}$ 时对应的系统带宽 B 称为奈奎斯特带宽，对应的系统的码速率 R_B 称为奈奎斯特速率。

2）奈奎斯特速率与奈奎斯特带宽之间的关系：

$$R_B = 2B, B = R_B/2$$

这是理论极值，即

① 若系统带宽为 B（单位为 Hz），则此系统无 ISI 的最大码速率为 $(R_B)_{\max} = 2B$。奈奎斯特速率是理论极大值。若系统带宽给定了，则理论上，系统可以达到的最大码速率为带宽的 2 倍。超过此码速率就会产生 ISI。

② 若系统码速率为 R_B（单位为 Baud），则无 ISI 传输所需要的理论最小系统带宽为 $(B)_{\min} =$

$R_B/2$（单位为 Hz）。奈奎斯特带宽是理论极小值。若系统码速率给定了，则理论上，系统需要的最小带宽是码速率的 1/2，带宽达到最小值，再小也会存在 ISI。

把理论极值的速率和带宽称为奈奎斯特速率和奈奎斯特带宽。理想低通传输特性的最大优点就是能达到理论极值，但工程上并不实用。

(3) 理想低通传输特性系统的优点和缺点

1) 优点：频带利用率高，达到理论极大值 $\eta = 2\text{Baud/Hz}$。

2) 缺点：理想低通传输特性系统不能实用：这种特性在物理上是无法实现的；冲激响应 $h(t)$ 的振荡衰减慢，尾巴大，使之对位定时精度要求很高。

2. 余弦滚降传输特性系统

余弦滚降传输特性如图 6-55 所示，是指传输特性即系统函数 $H(\omega)$ 的过渡特性，而不是指时域波形的形状。理想低通传输特性的缺点是下降沿太陡峭造成的，为此提出了另一种 $H(\omega)$ 为余弦滚降传输特性的系统，在理想低通滤波器上叠加一个奇对称的互补对称波形，使下降沿变缓，从而使系统能够物理可实现。余弦滚降传输特性 $H(f)$ 是一种常用的滚降特性：在互补对称点呈奇对称。把互补对称点所对应的频率点称为互补对称频点 f_N。

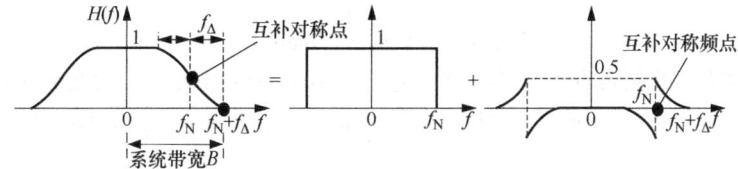

图 6-55 余弦滚降传输特性

(1) 验证余弦滚降传输特性 $H(f)$ 能实现无码间串扰 根据奈奎斯特第一准则，采用图解法验证余弦滚降传输特性 $H(f)$ 能实现无码间串扰。验证过程如图 6-56 所示。令系统传输的码速率 R_B 等于互补对称频点 f_N 的 2 倍，即

$$f_N = \frac{R_B}{2}$$

依据奈奎斯特第一准则式 (6-27)，把 $H(f)$ 平移 R_B 的整数倍后叠加，在 $|f| \leq R_B/2$ 频段内看是否叠加出常数值。因为 $f_N = R_B/2$，即把 $H(f)$ 平移 $2f_N$ 的整数倍后叠加，在 $|f| \leq f_N$ 频段内看是否叠加出常数值。图 6-56 中，由于曲线在互补对称点奇对称，叠加值

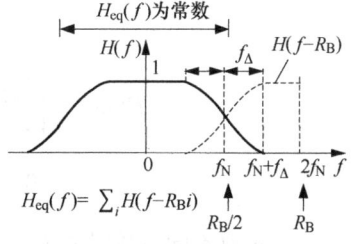

图 6-56 验证余弦滚降特性能实现无 ISI

是常数，能满足奈奎斯特第一准则，系统无码间串扰。按 $f_N = R_B/2$ 求得的 R_B 是系统无码间串扰时能达到的最大码速率，系统以 R_B 的码速率来传输时无 ISI。可见：

① 互补对称频点为 f_N 的余弦滚降传输系统，如果把互补对称频点 f_N 定义为 $R_B/2$，则以 R_B 的码速率传输时，能满足奈奎斯特第一准则，系统无码间串扰。

② 给定系统，即给定 $H(f)$，可以找到互补对称频点 f_N，令 $R_B = 2f_N$，从而求得码速率 R_B，当系统以 R_B 的码速率传输时无 ISI。

③ $R_B = 2f_N$ 是本系统无 ISI 的最大码速率 $(R_B)_{\max}$。当系统实际码速率超过 $(R_B)_{\max}$ 时，系统有 ISI。

(2) 余弦滚降传输特性的滚降系数 滚降系数定义为

$$\alpha = \frac{f_\Delta}{f_N}$$

余弦滚降传输系统的滚降系数和带宽如图 6-57 所示。$H(f)$ 由平坦区间经滚降区间过渡到 0，显然 $f_\Delta < f_N$，滚降系数取值区间为

$$0 < \alpha \leq 1$$

① $\alpha = 0$ 时，$f_\Delta = 0$，没有滚降区间，此时的 $H(f)$ 是理性低通滤波器。

② $\alpha = 1$ 时，$f_\Delta = f_N$，没有平坦区间，只有滚降区间，此时的 $H(f)$ 是升余弦特性。

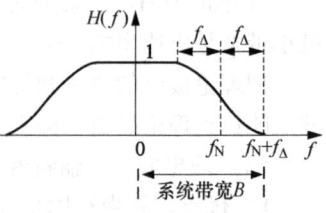

图 6-57 滚降系数和带宽

(3) 余弦滚降传输特性的带宽 图 6-57 中，$H(f)$ 的截止频点为 $f_N + f_\Delta$，截止频点之内为系统的通带，截止频点之外为系统的阻带，系统带宽 B 等于截止频点，即

$$B = f_N + f_\Delta = f_N + \alpha f_N = (1+\alpha)f_N = (1+\alpha)\frac{R_B}{2}, f_\Delta = \alpha f_N, f_N = \frac{R_B}{2}$$

(4) 余弦滚降传输特性的频带利用率 频带利用率 η_B 为

$$\eta_B = \frac{R_B}{B} = \frac{2}{1+\alpha} \tag{6-29}$$

因为 $0 < \alpha \leq 1$，所以

$$1\,\text{Baud/Hz} \leq \eta_B < 2\,\text{Baud/Hz}$$

理想低通传输特性的频带利用率等于 2，是频带利用率的极大值。而余弦滚降传输特性达不到理论极大值，频带利用率降低了。当为升余弦波形时，$\alpha = 1$，$\eta_B = 1\,\text{Baud/Hz}$，频带利用率最低。

(5) 余弦滚降传输特性 $H(\omega)$ 的数学表达式 余弦滚降传输特性写成频率的形式为 $H(f)$，也可以写成角频率 $H(\omega)$，$\omega = 2\pi f$，即

$$H(\omega) = \begin{cases} T_B & 0 \leq |\omega| < \frac{(1-\alpha)\pi}{T_B} \\ \frac{T_B}{2}\left(1 + \sin\frac{T_B}{2\alpha}\left(\frac{\pi}{T_B} - \omega\right)\right) & \frac{(1-\alpha)\pi}{T_B} \leq |\omega| \leq \frac{(1+\alpha)\pi}{T_B} \\ 0 & |\omega| > \frac{(1+\alpha)\pi}{T_B} \end{cases} \tag{6-30}$$

当 α 取不同参数时的 $H(\omega)$ 波形如图 6-58 所示。互补对称频点为 ω_N，$\alpha = \frac{\omega_\Delta}{\omega_N}$，$\eta_B = \frac{2}{1+\alpha}$，带宽 B 为

$$B = \omega_\Delta + \omega_N (\text{单位为 rad/s}) = \frac{\omega_\Delta + \omega_N}{2\pi} (\text{单位为 Hz})$$

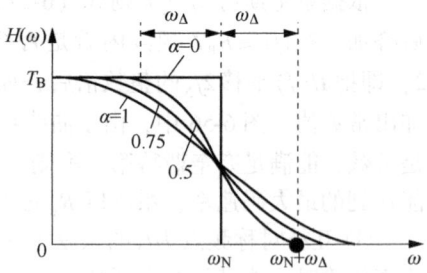

图 6-58 不同参数 α 时的余弦滚降传输特性

1) $\alpha = 0$ 时，$\omega_\Delta = 0$，为理想低通滤波器，$B = \omega_N$，$\eta_B = 2\,\text{Baud/Hz}$。

2) $\alpha = 0.5$ 时，$\omega_\Delta = 0.5\,\omega_N$，$B = 1.5\,\omega_N$（单位为 rad/s），$\eta_B = 2/(1+\alpha) = (4/3)\,\text{Baud/Hz}$。

3) $\alpha = 1$ 时，为升余弦特性，表达式为

$$H(\omega) = \begin{cases} \frac{T_B}{2}\left(1 + \cos\frac{\omega T_B}{2}\right) & |\omega| \leq \frac{2\pi}{T_B} \\ 0 & |\omega| > \frac{2\pi}{T_B} \end{cases} \tag{6-31}$$

升余弦波形没有平坦区间,从 $\omega = 0$ 开始滚降,$\omega_\Delta = \omega_N$,$B = 2\omega_N$(单位为 rad/s),$\eta_B = 2/(1+\alpha) = 1\text{Baud/Hz}$。可见,随着 α 的增加,$H(\omega)$ 波形变平缓,带宽加大,频带利用率减小。

$H(\omega)$ 波形的互补对称频点为 ω_N,要想此系统以 R_B 的码速率传输而没有码间串扰,按奈奎斯特第一准则,需满足:

$$\omega_N = \frac{\pi}{T_B} = \pi R_B$$

若已知系统函数 $H(\omega)$,即可得到 ω_N,从而得到 R_B,此 R_B 是系统无 ISI 的最大码速率 $(R_B)_{max}$,即

$$\omega_N = \pi (R_B)_{max} \text{ 或 } f_N = \frac{(R_B)_{max}}{2} \tag{6-32}$$

系统以 $(R_B)_{max}$ 为码速率传输时无 ISI,超过此码速率传输时存在码间串扰。

若已知余弦滚降传输特性 $H(\omega)$,可找到曲线互补对称频点 ω_N,令:$\omega_N = \pi (R_B)_{max}$,从而求得系统无 ISI 的最大码速率 $(R_B)_{max}$。

当基带系统以 R_B 的码速率传输时,判定系统是否存在 ISI 的方法如下。

若 $R_B = (R_B)_{max}$,无 ISI;若 $R_B > (R_B)_{max}$,有 ISI。

(6)余弦滚降传输特性冲激响应 $h(t)$ 的数学表达式 余弦滚降传输特性冲激响应 $h(t)$ 与式(6-31)的 $H(\omega)$ 互为傅里叶变换对,$h(t)$ 表达式为

$$h(t) = \frac{\sin\pi t/T_B}{\pi t/T_B} \cdot \frac{\cos\alpha\pi t/T_B}{1 - 4\alpha^2 t^2/T_B^2}$$

$h(t)$ 中除了抽样信号 $Sa\left(\frac{\sin\pi t}{T_B}\right) = \frac{\sin\pi t/T_B}{\pi t/T_B}$ 之外,还有一项的分母为 t^2,可见,随着 t 的增加,$h(t)$ 衰减比抽样信号更快,尾巴更小,可以放宽对位定时精度的要求。

余弦滚降传输特性冲激响应 $h(t)$ 在不同参数 α 时的波形如图 6-59 所示。α 值越大,曲线尾巴越小,振荡衰减越快。特别是在 $\alpha = 1$ 的升余弦特性时,衰减最快,比理想低通滤波器的冲激响应增加了一个过零点。与理想低通特性相比较:余弦滚降传输特性冲激响应尾巴衰减快,从而放宽对位定时精度的要求。

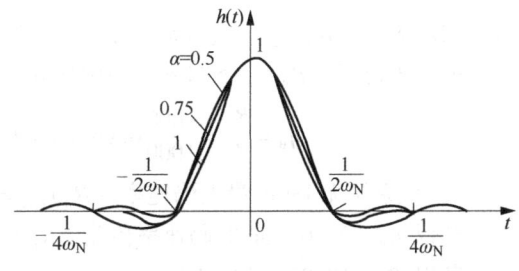

图 6-59 不同参数 α 时的余弦滚降特性冲激响应

3. 余弦滚降传输特性与理想低通传输特性相比较

(1)理想低通传输特性的优缺点

1)优点:频带利用率高,$\eta_B = R_B/B = 2\text{Baud/Hz}$,达到理论极大值

2)缺点:物理层面上不可实现;冲激响应尾巴大,衰减慢,对位定时精度要求严格。

(2)余弦滚降特性的优缺点

1)优点:物理层面上可实现;冲激响应尾巴衰减快,从而放宽对定时精度的要求。

2)缺点:频带利用率下降,$\eta_B = R_B/B = 2/(1+\alpha)$,$1\text{Baud/Hz} \leq \eta_B < 2\text{Baud/Hz}$。

4. 无码间串扰的基带传输系统设计及举例

基带系统设计的常见问题:若已知系统函数 $H(\omega)$,问以 R_B 的码速率传输,系统是否存在码间串扰?判断方法:找到 $H(\omega)$ 的互补对称频点 ω_N,令 $\omega_N = \pi (R_B)_{max}$,求出无 ISI 的最大码速率 $(R_B)_{max}$。

1) 若系统码速率 $R_B = (R_B)_{max}$，无 ISI。

2) 若系统码速率 $R_B > (R_B)_{max}$，一定存在 ISI。

3) 若系统码速率 $R_B < (R_B)_{max}$，有无 ISI 不确定：要用奈奎斯特第一准则验证或用经验公式，即当 $(R_B)_{max}$ 是 R_B 的整数倍时，可能无 ISI，否则，有 ISI。

当 $H(\omega)$ 为矩形、三角形、升余弦、余弦滚降、梯形等规则波形时，若 $(R_B)_{max}$ 是 R_B 的整数倍，可省去用奈奎斯特准则判断的过程而直接判定系统无 ISI。码速率越大，传输越快，系统有效性越好，因此在系统设计中通常采用最大码速率。

【例6-11】 $H(\omega) = T/2[1 + \cos(\omega T/2)]$，$|\omega| < 2\pi/T$，余弦滚降传输特性函数系统，$T$ 为常数，设 $T = 1\text{ms}$；

1) 画出 $H(\omega)$ 波形，求该系统滚降系数 α、带宽 B。

2) 求系统无 ISI 的最大码速率 $(R_B)_{max}$、最大码速率 $(R_B)_{max}$ 下的频带利用率 η_B。

3) 若该系统分别以 $R_B = 2000\text{Baud}$、1000Baud、800Baud、500Baud 的码速率传输，判断系统有无 ISI？

解： 1) $H(\omega) = T/2[1 + \cos(\omega T/2)]$；$|\omega| < 2\pi/T$。可见 $H(\omega)$ 为滚降系数 $\alpha = 1$ 时的升余弦特性。T 为常数，本题设 $T = 1\text{ms}$；，则 $H(\omega)$ 取值区间在 $|\omega| < (2\pi/T = 2000\pi)$，截止频率为 2000π。带宽 $B =$ 截止频率 $= 2000\pi$。$H(\omega)$ 波形如图 6-60 所示，是截止频率为 2000π 的升余弦特性。

2) 升余弦特性：滚降系数 $\alpha = \omega_\Delta/\omega_N = 1$，$\omega_\Delta = \omega_N$，$B = \omega_\Delta + \omega_N = 2\omega_N$。

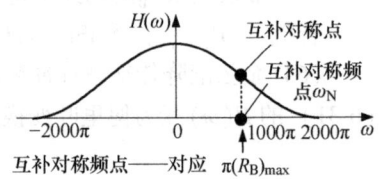

图 6-60 例 6-11 图

本题中：$B = 2000\pi \text{rad/s}$，则 $B = 2\omega_N = 2000\pi\text{rad/s}$，可求得互补对称频点 $\omega_N = 1000\pi$。互补对称频点对应 $(R_B)_{max}$，$\omega_N = \pi(R_B)_{max}$，则系统无 ISI 的最大码速率 $(R_B)_{max} = \omega_N/\pi = 2000\text{Baud}$。

最大码速率 $(R_B)_{max}$ 下的频带利用率为

$$\eta_B = \frac{R_B}{B} = \frac{1000}{1000}\text{Baud/Hz} = 1\text{Baud/Hz} \text{ 或 } \eta_B = \frac{2}{1+\alpha} = 1\text{Baud/Hz}$$

3) 该系统无 ISI 的最大码速率 $(R_B)_{max} = 1000\text{Baud}$，按前述判断方法，则

若以 $R_B = 2000\text{Baud}$ 的码速率传输，$R_B > (R_B)_{max}$，有 ISI。

若以 $R_B = 1000\text{Baud}$ 的码速率传输，$R_B = (R_B)_{max}$，无 ISI。

若以 $R_B = 800\text{Baud}$ 的码速率传输，$R_B < (R_B)_{max}$，有无 ISI 不确定。根据经验，$(R_B)_{max}$ 不是 R_B 的整数倍，有 ISI。

若以 $R_B = 500\text{Baud}$ 的码速率传输，$R_B < (R_B)_{max}$，有无 ISI 不确定，需要用奈奎斯特第一准则验证。根据经验，$(R_B)_{max}$ 是 R_B 的整数倍，无 ISI，升余弦波形时可省去奈奎斯特第一准则验证步骤。

【例6-12】 设基带传输系统的总特性为 $H(\omega)$，分别为图 6-61 中的四种波形，其中 $T = 1\text{ms}$，要求以 $R_B = 2000\text{Baud}$ 的码速率进行数据传输，图中的四种 $H(\omega)$ 能否满足抽样点上无码间串扰的条件？这四种系统的带宽和频带利用率分别是多少？

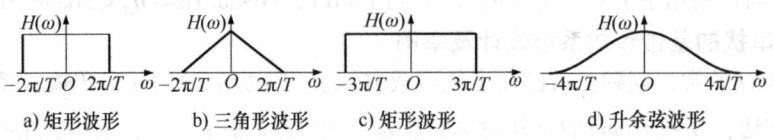

a) 矩形波形　　b) 三角形波形　　c) 矩形波形　　d) 升余弦波形

图 6-61 例 6-12 题图

解题思路：找到 $H(\omega)$ 波形互补对称频点 ω_N，令：$\omega_N = \pi (R_B)_{max}$，从而求得系统无 ISI 的最大码速率 $(R_B)_{max}$。比较 R_B 和 $(R_B)_{max}$，判定系统是否存在 ISI。

$H(\omega)$ 中 $T = 1$ms 为常数，四种 $H(\omega)$ 及其互补对称频点 ω_N 分别如图 6-62 所示。

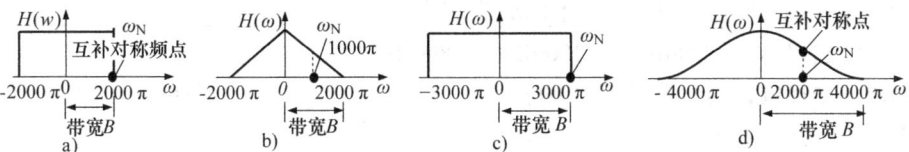

图 6-62 例 6-12 题互补对称点图

解：图 6-22a 中带宽 $B = 2000\pi$rad/s $= 1000$Hz

$\omega_N = 2000\pi$rad/s，代入 $\omega_N = \pi (R_B)_{max}$，得 $(R_B)_{max} = 2000$Baud。

$R_B = 2000$Baud $= (R_B)_{max}$，系统无 ISI，能满足抽样点上无码间串扰的条件。

图 6-22b 中带宽 $B = 2000\pi$rad/s $= 1000$Hz

$\omega_N = 1000\pi$rad/s，代入 $\omega_N = \pi (R_B)_{max}$，得 $(R_B)_{max} = 1000$Baud。

$R_B = 2000$Baud $> (R_B)_{max} = 1000$Baud，系统有 ISI，不能满足抽样点上无码间串扰的条件。

图 6-22c 中带宽 $B = 3000\pi$rad/s $= 1500$Hz

$\omega_N = 3000\pi$rad/s，代入 $\omega_N = \pi (R_B)_{max}$，得 $(R_B)_{max} = 3000$Baud。

$R_B = 2000$Baud $< (R_B)_{max} = 3000$Baud，系统有无 ISI 需要用奈奎斯特第一准则验证。根据经验，$(R_B)_{max}$ 不是 R_B 的整数倍，有 ISI，不能满足抽样点上无码间串扰的条件。

图 6-22d 中带宽 $B = 4000\pi$rad/s $= 2000$Hz

$\omega_N = 2000\pi$rad/s，代入 $\omega_N = \pi (R_B)_{max}$，得 $(R_B)_{max} = 2000$Baud。

$R_B = 2000$Baud $= (R_B)_{max} = 2000$Baud，系统无 ISI，能满足抽样点上无码间串扰的条件。

【例 6-13】 为传送码速率 $R_B = 10^3$Baud 的数字基带信号，试问采用图 6-63 中何种传输特性较好？奈奎斯特带宽是多少？

解：$H(\omega)$ 分别为（a）、（b）、（c）三种。（a）是带宽 $B = 4 \times 10^3 \pi$rad/s 的三角形；（b）是带宽 $B = 2 \times 10^3 \pi$rad/s 的矩形；（c）是带宽 $B = 2 \times 10^3 \pi$rad/s 的三角形。可以验证（a）、（b）、（c）三种系统以 $R_B = 10^3$Baud 的码速率传输时都没有 ISI。

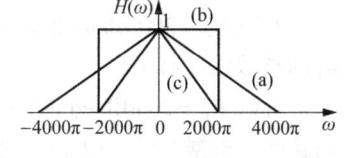

图 6-63 例 6-13 图

1）系统带宽和系统频带利用率。

$H(\omega)$ 为（a）时的带宽：$B = 4 \times 10^3 \pi$rad/s $= 2 \times 10^3$Hz，频带利用率 $\eta_B = R_B/B = 0.5$Baud/Hz；

$H(\omega)$ 为（b）时的带宽：$B = 2 \times 10^3 \pi$rad/s $= 1 \times 10^3$Hz，频带利用率 $\eta_B = R_B/B = 1$Baud/Hz；

$H(\omega)$ 为（c）时的带宽：$B = 2 \times 10^3 \pi$rad/s $= 1 \times 10^3$Hz，频带利用率 $\eta_B = R_B/B = 1$Baud/Hz。

从频带利用率考虑：由于（b）或（c）频带利用率高于（a），故选（b）或（c）。

2）奈奎斯特带宽 $R_B = 10^3$Baud 时无 ISI 的最小带宽（奈奎斯特带宽）为：$B = R_B/2 = 0.5 \times 10^3$Hz。（a）、（b）、（c）三种系统的奈奎斯特带宽均为 0.5×10^3Hz，三个系统的实际带宽均大于奈奎斯特带宽，频带利用率均小于理论极限值 2Baud/Hz。

3）从其冲激响应衰减快慢来考虑：（b）的 $H(\omega)$ 是矩形，对应的冲激响应 $h(t)$ 是抽样信号，即 $Sa(x)$ 型；（a）和（c）的 $H(\omega)$ 是三角形，对应的冲激响应 $h(t)$ 是抽样信号的二次方，即 $Sa^2(x)$ 型，比 $Sa(x)$ 型收敛更快；可见：（a）和（c）的收敛快于（b），选（a）或（c）。

4）综合考虑，选（c）较好。

【例6-14】 数字基带系统为余弦滚降特性函数系统，如图6-64所示，求：

1）该系统滚降系数 α、带宽 B；2）系统无ISI的最大码速率 $(R_B)_{max}$、最大码速率 $(R_B)_{max}$下的频带利用率 η_B；
3）若该系统分别以 R_B = 2000Baud、1000Baud、800Baud、500Baud 的码速率传输，判断系统有无ISI？

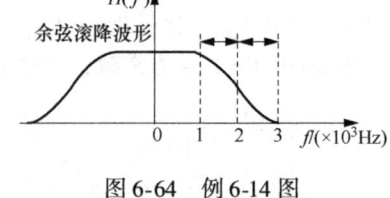

图6-64 例6-14图

解： 1）已知余弦滚降特性函数系统 $H(f)$，可知：带宽 $B = 3 \times 10^3$ Hz。$H(f)$ 互补对称点如图6-65所示，互补对称频点 $f_N = 2 \times 10^3$ Hz，$f_\Delta = 1 \times 10^3$ Hz。

系统滚降系数为

$$\alpha = \frac{f_\Delta}{f_N} = \frac{1 \times 10^3}{2 \times 10^3} = 0.5$$

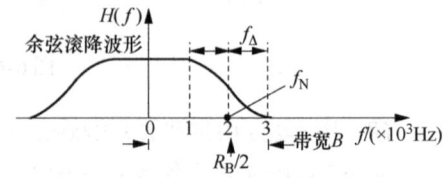

图6-65 例6-14 互补对称点图

2）互补对称频点为

$$f_N = \frac{(R_B)_{max}}{2}$$

故最大码速率为

$$(R_B)_{max} = 2 f_N = 2 \times 2 \times 10^3 \text{Baud} = 4 \times 10^3 \text{Baud}$$

频带利用率为

$$\eta_B = \frac{2}{1+\alpha} = \frac{2}{1+0.5} \text{Baud/Hz} = \frac{4}{3} \text{Baud/Hz}$$

3）若该系统分别以 R_B = 5000Baud、4000Baud、3000Baud、2000Baud 的码速率传输，判断系统有无ISI？该系统无ISI的最大码速率 $(R_B)_{max}$ = 4000Baud，按前述的判断方法，则：

若以 R_B = 5000Baud 的码速率传输，$R_B > (R_B)_{max}$，有ISI；

若以 R_B = 4000Baud 的码速率传输，$R_B = (R_B)_{max}$，无ISI；

若以 R_B = 3000Baud 的码速率传输，$R_B < (R_B)_{max}$，有无ISI不确定。根据经验，$(R_B)_{max}$不是 R_B 的整数倍，有ISI。

若以 R_B = 2000Baud 的码速率传输，$R_B < (R_B)_{max}$，有无ISI不确定，需要用奈奎斯特第一准则验证。根据经验，$(R_B)_{max}$是 R_B 的整数倍，无ISI，升余弦波形时可省去用奈奎斯特第一准则验证步骤。

6.6 部分响应系统

无码间串扰是基带系统设计中需要满足的，但满足无码间串扰的两种基带系统，即理想低通特性系统和余弦滚降特性系统各有优缺点。为此，提出了部分响应系统，它能克服缺点且保留优点，代价是不再是无码间串扰系统，是有码间串扰的。部分响应系统中的码间串扰能被控制并在接收端消除，是一种实用的数字基带系统。

6.6.1 部分响应系统原理及第Ⅰ类部分响应系统

1. 部分响应系统原理

（1）两种无ISI系统存在的问题　理想低通特性系统和余弦滚降特性系统，这两种无码间干扰系统各有特点。

1) 理想低通特性系统特点。优点：频带利用率高。缺点：物理不可实现、冲激响应 $h(t)$ 的尾巴振荡幅度大、收敛慢，从而对定时精度要求十分严格。

2) 余弦滚降特性系统特点。

优点：物理可实现；冲激响应 $h(t)$ 的尾巴振荡幅度小、收敛快，从而降低对定时精度的要求。缺点：频带利用率降低。

3) 问题。能不能存在这样一个系统，它满足这两种系统的优点呢？这样的系统是存在的，就是部分响应系统。

(2) 部分响应系统特性

1) 频带利用率高，达到理论最大值 2Baud/Hz。

2) 物理可实现。

3) $h(t)$ 的尾巴振荡幅度小、收敛快，降低对位定时精度的要求。

上述特性是部分响应系统的优点。部分响应系统人为的引入码间串扰，不再是无码间干扰系统了，但码间串扰是能控制的，同时使频带利用率提高到理论极值，使冲激响应收敛快，而且是物理可实现系统，是一种实用系统。

部分响应系统采用的方法是人为地在码元的抽样时刻上引入码间串扰，码间串扰是能控制的，可以在接收端予以消除，从而达到改善频谱特性，压缩传输频带，频带利用率提高到理论最大值 2Baud/Hz，并加速冲激响应尾巴的衰减，降低对位定时精度的要求的目的。

(3) 奈奎斯特第二准则　人为地在码元的抽样时刻引入码间串扰，并在接收端判决时加以消除，从而可以达到改善频谱特性、压缩传输频带、使频带利用率提高到理论最大值，并加速传输波形尾巴的衰减和降低对定时精度要求的目的。

有控制地在某些码元的抽样时刻引入码间干扰，而在其余码元的抽样时刻无码间干扰，使频带利用率达到理论上的最大值，同时又可降低对定时精度的要求。

1) 通常把满足奈奎斯特第二准则的冲激响应波形叫部分响应波形。

2) 利用部分响应波形传输的基带系统称为部分响应系统。

(4) 部分响应系统概念　它是一种传输系统，允许存在一定的、受控制的码间串扰，而在接收端可加以消除，能使频带利用率提高到理论上的最大值 2Baud/Hz，又可形成"尾巴"衰减大、收敛快的传输波形。

(5) 部分响应系统引入原理　理想低通滤波特性系统能满足无码间串扰，其冲激响应波形 $h(t)$ 是抽样信号，拖尾严重。截止频率为 π/T_B 的理想低通滤波特性系统，冲激响应波形 $h(t) = Sa\left(\dfrac{\pi t}{T_B}\right) = \dfrac{\sin\dfrac{\pi t}{T_B}}{\dfrac{\pi t}{T_B}}$，理想低通滤波特性系统的 $H(\omega)$、$h(t)$ 和 $h(t-T_B)$ 如图 6-66 所示。

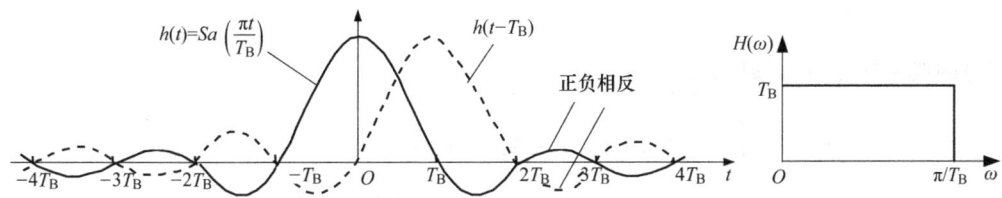

图 6-66　理想低通滤波特性系统的 $H(\omega)$、$h(t)$ 和 $h(t-T_B)$

观察到 $h(t)$ 的尾巴是正负交替的，虽然"拖尾"严重，但相距一个码元间隔的两个波形的

"拖尾"刚好正负相反，利用这样的波形组合可以构成"拖尾"衰减很快的脉冲波形。把 $h(t)$ 和 $h(t-T_B)$，间隔为 T_B 的两个抽样波形的叠加，能使尾巴正负互相抵消，可使尾巴衰减加快，这是部分响应系统设计的基本思想。

部分响应系统一共有 5 类，其中的第 I 类部分响应系统采用的冲激响应波形 $g(t)$ 为 $g(t) = h(t) + h(t-T_B)$，等价于：$g(t) = h\left(t+\dfrac{T_B}{2}\right) + h\left(t-\dfrac{T_B}{2}\right)$，二者只是坐标原点选取不同，实质相同。为区别于理想低通传输特性的冲激响应 $h(t)$，把部分响应系统的冲激响应用 $g(t)$ 来表示。

2. 第 I 类部分响应系统

（1）冲激响应 $g(t)$　第 I 类部分响应系统采用的冲激响应 $g(t)$ 表达式为抽样信号 $Sa\left(\dfrac{\pi t}{T_B}\right)$ 左移 $\dfrac{T_B}{2}$ 和右移 $\dfrac{T_B}{2}$ 两个时移信号的叠加，为式（6-33），第 I 类部分响应系统冲激响应 $g(t)$ 波形如图 6-67 所示。

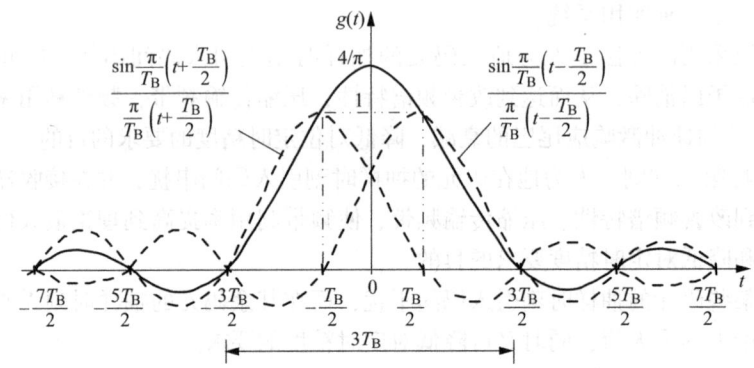

图 6-67　第 I 类部分响应系统冲激响应 $g(t)$ 波形

第 I 类部分响应系统冲激响应为

$$g(t) = h\left(t+\frac{T_B}{2}\right) + h\left(t-\frac{T_B}{2}\right) = \frac{\sin\dfrac{\pi}{T_B}\left(t+\dfrac{T_B}{2}\right)}{\dfrac{\pi}{T_B}\left(t+\dfrac{T_B}{2}\right)} + \frac{\sin\dfrac{\pi}{T_B}\left(t-\dfrac{T_B}{2}\right)}{\dfrac{\pi}{T_B}\left(t-\dfrac{T_B}{2}\right)} \tag{6-33}$$

$g(t)$ 化简后得：$g(t) = \dfrac{4}{\pi}\left(\dfrac{\cos \pi t T_B}{1-4t^2 T_B^2}\right)$。$g(t)$ 的分母中含有 t^2，随着横坐标 t 的增加按 t^2 衰减；抽样信号的分母中是 t，$g(t)$ 比抽样信号尾巴衰减加快，可以降低系统对位定时精度的要求。

$g(t)$ 的典型样点值为 $\begin{cases} g(0) = \dfrac{4}{\pi} \\ g\left(\pm\dfrac{T_B}{2}\right) = 1 \\ g\left(\pm\dfrac{kT_B}{2}\right) = 0,\ k = \pm 3, \pm 5, \cdots \end{cases}$

$t = 0$ 时，$g(0) = \dfrac{4}{\pi}$；$t = \pm\dfrac{T_B}{2}$ 时，$g\left(\pm\dfrac{T_B}{2}\right) = 1$；$t = \pm\dfrac{3T_B}{2}, \pm\dfrac{5T_B}{2}, \cdots$ 时，$g\left(\pm\dfrac{kT_B}{2}\right) = 0$，是 $g(t)$ 的过零点。

（2）第 I 类部分响应系统特性 $G(\omega)$　$g(t)$ 的傅里叶变换 $G(\omega)$，即

$$G(\omega) = F[g(t)] = F\left[h\left(t+\frac{T_B}{2}\right) + h\left(t-\frac{T_B}{2}\right)\right]$$

式中，$h(t)$ 的傅里叶变换 $H(\omega)$ 是理想低通滤波器，如图6-67。

$$H(\omega) = \begin{cases} T_B, & |\omega| \leq \frac{\pi}{T_B} \\ 0, & |\omega| > \frac{\pi}{T_B} \end{cases}$$

根据傅里叶变换的时移特性，有

$$F\left[h\left(t+\frac{T_B}{2}\right)\right] = H(\omega)e^{\frac{j\omega T_B}{2}}, F\left[h\left(t-\frac{T_B}{2}\right)\right] = H(\omega)e^{-\frac{j\omega T_B}{2}}$$

欧拉公式

$$\frac{e^x + e^{-x}}{2} = \cos x$$

得

$$G(\omega) = H(\omega)e^{\frac{j\omega T_B}{2}} + H(\omega)e^{-\frac{j\omega T_B}{2}} = 2H(\omega)\frac{e^{\frac{j\omega T_B}{2}} + e^{-\frac{j\omega T_B}{2}}}{2} = 2H(\omega)\cos\frac{\omega T_B}{2}$$

代入 $H(\omega)$ 得到第Ⅰ类部分响应系统特性，即

$$G(\omega) = \begin{cases} 2T_B\cos\frac{\omega T_B}{2}, & |\omega| \leq \frac{\pi}{T_B} \\ 0, & |\omega| > \frac{\pi}{T_B} \end{cases}$$

第Ⅰ类部分响应系统特性 $G(\omega)$ 波形如图6-68所示。

（3）第Ⅰ类部分响应系统的带宽和频带利用率　由图6-68中 $G(\omega)$ 可求出系统带宽和频带利用率。

1）带宽：$B=1/(2T_B)$（单位为 Hz），与理想低通滤波器的相同。

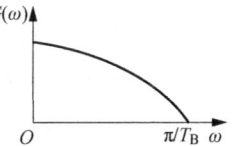

图6-68　第Ⅰ类部分响应系统特性 $G(\omega)$

$G(\omega)$ 的截止频率是 π/T_B，与理想低通传输特性的截止频率相同。带宽等于截止频率，也与理想低通传输特性相同。

带宽常写成赫的形式，把 π/T_B 除以 2π，得到：$B=\pi/T_B$（单位为 rad/s）$=1/(2T_B)$（单位为 Hz）。

2）频带利用率：$\eta_B = R_B/B = \frac{1}{T_B}/\frac{1}{2T_B} = 2\text{Baud/Hz}$

系统以 $R_B = 1/T_B$ 的码速率进行传输，带宽 $B=1/(2T_B)=R_B/2$，频带利用率 $\eta_B = R_B/B = R_B/(R_B/2) = 2\text{Baud/Hz}$，达到理论极大值，和理想低通频率特性的频带利用率相同。

（4）第Ⅰ类部分响应信号传输时的码间串扰情况　第Ⅰ类部分响应系统信道码流波形如图6-69所示。设信息码为一串码流：a_{-1}，a_0，a_1，a_2，…，冲激响应波形 $g(t)$ 作为传送信号的波形，码元间隔为 T_B。因为 $g\left(\pm\frac{T_B}{2}\right)=1$，$g\left(\pm\frac{kT_B}{2}\right)=0$，$k=\pm 3$，$\pm 5$，…，所以把抽样点选在 $t=\pm\frac{kT_B}{2}$ 处（注：$g(t)$ 的原点处不是采样点）。图中，在 c_1 采样时刻，采样值 $c_1 = a_0 + a_1$，只有 a_0 和 a_1，其余的 a_{-1} 和 a_2 等在此刻是过零点。因此，以这种 $g(t)$ 波形作为冲激响应波形的系

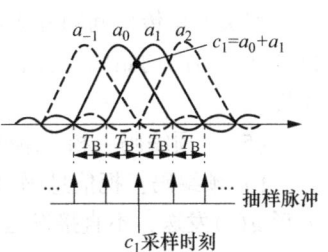

图6-69　部分响应系统信道码流波形

统，以 R_B（$=1/T_B$）为码速率传输时，"串扰"是确定的。在抽样时刻上，抽样值 c_k 为

$$c_k = a_k + a_{k-1}$$

仅发生前一码元 a_{k-1} 对本码元 a_k 抽样值的干扰，而与其他码元不发生串扰，其他码元波形在抽样时刻是过零点。由于这种"串扰"是确定的，可在接收端予以消除掉。

设 a_k 取值为 1 或 -1，则 c_k 取值为 2、0 或 -2，三电平，是数字量。需要说明的是，本章数字基带传输系统是数字系统，但信道中的信号波形为

$$\cdots + a_{-1}g(t+T_B) + a_0g(t) + a_1g(t-T_B) + + a_1g(t-2T_B) + \cdots$$

是图 6-69 中一系列脉冲波形的叠加，波形幅值是连续变换的模拟量，非数字的。因为采样时刻的采样值只有三种可能的电平，是数字量，因此，系统是数字系统。

接收端需要从采样值 c_k 中恢复信息码 a_k。接收端可得到采样值 c_k，如果已知信息码的初始值 a_{k-1}，令信息码第一个初始值 a_{-1} 为 0，接收端恢复信息码 a_k 的公式为

$$a_k = c_k - a_{k-1}$$

就能依次递推出 a_k，从而恢复信息码。

可见在采样点上是有干扰的，是前一码元对本码元有干扰，但是，这个干扰是可以控制的，是已知的，接收端可以消除干扰恢复 a_k，只要用采样值 c_k 减去前一个码元 a_{k-1}，就可以依次的恢复原信息码 a_k。

但是，存在的问题是差错传播。因为恢复信息码的时候要用前一信息码，一旦有一个信息码出现错误，那么依次递推，后面的码就都错了。差错传播的原因是有控制地引入码间串扰的过程中，使原本互相独立的码元变成了相关码元。

差错传播举例：设信息码 a_k 采用双极性波形："1" → +1；"0" → -1，如图 6-70 所示。抽样值由于受信道噪声干扰可能在判决时产生误码，比如图 6-70 中，正确值应该是 -2 电平，由于干扰接收值是 0 电平，恢复值 a_k' 是 $c_k - a_{k-1} = 0 - (-1) = +1$，产生错误，实际电平值应该是 $-2 - (-1) = -1$。下一个恢复值用到前一错误的电平值，造成后面的电平都产生错误，使差错传播下去，信号不能正确接收了。

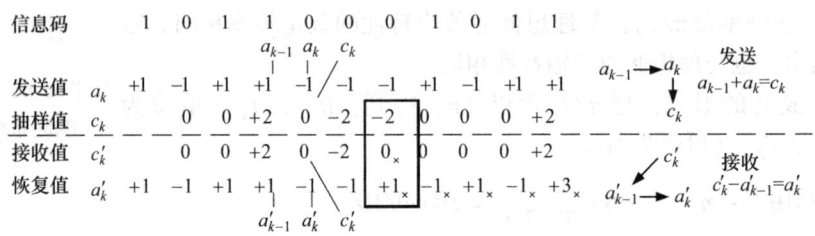

图 6-70 差错传播举例

解决差错传播问题方法是采用差分波形，差分波形用前后码元波形的相对变化表示信息，可以消除信号的初始状态影响。在此，采用称为"预编码—相关编码—模 2 判决"的过程来去除相关性。

(5) "预编码—相关编码—模 2 判决"的过程

1) 预编码：把信息码 $\{a_k\}$ 预编码成 $\{b_k\}$，再把 $\{b_k\}$ 作为发送码，$\{b_k\}$ 乘以部分响应波形 $g(t)$ 发送，不直接发送 $\{a_k\}$，而是发送差分码 $\{b_k\}$。预编码公式为

$$b_k = a_k \oplus b_{k-1}$$

预编码公式即差分码编码公式，二进制时 $\oplus$ 是模 2 加。差分码 b_k 消除了初始状态影响。

2) 相关编码：把预编码后的 $\{b_k\}$ 作为发送滤波器的输入码元序列，则在抽样点的抽样值

即相关编码值 c_k。相关编码公式为
$$c_k = b_k + b_{k-1}$$

信道中信号是一系列冲激的叠加，为 $\sum b_k g(t-kT_B)$，使采样点的采样值满足相关编码公式，因此这种叠加相当于相关编码。相关编码公式中的"+"是算术加。

3）模 2 判决：在接收端对抽样值 c_k 进行模 2 处理，恢复信息码 $\{a_k\}$，$a_k = [c_k]_{\text{mod}2}$，即
$$[c_k]_{\text{mod}2} = [b_k + b_{k-1}]_{\text{mod}2} = b_k \oplus b_{k-1} = a_k$$

接收端由 b_k 即可恢复信息码 a_k，但不需要预先知道 a_{k-1}，从而消除了差错传播。

"预编码—相关编码—模 2 判决"的过程及其消除差错传播举例如下：

【例 6-15】 已知 $a_k = 10110001011$ 和 b_k 的初始状态为 0，记为（0），求预编码 b_k、相关编码 c_k 和 $[c_k]_{\text{mod}2}$。针对 b_k 采用单极性波形和双极性波形两种情况讨论。

解题思路：已知二进制信息码 a_k，用预编码公式 $b_k = a_k \oplus b_{k-1}$ 得到差分码 b_k，预编码时 a_k 和 b_k 都是单极性的，是二进制的 0 和 1。把 $\{b_k\}$ 作为发送码元序列，b_k 可以采样单极性或双极性。

① 预编码：$b_k = a_k \oplus b_{k-1}$，单极性，模 2 加，b_k 初始值设为 0。

② 相关编码：$c_k = b_k + b_{k-1}$，可以采样单极性或双极性，算术加。

③ $[c_k]_{\text{mod}2}$：对 c_k 值模 2 运算，等于求 $c_k/2$ 的余数，当 c_k 是 2 的倍数时值为 0，否则值为 1。

1）b_k 采用单极性波形时的运算过程及结果，如图 6-71 所示。

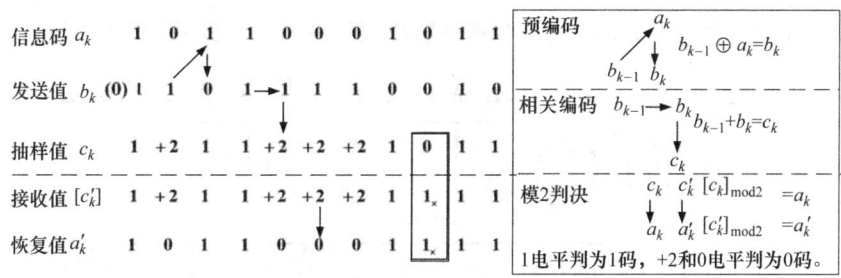

图 6-71 例 6-15 b_k 采用单极性波形时

预编码：$b_k = a_k \oplus b_{k-1}$；相关编码：$c_k = b_k + b_{k-1}$；模 2 加：$a'_k = [c'_k]_{\text{mod}2}$。

根据这 3 个公式，已知 $a_k = 10110001011$ 和 b_k 的初始状态为 0，记为（0），求得 $b_k = (0)$ 11011110010 和 $c_k = 1 + 211 + 2 + 2 + 21011$，$c_k$ 是三电平的，对 c_k 模 2 判决时，+2 和 0 电平判为 0 码，1 电平判为 1 码，得到 $[c_k]_{\text{mod}2} = 10110001011$，与 a_k 对比可知，$[c_k]_{\text{mod}2} = a_k$，验证了系统的正确性。

可见，采用"预编码—相关编码—模 2 判决"过程的第 Ⅰ 类部分响应系统，引入了可控制的、接收端能消除的码间干扰，实现了信息码的传输。

当 $[c'_k]$ 中有一位出现误判时，0 电平误判为 1 电平，使恢复的信息码出现 1 位错码，但不会引起后面的码元误判，因为后面码元判决只看 c'_k，不看前一位信息码，不会引起错误传播。

2）b_k 采用双极性波形时的运算过程及结果，如图 6-72 所示。

预编码：$b_k = a_k \oplus b_{k-1}$ 中 a_k 和 b_k 只有进制，没有单双极性，都是单极性。

已知 $a_k = 10110001011$ 和 b_k 的初始状态为 0，记为（0），求得 $b_k = (0)11011110010$。

把 b_k 作为发送码，b_k 通常采用双极性，用 +1 和 -1 表示 b_k，1→+1，0→-1。

双极性的 b_k 为 $b_k = (-1)11-11111-1-11-11$。

相关编码：$c_k = b_k + b_{k-1}$，把双极性 b_k 的当前码元和前一码元的电平进行算术加，得到 $c_k = 0 + 200 + 2 + 2 + 20 - 200$。

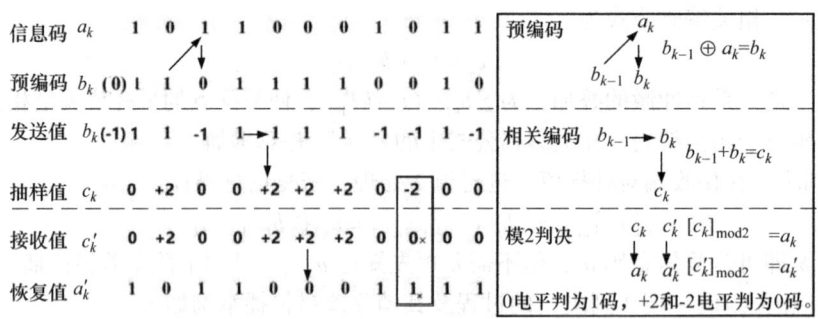

图6-72 例6-15 b_k采用双极性波形时

接收端对c_k进行模2判决，采样值c_k有0、+2、-2三个电平，是三电平的，如果把0电平判为1码，+2和-2电平判为0码，就能恢复信息码，实现了译码，得到$[c_k]_{\text{mod}2}$ = 10110001011，与a_k对比可知，$[c_k]_{\text{mod}2} = a_k$，验证了系统的正确性。

当$[c_k']$中有一位出现误判时，-2电平误判为1电平，使恢复的信息码出现1位错码，但不会引起后面的码元误判，因为后面码元判决只看c_k'，不看前一位信息码，不会引起错误传播。

（6）第Ⅰ类部分响应系统原理方框图 第Ⅰ类部分响应系统原理框图如图6-73所示。依据第Ⅰ类部分响应的"预编码—相关编码—模2判决"构成原理框图，方框T表示延时器，延时一个码周期T_B。图6-73b把图6-73a中的两个延时器合成为一个，为实际系统方框图。

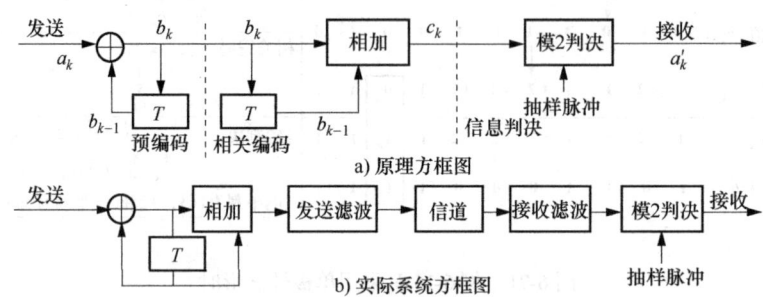

图6-73 第Ⅰ类部分响应系统原理框图

6.6.2 部分响应系统的一般形式及第Ⅳ类部分响应系统

1. 部分响应系统的一般形式

部分响应系统一共有5类，第Ⅰ类部分响应系统是其中之一。这5类部分响应系统都是由抽样信号$Sa\left(\dfrac{\pi t}{T_B}\right) = \dfrac{\sin\dfrac{\pi t}{T_B}}{\dfrac{\pi t}{T_B}}$及其延时信号的叠加组成，延时$k$个码周期，$k$和加权系数$R_m$为整数，表达式为式（6-34）。

（1）部分响应系统冲激响应波形$g(t)$的一般形式

冲击响应波形$g(t)$的一般形式为

$$g(t) = R_1 \frac{\sin\dfrac{\pi}{T_B}t}{\dfrac{\pi}{T_B}t} + R_2 \frac{\sin\dfrac{\pi}{T_B}(t-T_B)}{\dfrac{\pi}{T_B}(t-T_B)} + \cdots + R_N \frac{\sin\dfrac{\pi}{T_B}[t-(N-1)T_B]}{\dfrac{\pi}{T_B}[t-(N-1)T_B]} \quad (6\text{-}34)$$

式中,R_1,R_2,…,R_N为N个$S_a(x)$波形的加权系数,其值可为正整数、负整数、0。

例如,当取$R_1=1$,$R_2=1$,其余系数R_N等于0时,就是前面所述的第Ⅰ类部分响应波形。$R_m(m=1,2,…,N)$取不同的值时,对应不同类别的部分响应系统,相应有不同的相关编码方式。

(2)部分响应系统系统函数$G(\omega)$的一般形式 $G(\omega)$仅在$(-\pi/T_B,\pi/T_B)$范围内存在。带宽

$$B = \frac{\pi}{T_B}(单位为\ rad/s) = \frac{1}{2T_B}\ (单位为\ Hz)$$

则

$$G(\omega) = \begin{cases} T_B \sum_{m=1}^{N} R_m\ e^{-j\omega(m-1)T_B}, & |\omega| \leq \frac{\pi}{T_B} \\ 0, & |\omega| > \frac{\pi}{T_B} \end{cases}$$

(3)常见的5类部分响应系统 表6-1列出了常见的5类部分响应系统。其中的第0类是指理想低通特性系统,严格上来讲,理想低通特性系统不属于部分响应系统,为了便于比较,列于此并称为第0类。

表6-1 常见5类部分响应系统

类别	R_1	R_2	R_3	R_4	R_5	冲激响应$g(t)$	系统函数$|G(\omega)|$,$|\omega|\leq\frac{\pi}{T_B}$	c_k电平数
0	1	0	0	0	0	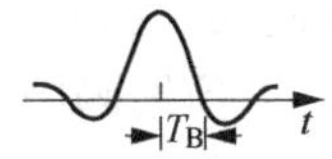	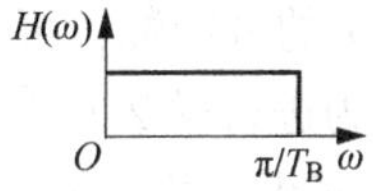	2
Ⅰ	1	1	0	0	0	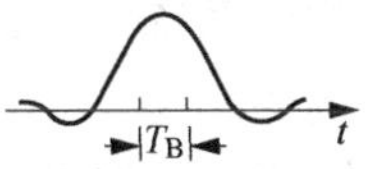	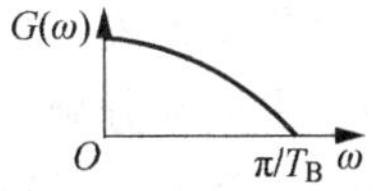	3
Ⅱ	1	2	1	0	0	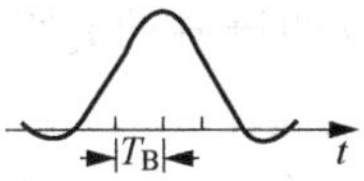	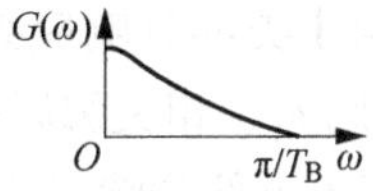	5
Ⅲ	2	1	-1	0	0	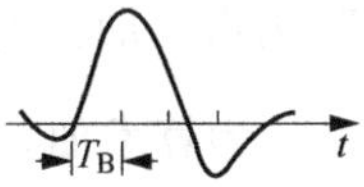	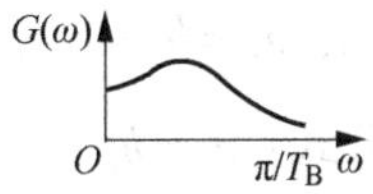	5
Ⅳ	1	0	-1	0	0	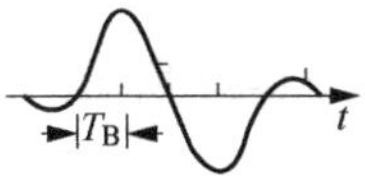	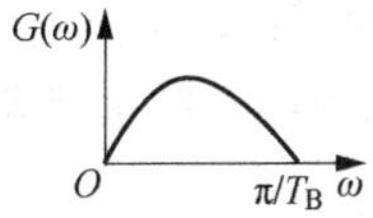	3
Ⅴ	-1	0	2	0	-1	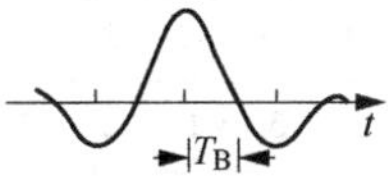	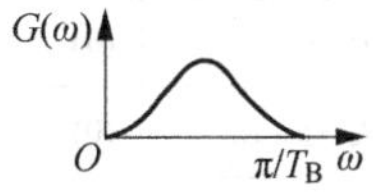	5

(4)目前应用较多的是第Ⅰ类和第Ⅳ类

第Ⅰ类:$R_1=1$,$R_2=1$,$R_3=R_4=R_5=0$,$G(\omega)$频谱图中可见在零频附近低频分量很高。第Ⅳ类:$R_1=1$,$R_2=0$,$R_3=-1$,$R_4=R_5=0$,$G(\omega)$频谱图中可见在零频附近低频分量很低,而

且冲激响应 $g(t)$ 波形是正负交替的，不含直流，适合基带信道传输。

1）第Ⅰ类频谱主要集中在低频段，适于信道频带高频严重受限的场合。第Ⅳ类无直流分量，且低频分量小，便于边带滤波，实现单边带调制，因而在实际应用中，第Ⅳ类部分响应应用得最为广泛。

2）以上两类的抽样值电平数为 $(2L-1)$ 个，L 为输入信号的进制数。电平数比其他类别的少，这也是它们得以广泛应用的原因之一。

前面讨论中都是以二进制为例的，L 可以取多进制，如 $L=4$、8 等。当信息码是二进制时，$L=2$，这两类的相关编码 c_k 电平数都是 $2L-1=3$ 个，其他几类都是 5 电平。相关电平数越少，判决空间越大，误码率越小，抗噪声性能越好。

（5）部分响应系统的"预编码—相关编码—模 L 判决"过程 为了避免因相关编码而引起的"差错传播"现象，一般要经过"预编码—相关编码—模 L 判决"过程：

1）预编码。首先对 a_k 进行预编码，即

$$a_k = R_1 b_k + R_2 b_{k-1} + \cdots + R_N b_{k-(N-1)}$$

式中，a_k 和 b_k 已假设为 L 进制；"+"为"模 L 相加"。

2）相关编码。然后，将预编码后的 b_k 进行相关编码，即

$$C_k = R_1 b_k + R_2 b_{k-1} + \cdots + R_N b_{k-(N-1)}$$

式中，"+"为算术加。

3）模 L 判决。再对 c_k 采用模 L 判决，得到 a_k，a_k 不存在错误传播问题，即

$$a_k = [c_k]_{\text{mod}4}$$

L 为输入信号 a_k 的进制数，可以是二进制的，也可以是多进制的。$L=2$ 时，预编码中进行模 2 加，模 L 判决中为进行模 2 判决；$L=4$ 时，预编码中进行模 4 加；模 L 判决中进行模 4 判决；无论 L 的进制数是多少，相关编码中的"+"均为算术加，与进制无关。L 的进制数是多少，也与部分响应系统是第几类无关。每类部分响应系统中，a_k 都可以采用二进制或多进制。前面讨论中，是以二进制的第Ⅰ类部分响应系统为例的。

a_k 采用四进制时，第Ⅰ类部分响应系统的"预编码 – 相关编码 – 模 L 判决"过程举例如下。

【例 6-16】 第Ⅰ类部分响应系统，设四进制的 a_k 码序列为 13120312，b_k 初始值默认设为 0，记为 (0)，求预编码 b_k、相关编码 c_k 和 $[c_k]_{\text{mod}4}$。

解题思路：第Ⅰ类部分响应系统：$R_1=1$，$R_2=1$，$R_3=R_4=R_5=0$。

① 预编码公式：$a_k = b_k + b_{k-1}$（"+"为模 4 加，则 $b_k = [a_k - b_{k-1}]_{\text{mod}4}$）。

② 相关编码公式：$c_k = b_k + b_{k-1}$（"+"为算术加）。

③ 模 4 判决公式：$a_k = [c_k]_{\text{mod}4}$。

预编码—相关编码—模 4 判决过程如图 6-74 所示。

a_k		1	3	1	2	0	3	1	2
$a_k - b_{k-1}$	(0)	1	2	-1	-1	-3	2	-1	-1
$b_k = [a_k - b_{k-1}]_{\text{mod}4}$	(0)	1→2	3	3→1	2	3	3		
$c_k = b_k + b_{k-1}$		1	3	5	6	4	3	5	6
$[c_k]_{\text{mod}4}$		1	3	1	2	0	3	1	2

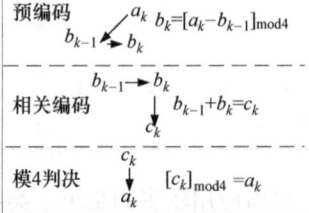

图 6-74 例 6-16 中预编码—相关编码—模 4 判决过程

$a_k - b_{k-1}$ 的值有正值也有负值，按照模 4 运算规则，运算结果只有 0，1，2，3 四种，如 $[-1]_{\text{mod}4}=3$，$[-3]_{\text{mod}4}=1$。

求得 $b_k = 12331233$ 和 $c_k = 13564356$ 以及 $[c_k]_{\text{mod}4} = 12331233$。可见 c_k 电平数很多，为 $2L-1=7$，最多为 7 个。另外，可以验证 $[c_k]_{\text{mod}4} = a_k$，从而证明"预编码—相关编码—模 L 判决"过程可以正确传输信息码，而且没有差错传播现象。

（6）部分响应系统优缺点　优点：能实现 2Baud/Hz 的频带利用率，即理论极大值；传输波形的"尾巴"衰减大和收敛快，降低对位定时精度的要求。

缺点：相关编码电平数多，抗噪声性能要比第 0 类（即理想低通特性）系统差。当输入数据为 L 进制时，部分响应波形的相关编码电平数要超过 L 个。第 0 类（即理想低通特性）系统的相关编码电平数只有 L 个。因此，在同样输入信噪比条件下，部分响应系统的抗噪声性能要比第 0 类系统差。

2. 第 Ⅳ 类部分响应系统

部分响应系统的一般表达式中，第 Ⅳ 类为：$R_1 = 1$，$R_2 = 0$，$R_3 = -1$，$R_4 = R_5 = 0$。

（1）第 Ⅳ 类部分响应系统的"预编码—相关编码—模 L 判决"过程

1）预编码公式：$a_k = R_1 b_k + R_2 b_{k-1} + R_3 b_{k-2} = b_k - b_{k-2}$（"－"为模 L 减），则 $b_k = [a_k + b_{k-2}]_{\text{mod}L}$（"＋"为模 L 加）。

2）相关编码公式：$c_k = b_k - b_{k-2}$（"－"为算术减）。

3）模 L 判决公式，即接收端译码：$a_k = [c_k]_{\text{mod}L}$。

L 为信息码 a_k 的进制数，可以是二进制，也可以是多进制。例如四进制时，$L=4$，预编码中为模 4 减，接收端译码为模 4 判决；相关编码与进制数无关，都是算术加或减。

（2）第 Ⅳ 类部分响应系统举例

1）当 a_k 为二进制时的第 Ⅳ 类部分响应系统

【例 6-17】　第 Ⅳ 类部分响应系统，当 $\{a_k\} = 11010011$ 时，求相应的预编码 $\{b_k\}$ 和相关编码 $\{c_k\}$ 和 $[c_k]_{\text{mod}L}$。

解题思路：第 Ⅳ 类部分响应系统，a_k 为二进制，$L=2$，则：

① 预编码公式：$b_k = [a_k + b_{k-2}]_{\text{mod}2}$。

② 相关编码公式：$c_k = b_k - b_{k-2}$（"－"为算术减）。

③ 模 L 判决公式：$a_k = [c_k]_{\text{mod}2}$。

预编码时，$b_k = [a_k + b_{k-2}]_{\text{mod}2}$，由 a_k 和 b_k 初始值 b_{k-2} 依次递推出 b_k，需要设 b_k 前两个时刻的初始值，默认都设为 0，记为（00）。

解：预编码—相关编码—模 2 判决过程如图 6-75 所示。

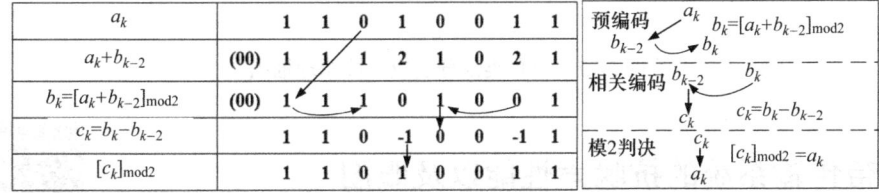

图 6-75　例 6-17 中预编码—相关编码—模 2 判决过程

$a_k + b_{k-2}$ 的值再按照模 2 运算规则，运算结果有 0，1 两种。求得 $b_k = 11101001$ 和 $C_k = 110 - 100 - 11$ 以及 $[c_k]_{\text{mod}2} = 11010011$。可见 c_k 电平数 0、+1、-1，电平数为 $2L-1=3$ 个。另外，可

以验证 $[c_k]_{mod2} = a_k$，从而证明"预编码—相关编码—模 L 判决"过程可以正确传输信息码。

2) 当 a_k 为四进制时的第Ⅳ类部分响应系统

【例 6-18】 当 $\{a_k\}$ = 13120312 时，求相应的预编码 $\{b_k\}$ 和相关编码 $\{c_k\}$ 和 $[c_k]_{modL}$。

解题思路：第Ⅳ类部分响应系统，a_k 为四进制，$L = 4$，则

① 预编码公式：$b_k = [a_k + b_{k-2}]_{mod4}$。

② 相关编码公式：$c_k = b_k - b_{k-2}$（"-"为算术减）。

③ 模 L 判决公式：$a_k = [c_k]_{mod4}$。

解：预编码—相关编码—模四判决过程如图 6-76 所示。

a_k		1	3	1	2	0	3	1	2
$a_k + b_{k-2}$	(00)	1	3	2	5	2	4	3	2
$b_k = [a_k + b_{k-2}]_{mod4}$	(00)	1	3	2	1	2	0	3	2
$c_k = b_k - b_{k-2}$		1	3	1	-2	0	-1	1	2
$[c_k]_{mod4}$		1	3	1	2	0	3	1	2

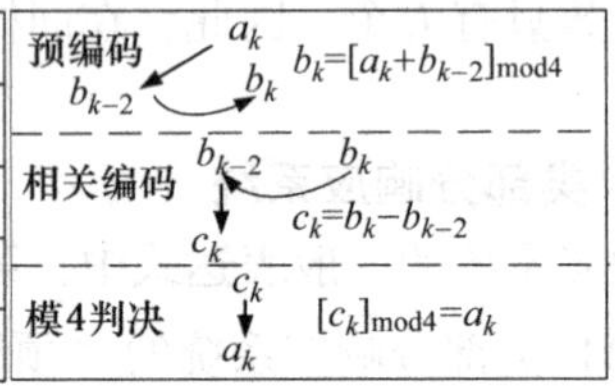

图 6-76　例 6-18 中预编码—相关编码—模 4 判决过程

$a_k + b_{k-2}$ 的值再按照模 4 运算规则，运算结果有 0，1，2，3 四种。求得 b_k = 13212032 和 c_k = 131 - 20 - 112 以及 $[c_k]_{mod4}$ = 13120312。可见 c_k 电平数很多，有 0、+1、-1、+2、-2、3 等，电平数为 $2L - 1 = 7$ 个。另外，可以验证 $[c_k]_{mod4} = a_k$，从而证明"预编码—相关编码—模 L 判决"过程可以正确传输信息码。

(3) 第Ⅳ类部分响应系统原理方框图

图 6-77 是依据第Ⅳ类部分响应系统的"预编码—相关编码—模 L 判决"构成的原理框图。预编码中的"⊕"为模 L 加，L 是信息码的进制数。方框"相减"是算术减，由 $c_k = b_k - b_{k-2}$ 得来的。方框 2T 表示延时器，延时两个码周期 T_B。图 6-77b 把图 6-77a 中的两个延时器合成为一个，为实际系统方框图。

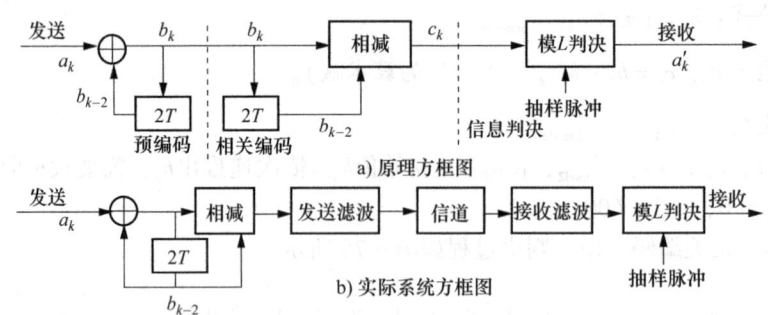

图 6-77　第Ⅳ类部分响应系统原理框图

6.7　基带传输系统的抗噪声性能以及眼图

1. 数字基带系统的可靠性分析

影响数字基带系统传输可靠性的因素有码间串扰和信道噪声。前面在讨论数字基带系统设计中，都是围绕着如何设计基带系统的系统函数 $H(\omega)$ 来消除码间串扰，忽略了信道噪声的影响，

假定为理想信道。本节忽略码间串扰，假定无码间串扰，讨论信道噪声对数字基带系统传输的影响。

(1) 影响数据可靠传输的两个因素

1) 码间干扰：当传输特性满足一定的条件（奈奎斯特准则）时可消除。

2) 信道噪声：即高斯白噪声，时时刻刻存在于系统中，是不可消除的。它对传输数字信号的危害是引起误码。将 "1" 信号错判为 "0" 信号或使 "0" 错判为 "1"。

(2) 本知识点讨论问题　在无码间串扰的条件下，讨论噪声对基带信号传输的影响，即计算噪声引起的误码率。

抗噪声性能分析都是在接收端。要恢复信息码 a_k，需要在 $t = kT_B + t_0$ 时刻对接收信号 $y(t)$ 进行采样、判决，t_0 是信道引起的延时，设 $t_0 = 0$，可以使分析计算方便且不影响结论的正确与否。采样信号 $y(kT_B)$ 包括有用信号、码间串扰和信道噪声干扰三个部分，即

$$y(kT_B) = \underbrace{a_k h(0)}_{\text{有用信号}} + \underbrace{\sum_{n \neq k} a_n h[(k-n)T_B]}_{\text{码间串扰}} + \underbrace{n_R(kT_B)}_{\text{信道噪声干扰}}$$

在此，设码间串扰 $\sum_{n \neq k} a_n h[(k-n)T_B] = 0$，讨论信道噪声 $n_R(kT_B)$ 对系统传输的影响有多大。在信道噪声为高斯白噪声的条件下讨论。

(3) 抗噪声性能分析模型　数字基带信号经过信道传输到达接收端，在信道中叠加噪声 $n(t)$。设 $n(t)$ 为加性高斯白噪声，均值为 0，双边功率谱密度为 $n_0/2$。通信中的大部分噪声是此种噪声，符合这些特性：概率密度函数服从高斯分布、均值 $E[n(t)] = 0$；为白噪声，功率谱密度是常数，双边噪声功率谱密度值为 $n_0/2$，n_0 通常已知，由实际信道实测和玻尔兹曼常数等计算得来，单位为 W/Hz。

接收端数字基带系统模型如图 6-78 所示，包括接收滤波器 $G_R(\omega)$ 和取样判决器。接收滤波器是一个线性滤波器，其输出 $y(t)$ 包括有用信号 $s(t)$ 和噪声 $n_R(t)$ 两部分，即

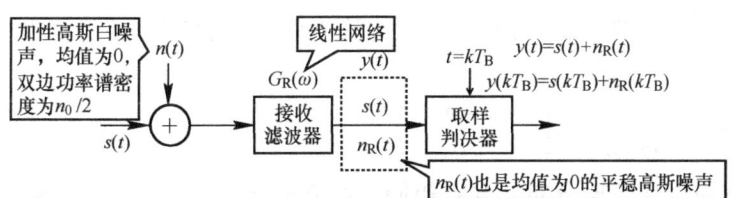

图 6-78　数字基带系统抗噪声性能分析模型

$$y(t) = s(t) + n_R(t)$$

在 $t = kT_B$ 时刻的采样值为 $y(kT_B) = s(kT_B) + n_R(kT_B)$。

信道噪声 $n(t)$ 是高斯白噪声，经过线性网络 $G_R(\omega)$ 后的输出 $n_R(t)$ 仍然是高斯白噪声，根据随机过程经过线性系统的知识：输出随机过程的功率谱密度 $P_{n_o}(f)$ 等于输入过程的功率谱密度 P_{n_i} 乘以系统函数 $G_R(f)$ 的模的二次方：$P_{n_o}(f) = P_{n_i}(f) |G_R(f)|^2$，式中，$G_R(\omega)$ 写成频率单位时为 $G_R(f)$。在此，线性网络 $G_R(f)$ 的输入过程是 $n(t)$，功率谱密度为 $n_0/2$，$P_{n_i}(f) = n_0/2$；输出过程是 $n_R(t)$，则 $n_R(t)$ 的功率谱密度为

$$P_{n_R}(f) = \frac{n_0}{2} |G_R(f)|^2$$

上式的积分 = 功率谱密度的积分 = 功率，又因为 $n_R(t)$ 是零均值的随机过程，直流功率为零，所以，功率 = 交流功率 = 方差，$n_R(t)$ 的方差为

$$\sigma_n^2 = \int_{-\infty}^{\infty} \frac{n_0}{2} |G_R(f)|^2 df$$

$n(t)$ 为高斯噪声，概率密度函数服从高斯分布，$n_R(t)$ 是 $n(t)$ 经线性网络 $G_R(f)$ 后的输出，$n_R(t)$ 仍然服从高斯分布，$n_R(t)$ 的一维概率密度函数为

$$f(U) = \frac{1}{\sqrt{2\pi}\sigma_n} e^{-U^2/2\sigma_n^2}$$

式中，U 为噪声的瞬时取值 $n_R(kT_B)$。

下面分别讨论二进制双极性基带系统和单极性基带系统的抗噪声性能，并对二者进行性能比较。

2. 二进制双极性基带系统的抗噪声性能

发送双极性信号时的系统各点波形如图 6-79 所示。发送数据为信息码，采样双极性信号波形 $s(t)$，经信道传输，接收信号 $y(t)$ 有噪声叠加产生失真，用抽样脉冲对接收信号抽样、判决，来恢复原信息码，由于信道噪声的干扰可能造成误判，产生误码。

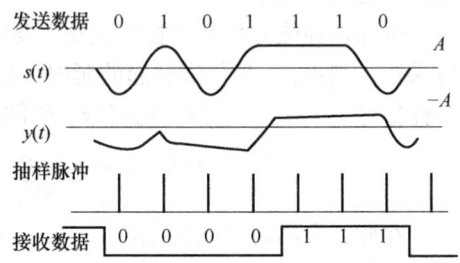

图 6-79 双极性基带系统各点波形

二进制双极性信号 $s(t)$，设"1"码时，电平为 $+A$，"0"码时，电平为 $-A$。则 $s(t)$ 和 $y(t)$ 的抽样值为

$$s(kT_B) = \begin{cases} A, & 发送"1"时 \\ -A, & 发送"0"时 \end{cases} \Rightarrow y(kT_B) = \begin{cases} A + n_R(kT_B), & 发送"1"时 \\ -A + n_R(kT_B), & 发送"0"时 \end{cases}$$

$n_R(t)$ 均值为 0，服从高斯分布，故 $A + n_R(kT_B)$ 的一维概率密度函数是均值为 A 的高斯分布，当发送"1"时 $y(t)$ 的概率密度函数为

$$f_1(y) = \frac{1}{\sqrt{2\pi}\sigma_n} \exp\left[-\frac{(y-A)^2}{2\sigma_n^2}\right]$$

同理，$-A + n_R(kT_B)$ 的一维概率密度函数为均值是 $-A$ 的高斯分布，当发送"0"时 $y(t)$ 的概率密度函数为

$$f_0(y) = \frac{1}{\sqrt{2\pi}\sigma_n} \exp\left[-\frac{(y+A)^2}{2\sigma_n^2}\right]$$

$f_1(y)$ 和 $f_0(y)$ 均服从高斯分布，方差相同，均值不同，$f_1(y)$ 的均值为 A，$f_0(y)$ 的均值为 $-A$，如图 6-80 所示。

设判决门限为 U_d，判决规则为

发送"1"码时 $\begin{cases} 当 y > U_d & 判为"1"码（正确判决）\\ 当 y < U_d & 判为"0"码（错误判决）\end{cases}$

发送"0"码时 $\begin{cases} 当 y < U_d & 判为"0"码（正确判决）\\ 当 y > U_d & 判为"1"码（错误判决）\end{cases}$

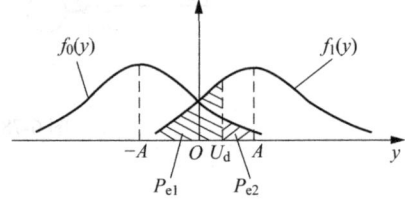

图 6-80 二进制双极性系统 $y(t)$ 的概率密度函数

有两种差错形式：发送"1"，误判为"0"的误码率为 $P_{e1} = P(0/1)$；发送"0"，误判为"1"的误码率为 $P_{e2} = P(1/0)$。

随机过程一章中有：$\int f_1(y) \mathrm{d}y = F_1(y) = P(Y \le y)$。

1) 发送"1"错判为"0"的概率 $P_{e1} = P(0/1)$。

$P(y < U_d) = F_1(y)\big|_{y=U_d} = \int_{-\infty}^{U_d} f_1(y) \mathrm{d}y$，即图 6-80 中阴影部分的面积 P_{e1}，即

$$P_{e1} = P(0/1) = P(y < U_d) = \int_{-\infty}^{U_d} f_1(y) \mathrm{d}y = \int_{-\infty}^{U_d} \frac{1}{\sqrt{2\pi}\sigma_n} \exp\left[-\frac{(y-A)^2}{2\sigma_n^2}\right] \mathrm{d}x$$

$$= \frac{1}{2} + \frac{1}{2}\mathrm{erf}\left(\frac{U_\mathrm{d} - A}{\sqrt{2}\,\sigma_\mathrm{n}}\right)$$

高斯分布的积分可以通过查误差函数 erf (x) 表得到。

2) 发送 "0" 错判为 "1" 的概率 $P(1/0)$ 为 $P(y > U_\mathrm{d}) = F_0(y)_{y=U_\mathrm{d}} = \int_{U_\mathrm{d}}^{\infty} f_0(y)\mathrm{d}y$,即图6-80中阴影部分的面积 P_{e2},即

$$P_{e2} = P(1/0) = P(y > U_\mathrm{d}) = \int_{U_\mathrm{d}}^{\infty} f_0(y)\mathrm{d}y = \int_{U_\mathrm{d}}^{\infty} \frac{1}{\sqrt{2\pi}\,\sigma_\mathrm{n}} \exp\left[-\frac{(y+A)^2}{2\sigma_\mathrm{n}^2}\right]\mathrm{d}x$$

$$= \frac{1}{2} - \frac{1}{2}\mathrm{erf}\left(\frac{U_\mathrm{d} + A}{\sqrt{2}\,\sigma_\mathrm{n}}\right)$$

3) 总误码率 P_e 为 P_{e1} 和 P_{e2} 的统计平均为

$$P_e = P(1)P_{e1} + P(0)P_{e2} = P(1)P(0/1) + P(0)P(1/0)$$

误码率 P_e 与发送 "1" 和 "0" 码的概率 $P(1)$ 和 $P(0)$、信号峰值 A、噪声功率 σ_n^2、判决门限电平 U_d 有关。误码率 P_e 是判决门限 U_d 的函数,在 A 和 σ_n^2 一定条件下,可以找到一个使误码率最小的判决门限电平,称为最佳门限电平。误码率 P_e 在导数为零时取得极值,则把误码率 P_e 对 U_d 求导,令 $\frac{\partial P_e}{\partial U_\mathrm{d}} = 0$,解此方程,求得的 U_d 就是最佳门限电平 U_d^*。

4) 双极性基带系统最佳判决门限公式: $U_\mathrm{d}^* = \frac{\sigma_\mathrm{n}^2}{2A}\ln\frac{P(0)}{P(1)}$。

可见,最佳判决门限与发送 "1" 和 "0" 码的概率 $P(1)$ 和 $P(0)$、信号峰值 A、噪声功率 σ_n^2 有关。

5) 双极性基带传输系统的误码率。当发送 "1" 和 "0" 码等概率时,$P(1) = P(0) = 1/2$,则有: $U_\mathrm{d}^* = 0$。把 $U_\mathrm{d}^* = 0$ 代入误码率 P_e 公式,求得此时的基带传输系统总误码率为

$$P_e = \frac{1}{2}[P(0/1) + P(1/0)] = \frac{1}{2}\left[1 - \mathrm{erf}\left(\frac{A}{\sqrt{2}\sigma_\mathrm{n}}\right)\right] = \frac{1}{2}\mathrm{erfc}\left(\frac{A}{\sqrt{2}\sigma_\mathrm{n}}\right)$$

可见误码率 P_e 与 A/σ_n 有关。信号功率为 $A^2/2$,噪声功率为 σ_n^2,二者之比是信噪比,即 $A^2/2\sigma_\mathrm{n}^2$。P_e 实际上与信噪比有关,互补误差函数 $\mathrm{erfc}(x)$ 是一个单调递降的函数,信噪比越大,误码率越小,系统性能越好。

6) 双极性基带系统的误码率和判决门限的特点如下。

① 在等概、最佳门限下,双极性基带系统的误码率仅依赖于信号峰值 A 与噪声均方根值 σ_n 的比值,而与采用什么样的信号形式无关,且比值 A/σ_n 越大,P_e 就越小。

② 二进制时通常是等概率的,双极性波形的判决门限为 0,与信号峰值 A 无关,判决门限不受信道衰落的影响而保持最佳,更有利于接收端判决。

3. 二进制单极性基带系统的抗噪声性能

二进制单极性信号 $s(t)$,设 "1" 码时,电平为 $+A$,"0" 码时,电平为 0V。则 $s(t)$ 和 $y(t)$ 的抽样值为

$$s(kT_\mathrm{B}) = \begin{cases} A, & \text{发送"1"时} \\ 0, & \text{发送"0"时} \end{cases} \Rightarrow y(kT_\mathrm{B}) = \begin{cases} A + n_\mathrm{R}(kT_\mathrm{B}), & \text{发送"1"时} \\ n_\mathrm{R}(kT_\mathrm{B}), & \text{发送"0"时} \end{cases}$$

$n_\mathrm{R}(t)$ 均值为 0,服从高斯分布,故 $A + n_\mathrm{R}(kT_\mathrm{B})$ 的一维概率密度函数是均值为 A 的高斯分布,当发送 "1" 时 $y(t)$ 的概率密度函数为

$$f_1(y) = \frac{1}{\sqrt{2\pi}\sigma_n}\exp\left[-\frac{(y-A)^2}{2\sigma_n^2}\right]$$

$n_R(t)$ 均值为 0，服从高斯分布，故 $n_R(kT_B)$ 的一维概率密度函数是均值为 0 的高斯分布，当发送"0"时 $y(t)$ 的概率密度函数为

$$f_0(y) = \frac{1}{\sqrt{2\pi}\sigma_n}\exp\left(-\frac{y^2}{2\sigma_n^2}\right)$$

$f_1(y)$ 和 $f_0(y)$ 均服从高斯分布，方差相同，均值不同，$f_1(y)$ 的均值为 A，$f_0(y)$ 的均值为 0，如图 6-81 所示。

与双极性基带系统时分析方法相同，可推导出单极性基带系统的最佳门限为

$$U_d^* = \frac{A}{2} + \frac{\sigma_n^2}{A}\ln\frac{P(0)}{P(1)}$$

当"1"和"0"码等概时，$P(1) = P(0) = 1/2$，代入上式可得

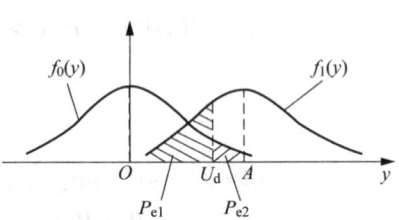

图 6-81 二进制单极性系统 $y(t)$ 的概率密度函数

$$U_d^* = \frac{A}{2}$$

再把此最佳门限代入误码率公式，可得最佳门限下的误码率为

$$P_e = \frac{1}{2}\text{erfc}\left(\frac{A}{2\sqrt{2}\sigma_n}\right)$$

4. 双极性与单极性基带系统的抗噪声性能比较

当比值 A/σ_n 一定时，在等概条件下，表 6-2 为双极性与单极性基带系统的抗噪声性能比较。比较表 6-2 可得下面结论。

1）双极性误码率比单极性的低，抗噪声性能好。

2）抗信道衰落性能：双极性的最佳判决门限电平为 0，与信号幅度无关，因而不随信道特性变化而变化，故能保持最佳状态，即抗信道衰落；而单极性则不

表 6-2 双极性与单极性基带系统的抗噪声性能比较

	误 码 率	最佳判决门限
双极性基带系统	$P_e = \frac{1}{2}\text{erfc}\left(\frac{A}{\sqrt{2}\sigma_n}\right)$	0
单极性基带系统	$P_e = \frac{1}{2}\text{erfc}\left(\frac{A}{2\sqrt{2}\sigma_n}\right)$	$A/2$

然，最佳判决门限电平为 $A/2$，它易受信道特性变化的影响，从而导致误码率增大。

双极性等概时，判决门限为 0；单极性等概时，判决门限为 $A/2$。A 是信号幅度，单极性系统的判决门限与信号的幅度有关。由于信道是随机变化的，衰减可能忽大忽小，导致接收信号幅度忽大忽小，如果判决电平始终设置为一个固定的值，很难保证是最佳门限，容易误判产生误码。而双极性系统，由于判决门限是 0，与信号幅度无关，不受信道衰落影响，能始终保持最佳，抗信道衰落。因此，从这两个方面考虑，双极性基带系统比单极性基带系统应用更为广泛。

5. 眼图

前面的可靠性分析都是定量的分析，但实际应用中有时很难进行定量分析，而是采用定性分析，需要用简便的实验手段来定性评价系统的性能。眼图是一种定性分析系统的有效的实验方法。

1）眼图。眼图是指通过示波器观察接收端的基带信号波形，从而估计和调整系统性能的一种方法。因为在传输二进制信号波形时，示波器显示的图形很像人的眼睛，故名"眼图"。

2）如何获得眼图。将示波器跨接在抽样判决器的输入端，调整示波器水平扫描周期，使其

与接收码元周期同步。图 6-82 为获取眼图的示意图。通过人眼的视觉暂留效应，在示波器上显示的波形是各个码周期信号波形的叠加。此时可以从示波器显示的图形上，观察码间干扰和信道噪声等因素影响的情况，从而估计系统性能的优劣程度。

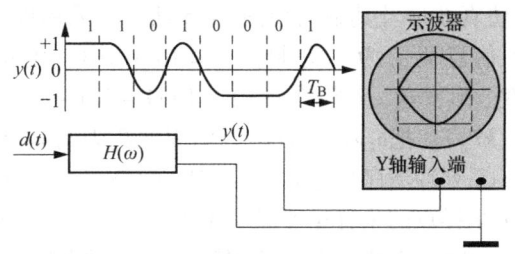

图 6-82　眼图获取示意图

眼图实例如图 6-83 所示。图 6-83a 是接收滤波器输出的无码间串扰的双极性基带波形，是清晰的"眼睛"；图 6-83b 是接收滤波器输出的有码间串扰的双极性基带波形，"眼睛"不是很清晰。眼图的"眼睛"张开的越大，且眼图越端正，表示码间串扰越小；反之，表示码间串扰越大。

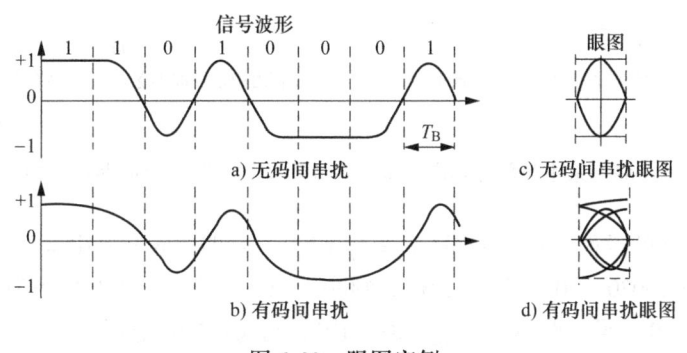

图 6-83　眼图实例

3）眼图模型。把"眼睛"的有用特征抽象表示出来，眼图模型如图 6-84 所示。

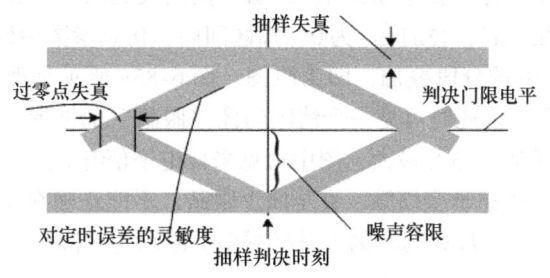

图 6-84　眼图模型

通过眼图模型，可以得到下列信息：眼睛睁开最大的时刻是抽样判决时刻；图中央的横轴对应的幅度应该是判决门限；阴影区的垂直高度是抽样失真；抽样时刻上，两个阴影之间距离的一半是噪声容限，是允许噪声的最大值，噪声超过此容限时，眼睛闭合，将产生误判，系统不能正常工作；阴影区和横轴的交点叫过零点，常用过零点来提取位定时信号，过零点失真影响位定时精度；眼图斜边的斜率与定时灵敏度有关，斜率越大，对位定时精度要求越严格，斜率越小越好。

不同进制、不同极性、不同冲激响应波形的基带系统，其眼图也不同，可以参照此模型的方法来分析。

6. 第Ⅰ类部分响应系统及其眼图的 LabVIEW 仿真

第Ⅰ类部分响应系统仿真波形及其眼图如图 6-85 所示。采用虚拟仪器软件 LabVIEW 仿真，设码周期 $T_B = 20\text{ms}$，输入信息码 a_k 为二进制，$a_k = 10110101$，则预编码 $b_k = a_k \oplus b_{k-1} = (0)$ 11011001，把 b_k 采用双极性波形发送，双极性 $b_k = (-1)11-111-1-11$。双极性 b_k 乘以部分响应系统的冲激响应波形 $g(t-kT_B)$，把 $b_k g(t-kT_B)$ 以码周期 T_B 为间隔依次发送，如图 6-86a，送入信道。则信道中的信号是一系列冲激序列 $\sum b_k g(t-kT_B)$ 的叠加，如图 6-86b。图 6-86b 中信号波形是连续变换的模拟量，但采样点的采样电平值只有 0、+2、-2 三种电平，是离散的，是数字量，因此，系统是数字系统。可见，基带数字系统的信道中波形常常是幅值连续变换的模拟信号波形。

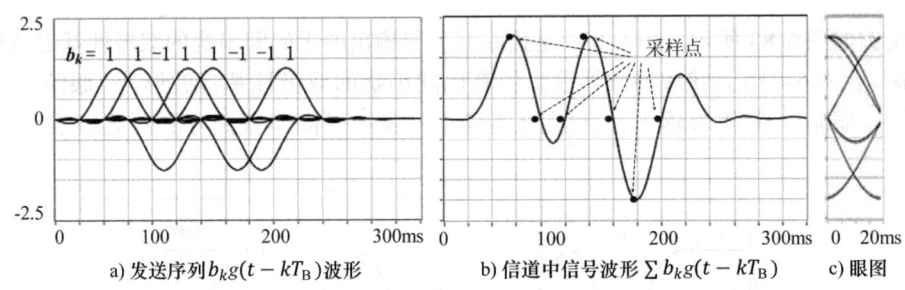

图 6-85　第Ⅰ类部分响应系统仿真波形及其眼图（码周期 $T_B = 20\text{ms}$）

信道中信号叠加的过程为相关编码，$c_k = b_k + b_{k-1}$。c_k 即图 6-85b 中采样点的值，有 0、+2、-2 三种电平，$c_k = 20020-20$。对 c_k 进行模 2 判决，判决规则为：0 电平判为 "1" 码，+2 电平和 -2 电平均判为 "0" 码。得到 $[c_k]_{\text{mod}2} = 0110101$，与发送的信息码对比，与 $a_k = (1)0110101$ 相同，可见正确恢复了原信号，实现了译码，而且不会出现差错传播现象，从而验证了第Ⅰ类部分响应系统。

图 6-85c 是第Ⅰ类部分响应系统的眼图。眼图是把接收到的信号波形按码周期分段，把每个码周期内的波形都叠加在一起，叠加在 t 为 $0 \sim T_B$ 区间内，仿真参数中设码周期 $T_B = 20\text{ms}$，在 t 为 $0 \sim 20\text{ms}$ 区间内，图 6-85b 的分段叠加，即为眼图。图 6-85c 所示是理想信道下的眼图，即设信道噪声均方差为 0 时的眼图，此时可见一个清晰的像"眼睛"的波形。眼图中 $t=0$ 和 $t=20\text{ms}$ 处为采样时刻，此时刻"眼睛"睁开最大，图中可见采样电平值有 0、+2、-2 三种。随着噪声的增大，眼图中的"眼睛"由清晰变模糊，直至闭上眼睛，不能正确判决和接收信号。眼睛张开的大小决定噪声容限，眼睛睁开最大的时刻为采样时刻。眼图为实际系统接收判决提供了一种有效的方法和手段。

思考题与习题

6-1　数字基带信号有哪些常用的形式？它们各有什么特点？

6-2　数字基带信号功率谱密度的特点？数字基带信号的带宽和位定时怎么确定？

6-3　为了消除码间串扰，基带传输系统应该满足的理论条件是什么？

6-4　阐述奈奎斯特第一准则。

6-5　何谓奈奎斯特速率和奈奎斯特带宽？此时的频带利用率有多大？

6-6 部分响应技术解决了什么问题？部分响应系统的优缺点是什么？

6-7 已知信息码为1011000000000101，求AMI码和HDB3码。

6-8 已知HDB3码为00+1-100-10+10-1000-10+1，求信息码。

6-9 在数字通信中，眼图是用实验方法观察(   )和(   )对基带传输系统性能的影响。

6-10 部分响应技术从本质上说是引入了可控制的(   )，从而改善了信号频谱，并降低了对系统(   )的要求。

6-11 某二进制数字基带传输系统的带宽为50kHz，则无码间干扰的最高传码率为(   )。

6-12 在第Ⅰ类部分响应系统中，引入预编码器的主要作用是(   )。

6-13 二进制数字基带随机信号的功率谱密度通常含有连续谱和离散谱分量，当满足(   )条件时，无离散谱分量存在。

A. 单极性等概率　　　B. 单极性不等概率　　　C. 双极性等概率　　　D. 双极性不等概率

6-14 对于二进制基带传输系统，若采用双极性波形，其中正脉冲表示二进制数据"1"，负脉冲表示二进制数据"0"，如果发送"1"的概率大于发送"0"的概率，则下列关于最佳判决门限的说法中正确的是(   )。

A. 最佳判决门限应该大于零电平　　　　B. 最佳判决门限应该小于零电平
C. 最佳判决门限应该等于零电平　　　　D. 不存在最佳判决门限

6-15 考虑单极性的二进制数字基带信号，码元传输速率为1000Baud，单个脉冲波形为矩形，占空比为50%，下面说法中错误的是(   )。

A. 该信号含有丰富的低频及直流分量　　　B. 第一过零点带宽为500kHz
C. 该信号不具备检错能力　　　　　　　　D. 不能通过滤波的方法从该信号中提取位定时信号

6-16 在"0""1"等概率出现情况下，以下哪种码能够直接提取位同步信号(   )。

A. 单极性不归零码　　B. 双极性归零码　　C. 单极性归零码　　D. 双极性不归零码

6-17 通信系统可分为基带传输和频带传输，以下属于基带传输方式的是(   )。

A. PSK　　　　　　　B. PCM　　　　　　C. QAM　　　　　　D. SSB

6-18 克服载波同步中载波相位模糊对信号传输产生影响方法是(   )。

A. 将基带信号编成CMI码　　　　　　　B. 对基带信号进行相关编码
C. 将基带信号编成HDB3码　　　　　　　D. 对基带信号进行差分编码

6-19 二进制基带系统，1) 若系统函数是理想低通滤波器，最高频率为1000Hz，试确定该系统的最高码元传输速率 R_B，求该系统的频带利用率。2) 若系统函数是 $\alpha=0.5$ 的升余弦函数，最高频率为1000Hz，试确定该系统的最高码元传输速率 R_B，求该系统的频带利用率。3) 比较上述两种系统函数，哪一种传输特性较好？简要说明理由。

6-20 数字基带系统的系统函数 $H(\omega)$ 是 $\alpha=0.5$ 余弦滚降函数，带宽为3000Hz。1) 画出 $H(\omega)$ 波形。2) 系统无码间干扰的最大码速率是多少？3) 求系统的频带利用率。

6-21 为了传送码元速率为1000Baud的数字基带信号，系统若采用图6-86中所画的三种传输特性：a门函数，b升余弦函数，c三角函数，1) 简述奈奎斯特第一准则，用该准则验证上述三种系统能否实现无码间干扰。2) 从频带利用率、冲激响应"尾巴"的衰减快慢和实现难易程度三方面来分析对比上述系统中无码间干扰系统的传输函数的好坏。

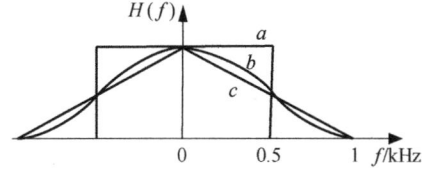

图 6-86 习题 6-21 图

6-22 基带系统系统函数如图 6-87 所示。1）当码速率分别为 5kHz、10.4kHz、20.8kHz 时，是否无 ISI？说明原因。2）求该系统的带宽，滚降系数 α，最高频带利用率 η。

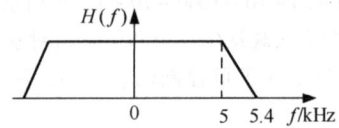

图 6-87 习题 6-22 图

6-23 针对第 I 类部分响应系统，1）画出系统原理框图。2）说明其中的预编码和相关编码器的作用。3）如果输入序列为 101101110，写出预编码、相关编码、接收采样和模 2 判决输出的信号序列。

6-24 第 IV 类部分响应系统，码速率 $R_B = 4000\mathrm{Baud}$，1）画冲激响应 $g(t)$ 和系统函数 $G(\omega)$ 波形；2）求系统的频带利用率；3）设信息码 a_n 为 101101，求预编码 b_n 和相关编码 c_n。

6-25 针对第 I 类和第 IV 类部分响应系统，1）画出系统组成框图。2）说明系统工作原理。3）当二进制信源码为 $a_k = 100110$ 时，求预编码值 b_k，相关编码值 c_k 和 $[c_k]_{\mathrm{mod}2}$。4）当四进制信源码为 $a_k = 230211$ 时，求预编码值 b_k，相关编码值 c_k 和 $[c_k]_{\mathrm{mod}4}$。

第7章　二进制数字带通传输系统

本章要点

- 数字带通传输系统概述
- 二进制数字调制原理　　　　每种调制方式的内容：
  二进制振幅键控（2ASK）　　信号的时间表达式和波形
  二进制频移键控（2FSK）　　功率谱
  二进制相移键控（2PSK）　　调制器
  二进制差分相移键控（2DPSK）　解调器
- 二进制数字调制系统的抗噪声性能
  2ASK 系统的抗噪声性能
  2FSK 系统的抗噪声性能　　　可靠性分析——误码率
  2PSK 和 2DPSK 系统的抗噪声性能
  二进制数字调制系统的误码率比较
- 二进制数字调制系统的性能比较

内容导读

- 数字带通传输系统也称为数字频带传输系统。本章研究内容在数字通信系统模型中的位置如图 7-1 所示，本章在数字带通系统的模型中主要研究调制器和解调器这部分内容。

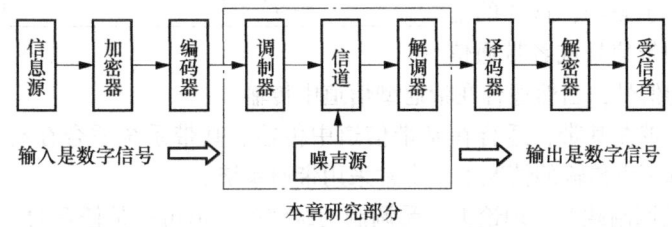

图 7-1　数字带通系统在数字通信系统模型中的位置

　　数字带通系统的模型中，把信源模拟信号数字化以后，如果需要加密就进行加密，如果系统满足不了抗噪声性能时需要信道编码，则采用编码器，之后是调制器，对数字码流进行数字调制，采用本章中的各种数字调制方式，构成调制器和解调器。
- 数字带通传输系统的主要任务是研究调制器和解调器的分析和设计，实质是研究各种调制方式，比较各种调制方式。调制方式是通信需要研究的核心问题之一。数字带通传输系统的调制器和解调器是数字调制器和数字解调器，与模拟调制一章中的调制器和解调器是不一样的，模拟调制器是输入信号是模拟信号，数字调制器的输入信号是数字信号。
- 数字带通传输系统包括本章和下一章，重点学习二进制数字调制、多进制调制中的四进制相移键控 QPSK、新型调制技术中的正交振幅调制 QAM 和最小移频键控 MSK。
- 带通传输系统的核心是调制器和解调器的设计和性能分析，针对每一种调制方式，按表达式、频谱、调制器、解调器几个方面来组织。系统性能分析暗含在有效性和可靠性两条主线中。数字系统的可靠性指标有系统带宽、码速率、频带利用率等。在有效性主线中，针对每种调制方式，都讨论了带宽和频带利用率。频带利用率等于码速率除以带宽，讨论频带利用率间接也讨论了码速率。另一条暗含的主线是可靠性，讨论了各种调制方式的系统误码率与输出信噪比之间关系的公式，对不同调制方式下的误码率进行了比较，又综合有效性和可靠性，对各种调制方式进行了性能比较，在通信系统分析和设计中，学会选择合适的调制方式。

7.1 数字带通传输系统概述

1. 带通与基带系统的比较

本章的数字带通传输系统（简称带通系统）与上一章的数字基带传输系统（简称基带系统），两者的特点对比见表7-1。

（1）带通系统与基带系统的区别

两者的区别在于是否经过正弦载波调制。

1）带通系统：经过正弦载波调制，再进行传输。经过正弦载波调制之后，信号的功率谱密度由基带搬移到了高频段。

2）基带系统：没有经过正弦载波调制，直接传输。

带通信号的基本特征是中心频率ω_c远离零频，带宽远小于载频，这样的信号又叫窄带信号、频带信号或者带通信号。满足这样特征的信号，当然适合在带通型信道中传输。

表7-1 带通与基带系统特点对比

	带通系统	基带系统
	经过正弦载波调制再传送	不经过正弦载波调制，直接传送
功率谱密度分布	$F(\omega)$，$-\omega_c$，O，ω_c	$F(\omega)$，$-\omega_H$，O，ω_H
	信道具有带通传输特性	信道具有低通传输特性
	无线信道、光纤信道等	有线信道
	远距离传输	近距离传输

基带信号因为频带在基带，适合在基带信道中传输。基带系统适合在有线信道和近距离传输；在无线信道和远距离传输的情况下，常常采用带通系统。

（2）带通系统的调制载波 理论上，受调制的载波的波形可以是任意的，只要已调信号适于信道传输就可以。例如：正弦信号作为载波，即带通系统；脉冲作为载波，即基带系统；混沌信号作为载波，即新体制（在研）。用作调制的载波，一般是正弦载波，因为正弦信号形式简单，便于产生及接收，应用广泛，所以在大多数数字通信系统中，都选择正弦信号作为载波。通常意义上泛指的载波是指正弦载波。正弦载波信号为

$$s(t) = A\cos(\omega_c t + \varphi)$$

式中，A为振幅；ω_c为角频率（rad/s），$\omega_c = 2\pi f_c$；φ为初始相位。这三者叫作载波的参量，如果把数字基带的信息加载在载波的这些参量上，就是相应参量的数字调制。

一个正弦载波信号，$s(t) = A\cos(\omega_c t + \varphi)$，一般来说，叙述为正弦，但表达式是余弦，这是通信里面的一个惯例。余弦和正弦只是相位不同，相差$\pi/2$，通过表达式中φ值的选取来表示它们，两者没有实质的区别。

2. 数字调制

（1）数字调制概念 数字调制指正弦载波数字调制。

1）用数字基带信号去控制正弦载波波形的某个参量，例如幅度、频率、相位，使参量随基带信号的变化而变化。

2）利用数字脉冲信号序列可以对载波进行开关形式的控制，故又称为数字键控。例如二进制数字信号，取值只有两种可能的状态，像开关一样。

（2）数字调制分类

1）根据控制载波波形参量不同，分为

① 振幅键控（Amplitude-Shift Keying，ASK）：用数字消息控制载波的振幅。

② 频移键控（Frequency-Shift Keying，FSK）：用数字消息控制载波的频率。

③ 相移键控（Phase-Shift Keying，PSK）：用数字消息控制载波的相位。

振幅调制是把数字信息加载在振幅上，简称 ASK。频移键控是把数字基带信息加载在载波的频率上，简称 FSK。相移键控是把数字信息加载到载波的相位上，简称 PSK。

设二进制信息码为 01101001，数字调制波形示意图如图 7-2 所示。图 7-2a 为 2ASK 波形。"0"码时，正弦波幅值为 0；"1"码时，正弦波有幅值，幅度为 $+E$ 或归一化为 1V。图 7-2b 为 2FSK 波形，是把数字信息加载在载波的频率上，采用两个不同的频率来表示数字信息。"0"码时，采用 f_1 频率的正弦载波；"1"码时，采用 f_2 频率的正弦载波。图 7-2c 为 2PSK 波形，是把数字信息加载在载波的相位上，采用两个不同的相位来表示数字信息。"0"码时，采用 $-90°$ 相位的正弦载波；"1"码时，采用 $+90°$ 相位的正弦载波。观察图 7-2 可知：

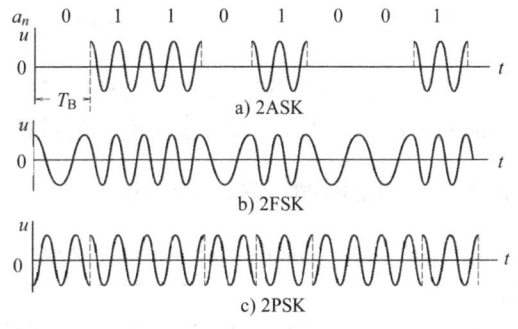

图 7-2 数字调制波形示意图

对于 ASK 来说，载波的频率和相位都是恒定的，只是幅度随着数字信号的变化而变化。

对于 FSK 来说，幅度是恒定的，相位也是恒定的，只是频率是随着数字信号变化的。

对于 PSK 来说，幅度和频率都是恒定的，只是相位是随着数字信号的变化而变化。

2）根据已调信号频谱结构特点不同，数字调制分为

① 线性调制（如 ASK）。线性调制中已调信号的频谱结构与基带信号的频谱结构相同，只不过搬移了一个频率位置，无新的频率成分出现。

② 非线性调制（如 FSK，PSK）。非线性调制中已调信号的频谱结构与基带信号的频谱结构不同，有新的频率成分出现。

"线性调制"中所谓的"线性"，并不是通常意义上所理解的线性，如线性方程 $y = 2x + 5$。线性调制是指在频谱意义上的，搬移后的频谱与搬移前的频谱形状是一样的，从基带搬移到高频处，即是简单搬移，这种调制称为线性调制，否则，称为非线性调制。

3）根据基带信号进制不同，按照数字信息码的进制数，可以把数字调制系统分为

① 二进制数字调制。当数字基带信号为二进制时，则为二进制键控如：2ASK、2FSK、2PSK、2DPSK。

② 多进制数字调制。当数字基带信号为多进制时，则为多进制键控如：MASK、MFSK、QPSK、QDPSK。

本章主要介绍二进制调制系统 2ASK、2FSK、2PSK、2DPSK；下一章介绍多进制调制系统 MASK、MFSK，四进制的相移键控 QPSK 和 QDPSK。

7.2 二进制数字调制原理

数字调制原理,即调制器和解调器的设计方法,采用的调制和解调方式,目的是把数字基带信号加载在正弦载波的参数上,把信号的频谱由基带搬移到高频段处,从而实现信息的远距离传输。

调制器和解调器模型如图 7-3 所示。调制器的输入是调制信号,即数字基带信号 $s(t)$。调制器的输出信号是已调信号 $e_s(t)$,是适合带通型信道传输的数字频带信号。已调信号发送出去,通过信道传输到接收端,接收端收到已调信号 $e_s(t)$,再通过解调器把调制信号 $s(t)$ 恢复出来,这是数字调制系统工作过程。

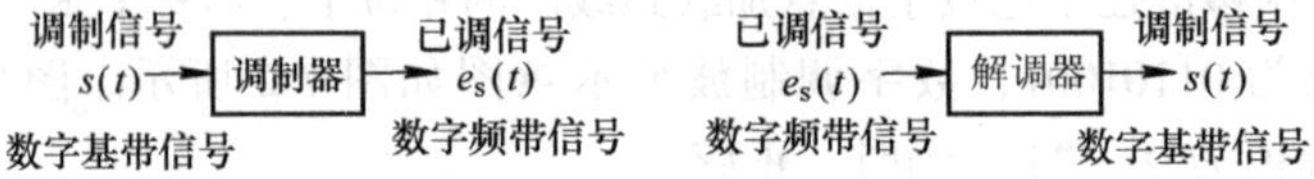

图 7-3 调制器和解调器模型

二进制数字调制,包括 2ASK、2FSK、2PSK、2DPSK 四种调制方式,每一种调制方式,由信号的时间表达式和波形、功率谱密度、调制器、解调器几个部分组成。

7.2.1 二进制振幅键控(2ASK)

振幅键控(Amplitude-Shift Keying,ASK)。振幅键控是正弦载波的幅度随数字基带信号变化的数字调制。

当数字基带信号为二进制时,则为二进制振幅键控 2ASK。2ASK 中,数字基带信息是二进制的,2ASK 是把数字基带信息加载在正弦载波的振幅上,使载波的幅度随基带信号的变化而变化。由于二进制信号采用的是单极性不归零波形,幅度像开关一样,又叫作通断键控 OOK。

1. 2ASK 信号的时间表达式和波形

(1)数字基带信号 $s(t)$ 的表达式和波形　数字基带信号 $s(t)$ 作为调制器的输入信号时又称为调制信号。发送的二进制信息码 a_n 由 "0" "1" 码组成,信息码 a_n 是随机变量,设发送 "0" 符号的概率为 P,发送 "1" 符号的概率为 $1-P$,且相互独立,即

$$a_n = \begin{cases} 0, & \text{发送概率为 } P \\ 1, & \text{发送概率为 } 1-P \end{cases} \tag{7-1}$$

信息码采用的码元波形 $g(t)$ 为单极性不归零的矩形,即 $g(t) = \begin{cases} 1, & 0 \leq t \leq T_B \\ 0, & \text{其他} \end{cases}$,$T_B$ 为码周期,则二进制符号序列 $s(t)$ 表达式为

$$s(t) = \sum_n a_n g(t - nT_B) \tag{7-2}$$

$s(t)$ 是数字基带信号,作为调制器的输入信号时又称为调制信号,波形如图 7-4 所示。

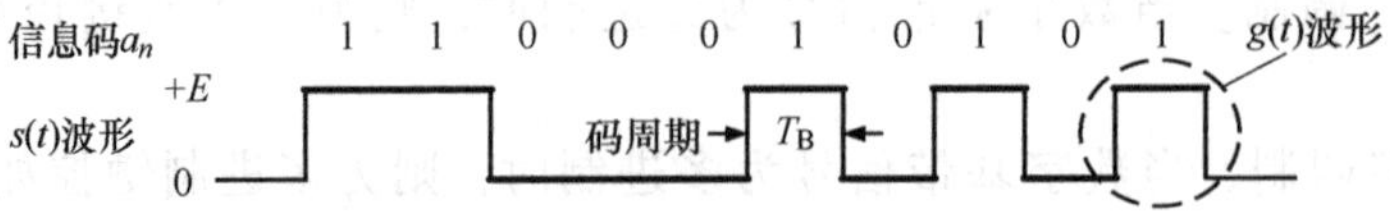

图 7-4 2ASK 调制信号 $s(t)$ 波形

(2)2ASK 已调信号 $e_{2ASK}(t)$ 的表达式和波形　2ASK 已调信号 $e_{2ASK}(t)$ 的表达式为

$$e_{2ASK}(t) = s(t)\cos\omega_c t = \sum_n a_n g(t-nT_B)\cos\omega_c t = \begin{cases} \cos\omega_c t & 传信号"1" \\ 0 & 传信号"0" \end{cases} \quad (7\text{-}3)$$

数字调制是把基带信号 $s(t)$ 乘以载波，a_n 是一个随机变量，以一定的概率取值 1 或 0，当 a_n 为"1"码时，$e_{2ASK}(t) = \cos\omega_c t$，当前码元有载波，载波有幅度值；当 a_n 为"0"码时，$e_{2ASK}(t) = 0$，当前码元为 0 电平，无载波，载波幅度值为 0。

2ASK 信号的时间波形如图 7-5 所示。$s(t)$ 是调制器输入信号，称为调制信号，是基带信号，为二进制脉冲序列。$e_{2ASK}(t)$ 是调制器输出信号，称为已调制信号，是频带信号。已调制信号的波形的幅度有两种情况，当前码元是"0"时，$e_{2ASK}(t)$ 输出 0V；当前码元是"1"时，$e_{2ASK}(t)$ 输出正弦波，可见调制器实现了把二进制信息加载在载波的幅度上。

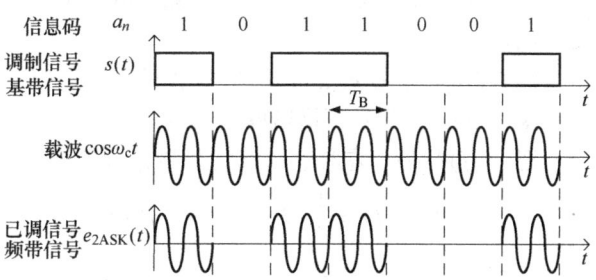

图 7-5　2ASK 信号的时间波形以及其形成过程

2. 2ASK 信号的功率谱密度

2ASK 信号 $e_{2ASK}(t) = s(t)\cos\omega_c t$，$s(t) = \sum_n a_n g(t-nT_B)$，$a_n$ 是随机变量，$s(t)$ 和 $e_{2ASK}(t)$ 是随机过程。随机过程的频谱用功率谱密度来表示。

(1) $s(t)\cos\omega_c t$ 的频谱公式

1) 若 $s(t)$ 是确定信号，存在傅里叶变换 $S(\omega)$；若 $e(t) = s(t)\cos\omega_c t$，则 $e(t)$ 的傅里叶变换 $E(\omega) = 1/2\,[S(\omega+\omega_c) + S(\omega-\omega_c)]$，是把 $S(\omega)$ 的幅度减半再左右搬移到载频 ω_c 处。

2) 若 $s(t)$ 是随机信号，不存在傅里叶变换 $S(\omega)$，其频谱用功率谱密度 $P_s(f)$ 来表示。

设随机过程 $s(t)$ 的功率谱为 $P_s(f)$，随机过程 $e(t) = s(t)\cos\omega_c t$，$e(t)$ 的功率谱密度为 $P_e(f)$，可以证明：$P_e(f)$ 与 $P_s(f)$ 之间关系为

$$P_e(f) = \frac{1}{4}\,[P_s(f+f_c) + P_s(f-f_c)] \quad (7\text{-}4)$$

随机过程 $s(t)$ 乘以余弦载波后信号的功率谱密度，是把 $s(t)$ 功率谱密度幅值减为原来的 1/4，再左右搬移到载频处。

式 (7-4) 证明过程如下：

平稳随机过程的功率谱密度与其自相关函数互为傅里叶变换对，即

$$P_s(f) = F[R_s(\tau)], P_e(f) = F[R_e(\tau)]$$

$$R_e(\tau) = E[e(t)e(t+\tau)] = E[s(t)\cos\omega_c t\, s(t+\tau)\cos\omega_c(t+\tau)]$$

$$= E\{s(t)s(t+\tau)\frac{1}{2}[\cos\omega_c\tau + \cos\omega_c(2t+\tau)]\}$$

$$= \frac{1}{2}\cos\omega_c\tau E[s(t)s(t+\tau)]$$

$$= \frac{1}{2}\cos\omega_c\tau\, R_s(\tau)$$

$$P_e(f) = F[R_e(\tau)] = F\left[\frac{1}{2}\cos\omega_c\tau\, R_s(\tau)\right] = \frac{1}{4}[P_s(f+f_c) + P_s(f-f_c)]，证毕。$$

(2) 调制信号 $s(t)$ 的功率谱密度 $P_s(f)$　调制信号 $s(t)$ 的功率谱密度 $P_s(f)$ 如图 7-6 所示。$s(t)$ 是单极性不归零矩形随机脉冲序列，其功率谱密度在数字基带系统一章中给出：当 a_n 等概

($P=1/2$) 时，$s(t)$ 的功率谱密度为 $P_s(f) = \frac{1}{4}T_B Sa^2$ $(\pi f T_B) + \frac{1}{4}\delta(f)$。$\frac{1}{4}\delta(f)$ 位于 $f=0$ 处，表示 $P_s(f)$ 中含有直流；$P_s(f)$ 的第一过零点位于 $f=f_B=1/T_B$ 处，近似认为第一过零点为信号带宽，故 $s(t)$ 的带宽 $B=f_B$。

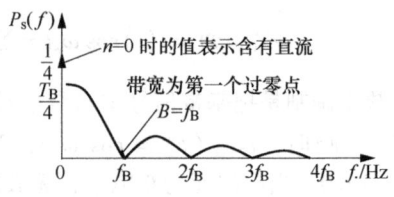

图 7-6 调制信号 $s(t)$ 的功率谱密度 $P_s(f)$

(3) 2ASK 信号 $e_{2ASK}(t)$ 的功率谱密度 $P_{2ASK}(f)$ 已知 $s(t)$ 的功率谱密度，求 2ASK 信号 $e_{2ASK}(t) = s(t)\cos\omega_c t$ 的功率谱密度 $P_{2ASK}(f)$。

把 $P_s(f)$ ¼ 后，左移、右移到载频 f_c 处，即得到 2ASK 信号的功率谱密度 $P_{2ASK}(f)$ 为

$$P_{2ASK}(f) = \frac{1}{4}[P_s(f+f_c) + P_s(f-f_c)] \\ = \frac{T_B}{16}[|Sa\pi(f+f_c)T_B|^2 + |Sa\pi(f-f_c)T_B|^2] + \frac{1}{16}[\delta(f+f_c) + \delta(f-f_c)] \quad (7\text{-}5)$$

$P_{2ASK}(f)$ 波形示意图如图 7-7 所示。

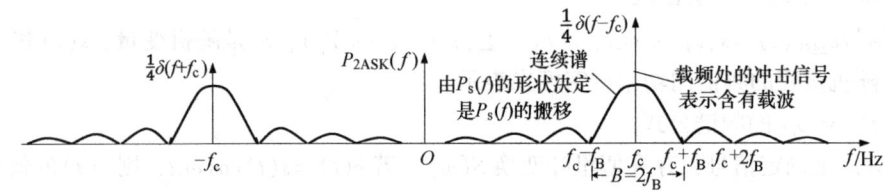

图 7-7 2ASK 信号的功率谱密度示意图

(4) 2ASK 信号功率谱密度特点

1) 由离散谱和连续谱两部分组成。

2) 离散谱由载波分量确定；连续谱由基带信号 $s(t)$ 采用的码元波形 $g(t)$ 确定，决定 2ASK 信号带宽。

(5) 2ASK 系统带宽

1) 2ASK 信号带宽 B_{2ASK} 是基带信号波形带宽的 2 倍，即 $B_{2ASK}=2B_基=2f_B=2R_B$。图 7-7 中信号功率集中在区间 $f_c-f_B \sim f_c+f_B$ 之内，近似认为带宽：$B_{2ASK}=2f_B$。

注：f_B 与 R_B 数值相等，都等于 $1/T_B$，但单位不同，f_B 单位是 Hz，R_B 单位是 Baud。

2) 已调制信号是基带信号的频谱搬移，搬移之后，带宽是基带信号带宽的 2 倍，即

$$B_{2ASK}=2B_基$$

此结论适用范围更广：当基带信号不是采用 100% 占空比的矩形，而是采用其他波形时，基带信号带宽可能不再等于 f_B，但 $B_{2ASK}=2B_基$ 关系依然存在。

3) 2ASK 信号中，基带信号 $s(t)$ 采用单极性不归零 100% 占空比的矩形时，$B_基=f_B$。

(6) 2ASK 系统的频带利用率 系统的码速率 $R_B=f_B$（Baud），2ASK 系统的频带利用率为

$$\eta_B = \frac{R_B}{B_{2ASK}} = \frac{f_B}{2f_B} = \frac{1}{2}\text{Baud/Hz}$$

通信系统的两个主要性能指标：有效性和可靠性。频带利用率是数字通信系统的有效性指标，误码率是数字通信系统的可靠性指标。

(7) 数字基带系统和数字频带系统的频带利用率对比

1) 理想低通传输特性的数字基带系统：$\eta_B = 2\text{Baud/Hz}$。

2）余弦滚降传输特性的数字基带系统：$\eta_B = 2/(1+\alpha) = (1 \sim 2)$ Baud/Hz。

3）2ASK 数字频带系统：$\eta_B = (1/2)$ Baud/Hz。

可见，数字频带系统的频带利用率降低，其远距离传输是以牺牲带宽为代价的。

【例 7-1】 已知某 OOK 系统的传码率为 10^3 Baud，所用的载波信号为 $A\cos(6\pi \times 10^3 t)$。1) 设传送数字信息为 1011001，画出相应的 2ASK 信号波形。2) 求 2ASK 信号的带宽。

解：1) 画 2ASK 信号波形需要知道码速率和载波频率，二者通常是整数倍关系，而且载频远大于码速率，本例中为了画图和演示方便，假定载频是码速率的 3 倍。

$$R_B = 10^3 B, \omega_c = 6\pi \times 10^3 \to 2\pi f_c = 6\pi \times 10^3, \therefore f_c = 3 \times 10^3 \text{Hz} = 3 R_B$$

$f_c = \dfrac{1}{T_c}, f_B = \dfrac{1}{T_B}, T_B = 3T_c$，码周期 T_B 是载波周期 T_c 的 3 倍，每个码周期内有 3 个周期的载波。$\dfrac{f_c}{R_B} = \dfrac{3 \times 10^3}{10^3} = 3$，每个码元内有 3 个周期的载波波形。画 2ASK 波形：信息码为 "1" 时，画 3 个周期的正弦波；当信息码为 "0" 时，画 0 电平。2ASK 信号波形如图 7-8 所示。

2) 2ASK 信号的带宽 B_{2ASK} 是基带信号波形带宽的 2 倍，2ASK 的基带信号是单极性不归零矩形脉冲序列，带宽 = R_B，故：$B_{2ASK} = 2R_B = 2 \times 10^3$ Hz = 2000 Hz。

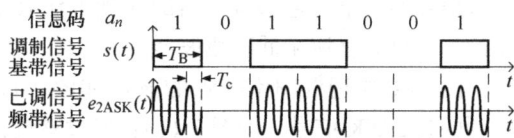

图 7-8 例 7-1 中 2ASK 信号波形

对于带通系统，工作频率和带宽是两个主要参数。本 2ASK 系统，工作频率是载频 $f_c = 3000$ Hz，带宽 $B_{2ASK} = 2000$ Hz。本例为了演示和计算而假定的参数，2ASK 信号波形是示意图。实际系统通常工作频率很高，远大于带宽。

3. 2ASK 调制器

2ASK 调制实现方法即 2ASK 调制器，有模拟相乘法和数字键控法两种，如图 7-9 所示。

（1）模拟相乘法 模拟相乘法类似于模拟调制系统中的双边带 DSB 调制器，二者调制器组成相同，区别在于输入信号不同，DSB 调制器的输入是模拟信号，2ASK 调制器的输入是数字脉冲序列，是数字信号。图 7-9a 中，把数字基带码流 $s(t)$ 通过乘法器与载波 $\cos\omega_c t$ 相乘，得到 2ASK 已调信号 $e_{2ASK}(t) = s(t)\cos\omega_c t$。

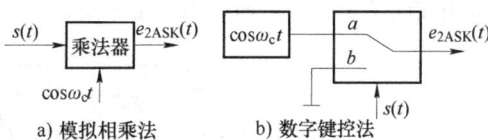

图 7-9 2ASK 调制器原理框图

（2）数字键控法 如图 7-9b 中，$s(t)$ 是数字码流，用它来控制开关通断。当 $s(t)$ 为 "1" 时，开关指向 a 端，a 端接本地载波，输出本地载波；当 $s(t)$ 为 "0" 时，开关指向 b 端，b 端接地，输出 0 电平。

4. 2ASK 解调器

2ASK 有两种解调方式：非相干解调（包络检波法）、相干解调（同步检测法）。

（1）非相干解调（包络检波法） 2ASK 非相干解调（包络检波法）原理框图如图 7-10 所示，其中主要部件作用如下。

1) 带通滤波器。在接收端一般首先要加一个带通滤波器（Bandpass Filter, BPF）。带通滤波器的作用：让有用信号通过，滤除带外噪声。在此，有用信号是 2ASK 信号，带通滤波器的设计要先看 2ASK 信号的频谱，使带通滤波器的通带与 2ASK 信号的频谱区间一致，才能让 2ASK 信号通过。这也是为什么要分析 2ASK 信号的频谱的原因，只有知道了它的频谱，知道其工作频率和带宽，才能分配信道、设计接收端的滤波器等。BPF 的系统函数 $H_{BPF}(f)$ 波形如图 7-10 所示，为中心频率在载频f_c处，带宽为$B=2R_B$的理想带通滤波器。

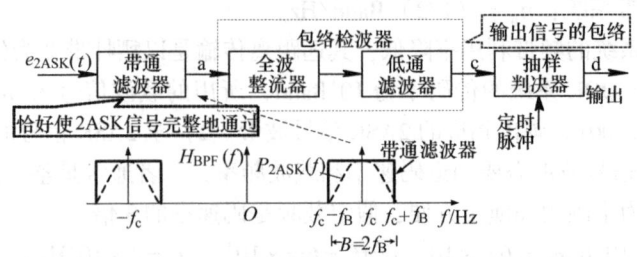

图7-10　2ASK非相干解调（包络检波法）原理框图

2）包络检波器。2ASK信号把基带信号的信息加载在载波的幅度上，只要把接收2ASK信号的幅度提取出来就能恢复基带信号，实现解调。包络检波器的功能：输出信号等于输入信号的包络。包络检波器的实现方法有很多种，此处采用的是：全波整流+低通滤波器。

图7-10原理框图中各点的波形如图7-11所示。接收端收到的是2ASK信号，即图7-11a；经过整流，负脉冲变成正脉冲，得到图7-11b；再经低通滤波器，把高频分量滤掉，得到图7-11c，即信号包络；对包络进行抽样判决，恢复信息码流图7-11d。

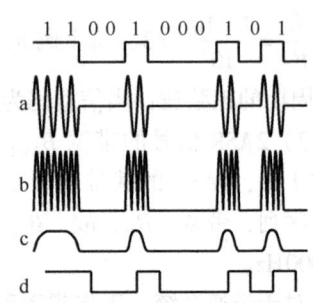

图7-11　图7-10中各点时间波形

(2) 相干解调（同步检测法）　2ASK相干解调原理框图如图7-12所示。相干解调也叫同步检测或同步检波，是通信中的常用解调方法，把接收信号和本地载波相乘，再进行低通滤波。

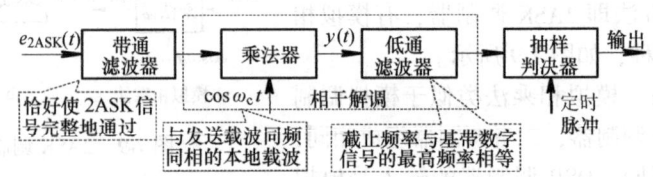

图7-12　2ASK相干解调原理框图

1）图中各部件的设计要点如下。

① 相干解调由相乘器+低通滤波器组成。

② 要求接收机产生一个与发送端载波同频同相的本地载波信号，称其为同步载波或相干载波。对本地载波的要求是：与发送端的载波严格同频同相。

③ 低通滤波器的设计：截止频率与基带数字信号的最高频率相等。低通滤波器应该让基带信号通过，滤除高频的信号。所以，低通滤波器的截止频率设计为基带信号的截止频率，也是基带信号$s(t)$的最高频率，即基带信号的带宽B，$B=R_B=f_B=1/T_B$，$B_{基}=R_B$。

2）用相干解调法来恢复基带信号的公式推导过程　可以证明，经过相干解调，即相乘+低通，能恢复基带信号$s(t)$，证明如下。

接收端收到信号：$e_{2ASK}(t)=s(t)\cos\omega_c t$，图7-12中乘法器的输出是$y(t)$，则：

$$y(t)=e_{2ASK}(t)\cos\omega_c t=s(t)\cos^2\omega_c t=\frac{1}{2}s(t)\times[1+\cos 2\omega_c t]$$

$$=\frac{1}{2}s(t)+\frac{1}{2}s(t)\cos 2\omega_c t \stackrel{低通滤波}{\Rightarrow} \frac{1}{2}s(t)$$

计算中，遇到余弦的二次方项$\cos^2\omega_c t$时，常用公式$\cos^2\omega_c t=\frac{1}{2}(1+\cos 2\omega_c t)$来降幂，变换成两项：常数项和二倍频项$\cos 2\omega_c t$，二倍频项不能通过低通滤波器，被低通滤波器滤除，从而恢复基带信号$s(t)$。所谓"相干"，是接收端产生的本地载波$\cos\omega_c t$与接收信号$e_{2ASK}(t)=s(t)\cos\omega_c t$中的载波$\cos\omega_c t$进行比较，如果完全一致，能产生$\cos^2\omega_c t$项，降幂后可去除载波，恢复基带信号。

5. 2ASK 信号仿真分析

采用 LabVIEW 软件对 2ASK 通信系统进行仿真，仿真参数设为：采样率$f_s=1000$Hz，$R_B=40$Baud，载频$f_c=100$Hz。2ASK 信号的仿真如图 7-13 所示。图 7-13a 为信息码序列即基带信号$s(t)$的仿真波形，设$a_n=10011001101010101010$。设码速率$R_B=40$ Baud，采样率$f_s=1000$Hz，$f_s/R_B=25$，即每个码周期内有 25 个采样值。图 7-13b 为 2ASK 信号波形。

图 7-13c 为 2ASK 信号频谱，频谱图为归一化频谱，即按采样率f_s进行归一化。在一个通信系统中，不同的信号有各自的频率，但所有频率都要小于采样率，采样率f_s是最高频率。因此，频谱图常用f_s来进行归一化，横坐标为实际频率/f_s，范围是 0 ~ 1。归一化频谱图中，1 对应f_s；0.5 对应$f_s/2$。由于傅里叶变换具有对称性，$f=0$ 到 $f=0.5$ 和 $f=0.5$ 到 $f=1$ 对应的频谱图相同，故只画$f=0$到$f=0.5$之间的频谱图。

载频$f_c=100$Hz 时，图 7-13c 频谱峰值出现在归一化频率 0.1 处；理论分析中，2ASK 信号带宽应该等于$2R_B=80$ Hz。图 7-13c 中实际测量带

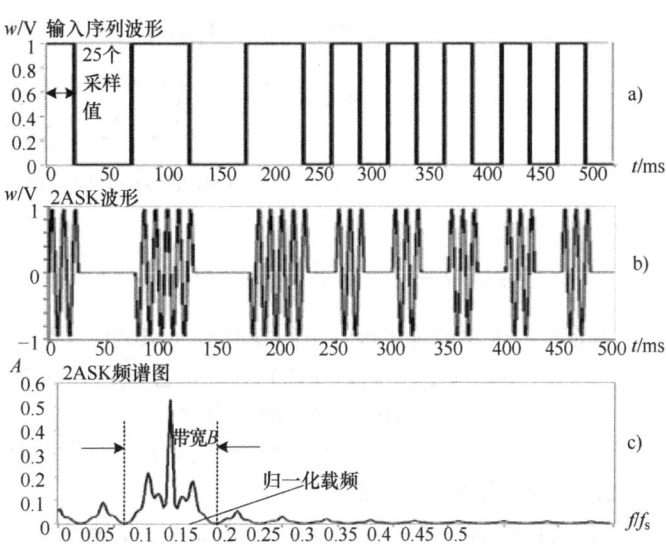

图 7-13 2ASK 信号的仿真分析波形

宽，频谱主峰在归一化频率 0.06 ~ 0.14 之间，带宽$B=(0.14-0.06)f_s=80$Hz，实测值与理论值相符。

7.2.2 二进制频移键控（2FSK）

频移键控（Frequency Shift Keying, FSK），是正弦载波的频率随数字基带信号变化的数字调制。当数字基带信号为二进制时，为二进制频移键控 2FSK，2FSK 把二进制数字基带信息加载在载波的频率上。

2FSK 信号波形如图 7-14 所示。设二进制基带信号"1"→采用载频f_1，"0"→采用载频f_2，2FSK 信号图 7-14g 可以拆分成图 7-14e 和图 7-14f，观察图 7-14e 和图 7-14f 波形，e+f=g，2FSK 信号可以看成是两个 2ASK 信号的叠加。图 7-14e 是载波为ω_1的 2ASK 信号，$s(t)\cos\omega_1 t$；图 7-14f 是载波为ω_2的 2ASK 信号，$\overline{s(t)}\cos\omega_1 t$。基带信号是$s(t)$取反$\overline{s(t)}$，图 7-14b。取反："1"码的反码是"0"码，"0"码的反码是"1"码。

1. 2FSK 信号的表达式

设二进制码"1"→f_1，"0"→f_2，则二进制频移键控信号的时域表达式为

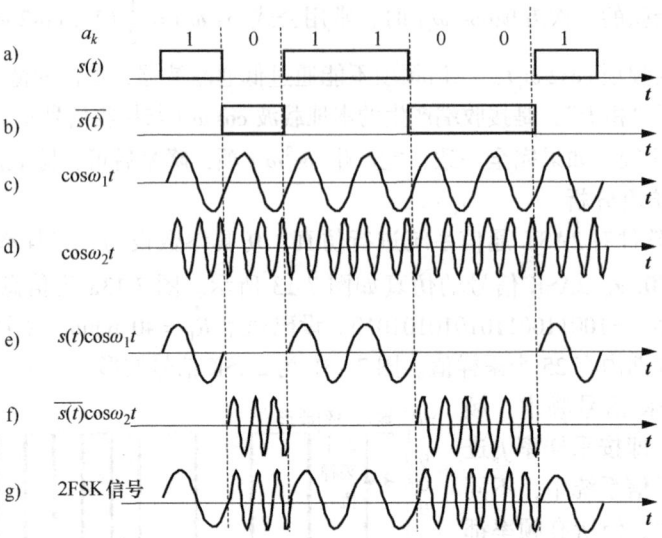

图 7-14 2FSK 信号的时间波形及其形成过程

$$e_{2FSK}(t) = y_1(t) + y_2(t) = s(t)\cos\omega_1 t + \overline{s(t)}\cos\omega_2 t = \begin{cases} \cos\omega_1 t & 传信号 "1" \\ \cos\omega_2 t & 传信号 "0" \end{cases} \quad (7-6)$$

其中基带信号采用的是单极性不归零波形（NRZ），即

$$s(t) = \sum_n a_n g(t-nT_B), \overline{s(t)} = \sum_n \overline{a_n} g(t-nT_B) = s(t) = \sum_n b_n g(t-nT_B) \quad (7-7)$$

$$a_n = \begin{cases} 0, & 发送概率为 P \\ 1, & 发送概率为 1-P \end{cases}, b_n = \overline{a_n} = \begin{cases} 1, & 发送概率为 P \\ 0, & 发送概率为 1-P \end{cases} \quad (7-8)$$

2. 2FSK 信号的功率谱密度

（1）2FSK 信号功率谱密度表达式和功率谱密度图 令：$s_1(t) = s(t) = \sum_n a_n g(t-nT_B)$，$s_2(t) = \overline{s(t)} = \sum_n b_n g(t-nT_B)$，2FSK 可以看成由两个不同载波的 2ASK 信号的叠加：$e_{2FSK}(t) = s_1(t)\cos\omega_1 t + s_2(t)\cos\omega_2 t$。因此，2FSK 信号的功率谱密度可以近似表示为两个不同载波的 2ASK 信号功率谱密度的叠加。

基带信号 $s_1(t)$ 和 $s_2(t)$ 的区别，只是随机变量码字不同，一个是 a_n，另一个是 b_n，$b_n = \overline{a_n}$，码元采用的波形相同，都是 $g(t)$，所以 $s_1(t)$ 和 $s_2(t)$ 的功率谱密度 $P_{s_1}(f)$ 和 $P_{s_2}(f)$ 相同，当等概率发送信息码时，为单极性不归零脉冲序列的功率谱密度（见例 6-2），即

$$P_{s_1}(f) = P_{s_2}(f) = \frac{1}{4}T_B Sa^2(\pi f T_B) + \frac{1}{4}\delta(f)$$

包含表示直流的原点处的冲激 $\delta(f)$。

分别把 $\frac{1}{4}P_{s_1}(f)$ 搬移到载频 f_1 处、把 $\frac{1}{4}P_{s_2}(f)$ 搬移到载频 f_2 处，这两个 2ASK 信号的功率谱密度的叠加，就是 2FSK 信号功率谱密度。2FSK 信号功率谱密度表达式为

$$P_{2FSK}(f) = \frac{1}{4}[P_{s_1}(f+f_1) + P_{s_1}(f-f_1)] + \frac{1}{4}[P_{s_2}(f+f_2) + P_{s_2}(f-f_2)]$$

$$= \frac{T_B}{16}[|Sa\pi(f+f_1)T_B|^2 + |Sa\pi(f-f_1)T_B|^2 + |Sa\pi(f+f_2)T_B|^2 + |Sa\pi(f-f_2)T_B|^2] +$$

$$\frac{1}{16}[\delta(f+f_1) + \delta(f-f_1) + \delta(f+f_2) + \delta(f-f_2)]$$

(7-9)

图 7-15 为 2FSK 信号功率谱密度 $P_{2\text{FSK}}(f)$ 示意图,图中只画了正频率部分,负频率部分与之偶对称,省略未画。图中的三条曲线分别是在:①$|f_1-f_2|\leqslant f_B$,②$f_B\leqslant |f_1-f_2|\leqslant 2f_B$,③$|f_1-f_2|>2f_B$ 三种情况下的 2FSK 功率谱密度示意图。其中:f_B 是码频率,数值上等于码速率 R_B,$f_B=1/T_B=R_B$。

最常用的是③$|f_1-f_2|>2f_B$ 情况(图中虚线):分别把基带信号的频谱搬移到载频 f_1 处和 f_2 处。搬移到载频 f_1 处时,对应的是 $\frac{1}{16}\delta(f-f_1)$ 和 $\frac{T_B}{16}|Sa\pi(f-f_1)T_B|^2$;搬移到载频 f_2 处时,对应的是 $\frac{1}{16}\delta(f-f_2)$ 和 $\frac{T_B}{16}|Sa\pi(f-f_2)T_B|^2$。

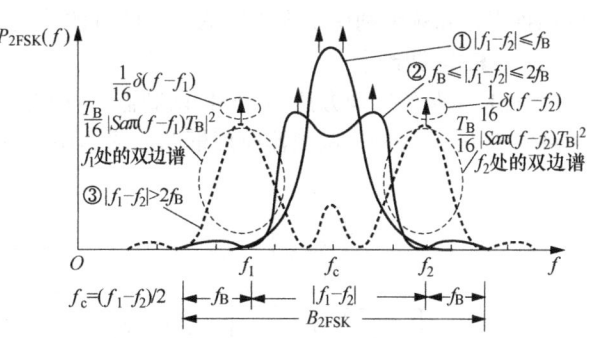

图 7-15 2FSK 信号的功率谱密度示意图

观察图 7-15 中 $P_{2\text{FSK}}(f)$ 曲线,总结出 2FSK 信号功率谱密度特性、中心频率、带宽、频带利用率等如下。

(2) 2FSK 信号功率谱密度特点

1) 2FSK 信号的功率谱密度由离散谱和连续谱所组成;离散谱位于两个载频 f_1 和 f_2 处;连续谱由两个中心位于 f_1 和 f_2 处的双边谱叠加形成。

2) 2FSK 系统中心频率,即工作频率为 $f_c=(f_1+f_2)/2$。

3) 2FSK 信号带宽 $B_{2\text{FSK}}$,也是 2FSK 系统带宽,也是传输所需信道的带宽。系统带宽是功率谱密度曲线 $P_{2\text{FSK}}(f)$ 的范围,由连续谱决定,连续谱主要能量集中在第一过零点。在图 7-15 中,观察曲线③的虚线,$P_{2\text{FSK}}(f)$ 范围在 $|f_1-f_2|$ 以及左右两个 f_B 的范围内,2FSK 信号带宽为

$$B_{2\text{FSK}}=|f_2-f_1|+2f_B=|f_2-f_1|+2R_B$$

$f_B=1/T_B=R_B$,f_B 与 R_B 数值相等,单位不同。通常已知条件中给出码速率 R_B,带宽也可写为 $B_{2\text{FSK}}=|f_1-f_2|+2R_B$。

4) 2FSK 信号功率谱密度峰值:若 $|f_1-f_2|\leqslant f_B$,则连续谱在中心频率 f_c 处出现单峰;$|f_1-f_2|>f_B$,则连续谱出现双峰。图 7-15 中,随着载频频差 $|f_1-f_2|$ 的减小,$P_{2\text{FSK}}(f)$ 由曲线③→曲线②→曲线①。曲线③:双峰值,f_1 处和 f_2 处的双边谱曲线不重叠;曲线②:双峰值,f_1 处和 f_2 处的双边谱曲线重叠;曲线①:单峰值,f_1 处和 f_2 处的双边谱曲线重叠。

(2) 解调时可以采用分路解调时的 2FSK 信号功率谱密度 由于 2FSK 可以看成是两个 2ASK 信号的叠加,2FSK 系统在接收解调时,经常采用分路解调的方法,把 2FSK 信号分成两路 2ASK 信号来分别解调。采用分路解调的方法的时候要求频谱不混叠,要求 2FSK 信号在 f_1 处和 f_2 处的双边谱曲线不重叠,才能通过带通滤波器分路,要求 $|f_1-f_2|\geqslant 2f_B$。此时,在解调时可以采用分路的方式,由 2FSK 信号经过带通滤波器分别得到两路 2ASK。

(3) 2FSK 系统带宽和频带利用率 为了便于接收端解调,要求 2FSK 信号的两个频率 f_1、f_2 间要有足够的间隔。对于采用带通滤波器来分路的解调方法,通常取 $|f_2-f_1|=(3\sim 5)R_B$。于是,2FSK 信号的带宽为

$$B_{2\text{FSK}}=(5\sim 7)R_B$$

和 2ASK 系统相比,2ASK 系统带宽为 $2R_B$,2FSK 系统带宽为 $(5\sim 7)R_B$,2FSK 系统需要的带宽要大很多。相应地,2FSK 系统的频带利用率为

$$\eta_B = \frac{R_B}{B_{2FSK}} = \frac{1}{(5\sim7)} \text{Baud/Hz}$$

和 2ASK 系统相比，2ASK 系统 $\eta_B = 1/2$，2FSK 系统的频带利用率下降。可见，2FSK 系统是以牺牲带宽和频带利用率为代价的，它的有效性差。

3. 2FSK 调制器

2FSK 调制的实现方法即 2FSK 调制器，有模拟调频法和数字键控法两种，其中数字键控法有两种实现方法。2FSK 调制器原理框图如图 7-16 所示。

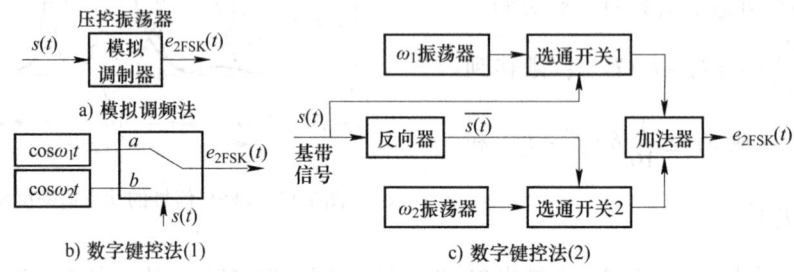

图 7-16 2FSK 调制器原理框图

（1）模拟调频法 要实现 FSK，需要把信息加载在频率上，把基带信号加入压控振荡器的输入端，即可实现，如图 7-16a。压控振荡器在模拟通信系统一章的 FM 调制器中介绍过。压控振荡器的输入是电压，输出是正弦载波，载波的频率受输入电压控制，与输入电压成正比，载波频率随电压变化而变化，输入电压不同，会产生不同频率的载波。如果压控振荡器输入是一个低电平，输出一个频率 f_1，如果输入是一个高电平，输出是另一个频率 f_2，就实现了 2FSK 调制。

将模拟调频法与 FM 调制器相比较，二者是一样的，都是由一个压控振荡器构成。不同点在于输入：如果输入是个模拟信号，就是 FM 调制器，输出是 FM 信号；如果输入是数字电平，0 和 1 代表高、低电平，就是 2FSK 调制器，输出是 2FSK 信号。

（2）数字键控法 数字键控法（1）如图 7-16b。接收端的分别产生 f_1 和 f_2 两个载波，用数字基带信号 $s(t)$ 来控制开关。当信息码是"1"时，开关打到 a 端，输出 f_1 载波；当信息码是"0"时，开关打到 b 端，输出 f_2 频率的载波，实现 2FSK 调制。

数字键控法（2）如图 7-16c。核心思想：一路 2FSK 视为两路 2ASK 信号的合成。图 7-16c 是表达式 $e_{2FSK}(t) = s(t)\cos\omega_1 t + \overline{s(t)}\cos\omega_2 t$ 的实现。用 $s(t)$ 来控制选通开关 1，用 $\overline{s(t)}$ 来控制选通开关 2。

1）当 $s(t)$ 为"1"的时候：上路"选通开关 1"选通，上路输出等于输入；下路 $\overline{s(t)}$，"1"取反为"0"，"选通开关 2"截止，下路无输出。$e_{2FSK}(t)$ 输出 f_1 频率的载波。

2）当 $s(t)$ 为"0"的时候：上路"选通开关 1"截止，上路输出等于 0；下路 $\overline{s(t)}$，"0"取反为"1"，使"选通开关 2"选通，下路输出等于输入。$e_{2FSK}(t)$ 输出 f_2 频率的载波。

4. 2FSK 解调器

2FSK 系统的解调方式有很多，总体上来说分成下列五种：

1）非相干解调法（包络检波法）。
2）相干解调法。
3）鉴频法。
4）过零检测法。
5）差分检测法。

前两种解调方法,即相干解调法和非相干解调法,都属于采用带通滤波器来分路的解调方法,要求 2FSK 信号的两个频率 f_1、f_2 间要有足够的间隔才能频谱不混叠,$|f_2-f_1|=(3\sim5)R_B$,要求 2FSK 信号的带宽为 $B_{2FSK}\approx(5\sim7)R_B$。若 2FSK 系统不满足此频差条件,频谱有混叠,不能采用分路的解调方法,可以采用不必分路的解调方法,即后三种解调方法:鉴频法、过零检测法、差分检测法。

分路的解调方法是常用解调方式,后面的抗噪声性能分析中均指的是分路的解调方法。分路的解调方法中,采用两个不同中心频率的带通滤波器,把 2FSK 信号分解为两路 2ASK 信号。对上、下两路 2ASK 信号解调,得到 $s_1(t)$ 和 $s_2(t)$,对 $s_1(t)$ 和 $s_2(t)$ 抽样判决,恢复基带信号。上、下两路 2ASK 信号解调中,若采用包络检波,此时 2FSK 解调器为非相干解调;若采用相干解调,此时 2FSK 解调器为相干解调法。

(1) 2FSK 信号的包络检波法(即非相干解调法)
2FSK 非相干解调法(包络检波法)解调器原理框图如图 7-17 所示。首先,把 2FSK 信号 $e_{2FSK}(t)=s(t)\cos\omega_1 t+\overline{s(t)}\cos\omega_2 t$ 分成上、下两路 2ASK 信号,上路 2ASK 信号 $s(t)\cos\omega_1 t$,下路 2ASK 信号 $\overline{s(t)}\cos\omega_2 t$。上路采用带通滤波器 BPF_1,目标是:使 $s(t)\cos\omega_1 t$ 通过,滤除 $\overline{s(t)}\cos\omega_2 t$;下路采用带通滤波器 BPF_2,目标是:使 $\overline{s(t)}\cos\omega_2 t$ 通过,滤除 $s(t)\cos\omega_1 t$。

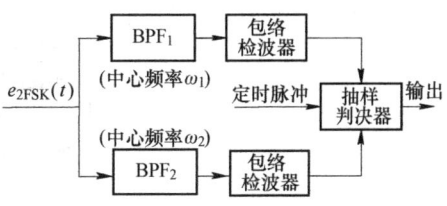

图 7-17 2FSK 包络检波法解调器原理框图

图 7-17 中带通滤波器 BPF_1 和 BPF_2 的中心频率和带宽如何设定呢?让 $s(t)\cos\omega_1 t$ 通过,需要与 $s(t)\cos\omega_1 t$ 的中心频率和带宽都相同。BPF_1 设定为:中心频率 ω_1,带宽 $2R_B$(2ASK 信号的中心频率和带宽)。让 $\overline{s(t)}\cos\omega_2 t$ 通过,需要与 $\overline{s(t)}\cos\omega_2 t$ 的中心频率和带宽都相同。BPF_2 设定为:中心频率 ω_2,带宽 $2R_B$(2ASK 信号的中心频率和带宽)。

分路之后,分别对上、下两路 2ASK 信号采用包络检波法解调时,包络检波器的输出是 2ASK 信号的包络,$s_1(t)=s(t)$,$s_2(t)=\overline{s(t)}$。然后,对 $s_1(t)$ 和 $s_2(t)$ 进行抽样判决,输出恢复的基带信号 $s'(t)$。

图 7-17 解调器中各点的时间波形如图 7-18 所示。解调器对输入的"2FSK 信号"进行分路,得到上、下两路 2ASK 信号,然后对 2ASK 信号进行解调,此处,包络检波器由全波整流和低通滤波器构成,图中给出了上、下两路全波整流后波形、低通滤波后的波形,即 $s_1(t)$ 波形和 $s_2(t)$ 波形。在每个码周期内对 $s_1(t)$ 和 $s_2(t)$ 进行抽样,采样点一般取在码周期的中点,采样值为 U_1 和 U_2,对采样值进行判决,判决规则:$U_1\geqslant U_2$,判为"1";$U_1<U_2$,判为"0"。判决中:比较上、

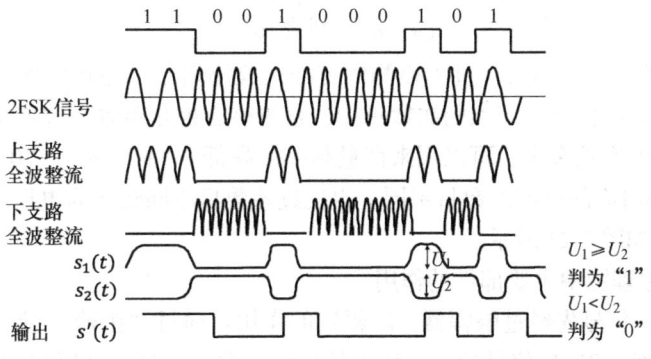

图 7-18 2FSK 非相干解调过程的时间波形

下两路抽样值的大小即可实现判决,没有判决门限。因此,这种分路的解调方式,判决时不受信道衰落的影响,抗信道衰落。

(2) 2FSK 信号的相干解调法 把 2FSK 信号的包络检波法中的包络检波器换成相干解调器,就是 2FSK 信号的相干解调法,2FSK 相干解调器原理框图如图 7-19 所示。相干解调法也是采用分路的方法,解调过程分析与包络检波法类似,不同点是对分路后的 2ASK 信号进行相干解调,相干解调由乘法器和低通滤波器组成,相干解调后的输出同样是 2ASK 信号的包络 $s_1(t)$ 和 $s_2(t)$。判决规则是直接比较上、下两路抽样值大小而无须判决门限,抗信道衰落。

图 7-19 2FSK 相干解调器原理框图

(3) 2FSK 信号解调的鉴频法 鉴频法的核心是"鉴频":求输入信号的频率,识别信号的频率值大小,把频率值转变成电压值输出。图 7-20 为采用鉴频法的 2FSK 解调器原理框图。

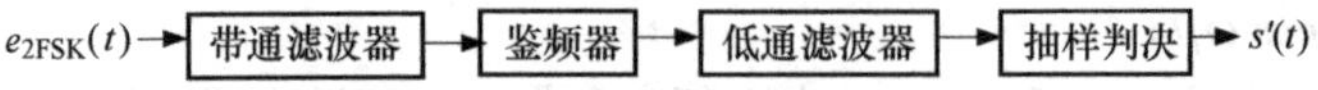

图 7-20 鉴频法解调原理图

鉴频法解调的核心部件是鉴频器。鉴频器的输入信号频率与输出电压之间关系曲线如图 7-21 所示。鉴频特性曲线:输出电压与输入信号的频率偏移成正比。当 2FSK 信号加入鉴频器的输入端,经过鉴频器后,分别输出 U_1 和 U_2 两个电压值,对应于 2FSK 信号的两个载波频率 f_1 和 f_2,即

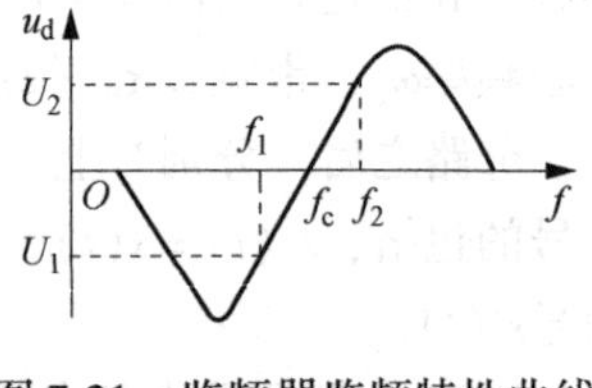

$$f \xrightarrow{\text{鉴频器}} = \begin{cases} f_1 \rightarrow U_1 & \text{发"1"} \\ f_2 \rightarrow U_2 & \text{发"0"} \end{cases}$$

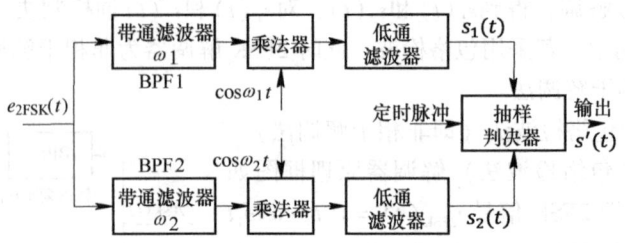

图 7-21 鉴频器鉴频特性曲线

对鉴频器输出电压进行抽样判决,恢复基带信号 $s'(t)$。抽样值为 u,判决门限设为 $u_d = (U_1 + U_2)/2$,判决规则为

$$\begin{cases} u < u_d & \text{判为"1"} \\ u \geqslant u_d & \text{判为"0"} \end{cases}$$

(4) 2FSK 解调的过零检测法 过零检测的方法是检测信号过零点的次数,越高频的信号过零点次数越多,越低频的信号过零点的次数越少,它的核心也是鉴频。过零检测法的原理:单位时间内信号经过零点的次数多少,可以用来衡量频率的高低。"1" $\rightarrow f_1$,"0" $\rightarrow f_2$,在码元持续时间 T_B 内,不同频率对应的过零点数目不同。再把过零数目不同转换为电压不同。过零检测法原理图和各点时间波形如图 7-22 所示。

1) 过零检测法原理图中主要部件的作用。

① 限幅器。2FSK 信号先经过限幅器,限幅器的作用:通过"削峰"使信号幅度恒定,把加在幅度上的噪声去除掉。2FSK 信号的一个特点是包络是常数,幅度是恒定的。信号经信道传输,信道噪声加在了幅度上,在接收端首先加一个限幅器,可以把加在幅度上的噪声去除,能抗信道

衰落，是一种抗干扰的措施。对于 2ASK，接收端不能加限幅器。因为包络是 2ASK 信号的有用信息，加限幅器会把有用信号去除，就不能提取基带信号了。而 2FSK 信号有用信息加载在频率上，限幅不影响对载频信息的接收，还能滤除部分噪声。

② 微分器。数学上微分是求导数，微分器是提取信号的跳变点，信号变化越陡峭处的微分值越大。

限幅和微分之后，经过整流、脉冲成形、低通滤波，得出一个电压波形，电压波形是与频率成正比的，通过过零检测实现了鉴频，再对电压波形进行抽样判决，即恢复基带信号 $s'(t)$。

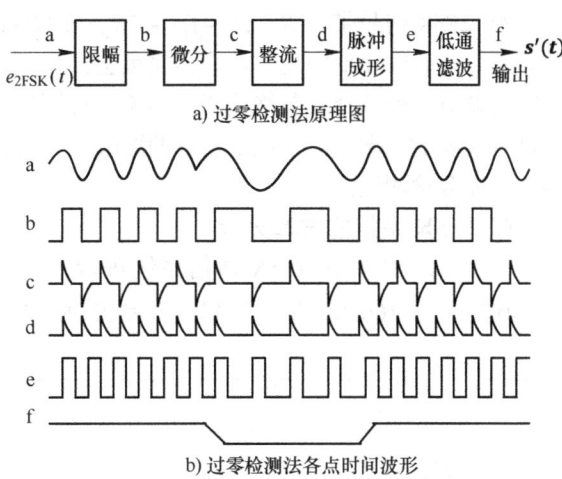

图 7-22 过零检测法原理图和各点时间波形

2）过零检测法原理图中各点的时间波形 图 7-22b 中，2FSK 输入信号经放大限幅后产生矩形脉冲序列；微分及全波整流形成与频率变化相应的尖脉冲序列，序列代表着调频波的过零点；脉冲触发宽脉冲发生器，变换成具有一定宽度的矩形波，该矩形波的直流分量便代表着信号的频率，脉冲越密，直流分量越大，反映着输入信号的频率越高；低通滤波器后可得到脉冲波的直流分量，这样就完成了频率，即幅度变换，再根据直流分量幅度上的区别还原出数字信号"1"和"0"。

（5）2FSK 解调的差分检波法 差分检波解调器原理如图 7-23 所示。差分检波的核心思想也是鉴频。2FSK 信号有两个载频，ω_1 和 ω_2，这两个频率的中心点为 $\omega_0 = (\omega_1 + \omega_2)/2$，$\omega_2$ 是 ω_0 向右偏移一个频率 ω，ω_1 是 ω_0 向左偏移一个频率 ω，2FSK 信号也可以表达为 $e_{2FSK}(t) = A\cos(\omega_0 + \omega)t$，$\omega_2 = \omega_0 + \omega, \omega_1 = \omega_0 - \omega$，只要求出 $A\cos(\omega_0 + \omega)t$ 中的 ω 与图 7-23 中低通滤波器的输出 U 之间的关系，使 U 与 ω 成比例的变化，就可以把频率 ω 转化为电压 U 输出，从而实现鉴频。差分检波的实现方法：按图 7-23 构成解调器，通过合理的选择参数时延 τ，使 U 与 ω 成正比，根据 U 进行抽样判决，提取出数字基带信号。

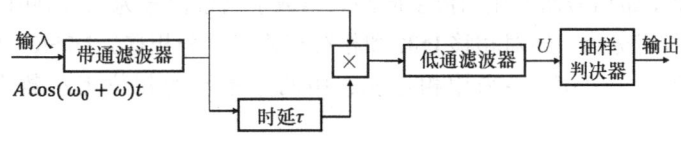

图 7-23 差分检波法原理图

【例 7-2】 设某 2FSK 调制系统的码元传输速率为 1000Baud，已调信号的载频为 2000Hz 或 1000Hz。1）发送数字信息为 011010，画出相应的 2FSK 信号波形。2）这时的 2FSK 信号带宽是多少？应选择怎样的解调方法？

解： 1）2FSK 信号波形如图 7-24 所示。码元速率 $R_B = 1000$Baud，设载频 $f_2 = 2000$Hz 对应"0"，$f_2 = 2R_B$，"0"码一个码周期对应两个载波周期；$f_1 = 1000$Hz 对应"1"，$f_1 = R_B$，"1"码一个码周期对应一个载波周期。

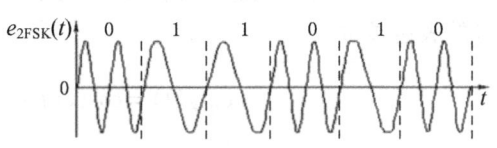

图 7-24 例 7-2 中 2FSK 信号波形

2) 2FSK 信号带宽 $B = |f_2 - f_1| + 2R_B = (|2000 - 1000| + 2 \times 1000) \text{Hz} = 3000 \text{Hz}$。由于 2FSK 载波频差 $|f_2 - f_1| = 1000 = f_B$，功率谱密度会出现单峰，频谱有较大重叠。

解调方法的选择：包络检测法和相干解调法不合适，这两种解调方法采用分路解调，不适合频谱有混叠的情况，会造成上、下两路较大串扰，使解调性能降低。可以采用：鉴频法、过零检测法、差分检测法。

5. 2FSK 系统的仿真分析

采用 LabVIEW 对 2FSK 通信系统进行仿真，仿真条件：采样率 $f_s = 1000 \text{Hz}$，$R_B = 20 \text{Baud}$，$f_1 = 40 \text{Hz}$，$f_2 = 100 \text{Hz}$。输入序列波形和 2FSK 波形及频谱如图 7-25 所示。

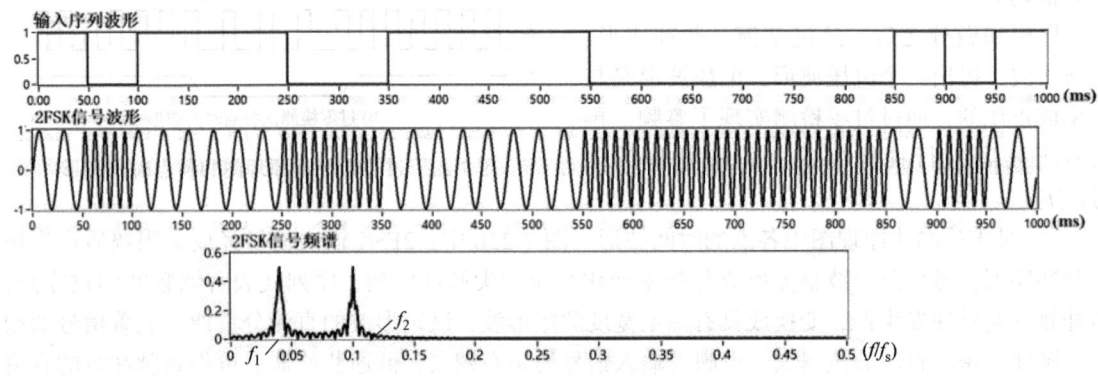

图 7-25　输入序列波形和 2FSK 波形及频谱

当 R_B 增加时，"输入序列波形"的码周期减小，"2FSK 信号频谱"中频谱脉冲宽度增加，带宽增加。若使载频 f_2 保持不变，f_1 由小变大，逐步向 f_2 靠近，则随着载频 f_1 的增加，f_1 载频对应的"输入序列波形"中的码元波形频率加快；"2FSK 信号频谱"中频谱随着载频 f_1 的增加，两个谱峰逐步靠近，带宽减小，频谱产生混叠。

7.2.3　二进制相移键控（2PSK）

相移键控（Phase Shift Keying，PSK）是把数字基带信息加载在载波的相位上。相移键控是正弦载波的相位随数字基带信号而变化的数字调制。当数字基带信号为二进制时，则为二进制相移键控 2PSK。相移键控可分为：绝对相移 PSK 和相对相移（差分相移）DPSK。假设二进制基带信号 "1" → 采用相位 φ_1，"0" → 采用相位 φ_2，用两个不同的相位表示数字信息，是绝对移相 2PSK。

1. 2PSK 信号的表示、时间波形

载波：$A\cos(\omega_c t + \varphi_n)$，假设二进制 "1" → $\varphi_1 = 180° = \pi$ 相，"0" → $\varphi_2 = 0° = 0$ 相，即

$$\varphi_n = \begin{cases} 0°, & \text{发送"0"，概率为 } P \\ 180°, & \text{发送"1"，概率为 } 1-P \end{cases} \tag{7-10}$$

$\varphi_n = 0$ 相时，$\cos(\omega_c t + 0) = \cos(\omega_c t)$；$\varphi_n = \pi$ 相时，$\cos(\omega_c t + \pi) = -\cos(\omega_c t)$，则 2PSK 信号的表达式为

$$e_{2PSK}(t) = \cos(\omega_c t + \varphi_n) = \begin{cases} \cos \omega_c t & \text{发送符号"0"} \\ -\cos \omega_c t & \text{发送符号"1"} \end{cases} \tag{7-11}$$

$e_{2PSK}(t)$ 还可以写成码序列 $s(t)$ 乘以载波形式的表达式，$s(t)$ 波形为双极性矩形脉冲序列。设发送的二进制符号序列由 0、1 序列组成，发送 0 符号的概率为 P，发送 1 符号的概率为 $1-P$，

且相互独立。该二进制符号序列可表示为

$$s(t) = \sum_n a_n g(t - nT_B) \qquad (7\text{-}12)$$

其中，$g(t)$ 是单极性矩形脉冲。但 a_n 与 2ASK 和 2FSK 时的不同，在 2PSK 调制中，a_n 选择双极性码，非 0、1 码，而是 1、-1，0→1，1→-1；基带信号 $s(t)$ 采用的是双极性 NRZ 矩形脉冲序列，周期 T_B。信息码及 $s(t)$ 波形如图 7-26 所示。

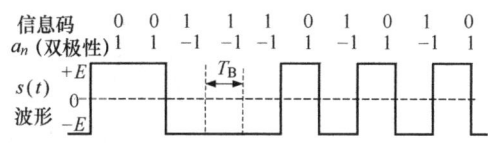

图 7-26 2PSK 基带信号 $s(t)$ 波形

$$g(t) = \begin{cases} 1, & 0 \le t \le T_B \\ 0, & 其他 \end{cases}, \quad a_n = \begin{cases} 1, & 发送"0"，概率为 P \\ -1, & 发送"1"，概率为 1-P \end{cases} \qquad (7\text{-}13)$$

2PSK 信号 $e_{2PSK}(t)$ 可表示为

$$e_{2PSK}(t) = s(t)\cos\omega_c t \qquad (7\text{-}14)$$

式中，$s(t)$ 为式 (7-12)；$s(t)$ 中的 $g(t)$ 和 a_n 为式 (7-13)。式 (7-14) 与式 (7-11) 两种表达式等价，即

$$e_{2PSK}(t) = s(t)\cos\omega_c t = \sum_n a_n g(t-nT_B)\cos\omega_c t = \begin{cases} \cos\omega_c t & 发送符号"0" \\ -\cos\omega_c t & 发送符号"1" \end{cases}$$

$$= \cos(\omega_c t + \varphi_n), 其中:\varphi_n = \begin{cases} 0°, & 发送符号"0"，概率为 P \\ 180°, & 发送符号"1"，概率为 1-P \end{cases}$$

用 φ_n 表示第 n 个符号的初相位。

2PSK 信号的波形示意图如图 7-27 所示。图中，信息码"1"→载波 180°初相位；信息码"0"→载波 0°初相位；信息加载在了载波的初相位上。相位是载波的起始时刻。另外，图中为使相位清晰可见，选择码元宽度 T_B = 载波周期 T_c，实际 2PSK 信号中，码元宽度 $T_B \gg$ 载波周期 T_c。

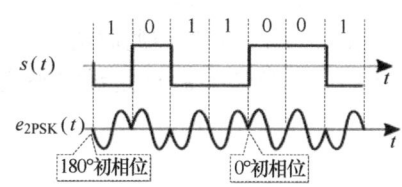

图 7-27 2PSK 信号波形示意图

2. 2PSK 信号的功率谱密度

由式 (7-14)，$e_{2PSK}(t)$ 是基带信号 $s(t)$ 乘以载波 $\cos\omega_c t$，$e_{2PSK}(t)$ 的频谱 $P_{2PSK}(f)$ 是把 $s(t)$ 的频谱 $P_s(f)$ 搬移到载频处。基带信号 $s(t)$ 是双极性不归零矩形随机脉冲序列，等概 ($P=1/2$) 时，双极性信号 $s(t)$ 的功率谱密度 $P_s(f)$ 为

$$P_s(f) = T_B Sa^2(\pi f T_B)$$

式中，$f_B = 1/T_B$，T_B 为 2PSK 信号的码周期，基带频谱 $P_s(f)$ 波形如图 7-28 所示。图中可见，基带信号 $s(t)$ 的带宽为 $B = f_B = R_B$。

因为 $e_{2PSK}(t) = s(t)\cos\omega_c t$，所以 $e_{2PSK}(t)$ 的功率谱密度 $P_{2PSK}(f)$ 为

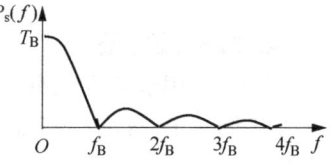

图 7-28 基带信号 $s(t)$ 频谱

$$P_{2PSK}(f) = \frac{1}{4}[P_s(f+f_c) + P_s(f-f_c)] = \frac{T_B}{4}[|Sa^2\pi(f+f_c)T_B + Sa^2\pi(f-f_c)T_B]$$

2PSK 信号的功率谱密度 $P_{2PSK}(f)$ 是把基带信号频谱 $P_s(f)$ 搬移到载频处：将 $P_s(f)$→¼后→分别左移、右移到载频 f_c 处→得到 $P_{2PSK}(f)$，$P_{2PSK}(f)$ 曲线如图 7-29 所示。

2PSK 信号功率谱密度特点如下。

1) 功率谱密度是双极性基带脉冲频谱的搬移，不是单极性基带脉冲频谱的搬移，双极性是单极性经码变换得来的，所以 2PSK 信号不是线性调制，而是非线性调制。

2) 功率谱密度一般情况下由离散谱和连续谱所组成，当"1"和"0"符号出现概率相等

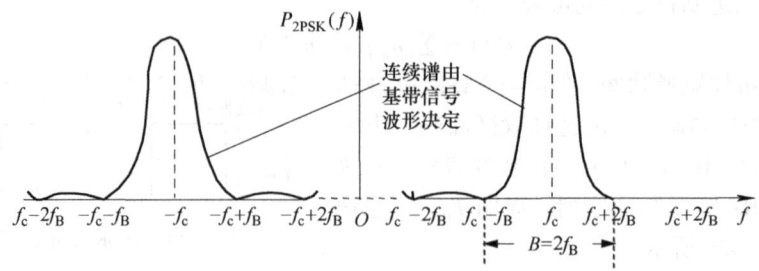

图 7-29 2PSK 信号的功率谱密度示意图

时,双极性信号的功率谱密度中不存在离散谱。

3) 带宽由基带信号连续谱决定,是基带信号带宽的 2 倍:$B_{2PSK} = 2B_{基} = 2f_B = 2R_B$。

4) 传码率 $R_B = f_B$(单位为 Baud),故频带利用率为

$$\eta_B = \frac{R_B}{B_{2PSK}} = \frac{1}{2} \text{Baud/Hz}$$

2PSK 系统与 2ASK 调制系统相比,二者带宽相同,频带利用率相同。

3. 2PSK 调制器

2PSK 调制器与 2ASK 调制器类似,也有模拟调制法和键控调制法两种,2PSK 调制器原理框图如图 7-30 所示。在图 7-30a 模拟调制法中,与 2ASK 模拟调制法不同的是,送入乘法器的基带信号不是单极性,而是双极性,要经"码型变换",把信息码"0"和"1"变成双极性的"1"和"-1"。图 7-30b 键控调制法中,分别产生两个不同相位的载波,一个是 0°相位,另一个是 180°相位。基带信号 $s(t)$ 是数字码流,用它来控制开关通断,两种状态对应输出不同相位的载波。

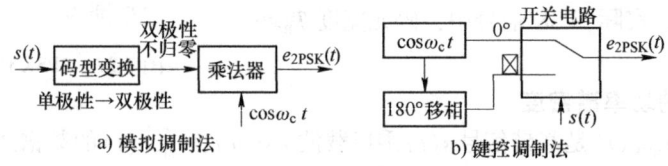

图 7-30 2PSK 调制器原理框图

4. 2PSK 解调器

2PSK 常用解调方式有相干解调(也称为极性比较法或同步检测法)和非相干解调(鉴相器法)两种。

(1) 2PSK 相干解调法 2PSK 相干解调法原理图及其各点信号波形如图 7-31 和图 7-32 所示。

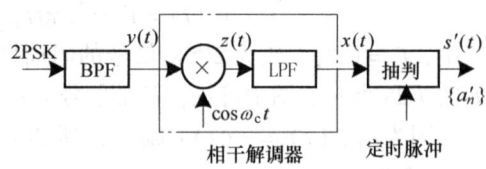

图 7-31 2PSK 相干解调法原理图

1) 相干解调器由相乘器和低通滤波器组成。相干解调的过程是输入已调信号与本地载波信号进行极性比较的过程,故常称为极性比较法。极性相同时,输出"0"码,极性不同时,输出"1"码。"相干解调"是与本地载波进行相干运算,是一个比相即相位比较的过程,若与本地载波是同相位的,同相位的两个载波相乘结果是正极性的,再经过低通滤波之后输出一个高电平;若与本地载波不同相位,相乘之后是负的,经过低通滤波之后输出一个负电平。抽样判决时,正电平判为 0 码,负电平判为 1 码,就恢复了原信息码。

2) 2PSK 信号相干解调过程的数学表达式解析。不考虑噪声时,带通滤波器输出可表示为

$y(t) = \cos(\omega_c t + \varphi_n)$，解调的目的是提取相位信息 φ_n。对 $y(t)$ 进行相干解调，首先把 $y(t)$ 与载波相乘。得到 $z(t) = y(t)\cos\omega_c t$，即

$$z(t) = \cos(\omega_c t + \varphi_n)\cos\omega_c t = \frac{1}{2}\cos\varphi_n + \frac{1}{2}\cos(2\omega_c t + \varphi_n)$$

其次，对相乘的结果进行低通滤波。$z(t)$ 经 LPF 低通滤波后，$2\omega_c$ 高频分量被滤除，得到 φ_n 的函数 $x(t)$，即 $x(t) = \frac{1}{2}\cos\varphi_n = \begin{cases} 1/2, & \varphi_n = 0 \text{ 时} \\ -1/2, & \varphi_n = \pi \text{ 时} \end{cases}$。$x(t)$ 有正、负两种状态分别与两种相位对应，判决门限设为 0 电平，对 $x(t)$ 进行抽样判决即可恢复信息码 a'_n。2PSK 解调中，判决门限与信号幅度值无关，不受信道衰落影响。

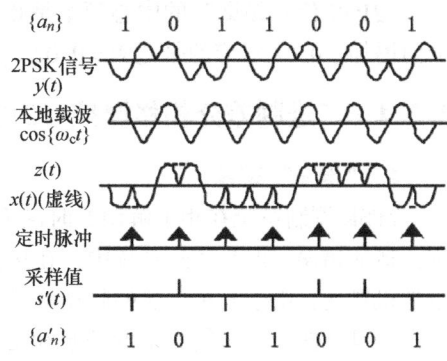

图 7-32 图 7-31 中各点信号波形

（2）2PSK 非相干解调 2PSK 非相干解调法原理图如图 7-33 所示。将 2PSK 相干解调法中的相干解调器（相乘器和低通滤波器）用鉴相器代替，得到 2PSK 非相干解调器。鉴相器的功能是"鉴相"，即识别输入信号的相位，鉴相器的输出电压与输入载波相位成正比。

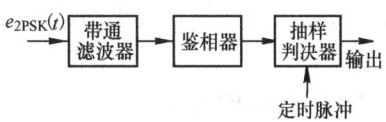

图 7-33 2PSK 非相干解调法原理图

5. 2PSK 系统仿真分析

采用 LabVIEW 对 2PSK 系统进行仿真。仿真参数设为：采样率 $f_s = 1000\text{Hz}$，$R_B = 10\text{Baud}$，$f_c = 20\text{Hz}$。设输入序列 a_n 为 1001100110100011101101100100101，输入序列波形、2PSK 信号波形和频谱如图 7-34 所示。

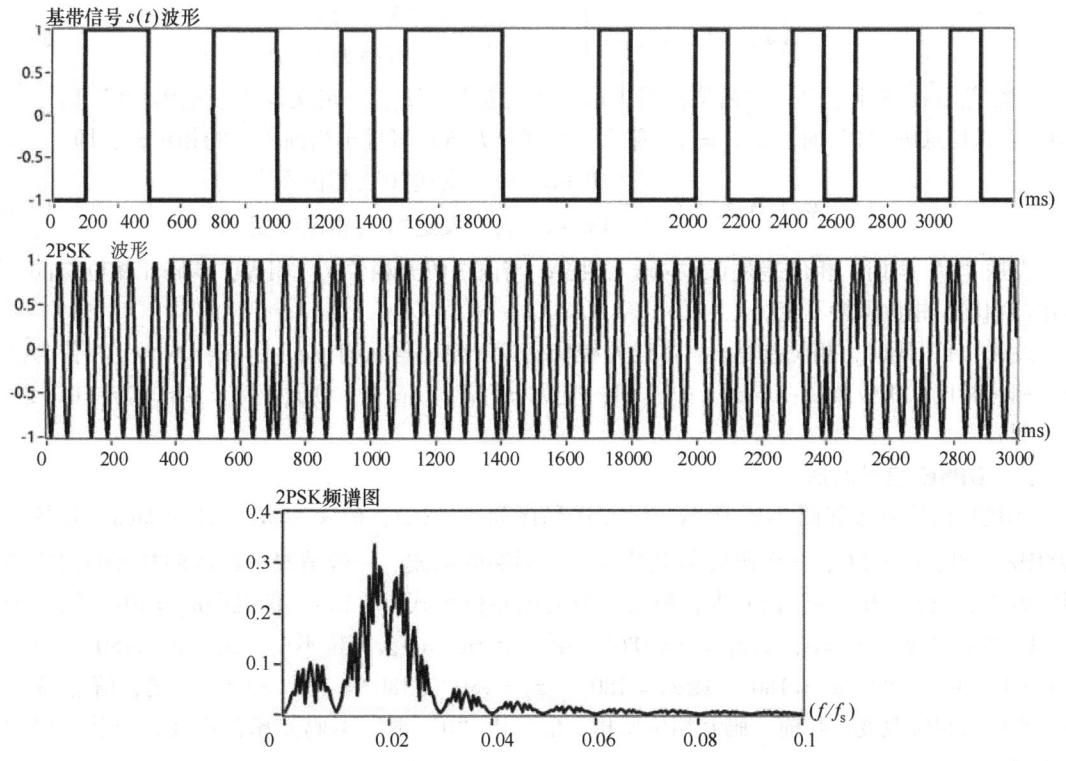

图 7-34 输入序列波形和 2PSK 信号波形及频谱的仿真结果图

"2PSK 信号频谱"的中心频率是 0.02，在载频处，带宽 $B=2R_B$，与 R_B 成正比，随着 R_B 的增加而增加。0.02 对应的带宽 $B=0.02\times f_s=20\text{Hz}$。

7.2.4 二进制差分相移键控（2DPSK）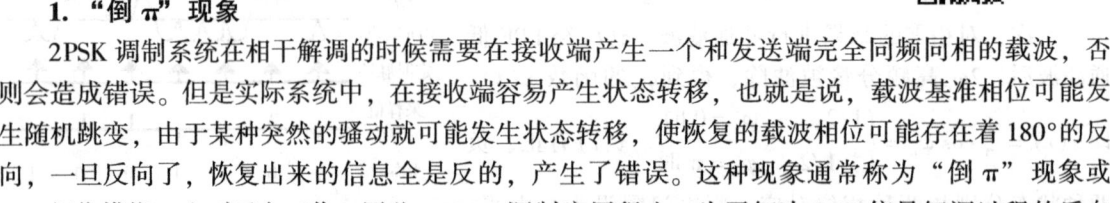

1. "倒 π" 现象

2PSK 调制系统在相干解调的时候需要在接收端产生一个和发送端完全同频同相的载波，否则会造成错误。但是实际系统中，在接收端容易产生状态转移，也就是说，载波基准相位可能发生随机跳变，由于某种突然的骚动就可能发生状态转移，使恢复的载波相位可能存在着 180°的反向，一旦反向了，恢复出来的信息全是反的，产生了错误。这种现象通常称为"倒 π"现象或 180°相位模糊，也叫反向工作。因此，2PSK 调制应用很少。为了解决 PSK 信号解调过程的反向工作问题，提出了差分相移键控 DPSK，在实际应用中常采用的是 DPSK。

DPSK 的核心问题是解决初相位模糊。在数字基带系统的基带信号波形中，差分波形和差分码的核心是去相关性，解决初始状态模糊的问题，因此，可以采用差分波形来解决初相位模糊问题。

2. 2DPSK 的定义

差分相移键控（Differential Phase Shift Keying，DPSK），其中 2PSK 直接用相位 φ_n 来表示信息，用 $\varphi_n=0$ 来表示信息码"0"，用 $\varphi_n=\pi=180°$ 表示信息码"1"；而差分相移键控 DPSK 是用前后相邻码元的相位差来表示信息，用前后码元载波的相对相位变化，即相位差 $\Delta\varphi_n$，来表示数字信息。

2DPSK 码元载波为 $A\cos(\omega_c t+\varphi_n)$，假设前后相邻码元的载波相位差为 $\Delta\varphi$，可定义数字信息与 $\Delta\varphi$ 之间的关系为

$$\Delta\varphi_n=\varphi_n-\varphi_{n-1}=\begin{cases}0,&\text{发送"0"},\text{概率为}P\\\pi,&\text{发送"1"},\text{概率为}1-P\end{cases}\quad(7\text{-}15)$$

相位差 $\Delta\varphi_n$ 等于本码元初相位 φ_n 减去前一码元初相位 φ_{n-1}。定义发送信息码"0"时，$\Delta\varphi_n=0$；发送信息码"1"时，$\Delta\varphi_n=\pi$；那么，由式（7-15）可推出当前码元的相位 φ_n，即

$$\varphi_n=\Delta\varphi_n+\varphi_{n-1}=\begin{cases}0+\varphi_{n-1},&\text{发送"0"},\text{相位不变}\\\pi+\varphi_{n-1},&\text{发送"1"},\text{相位改变}\end{cases}\quad(7\text{-}16)$$

发送"0"码时，相位差是 0，本码元相位 φ_n 与前一码元相位 φ_{n-1} 相等，本码元相位与前一码元相位相比：相位保持不变。

发送"1"码时，相位差是 π，本码元相位 φ_n 等于前一码元相位 $\varphi_{n-1}+\pi$，本码元相位与前一码元相位相比：相位改变；若 $\varphi_{n-1}=0$，则 φ_n 变为 π；若 $\varphi_{n-1}=\pi$，则 φ_n 变为 $\pi+\pi=2\pi=0$（以 2π 为周期）。

3. 2DPSK 信号波形

2DPSK 信号波形如图 7-35 所示。设发送码序列 $a_n=101$，码速率 $R_B=1200\text{Baud}$，载频 $f_c=3600\text{Hz}$，此时 $T_B=3T_c$，一个码周期 T_B 内画三个周期的载波。一般情况下默认初载波的初始参考相位为 0°，设 $\varphi_0=0$。每个码元内，根据载波的初相位公式（7-16）：信息码 $a_n=101$，第一个码 $a_1=1$，相位改变，$\varphi_0=0$，则 $\varphi_1=\pi=180°$；第二个码 $a_2=0$，相位不变，$\varphi_2=\varphi_1=180°$；第三个码 $a_3=1$，相位改变，$\varphi_2=180°$，则 $\varphi_3=180°+\varphi_2=180°+180°=360°=0°$。总之，信息码"1"时，本码元相位改变，与前一码元相位反相；信息码"0"时，本码元相位不变，与前一码元相位相同。

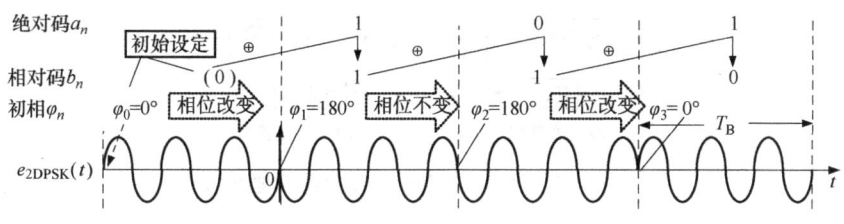

图 7-35 2DPSK 信号波形及相对码

4. 由差分码和绝对相移得到相对移相 DPSK

2DPSK 信号中，不是直接用相位来表示信息，而是用前后码元的相位差来表示信息。如果把 2DPSK 波形中的 0 相位码元还像 2PSK 那样用 "0" 码表示，π 相位码元用 "1" 码表示，则也可以得到一串码，如图 7-35 中是 (0)110，把此码叫作相对码 b_n。相对码 b_n 与相位之间是一一直接对应的，"0" 用 0 相，"1" 用派相，称为绝对移相。

如果能由绝对码 a_n（信息码）求得相对码 b_n，则由 b_n 绝对移相："0" 对应 0 相位、"1" 对应 π 相，能求得 2DPSK 信号的载波初相位，能得到 2DPSK 信号。这是 2DPSK 信号通常的产生方式：$a_n \Rightarrow b_n \Rightarrow$ 2PSK $\Rightarrow$ 2DPSK，即相对码的绝对移相 = 2DPSK。

5. 差分码——相对码

采用差分码作为传送代码可以消除设备初始状态的影响，在相位调制系统中用于解决载波相位模糊问题。

a_n：信息码/输入码/绝对码；b_n：差分码/相对码，观察图 7-35，2DPSK 信号波形中的 a_n 和 b_n，二者之间的关系满足模 2 加，即 $b_n = a_n + b_{n-1}$。其中，"+" 为模 2 加 ⊕，简记为 +。

发送的信息码 a_n 通常是已知的，b_n 初始参考值设定为 0，默认初始的 $b_0 = 0$，$b_1 = b_0 + a_1$，$b_2 = b_1 + a_2$，…，由 a_n 和 b_{n-1} 依次递推，可以求得 b_n 码序列。

（1）差分码编码——码变换器 由绝对码 a_n 求相对码 b_n，即差分码编码。差分码编码公式为

$$b_n = a_n + b_{n-1} \tag{7-17}$$

【例 7-3】 当信息码（绝对码）a_n 为 110100110 时，求相对码。

解：求解过程如图 7-36 所示。其中，(0)：表示前一码元初相位，一般设为 0，是默认值。默认初始的 $b_0 = 0$。$b_n = a_n + b_{n-1} = (0)1001110100$。

二进制数字信息	1	1	0	1	0	0	1	1	0	←绝对码 a_n
2PSK 信号相位	π	π	0	π	0	0	π	π	0	
2DPSK 信号相位 (0)	π	0	0	π	π	π	0	π	0	
(0)	1	0	0	1	1	1	0	1	0	←相对码 b_n

图 7-36 例 7-3 答案及求解过程

（2）差分码译码——码反变换器 2DPSK 系统，接收端经解调输出的是相对码 b_n，需要由相对码 b_n 来恢复绝对码 a_n。利用模 2 加运算规则：若 $a \oplus b = c$，则 a、b、c 三者中任意两个的模 2 加等于第 3 个。所以，若 $b_n = a_n + b_{n-1}$，则：$a_n = b_n + b_{n-1}$，此式是接收端译码规则，即码反变换器。把 b_n 和 b_{n-1} 模 2 加，即可恢复原信息码 a_n。由相对码 b_n 求绝对码 a_n，即差分码译码。差分码译码公式为

$$a_n = b_n + b_{n-1} \tag{7-18}$$

（3）码变换器和码反变换器原理框图 码变换器和码反变换器原理框图如图 7-37 所示。图 7-37a 是发送端的差分编码电路，即码变换器；图 7-37b 是差分译码电路，即码反变换器。

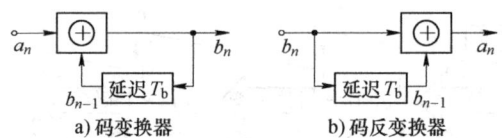

a) 码变换器　　　　　　b) 码反变换器

图 7-37　码变换器和码反变换器原理框图

6. 2DPSK 信号的表达式

2DPSK 信号的表达式 $e_{2\mathrm{DPSK}}(t)$ 与 $e_{2\mathrm{PSK}}(t)$ 表达式相似，不同点是：$s(t)$ 中数字序列采用差分码 b_n。

$$e_{2\mathrm{DPSK}}(t) = s(t)\cos\omega_c t = \sum_n b_n g(t - nT_B), g(t) = \begin{cases} 1, & 0 \leqslant t \leqslant T_B \\ 0, & \text{其他} \end{cases} \quad (7\text{-}19)$$

7. 2PSK 和 2DPSK 信号矢量图

矢量（vector）是一种既有大小又有方向的量，又称为向量。一般在物理学中称作矢量，例如速度、加速度、力等就是这样的量。

2PSK 和 2DPSK 信号的矢量图如图 7-38 所示。图中，矢量长度表示正弦载波的幅度，矢量的方向表示正弦载波的初相位。常用的有 A 方式和 B 方式，是国际电报电话咨询委员会（CCITT）建议使用的相位。图 7-38a 中 A 方式规定采用的两个相位，是 0 和 π，图 7-38b 中 B 方式规定采用的两个相位，是 π/2 和 -π/2。

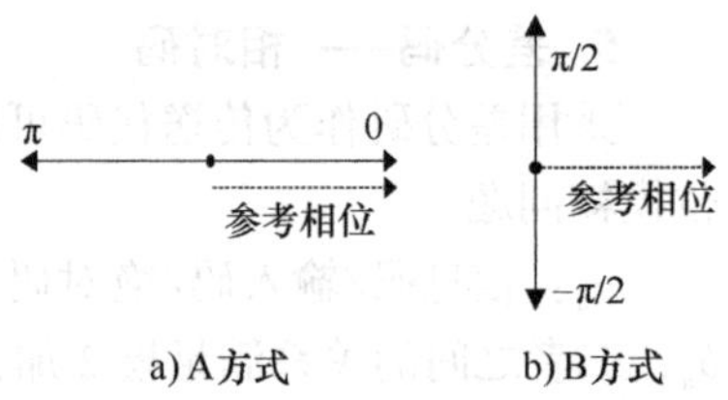

在 2PSK 信号矢量图中，矢量表示绝对相位 φ_n；参考相位是未调载波的相位；矢量图表示的是载波相位 φ_n 的可取状态值，φ_n 可取 0 和 π 或 π/2 和 -π/2；

在 2DPSK 信号矢量图中，矢量表示相对相位 $\Delta\varphi_n$；参考相位是前一码元载波的相位。矢量图表示的是前后码元载波相位差 $\Delta\varphi_n$ 的可取状态值，$\Delta\varphi_n$ 可取 0 和 π 或 π/2 和 -π/2。

A 方式中，每个码元的载波相位相对于基准相位可取 0 和 π；因此，在 2DPSK 中，若后一码元的载波相位相对于基准相位为 0。则前后两码元载波的相位是连续的；否则，载波相位在两码元之间发生突跳。B 方式中，每个码元的载波相位相对于基准相位可取 ±π/2。因而，在 2DPSK 中，相邻码元之间必然发生载波相位的跳变。这样在接收该信号时，利用检测此相位变化可以确定每个码元的起止时刻，即可提供码元定时信息。这是 B 方式被广泛采用的原因之一。

采用 A 方式的 2PSK 和 2DPSK 信号的波形的示意图如图 7-39 所示，为清楚显示相位信息，设码元宽度 T_B = 载波周期 T_c。

图 7-38　2PSK 和 2DPSK 信号矢量图

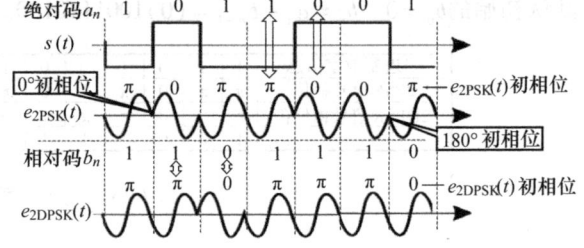

图 7-39　2PSK 和 2DPSK 信号的波形举例

8. 2DPSK 信号的功率谱密度

2DPSK 信号的功率谱密度与 2PSK 相同。比较 2DPSK 和 2PSK 信号的表达式：

$$e_{2\mathrm{PSK}}(t) = s(t)\cos\omega_c t = \sum_n a_n g(t - nT_B)\cos\omega_c t$$

$$e_{2\mathrm{DPSK}}(t) = s(t)\cos\omega_c t = \sum_n b_n g(t - nT_B)\cos\omega_c t$$

二者的差别在于信息码不同，一个是 a_n，另一个是 b_n，其余都相同。功率谱密度的形状取决于码元采用波形 $g(t)$，因此二者的功率谱密度完全相同。2DPSK 信号的功率谱密度的表达式、功率谱密度波形图、功率谱密度特点、带宽、频带利用率，与 2PSK 完全相同。

2DPSK 信号的功率谱密度的表达式："0"和"1"符号等概时，有

$$P_{2DPSK}(f) = P_{2PSK}(f) = \frac{1}{4}[|P_s(f+f_c) + P_s(f-f_c)|] = \frac{T_B}{4}[|Sa^2\pi(f+f_c)T_B + Sa^2\pi(f-f_c)T_B|]$$

2DPSK 信号的功率谱密度波形图：将 $P_s(f) \to \frac{1}{4}$ 后 → 分别左移、右移到载频 f_c 处 → 得到 $P_{2DPSK}(f)$，与 2PSK 信号的功率谱密度图 7-29 相同。2DPSK 信号功率谱密度特点也与 2PSK 信号功率谱密度特点相同。

9. 2DPSK 调制器

2DPSK 信号的常用产生方法：相对移相 = 码变换（绝对码变为相对码）+ 绝对移相。

差分码 + 绝对移相 = 相对移相，即差分码 + 2PSK = 2DPSK。

2DPSK 调制产生过程：信息码 a_n → 码变换器 → b_n → 2PSK 调制 → 2DPSK 调制。

2DPSK 调制器有模拟调制法和键控法两种，2DPSK 调制器原理图如图 7-40 所示。与 2PSK 调制器类似，不同点是先把信息码 a_n 经"码型变换"变成相对码 b_n，之后再去绝对移相。图图 7-40a 中绝对移相是乘载波，图 7-40b 中绝对移相是键控法。可见，2DPSK 调制器与 2PSK 调制器的差别，只是多了一个码变换。图 7-40a 中，"绝对移相 2PSK"与载波相乘的基带脉冲序列 $s(t)$ 不是单极性的，而是双极性的，在乘载波之前，还需把差分码变成双极性 NRZ，如果采用单极性波形得到的是 2ASK，需采用双极性波形才能得到 2PSK。

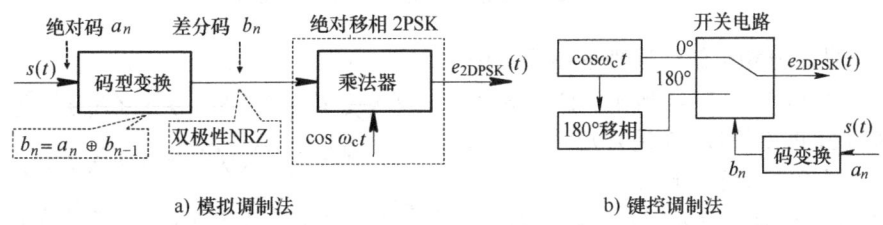

图 7-40　2DPSK 调制器原理图

10. 2DPSK 信号的解调器

2DPSK 信号的解调方式有相干解调（同步检测法）和非相干解调（差分相干解调法）两种。

（1）相干解调（同步检测法）

2DPSK 信号相干解调法原理框图和各点波形如图 7-41 和图 7-42 所示。2DPSK 相干解调 = 2PSK 相干解调 + 码反变换。"2PSK 相干解调"输出的是相对码 b_n，经过"码反变换器"，$b_n + b_{n-1} = a_n$，恢复信息码 a_n。

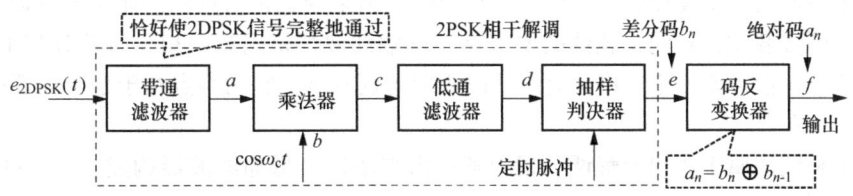

图 7-41　2DPSK 信号相干解调器原理框图

（2）非相干解调（差分相干解调法）　差分相干解调法是 DPSK 特有的，属于非相干解调。因为 DPSK 是利用前后码元的相位差来表示信息，所以，可以把本码元和一个它的延时，延时一个码周期，即前一码元，它们俩直接进行比较，即直接进行比相，然后经过低通滤波和抽样判决器实现解调。

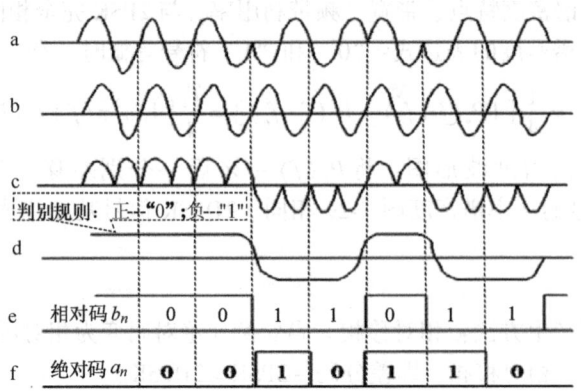

图 7-42　图 7-41 中各点时间波形

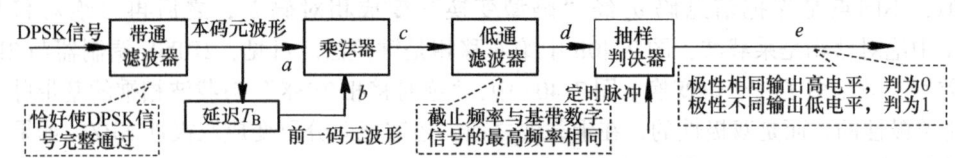

图 7-43　2DPSK 信号差分相干解调原理图

2DPSK 信号差分相干解调原理框图及图中各点波形如图 7-43 和图 7-44 所示。图中 a 是接收端收到的 2DPSK 信号，b 是 a 延时一个码周期。$c = ab =$ 本码元 × 前一码元。

1）若本码元与前一码元同相，则 c 为正；同相 → 相位不变 → 对应 "0" 码。

2）若本码元与前一码元反相，则 c 为负；反相 → 相位改变 → 对应 "1" 码。

3）c 经低通滤波器输出 d，d 为 c 的包络，理想情况下 d 由正、负两种电平构成。

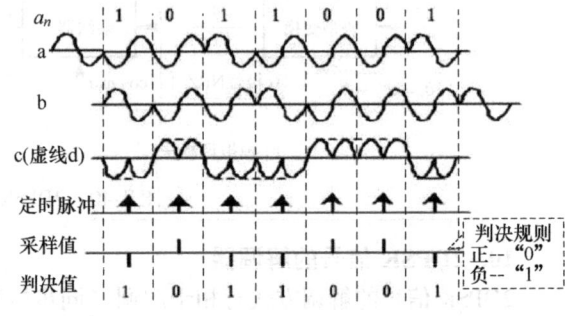

图 7-44　2DPSK 信号差分相干解调的波形

4）对 d 进行抽样判决，判决门限设为 0，若抽样值为正，判为 "0"，若抽样值为负，判为 "1"。判决值恢复了信息码 a_n。

差分相干解调法中不需要码反变换器，直接恢复出来的就是信息码。而相干解调时，需要接收端产生一个同步载波，对同步载波的要求是与发端载波严格同频同相。而差分相干解调法中，不需要同步载波，但需要一个严格延时一个码周期的延时器。它的难点在于延时器要求精确延时一个码周期。

差分相干解调法属于非相干解调。相干解调由乘法器 + 低通滤波器构成，不是这种形式的，都叫非相干解调。

7.3　二进制数字调制系统的抗噪声性能

通信系统的主要性能指标是有效性指标和可靠性指标。数字通信系统的有效性用 B、R_B、R_b、η_B 等指标来度量，可靠性用误码率 P_e 来度量。在前面各种数字调制原理中分析了有效性指

标，本节将分析可靠性。误码率的计算是本节的主要内容。包括 2ASK 系统、2FSK 系统、2PSK 系统以及 2DPSK 系统的抗噪声性能及其比较。

1）本节讨论内容：求 P_e 表达式，计算 P_e。本节讨论的前提条件：信道噪声 $n(t)$ 等效为加性高斯白噪声，均值为 0，方差为 σ_n^2，双边噪声功率谱密度为 $n_0/2$。

本节侧重于推导思路、结论和应用来求系统误码率，分析系统可靠性，比较不同调制方式可靠性。

2）接收端抗噪声性能分析模型。抗噪声性能的分析在接收端进行，因为信号经信道传输后叠加了噪声，对接收机的性能产生影响。接收端抗噪声性能分析模型如图 7-45 所示。

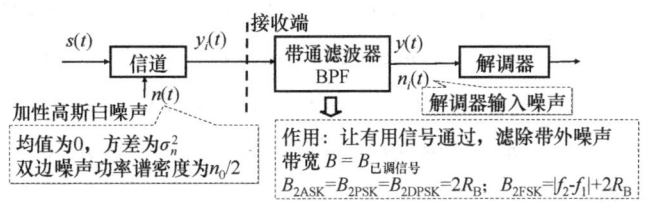

图 7-45 接收端抗噪声性能分析模型

一般情况下，接收机的前端首先加一个带通滤波器 BPF。BPF 的作用是让有用信号通过，滤除带外噪声。BPF 的中心频率和带宽均与有用信号一致。在二进制数字调制系统中，到达接收端的有用信号是 2ASK、2FSK、2PSK、2DPSK 信号，因此，BPF 的中心频率和带宽与 2ASK、2FSK、2PSK、2DPSK 信号一致。

经过 BPF 后，有用信号通过，BPF 输出 $y(t)$ 包括有用信号 $s(t)$ 和窄带噪声 $n_i(t)$ 两个部分。

窄带白噪声的功率谱密度形成过程如图 7-46 所示。信道噪声 $n(t)$ 是宽带的白噪声，经 BPF 后，成为窄带白噪声 $n_i(t)$，功率谱密度不再是在整个频率范围内均匀分布为常数了，而是窄带噪声，只存在于 BPF 通带内。$n_i(t)$ 的功率谱密度 $P_{ni}(\omega)$ 如图 7-46 所示。在随机过程一章中，窄带白噪声表达式为

$$n_i(t) = n_c(t)\cos\omega_c t - n_s(t)\sin\omega_c t$$

窄带白噪声 $n_i(t)$ 的功率 P_{ni} 为

$$P_{ni} = \sigma_n^2 = n_0 B$$

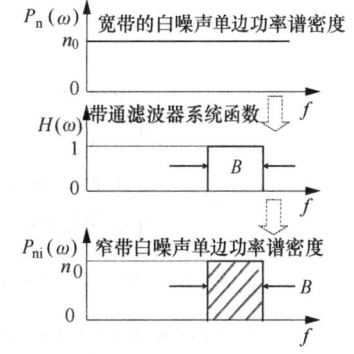

图 7-46 窄带白噪声的功率谱密度形成过程

其中，n_0 为信道单边噪声功率谱密度，B 为已调信号带宽，是 BPF 的带宽。BPF 之后接解调器，$n_i(t)$ 是解调器的输入噪声，$n_i(t)$ 的功率 P_{ni} 为解调器的输入噪声功率。

注：窄带白噪声 $n_i(t)$ 的功率 $P_{ni} = \sigma_n^2 = n_0 B$ 的推导过程：

窄带白噪声的功率 P_{ni} 是信道噪声 $n(t)$ 经过带通滤波器之后的 $n_i(t)$ 的功率。$n(t)$ 是一个随机过程，带通滤波器是一个线性系统。在随机过程一章中介绍过：随机过程经过线性系统，联系线性系统输入和输出随机过程之间关系的表达式是关于功率谱密度之间关系式，即 $P_{ni}(\omega) = P_n(\omega)|H(\omega)|^2$

图 7-46 中，设 $H(\omega)$ 是 BPF 的系统函数，$n(t)$ 的单边功率谱密度为 $P_n(\omega) = n_0$，经 BPF 后的窄带白噪声 $n_i(t)$ 的功率谱密度为 $P_{ni}(\omega)$，功率等于功率谱密度的积分，即 $P_{ni} = \int_0^\infty P_{ni}(\omega)\mathrm{d}\omega = n_0 B$，为图 7-46 中阴影部分面积。其中，带宽 $B = B_{已调信号}$，根据不同的调制方式来选择，$B_{2ASK} =$

$B_{2\text{PSK}} = B_{2\text{DPSK}} = 2R_B$，$B_{2\text{FSK}} = |f_2 - f_1| + 2R_B$。因为噪声 $n(t)$ 和 $n_i(t)$ 的均值都为 0，故 $n_i(t)$ 的直流功率为 0，输出噪声总功率 = 交流功率 + 直流功率 = 交流功率 = 方差 σ_n^2，故：$P_{ni} = \sigma_n^2 = n_0 B$，得证。

7.3.1 2ASK 系统的抗噪声性能

抗噪声性能分析在接收端进行，接收端收到已调信号为 2ASK 信号，即

$$x_T(t) = \begin{cases} A\cos\omega_c t, & \text{发送"1"} \\ 0, & \text{发送"0"} \end{cases}$$

经 BPF 的输出 $y(t)$ 为有用信号 $x_T(t)$ 和窄带噪声 $n_i(t)$ 的和，即

$$y(t) = \begin{cases} A\cos\omega_c t + n_c(t)\cos\omega_c t - n_s(t)\sin\omega_c t & \text{发送"1"} \\ n_c(t)\cos\omega_c t - n_s(t)\sin\omega_c t & \text{发送"0"} \end{cases}$$

$$= \begin{cases} [A + n_c(t)]\cos\omega_c t - n_s(t)\sin\omega_c t & \text{发送"1"} \\ n_c(t)\cos\omega_c t - n_s(t)\sin\omega_c t & \text{发送"0"} \end{cases}$$

1. 包检法的系统性能

2ASK 系统包络检波法抗噪声性能分析模型如图 7-47 所示。$y(t)$ 是解调器的输入，解调器采用包络检波器。包络检波器的作用是提取其输入信号的包络。包络检波器的输出 $x(t)$ 等于 $y(t)$ 的包络，即

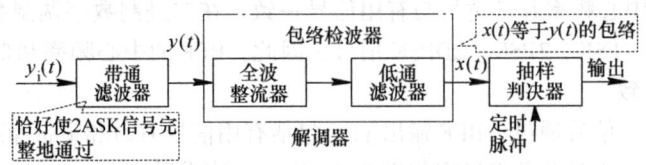

图 7-47 2ASK 系统包络检波法抗噪声性能分析模型

$$y(t) = \begin{cases} A\cos\omega_c t + n_c(t)\cos\omega_c t - n_s(t)\sin\omega_c t & = \text{正弦} + \text{窄带噪声} & \text{发送"1"} \\ n_c(t)\cos\omega_c t - n_s(t)\sin\omega_c t & = \text{窄带噪声} & \text{发送"0"} \end{cases}$$

$$y(t) = \begin{cases} \text{正弦} + \text{窄带噪声} \Leftarrow \text{信号包络 } x(t) \text{ 服从广义瑞利分布} f_1(x) & \text{发送"1"} \\ \text{窄带噪声} \Leftarrow \text{信号包络 } x(t) \text{ 服从瑞利分布} f_0(x) & \text{发送"0"} \end{cases}$$

$$y(t) = \begin{cases} [A + n_c(t)]\cos\omega_c t - n_s(t)\sin\omega_c t & = \sqrt{[A + n_c(t)]^2 + n_s^2(t)}\cos[\omega_c t + \varphi_1(t)] & \text{发送"1"} \\ n_c(t)\cos\omega_c t - n_s(t)\sin\omega_c t & = \sqrt{n_c(t)^2 + n_s^2(t)}\cos[\omega_c t + \varphi_2(t)] & \text{发送"0"} \end{cases}$$

$$x(t) = \begin{cases} \sqrt{[A + n_c(t)]^2 + n_s^2(t)}, & \text{发送"1"} \\ \sqrt{n_c^2(t) + n_s^2(t)}, & \text{发送"0"} \end{cases}$$

$x(t)$ 为抽样判决器的输入，其概率分布对判决结果有影响。发送"1"时，$x(t)$ 的概率密度函数 $f_1(x)$ 服从广义瑞利分布；发送"0"时，$x(t)$ 的概率密度函数 $f_0(x)$ 服从瑞利分布，包络 $x(t)$ 的概率密度函数如图 7-48 所示。

设发送"1"和发送"0"的概率为 $P(1)$ 和 $P(0)$，发送"1"误判为"0"的概率为 $P(0/1)$，发送"0"误判为"1"的概率为 $P(1/0)$，则总误码率 P_e 为

$$P_e = P(1)P(0/1) + P(0)P(1/0) \tag{7-20}$$

设判决门限为 U_d，则 $P(0/1) = \int_{-\infty}^{U_d} f_1(x)\mathrm{d}x$，$P(1/0) = \int_{U_d}^{\infty}$

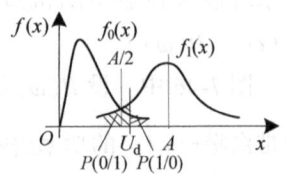

图 7-48 包络 $x(t)$ 概率密度函数

$f_0(x)\mathrm{d}x$，P_e 为图 7-48 中阴影部分面积，即

$$P_e = P(1)\int_{-\infty}^{U_d} f_1(x)\mathrm{d}x + P(0)\int_{U_d}^{\infty} f_0(x)\mathrm{d}x \tag{7-21}$$

可见：P_e 是门限 U_d 的函数。

求解 P_e 思路和步骤：误码率越小系统性能越好，目标是求 P_e 的最小值，当判决门限 U_d 取何值时 P_e 取得极小值。P_e 曲线导数为 0 时取得极值，将 P_e 对 U_d 求导，令 $\dfrac{\partial P_e}{\partial U_d}=0$。

→解此方程求得的门限为最佳门限，记为 U_d^*。二进制等概时，求得最佳判决门限为

$$U_d = U_d^* = A/2 \tag{7-22}$$

→将最佳门限 U_d^* 代入总误码率公式（7-21），用互补误差函数求得 $P_e = \dfrac{1}{4}\mathrm{erfc}(\sqrt{r/4})$ →此 P_e 是系统能达到的理论最小值。

→P_e 是信噪比 r 的函数，当信噪比 $r \gg 1$ 时，P_e（2ASK 包络检波法系统误码率）近似为

$$P_e \approx \dfrac{1}{2}\mathrm{e}^{-\frac{r}{4}} \tag{7-23}$$

式中，$r = \dfrac{A^2}{2\sigma_n^2}$，表示解调器输入端信噪比。$A$ 为解调器输入端的信号的幅度值，$\dfrac{A^2}{2}$ 为信号功率。方差 σ_n^2 为噪声功率，$\sigma_n^2 = n_0 B$，n_0 为信道白噪声的功率谱密度，B 为 2ASK 信号带宽。

P_e 与 r 之间的关系：r 越大，P_e 越小。要想降低误码率，应该提高信噪比。

当传送二进制等概信号时，图 7-48 中 $f_1(x)$ 和 $f_0(x)$ 两曲线的交点处对应的 x 值为最佳门限 U_d^*，此时阴影的面积比采用其他门限时都小，P_e 达到理论最小值。

同理可以推导出 2ASK 相干解调时的误码率公式。2FSK、2PSK 等调制方式的误码率求解中，与上述分析方法都是类似的，即分析抽样判决器输入端 $x(t)$ 的概率密度函数，对其积分得到误码率，由误码率公式求得最佳判决门限，再求最佳判决门限下的误码率，此时的误码率是系统能达到的理论最小误码率。

2. 相干解调时的系统性能

相干解调也称为同步检波或同步检测。2ASK 的同步检波法系统抗噪声性能分析模型如图 7-49 所示。

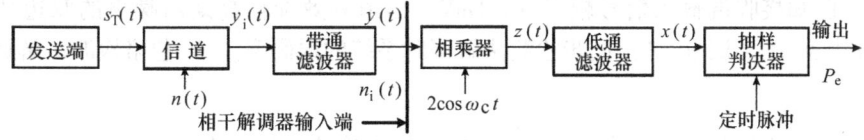

图 7-49 2ASK 的同步检波法系统的抗噪声性能分析模型

$y(t)$ 为

$$y(t) = \begin{cases} A\cos\omega_c t + n_c(t)\cos\omega_c t - n_s(t)\sin\omega_c t, & 发送"1" \\ n_c(t)\cos\omega_c t - n_s(t)\sin\omega_c t, & 发送"0" \end{cases}$$

$y(t)$ 经相干解调后的输出为 $x(t)$

$$x(t) = \begin{cases} A + n_c(t) & 发送"1" \Leftarrow 概率密度函数是均值为 A 的正态分布 \\ n_c(t) & 发送"0" \Leftarrow 概率密度函数是均值为 0 的正态分布 \end{cases}$$

$x(t)$ 服从正态分布，$x(t)$ 的概率密度函数为

$$f_1(x) = \dfrac{1}{\sqrt{2\pi}\sigma_n}\exp\left[-\dfrac{(x-A)^2}{2\sigma_n^2}\right], 发送"1"$$

$$f_0(x) = \frac{1}{\sqrt{2\pi}\sigma_n}\exp\left(-\frac{x^2}{2\sigma_n^2}\right),\text{发送"0"}$$

2ASK 相干解调器输出 $x(t)$ 的概率密度函数曲线如图 7-50 所示，误码率为图中阴影部分的面积。误码率的求法与 2ASK 包络检波法类似，不再推导。直接给出结论如下。

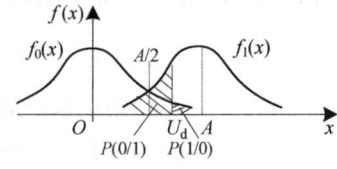

图 7-50 $x(t)$ 概率密度函数曲线

误码率 P_e 为

$$P_e = P(1)P(0/1) + P(0)P(1/0) = P(1)\int_{-\infty}^{U_d} f_1(x)\mathrm{d}x + P(0)\int_{U_d}^{\infty} f_0(x)\mathrm{d}x$$

发送"1"和"0"等概率时，最佳判决门限为 $U_d^* = \frac{A}{2}$；在最佳判决门限下，系统误码率为 $P_e = \frac{1}{2}\mathrm{erfc}\left(\frac{\sqrt{r}}{2}\right)$，当信噪比 $r \gg 1$ 时，P_e（2ASK 相干解调法系统误码率）近似为

$$P_e \approx \frac{1}{\sqrt{\pi r}}\mathrm{e}^{-\frac{r}{4}} \tag{7-24}$$

式中，$r = \frac{A^2}{2\sigma_n^2}$，表示解调器输入端信噪比。$A$ 为接收信号的幅度值，$\frac{A^2}{2}$ 为接收信号功率。σ_n^2 为噪声功率，$\sigma_n^2 = n_0 B$，n_0 为信道白噪声的功率谱密度，B 为 2ASK 信号带宽。

包检法和相干解调法的系统性能比较见表 7-2。比较表中包检法和相干解调法的误码率，可得如下结论：

1）在相同的信噪比条件下，相干解调法误码率更小，抗噪声性能优于包络检波法。

2）在大信噪比条件下，包络检波法的误码率接近相干解调法，两者抗噪声性能类似。

表 7-2 包检法和相干解调法的系统性能比较

	包 检 法	相 干 解 调 法
误码率 P_e	$P_e \approx \frac{1}{2}\mathrm{e}^{-\frac{r}{4}}$	$P_e \approx \frac{1}{\sqrt{\pi r}}\mathrm{e}^{-\frac{r}{4}}$

【例 7-4】 设某 2ASK 系统中二进制码元传输速率为 9600Baud，发送"1"符号和"0"符号的概率相等，已知接收端输入信号幅度 $A = 1\mathrm{mV}$，信道等效加性高斯白噪声的双边功率谱密度 $n_0/2 = 4 \times 10^{-13} \mathrm{W/Hz}$。试求：1）同步检测法解调时系统的误码率。2）包络检波法解调时系统的误码率。

解题思路：同步检测法误码率 $P_e \approx \frac{1}{\sqrt{\pi r}}\mathrm{e}^{-\frac{r}{4}}$，包络检波法误码率 $P_e \approx \frac{1}{2}\mathrm{e}^{-\frac{r}{4}}$，误码率是信噪比 r 的函数，求得 r 代入即可。$r = \frac{A^2}{2\sigma_n^2}$，$A$ 已知，需求噪声功率 σ_n^2。信道为加性高斯白噪声，经过带通滤波器后的功率为 $\sigma_n^2 = n_0 B$。通常情况下，接收端首先加一个带通滤波器，其中 B 为解调器前端带通滤波器 BPF 的带宽。在此，$B = B_{2\mathrm{ASK}} = 2R_B$。

解：带通滤波器 BPF 带宽为 $B = B_{2\mathrm{ASK}} = 2R_B$，$B = 2 R_B = 2 \times 9600\mathrm{Hz} = 19200\mathrm{Hz}$。

BPF 输出（解调器输入）噪声功率为 $\sigma_n^2 = n_0 B = 1.536 \times 10^{-8}\mathrm{W}$。

解调器输入信噪比为 $r = \frac{A^2}{2\sigma_n^2} = \frac{1 \times 10^{-6}}{2 \times 1.536 \times 10^{-8}} \approx 32.55 \gg 1$

1）同步检测法误码率（信噪比 $r \gg 1$），由式（7-24）得

$$P_e = \frac{1}{\sqrt{\pi r}} e^{-\frac{r}{4}} = \frac{1}{\sqrt{3.1416 \times 32.55}} e^{-8.138} = 2.89 \times 10^{-5}$$

2）包络检波法误码率（信噪比 $r \gg 1$），由式（7-23）得

$$P_e = \frac{1}{2} e^{-\frac{r}{4}} = \frac{1}{2} e^{-8.138} = 1.46 \times 10^{-4}$$

在相同的解调器输入信噪比下，两种解调方式的误码率不同，比较 P_e 可知：同步检测法优于包络检波法。在大信噪比的情况下，包络检波法解调性能接近同步检测法解调性能。

7.3.2 2FSK 系统的抗噪声性能

2FSK 系统解调器中，介绍了 5 种 2FSK 信号的解调方法，其中前两种：同步检测法和包络检波法是常用的分路的方法，将接收信号分成上、下两路。抗噪声性能分析针对这两种方法进行。

（1）2FSK 同步检测法系统性能　2FSK 信号同步解调法抗噪声性能分析模型如图 7-51 所示。先求抽样判决器输入端信号 $x_1(t)$ 和 $x_2(t)$ 的概率密度函数，对其积分得到误码率，由误码率公式求得最佳判决门限，再求最佳判决门限下的误码率。

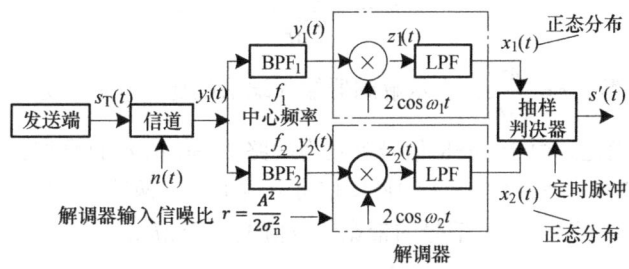

图 7-51　2FSK 信号同步解调法抗噪声性能分析模型

发送端产生的 2FSK 信号可表示为

$$s_T(t) = s_{2FSK}(t) = \begin{cases} A\cos\omega_1 t, & \text{发送"1"} \\ A\cos\omega_2 t, & \text{发送"0"} \end{cases}$$

接收机收入端合成波形为

$$y_i(t) = \begin{cases} a\cos\omega_1 t + n(t), & \text{发送"1"} \\ a\cos\omega_2 t + n(t), & \text{发送"0"} \end{cases}$$

接收端上、下路两个带通滤波器 BPF_1、BPF_2 的输出波形分别为

$$y_1(t) = \begin{cases} a\cos\omega_1 t + n_1(t), & \text{发送"1"} \\ n_1(t), & \text{发送"0"} \end{cases}, y_2(t) = \begin{cases} a\cos\omega_2 t + n_2(t), & \text{发送"0"} \\ n_2(t), & \text{发送"1"} \end{cases}$$

发送"1"符号，则上、下路低通滤波器输出分别为
均值为 a 的高斯分布时

$$x_1(t) = a + n_{1c}(t)$$

均值为 0 的高斯分布时

$$x_2(t) = n_{2c}(t)$$

将造成发送"1"码而错判为"0"码，错误概率为

$$P(0/1) = P(x_1 < x_2) = P(x_1 - x_2 < 0) = P(z < 0)$$

令 $z = x_1 - x_2$，z 的一维概率密度函数 $f(z)$ 如图 7-52 所示。$f(z)$ 为均值是 a 的高斯分布，即

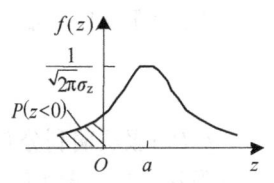

图 7-52　z 的一维概率
密度函数 $f(z)$

$$f(z) = \frac{1}{\sqrt{2\pi}\sigma_z} \exp\left\{-\frac{(z-a)^2}{2\sigma_z^2}\right\}$$

$$P(0/1) = P(z<0) = \int_{-\infty}^{0} f(z)dz = \frac{1}{\sqrt{2\pi}\sigma_z}\int_{-\infty}^{0} \exp\left\{-\frac{(x_1-a)^2}{2\sigma_z^2}\right\}dz$$

$$= \frac{1}{2\sqrt{\pi}\sigma_n}\int_{-\infty}^{0} \exp\left\{-\frac{(x_1-a)^2}{4\sigma_n^2}\right\}dz = \frac{1}{2}\text{erfc}\sqrt{\frac{r}{2}}$$

同理可得，发送"0"符号而错判为"1"符号的概率为

$$P(1/0) = P(x_1 > x_2) = \frac{1}{2}\text{erfc}\sqrt{\frac{r}{2}}$$

二进制等概时，2FSK 信号采用同步检测法解调时系统的误码率为

$$P_e = P(1)P(0/1) + P(0)P(1/0) = \frac{1}{2}\text{erfc}\sqrt{\frac{r}{2}}[P(1)+P(0)] = \frac{1}{2}\text{erfc}\sqrt{\frac{r}{2}} \quad (7\text{-}25)$$

在大信噪比条件下，上式可近似表示为（2FSK 同步检测法系统误码率）

$$P_e \approx \frac{1}{\sqrt{2\pi r}}e^{-\frac{r}{2}} \quad (7\text{-}26)$$

误码率 P_e 是 r 的函数，$r = \dfrac{A^2}{2\sigma_n^2}$，表示解调器输入端信噪比，在此，是上、下两路带通滤波器 BPF$_1$ 和 BPF$_2$ 的输出信噪比。由于 2FSK 信号等效为两路 2ASK 信号的叠加，解调器采用分路的方法，采用两个带通滤波器 BPF$_1$ 和 BPF$_2$ 把 2FSK 信号分成上、下两路 2ASK 信号，因此，两个带通滤波器 BPF$_1$ 和 BPF$_2$ 的带宽为 2ASK 信号的带宽，数值上等于 $2R_B$。

A 为解调器输入端的信号的幅度值，$\dfrac{A^2}{2}$ 为信号功率。方差 σ_n^2 为噪声功率，$\sigma_n^2 = n_0 B$，n_0 为信道白噪声的功率谱密度，B 为 2ASK 信号带宽 $=2R_B$。

（2）2FSK 包络检波法的系统性能　2FSK 信号包络检波法抗噪声性能分析模型如图 7-53 所示。P_e 求解方法与同步检测法类似。发送"1"时：

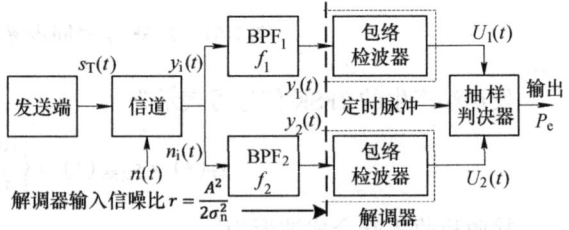

图 7-53　2FSK 信号包络检波法抗噪声性能分析模型

$$y_1(t) = [a+n_{1c}(t)]\cos\omega_1 t - n_{1s}(t)\sin\omega_1 t = \sqrt{[a+n_{1c}(t)]^2 + n_{1s}^2(t)}\cos[\omega_1 t + \varphi_1(t)]$$

$$y_2(t) = n_{2c}(t)\cos\omega_2 t - n_{2s}(t)\sin\omega_2 t = \sqrt{n_{2c}^2(t) + n_{2s}^2(t)}\cos[\omega_2 t + \varphi_2(t)]$$

包络检波器的输出 U_1 和 U_2 分别为 $y_1(t)$ 和 $y_2(t)$ 的包络：

$$U_1 = \sqrt{[a+n_c(t)]^2 + n_s^2(t)}, f(U_1) = \frac{U_1}{\sigma_n^2}I_0\left(\frac{aU_1}{\sigma_n^2}\right)e^{-(U_1^2+a^2)/2\sigma_n^2}$$

$f(U_1)$ 服从广义瑞利分布。

$$U_2 = \sqrt{n_c^2(t) + n_s^2(t)}, f(U_2) = \frac{U_2}{\sigma_n^2}e^{-U_2^2/2\sigma_n^2}$$

$f(U_2)$ 服从瑞利分布。

发送"1"误判为"0"的误码率为

$$P(0/1) = P(U_1 \leq U_2) \xrightarrow{\text{经推导和化简}} \frac{1}{2}e^{-r/2}$$

同理，发送"0"误判为"1"的误码率为

$$P(1/0) = P(U_1 > U_2) \xrightarrow{经推导和化简} \frac{1}{2}\mathrm{e}^{-r/2}$$

二进制等概时，2FSK 包络检波法的误码率为

$$P_e = P(1)P(0/1) + P(0)P(1/0) = \frac{1}{2}\mathrm{e}^{-r/2} \tag{7-27}$$

P_e 是 r 的函数，$r = \dfrac{A^2}{2\sigma_n^2}$，表示解调器输入端信噪比，$A$ 为解调器输入端的信号的幅度值，$\dfrac{A^2}{2}$ 为信号功率。方差 σ_n^2 为噪声功率，$\sigma_n^2 = n_0 B$，n_0 为信道白噪声的功率谱密度，B 为 2ASK 信号带宽 $=2R_B$。

（3）2FSK 同步检测法和包络检波法系统性能比较　同步检测法（相干解调时）：$P_e \approx \dfrac{1}{\sqrt{2\pi r}}\mathrm{e}^{-\frac{r}{2}}$，包络检波法（非相干解调时）：$P_e = \dfrac{1}{2}\mathrm{e}^{-r/2}$。同步检测法性能较好；在大信噪比条件下，2FSK 信号采用包络检波法解调性能与同步检测法解调性能接近。

【例 7-5】 采用二进制频移键控方式在有效带宽为 2400Hz 的信道上传送二进制数字消息。已知 2FSK 信号的两个频率：$f_1 = 2925$Hz，$f_2 = 2225$Hz，码元速率 $R_B = 300$Baud，信道输出端的信噪比为 6dB，试求：1）2FSK 信号的带宽。2）采用同步检测法解调时的误码率。3）采用包络检波法解调时的误码率。

解题思路：已知同步检测法（相干解调时）：$P_e = \dfrac{1}{\sqrt{2\pi r}}\mathrm{e}^{-\frac{r}{2}}$，包络检波法（非相干解调时）：$P_e = \dfrac{1}{2}\mathrm{e}^{-r/2}$，其中的 r 是解调器输入端信噪比，本题关键是求 r。

解： 1) $B_{\mathrm{FSK}} = |f_1 - f_2| + 2f_B = (|2925 - 2025| + 2 \times 300)\mathrm{Hz} = 1500\mathrm{Hz}$

其中，f_B 是码频率，单位是 Hz，数值上等于码速率 R_B。

求解分析示意图如图 7-54 所示。已知信道输出端的信噪比为 6dB，$10\lg r' = 6$dB。信噪比 = 信号功率 S/噪声功率 N，信噪比的单位是无量纲的，定义：$10\lg\dfrac{S}{N}$ 值为 dB 值。因为 $10\lg r' = 6$dB，所以 $r' \approx 4$。

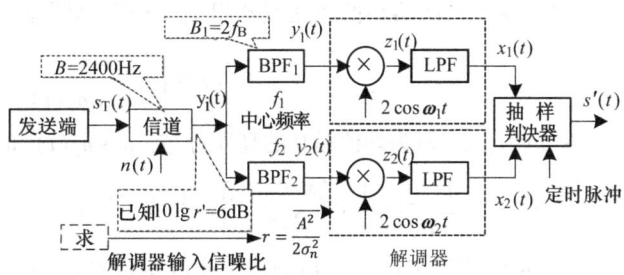

图 7-54　例题 7-5 求解分析示意图

$r' = \dfrac{A^2/2}{\sigma_n^2} = \dfrac{A^2/2}{n_0 B} = 6$，其中，$B = 2400$Hz，为信道的带宽。

解调器输入端信噪比 r 为上、下路带通滤波器 BPF_1 和 BPF_2 输出端的信噪比。

$r = \dfrac{A^2/2}{n_0 B_1}$，其中，$B_1$ 为每个支路 BPF 的带宽，$B_1 = 2f_B = 2R_B = 2 \times 300$Hz $= 600$Hz。

可见，$B = 4B_1$，$r = \dfrac{A^2/2}{n_0 B_1} = \dfrac{A^2/2}{n_0 B/4} = 4 \times \dfrac{\dfrac{A^2}{2}}{n_0 B} = 4r' = 4 \times 4 = 16 \gg 1$。

2) 同步检波法的误码率为

$$P_e = \frac{1}{\sqrt{2\pi r}} e^{-\frac{r}{2}} = \frac{1}{\sqrt{2\pi \times 16}} e^{-16/2} = 3.17 \times 10^{-5}$$

3) 包络检波法的误码率为

$$P_e = \frac{1}{2} e^{-r/2} = \frac{1}{2} e^{-16/2} = 1.68 \times 10^{-4}$$

可见，同样输入信噪比情况下，同步检波法的误码率小于包络检波法，抗噪声性能更好。

7.3.3　2PSK 和 2DPSK 系统的抗噪声性能

1. 2PSK 相干解调系统性能

2PSK 信号相干解调系统抗噪声性能分析模型如图 7-55 所示。接收端收到信道输出信号 $y_i(t)$ 为 2PSK 信号 $s(t)$ + 白噪声 $n(t)$，即

$$y_i(t) = \begin{cases} a\cos\omega_c t + n(t), & 发送"1" \\ -a\cos\omega_c t + n(t), & 发送"0" \end{cases}$$

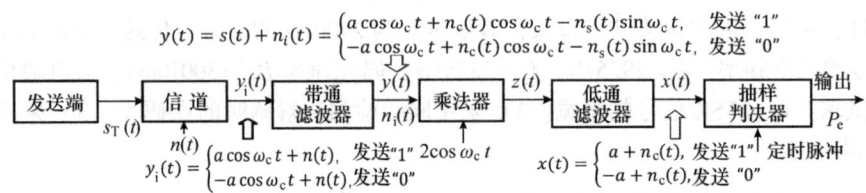

图 7-55　2PSK 信号相干解调系统抗噪声性能分析模型

经带通滤波器后输出 $y(t)$ 为信号 $s(t)$ + 窄带噪声 $n_i(t)$，即

$$y(t) = s(t) + n_i(t) = \begin{cases} a\cos\omega_c t + n_c(t)\cos\omega_c t - n_s(t)\sin\omega_c t, & 发送"1" \\ -a\cos\omega_c t + n_c(t)\cos\omega_c t - n_s(t)\sin\omega_c t, & 发送"0" \end{cases}$$

$y(t)$ 经由乘法器和低通滤波器组成的相干解调器后，输出信号 $x(t)$，即

$$x(t) = \begin{cases} a + n_c(t), & 发送"1" \\ -a + n_c(t), & 发送"0" \end{cases}$$

$x(t)$ 中，$n_c(t)$ 为均值是 0 的高斯分布，$a + n_c(t)$ 和 $-a + n_c(t)$ 分别为均值是 a 和 $-a$ 的高斯分布：$f_1(x) = \frac{1}{\sqrt{2\pi}\sigma_n} \exp\left[-\frac{(x-a)^2}{2\sigma_n^2}\right]$，发送"1"；$f_0(x) = \frac{1}{\sqrt{2\pi}\sigma_n} \exp\left[-\frac{(x+a)^2}{2\sigma_n^2}\right]$，发送"0"。

2PSK 解调器中信号 $x(t)$ 的概率密度函数 $f(x)$ 曲线如图 7-56 所示。门限为 U_d 时，图中阴影部分的面积为误码概率 $P(0/1)$ 和误码概率 $P(1/0)$。与前述类似的方法，可求得：

在发送"1"符号和发送"0"符号概率相等时，最佳判决门限 $U_d^* = 0$，误码率为

$$P_e = P(0)P(1/0) + P(1)P(0/1) = \frac{1}{2}\mathrm{erfc}(\sqrt{r})$$

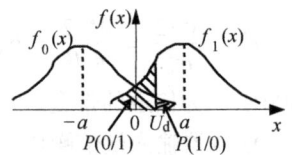

图 7-56　2PSK 解调中 $f(x)$ 曲线

当 $r \gg 1$，大信噪比时，2PSK 相干解调系统的误码率为

$$P_e \approx \frac{1}{2\sqrt{\pi r}} e^{-r} \tag{7-28}$$

同理，误码率 P_e 是 r 的函数，$r = \dfrac{A^2}{2\sigma_n^2}$，表示解调器输入端信噪比，解调器输入端即带通滤波器输出端。A 为解调器输入端的信号的幅度值，$\dfrac{A^2}{2}$ 为信号功率。方差 σ_n^2 为噪声功率，$\sigma_n^2 = n_0 B$，n_0 为信道白噪声的功率谱密度，B 为 2PSK 信号带宽 $=2R_B$。

2. 2DPSK 系统抗噪声性能

（1）2DPSK 解调器采用 2PSK 相干解调 + 码反变换器时的系统误码率　2DPSK 信号相干解调系统抗噪声性能分析模型如图 7-57 所示。P_e' 是 2DPSK 系统的误码率，P_e 是 2PSK 相干解调系统的误码率，前面已经求出，即 $P_e \approx \dfrac{1}{2}\dfrac{1}{\sqrt{\pi r}}\mathrm{e}^{-r}$，只需要再分析码反变换器对误码率的影响，求得 P_e 与 P_e' 的关系，即可求得 P_e'。

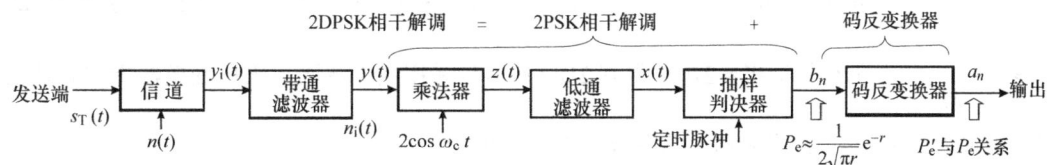

图 7-57　2DPSK 信号相干解调系统抗噪声性能分析模型

设信息码即绝对码 a_n 为 0010110111，则相对码 b_n 为 (0)0011011010。码反变换器由于信道干扰可能产生误码，码反变换器收到的是相对码 b_n'，设 b_n' 产生连续 1 个错码、连续 2 个错码、连续 5 个错码，再由接收相对码 b_n' 经码反变换器求得绝对码 a_n'，将 a_n' 错码结果列表，码反变换器对错码的影响见表 7-3。

表 7-3　码反变换器对错码的影响

发送绝对码 a_n		0	0	1	0	1	1	0	1	1	1	
发送相对码 b_n	0	0	0	1	1	0	1	1	0	1	0	
（a）接收相对码 b_n' 无错		0	0	1	1	0	1	1	0	1	0	
接收绝对码 a_n' 为			0	1	0	1	1	0	1	1	1	
（b）接收相对码 b_n' 错 1		0	1	$0_\times$	0	1	1	0	1	0		
接收绝对码 a_n' 为			0	1	$1_\times$	$0_\times$	1	0	1	1	1	错 2 位
（c）接收相对码 b_n' 错 2		0	0	1	$0_\times$	$1_\times$	1	1	0	1	0	
接收绝对码 a_n' 为			0	1	$1_\times$	1	$0_\times$	1	0	1	1	错 2 位
（d）接收相对码 b_n' 错 5		0	0	1	$0_\times$	$1_\times$	$0_\times$	$0_\times$	$1_\times$	1	0	
接收绝对码 a_n' 为			0	1	$1_\times$	1	1	0	1	$0_\times$	1	错 2 位

观察表 7-3 可知：接收相对码 b_n' 中出现连续 n 个错码，接收绝对码 a_n' 中也只有两个错码。

令 P_n 表示一串 n 个码元连续出错的概率，$n = 1, 2, 3, \cdots$，则：相对码出错的概率为 $P_1 + P_2 + \cdots + P_n + \cdots$，码反变换器输出的误码率为

$$P_e' = 2P_1 + 2P_2 + \cdots + 2P_n + \cdots \tag{7-29}$$

只要找出相干检测输出的误码率 P_e 与 P_n 的关系，代入式 (7-29)，可求得码变换器输出的误码率 P_e'。P_e 与 P_n 的关系：P_n 表示一串 n 个码元连续出错的概率，"n 个码元连续出错"等价于"n 个码元同时出错且该串错码两端各有一码元不错"。码元出错的概率为误码率 P_e，连续 n 个码

元同时出错的概率为 P_e^n，码元不出错的概率为 $1-P_e$，两个码元不出错的概率为 $(1-P_e)^2$，故：

$$P_n = (1-P_e)^2 P_e^n \tag{7-30}$$

把式 (7-30) 代入式 (7-29)，得

$$P_e' = 2(1-P_e)^2(P_e + P_e^2 + \cdots + P_e^n + \cdots) = 2(1-P_e)^2 P_e(1 + P_e + P_e^2 + \cdots + P_e^n + \cdots)$$

因为误码率 $P_e > 1$，所以 $1 + P_e + P_e^2 + \cdots + P_e^n + \cdots = 1/(1-P_e)$，故：

$$P_e' = 2(1-P_e)P_e \text{ 或 } P_e'/P_e = 2(1-P_e) \tag{7-31}$$

当 P_e 很小时，$P_e'/P_e \approx 2$，即 $P_e' \approx 2P_e$。

当 P_e 很大，使 $P_e = 1/2$ 时，$P_e'/P_e \approx 1$，$P_e' \approx P_e$。

可见，码变换器使误码率增加，增加的系数 P_e'/P_e 在 $1 \sim 2$ 之间。

2DPSK 系统误码率 P_e，即 P_e' 为统一误码率符号，将 P_e' 记为 P_e。

2PSK 信号采用相干解调时的误码率，即 $P_e = \frac{1}{2}\text{erfc}(\sqrt{r})$；当 $r \gg 1$，大信噪比时为式 (7-28)，即 $P_e \approx \frac{1}{2\sqrt{\pi r}}e^{-r}$，将 P_e 代入 $P_e' \approx 2P_e$，得到 2DPSK 信号采用相干解调 + 码反变换器方式解调时的系统误码率为 $P_e = \text{erfc}\sqrt{r}$；当 $r \gg 1$，大信噪比时，近似为

$$P_e \approx \frac{1}{\sqrt{\pi r}}e^{-r} \tag{7-32}$$

（2）2DPSK 解调器采用差分相干解调时的系统误码率 求解方法与前述类似（推导略），结论：最佳判决电平为 $U_d^* = 0$；二进制等概时，误码率为

$$P_e = \frac{1}{2}e^{-r} \tag{7-33}$$

式中，$r = \frac{A^2}{2\sigma_n^2}$，为解调器输入信噪比。

【例 7-6】 若采用 2DPSK，已知发送端发出的信号振幅为 5V，输入接收端解调器的高斯噪声功率 $\sigma_n^2 = 3 \times 10^{-12}$ W，要求误码率 $P_e = 10^{-5}$。试求：1）采用差分相干接收时，由发送端到解调器输入端的衰减为多少？2）采用相干解调，即码反变换接收时，由发送端到解调器输入端的衰减为多少？

解题思路：已知误码率，代入误码率公式，可求得信噪比 r，再由 $r = \frac{A^2}{2\sigma_n^2}$，其中噪声功率 σ_n^2 已知，可求得解调器输入端信号幅值 A。发送端发送信号幅值是 5V，$5/A$ 是发送端到解调器输入端的衰减倍数，通常取 $20\lg(5/A)$，用 dB 来表示。本例所求是满足给定误码率下信道传输允许的衰减，通过衰减值可以进一步计算特定介质信道下信号可以传输的距离。

解：1）2DPSK 系统采用差分相干接收，误码率为 $P_e = \frac{1}{2}e^{-r} = 10^{-5}$，可求得 $r = 10.82$。又因为 $r = \frac{A^2}{2\sigma_n^2}$，解得 $A = \sqrt{2\sigma_n^2 r} = \sqrt{2 \times 3 \times 10^{-12} \times 10.82} \approx 8 \times 10^{-6}$。

衰减分贝数为 $k = 20\lg(5/A) = 115.9\text{dB}$。

2）2DPSK 系统采用相干解调，即码反变换接收时，误码率为（P_e 很小时）

$$P_e' \approx 2P_e = \text{erfc}\sqrt{r} \approx \frac{1}{\sqrt{\pi r}}e^{-r}(r \gg 1 \text{ 时}) = 10^{-5}\text{，可得 } r = 9.8。$$

$$A = \sqrt{2\sigma_n^2 r} = \sqrt{5.88 \times 10^{-11}} = 7.67 \times 10^{-6}$$

衰减分贝数为

$$k = 20\lg(5/A) = 20\lg\frac{5}{7.67\times 10^{-6}}\text{dB} = 116.3\text{dB}$$

结果分析：当系统误码率较小时，2DPSK 系统采用差分相干解调方式接收与采用相干解调，即码反变换方式接收的性能很接近。

【例 7-7】 若采用 2DPSK 方式传送二进制数字信息，已知 $R_B = 10^6$ Baud，接收机输入端的高斯白噪声功率谱密度 $n_0 = 2\times 10^{-10}$ W，今要求误码率 P_e 不大于 10^{-4}。试求：1）采用差分相干解调时，接收机输入端的信号功率。2）采用相干解调，即码反变换接收时，接收机输入端的信号功率。

解：1）2DPSK 系统采用差分相干接收，误码率为 $P_e = \frac{1}{2}e^{-r} \leq 10^{-4}$，可得 $r = \frac{A^2}{2\sigma_n^2} \geq 8.52$。2DPSK 系统带宽 $B = 2R_B$，$\sigma_n^2 = n_0 B = 2\times 10^{-10}\times 2\times 10^6$ W $= 4\times 10^{-4}$ W

接收机输入端的信号功率为 $P = \frac{A^2}{2} \geq 8.52\times \sigma_n^2 = 8.52\times 4\times 10^{-4}$ W $= 3.4\times 10^{-3}$ W $= 5.32$ dBm。

功率 P 的 dBm 表示定义为 $\text{dBm} = 10\lg\frac{P}{1\text{mW}}$。

2）2DPSK 系统采用相干解调，即码反变换接收时，误码率为 $P_e = \text{erfc}\sqrt{r} \leq 10^{-4}$，可得 $r = \frac{A^2}{2\sigma_n^2} \geq 7.62$。2DPSK 系统带宽为 $B = 2R_B$，$\sigma_n^2 = n_0 B = 2\times 10^{-10}\times 2\times 10^6$ W $= 4\times 10^{-4}$ W。

接收机输入端的信号功率为 $P = \frac{A^2}{2} \geq 7.62\times \sigma_n^2 = 7.62\times 4\times 10^{-4}$ W $= 3.04\times 10^{-3}$ W $= 4.82$ dBm。

本例所求为通信系统设计中的发射功率，满足 3.04mW 或 4.82dBm 时系统可以正常工作。

结果分析：当系统误码率较小时，2DPSK 系统采用差分相干方式接收与采用相干解调，即码反变换方式接收的性能很接近。

7.3.4 二进制数字调制系统的误码率比较

把几种二进制调制方式的误码率公式列于表 7-4，计算误码率时可查阅此表。

表 7-4 二进制数字调制系统的误码率公式

调制方式	误码率	
	相干解调	非相干解调
2ASK	① $\frac{1}{2}\text{erfc}\left(\sqrt{\frac{r}{4}}\right) \approx \frac{1}{\sqrt{\pi r}}e^{-\frac{r}{4}}$	② $\frac{1}{2}e^{-\frac{r}{4}}$
2FSK	③ $\frac{1}{2}\text{erfc}\left(\sqrt{\frac{r}{2}}\right) \approx \frac{1}{\sqrt{2\pi r}}e^{-\frac{r}{2}}$	④ $\frac{1}{2}e^{-\frac{r}{2}}$
2PSK/2DPSK	⑤ 2PSK $\frac{1}{2}\text{erfc}(\sqrt{r}) \approx \frac{1}{2\sqrt{\pi r}}e^{-r}$	⑥ 2DPSK（差分相干）$\frac{1}{2}e^{-r}$

表 7-4 中 $P_e \sim r$ 关系曲线如图 7-58 所示。比较图中虚线是 $r = 8$ 时的各曲线对应的 P_e 值，从大到小（从上到下），分别为②①④③⑥⑤，可总结出误码率的特点。

(1) 不同二进制调制方式的误码率比较

1) 对于同一种调制方式，采用相干解调方式的误码率低于采用非相干解调方式的误码率。

2) 对于不同的调制方式，误码率 P_e 比较：PSK 最好，DPSK 与 PSK 接近，FSK 次之，ASK 最差。

(2) 三种调制方式的误码率之差　在同一个误码率 P_e 的要求下，2PSK、2FSK、2ASK 这三种系统，需要的接收端解调器输入信号功率是不一样的。所需要的信噪比关系为 $r_{2ASK} = 2\ r_{2FSK} = 4\ r_{2PSK}$，换算成 dB 的形式为

$$r_{2ASK}(\mathrm{dB}) = 3\mathrm{dB} + r_{2FSK}(\mathrm{dB}) = 6\mathrm{dB} + r_{2PSK}(\mathrm{dB})$$

$P_e = 10^{-5}$ 时 2ASK、2FSK 和 2PSK 需要的信噪比见表 7-5。表中 $P_e = 10^{-5}$ 时 2ASK、2FSK 和 2PSK 所需要的信噪比依次递减 3dB。说明：在相同误码率要求下，如果采用 2ASK，需要的信噪比要比采用 2FSK 大 3dB，比采用 2PSK 大 6dB。

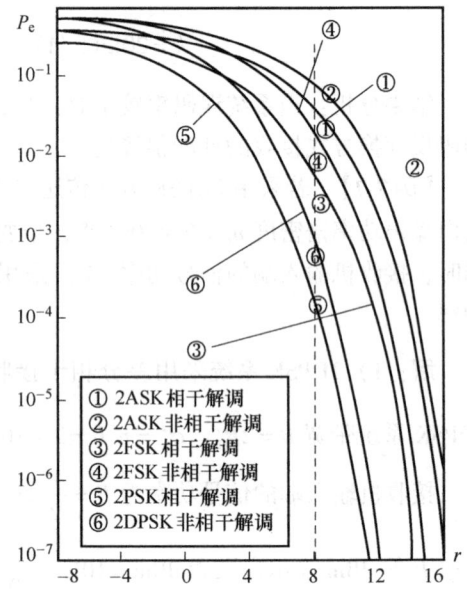

图 7-58　误码率 P_e 与信噪比 r 关系曲线

① 2ASK 相干解调
② 2ASK 非相干解调
③ 2FSK 相干解调
④ 2FSK 非相干解调
⑤ 2PSK 相干解调
⑥ 2DPSK 非相干解调

表 7-5　$P_e = 10^{-5}$ 时 2ASK、2FSK 和 2PSK 需要的信噪比

调制方式	信噪比		
	倍	分 贝	
2ASK	36.4	15.6	递减⇓
2FSK	18.2	12.6	
2PSK（2DPSK）	9.1	9.6	

$r = 10$ 时，2ASK、2FSK、2PSK/2DPSK 的误码率见表 7-6。表中，在相同的解调器输入信噪比下，$r = 10$ 时，采用 2ASK、2FSK、2PSK/2DPSK 几种不同的调制方式，系统的误码率依次递减。采用相干解调的误码率小于非相干解调。

表 7-6　$r = 10$ 时，2ASK、2FSK、2PSK/2DPSK 的误码率

调制方式	信噪比		
	相干解调	非相干解调	
2ASK	1.26×10^{-2}	4.1×10^{-2}	递减⇓
2FSK	4.9×10^{-4}	3.37×10^{-3}	
2PSK（2DPSK）	3.9×10^{-6}	2.27×10^{-5}	
	⇐ 递减		

可见：1) 在相同的解调器输入信噪比下，2PSK 的误码率最小，抗噪声性能最好；2ASK 的误码率最大，抗噪声性能最差；2FSK 的误码率位于二者之间。2) 相关解调的误码率优于非相干解调。

7.4　二进制数字调制系统的性能比较

本节针对误码率、频带利用率、对信道的适应能力、设备的复杂程度及其应用等方面，对 2ASK、2FSK、2PSK/2DPSK 系统进行性能比较。

(1) 误码率　二进制数字调制系统的误码率公式见表 7-4。误码率 P_e 与信噪比 r 的关系曲线见图 7-58。误码率比较：

1）对于不同的调制方式，误码率 P_e 性能比较：

2PSK 最好，FSK 次之，ASK 最差；2DPSK 与 2PSK 性能接近，比 2PSK 略差。

2）在同一个误码率 P_e 的要求下，2PSK、2FSK、2ASK 系统所需要的信噪比关系为

$$r_{2ASK} = 2r_{2FSK} = 4r_{2PSK}$$

$$r_{2ASK}(dB) = 3dB + r_{2FSK}(dB) = 6dB + r_{2PSK}(dB)$$

(2) 频带利用率　若传输的码元时间宽度（码周期）为 T_B，码速率为 $R_B = 1/T_B$，则 2ASK、2FSK、2PSK/2DPSK 系统的带宽和频带利用率见表 7-7。

表 7-7　二进制调制方式带宽和频带利用率对比

调　制　方　式	频带宽度 B/Hz	频带利用率
2ASK	$2R_B$	1/2
2FSK	$\|f_2 - f_1\| + 2R_B$	1/(5~7)
2PSK（2DPSK）	$2R_B$	1/2

一般情况下，2FSK 系统的带宽为 $5R_B \sim 7R_B$，从带宽和频带利用率上看，2FSK 系统所需带宽最大，频带利用率最低。

(3) 对信道特性变化的敏感程度　对信道特性变化的灵敏度的最佳判决门限有一定的影响。信道衰减忽大忽小，使接收到的信号幅度也忽大忽小，如果判决门限与信号幅度有关，不能随时调整将引起误码率增加。

1）2FSK 最优。因为无须人为设置判决门限，对信道特性变化不敏感。2FSK 解调采用分路的方法，通过比较上、下两路抽样值来判决，哪路抽样值大就判为相应的信号出现，不需要判决门限。

2）2PSK 次之。最佳判决门限为 0，与信号幅度无关，对信道特性变化不敏感。2PSK 由于采用双极性波形，判决器前的抽样值是正和负两种状态，设置 0 电平为判决门限，0 电平不受信道衰减影响。

3）2ASK 最差。最佳判决门限为 $A/2$，与信号幅度 A 有关，对信道特性变化敏感，很难时刻保持最佳，易引起误判，此时需要自适应控制电路。

(4) 设备的复杂程度　发送端：设备复杂程度不相上下；接收端：相干比非相干复杂。

相干解调需要在接收端产生与发送端调制载波严格同频同相的本地载波，一般通过对接收信号进行载波同步提取得到，需要载波同步电路。同为非相干接收时，2DPSK 设备最为复杂。

(5) 应用

1）相干 2DPSK，用于高速数据传输。2DPSK 解决倒 π 现象，抗噪声性能好，对信道特性不敏感，频带利用率高，应用最广。

2）非相干 2FSK 用于中、低速数据传输。

思考题与习题

7-1　如何评价数字通信系统的有效性和可靠性？

7-2　数字调制和模拟调制相比有哪些异同点？

7-3　数字调制的基本方式有哪些？

7-4　什么是振幅键控？OOK 信号的产生和解调方法有哪些？

7-5 2ASK 信号传输带宽与波特率的关系？与基带信号的带宽的关系？

7-6 什么是频移键控？2FSK 信号的产生和解调方法有哪些？

7-7 什么是绝对相移？什么是相对相移？它们有何区别？

7-8 2PSK 和 2DPSK 信号可以用哪些方法产生和解调？

7-9 2PSK 信号和 2DPSK 信号功率谱密度及传输带宽有何特点？它们和 OOK 的有何异同？

7-10 二进制数字调制系统的误码率与哪些因素有关？

7-11 从占用带宽和可靠性两个方面对二进制调制系统进行性能比较。

7-12 针对误码率、频带利用率及对信道的适应能力三个方面，对 2ASK、2PSK 和 2FSK 系统进行性能比较。

7-13 2PSK 信号的带宽(　　)。
A. 等于基带信号带宽　　　　　　　　B. 等于基带信号带宽的 2 倍
C. 等于基带信号带宽的一半　　　　　D. 决定于载波频率

7-14 二进制数字调制系统若想获得较高的抗噪声性能应采用(　　)。
A. 相干 2ASK　　B. 非相干 2ASK　　C. 非相干 2FSK　　D. 差分相干 2DPSK

7-15 在数据传输速率相同的条件下，2PSK 系统与 2FSK 系统相比通常需要(　　)。
A. 更小带宽　　　B. 更大带宽　　　C. 相等带宽　　　D. 不一定

7-16 下列调制方式中，属于线性调制的是(　　)。
A. 2PSK　　　　B. FM　　　　　C. DSB　　　　D. 2FSK

7-17 下列调制方式中，属于非线性调制的是(　　)。
A. SSB　　　　　B. AM　　　　　C. ASK　　　　D. 2PSK

7-18 下列信号中，可能不含离散谱只含连续谱的信号是(　　)。
A. DPSK，AM　　B. DSB，PSK　　C. MSK，PSK　　D. PSK，FSK

7-19 0、1 等概的数字调制中，(　　)和(　　)含离散谱，而(　　)只含连续谱。
A. DPSK，MSK，PSK　　B. PSK，FSK，DPSK　　C. DPSK，FSK，PSK　　D. ASK，FSK，PSK

7-20 采用多进制信号传输二进制序列可以节省(　　)，付出的代价是(　　)。
A. 功率，带宽　　B. 时间，复杂度　　C. 带宽，信噪比　　D. 时间，信噪比

7-21 ASK 信号的功率谱密度包括两部分，即(　　)和(　　)。
A. 离散谱，连续谱　　B. 广义谱，谱线　　C. 离散谱，线谱　　D. 连续谱，光谱

7-22 2PSK 与 2DPSK 相同之处在于(　　)。
A. 二者具有相同的调制模型　　　　　B. 二者具有相同的解调模型
C. 二者具有相同的频带利用率　　　　D. 二者具有相同的相位

7-23 下列说法错误的是(　　)。
A. 2ASK 信号是模拟信号　　　　　　B. 2ASK 信号是带通信号
C. 2ASK 信号是窄带信号　　　　　　D. 2ASK 信号是频带信号

7-24 下列解调方法对判决的门限敏感的是(　　)。
A. 相干 2ASK　　B. 相干 2FSK　　C. 相干 2PSK　　D. 差分相干解调

7-25 采用 2DPSK 系统是因为(　　)。
A. 2PSK 传输速率低　　B. 克服倒"π"现象　　C. 2PSK 不容易实现　　D. 2PSK 误码率高

7-26 在(　　)调制中，载波相位变化不仅与当前数据比特的取值有关，而且与前一比特的取值有关。
A. 2FSK　　　　B. 2PSK　　　　C. 2DPSK　　　D. 2ASK

7-27 下列各种二进制调制系统中，抗加性高斯白噪声性能最好的是(　　)。
A. 相干 2PSK　　B. 非相干 OOK　　C. 相干 2FSK　　D. 差分相干 DPSK

7-28 下面说法错误的是(　　)。
A. 相干 2ASK 系统的抗噪声性能优于非相干 2ASK 系统

B. 非相干 2FSK 系统的抗噪声性能最差

C. 相干 PSK 系统的抗噪声性能最优

D. 非相干 2ASK 解调设备比差分相干 2DPSK 解调设备更简单

7-29 在等概率发送数字序列的情况下，下面关于数字解调系统中判决门限设置不正确的是（   ）。

A. 2ASK 解调器最佳判决门限与接收机输入信号的幅度有关

B. 2PSK 解调器最佳判决门限为零

C. 2FSK 解调器不需要人为设置判决门限

D. 2ASK 解调器最佳判决门限为零

7-30 下列二进制解调系统中不需要设置判决门限的是（   ）。

A. 2ASK 非相干解调　　B. 2FSK 相干解调　　C. 2PSK 相干解调　　D. DPSK 差分相干解调

7-31 在 2ASK、2FSK、2PSK 这三种调制方式中，误码率最小的是哪种？频带利用率最低的是哪种？

7-32 2ASK、2PSK、2DPSK 和 2FSK，采用相干解调时，抗信道加性高斯白噪声性能从好到坏的排列顺序是什么？

7-33 在数字通信中，眼图是用实验方法观察（   ）和（   ）对基带传输系统性能的影响。

7-34 2DPSK 把信息加载在载波（   ）上，克服了（   ）现象。

7-35 载波频率为 10MHz，码元宽度为 0.5ms 的 4DPSK 信号，其第一频谱零点带宽为（   ）。

7-36 某二进制消息序列为 10001101，该消息序列对应的差分码为（   ）。

7-37 设某二进制数字基带信号带宽为 100kHz，若用该信号分别调制载波的幅度、相位和频率，得到的 2ASK 信号带宽为（   ），2PSK 信号带宽为（   ），若 2FSK 调制的两个载频分别为 40MHz 和 41MHz，则该 2FSK 信号带宽为（   ）。

7-38 2ASK 相干检测接收机输入信噪比为 9dB，欲保持相同的误码率，包络检测接收机输入的信噪比应为多大？

7-39 接收机输入信噪比 $r = 10$dB，试分别计算采用同步检测 2PSK 信号、同步检测，即码型变换法检测 2DPSK 信号时系统误码率。

7-40 设发送数字信息为 01101001，码速率为 2000Baud，载波信号为 $\cos(8\pi \times 10^3 t)$，分别针对 OOK、2PSK 及 2DPSK 三种调制方式。1）画出信号的波形示意图。2）每个码元中含有多少个载波周期？3）信号的第一谱零点带宽是多少？

7-41 设某 2FSK 调制系统的码元传输速率为 2000 Baud，已调信号的载频为 4000Hz 或 6000Hz。1）若发送数字信息为 011010，试画出相应的 2FSK 信号波形。2）试画出 2FSK 信号的功率谱密度示意图，第一谱零点带宽是多少？3）讨论应选择怎样的解调方式来解调此 2FSK 信号？

7-42 某 2DPSK 系统中，载波频率为 6000Hz，码元速率为 2000Baud，已知绝对码 a_n 为 101011，求 1）相对码 b_n。2）画出 A 方式下的 2DPSK 信号波形（设参考相位为0）；3）画出 2DPSK 信号的功率谱密度；4）若采用差分相干解调接收该信号，画出解调系统原理框图。

7-43 已知码元传输速率 $R_B = 10^3$Baud，接收机输入噪声的双边功率谱密度 $n_0/2 = 10^{-10}$W/Hz，今要求误码率 $P_e = 10^{-5}$。试分别计算出相干 OOK、非相干 2FSK、差分相干 2DPSK 以及相干 2PSK 系统所要求的输入信号功率。

第8章　多进制以及新型数字带通传输系统

📖 本章要点

- 多进制数字调制系统——MASK 和 MFSK
  - ☆ 多进制数字调制系统概述
  - ☆ 多进制数字幅度调制（MASK）
  - ☆ 多进制数字频率调制（MFSK）
- 多进制数字调制系统——QPSK 和 QDPSK
  - ☆ 多进制数字相位调制（MPSK）
  - ☆ 四进制相移键控 QPSK
  - ☆ 四进制差分相移键控 QDPSK
  - ☆ 多进制数字相位调制系统性能
- 正交振幅调制 QAM
- 最小移频键控 MSK

📖 内容导读

- 二进制数字调制系统中，每个码元只传送 1bit 信息，频带利用率不高，而频带资源是宝贵和紧缺的，为了提高频带利用率，最有效的方法是使一个码元传输多个比特的信息，即采用多进制。这时，为了得到相同的误码率和二进制相比，接收信号的信噪比需要更大，即需要更大的发送信号功率。这是为了传输更多信息量所需要付出的代价。

- 针对 MASK 和 MFSK 多进制数字调制系统，讨论了表达式、波形、功率谱密度、带宽、特点等。针对 MPSK 多进制数字调制系统，重点讨论了 QPSK 和 QDPSK 系统，包括调制器、解调器等。

- 为了进一步提高系统性能，人们提出了多种新型的调制体制。其中，正交振幅调制 QAM 是一种振幅相位联合键控，使信号振幅和相位作为两个独立的参量同时受到调制，与 PSK 相比，增加了噪声容限，节省了发送功率，提高了功率利用率和抗噪声性能。MQAM 是由两个正交矢量合成的，由于其矢量图像星座，又称为星座调制。

- 正交调制和解调在通信中被广泛采用。调制或解调分为上、下两路，上路调制时乘以余弦载波，下路调制时乘以正弦载波；由于余弦和正弦相互正交，从而使上、下两路调制相互正交；再把上、下两路叠加，合在一起传输。接收端采用和发送端类似的上、下两路分别解调，就能恢复原信号。正交调制体制占用一个载波频率能同时传输两路，使系统效率加倍；如果同一信号采用正交调制传输，能使解调器输出信噪比增大，提高抗噪声性能。常用的调制方式中，SSB、QPSK、QDPSK、QAM、MSK 等都采用正交调制来实现。

- MSK 是 2FSK 的改进型，是一种相位连续的正交调制。相同信息速率下，带宽与 QPSK 相近，小于 2PSK。与 2PSK 相比，MSK 传送的比特速率更高，与 QPSK 相同，且带外的频谱分量比 2PSK 衰减得更快。

➢ 在多进制中，每比特信噪比r_b是常用的信噪比单位，$r_b = \dfrac{r}{k} = \dfrac{E}{k\,n_0} = \dfrac{E_b}{n_0}$，$r_b$为每比特能量$E_b$与噪声单边功率谱密度$n_0$之比。在多进制中，每码元含有的比特数$k$与进制数$M$有关，在研究不同$M$值下误码率时，适合用$r_b$为单位来比较不同体制的性能优劣。

8.1 多进制数字调制系统——MASK 和 MFSK

8.1.1 多进制数字调制系统概述

二进制系统有较好的抗干扰性，因此应用广泛。但是，二进制数字键控系统中每码元只传送 1bit 信息，频带利用率低。频带资源是极其宝贵和紧缺，在频带受限的情况下，为了提高频带利用率，通常采用多进制，在一个码周期内传输多个比特的信息。多进制与二进制波形对比如图 8-1 所示。

系统带宽是由码速率决定的，与码速率成正比，$B \propto R_B$，码周期与码速率互为倒数，$R_B = 1/T_B$，所以，码周期越小，码速率越大，系统带宽越大。

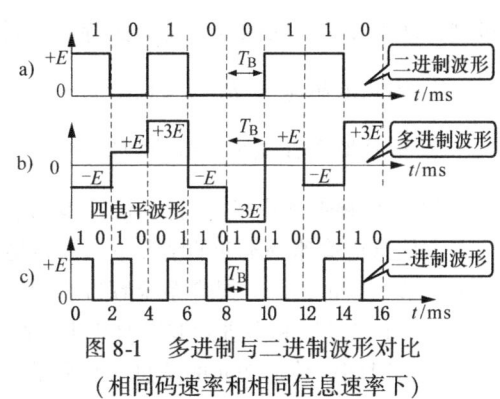

图 8-1 多进制与二进制波形对比
（相同码速率和相同信息速率下）

频带利用率有两种表达式，一种是码速率形式的：$\eta_B = \dfrac{R_B}{B}$；另一种是信息速率形式的：$\eta_b = \dfrac{R_b}{B}$；多进制时往往采用η_b，因为往往在二进制和多进制时的η_B相等，不再能真正表达系统有效性，需要采用η_b来表示系统的有效性。

1. 多进制数字调制系统的定义

1）多进制数字基带信号。在每个码周期内，二进制信号有两种状态，多进制信号有多种状态。M进制数字基带信号在每个符号时间间隔 $0 \leqslant t \leqslant T_B$ 内，可能发送的符号有 M 种，分别为 $s_1(t)$，$s_2(t)$，$\cdots$，$s_M(t)$，如图 8-1b 所示。在实际应用中，通常取 $M = 2^N$，N 为大于 1 的正整数。

2）若用多进制数字基带信号去调制载波的振幅、频率或相位，即用 M 种可能的状态来分别控制正弦载波的幅度、频率或相位，相应地产生：多进制数字振幅调制 MASK；多进制数字频率调制 MFSK；多进制数字相位调制 MPSK。

2. 与二进制相比较，多进制数字调制系统的特点

（1）优点：频带利用率高

1）在相同的码元传输速率下：$(R_B)_M = (R_B)_2$，若增加进制数 M，由于 $R_b = R_B \log_2 M$，则多进制的信息传输速率高于二进制，即

$$(R_b)_M \geqslant (R_b)_2$$

① 信号带宽相同，$(b)_M = (b)_2$；$B \propto R_B$。

② 提高系统频带利用率：$(\eta_b)_M > (\eta_b)_2$，$\eta_b = \dfrac{R_b}{B}$。

当信道频带受限时，采用 M 进制数字调制可以增大信息传输速率，提高频带利用率。

图 8-1 二进制和多进制波形对比中，图 8-1a 二进制和图 8-1b 多进制具有相同的码速率。码周期相同，T_B 都等于 2ms，码速率也相同。又因为码速率决定带宽，因此，二者带宽也相同。不同的是信息速率R_b：图 8-1b 为多进制，$T_B = 2$ms 的一个码周期内，信号的可能取值有四种状态，包

含的信息量是2bit；图8-1a 为二进制，同样的 $T_B = 2ms$ 的一个码周期内，信号的可能取值有两种状态，包含的信息量是1bit。可见，相同的码速率下，多进制比二进制有更高的信息速率。

因为带宽由码速率决定，带宽与码速率成正比的关系，如果码速率相同，则多进制系统的带宽和二进制系统的带宽相同。频带利用率 $\eta_b = \dfrac{R_b}{B}$，相同码速率下，多进制时，R_b 增加，B 不变，故多进制系统的频带利用率 η_b 增加。

2）在相同的信息速率下：$(R_b)_M = (R_b)_2$，信息速率相同，一种采用 M 进制，另一种采用二进制，两者在单位时间内传输的比特数相同。若增加进制数 M，即 $R_B = \dfrac{R_b}{\log_2 M}$，则：

① 码元传输速率 $(R_B)_M < (R_B)_2$。

② 信号带宽 B 减小，节约频带资源；$(b)_M < (b)_2$，$B \propto R_B$，$\eta_b = \dfrac{R_b}{B}$。

③ 系统频带利用率提高：$(\eta_b)_M > (\eta_b)_2$。

在信息传输速率不变的情况下，通过增加进制数 M，可以降低码元传输速率，从而减小信号带宽，节约频带资源，提高系统频带利用率。

图8-1 二进制和多进制波形对比中，图8-1b 多进制和图8-1c 二进制具有相同的信息速率，都是2ms 的时间内传输2bit 的信息。相同的信息速率的情况下，多进制和二进制的码周期是不一样的，图8-1b 中多进制波形的码周期是图8-1c 中二进制波形的码周期的2倍，表明相同的信息速率下，采用多进制，使码周期增加。码速率是码周期的倒数，码周期增加，则码速率减小。码速率 R_B 等于信息速率 R_b 除以 $\log_2 M$，M 是多进制的进制数，所以，同样的信息速率的情况下，多进制的码速率减小。码速率减小，占用的带宽势必减小。

多进制时的频带利用率要用信息速率形式的 η_b 来表示，$\eta_b = R_b/B$。采用多进制时，带宽 B 减小，而信息速率 R_b 与二进制相同，所以 η_b 增加了。多进制的频带利用率大于二进制，多进制使频带利用率提高，增加进制数可以降低码速率，减小带宽，节约频带资源，提高系统的频带利用率。

(2) 缺点　与二进制相比，多进制的缺点是抗噪声性能下降，增加信号功率和实现上的复杂性。多进制数字调制系统的抗噪声性能低于二进制数字调制系统，要想达到和二进制同样的信噪比和同样的误码率，需要增加信号功率或用实现上的复杂性来换取。

8.1.2　多进制数字幅度调制（MASK）

(1) MASK 的定义　MASK 又称多电平调制，是指用具有多个电平的随机基带脉冲序列对载波进行振幅调制。2ASK 信号有两种可能的幅值，MASK 信号有 M 种可能的幅值。例如，4ASK 信号有4种可能的幅值。4ASK 信号的时间波形及其分解如图8-2 所示。

(2) 4ASK 信号的波形分解　图8-2 中，基带信号（调制信号）$s(t)$ 的时间波形为图8-2a，4ASK 已调信号的时间波形为图8-2b，图8-2b 是图8-2c 中4个信号的叠加，这4个信号 $e_0(t) \sim e_3(t)$ 是4路幅度不同的4ASK 信号。

(3) MASK 调制器和解调器　MASK 信号与二进制 ASK 信号产生的方法类似，解调方式也相似。例如4ASK 调制信号可以分解为多路2ASK 信号的叠加，利用此原理产生4ASK 调制信号。4ASK 调制器是由多个2ASK 调制器组合构成的，产生方法和2ASK 类似，带宽也与2ASK 相同。

(4) MASK 信号的时域表示　M 进制数字振幅调制信号可表示为 M 进制数字基带信号与正弦载波相乘的形式，MASK 信号时域表达式为

$$e_{MASK}(t) = \left[\sum_n a_n g(t - nT_B)\right]\cos\omega_c t \qquad (8-1)$$

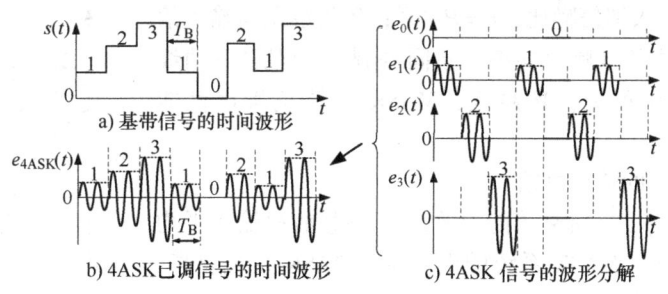

图 8-2　4ASK 信号的时间波形及其分解

$g(t)$ 为高度为 1，宽度为 T_B 的矩形脉冲；a_n 为幅值，是多进制的，共有 M 种可能的取值，$a_n \in \{0,1,\cdots,M-1\}$，即

$$a_n = \begin{cases} 0 & \text{概率为} P_0 \\ 1 & \text{概率为} P_1 \\ \vdots \\ M-1 & \text{概率为} P_{M-1} \end{cases}, \text{且} \sum_{i=0}^{M-1} P_i = 1$$

(5) MASK 信号的功率谱密度和带宽　MASK 信号可以看成 M 个在时间上不重叠的 OOK 信号的叠加，所以 MASK 信号的功率谱密度是 M 个 OOK 信号功率谱密度的叠加。叠加后的谱密度的结构很复杂，中心频率为 ω_c，就信号带宽而言，MASK 信号的带宽与该 OOK 信号的带宽相同，即

$$B_{MASK} = 2(B)_{基} = 2R_B = \frac{2}{T_B} \tag{8-2}$$

B_{MASK} 等于 M 进制基带信号带宽 $(B)_{基}$ 的 2 倍，$(B)_{基}$ 由基带信号采用的波形决定，一般采用 100% 占空比的不归零的矩形，其频谱的第一过零点为信号带宽，值为

$$(B)_{基} = R_B = \frac{1}{T_B} \tag{8-3}$$

式中，R_B 为多进制码元速率；T_B 为多进制码周期。

(6) MASK 信号的频带利用率——一般情况下采用 η_b

1) 码速率形式的频带利用率为

$$\eta_B = \frac{R_B}{B_{MASK}} = \frac{R_B}{2R_B} = \frac{1}{2} \text{Baud/Hz} \tag{8-4}$$

多进制与二进制的 η_B 相同，可见，采用码速率形式的频带利用率 η_B 不能反映出多进制高频带利用率的优势，因此常采用信息速率形式的频带利用率 η_b。

2) 信息速率形式的频带利用率，能反映多进制的高频带利用率特点，即

$$\eta_b = \frac{R_b}{B_{MASK}} = \frac{R_B \log_2 M}{2R_B} = \frac{\log_2 M}{2} \text{bit/(s·Hz)} \tag{8-5}$$

3) $(\eta_b)_M$ 与 $(\eta_b)_2$ 的关系为

$$(\eta_b)_M = (\eta_b)_2 \log_2 M \tag{8-6}$$

(7) MASK 系统的抗噪声性能　若采用同步检测法，在 M 个电平等概发送的情况下，可推导出系统的误码率为

$$P_e = \left(1 - \frac{1}{M}\right) \text{erfc} \sqrt{\frac{3}{M^2-1} r} \tag{8-7}$$

式中，r 为解调器输入端信噪比，$r = P_s/\sigma_n^2$；P_s 为解调器输入信号功率，σ_n^2 为解调器输入噪声功率。不同进制 M 时的 P_e-r 曲线如图 8-3 所示，图中可见，M 越大，MASK 系统抗噪声性能越差。

（8）MASK 信号的特点总结

1）传输效率高；2）抗衰落能力差；3）在接收机输入平均信噪比相等的情况下，MASK 系统的误码率比 2ASK 系统要高；4）电平数 M 越大，设备越复杂。

8.1.3 多进制数字频率调制（MFSK）

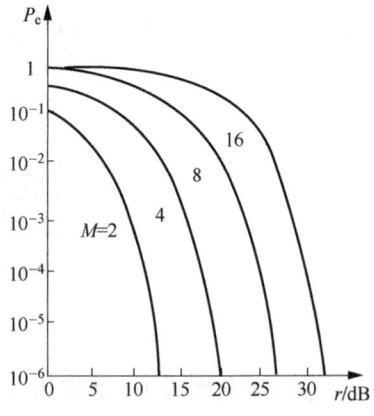

图 8-3 MASK 系统的误码率

（1）MFSK 信号的定义和波形　MFSK 是指用多个频率不同的正弦波分别代表不同的数字信号。在某一码元时间 T_B 内只发送其中一个频率。例如 4FSK，用 4 个不同的频率来表示数字信息，设频率 f_1 表示"00"，f_2 表示"01"，f_3 表示"10"，f_4 表示"11"，四进制的四种状态分别用四个载波频率来表示，4FSK 信号波形如图 8-4 所示。

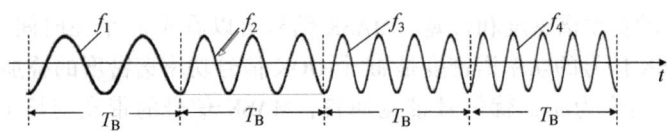

图 8-4　4FSK 信号波形

（2）MFSK 系统的组成　多进制数字频率调制系统的组成如图 8-5 所示。由发送端的调制器、信道、接收端的解调器组成。

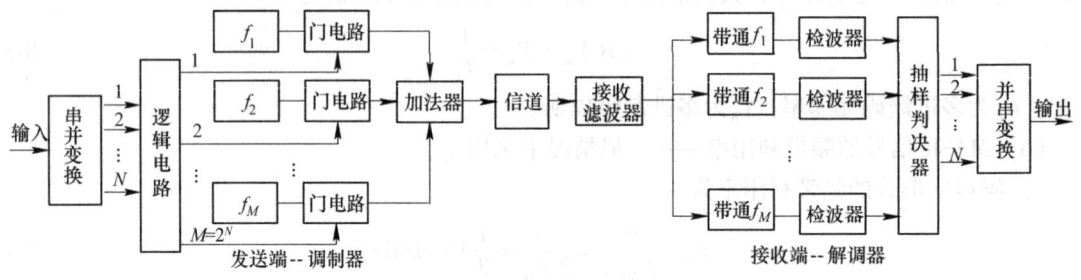

图 8-5　多进制数字频率调制系统的组成方框图

（3）MFSK 调制器设计

1）串/并转换：例如 4FSK，需要把二进制的信息码转换为四进制，把信息码流两个一组进行分组，转换为并行的上下 a、b 两路。设信息码流为 10010011，串/并转换为

$$\begin{matrix} 10 & 01 & 00 & 11 \\ \uparrow\uparrow & \uparrow\uparrow & \uparrow\uparrow & \uparrow\uparrow \\ ab & ab & ab & ab \end{matrix} \xrightarrow{\text{串/并}} \begin{matrix} a \to 1001 \\ b \to 0101 \end{matrix}$$

2）逻辑电路：MFSK 时，$M = 2^N$，把信息码串/并转换为并行的 N 路，每一路信号的取值由"0"和"1"两种可能，经逻辑电路，如二选四、三选八或 N 选 2^N，选通电路的 $M = 2^N$ 个输出中只有被选通的一路输出为 1，用来控制门电路，使该门电路选通，输出相应的频率的载波，而其

余门电路均输出 0，0 使门电路截止。

3) 加法器：在每个码周期 T_B 内，把各路相加，其中只有一路输出选通频率的载波，其余各路零输出，相加得到 MFSK 信号。T_B 为 M 进制码周期。

(4) MFSK 解调器设计　解调是调制的逆过程，任务是在每个码周期内判断当前码元采用的载波频率，哪个频率出现就输出相应的信息码。当前码元的载波频率是 f_1，f_2，…，f_M 其中之一，首先用 M 个中心频率分别为 f_1，f_2，…，f_M 的带通滤波器来分路，经过带通滤波器后，M 路中必有一路有输出，此路为分离出的 2ASK 信号，用检波器进行包络检波法解调输出，其余各路无有用信号，输出为零。对 M 路输出进行抽样判决，输出 N 路并行码，再经并/串变换，输出信息码流。

(5) MFSK 信号的功率谱密度、带宽和频带利用率　MFSK 信号可以看作由 M 个振幅相同、载频不同、时间上互不相容的 2ASK 信号叠加的结果。因此，MFSK 信号的功率谱密度 $P_{MFSK}(f)$ 是 M 个载频不同的 2ASK 信号的功率谱密度的叠加，如图 8-6 所示。

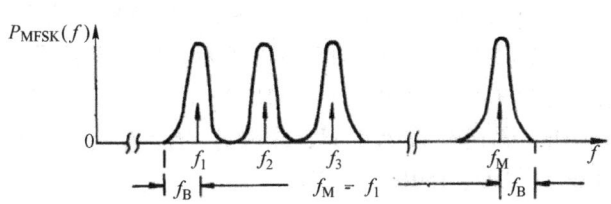

图 8-6　MFSK 信号的功率谱密度

设 MFSK 信号码元的宽度为 T_B，码速率 $R_B = 1/T_B$（单位为 Baud）$= f_B$，则 MFSK 信号带宽为

$$B_{MFSK} = f_M - f_1 + 2 f_B \tag{8-8}$$

MFSK 信号的频带利用率为

$$(\eta_B)_{MFSK} = \frac{R_B}{B_{MFSK}} = \frac{R_B}{f_M - f_1 + 2 R_B}, \quad (\eta_b)_{MFSK} = \frac{R_b}{B_{MFSK}} = \frac{R_B \log_2 M}{f_M - f_1 + 2 R_B} \tag{8-9}$$

(6) MFSK 系统的误码率　MFSK 系统采用检波器解调时，可以推导出误码率为

$$P_e < \frac{M-1}{2} \exp(-k r_b/2) \tag{8-10}$$

其中，$r_b = r/k$，为比特信噪比。$M = 2^k$，M 进制码元含有 k 比特信息。

(7) 比特信噪比 r_b　各种键控系统的误码率都取决于信噪比 r，r 等于信号码元功率 P_s（$P_s = a^2/2$）与噪声功率 σ_n^2 之比。即

$$r = \frac{a^2}{2 \sigma_n^2} = \frac{P_s}{\sigma_n^2} = \frac{E/T_B}{n_0 B} = \frac{E/T_B}{n_0/T_B} = \frac{E}{n_0} \tag{8-11}$$

式中，噪声功率 $\sigma_n^2 = n_0 B$，n_0 为信道噪声的单边功率谱密度，B 为接收机带宽，$B = 1/T_B$，T_B 为码周期。设 E 为码元能量，码元能量/码周期 = 码元功率，即 $P_s = E/T_B$。若码元能量 E 平均分配给每个比特，一个码元内含有 k 比特信息，则每比特的能量为：$E_b = E/k$；设 $r_b = r/k$ 为每比特信噪比，即

$$r_b = \frac{r}{k} = \frac{E/n_0}{E/E_b} = \frac{E_b}{n_0} \tag{8-12}$$

r_b 为每比特能量 E_b 与噪声单边功率谱密度 n_0 之比。在多进制中，由于每个码元包含的比特数 k 与进制数 M 有关，故在研究不同 M 值下的误码率时，适合用比特信噪比 r_b 为单位来比较不同体制的优劣。

(8) MFSK 抗噪声性能比较　采用非相干解调和相干解调时不同 M 值的误码率曲线如图 8-7 所示，图中可见：

1) 多进制性能不如二进制。

2) 在 r 一定的情况下，M 越大，误码率 P_e 也越大，性能越差。

3）相干解调优于非相干解调。

（9）MFSK 的特点总结

1）在信息速率一定时，由于采用多进制，每个码元包含的信息量增加，码元宽度加宽，因而在信号电平一定时每个码元的能量增加。

2）码元宽度加宽后可有效地减少由于多径效应造成的码间串扰的影响，从而提高衰落信道下的抗干扰能力。

3）MFSK 的主要缺点是信号频带宽、频带利用率低。MFSK 一般用于短波、衰落信道上的数字通信。

（10）MFSK 系统的仿真　4FSK 信号波形和功率谱密度的 LabVIEW 仿真图如图 8-8 所示。仿真参数设置：信息码为 11 10 01 00 11 01 10 00 11 01，采样率为 1000Hz，码速率为 25Baud，载频 f_1、f_2、f_3、f_4 分别为 50Hz、100Hz、150Hz、200Hz。

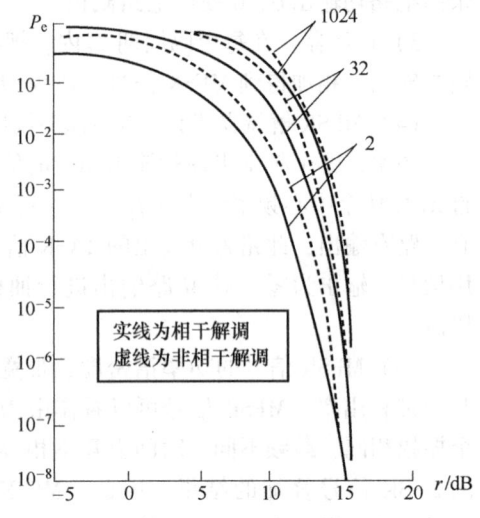

图 8-7　MFSK 系统的误码率

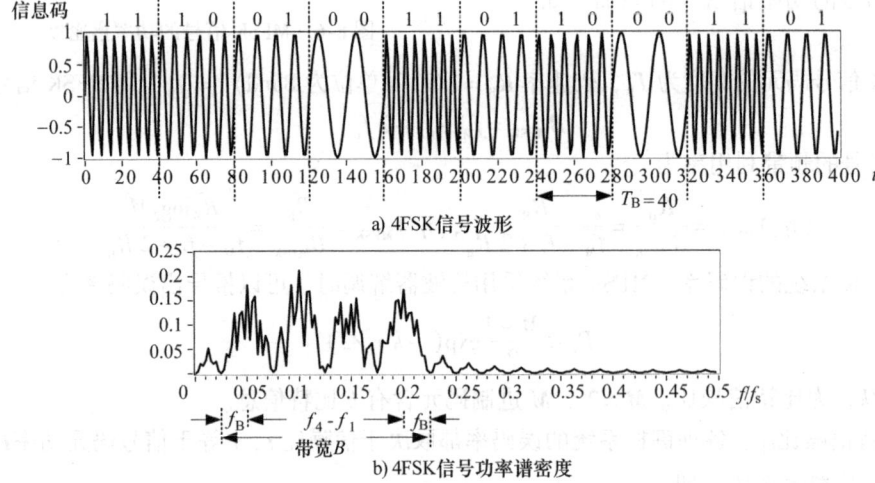

图 8-8　4FSK 信号波形和功率谱密度

图 8-8a 中，参数设置 R_B = 25Baud，故码周期为 $T_B = 1/R_B$ = 40ms。图 8-8b 中，功率谱密度以采样率 f_s 归一化，参数设置 f_s = 1000Hz，横坐标 0.5 对应频率为 $0.5 \times f_s$ = 500Hz，功率谱密度的 4 个峰值对应归一化频率为 0.05、0.1、0.15、0.2，对应频率为 50Hz、100Hz、150Hz、200Hz。系统带宽 $B = f_4 - f_1 + 2f_B$ = （200 - 50 + 2 × 25）Hz = 200Hz，f_B 与 R_B 数值相等，单位不同。本仿真参数的设置是为了清晰的演示原理，实际系统的载频远大于码速率。

8.2　多进制数字调制系统——QPSK 和 QDPSK

8.2.1　多进制数字相位调制（MPSK）

以 MPSK 中的 QPSK 和 QDPSK 为例来介绍，包括：定义、正交表示、带宽、频带利用率、功率谱密度。

（1）多进制数字相位调制（MPSK）定义　多进制数字相位调制又称多相调制，它是利用载波的多种不同相位来表征数字信息的调制方式。信息加载在载波的相位上，在每个码元持续时间内，相位 φ_n 有多种可能的取值，MPSK 已调信号表达式为

$$e_{\text{MPSK}}(t) = A\cos(\omega_c t + \varphi_n) \tag{8-13}$$

式中，ω_c 为载波频率，A 为载波幅度，均为常数；φ_n 为载波相位，共有 M 种可能的取值，即

$$\varphi_n = n \times \frac{2\pi}{M}, n = 0, 1, 2, \cdots, M-1 \tag{8-14}$$

（2）MPSK 信号的正交表示　把 MPSK 信号表示为一系列随机脉冲序列的形式，即

$$\begin{aligned}
e_{\text{MPSK}}(t) &= \sum g(t - T_B)\cos(\omega_c t + \varphi_n) \\
&= \sum \cos(\varphi_n) g(t - T_B)\cos(\omega_c t) - \sum \sin(\varphi_n) g(t - T_B)\sin(\omega_c t) \\
&= \underline{\sum a_n g(t - T_B)}\cos\omega_c t - \underline{\sum b_n g(t - T_B)}\sin(\omega_c t) \\
&= \quad\quad I(t) \quad \cos(\omega_c t) - \quad Q(t) \quad \sin(\omega_c t)
\end{aligned}$$

式中，$a_n = \cos\varphi_n$，$b_n = \sin\varphi_n$，为随机变量。φ_n 是有 M 种可能取值的随机变量，a_n 和 b_n 的组合共有 M 种可能的取值。令：$I(t) = \sum a_n g(t - T_B)$，$Q(t) = \sum b_n g(t - T_B)$，则

$$e_{\text{MPSK}}(t) = I(t)\cos(\omega_c t) - Q(t)\sin(\omega_c t) \tag{8-15}$$

此式为 MPSK 信号的正交表示，表示为两路相互正交的信号之和。余弦和正弦是相互正交的，把 $e_{\text{MPSK}}(t)$ 分解为两路，一路 $I(t)$ 乘以余弦，一路 $Q(t)$ 乘以正弦。

MPSK 信号可以看作两路正交载波调制信号的合成，构成的 MPSK 正交调制器如图 8-9 所示。MPSK 调制器通常由这样两路正交信号之和构成的。

（3）MPSK 信号的带宽　MPSK 信号可以看作两路正交载波调制信号的合成，例如 QPSK，是两路正交 2PSK 的叠加，一路是 2PSK 余弦载波调制，另一路是 2PSK 正弦载波调制，正弦与余弦只是初相位不同，这两种调制的带宽相同，叠加后的带宽等于 2PSK 信号带宽。

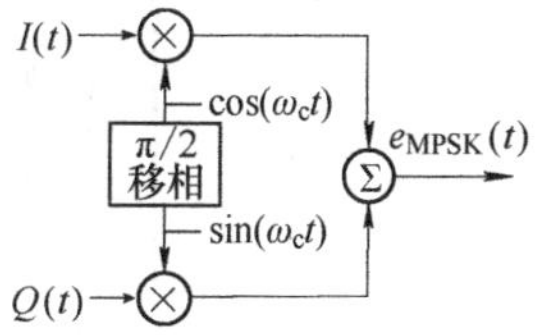

① MPSK 信号的带宽与 2PSK 信号带宽相同。

② MPSK 和 MDPSK 信号的带宽相同。

图 8-9　MPSK 正交调制器

多进制数字相位调制也有绝对相位调制 MPSK 和差分相位调制 MDPSK 两种，MDPSK 只是比 MPSK 多了一个差分编码器，并不影响信号带宽。

MPSK 信号的带宽与 MASK 信号的带宽相同，即

$$B_{\text{MPSK}} = B_{\text{MDPSK}} = B_{\text{MASK}} = 2B_{\text{基}} = 2R_B = 2f_B = \frac{2}{T_B} \tag{8-16}$$

式中，T_B 为 M 进制码元的码周期；R_B 为 M 进制码元的码速率。

2ASK 与 2PSK 带宽相同，MASK 与 2ASK 带宽相同，MPSK 与 2PSK 带宽相同，因此，MPSK、MDPSK、MASK 信号的带宽都相同，都由基带信号带宽决定，由码速率决定，通常基带波形采用不归零的矩形，带宽是码速率的 2 倍。

（4）MPSK 信号的频带利用率（同 MASK）　当以码元速率考虑频带利用率 η_B 时，有

$$\eta_B = \frac{R_B}{B_{\text{MPSK}}} = \frac{R_B}{2R_B} = \frac{1}{2} \text{Baud/Hz} \tag{8-17}$$

这与二进制系统 2PSK 相同，不能反映出多进制对频带利用率的提高情况，因此，多进制时通常采用信息速率形式的频带利用率 η_b，即

$$\eta_b = \frac{R_b}{B_{\text{MPSK}}} = \frac{R_B \log_2 M}{2R_B} = \frac{\log_2 M}{2} \text{bit/(s·Hz)} \tag{8-18}$$

M 是多进制的进制数。可见，M 越大，频带利用率越高。

(5) 相同信息速率下，2PSK、4PSK、8PSK 信号的功率谱对比　2PSK、4PSK、8PSK 信号的功率谱密度对比如图 8-10 所示。图中横坐标为 $f-f_c$，是按载波频率 f_c 来规格化的，另外，省略了与纵坐标对称的负半轴。此图是在相同信息速率情况下，多进制与二进制信号的功率谱密度的比较。设 T_B 为二进制的码周期，在相同的信息速率下，多进制码周期增加，当 $M=4$ 或 8 时，码周期是二进制的 2 倍和 3 倍，码速率减小为二进制的 1/2 和 1/3；带宽与码速率成正比，因此带宽减小为二进制的 1/2 和 1/3。图中，2PSK、4PSK、8PSK 的功率谱第一个主瓣在横轴的坐标分别为 $1/T_B$、$1/(2T_B)$、$1/(3T_B)$，第一个主瓣近似为信号带宽，再考虑与纵坐标对称的负半轴，2PSK、4PSK、8PSK 信号带宽分别近似为 $B=2/T_B$、$1/(T_B)$、$1/(3T_B)$。带宽对比：4PSK 是 2PSK 的 1/2，8PSK 是 2PSK 的 1/3。

可见，相同信息速率下，M 越大，功率谱主瓣越窄，带宽越小，频带利用率越高。

(6) 相同信息速率下，2PSK、4PSK、8PSK 调制信号的波形对比　信息速率相同时，2PSK、4PSK、8PSK 调制信号波形对比如图 8-11 所示，图中可见，相同信息速率下，多进制的码周期 T_B 展宽，码速率降低，使信号带宽减小。

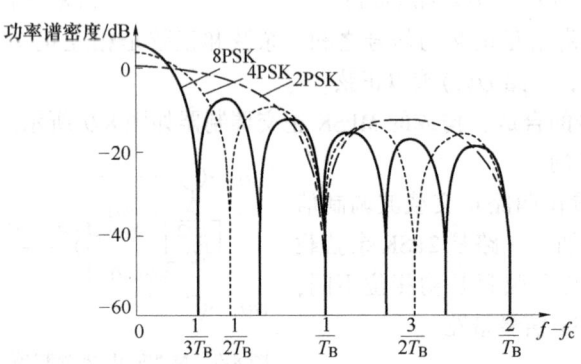

图 8-10　2PSK、4PSK、8PSK 信号的功率谱密度对比

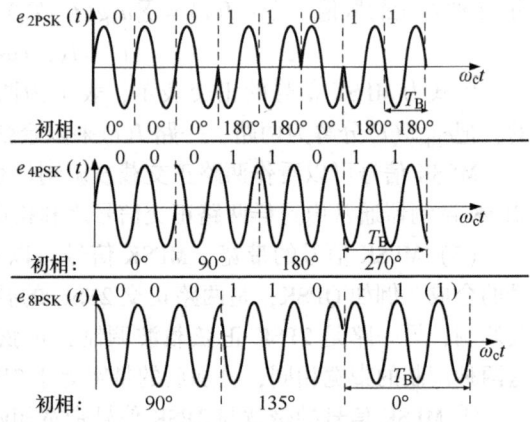

图 8-11　2PSK、4PSK、8PSK 调制信号波形对比

8.2.2　四进制相移键控 QPSK

多进制相移键控是常用的数字调制方式，以 QPSK 为例介绍其定义、矢量图、调制方法、正交相干解调等。

1. 四进制绝对相移键控 QPSK 的定义

(1) QPSK 的定义　四进制绝对移相键控 4PSK 也称为 QPSK（Quadrature Phase-Shift Keying），利用载波的 4 种不同相位来表示数字信息。QPSK 的每个码元内载波频率相同，初相位不同，有 4 种可能的初相位，每个 QPSK 码元代表 2bit 信息。

(2) 四进制串/并转换　信息码流是由二进制码 0 和 1 组成的脉冲串，按两个一组分组，前一比特用 a 表示，后一比特用 b 表示，表示为 $ababab\cdots$。再经过串/并转换，把一路串行码变为两路并行码 a 和 b。a 和 b 都有 0 和 1 两种可能的取值，其组合有 00、01、11、10 四种可能的状态，从而由二进制变为四进制，每个四进制码元用两个二进制码元的组合来表示。

```
                        将 ab 并行排列
信息码  00 10 11 01                    → a 0 1 1 0
        ab ab ab ab    串/并转换        → b 0 0 1 1
```

相同信息速率下，串/并转换前后的码元波形如图 8-12 所示。把串行的信息码变换为两路并行信号 $I(t)$ 和 $Q(t)$，即 a 路和 b 路，并行信号的码周期展宽为串行信号的 2 倍，即

$$(T_B)_4 = 2(T_B)_2, (R_B)_4 = (R_B)_2/2$$

四进制的码周期是二进制的 2 倍，四进制的码速率是二进制的 1/2，四进制的码速率降低，所需要的信号带宽也相应降低为原来的 1/2。

(3) 定义双比特 ab 与载波相位的关系　格雷码（反射码）：相邻码元只有一位改变，例如：00→01→11→10，优点是误码时产生的误差较小。双比特码元 ab 按格雷码排列，定义双比特 ab 与载波相位的关系见表 8-1，有 A、B 两种方式，这两种方式是 CCITT 规定的标准。

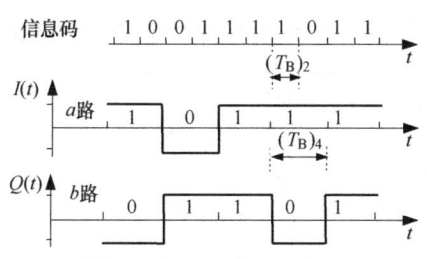

图 8-12　相同信息速率下的串并转换前后的码元波形

表 8-1　QPSK 双比特 ab 与载波相位关系

双比特码元		载波相位（φ_k）	
a	b	A 方式	B 方式
0	0	90°	135°
0	1	0°	45°
1	1	270°	315°
1	0	180°	225°

2. QPSK 信号矢量图

QPSK 信号矢量图如图 8-13 所示。矢量图中每个矢量的长度表示载波的幅值，矢量的角度表示载波的初相位。只要画出矢量图就知道其表达式，因此，多进制的相移键控和多进制的正交调制常常用矢量图及其进一步简化的星座图来表示。星座图中，每个矢量只画矢量终点，省略画矢量，一个点代表一个矢量。

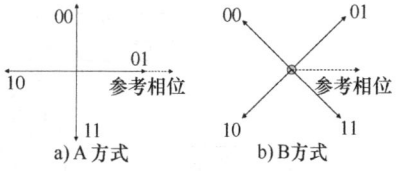

图 8-13　QPSK 信号矢量图

3. QPSK 调制方法

(1) 相位选择法　QPSK 相位选择法调制器如图 8-14 所示。图中，由"四相载波发生器"产生 4 个不同初相位的载波，本例中的 4 个相位是 B 方式；信息码经过"串/并变换"变成两路，用这两路来控制逻辑选通电路，输出不同初相位的载波，从而得到 QPSK 信号。

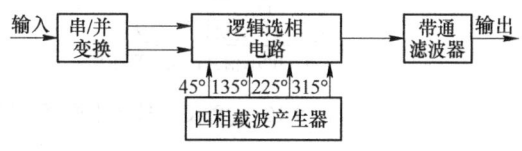

图 8-14　QPSK 调制器——相位选择法

(2) 调相法　调相法采用正交调制，通过合理设计移相器来产生 B 方式或 A 方式的 QPSK 信号。

1) 调相法 B 方式。调相法 B 方式的 QPSK 信号产生原理框图及其输出信号矢量图如图 8-15 所示。图 8-15a 中，信息码经过"串/并转换"变成 a、b 两路；再经过"单/双极性变换"，把 a、

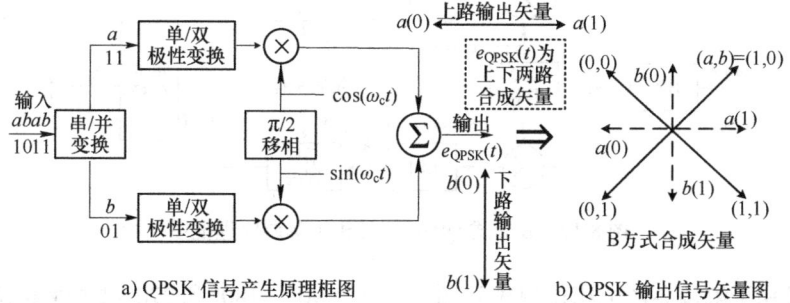

图 8-15　QPSK 信号产生原理框图及其输出信号矢量图（调相法 B 方式）

b 的取值由单极性的 "0" 和 "1" 变为双极性的 "-1" 和 "+1"；然后，上下两路，一路乘余弦，一路乘正弦，是两路正交的，相当于两个 2PSK 信号；再把两路正交的 2PSK 信号叠加，得到的是 4PSK 信号。图 8-15b 中，从矢量图的角度，来分析上下两路矢量及其合成矢量，合成矢量是 B 方式的 QPSK 信号。

上路输出矢量：a 的取值是 "-1" 或 "+1"，乘以余弦之后，初相位是 π 相或 0 相。

下路输出矢量：b 的取值是 "-1" 或 "+1"，乘以正弦之后，初相位是 $\pi/2$ 或 $3\pi/2$。

上、下两路合成矢量：上、下两路矢量（图中虚线）相加，合成矢量（图中实线）。合成矢量是 B 方式的 4 个可能的相位。B 方式 QPSK 信号相位与编码逻辑关系见表 8-2。

2) 调相法 A 方式。调相法 A 方式的 QPSK 信号产生原理框图及其输出信号矢量如图 8-16 所示。图中，与 B 方式相比，上、下两路载波的初相位分别是 $\pi/4$ 和 $-\pi/4$，余弦载波经 $-\pi/4$ 和 $\pi/4$ 移相。上、下两路矢量（图中虚线）相加，合成矢量（图中实线）是 A 方式的 4 个可能的相位。

表 8-2 B 方式 QPSK 信号相位与编码逻辑关系

a'（单极性）	1	0	0	1
a（双极性）	+1	-1	-1	+1
b'（单极性）	1	1	0	0
b（双极性）	+1	+1	-1	-1
a 路输出的相位	0°	180°	180°	0°
b 路输出的相位	270°	270°	90°	90°
合成相位	315°	225°	135°	45°

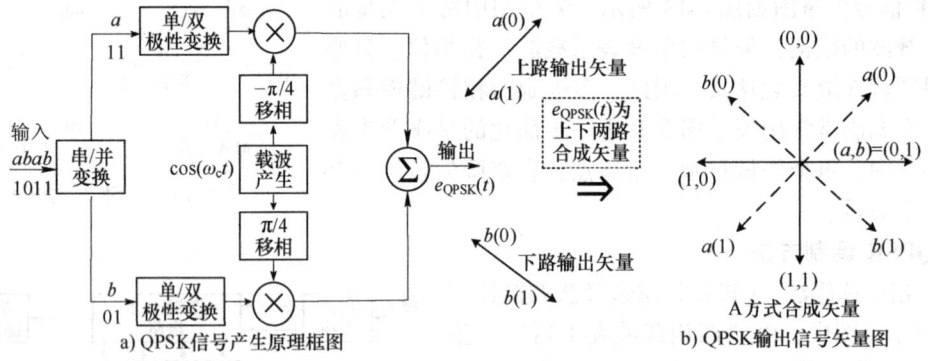

图 8-16 QPSK 信号产生原理框图及其输出信号矢量图（调相法 A 方式）

4. QPSK 信号的正交相干解调

B 方式 QPSK 信号相干解调原理框图如图 8-17 所示。解调采用的是与发送端调制类似的电路，如果发送端是经 $\pi/2$ 移相产生的，接收端也要采用 $\pi/2$ 移相电路来进行相干解调。上、下两路经相乘、低通、抽样判决，再把上、下两路进行"并/串变换"，恢复信息码。

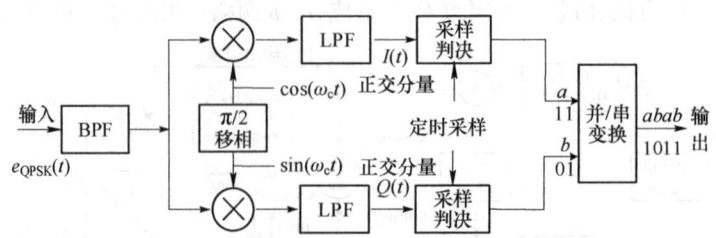

图 8-17 B 方式 QPSK 信号相干解调原理框图

QPSK 信号相干解调会产生相位模糊问题，是 0°、90°、180° 和 270° 共 4 个相位模糊。因此，在实际中更实用的是四相相对相移键控，即 QDPSK 方式，可以解决相位模糊问题。

5. QPSK 系统的 LabVIEW 仿真

在与二进制相同信息速率下，采用调相法，分别按照图 8-15 和图 8-16 的调制器原理框图来产生 B 方式和 A 方式的 QPSK 调制。仿真参数：采样率为 1000Hz，信息码为 1001001101。为了演示 QPSK 每个码元的载波初相位，对载频等于 10 Hz（设信息码的码速率为 20Baud，串/并转换后并行支路的码速率 = 信息码码速率/2 = 10Baud）时进行了仿真和分析，为了看清楚每个码周期的初相位，设定载频与并行支路的码速率相同，这样能使每个码周期内有一个周期的载波，更容易观察载波初相位。实际调制信号中，载波频率常常远大于码速率。

（1）仿真步骤

1）首先把二进制信息码进行串/并转换、单/双极性变换、码周期展宽 1 倍，得到 a、b 两路基带信号波形。

2）分别对上、下两路进行正交 2PSK 调制：

① B 方式时，设置 a 路载波初相位为 0°，b 路载波初相位为 90°。

② A 方式时，设置 a 路载波初相位为 45°；b 路载波初相位为 315°。

3）把上、下两路 2PSK 调制信号叠加，得到 QPSK 调制信号。

（2）仿真结果

1）B 方式的 QPSK 调制器的仿真结果。B 方式 QPSK 调制仿真结果如图 8-18 所示。图中对 B 方式 QPSK 信号产生过程中系统各点波形进行了对比。"a_k 码的波形" 和 "b_k 码的波形" 为信息码经过串并转换后，a 路（上路）和 b 路（下路）的基带信号波形，为双极性。a 路载波初相位设为 0°，"上路调制波形" 中，在每个码周期内，初相位有 180° 和 0° 两种。b 路载波初相位设为 90°，"下路

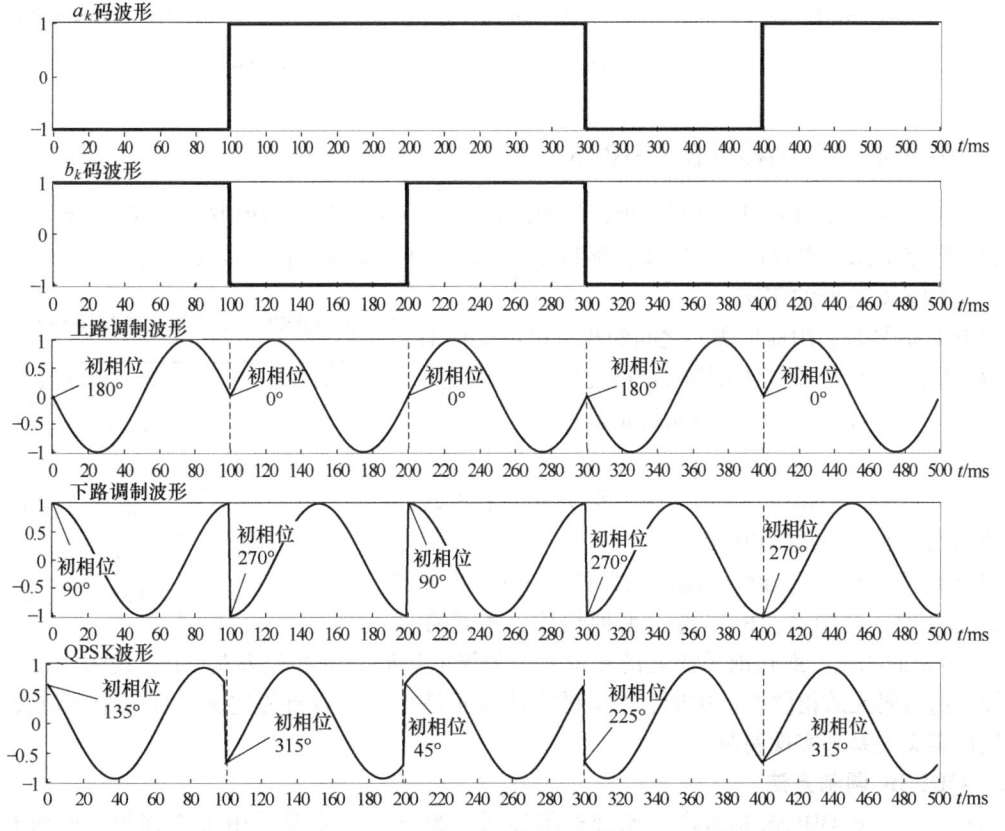

图 8-18 B 方式 QPSK 信号产生过程中系统各点波形对比图

调制波形"中，在每个码周期内，初相位有 90°和 270°两种。"QPSK 波形"是"上路调制波形"与"下路调制波形"的叠加，在每个码周期内，合成相位有 135°、315°、45°、225°共 4 种。

2) A 方式的 QPSK 调制器的仿真结果。A 方式 QPSK 信号产生过程中系统各点波形对比如图 8-19 所示。图中，a 路载波初相位设为 45°，"上路调制波形"中，在每个码周期内，初相位有 45°和 225°两种。b 路载波初相位设为 315°，"下路调制波形"中，在每个码周期内，初相位有 315°和 135°两种。"QPSK 波形"是"上路调制波形"与"下路调制波形"的叠加，在每个码周期内，合成相位有 270°、90°、0°、180°共 4 种。

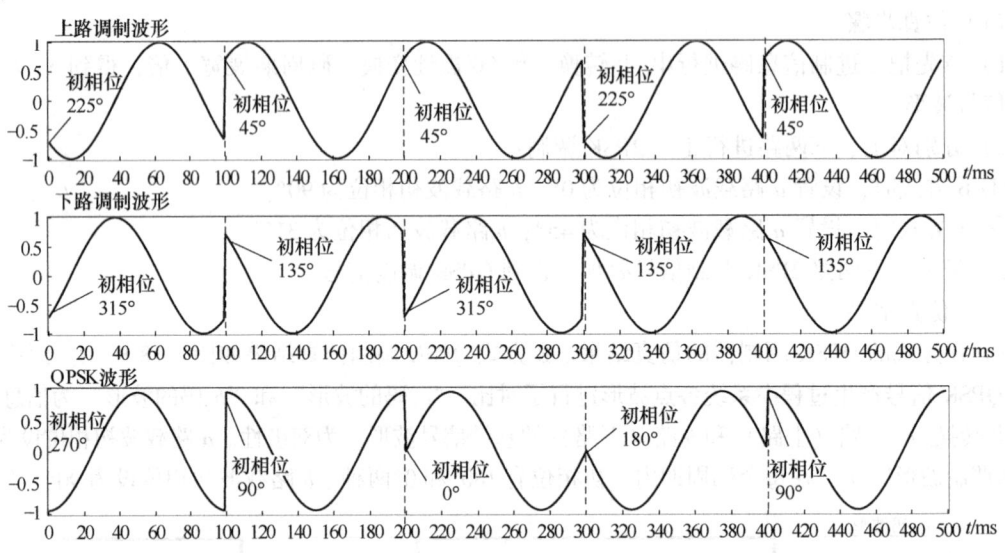

图 8-19 A 方式 QPSK 信号产生过程中系统各点波形对比图

8.2.3 四进制差分相移键控 QDPSK

QDPSK 与 QPSK 的不同点在于 QPSK 是相位直接表示数字信息，QDPSK 是用前后码元的相位差来表示数字信息。内容包括：定义、调制方法、码变换、解调方法、码反变换。

1. QDPSK 信号的定义

QDPSK 信号是利用前后码元之间的相对相位变化来表示数字信息。若以前一双比特码元相位 θ_{k-1} 作为参考，当前双比特码元与前一双比特码元初相差为

$$\Delta \varphi_k = \varphi_k - \varphi_{k-1}$$

式中，φ_k 为当前码元相位；φ_{k-1} 为前一码元相位；$\Delta \varphi_k$ 为当前码元与前一码元的相位差。

QDPSK 信号相位差与编码逻辑关系见表 8-3。此关系表是定义的，其中 A、B 方式的 4 种相位，不是在 QPSK 中定义的相位，而是前后码元的相位差。如果前后码元的相位差是 90°，代表当前码元是 00；如果前后码元的相位差是 0°时，对应的当前码元是 01。所以首先定义这样一个相位关系表，然后按此定义关系来实现调制。

表 8-3 QDPSK 信号相位差与编码逻辑关系

双比特码元		载波相位差（$\Delta \varphi_k$）	
a	b	A 方式	B 方式
0	0	90°	135°
0	1	0°	45°
1	1	270°	315°
1	0	180°	225°

2. QDPSK 调制方法

调相法 B 方式 QDPSK 信号产生原理框图如图 8-20 所示。它是采用 π/2 移相，得到 B 方式 QDPSK 信号。在 2DPSK 调制中：2DPSK = 码变换器 + 2PSK，2DPSK 调制器的实现由码变换器和

2PSK 调制器两部分构成,首先,码变换器把绝对码变成相对码,再把相对码作为 2PSK 调制器的输入,输出是 2DPSK 信号。

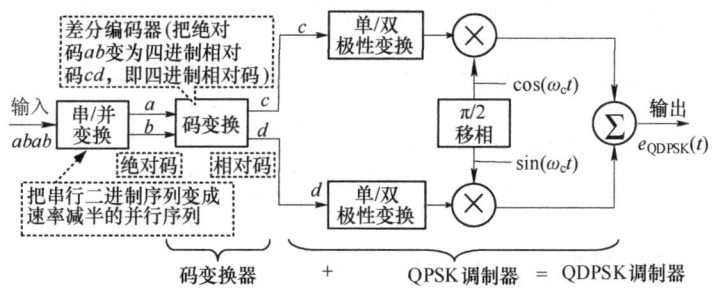

图 8-20　调相法 B 方式 QDPSK 信号产生原理框图

QDPSK 调制方法与 2DPSK 调制类似:QDPSK 调制器 = 码变换器 + QPSK 调制器。QPSK 调制器前面已经给出了,只需再求得 QDPSK 码变换器即可实现 QDPSK 调制。与 2DPSK 略有不同的是,QDPSK 中的码变换器是四进制的,把绝对码 ab 变为相对码 cd,相对码 cd 是四进制差分码。

3. QDPSK 码变换器

码变换器输入是绝对码 ab,输出是相对码 cd。码变换器逻辑功能的求解是一个已知 ab 求 cd 的问题。已知 ab 以及定义的当前码元与相位差的关系表 8-3,可求出 cd,见表 8-4,即码变换器逻辑功能表。观察和总结表 8-4 中 cd 与 ab 之间关系式,可求得码变换公式,实现码变换。

1)以当前码元 $a_k b_k = 00$ 为例,看表 8-4 码变换器逻辑功能表是如何得出的。

① 当前输入的绝对码元及要求的相对相移。按照表 8-4,采用 A 方式,当 $a_k b_k = 00$ 时,$\Delta \varphi_k = 90°$。

② 前一时刻码元的所有可能状态及其对应的绝对相位。前一码元的初相位 φ_{k-1} 有 90°、0°、270°、180° 共 4 种情况,按照表 8-4,这 4 个相位对应的绝对码分别是 $c_{k-1} d_{k-1}$ 为 00、01、11、10。

③ 码变换后当前时刻的绝对相位及其对应的绝对码。

$$\Delta \varphi_k = \varphi_k - \varphi_{k-1}$$

$$\varphi_k = \Delta \varphi_k + \varphi_{k-1} = 90° + (90°、0°、270°、180°) = 180°、90°、0°、270°$$

按照表 8-4,$\varphi_k = 180°、90°、0°、270°$ 这 4 个相位对应的绝对码分别是 $c_k d_k$ 为 10、00、01、11。

表 8-4　码变换器逻辑功能表

当前输入的绝对码元及要求的相位差		前一时刻相对码元所有可能状态及其对应的相位			码变换后当前时刻的相位 φ_k 及对应的相对码 $\varphi_k = \Delta \varphi_k + \varphi_{k-1}$		
$a_k b_k$	$\Delta \varphi_k$	c_{k-1}	d_{k-1}	φ_{k-1}	c_k	d_k	φ_k
0　0	90°	0	0	90°	1	0	180°
		0	1	0°	0	0	90°
		1	1	270°	0	1	0°
		1	0	180°	1	1	270°
0　1	0°	0	0	90°	0	0	90°
		0	1	0°	0	1	0°
		1	1	270°	1	1	270°
		1	0	180°	1	0	180°
1　1	270°	0	0	90°	0	1	0°
		0	1	0°	1	1	270°
		1	1	270°	1	0	180°
		1	0	180°	0	0	90°
1　0	180°	0	0	90°	1	1	270°
		0	1	0°	1	0	180°
		1	1	270°	0	0	90°
		1	0	180°	0	1	0°

2)同理求得当前码元 $a_k b_k$ 为 01、11、10 时的码变换器逻辑功能见表 8-4。

3)总结表 8-4 中 $a_k b_k$、$c_{k-1} d_{k-1}$ 与 $c_k d_k$ 码字之间逻辑关系的规律,得到逻辑关系如下。

① 若 $c_{k-1} \oplus d_{k-1} = 1$,则 $c_k = c_{k-1} \oplus a_k$,$d_k = d_{k-1} \oplus \overline{b_k}$。

② 若 $c_{k-1} \oplus d_{k-1} = 0$，则 $c_k = c_{k-1} \oplus \overline{b_k}$，$d_k = d_{k-1} \oplus a_k$。

根据上式逻辑关系，已知 $a_k b_k$ 和 $c_{k-1} d_{k-1}$，求得 $c_k d_k$，实现由绝对码 $a_k b_k$ 到相对码 $c_k d_k$ 的码变换。逻辑关系式即码变换公式，依此画出 QDPSK 码变换电路如图 8-21 所示。

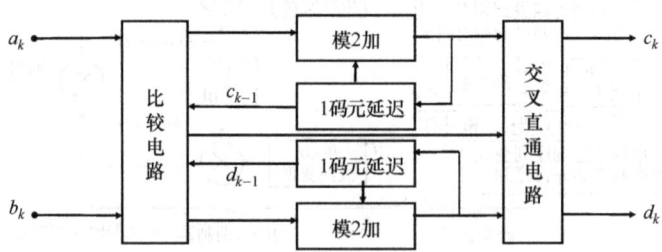

图 8-21　QDPSK 码变换器电路

4. 码反变换器

QDPSK 接收端解调时，要经过一个码反变换。码反变换是码变换器的逆过程，用来把相对码 cd 反变换为绝对码 ab。按码变换器类似的分析方法，可以得到码反变换器逻辑功能见表 8-5。

1）已知当前时刻的 c_k、d_k，和前一时刻的 c_{k-1}、d_{k-1}，把它们所有可能的状态列于表 8-5。

2）根据 QDPSK 信号相位差与编码逻辑关系表 8-3，求得当前时刻相位差 $\Delta \varphi_k$，从而能得到绝对码 a_k 和 b_k，列表于 8-5。

3）总结表 8-5 规律可以得到码反变换器逻辑关系公式如下。

① 若 $c_{k-1} \oplus d_{k-1} = 0$，则 $a_k = d_k \oplus d_{k-1}$，$b_k = \overline{c_k \oplus c_{k-1}}$。

② 若 $c_{k-1} \oplus d_{k-1} = 1$，则 $a_k = c_k \oplus c_{k-1}$，$b_k = \overline{d_k \oplus d_{k-1}}$。

根据上式可以画出 QDPSK 码反变换电路如图 8-22 所示。

表 8-5　码反变换器逻辑功能表

前一时刻相对码及其对应的相位		当前时刻相对码及其对应的相位 φ_k		当前时刻相位差 $\Delta \varphi_k = \varphi_k - \varphi_{k-1}$ 及对应的绝对码	
$c_{k-1} d_{k-1}$	φ_{k-1}	$c_k d_k$	φ_k	$a_k b_k$	$\Delta \varphi_k$
0　0	90°	0　0	90°	0　1	0°
		0　1	0°	1　1	270°
		1　1	270°	1　0	180°
		1　0	180°	0　0	90°
01	0°	0　0	90°	0　0	90°
		0　1	0°	0　1	0°
		1　1	270°	1　1	270°
		1　0	180°	1　0	180°
11	270°	0　0	90°	1　0	180°
		0　1	0°	0　0	90°
		1　1	270°	0　1	0°
		1　0	180°	1　1	270°
10	180°	0　0	90°	1　1	270°
		0　1	0°	1　0	180°
		1　1	270°	0　0	90°
		1　0	180°	0　1	0°

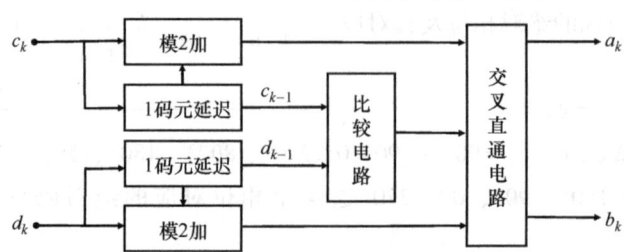

图 8-22　QDPSK 码反变换器电路

5. QDPSK 信号的解调

（1）QDPSK 相干解调　QDPSK 相干解调 = QPSK 相干解调 + 码反变换器。QDPSK 相干解调采用 QPSK 相干解调 + 码反变换器方式，如图 8-23 所示。

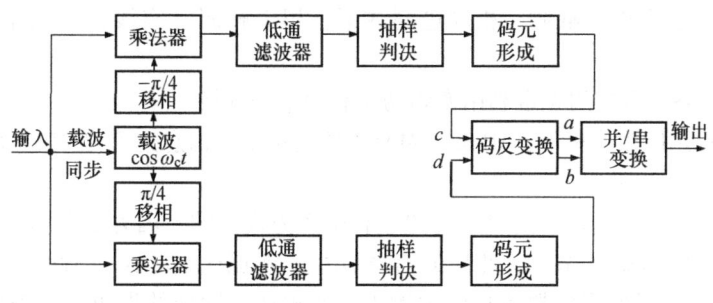

图 8-23　A 方式 QDPSK 信号相干解调原理框图

1）QPSK 相干解调与发送端调制类似，本例采用 A 方式，发送端调制器中载波经∓π/4 移相电路，接收端解调器中，也是载波经∓π/4 移相电路。

2）QPSK 相干解调得到的是相对码 cd，需经码反变换器把相对码变为绝对码，由 cd 求得 ab，再经过并/串转换恢复信息码，实现 QDPSK 解调。

（2）QDPSK 相位比较法解调　A 方式 QDPSK 信号极性比较法解调原理框图如图 8-24 所示。经过延时一个码周期的延时器，直接对前后码元已调信号进行比相。延时信号经与调制器相同的移相，本例 A 方式经 ±π/4 移相电路之后，与前一码元已调信号进行相乘、低通、抽样判决、并/串转换，恢复原信号。这种解调形式不需要码反变换器，是直接比较前后码元，根据前后码元的相位差来恢复信息码的。

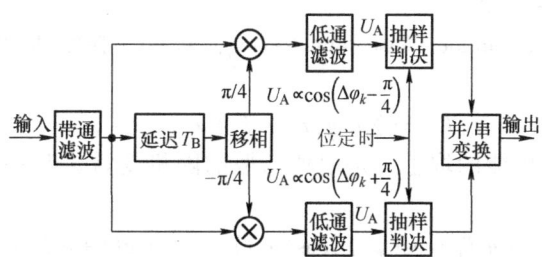

图 8-24　A 方式 QDPSK 信号极性比较法解调原理框图

8.2.4　多进制数字相位调制系统性能

（1）QPSK 及 QDPSK 系统误码率　QPSK 采用相干解调时系统误码率为

$$P_e \approx \mathrm{erfc}\left(\sqrt{r}\sin\frac{\pi}{4}\right)$$

QDPSK 采用相干解调时系统误码率为

$$P_e \approx \mathrm{erfc}\left(\sqrt{2r}\sin\frac{\pi}{8}\right)$$

式中，r 为解调器输入信噪比。

MPSK 系统的 P_e-r 曲线如图 8-25 所示。比较图 8-25 中曲线可见：

1）随着进制数 M 的增加，误码率增加，抗噪声性能

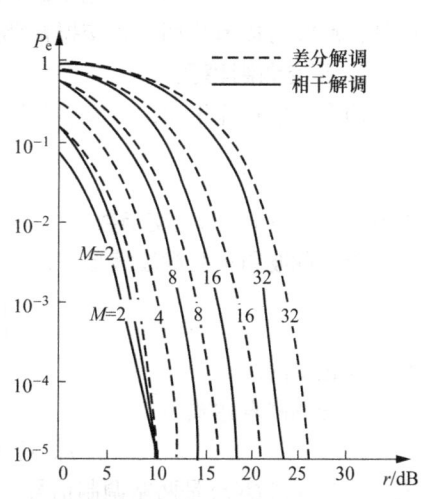

图 8-25　MPSK 系统误码率对比

下降。MPSK 与 2PSK 相比，抗噪声性能下降。

2）相干解调优于非相干解调。相同进制数下，相干解调（实线）误码率低于非相干解调（虚线）。

（2）MPSK、MASK 系统的频带利用率和功率利用率的互换

1）在相同的码元传输速率下，MPSK、MASK 调制系统的信息速率是 2PSK 调制系统的 $\log_2 M$ 倍，频带利用率高。

2）多进制频带利用率的提高是以牺牲功率利用率为代价的。因为随着 M 值的增加，在信号空间中各信号点间的最小距离减小，相应的信号判决区域也随之减小。因此，当信号受到噪声和干扰的损害时，接收信号错误的概率也随之增大。要想达到同样的误码率，需要提高发射功率。可见，频带利用率的提高是以牺牲功率为代价的。

3）振幅相位联合键控（APK）方式，在 M 较大时，可以获得较好的功率利用率，兼备频带利用率和功率利用率优势，而且设备组成简单，因此应用较多。

8.3 正交振幅调制 QAM

QAM 是一种振幅相位联合键控方式（APK）。振幅相位联合键控方式能够达到很好的功率利用率，APK 也可以看成是两路正交振幅键控调制信号的叠加。本节主要内容有：振幅相位联合键控（APK）、正交调制模型、正交调制的多种形态、正交振幅调制信号的表示、16QAM 产生方法、QAM 矢量图和 PSK 信号的性能比较、QAM 系统举例及例题。

1. 振幅相位联合键控（APK）

振幅相位联合键控（Amplitude Phase Joint Keying，APK），振幅和相位都有几种可能的取值。APK 信号的一般表达式为

$$e_{APK}(t) = \sum a_n g(t + n T_B) \cos(\omega_c t + \varphi_n) \tag{8-19}$$

幅度 a_n 和相位 φ_n 都有几种可能的取值，是取值离散的随机变量。把 $\cos(\omega_c t + \varphi_n)$ 三角函数展开，得

$$e_{APK}(t) = \left[\sum a_n g(t + n T_B)\cos(\varphi_n)\right]\cos(\omega_c t) - \left[\sum a_n g(t + n T_B)\sin(\varphi_n)\right]\sin(\omega_c t)$$

令：$a_n \cos(\varphi_n) = X_n$，$-a_n \sin(\varphi_n) = Y_n$，则 X_n 和 Y_n 也是取值离散的随机变量。

$$e_{APK}(t) = \sum X_n g(t + n T_B)\cos(\omega_c t) + \sum Y_n g(t + n T_B)\sin(\omega_c t) \tag{8-20}$$

可见，APK 可以看作两个正交振幅调制信号之和。

2. 正交调制模型

两个函数相互正交，在数学上的定义是：如果 $[a,b]$ 上的连续函数 $f(x)$ 和 $g(x)$，满足

$$\int f(x)g(x)\mathrm{d}x = 0$$

则 $f(x)$ 和 $g(x)$ 互为正交函数。

余弦载波和正弦载波满足

$$\int \cos(\omega_c t)\sin(\omega_c t)\mathrm{d}t = 0$$

是相互正交的。

正交调制表达式为

$$e_Q(t) = I(t)\cos(\omega_c t) + Q(t)\sin(\omega_c t) \tag{8-21}$$

式中，$I(t)$ 和 $Q(t)$ 是两路调制信号，一路乘以余弦，另一路乘以正弦，经两路正交的余弦调制和正弦调制后叠加，构成正交调制。

依式（8-21）得到的正交调制模型如图 8-26 所示，图中接收端正交调制的解调器也采用分路的形式，一路以余弦做载波来相干解调，即乘以余弦后经低通滤波；另一路以正弦做载波来相干解调，即乘以正弦后经低通滤波，即可恢复原信号 $I'(t)$ 和 $Q'(t)$。

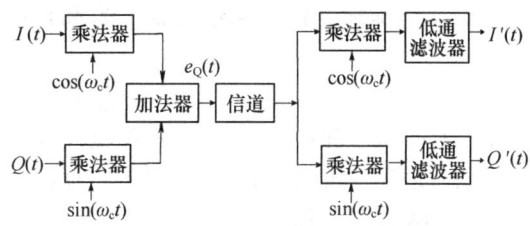

图 8-26　正交调制模型

正交调制接收端解调恢复原信号过程的数学推导如下。

上路乘以余弦：
$$e_Q(t)\cos(\omega_c t) = [I(t)\cos(\omega_c t) + Q(t)\sin(\omega_c t)]\cos(\omega_c t)$$
$$= \frac{1}{2}I(t)[1+\cos(2\omega_c t)] + \frac{1}{2}Q(t)\sin(2\omega_c t)$$

经低通滤波器后，滤除二倍频分量，输出为 $I'(t) = \frac{1}{2}I(t)$，恢复了调制信号 $I(t)$。

下路乘以正弦：
$$e_Q(t)\sin(\omega_c t) = [I(t)\cos(\omega_c t) + Q(t)\sin(\omega_c t)]\sin(\omega_c t)$$
$$= \frac{1}{2}I(t)\sin(2\omega_c t) + \frac{1}{2}Q(t)[1-\cos(2\omega_c t)]$$

经低通滤波器后，滤除二倍频分量，输出为 $Q'(t) = \frac{1}{2}Q(t)$，恢复了调制信号 $Q(t)$。

正交调制中，上路和下路在时间上是重叠的，在频谱上也是重叠的，在信道中同时传输，接收端却可以恢复原信号，是因为上路和下路是正交的，余弦和正弦是正交载波，$I(t)$ 和 $Q(t)$ 被加载在两路正交载波上了，采用此正交调制模型即可恢复原信号。

正交调制是两个独立的正交双边带振幅调制之和。对两个相互正交的同频率载波进行双边带调制，合成起来得到正交双边带调制信号。

3. 正交调制的多种形态

正交调制是通信中常采用的方式，常用调制方式中许多都是正交调制。例如在正交调制模型图 8-26 中可见：

1）若 $Q(t)$ 和 $I(t)$ 是模拟信号，且 $Q(t)$ 是 $I(t)$ 的希尔伯特变换时，正交调制变成了单边带调制。

单边带调制时，把调制信号 $m(t)$ 分成两路 一路乘以余弦，另一路经希尔伯特变换之后乘以正弦，再把两路相加，得到单边带调制信号。令 $I(t) = m(t)$，$Q(t) = \hat{m}(t)$，$\hat{m}(t)$ 是 $m(t)$ 的希尔伯特变换，加入正交调制模型，输出是单边带调制。

2）若 $Q(t)$ 和 $I(t)$ 是数字基带信号，且 $Q(t)$ 与 $I(t)$ 的取值为多幅度，即多电平时，构成正交振幅调制 QAM。

3）当 $Q(t)$ 和 $I(t)$ 是数字基带信号，且 $Q(t)$ 与 $I(t)$ 的取值为 ±1 时，此时的 4QAM 是 QPSK，QPSK 是正交调制。

4. 正交振幅调制信号的表示

正交振幅调制（Quadrature Amplitude Modulation，QAM）信号的第 k 个码元可以表示为

$$e_{QAM}(t) = A_k\cos(\omega_c t + \varphi_k) \quad kT_B < t \leq (k+1)T_B \tag{8-22}$$

式中，k 取整数；A_k 和 φ_k 分别可以取多个离散值。

上式可以展开为

$$e_{QAM}(t) = A_k\cos\varphi_k\cos\omega_c t - A_k\sin\varphi_k\sin\omega_c t$$

令：$X_k = A_k \cos \varphi_k$，$Y_k = -A_k \sin \varphi_k$，$X_k$ 和 Y_k 也是可以取多个离散值的随机变量，则信号表达式变为

$$e_{QAM}(t) = X_k \cos \omega_c t + Y_k \sin \omega_c t \qquad (8\text{-}23)$$

式中，$X_k \cos \omega_c t$ 和 $Y_k \sin \omega_c t$ 都是振幅键控 ASK，两者彼此正交，可见，$e_{QAM}(t)$ 是两个正交的振幅键控信号之和，故称为正交振幅调制（QAM）。

5. QAM 矢量图

多进制的 QAM 或 PSK 常把矢量图画成点的形式叫作星座图，比表达式的形式更直观。QAM 矢量是两路正交振幅键控矢量之和，如图 8-27 所示。

(1) 4QAM 矢量图　图 8-27a 为 4QAM 信号矢量图。若 φ_k 取 $\pi/4$ 和 $-\pi/4$，A_k 取 $+A$ 和 $-A$，代入 $X_k = A_k \cos \varphi_k$，$Y_k = -A_k \sin \varphi_k$，则 X_k 和 Y_k 取 $\pm(\sqrt{2}/2)$，即归一化为 ± 1。代入 $e_{QAM}(t) = X_k \cos \omega_c t + Y_k \sin \omega_c t$，有

$X_k \cos \omega_c t$ 是幅度为 ± 1 的振幅键控，对应图 8-27a 中 a 矢量和 b 矢量；

$Y_k \sin \omega_c t$ 是幅度为 ± 1 的振幅键控，对应图 8-27a 中 p 矢量和 q 矢量；

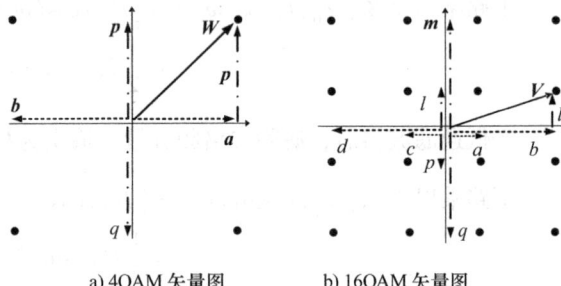

a) 4QAM 矢量图　　b) 16QAM 矢量图

图 8-27　QAM 矢量是两路正交振幅键控矢量之和

a、b 矢量与 p、q 矢量正交，合成矢量为 4QAM 矢量。例如图 8-27a 中 4QAM 的 W 矢量是由 a 矢量和 p 矢量合成的。

可见：4QAM 信号是两个幅度为 ± 1 的正交振幅键控信号之和。

另外，4QAM 矢量图与 B 方式 QPSK 矢量图相同，可见，QPSK 信号是一种 QAM 信号。

(2) 16QAM 矢量图　16QAM 信号矢量图如图 8-27b，是两路四个幅度的正交振幅键控信号之和。a、b、c、d 矢量，是 4 个幅度的振幅键控；另一路，m、l、p、q 矢量，也是 4 个幅度的振幅键控；两路彼此正交，合成矢量即 16QAM 矢量，共 $4 \times 4 = 16$ 种状态。例如图 8-27b 中 16QAM 的 V 矢量是由 b 矢量和 l 矢量合成。

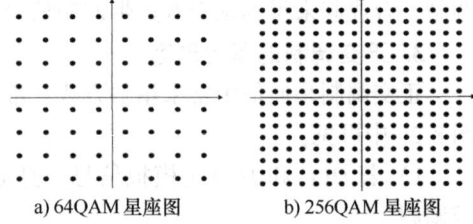

a) 64QAM 星座图　　b) 256QAM 星座图

图 8-28　64QAM 和 256QAM 星座图

(3) 64QAM 和 256QAM 星座图　进制数很高时常用星座图表示矢量。64QAM 和 256QAM 星座图如图 8-28 所示。64QAM 是两路 8 个幅度的正交振幅键控信号之和；256QAM 是两路 16 个幅度的正交振幅键控信号之和。

6. 16QAM 产生方法

(1) 正交调幅法　16QAM 星座矢量合成过程如图 8-29 所示。用两路独立的正交 4ASK 信号叠加产生 16QAM 调制信号，其 a、b、c、d 共 4 个不同的幅度矢量构成一路 4ASK 信号，另一路 4ASK 信号由 l、m、p、q 共 4 个矢量构成。两路 4ASK 信号相互正交，其合成信号有 $4 \times 4 = 16$ 种组合，构成 16QAM 星座。例如 b 矢量和 l 矢量的合成构成星座图中的矢量 V。

(2) 复合相移法　由两路独立的 QPSK（大圆和小圆）信号叠加，产生 16QAM 调制信号，其星座矢量合成过程如图 8-30 所示。大圆上的 4 个 QPSK 矢量与小圆上的 4 个 QPSK 矢量，合成 16QAM 星

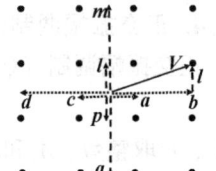

图 8-29　16QAM 星座的正交调幅矢量合成

座。例如，星座中的 **P** 矢量是由大圆上的 **k** 矢量与小圆上的 **a** 矢量合成的；16QAM 星座中第四象限的 **G**、**H**、**V**、**W** 矢量是由大圆上的 **t** 矢量与小圆上的 **a**、**b**、**c**、**d** 矢量合成的。

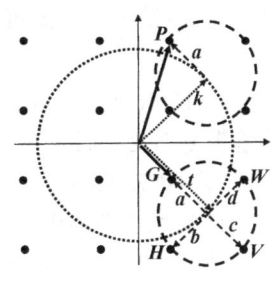

可见，16QAM 可以看成是两路独立的 QPSK 信号的叠加，因此，将两路独立的 QPSK 信号的叠加，是 16QAM 调制的实现方法，即复合相移法。

图 8-30　16QAM 星座由两路独立 QPSK 矢量合成

7. QAM 系统和 PSK 系统的性能比较

（1）16QAM 和 16PSK 系统的噪声容限比较　在最大功率（振幅）相等的条件下：图 8-31 中，最大振幅 A_M 相等，16PSK 星座中各相点把圆 16 等分，相邻相点之间的距离，即欧氏距离。欧氏距离越大，接收端抽样判决时误判的可能性越小。在圆半径 A_M 相同的情况下，计算两种调制方式的欧氏距离。16PSK 信号的相邻矢量端点的欧氏距离：$d_1 \approx A_M \left(\dfrac{\pi}{8} \right) = 0.393 A_M$；16QAM 信号的相邻矢量端点欧氏距离：$d_2 = \dfrac{\sqrt{2}A_M}{3} = 0.471 A_M$。$d_2$ 和 d_1 的比值代表这两种体制的噪声容限之比，d_2 超过 d_1 约 1.57dB。

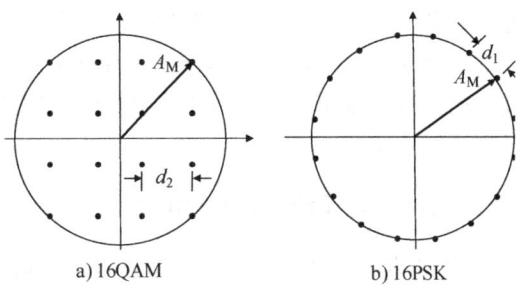

图 8-31　16QAM 信号和 16PSK 信号的欧氏距离

在最大功率下，两种调制方式的噪声容限比较：平均功率相等条件下，16PSK 信号的平均功率（振幅）等于其最大功率（振幅）；16QAM 信号，在等概率条件下，其最大功率和平均功率之比等于 1.8 倍，即 2.55dB。因此，在最大功率下，16QAM 比 16PSK 信号的噪声容限大：(2.55 + 1.57)dB = 4.12dB，说明 16QAM 比 16PSK 抗噪声性能更好。

（2）QAM 系统和 PSK 系统的性能比较

1）QAM 比 PSK 系统的抗噪声能力更好，功率利用率更高。

2）二者的信号带宽相同，频带利用率相同。2PSK、2ASK、MPSK、MASK、MQAM，这些调制方式的信号带宽都相同，数值上都等于 $2R_B$，是码速率 R_B 的 2 倍。

在数字调制方式中，在占用相同带宽的情况下，QAM 调制方式的抗噪声性能更好，是工程中常用的调制方式。

8. QAM 系统举例

图 8-32 为一种用于调制解调器（MODEM）的传输速率为 9600bit/s 的 16QAM 方案。MODEM 是为了解决利用电话信道传输数字信号而研制的一种通信设备。电话信道可用的信号传输频带为 300~3000Hz，取载频为 1650Hz，滚降系数 α 为 10% 时，信道带宽 B 约为 2400Hz。传输速率为 9600bit/s 的 16QAM，码速率为 $R_B = R_b / \log_2 M = 9600 / \log_2 16 \text{Baud} = 2400 \text{Baud}$，16QAM 调制所需的理论最小带宽：$B = R_B = 2400$Hz，与电话信道带宽相符，方案可行。

采用二进制传输是否可以？在带宽为 2400Hz 的信道中，采用二进制时传输速率达不

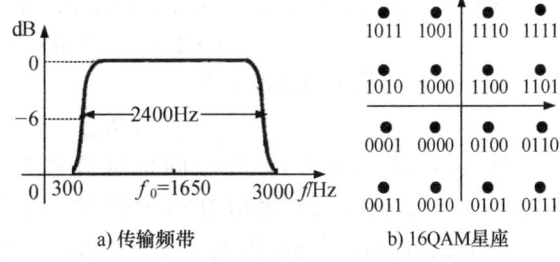

图 8-32　一种用于调制解调器的 16QAM 方案

到要求的9600bit/s，而采用多进制可以提高频带利用率，在相同的信道带宽下，可以提高传输速率。

【例8-1】 采用4PSK或4QAM调制传输2400bit/s数据。问：1）系统需要的最小理论带宽是多少？2）若传输带宽不变，而比特率加倍，则调制方式应如何改变？

解析：本题针对4PSK或4QAM的系统，两种系统的带宽和频带利用率都是一样的，但抗噪声性能不同，4QAM抗噪声性能更好。

解： 1）系统带宽由码速率决定，码速率与信息速率和进制数有关。已知信息速率R_b = 2400bit/s 和进制数$M=4$，求得$R_B = R_b/\log_2 M = 1200\text{Baud}$。

根据码速率来求系统能达到的理论最小带宽。带宽需要看基带数字脉冲序列采用的波形。4PSK或4QAM调制是正弦载波调制，把基带脉冲序列频谱搬移到载频处，已调信号带宽B_{MPSK}即系统带宽，是基带脉冲序列带宽$B_{\text{基}}$的2倍：$B_{\text{MPSK}} = B_{\text{MQAM}} = 2B_{\text{基}}$。针对正弦载波调制，已调信号带宽和基带信号带宽之间一直存在此公式关系。

基带脉冲序列带宽$B_{\text{基}}$由数字脉冲序列采用的波形以及码速率来决定，是基带脉冲序列功率谱密度的第一过零点频率。本例没指出具体采用波形形状，而是问的系统能达到的理论最小带宽，涉及理论极值问题。

数字基带传输系统的频带利用率$\eta = 2$时，达到理论最大值：$\eta = \dfrac{R_B}{B}$，$\eta_{\max} = 2$。

$\eta = 2$时的带宽$B = B_{\text{基}}$为奈奎斯特带宽，是基带数字脉冲序列的理论最小带宽，即

$$(B_{\text{基}})_{\min} = \dfrac{R_B}{\eta_{\max}} = \dfrac{R_B}{2} = \dfrac{1200}{2}\text{Hz} = 600\text{Hz}$$

相应的，MPSK或MQAM系统的最小理论带宽为

$$(B_{\text{MPSK}})_{\min} = (B_{\text{MQAM}})_{\min} = 2(B_{\text{基}})_{\min} = 2 \times \dfrac{R_B}{2} = R_B = 1200\text{Hz}$$

这是MPSK或MQAM带宽的理论最小值，实际系统一般达不到理论最小值。

2）若传输带宽不变，而比特率加倍，即$B_{\text{MPSK}} = 1200\text{Hz}$（不变），$R_b = 2 \times 2400\text{bit/s} = 4800\text{bit/s}$（加倍），问调制方式如何改变？带宽不变的前提下，使系统的信息速率增加的办法是采用多进制，即求多进制的进制数M。

由系统最小理论带宽公式：$(B_{\text{MPSK}})_{\min} = R_B$

得：$(B_{\text{MPSK}})_{\min} = (B_{\text{MQAM}})_{\min} = R_B = 1200\text{Hz}$。可见，带宽不变即码速率不变。

应该采用的进制数M：$\log_2 M = R_b/R_B = 4800/1200 = 4$，$M = 2^4 = 16$

应采用16PSK或16QAM调制方式。

本例说明：在传输带宽不变的情况下，增加进制数可以提高信息速率。

【例8-2】 采用2PSK调制传输2400bit/s数据，系统需要的最小理论带宽是多少？

解： 二进制时，信息速率与码速率相等，即

$$M = 2, R_b = 2400\text{bit/s}, R_B = R_b = 2400\text{Baud}$$

系统需要的最小理论带宽为

$$(B_{\text{2PSK}})_{\min} = R_B = 2400\text{Hz}$$

比较例8-2与例8-1：在相同信息速率2400bit/s下，1）采用4PSK调制时，所需带宽$(B_{\text{4PSK}})_{\min} = 1200\text{Hz}$；2）采用2PSK调制时，所需带宽$(B_{\text{2PSK}})_{\min} = 2400\text{Hz}$；四进制所需带宽是二进制的1/2，说明：在相同信息速率下，若增加进制数，可以减小带宽，减小码速率，提高频带利用率$\eta_b (\eta_b = R_b/B)$。

【例8-3】 采用 MPSK 调制传输 9600bit/s 数据：1) 若 $M=4$, 系统需要的最小理论带宽是多少？2) 若传输带宽为 2400Hz, 如图 8-32a 所示，MPSK 调制的进制数 M 应该如何选择？

解：1) 采用四进制时：$M=4$, $R_b=9600\text{bit/s}$, $R_B=R_b/\log_2 M=4800\text{Baud}$
系统需要的最小理论带宽为

$$(B_{\text{MPSK}})_{\min} = (B_{\text{MQAM}})_{\min} = R_B = 4800\text{Hz}, (B_{\text{4PSK}})_{\min} = 4800\text{Hz}$$

2) 若系统带宽 $B_{\text{MPSK}}=2400\text{Hz}$, 需要的传输速率为 9600bit/s 时，问：MPSK 调制的进制数 M 应该如何选择？例 8-1 中得出：$(B_{\text{MPSK}})_{\min}=R_B$, 已知 $(B_{\text{MPSK}})_{\min}$ 可求得 R_B 至少为

$$R_B=(B_{\text{MPSK}})_{\min}=2400\text{Hz}, \log_2 M = R_b/R_B=9600/2400=4, M=2^4=16$$

应采用 16PSK 或 16QAM。

此例为图 8-32 的 16QAM 调制解调器方案的分析，在 2400 Hz 带宽的信道中，以 9600bit/s 的速率传输数据，二进制是做不到的，需要采用十六进制。工程中常采用 64QAM 和 256QAM, 进制数增加使信息速率加大，传输更快，系统有效性更好。

【例8-4】 已知电话信道可用的信号传输频带为 600~3000Hz, 载频为 1800Hz, 试说明：1) 采用 $\alpha=1$ 升余弦滚降基带信号时，QPSK 调制可以传输 2400bit/s 数据。2) 采用 $\alpha=0.5$ 升余弦滚降基带信号时，8PSK 调制可以传输 4800bit/s 数据。3) 采用 $\alpha=0.1$ 升余弦滚降基带信号时，16PSK 调制可以传输 9600bit/s 数据。

解：信道带宽为

$$B=(3000-600)\text{Hz}=2400\text{Hz}$$

1) $\alpha=1$ 时，采用 QPSK, $R_b=2400\text{bit/s}$;
码元速率为

$$R_B=R_b/\log_2 M=2400/\log_2 4\text{Baud}=1200\text{Baud}$$

基带信号带宽 $B_\text{基}$,
基带频带利用率为

$$\eta=\frac{R_B}{B_\text{基}}=\frac{2}{1+\alpha}, B_\text{基}=\frac{1+\alpha}{2}\times R_B=\frac{1+1}{2}\times 1200\text{Hz}=1200\text{Hz}$$

QPSK 信号带宽为

$$B=2B_\text{基}=2400\text{Hz}$$

所以当载频 $f_c=1800\text{Hz}$ 时，QPSK 调制可以传输 2400bit/s 数据。

2) $\alpha=0.5$ 时，采用 8PSK, $R_b=4800\text{bit/s}$ 时，码元速率为

$$R_B=R_b/\log_2 M=4800/\log_2 8\text{Baud}=1600\text{Baud}$$

基带信号带宽 $B_\text{基}$, 基带频带利用率为

$$\eta=\frac{R_B}{B_\text{基}}=\frac{2}{1+\alpha}, B_\text{基}=\frac{1+\alpha}{2}\times R_B=\frac{1+0.5}{2}\times 1600\text{Hz}=1200\text{Hz}$$

8PSK 信号带宽为

$$B=2B_\text{基}=2400\text{Hz}$$

所以当载频 $f_c=1800\text{Hz}$ 时，8PSK 调制可以传输 2400bit/s 数据。

3) $\alpha=0.1$ 时，采用 16PSK, $R_b=9600\text{bit/s}$ 时，码元速率为

$$R_B=R_b/\log_2 M=9600/\log_2 16\text{Baud}=2400\text{Baud}$$

基带信号带宽 $B_\text{基}$, 基带频带利用率为

$$\eta=\frac{R_B}{B_\text{基}}=\frac{2}{1+\alpha}, B_\text{基}=\frac{1+\alpha}{2}\times R_B=\frac{1+0.1}{2}\times 2400\text{Hz}\approx 1320\text{Hz}$$

16PSK 信号带宽为

$$B = 2B_{基} \approx 2640\text{Hz}$$

所以当载频 $f_c = 1800\text{Hz}$ 时，16PSK 调制可以传输 9600bit/s 数据。

【例 8-5】 采用 16PSK 调制，传输 9600bit/s 数据，问：1）若采用 $\alpha = 1$ 升余弦滚降基带信号时，16PSK 信号带宽是多少？2）若基带脉冲序列采用矩形波形，100% 占空比的不归零（NRZ）信号，16PSK 信号带宽是多少？

解析： 本例系统带宽不再是最小理论极值的情况了，而是基带脉冲波形采用升余弦滚降信号或采用矩形波形这两种常用情况。

解： 1）16PSK 的基带脉冲序列是 $\alpha = 1$ 的升余弦信号，信息速率为 9600bit/s，求此 16PSK 信号的带宽。16PSK 调制是正弦载波调制，把基带脉冲序列频谱搬移到载频处，已调信号带宽 B_{MPSK} 即系统带宽，是基带脉冲序列带宽 $B_{基}$ 的 2 倍：$B_{\text{MPSK}} = 2B_{基}$。针对正弦载波调制，已调信号带宽和基带信号带宽之间一直存在此公式关系。

基带信号带宽在数字基带传输系统中，有

$$\eta = \frac{R_B}{B_{基}} = \frac{2}{1+\alpha} \rightarrow B_{基} = \frac{1+\alpha}{2} R_B$$

$$B_{\text{MPSK}} = 2B_{基} = 2 \times \frac{1+\alpha}{2} R_B = (1+\alpha) R_B = (1+\alpha) \frac{R_b}{\log_2 M}$$

$$R_b = 9600\text{bit/s}, R_B = \frac{R_b}{\log_2 M}, B_{16\text{PSK}} = (1+\alpha) \frac{R_b}{\log_2 M} = (1+1) \times \frac{9600}{\log_2 16} \text{Hz} = 4800\text{Hz}$$

2）若基带信号采用矩形波形（100% 占空比 NRZ 信号），问 16PSK 信号带宽是多少？矩形脉冲序列功率谱密度的第一过零点近似为信号带宽，当基带信号采用 100% 占空比的矩形波形时，带宽为 $B_{基} = R_B$。

MPSK 信号是基带信号的频谱搬移，搬移之后，带宽为原来的 2 倍，即 $B_{\text{MPSK}} = 2B_{基} = 2R_B$，因此

$$B_{\text{MPSK}} = 2B_{基} = 2R_B = \frac{2}{\log_2 M} R_b, B_{16\text{PSK}} = \frac{2}{\log_2 16} \times 9600\text{Hz} = 4800\text{Hz}$$

显然，本例采用的两种基带波形带宽都大于理论极小值 2400Hz，是理论极值的 2 倍。在 MPSK 调制中，基带信号波形常采用矩形波形或升余弦波形，显然，此时的系统带宽不能到达理论极小带宽。

8.4 最小移频键控 MSK

最小频移键控（Minimum Frequency Shift Keying, MSK）是新型数字调制方式之一。2FSK（二进制频移键控）的特点是带宽较大，频带利用率不高。MSK 是 2FSK 的一种改进型，是 2FSK 的一种特殊情况，MSK 的两个载频正交且具有最小频差，这里"最小"是指能以最小的调制指数（即 0.5）获得正交信号。MSK 是恒包络的，而且，在相邻符号交界处，信号的相位保持连续。从能量角度而言，最小相位频移键控信号的功率谱密度集中于载频处，随频率的升高，信号功率以 4 次方的速率衰减，带外衰减快。

最小频移键控功率谱密度特性良好，带宽窄，频谱主瓣能量集中，旁瓣滚降衰减快，频带利用率高，在现代通信中应用较广泛。与 2PSK 相比，MSK 传送的比特速率更高，与 QPSK 相同，且带外的频谱分量比 2PSK 衰减得更快。

1. 最小频移键控（MSK）定义

最小频移键控（MSK）信号是一种包络恒定、相位连续、带宽最小并且严格正交的 2FSK 信号。MSK 信号波形图如图 8-33 所示。

2. 正交 2FSK 信号最小频率间隔

2FSK 信号码元的表示式为

$$s(t) = \begin{cases} A\cos(\omega_1 t + \varphi_1), & \text{当发送"1"时} \\ A\cos(\omega_2 t + \varphi_2), & \text{当发送"0"时} \end{cases}$$

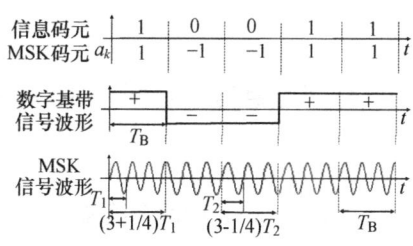

图 8-33 MSK 信号波形图

MSK 是两个载频正交的 2FSK。为了满足正交条件，要求两个载波在一个码周期 T_B 内的相乘积分为零，即

$$\int_0^{T_B} [\cos(\omega_1 t + \varphi_1)\cos(\omega_2 t + \varphi_2)]dt = 0$$

用三角函数积化和差公式计算得

$$\frac{1}{2}\int_0^{T_B}\{\cos[(\omega_1+\omega_2)t+\varphi_1+\varphi_2]+\cos[(\omega_1+\omega_2)t+\varphi_1-\varphi_2]\}dt = 0$$

上式积分结果为

$$\frac{\sin[(\omega_1+\omega_2)T_B+\varphi_1+\varphi_2]}{\omega_1+\omega_2}+\frac{\sin[(\omega_1-\omega_2)T_B+\varphi_1-\varphi_2]}{\omega_1-\omega_2}-\frac{\sin(\varphi_1+\varphi_2)}{\omega_1+\omega_2}-\frac{\sin(\varphi_1-\varphi_2)}{\omega_1-\omega_2}=0$$

假设 $\omega_1+\omega_2 \gg 1$，上式左端第 1 和 3 项近似等于零，可化简为

$$\cos(\varphi_1-\varphi_2)\sin(\omega_1-\omega_2)T_B + \sin(\varphi_1-\varphi_2)[\cos(\omega_1-\omega_2)T_B - 1] = 0$$

式中，φ_1 和 φ_2 是任意常数，但若任意则在接收端无法预知，只能采用非相干检波法接收。对于相干接收，则要求初相位是确定的，在接收端是预知的，这时可以令 $\varphi_1-\varphi_2=0$。于是，上式可以化简为

$$\sin(\omega_1-\omega_2)T_B = 0 \Rightarrow f_1-f_2 = \frac{n}{2T_B}$$

当 $n=1$ 时取得频差的最小值，即正交的 2FSK 信号的最小频率间隔为

$$f_1 - f_2 = \frac{1}{2T_B} = \frac{R_B}{2} \tag{8-24}$$

式中，T_B 为码周期，$R_B = 1/T_B$ 为码速率。

3. MSK 信号的表达式

MSK 信号是恒包络的，幅度为 1，是常数。MSK 信号的第 k 个码元，$s_k(t)$ 可以表示为

$$s_k(t) = \cos\left(\omega_c t + \frac{a_k \pi}{2T_B}t + \varphi_k\right) \quad (k-1)T_B < t \leq kT_B \tag{8-25}$$

式中，a_k 为二进制的信息码元，在此取双极性，取值为 +1 或 −1，原信息码是"0"和"1"，需经单双极性变换，变换为"+1"和"−1"；φ_k 为第 k 个码元的初相位，在一个码元宽度中是不变的；ω_c 为载波角频率；T_B 为码周期或称为码元宽度；$\omega_c t + \frac{a_k \pi}{2T_B}t + \varphi_k$ 为 $s_k(t)$ 的瞬时相位。

瞬时频率等于瞬时相位的导数，即

$$d\left[\omega_c t + \frac{a_k \pi}{2T_B}t + \varphi_k\right]/dt = \left(\omega_c + \frac{a_k \pi}{2T_B}\right)\text{rad/s} = \left(f_c + \frac{a_k}{4T_B}\right)\text{Hz} = \left(f_c + \frac{a_k R_B}{4}\right)\text{Hz}$$

1）当信息码元为"1"时，$a_k = +1$，对应的码元载频 f_1 为

$$f_1 = f_c + \frac{R_B}{4} \tag{8-26}$$

2) 当信息码元为"0"时，$a_k = -1$，对应的码元载频 f_2 为

$$f_2 = f_c - \frac{R_B}{4} \tag{8-27}$$

f_1 和 f_2 是 MSK 的两个载频，f_1 是中心频率 f_c 左移 $R_B/4$，f_2 是中心频率 f_c 右移 $R_B/4$，两个载频之间的频差为

$$f_1 - f_2 = \frac{1}{2T_B} = \frac{R_B}{2} \tag{8-28}$$

是正交 2FSK 信号的最小频率间隔。通常在系统设计中，中心频率 f_c 和码速率 R_B 是已知条件，按式（8-26）~式（8-28）即可计算出 MSK 的两个载频和频差。

4. MSK 信号的相位连续性

FSK 信号的相位不一定连续，前一码元的结束相位和后一码元的起始相位不一定相等，相位可能存在跳变，在前后码元连接处信号波形突变，会产生高频分量，使信号功率谱密度特性不理想，带外衰减慢，对带外的其他信号造成干扰，在对带外衰减要求严格的场合不适用。为克服此缺点，改进为使 MSK 的相位连续。MSK 带外衰减快，功率谱密度特性理想，适用于带外衰减要求严格的场合。

式（8-25）中，波形相位连续的一般条件是前一码元末尾的相位等于后一码元开始时的相位，即

$$\frac{a_{k-1}\pi}{2T_B}t + \varphi_{k-1}\Big|_{t=kT_B} = \frac{a_k\pi}{2T_B}t + \varphi_k\Big|_{t=kT_B} \Rightarrow \frac{a_{k-1}\pi}{2T_B}kT_B + \varphi_{k-1} = \frac{a_k\pi}{2T_B} \cdot kT_B + \varphi_k$$

由上式推导出下列递归条件，即

$$\varphi_k = \varphi_{k-1} + \frac{k\pi}{2}(a_{k-1} - a_k) = \begin{cases} \varphi_{k-1}, & \text{当} a_k = a_{k-1} \text{时} \\ \varphi_{k-1} \pm k\pi, & \text{当} a_k \neq a_{k-1} \text{时} \end{cases} \tag{8-29}$$

若已知信息码元 a_k、a_{k-1} 和前一码元相位常数 φ_{k-1}，可以递推出当前码元相位 φ_k。一般情况下，默认情况是假设 φ_k 的初始参考值等于 0，此时，φ_k 的可能取值是 0 或 π。

5. 附加相位函数 $\theta(t)$

式（8-25）中，定义第 k 个码元的相位为附加相位函数 $\theta_k(t)$，即

$$\theta_k(t) = \frac{a_k\pi}{2T_B}t + \varphi_k \tag{8-30}$$

$\theta_k(t)$ 是 t 的直线方程，在一个码元持续时间 T_B 内，$\frac{a_k\pi}{2T_B}t$ 线性变化 $\pm\pi/2$，即

当 $a_k = +1$ 时（"+1"简记为"+"），$\theta_k(t)$ 增加 $\pi/2$；

当 $a_k = -1$ 时（"-1"简记为"-"），$\theta_k(t)$ 减小 $\pi/2$。

按照这一规律，设信息码 $a_k = + + - + - + ---$，可以画出 MSK 信号附加相位 $\theta_k(t)$ 的轨迹图，即 MSK 附加相位网格图如图 8-34 所示。图中，通常设初相位 $\varphi_0 = 0$，则 $t=0$ 时 $\theta_0(t)=0$。

第一个码周期：t 由 0 增加到 T_B，$a_1 = +$，$\theta_1(t)$ 增加 $\pi/2$，由 0 增加到 $\pi/2$；

第二个码周期：t 由 T_B 增加到 $2T_B$，$a_2 = +$，$\theta_2(t)$ 增加 $\pi/2$，由 $\pi/2$ 增加到 π；

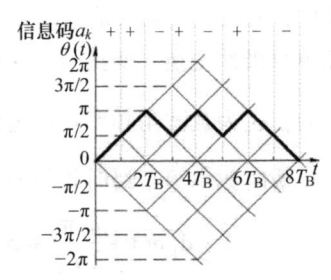

图 8-34 MSK 的附加相位网格图

第三个码周期：t 由 $2T_B$ 增加到 $3T_B$，$a_3 = -$，$\theta_3(t)$ 减小到 $\pi/2$，由 π 减小到 $\pi/2$；

依此类推，得到 $\theta(t)$ 由 0 开始可能经过的全部路径。由于相位是以 2π 为周期的，所以，$\theta(t)$ 曲线一定在图 8-34 中 $[-2\pi, 2\pi]$ 区间的网格内，这个网格是 $\theta(t)$ 所以可能经过的路径，称 $\theta(t)$ 在网格中的路径为附加相位网格图。

【例 8-6】 MSK 调制系统，设 $R_B = 1000\text{Baud}$，$f_c = 3000\text{Hz}$，设起始码元相位常数为 0，信息码为 $\{a_k\} = +1 -1 -1 +1 +1$。求：1) 两个载频 f_2、f_1。2) 附加相位函数 $\theta(t)$ 表达式。3) 画出附加相位函数 $\theta(t)$ 波形和 MSK 信号波形。

解：1) $R_B = 1000\text{Baud}$，$f_c = 3000\text{Hz}$，得 $f_c = 3R_B$。

$a_k = +1$ 时，对应的码元载频 f_1 为 $f_1 = f_c + R_B/4 = (3000 + 1000/4)\text{Hz} = 3250\text{Hz}$。

$a_k = -1$ 时，对应的码元载频 f_2 为 $f_2 = f_c - R_B/4 = (3000 - 1000/4)\text{Hz} = 2750\text{Hz}$。

2) $\theta_k(t) = \dfrac{a_k \pi}{2T_B} t + \varphi_k$。

3) 画 $\theta(t)$ 波形：已知信息码 $\{a_k\} = +1 -1 -1 +1 +1$，设初始值 $\theta(0) = 0$，若当前码元为 $a_k = +1$，则 $\theta(t)$ 线性增加 $\pi/2$；若当前码元为 $a_k = -1$，则 $\theta(t)$ 线性减小 $\pi/2$。画出 $\theta(t)$ 波形如图 8-35 所示。$\theta(t)$ 波形在 $t = kT_B$ 时的值 $\theta(kT_B)$ 是 MSK 信号第 k 个码元波形的初相位。MSK 波形中，前一码元的结束相位是后一码元的起始相位，前后码元相位连续。

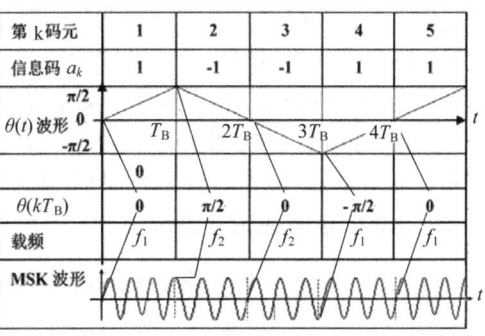

图 8-35　附加相位函数 $\theta(t)$ 波形图

画 MSK 信号 $e_{\text{MSK}}(t)$ 波形如图 8-36 所示。图中每个码周期内波形的分析：

画 MSK 波形依据：一个是一个码周期内画几个周期的载波，需求出 MSK 两个载频与码速率之间关系；另一个是每个码对应的载波起始相位 $\theta(kT_B)$。

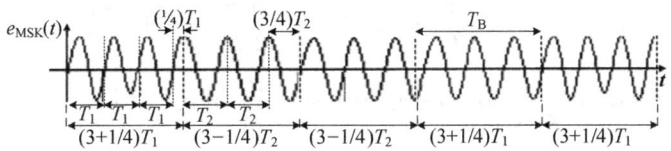

图 8-36　MSK 信号 $e_{\text{MSK}}(t)$ 波形及其每个码周期内波形分析

本例中，$f_c = 3R_B$ 是不是一个码周期内含 3 个载波周期呢？不是。f_c 是 MSK 的中心频率，实际的两个工作频率，即载频是 f_1 和 f_2，在 f_c 两侧，为 $f_c \pm R_B/4$，两者正交，且频差为 $R_B/2$。

第一个码周期，t 为 $0 \sim T_B$，$a_1 = +1$，码元对应的载频 f_1 为

$$f_1 = f_c + \frac{R_B}{4} = 3R_B + \frac{R_B}{4} = \left(3 + \frac{1}{4}\right)R_B, \quad f_1 = 1/T_1 = \frac{3 + \dfrac{1}{4}}{T_B}$$

$f_c = 3R_B$ 时，载频周期 T_1 与码周期 T_B 之间满足：$T_B = (3 + 1/4)T_1$。

一个码周期 T_B 内含有 $(3 + 1/4)$ 个载波周期 T_1，画图：起始相位设为 0，画 3 个周期的余弦后，再画由 0 相到 $\pi/2$ 相的 1/4 周期的余弦，即在 t 为 $0 \sim T_B$ 内，画 $(3 + 1/4)$ 个周期的载波，起始相位为 0 相，结束相位为 $\pi/2$ 相。

第二个码周期，t 为 $T_B \sim 2T_B$，$a_1 = -1$，码元对应的载频 f_2 为

$$f_2 = f_c - \frac{R_B}{4} = 3R_B - \frac{R_B}{4} = \left(3 - \frac{1}{4}\right)R_B, f_2 = \frac{1}{T_2} = \frac{3 - \frac{1}{4}}{T_B}$$

$f_c = 3R_B$ 时，载频周期 T_2 与码周期 T_B 之间满足：$T_B = (3 - 1/4)T_2$。

一个码周期 T_B 内含有 $(3 - 1/4) = (2 + 3/4)$ 个载波周期 T_2，画图：起始相位等于上一个码周期的结束相位 $\pi/2$，画两个周期的余弦后（一个载波周期 T_2 是从相位 $\pi/2$ 起始，到相位 $\pi/2$ 结束），再画由 $\pi/2$ 相到 0 相的 3/4 周期的余弦，即在 t 为 $T_B \sim 2T_B$ 内，画 $(2 + 3/4)$ 个周期的载波，起始相位 $\pi/2$ 相，结束相位 0 相。

依此类推，画后续码元的 MSK 波形。

画 MSK 波形的方法归纳总结：当 $a_k = +1$，码元对应的载频 f_1，$T_B = (3 + 1/4)T_1$，一个码周期 T_B 内含有 $(3 + 1/4)$ 个载波周期 T_1；当 $a_k = -1$，码元对应的载频 f_2，$T_B = (3 - 1/4)T_2$，一个码周期 T_B 内含有 $(3 - 1/4)$ 个载波周期 T_2。

图 8-35 中 MSK 的 $\theta(t)$ 波形和 MSK 信号波形对照：MSK 波形的每码元起始相位和结束相位与附加相位函数 $\theta(t)$ 波形相一致，等于 $\theta(kT_B)$，而且，MSK 波形中前后码元的相位连续，无相位跳变。可见 MSK 是相位连续的、两个载频正交的、频差为 $R_B/2$ 的信号。

6. MSK 信号的正交表示法

用三角函数公式展开第 k 个码元的 MSK 信号表达式：$s_k(t) = \cos\left(\omega_c t + \frac{a_k \pi}{2T_B} t + \varphi_k\right)$，得

$$s_k(t) = \cos\left(\frac{a_k \pi}{2T_B} t + \varphi_k\right)\cos\omega_c t - \sin\left(\frac{a_k \pi}{2T_B} t + \varphi_k\right)\sin\omega_c t$$

$$= \left(\cos\frac{a_k \pi t}{2T_B}\cos\varphi_k - \sin\frac{a_k \pi t}{2T_B}\sin\varphi_k\right)\cos\omega_c t - \left(\sin\frac{a_k \pi t}{2T_B}\cos\varphi_k + \cos\frac{a_k \pi t}{2T_B}\sin\varphi_k\right)\sin\omega_c t$$

考虑到正交条件，有

$$\sin\varphi_k = 0, \cos\varphi_k = \pm 1$$

$$a_k = \pm 1, \cos\frac{a_k \pi}{2T_B} t = \cos\frac{\pi t}{2T_B}, \sin\frac{a_k \pi}{2T_B} t = a_k \sin\frac{\pi t}{2T_B}$$

$s_k(t)$ 式变成：$s_k(t) = \cos\varphi_k \cos\frac{\pi t}{2T_B}\cos\omega_c t - a_k \cos\varphi_k \sin\frac{\pi t}{2T_B}\sin\omega_c t$，即

$$s_k(t) = p_k \cos\frac{\pi t}{2T_B}\cos\omega_c t - q_k \sin\frac{\pi t}{2T_B}\sin\omega_c t, (k-1)T_B < t \leq kT_B \tag{8-31}$$

式中，

$$p_k = \cos\varphi_k = \pm 1, q_k = a_k \cos\varphi_k = a_k p_k = \pm 1 \tag{8-32}$$

7. MSK 调制

MSK 调制器采用正交调制实现。式（8-31）中，MSK 信号可以用两个正交的分量表示，依式（8-31）得到 MSK 信号产生原理框图，如图 8-37 所示。

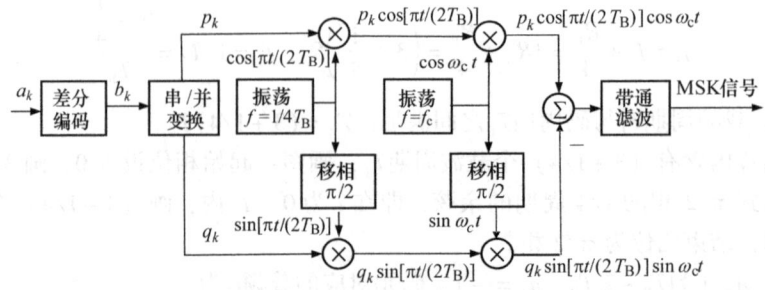

图 8-37 MSK 信号产生原理框图

(1) 图 8-37 MSK 信号产生原理框图的解析

1) 输入序列 a_k,即 $a_k = a_1, a_2, a_3, a_4, \cdots = +1, -1, +1, -1, -1, +1, +1, -1, +1\cdots$

2) a_k 经过差分编码器后得到差分码 b_k,即

$$b_k = b_1, b_2, b_3, b_4, \cdots = +1, -1, -1, +1, -1, -1, -1, +1, +1\cdots$$

3) 序列 b_k 经过串/并变换,分成 p_k 支路和 q_k 支路,即

$$b_1, b_2, b_3, b_4, b_5, b_6, \cdots = p_1, q_2, p_3, q_4, p_5, q_6, \cdots$$

4) 串/并变换输出的支路码元长度为输入码元长度的 2 倍,若仍然采用原来的序号 k,将支路第 k 个码元长度仍当作为 T_B,则可以写成

$$b_1 = p_1 = p_2, b_2 = q_2 = q_3, b_3 = p_3 = p_4, b_4 = q_4 = q_5, \cdots$$

这里的 p_k 和 q_k 的长度仍是原来的 T_B。换句话说,因为 $p_1 = p_2 = b_1$,所以由 p_1 和 p_2 构成一个长度等于 $2T_B$ 的取值为 b_1 的码元。

5) p_k 和 q_k 作为上、下两路的输入,经过两次正交调制,即可生成 MSK 信号。

(2) a_k 和 b_k 之间是差分编码关系的证明 因为序列 b_k 由 $p_1, q_2, p_3, q_4, \cdots p_{k-1}, q_k, p_{k+1}, q_{k+2}, \cdots$ 组成,所以按照差分编码的定义,需要证明仅当输入码元为"-1"时,b_k 变号,即需要证明当输入码元为"-1"时,$q_k = -p_{k-1}$ 或 $p_k = -q_{k-1}$。

1) 当 k 为偶数时,式 $b_1, b_2, b_3, b_4, b_5, b_6, \cdots = p_1, q_2, p_3, q_4, p_5, q_6, \cdots$ 右端中的码元为 q_k。由递归条件式 (8-29),可知,这时 $p_k = p_{k-1}$,将其代入 $q_k = a_k \cos \varphi_k = a_k p_k = \pm 1$,得到 $q_k = a_k p_k = a_k p_{k-1}$。所以,当且仅当 $a_k = -1$ 时,$q_k = -p_{k-1}$,即 b_k 变号。

2) 当 k 为奇数时,式 $b_1, b_2, b_3, b_4, b_5, b_6, \cdots = p_1, q_2, p_3, q_4, p_5, q_6, \cdots$ 右端中的码元为 p_k。由递归条件式 (8-29) 可知,此时若 a_k 变号,则 φ_k 改变 π,即 p_k 变号,否则 p_k 不变号,故有 $p_k = (a_k a_{k-1}) p_{k-1} = a_k (a_{k-1} p_{k-1}) = a_k q_{k-1}$。将 $a_k = -1$ 代入得到 $p_k = -q_{k-1}$,即 b_k 变号。证毕。

由于 MSK 调制(见图 8-37)中经过串/并变换,变换后输出支路码元长度为输入码元长度的 2 倍,这一点与 QPSK 类似,在相同信息速率下,码元长度加长 2 倍使码速率减小 2 倍,从而使系统带宽减小为原来的 1/2。MSK 信号的带宽与 QPSK 相近,都小于 2PSK,是 2PSK 带宽的 1/2。这也是 MSK 实用的原因之一,比其他二进制数字调制系统的频带利用率高。

8. MSK 信号的解调——延时判决相干解调法

设初相位常数 $\varphi_0(t) = 0$,考察 $k=1$ 和 $k=2$ 的 MSK 两个码元的附加相位曲线如图 8-38 所示,是两个码元的所以可能路径。

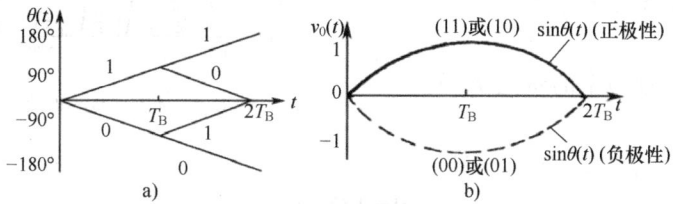

图 8-38 MSK 两个码元的附加相位曲线

在解调时,若用 $\cos(\omega_c t + \pi/2)$ 作为相干载波与 MSK 信号相乘,即

$$\cos[\omega_c t + \theta_k(t)]\cos\left(\omega_c t + \frac{\pi}{2}\right) = \frac{1}{2}\cos\left[\theta_k(t) - \frac{\pi}{2}\right] + \frac{1}{2}\cos\left[2\omega_c t + \theta_k(t) + \frac{\pi}{2}\right]$$

1) 上式右端第二项的频率为 $2\omega_c$,将它用低通滤波器滤除,并省略掉常数 1/2 后,得到输出

电压：$u_0(t) = \cos\left[\theta_k(t) - \dfrac{\pi}{2}\right] = \sin\theta_k(t)$。

若输入的两个码元为"+1，+1"或"+1，-1"，图 8-38a 中 $\theta_k(t)$ 在横轴以上，始终为正，则 $u_0(t)$ 的值在 $0 < t < 2T_B$ 期间始终为正。

若输入的两个码元为"-1，+1"或"-1，-1"，图 8-38a 中 $\theta_k(t)$ 在横轴以下，始终为负，则 $u_0(t)$ 的值在 $0 < t < 2T_B$ 期间始终为负。

2) 因此，在 $0 < t < 2T_B$ 期间对 $u_0(t)$ 积分可得

若积分结果为正值，说明第一个接收码元为"+1"。

若积分结果为负值，说明第一个接收码元为"-1"。

3) 同理，在 $T_B < t < 3T_B$ 期间积分，能判断第 2 个接收码元的值。依此类推，得 MSK 信号延迟解调法方框图如图 8-39 所示。

积分判决器的积分时间长度均为 $2T_B$，但是错开时间 T_B。上支路的积分判决器先给出第 $2i$ 个码元输出，然后下支路给出第 $(2i+1)$ 个码元输出。用这种方法解调，由于利用了前后两个码元的信息对于前一个码元做判决，故可以提高数据接收的可靠性。

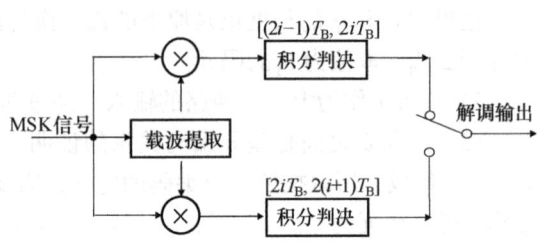

图 8-39 MSK 信号延迟解调法方框图

9. MSK 信号的功率谱密度

MSK 信号的归一化（平均功率 = 1W 时）单边功率谱密度 $P_s(f)$ 的计算结果为

$$P_s(f) = \dfrac{32\,T_B}{\pi^2}\left[\dfrac{\cos 2\pi(f-f_B)T_B}{1 - 16(f-f_B)^2 T_B^2}\right]^2 \tag{8-33}$$

MSK、GMSK、QPSK 信号的功率谱密度曲线如图 8-40 所示。图中横坐标是以中心频率 f_c 来规格化的，即横坐标代表的频率是 $f - f_c$。MSK 信号的功率谱密度为图中实线，与 QPSK 信号相比，MSK 信号的功率谱密度更为集中，其旁瓣下降得更快，带外衰减快，对于相邻频道的干扰较小。计算表明，在相同的信息速率下。

1) 包含 90% 信号功率的带宽 B 近似值如下。

① 对于 QPSK、OQPSK、MSK 信号：

$$B \approx 1/T_B\ \mathrm{Hz}。$$

② 对于 BPSK 信号：

$$B \approx 2/T_B\ \mathrm{Hz}。$$

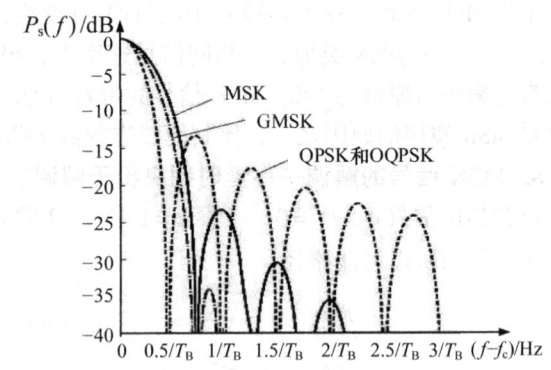

图 8-40 MSK、GMSK、QPSK 信号功率谱密度曲线

2) 包含 99% 信号功率的带宽近似值为

① 对于 MSK：$B \approx 1.2/T_B\ \mathrm{Hz}$。

② 对于 QPSK：$B \approx 6/T_B\ \mathrm{Hz}$。

③ 对于 BPSK：$B \approx 9/T_B\ \mathrm{Hz}$。

可见，MSK 信号带宽比 BPSK 小，与 QPSK 接近，频带利用率比其他二进制数字调制系统高。MSK 调制中信息码波形也经过与 QPSK 相似的串/并转换，使码周期展宽为原来的 2 倍，故带宽减小。

10. 高斯最小频移键控 GMSK

MSK 的突出优点是信号具有恒定的振幅及信号的功率谱密度在主瓣以外衰减较快。然而，在对信号带外辐射功率要求苛刻的场合，如移动通信中，MSK 不能满足要求。为此，提出了 GMSK。GMSK 是在 MSK 调制器之前加入一高斯低通滤波器。用高斯低通滤波器作为 MSK 的前置滤波器，以进一步减小带外辐射。此高斯型低通滤波器的频率特性表达式为

$$H(f) = \exp\left[-\frac{\ln 2}{2}\left(\frac{f}{B}\right)^2\right] \tag{8-34}$$

式中，B 为高斯低通滤波器的 3dB 带宽。将上式做逆傅里叶变换，得到此滤波器的冲激响应，即

$$h(t) = \frac{\sqrt{\pi}}{\alpha}\exp\left(-\frac{\pi}{\alpha}t\right)^2, \quad \alpha = \sqrt{\frac{\ln 2}{2}}\frac{1}{B} \tag{8-35}$$

由于 $h(t)$ 为高斯特性，故称为高斯型滤波器。

GMSK 信号的功率谱密度曲线如图 8-40 所示。采用 $BT_B = 0.3$，即滤波器的 3dB 带宽 B 等于码元速率的 30%。在 GSM 制的蜂窝网中是采用 $BT_B = 0.3$ 的 GMSK 调制，这是为了得到更大的用户容量，对带外辐射的要求非常严格。

GMSK 体制的优点是带外辐射小，缺点是有码间串扰。BT_B 值越小，码间串扰越大。

思考题与习题

8-1 与二进制调制相比较，多进制调制有哪些优缺点？

8-2 MSK 信号的中文全称是什么？MSK 信号的特点是什么？

8-3 最小频移键控 MSK 中"最小"的含义为(　　)。

8-4 GMSK 信号的中文全称是什么？GMSK 信号的特点是什么？

8-5 采用多进制信号传输二进制序列可以节省(　　)，付出的代价是(　　)。
A. 功率　带宽　　　B. 时间　复杂度　　　C. 带宽　信噪比　　　D. 时间　信噪比

8-6 设 2PSK 系统的信息速率为 $R_b = 2\text{kbit/s}$，现有一 16QAM 系统与该 2PSK 系统具有相同的信息速率，则该 16QAM 系统的码元周期为(　　)。
A. 0.5ms　　　B. 2ms　　　C. 8ms　　　D. 0.125ms

8-7 在相同的信息速率情况下，下列系统中带宽最大的是(　　)。
A. QPSK　　　B. 16QAM　　　C. MSK　　　D. BPSK

8-8 在信息速率相同的条件下，MSK 信号的带宽(　　)2PSK 信号的带宽。
A. 等于　　　B. 大于　　　C. 小于　　　D. 不一定

8-9 若采用 64QAM 调制且比特率为 6000bit/s，则码元传输速率为(　　) Baud。
A. 1000　　　B. 6000　　　C. 36000　　　D. 384000

8-10 有一个 QPSK 通信系统，若基带信号为最小带宽波形，且要求达到 9600bit/s 的信息速率，则所需的最小传输带宽为(　　) Hz。
A. 2400　　　B. 4800　　　C. 9600　　　D. 19200

8-11 在信息速率相同的条件下，2PSK 系统与 QPSK 系统相比通常需要(　　)。
A. 更大带宽　　　B. 更小带宽　　　C. 相等带宽　　　D. 不一定

8-12 64QAM 系统，信道带宽等于信号主瓣带宽的 1/2，则频带利用率为(　　)bit/(s·Hz)。
A. 6　　　B. 4　　　C. 3　　　D. 2

8-13 MSK 信号相位的连续性导致信号的频谱分量(　　)。

A. 集中于主瓣　　　　　　　　　　　　B. 分散于旁瓣
C. 在主瓣和旁瓣上均匀分布　　　　　　D. 旁瓣滚降衰减慢

8-14 MSK 信号不但(　　)连续,而且(　　)连续,故频谱集中于主瓣。
A. 振幅　频率　　B. 频谱　波形　　C. 振幅　相位　　D. 波形　相位

8-15 MSK 信号波形不但(　　)恒定,而且(　　)连续,故频谱旁瓣滚降衰减快。
A. 振幅　频率　　B. 频谱　波形　　C. 包络　相位　　D. 波形　相位

8-16 下列不含离散谱只含连续谱的信号是(　　)。
A. DPSK,AM　　B. PSK,FSK　　C. MSK,PSK　　D. DSB,PSK

8-17 MSK 信号与 2PSK 信号相比较其优势在于(　　),特别适合移动通信。
A. 误码小　　B. 频谱集中于主瓣　　C. 容易实现调制解调　　D. 含离散谱

8-18 2PSK 信号与 MSK 信号相比较,其优势在于(　　)。
A. 含离散谱　　B. 频谱集中于主瓣　　C. 容易实现调制解调　　D. 频带利用率高

8-19 如果 BPSK 调制信号与 QPSK 调制信号的码元传输速率相同,则 BPSK 信号的信息传输速率是 QPSK 信号的(　　)倍,BPSK 占据的最小带宽是 QPSK 的(　　)倍。

8-20 若 4PSK 系统中的 4 个符号独立等概率出现,信息速率为 1Mbit/s,则抽样判决器的位定时信号的频率为(　　)kHz。

8-21 采用 4PSK 调制传输 4800bit/s 数据,无码间干扰的最小传输带宽为(　　)Hz。

8-22 设发送二进制信息为 1011001,按 B 方式编码规则,画出 QDPSK 波形示意图。B 方式编码规则为 10、11、00、01 对应的相位差 $\Delta\varphi$ 为 225°、315°、135°、45°。

8-23 已知解调器输入端信噪比 $r=20$,试求 QPSK 方式和 QDPSK 方式系统误码率。

8-24 待传送二元数字序列 $\{a_k\}$ =1011010011,1) 试画出 QPSK 信号波形。假定 $f_c = R_B = 1/T_B$,4 种双比特码 00、10、11、01 分别用相位偏移 0、$\pi/2$、π、$3\pi/2$ 的振荡波形表示。2) 给出 QPSK 信号表达式和调制器原理方框图。

8-25 已知 2PSK 系统的传输速率 2400bit/s,试确定:1) 2PSK 信号的主瓣带宽和频带利用率。2) 若对基带信号采用 $\alpha=0.4$ 的余弦滚降滤波预处理,再进行 2PSK 调制,这时占用的信道带宽和频带利用率是多大? 3) 若传输带宽不变,而传输速率增加至 7200bit/s,则调制方式应做何改变?

8-26 已知 QPSK 系统的传输速率 2400bit/s,试确定:1) QPSK 信号的主瓣带宽和频带利用率。2) 若对基带信号采用 $\alpha=0.4$ 的余弦滚降滤波预处理,再进行 QPSK 调制,这时占用的信道带宽和频带利用率是多大? 3) 若传输带宽不变,而传输速率增加至 7200bit/s,则调制方式应做何改变?

8-27 设某 MPSK 系统的比特率为 4800bit/s,基带信号采用 $\alpha=1$ 的余弦滚降滤波预处理,试问:1) 4PSK 占用的信道带宽和频带利用率。2) 8PSK 占用的信道带宽和频带利用率。

8-28 设发送数字序列为 +1 -1 -1 -1 -1 -1 +1,试画出相应的 MSK 信号相位变化图 [附加相位网格曲线 $\theta(t)$]。若码元速率为 1000Baud,载频为 3000Hz,试画出此 MSK 信号波形。

8-29 设有一个 MSK 信号,其码元速率为 1000Baud,分别用 f_1 和 f_0 表示码元"1"和"0"。若 f_1 = 1250Hz,试确定 f_0 的值,并画出三个码元"101"的波形。

8-30 设初始相位为零,若发送数据序列为 11100110,试画出 MSK 信号的附加相位函数 $\theta(t)$ 曲线。

第9章 数字信号的最佳接收

本章要点

- 数字信号的统计特性和最佳接收
  - ☆ 数字通信系统的统计模型和似然函数
  - ☆ 数字信号最佳接收的最大似然比准则
- 确知数字信号相关器形式最佳接收法
  - ☆ 确知信号相关器形式最佳接收机设计
  - ☆ 相关器形式最佳接收机抗噪声性能
- 随相信号和起伏信号的相关器形式最佳接收法
- 数字信号的匹配滤波接收法
  - ☆ 匹配滤波器的设计原理
  - ☆ 确知数字信号匹配滤波器形式的最佳接收
  - ☆ 随相数字信号匹配滤波器形式的最佳接收
- 最佳基带传输系统

内容导读

- 针对数字通信系统,在数字基带传输系统和数字频带传输系统中,接收端的解调器等为普通接收机,本章研究另一种接收机设计方法,称为最佳接收机,能代替数字解调器等普通接收机实现接收。
- 通信研究信息传输,信道传输带来干扰,接收端要在干扰信号中判决恢复信号,接收机的设计也可以从统计判决的角度进行。在数字信号的最佳接收分析中,采用的分析思路:依据统计判决(Statistical Decision)理论,从数字信号接收统计模型出发,依据某种最佳接收准则,推导出相应的最佳接收机结构,然后再分析其性能。
- 所谓"最佳",都是在某一准则条件下的最佳。数字信号的最佳接收是按照错误概率最小作为"最佳"的准则。本章分别针对误码率和输出信噪比这两个指标,把误码率最小和输出信噪比最大作为两种准则,推导出两种最佳接收机形式:积分器形式的最佳接收机和相关器形式的最佳接收机。两种形式的最佳接收机适用于数字基带信号和数字频带信号的最佳接收。

9.1 数字信号的统计特性和最佳接收

本知识点主要内容如下。

1)数字信号的统计特性:围绕数字通信系统的统计模型,分析了消息空间、信号空间、噪声空间、观察空间,给出观察空间的似然函数。

2)数字信号的最佳接收:围绕数字通信系统的统计模型,依据差错概率最小准则,推导出判决准则,即最大似然准则。下一个知识点依据最大似然准则设计确知信号最佳接收机以及随相信号最佳接收机。

9.1.1 数字通信系统的统计模型和似然函数

数字通信系统的统计模型如图9-1所示，数字信号的统计特性围绕数字通信系统的统计模型来分析。通信中的消息、信号、噪声和接收信号以及判决，可以看成是状态空间。消息空间是消息所有可能状态的集合。消息不能直接传送，要把它映射成信号，映射到信号空间。消息和信号空间是一一对应的。然后发送信号，送入信道，信道中叠加有噪声，到达观察空间，观察空间是信号与噪声的叠加。再对观察空间的信号依据某种准则进行判决，恢复原信号。

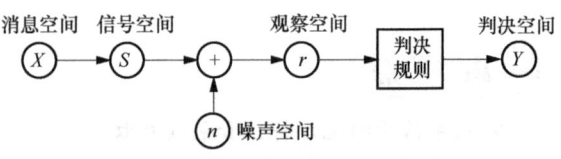

图 9-1 数字通信系统的统计模型

X、S、n、r、Y 空间代表消息、发送信号、噪声、接收信号波形及判决结果的所有可能状态的集合。各个空间的状态用参数 x、s、n、r、y 的统计特性来描述。

(1) 消息空间　消息空间：$X = \{x_1, x_2, \cdots, x_n\}$，是消息所有 n 种可能状态的集合。在数字系统中，消息空间是离散的状态，且取值满足全概率公式：$\sum_{i=1}^{n} p(x_i) = 1$。

(2) 信号空间　信号是实际传送采用的电波形。消息本身不能直接在数字通信系统中进行传输，需要将消息变换为相应的电信号 $s_i(t)$，即将消息集合 $\{X\}$ 映射成信号集合 $\{S\}$。

1) 映射是一一对应，即消息 x_i 与信号 s_i 一一对应。

2) $\{S\}$ 由 n 个离散状态组成，即 $S = \{s_1, s_2, \cdots, s_n\}$，$p(s_i) = p(x_i)$，$\sum_{i=1}^{n} p(s_i) = 1$。

$p(s_i)$ 是发送 $s_i(t)$ 信号的概率，称为先验概率，是信号统计检测的第一数据。

(3) 噪声空间　假定信道为加性高斯白噪声信道，则噪声 $n(t)$ 的统计特性为：均值为零，方差为 σ_n^2，双边噪声功率谱密度为 $n_0/2$，$n(t)$ 的 k 维联合概率密度函数 $f(n) = f(n_1, n_2, \cdots, n_k)$。

在前面各章中常用噪声的一维概率密度函数来描述其统计特性。为了更全面地描述噪声的统计特性，采用噪声的 k 维联合概率密度函数。$n_1, n_2, \cdots, n_k$ 为噪声 $n(t)$ 在观察区间 $(0, T)$ 内 k 个采样时刻 $t_i(i=1,2,\cdots,k)$ 对应的 k 个随机变量。

若信源中基带信号的最高频率为 f_H，按照奈奎斯特抽样定理，采样频率为 $2f_H$，在观察区间 $(0, T)$ 内等间隔地采 k 个样值 $n_1, n_2, \cdots, n_k$，则：$k = 2f_H T$。

根据随机信号分析理论：对于白噪声，自相关函数 $R(\tau) = \delta(\tau)$，自相关函数等于冲激函数，只在 $\tau = 0$ 时刻 $R(\tau)$ 的值不为 0，其余时刻 $R(\tau)$ 的值均为 0。白噪声的功率谱密度均匀分布，功率谱密度和自相关函数互为傅里叶变换对，冲激函数的傅里叶变换是常数，因此，白噪声自相关函数 $R(\tau)$ 等于冲激函数。白噪声自相关函数中 τ 表示两个随机变量的时差，$\tau \neq 0$ 时，是两个不同时刻的随机变量，此时 $R(\tau) = 0$，说明两个不同时刻的随机变量之间是不相关的。表明：白噪声在各个采样时刻的随机变量之间，满足自相关，互不相关。对于高斯过程：若互不相关，则统计独立。

噪声 $n(t)$ 为高斯白噪声，则它在任意两个时刻上得到的样值都是不相关的，同时也是统计独立的。即 k 维联合概率密度函数等于 k 个一维概率密度函数的乘积，即

$$f(n_1, n_2, \cdots, n_k) = f(n_1)f(n_2)\cdots f(n_k) \tag{9-1}$$

$f(n_i)$ 是噪声 n 在 t_i 时刻的取值 n_i 的一维概率密度函数，是均值为零，方差为 σ_n^2 的高斯分布，其一维概率密度函数为

$$f(n_i) = \frac{1}{\sqrt{2\pi}\sigma_n}\exp\left(-\frac{n_i^2}{2\sigma_n^2}\right) \tag{9-2}$$

代入式 (9-1)，噪声 $n(t)$ 的 k 维联合概率密度函数为

$$f(n) = \frac{1}{(\sqrt{2\pi}\,\sigma_n)^k}\exp\left(-\frac{1}{2\sigma_n^2}\sum_{i=1}^{k}n_i^2\right) \tag{9-3}$$

当 k 很大时，在观察时间 $(0,T)$ 内，噪声的平均功率可表示为 $\frac{1}{k}\sum_{i=1}^{k}n_i^2$，其中 $k=2f_H T$，则 $\frac{1}{k}\sum_{i=1}^{k}n_i^2 = \frac{1}{2f_H T}\sum_{i=1}^{k}n_i^2$。把左侧求和改写成积分：$\frac{1}{k}\sum_{i=1}^{k}n_i^2 = \frac{1}{T}\int_0^T n^2(t)\mathrm{d}t$，则

$$\frac{1}{T}\int_0^T n^2(t)\mathrm{d}t = \frac{1}{2f_H T}\sum_{i=1}^{k}n_i^2 \tag{9-4}$$

故

$$\frac{1}{2\sigma_n^2}\sum_{i=1}^{k}n_i^2 = \frac{1}{n_0}\int_0^T n^2(t)\mathrm{d}t \tag{9-5}$$

式中，$\sigma_n^2 = n_0 f_H$。（$\sigma_n^2 = n_0 B$，$B = f_H$）。把上式代入式 (9-3)，得噪声的概率密度函数 $f(n)$ 为

$$f(n) = \frac{1}{(\sqrt{2\pi}\,\sigma_n)^k}\exp\left(-\frac{1}{n_0}\int_0^T n^2(t)\mathrm{d}t\right) \tag{9-6}$$

(4) 观察空间　信号经过信道之后到达观察空间，观察空间 $r(t)$ 是信号和噪声的叠加，即

$$r(t) = s(t) + n(t) \tag{9-7}$$

观察区间 $(0,T)$，T 一般取为一个码周期 T_B。在一个码周期的观察时间内，信号 s_1，s_2，…，s_n 其中之一被发送，但是到底是哪一个无法确定，接收端需要判决收到的信号是其中的哪一个，接收信号一定是其中之一，这是随机变量或者随机过程的一个特点。

当发送信号为 $s_i(t)$ 时，接收信号为

$$r(t) = s_i(t) + n(t) \tag{9-8}$$

式中，$s_i(t)$ 是确定信号，$r(t)$ 的随机性完全由噪声 $n(t)$ 决定，与 $n(t)$ 一样服从高斯分布，方差仍为 σ_n^2，但是均值不再为 0，变为 $s_i(t)$。因此，由式 (9-6)，当发送信号波形为 $s_i(t)$ 时，$r(t)$ 的 k 维联合概率密度函数 $f_{si}(r)$ 为

$$f_{si}(r) = \frac{1}{(\sqrt{2\pi}\,\sigma_n)^k}\exp\left\{-\frac{1}{n_0}\int_0^T [r(t) - s_i(t)]^2\mathrm{d}t\right\},(i=1,2,\cdots,n) \tag{9-9}$$

$f_{si}(r)$ 称为似然函数，它是信号统计检测的第二数据。

9.1.2　数字信号最佳接收的最大似然比准则

围绕数字通信系统的统计模型，依据差错概率最小准则，推导出判决准则：最大似然准则。本知识点脉络：以二进制数字通信系统为例，讨论如何才能使噪声引起的错误概率最小，由最小差错概率准则推导出接收机的最佳判决准则，即似然比准则。再由二进制扩展到多进制。

所谓"最佳"接收是指在某种准则下的最佳接收。本知识点依据的最佳接收准则为最小差错概率准则。最小差错概率准则是数字通信系统中最直观且最合理的最佳接收准则。

(1) 总误码率 P_e 公式　总误码率 = 发送 1 的概率 $P(1)$ × 发 1 时的误码率 P_{e1} + 发送 0 的概率 $P(0)$ × 发送 0 时的误码率 P_{e0}，即

$$P_e = P(1)P_{e1} + P(0)P_{e0} \tag{9-10}$$

式中，$P_{e1} = P(0/1)$ 为发送 "1" 时，收到 "0" 的错误转移概率；$P_{e0} = P(1/0)$ 为发送 "0" 时，

收到"1"的错误转移概率。

下一步：求错误转移概率 P_{e1} 和 P_{e0} 的表达式，进而求得总误码率。

(2) 似然函数 当发送信号波形为 $s_i(t)$ 时，$r(t)$ 的 k 维联合概率密度函数 $f_{si}(r)$，称为似然函数。

二进制数字系统，假设发送信号为 $s_0(t)$ 和 $s_1(t)$，表示码元"0"和"1"，根据式 (9-9)，发送 $s_0(t)$ 信号时 $r(t)$ 的概率密度函数（即似然函数）$f_0(r)$ 为

$$f_0(r) = \frac{1}{(\sqrt{2\pi}\sigma_n)^k} \exp\left\{-\frac{1}{n_0}\int_0^T [r(t) - s_0(t)]^2 dt\right\} \quad (9\text{-}11)$$

同理，发送 $s_1(t)$ 信号时 $r(t)$ 的似然函数 $f_1(r)$ 为

$$f_1(r) = \frac{1}{(\sqrt{2\pi}\sigma_n)^k} \exp\left\{-\frac{1}{n_0}\int_0^T [r(t) - s_1(t)]^2 dt\right\} \quad (9\text{-}12)$$

观察空间的似然函数曲线和区域划分如图 9-2 所示。设接收端的判决门限为 r_0'，将观察空间划分为两个区域 A_0 和 A_1，其边界是 r_0'，即判决门限，判决规则：若接收矢量 r 落在区域 A_0 内，则判为发送码元是"0"；若接收矢量 r 落在区域 A_1 内，则判为发送码元是"1"。

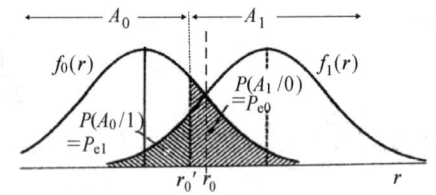

图 9-2 观察空间的似然函数和区域划分

当信号发送"1"的时候，如果接收端的采样值大于 r_0'，落在 A_1 区间，判为"1"，实现了正确判决；否则，信道噪声的干扰造成接收端采样值小于 r_0'，落在 A_0 区间，误判为"0"，产生误码 $P_{e1} = P(0/1)$。P_{e1} 为曲线 $f_1(r)$ 下阴影部分的面积。

同理，当信号发送"0"的时候，误判为"1"的概率 $P_{e0} = P(1/0)$，P_{e0} 为曲线 $f_0(r)$ 下阴影部分的面积。

(3) 总误码率 $P(A_0/1)$ 表示发送"1"时矢量 r 落在区域 A_0 的条件概率，即

$$P_{e1} = P(A_0/1) = \int_{A_0} f_1(r) dr = \int_{-\infty}^{r_0'} f_1(r) dr$$

$P(A_1/0)$ 表示发送"0"时矢量 r 落在区域 A_1 的条件概率，即

$$P_{e0} = P(A_1/0) = \int_{A_1} f_0(r) dr = \int_{r_0'}^{\infty} f_0(r) dr$$

代入式 (9-10)，总误码率 P_e 为

$$P_e = P(1)\int_{-\infty}^{r_0'} f_1(r) dr + P(0)\int_{r_0'}^{\infty} f_0(r) dr \quad (9\text{-}13)$$

式中，r_0' 是判决门限。式 (9-13) 可见，P_e 是 r_0' 的函数。

(4) 求最佳判决门限 求使 P_e 最小的判决分界点 r_0'，即最佳判决门限 r_0。

函数在导数为 0 的点取得极值，故：P_e 对 r_0' 求导，将式 (9-13) 方程两端对 r_0' 求导并令导数等于 0，得 $P(1)f_1(r_0) - P(0)f_0(r_0) = 0$，即

$$\frac{P(1)}{P(0)} = \frac{f_0(r_0)}{f_1(r_0)} \quad (9\text{-}14)$$

解式 (9-14) 求得的 r_0 是最佳门限，也可以说，最佳门限 r_0 需满足的表达式为式 (9-14)。

当先验概率相等 $P(1) = P(0)$ 时，式 (9-14) 为：$f_0(r_0) = f_1(r_0)$，最佳分界点 r_0 位于图 9-2 中两条曲线 $f_0(r)$ 和 $f_1(r)$ 的交点对应的 r 值处。

(5) 似然比准则 为了达到最小差错概率，可以按如下规则进行判决，即

$$\begin{cases} \dfrac{f_0(r)}{f_1(r)} > \dfrac{p(1)}{p(0)}, & \text{判为"0"（即} s_0(t) \text{出现）} \\ \dfrac{f_0(r)}{f_1(r)} < \dfrac{p(1)}{p(0)}, & \text{判为"1"（即} s_1(t) \text{出现）} \end{cases} \quad (9\text{-}15)$$

此判决规则称为似然比准则。在加性高斯白噪声条件下，似然比准则和最小差错概率准则是等价的。似然比准则是在最小差错概率准则下推导出来的。

（6）最大似然准则　在 $p(0)=p(1)$ 时，似然比准则简化为最大似然准则，即

$$\begin{cases} \text{若} f_0(r) > f_1(r), & \text{则判为"0"（即} s_0(t) \text{出现）} \\ \text{若} f_0(r) < f_1(r), & \text{则判为"1"（即} s_1(t) \text{出现）} \end{cases} \quad (9\text{-}16)$$

即哪路信号的似然函数大，就判为哪路信号出现。此判决准则常称为最大似然准则。在接收端判决中，只要比较两路输出信号的似然函数，就能实现最佳判决。按照最大似然准则判决可以得到理论上最佳的误码率，即达到理论上的误码率最小值。

（7）多进制最大似然准则　由二进制最大似然准则推广到多进制最大似然准则：

设在一个 M 进制数字通信系统中，可能的发送码元是 $s_1, s_2, \cdots, s_i, \cdots, s_n$ 之一，设它们的先验概率相等，能量也相等。当发送码元是 s_i 时，接收信号 $r(t)$ 的 k 维联合概率密度函数，即似然函数为

$$f_i(r) = \dfrac{1}{(\sqrt{2\pi}\sigma_n)^k} \exp\left\{-\dfrac{1}{n_0} \int_0^{T_s} [r(t) - s_i(t)]^2 dt \right\} \quad (9\text{-}17)$$

于是，多进制最大似然准则为若 $f_i(r) > f_j(r)$，则判为 $s_i(t)$ 出现。

接收端比较各路输出信号的似然函数，哪一路的似然函数最大，就判为该路信号出现。

（8）小节　二进制或多进制数字通信中，信源通常是等概率的，常采用最大似然比准则来设计最佳接收机。9.2 节中相关器形式的最佳接收机是利用最大似然比准则来推导的最佳接收机。

最大似然比准则是在最小差错概率下推导出的。最小差错概率准则是数字通信系统最常采用的准则，除此之外，还有：贝叶斯（Bayes）准则、尼曼-皮尔逊（Neyman-Pearson）准则、极大极小准则等。9.4 节中给出了最佳接收机的另一种形式，即匹配滤波器，是在输出信噪比最大下推导出的。

9.2 确知数字信号相关器形式最佳接收法

最佳接收系统如图 9-3 所示。本节知识点脉络：以二进制为例，采用似然比准则，推导出确知信号的满足最小差错概率准则的最佳接收机的结构，即相关器形式的最佳接收机。给出最佳接收机的数学描述和组成原理框图、设计实例和系统仿真。

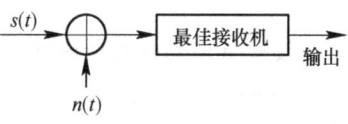

图 9-3　最佳接收系统

9.2.1　确知信号相关器形式最佳接收机设计

1. 确知信号与随参信号

通信是研究信息传输的理论，接收的信号是随机信号，否则就没有传送的必要了。信号与系统课程中讨论的信号是确定信号，确定信号是给一个时刻 t，都有个确定的函数值 $f(t)$ 与之对应。例如 $f(t) = \sin \omega_c t$，信号的所有参数都是确定的，信号是确定信号。

随机信号是指信号的取值是不确定的，例如掷硬币，取值是正面和反面是不确定的，但是它的两个取值，正或反面是确定的。随机信号即随机过程，通信中的信号总体上来说属于随机过

程。随机过程又划分为确知信号和随参信号。

1) 确知信号是指一个信号出现后,它的所有参数(如幅度、频率、相位、到达时刻等)都是确知的。在理想恒参信道中接收到的数字信号可以认为是确知信号,例如,2FSK 信号,其随机性表现在发送"0"和发送"1"是随机的;确知性表现为"0"和"1"所对应的2FSK 信号波形是确定的,而且波形的参数都是确定的,不是随机变量。

2) 随参信号是指一个信号出现后,它的某些参数(如幅度、频率、相位、到达时刻等)是随机的。例如:经过多径传输的衰落信号。

随参信号又分为

① 随相信号:相位是随机的;

② 随机振幅信号:幅度是随机的;

③ 起伏信号:振幅和相位都是随机的。

例如:2FSK 经过多径传输后的衰落信号,若幅度和相位不再是常数,而是瑞利分布和均匀分布的随机变量,则成为起伏信号。2FSK 信号把二进制信息加载的频率上,采用两个不同的频率分别表示二进制两种状态。例如发送"0"的时候2FSK 信号波形为 $A\cos(\omega_1 t + \varphi)$,振幅和相位是常数,为简洁通常令 $A=1$,$\varphi=0$。经过信道传输之后,由于信道衰落可能造成 $A\cos(\omega_1 t + \varphi)$ 的参数不再是常数而是变成随机变量:若相位 φ 不再是0,而是变成一个随机变量,则接收到的 2FSK 信号就成了随相信号;若振幅 A 不再等于1,而是变成一个随机变量,则接收到的 2FSK 信号就成了随机振幅信号;若振幅 A 和相位都变成随机变量,则接收到的 2FSK 信号就成了起伏信号。

数字信号最佳接收机的输入信号分为确知信号和随参信号,本知识点讨论确知信号的最佳接收问题,下一知识点讨论随相信号和起伏信号的最佳接收问题。

2. 由似然比准则推导确知信号的接收判决规则

以二进制为例,由似然比准则推导二进制确知信号的接收判决规则。

设到达接收机输入端的两个确知信号,分别为 $s_0(t)$ 和 $s_1(t)$,它们在码元持续时间 $(0,T)$ 内且有相等的能量,即

$$E = E_0 = \int_0^T S_0^2(t)\mathrm{d}t = E_1 = \int_0^T s_1^2(t)\mathrm{d}t \tag{9-18}$$

在观察空间,观察时间 $(0,T)$ 内,接收机输入端的信号为

$$r(t) = \begin{cases} s_0(t) + n(t), & \text{发送}\,s_0(t)\text{时} \\ s_1(t) + n(t), & \text{发送}\,s_1(t)\text{时} \end{cases} \tag{9-19}$$

设噪声 $n(t)$ 是高斯白噪声,均值为零,单边功率谱密度为 n_0。

要求的设计准则:最小差错概率准则。在加性高斯白噪声条件下,最小差错概率准则与似然比准则是等价的。因此,可以直接利用似然比准则对确知信号做出判决。

由式 (9-11) 和式 (9-12),当发送 $s_0(t)$ 或 $s_1(t)$ 时观察空间的似然函数分别为

$$f_{s0}(r) = \frac{1}{(\sqrt{2\pi}\,\sigma_n)^k}\exp\left\{-\frac{1}{n_0}\int_0^T[r(t)-s_0(t)]^2\mathrm{d}t\right\}$$

$$f_{s1}(r) = \frac{1}{(\sqrt{2\pi}\,\sigma_n)^k}\exp\left\{-\frac{1}{n_0}\int_0^T[r(t)-s_1(t)]^2\mathrm{d}t\right\}$$

由式 (9-15),其似然比判决规则为 $\dfrac{f_{s0}(r)}{f_{s1}(r)} > \dfrac{p(1)}{p(0)}$ 时,判为 $s_0(t)$ 出现;否则,判为 $s_1(t)$ 出现。

则,当

$$P(0)\exp\left\{-\frac{1}{n_0}\int_0^T [r(t)-s_0(t)]^2 dt\right\} > P(1)\exp\left\{-\frac{1}{n_0}\int_0^T [r(t)-s_1(t)]^2 dt\right\} \quad (9\text{-}20)$$

时，判为$s_0(t)$出现；反之，判为$s_1(t)$出现。

对式（9-20）两边取对数，不等式仍成立，于是有

$$\ln P(0) - \frac{1}{n_0}\int_0^T [r(t)-s_0(t)]^2 dt > \ln P(1) - \frac{1}{n_0}\int_0^T [r(t)-s_1(t)]^2 dt$$

$$n_0 \ln P(0) - \int_0^T [r^2(t) - 2r(t)s_0(t) + s_0^2(t)] dt > n_0 \ln P(1) - \int_0^T [r^2(t) - 2r(t)s_1(t) + s_1^2(t)] dt$$
(9-21)

由于已经假设两个码元的能量相同，即$\int_0^T s_0^2(t)dt = \int_0^T s_1^2(t)dt$ 约掉方程两端的相等项，式（9-21）进一步简化，得到二进制确知信号接收判决规则为

当

$$W_0 + \int_0^T r(t)s_0(t)dt > W_1 + \int_0^T r(t)s_1(t)dt \quad (9\text{-}22)$$

时，判为$s_0(t)$出现；反之，判为$s_1(t)$出现。

式中，$\begin{cases} W_0 = \dfrac{n_0}{2}\ln P(0) \\ W_1 = \dfrac{n_0}{2}\ln P(1) \end{cases}$，在先验概率$P(0)$和$P(1)$给定的情况下，$W_0$和$W_1$都为常数。

3. 相关器形式的二进制确知信号最佳接收机的结构图

根据式（9-22）的判决规则，可得到二进制确知信号最佳接收机的结构，如图9-4所示。理论指导实际，理论推导出判决公式，用结构图来实现判决公式，依据结构图来物理实现就得到最佳接收机。

当$P(0)=P(1)$，等概时：$W_0=W_1$，在式（9-22）不等式方程的两端可以略去，图9-4中可去除两个加法器得到简化结构，如图9-5所示。通常情况下，二进制信源是等概的，采用图9-5结构图。

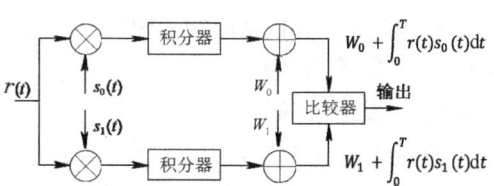

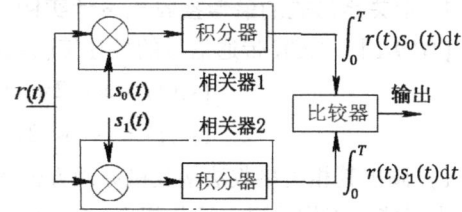

图9-4 二进制确知信号最佳接收机的
　　　结构图（相关器形式）

图9-5 相关器形式的二进制确知信号
　　　最佳接收机原理框图

观察波形即接收信号$r(t)$可能是$s_0(t)$，也可能是$s_1(t)$，接收机的目标是识别和判决到底收到的是哪个。因此，采用图9-5中结构，分为上下两路，把接收信号$r(t)$分别与$s_0(t)$和$s_1(t)$做相关运算，$r(t)$与哪路相关值大，与哪路最相关，认为该路信号出现。信号与自身最相关，自相关函数取得极大值。

如果发送信号是$s_0(t)$，当前接收码元$r(t)$为$s_0(t)$，则上路是$s_0(t)$的自相关，下路是$s_0(t)$与$s_1(t)$的互相关，上路的相关值必然大于下路，可判决为$s_0(t)$出现，从而实现正确判决。

4. 最佳接收机的工作流程

最佳接收机在一个码周期的时间区间内按下面的流程工作：

1) 积分器清零，码周期开始。

2) 把接收信号 $r(t)$ 分为上下两路，上路将 $r(t)$ 与 $s_0(t)$ 做相关运算，下路与 $s_1(t)$ 做相关运算。

3) 在码周期结束时刻，对上下两路积分器采样，比较采样值，哪路采样值大，认为哪路信号出现，输出相应的二进制码"0"或"1"。

4) 用猝熄脉冲将积分器清零，本码周期结束，跳转到 2)，重复上述过程，开始对下一个码周期信号进行判决。

5. 二进制确知信号最佳接收机的判决时刻和判决规则

接收过程是分别计算观察波形 $r(t)$ 与 $s_0(t)$ 和 $s_1(t)$ 的相关函数，在抽样时刻 $t=T$，$r(t)$ 与哪个发送信号的相关值大就判为哪个信号出现。

1) 相关器由乘法器与积分器构成。相关接收机是常用的最佳接收机，其中的相关器由乘法器和积分器组成。

2) 这种最佳接收机的结构是按比较观察波形 $r(t)$ 与 $s_0(t)$ 和 $s_1(t)$ 的相关性而构成的，因而称为相关器形式的最佳接收机或相关接收机。

3) 抽样判决时刻是每一码周期的结束时刻，即 $t=T$ 时刻，是最佳判决时刻。

4) 判决规则：在最佳判决时刻 $t=T$ 进行抽样，在比较器中，比较上、下两路抽样值的大小，哪路抽样值大就判为该路出现，并输出相应码。

① 若上路值大，判为 $s_0(t)$ 出现，判为"0"码。

② 若下路值大，判为 $s_1(t)$ 出现，判为"1"码。

积分器在每一码周期的结束时刻被采样，采样之后由猝熄脉冲将积分器清零，在下一码元期间，积分器从 0 重新开始相关积分。

6. 多进制确知信号的最佳接收

由二进制推广到多进制，由上述讨论不难推出 M 进制确知信号的最佳接收机结构，把图 9-5 的两个支路扩展到 M 个支路，每个支路分别与 M 个确知信号波形做相关运算，在码周期结束时刻，对每路积分器采样，比较采样值，哪路采样值大，认为哪路信号出现，输出相应的码。

7. 相关器形式的最佳接收机设计实例

【例 9-1】 2PSK 带通信号的最佳接收系统设计。设有一个先验等概率确知 2PSK 信号，即

$$\begin{cases} s_0(t) = \cos(2\pi f_c t), 0 \leq t \leq T_B, & \text{发送"0"码} \\ s_1(t) = -\cos(2\pi f_c t), 0 \leq t \leq T_B, & \text{发送"1"码} \end{cases}$$

1) 画出其相关接收法接收机原理方框图。2) 设接收机当前输入码元为 $s_0(t)$，画出方框图中各点可能的工作波形，设载频 $f_c=10\mathrm{kHz}$，码速率为 5kBaud。3) 该接收机的最佳判决时刻是什么？判决规则是什么？与 2ASK 信号的抽样判决门限相比有什么优势？

解析：本例是确知 2PSK 最佳接收机的设计问题。

1) 2PSK 信号的用 0 和 π 两个不同相位的载波来表示二进制信息"0"和"1"，正的载波 $s_0(t)$ 为 0 相，负的载波 $s_1(t)$ 为 π 相。$s_0(t)$ 和 $s_1(t)$ 的参数（幅度、频率、相位）都是确定的，但接收端收到的观察信号 $r(t)$ 到底是 $s_0(t)$ 还是 $s_1(t)$ 是一个确知信号，采用本节确知信号的最佳接收机结构来设计接收机。

2) 设载频 $f_c=10\ \mathrm{kHz}$，码速率为 5kBaud，则各点工作波形图中，$s_0(t)$ 和 $s_1(t)$ 在 $(0, T)$ 一个码周期内有两个周期的载波。为了解释原理而设定的载波频率值很低，实际工作系统的载频远远高于码速率，图 9-7 中波形为示意图。

3) 如果观察空间当前接收码元 $r(t)$ 是 $s_0(t)$，通过此接收机，判决输出是不是 $s_0(t)$ 呢？如果

是，就实现了正确判决，此问目的在于进一步理解和验证最佳接收机如何实现正确接收。

解：1）二进制确知信号的相关器形式的最佳接收机原理框图如图9-6所示。

此结构图适用于二进制确知信号的最佳接收，如2PSK、2FSK、二进制基带信号等。针对不同信号，结构图中的$s_0(t)$和$s_1(t)$随信号不同而不同。在2PSK最佳接收机中是2PSK信号，在2FSK最佳接收机中是2FSK信号，在数字基带信号的最佳接收机中是数字基带信号。此结构图不仅适用于频带系统，也适用于基带系统。

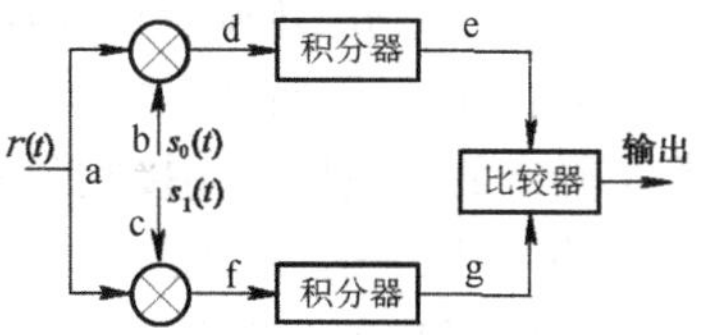

2）结构图中各点可能的工作波形如图9-7所示。

$s_0(t)$为0初相，正的载波；$s_1(t)$为π初相，负的载波。

① a图。假如当前观察空间a点接收信号为$s_0(t)$。

② b图和c图。b图和c图分别为$s_0(t)$和$s_1(t)$，上下两路分别与$s_0(t)$和$s_1(t)$进行相关运算。

③ d图。a乘b等于d，经过上路相乘之后，a和b都是$s_0(t)$，正弦载波自己和自己相乘的结果为d，均在横轴上部。

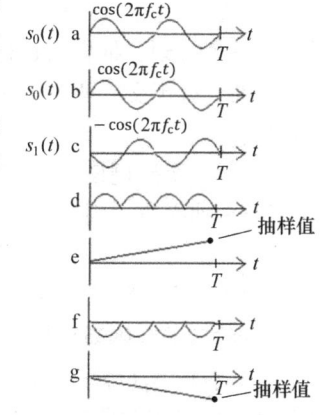

图9-6 例9-1 二进制确知信号相关器形式的最佳接收机原理框图

④ e图。d的积分等于e，积分就是累加，为d曲线下面积的累加，e为振荡上升斜线，在采样点$t=T$时刻，抽样值为正，取得极大值。

⑤ f图。a乘c等于f，经过下路相乘之后，a是$s_0(t)$，c是$s_1(t)$，一正一负两个正弦载波相乘的结果为负，如图9-7f所示，均在横轴下部。

⑥ g图。f的积分等于g为f曲线下面积的累加，g为振荡下降斜线，在采样点$t=T$时刻，抽样值为负，取得极小值。

在每一个码周期结束时刻，$t=T$时刻，对上、下两路进行采样，可以看出，上路e抽样值大于下路g抽样值，判为$s_0(t)$出现，实现了正确判决。此各点波形图详细地解析了最佳接收系统的工作过程。

3）最佳判决时刻：在每一码周期的结束时刻，即在$t=T$时刻（T为码周期）。

图9-7 例9-1 各点工作波形

判决规则：在最佳判决时刻$t=T$对上、下两路进行抽样，在比较器中，比较上、下两路抽样值的大小，哪路抽样值大就判为该路出现，并输出相应码。

① 若上路值大，判为$s_0(t)$出现，判为"0"码。

② 若下路值大，判为$s_1(t)$出现，判为"1"码。

设当前码元为"1"码，在最佳判决时刻，上路相关器输出e大于下路相关器输出g，判为上路$s_0(t)$出现，判为"0"码，实现正确判决。

与2ASK信号的抽样判决门限相比较：最佳接收在比较器中比较上、下两路的大小，没有判决门限；2ASK普通接收机是对解调器的输出进行抽样判决，通常判决门限为接收信号幅度的一半，为$A/2$。由于信道传输过程中信道衰减忽大忽小，2ASK的判决门限一直是$A/2$很难保持最佳，容易引起误判。因此，与2ASK相比，最佳接收机更抗信道衰落。

【**例9-2**】 2FSK带通信号的最佳接收系统设计。设计一个针对先验等概2FSK确知信号的最佳接收系统，要求采用相关器形式。设2FSK信号的载频$f_0=10\text{kHz}$，$f_1=20\text{kHz}$，码速率为5kBaud，"0"码，载频f_0，"1"码，载频f_1。

$$\begin{cases} s_0(t) = \cos(2\pi f_0 t), 0 \leq t \leq T_B, & \text{发送"0"码} \\ s_1(t) = \cos(2\pi f_1 t), 0 \leq t \leq T_B, & \text{发送"1"码} \end{cases}$$

1）画出相关器形式的最佳接收机结构图。2）若当前码元为"0"码，画出此时结构图中各点波形。3）指出判决规则及最佳判决时刻。

解：2FSK 用两个不同频率的信号 $s_0(t)$ 和 $s_1(t)$ 表示二进制信息，本例中，$s_0(t)$ 和 $s_1(t)$ 的参数都是确定的，但接收端接收到的当前码元到底哪一个是不确定的，是随机的，是 2FSK 确知信号。本例是 2FSK 确知信号的最佳接收机设计问题，1）和 3）问的答案均与例 9-1 相同。

2）结构图中各点可能的工作波形如图 9-8 所示。

$s_0(t)$ 为频率 $f_0 = 10\text{kHz}$ 的载波，码速率为 5kBaud，二者是 2 倍关系，一个码周期内有两个周期的载波；$s_1(t)$ 为频率 $f_1 = 20\text{kHz}$ 的载波，一个码周期内有 4 个周期的载波。

图 9-8 中，a、b、d、e 波形与例 9-1 中相同。

f 点：a 是 $s_0(t)$，c 是 $s_1(t)$，a 乘 c 等于 f；g 点：f 的积分等于 g 为 f 曲线下面积的累加，g 是围绕 t 轴振荡的曲线，值在 0 附近，在采样点 $t=T$ 时刻，抽样值近似为 0；通常在选择两个载频时使正弦信号 $s_0(t)$ 和 $s_1(t)$ 正交，两个正交信号的相乘积分为 0。正弦函数集是正交函数集。

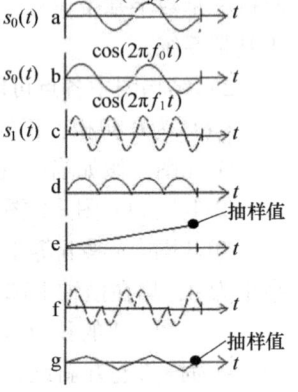

图 9-8 例 9-2 各点工作波形

在每一个码周期结束时刻，$t=T$ 时刻，对上、下两路进行采样，可以看出，上路 e 抽样值大于下路 g 抽样值，判为 $s_0(t)$ 出现，实现了正确判决。此各点波形图详细地解析了整个系统的工作过程。

【例 9-3】 数字基带信号最佳接收系统设计。设到达接收机输入端的二进制确知信号码元为双极性码元 $s_0(t)$ 和 $s_1(t)$，其中 $s_0(t) = s(t)$，$s_1(t) = -s(t)$，$s(t)$ 波形如图 9-9 所示。T 为码元周期。1）画出相关器形式的最佳接收机结构图。指出最佳判决时刻和判决规则。2）当接收机当前输入为 $s_0(t)$ 时，画出上述结构图中各点波形。

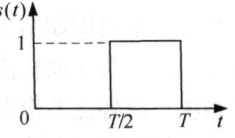

图 9-9 例 9-3 $s(t)$ 波形

解析：相关器形式的最佳接收机不仅适用于频带系统，也适用于基带系统，本例设计了一个二进制基带确知信号的最佳接收机。

解：1）同例 9-1 中 1）和 3），略。

2）如果观察空间当前接收码元 $r(t)$ 是 $s_0(t)$，通过此接收机，判决输出是不是 $s_0(t)$ 呢？

此基带二进制系统采用的是双极性波形 $s_0(t)$ 和 $s_1(t)$ 分别表示"0"和"1"，$s_0(t) = -s_1(t)$。接收机结构图中各点波形如图 9-10 所示。

① a 图。假如当前观察空间 a 点接收信号为 $s_0(t)$。

② b 图和 c 图。b 图和 c 图分别为 $s_0(t)$ 和 $s_1(t)$，上、下两路分别与 $s_0(t)$ 和 $s_1(t)$ 进行相关运算。

③ d 图。a 乘 b 等于 d，a 和 b 都是 $s_0(t)$，相乘的结果仍为 $s_0(t)$。

④ e 图。d 的积分等于 e，积分就是累加，为 d 曲线下面积的累加，e 为上升斜线，在采样点

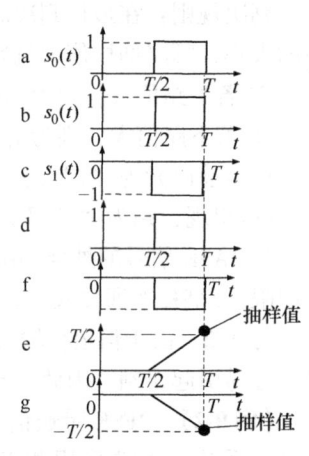

图 9-10 例 9-3 各点工作波形

$t=T$ 时刻,抽样值为正,取得极大值。

⑤ f 图。a 乘 c 等于 f,a 是 $s_0(t)$,c 是 $s_1(t)$,相乘的结果为 $-s_0(t)$。

⑥ g 图。f 的积分等于 g,为 f 曲线下面积的累加,g 为下降斜线,在采样点 $t=T$ 时刻,抽样值为负,取得极小值。

在每一个码周期结束时刻,$t=T$ 时刻,对上、下两路进行采样,可以看出,上路 f 抽样值大于下路 g 抽样值,判为 $s_0(t)$ 出现,实现了正确判决。

8. 相关器形式的最佳接收机的 LabVIEW 仿真

相关器形式最佳接收机仿真如图 9-11 所示,图 9-11a 为 2PSK 确知信号的最佳接收系统仿真程序的前面板,图 9-11b 为双极性二进制基带确知信号的最佳接收系统仿真程序的前面板。从前面板运行结果中可见接收结构图中上、下两路的各点波形以及抽样判决结果。

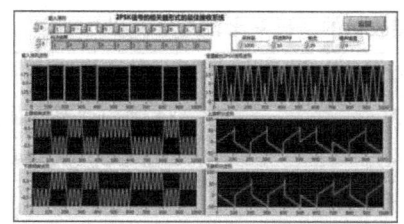 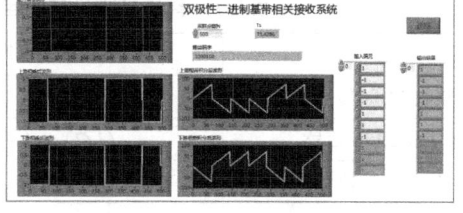

a) 2PSK 确知信号最佳接收　　　　b) 双极性二进制基带信号最佳接收

图 9-11　相关器形式最佳接收机仿真

9.2.2　相关器形式最佳接收机抗噪声性能

1. 二进制确知信号的最佳接收性能及其波形与互相关系数 ρ 的关系

在噪声强度给定的情况下,误码率完全取决于信号码元波形之间的区别。设二进制确知信号波形为 $s_0(t)$ 和 $s_1(t)$,码元能量 $E_0=\int_0^{T_B} s_0^2(t)\,\mathrm{d}t$,$E_1=\int_0^{T_B} s_1^2(t)\,\mathrm{d}t$。定义两码元波形之间的相关系数 ρ 为

$$\rho = \frac{\int_0^{T_B} s_0(t)\,s_1(t)\,\mathrm{d}t}{\sqrt{E_0 E_1}}$$

2PSK 和 2FSK 信号的两种码元是等能量的,$E_0=E_1$,误码率为

$$p_e = \frac{1}{2}\mathrm{erfc}\sqrt{\frac{E_b(1-\rho)}{2n_0}}$$

可见,ρ 越小,误码率越小,系统性能越好。

2PSK 信号采用的两个码元波形之间关系是 $s_0(t)=-s_1(t)$,相关系数 $\rho=-1$,2PSK 最佳接收的 p_e 为

$$p_e = \frac{1}{2}\mathrm{erfc}\sqrt{\frac{E_b}{n_0}}$$

2FSK 信号采用的两个码元波形之间是正交的,相关系数 $\rho=0$,2FSK 最佳接收的 p_e 为

$$p_e = \frac{1}{2}\mathrm{erfc}\sqrt{\frac{E_b}{2n_0}}$$

若两种码元中有一种的能量等于零,例如 2ASK 信号,误码率为

$$p_e = \frac{1}{2}\mathrm{erfc}\sqrt{\frac{E_b}{4n_0}}$$

2ASK 信号的性能比 2FSK 信号的性能差 3dB，而 2FSK 信号的性能又比 2PSK 信号的性能差 3dB。二进制确知信号的最佳接收机性能与波形的互相关系数 ρ 有关，最佳波形的相关系数 $\rho = -1$，对应的二进制数字调制信号是 2PSK 信号。

2. 相关器形式的最佳接收机的误码率及与普通接收机的性能比较

相关器形式的最佳接收机比普通接收机抗干扰能力强，原因是普通接收机是对码元波形采样，噪声直接加在码元波形上，采样值易受干扰容易造成误判；相关接收机中，相关积分的结果是码元能量，采样值是码元的能量，与码元信号的波形形状无关，是依据码元能量值做判决。在一个码周期内，噪声可能正负抵消，对码元能量影响较小。相关器形式的最佳接收机采用了接收判决的新思路，依据信号的码元能量进行判决，能够提高系统的抗噪声性能。

第 7 章讨论的二进制信号普通接收机与本章讨论的最佳接收机的误码率比较见表 9-1。

表 9-1　普通接收机与最佳接收机的误码率比较

	实际接收机 p_e	最佳接收机 p_e
相干接收 2ASK 信号	$(1/2)\mathrm{erfc}\sqrt{r/4}$	$(1/2)\mathrm{erfc}\sqrt{E_b/(4n_0)}$
非相干接收 2ASK 信号	$(1/2)\exp(-r/4)$	$(1/2)\exp[-E_b/(4n_0)]$
相干接收 2FSK 信号	$(1/2)\mathrm{erfc}\sqrt{r/2}$	$(1/2)\mathrm{erfc}\sqrt{E_b/(2n_0)}$
非相干接收 2FSK 信号	$(1/2)\exp(-r/2)$	$(1/2)\exp[-E_b/(2n_0)]$
相干接收 2PSK 信号	$(1/2)\mathrm{erfc}\sqrt{r}$	$(1/2)\mathrm{erfc}\sqrt{E_b/n_0}$
非相干接收 2PSK 信号	$(1/2)\exp(-r)$	$(1/2)\exp(-E_b/n_0)$
相干接收 2DPSK 信号	$\mathrm{erfc}\sqrt{r}[1-(1/2)\mathrm{erfc}\sqrt{r}]$	$\mathrm{erfc}\sqrt{E_b/n_0}[1-(1/2)\mathrm{erfc}\sqrt{E_b/n_0}]$

表 9-1 中 r 是信噪比，E_b/n_0 是码元能量与噪声功率谱密度之比。比较可知，实际接收机中的信噪比 r 相当于最佳接收机中的码元能量与噪声功率谱密度之比 E_b/n_0。当信噪比 r 等于最佳接收机中的码元能量和噪声功率谱密度之比 E_b/n_0 时，两者误码率一样。当系统满足奈奎斯特极限时二者才能相等，而奈奎斯特带宽是理论上的极限，实际接收机的带宽一般都不能达到此极限，所以，实际接收机性能总是比不上最佳接收机性能。

9.3　随相信号和起伏信号的相关器形式最佳接收法

以二进制为例，利用似然比准则推导随相数字信号和起伏数字信号的最佳接收机结构，给出最佳接收机的数学描述、组成原理框图和系统仿真。

以 2FSK 信号为例来推导随相数字信号和起伏数字信号的最佳接收机。2FSK 信号采用两个不同的频率表示二进制信息，载波的幅度和相位都是常数。经过衰落信道传输后，如果接收到的 2FSK 信号的相位不再是常数而是随机变量，即 2FSK 随相信号。如果包络和相位都不再是常数而是随机变量，即 2FSK 起伏信号。

1. 随相数字信号的最佳接收机结构

以 2FSK 随相信号为例来推导，假设 2FSK 信号的各码元是等能量的、先验概率相等、互不相关的；通信系统中存在带限高斯白噪声；接收信号码元相位 φ 是随机变量，其概率密度函数服从均匀分布。因此，可以将此接收信号 $r(t)$，即随相 2FSK 信号，表示为

$$r(t) = \begin{cases} s_0(t,\varphi_0) = A\cos(\omega_0 t + \varphi_0), & \text{发送码元 "0"} \\ s_1(t,\varphi_1) = A\cos(\omega_1 t + \varphi_1), & \text{发送码元 "1"} \end{cases} \quad (9\text{-}23)$$

式中，随机相位φ_0和φ_1服从均匀分布，概率密度函数分别表示为

$$f(\varphi_0) = \begin{cases} 1/(2\pi), & 0 \leq \varphi_0 < 2\pi \\ 0, & \text{其他处} \end{cases}, f(\varphi_1) = \begin{cases} 1/(2\pi), & 0 \leq \varphi_1 < 2\pi \\ 0, & \text{其他处} \end{cases}$$

接收矢量r具有随机相位，发"0"和发"1"时的似然函数分别为$f_0(r)$和$f_1(r)$

$$f_0(r) = \int_0^{2\pi} f(\varphi_0) f_0(r/\varphi_0) \mathrm{d}\varphi_0, f_1(r) = \int_0^{2\pi} f(\varphi_1) f_1(r/\varphi_1) \mathrm{d}\varphi_1$$

1）依据似然比准则，判决条件为

若接收矢量r使$f_0(r) > f_1(r)$，则判为发送码元是"0"。

若接收矢量r使$f_0(r) < f_1(r)$，则判为发送码元是"1"。

2）经过推导计算后，1）中的判决条件等价于下列判决条件：

若接收矢量r使$M_0^2 > M_1^2$，则判为发送码元是"0"。

若接收矢量r使$M_0^2 < M_1^2$，则判为发送码元是"1"。

其中，

$$\begin{cases} M_0 = \sqrt{X_0^2 + Y_0^2} \\ M_1 = \sqrt{X_1^2 + Y_1^2} \end{cases} \begin{cases} X_0 = \int_0^{T_B} r(t) \cos \omega_0 t \mathrm{d}t \\ Y_0 = \int_0^{T_B} r(t) \sin \omega_0 t \mathrm{d}t \end{cases} \begin{cases} X_1 = \int_0^{T_B} r(t) \cos \omega_1 t \mathrm{d}t \\ Y_1 = \int_0^{T_B} r(t) \sin \omega_1 t \mathrm{d}t \end{cases}$$

判决条件2）将比较似然函数转化为比较M_0和M_1。按照判决条件2）的判决准则，构成的随相信号最佳接收机结构图如图9-12所示。

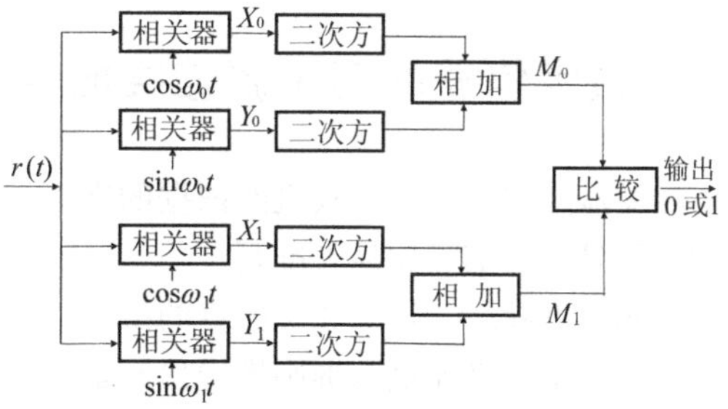

2. 起伏数字信号的最佳接收机结构

以2FSK起伏信号为例简要地讨论其最佳接收问题。假设通信系统中的噪声是带限高斯白噪声；各码元信号是互不相关的、等能量的、等先验概率的2FSK起伏信号。

2FSK起伏信号的幅度A和相位φ都是随机变量，表示式为

图9-12 随相信号最佳接收机的结构（相关器形式）

$$\begin{cases} s_0(t, \varphi_0, A_0) = A_0 \cos(\omega_0 t + \varphi_0), & \text{发送码元"0"} \\ s_1(t, \varphi_1, A_1) = A_1 \cos(\omega_1 t + \varphi_1), & \text{发送码元"1"} \end{cases} \tag{9-24}$$

式中，A_0和A_1是由于多径效应引起的随机起伏振幅，它们概率密度函数服从瑞利分布，即

$$f(A_i) = \frac{A_i}{\sigma_n^2} \exp\left(-\frac{A_i^2}{2\sigma_n^2}\right), \quad A_i \geq 0, i = 1, 2$$

σ_n^2为噪声功率。式（9-26）中随机相位φ_0和φ_1服从均匀分布，概率密度函数为

$$f(\varphi_i) = 1/(2\pi), 0 \leq \varphi_i < 2\pi, i = 1, 2$$

接收矢量r不但具有随机相位，还具有随机起伏的振幅，是起伏信号，发送"0"和"1"时接收矢量的概率密度，即似然函数$f_0(r)$和$f_1(r)$可以分别表示为

$$f_0(r) = \int_0^{2\pi} \int_0^{\infty} f(A_0) f(\varphi_0) f_0(r/\varphi_0, A_0) \mathrm{d}A_0 \mathrm{d}\varphi_0$$

$$f_1(r) = \int_0^{2\pi} \int_0^{\infty} f(A_1) f(\varphi_1) f_1(r/\varphi_1, A_1) \mathrm{d}A_1 \mathrm{d}\varphi_1$$

经过数学推导计算，依据似然比准则来比较上两式的似然函数等价于比较下两式：

$$f_0(r) = K' \frac{n_0}{n_0 + T_s \sigma_s^2} \exp\left[\frac{2\sigma_s^2 M_0^2}{n_0(n_0 + T_s \sigma_s^2)}\right], f_1(r) = K' \frac{n_0}{n_0 + T_s \sigma_s^2} \exp\left[\frac{2\sigma_s^2 M_1^2}{n_0(n_0 + T_s \sigma_s^2)}\right]$$

观察此两式可知，比较此两式等价于比较 M_0^2 和 M_1^2 的大小。可见，和随相信号最佳接收时一样，比较似然函数 $f_0(r)$ 和 $f_1(r)$ 仍然等价于比较 M_0^2 和 M_1^2 的大小。因此，起伏信号最佳接收机的结构和随相信号最佳接收机结构相同，起伏信号最佳接收机结构图如图 9-12 所示。

3. 关于相关接收机和相干解调器

图 9-12 中相关器形式的 2FSK 随相信号和起伏信号的最佳接收机属于非相干接收机。2FSK 随相信号和起伏信号不能采用相干解调，由于随相信号和起伏信号的相位带有由信道引入的随机变化，所以在接收端不能采用相干接收方法。换言之，相干解调只适用于相位确知的信号。对于随相信号和起伏信号而言，非相干接收是最佳的接收方法。

许多普通接收机都采用相干解调方式。相干解调由乘法器和低通滤波器组成，采用相干解调的接收机称为相干接收机，不采用相干解调的都叫非相干接收。相干解调实质是在接收端把接收信号与同步载波进行比相，相干的过程就是相位比较的过程，适用于相位确定的情况，适合确知 2FSK 信号的接收。而随相和起伏 2FSK 信号的相位是随机变量，无法与载波相位保持同频同相，相干解调不能恢复原信号。

相关和相干是两个不同的概念。相干解调器由乘法器和低通滤波器组成，相关接收由乘法器和积分器组成。本节的相关接收机不同于普通接收机，是另一种接收方式，相比之下，抗噪声性能更好。

9.4 数字信号的匹配滤波接收法

相关器形式的最佳接收机的依据的准则是差错概率最小准则，匹配滤波器形式最佳接收机依据的准则是输出信噪比最大准则。

本知识点脉络：暂不考虑失真的影响，以二进制数字通信系统为例，针对确知信号和随相信号，采用输出信噪比最大准则推导出匹配滤波器接收机的结构。给出匹配滤波器形式最佳接收机的数学描述和组成原理框图、设计实例和系统仿真。

9.4.1 匹配滤波器的设计原理

在通信系统中，滤波器是重要部件之一。在数字信号接收中，滤波器的作用有两个方面：一个是使滤波器输出有用信号成分尽可能强；另一个是使滤波器输出噪声成分尽可能小，减小噪声对信号判决的影响。

1. 最佳线性滤波器设计的两种准则

准则 1　均方误差最小：使滤波器输出的信号波形与发送信号波形之间的均方误差最小，由此而导出的最佳线性滤波器称为维纳滤波器。

准则 2　输出信噪比最大：使滤波器输出信噪比在某一特定时刻达到最大，由此而导出的最佳线性滤波器称为匹配滤波器（知识点讨论内容）。

2. 匹配滤波器

（1）匹配滤波器的定义　匹配滤波器是输出信噪比最大的最佳线性滤波器。

采用输出信噪比最大准则的原因：差错概率取决于信噪比。误码率是信噪比的函数，信噪比越大，误码率越小。使信噪比最大时，也能使误码率最小。抽样判决器输出数据正确与否，与滤波器输出信号波形和发送信号波形之间的相似程度无关，也即与滤波器输出信号波形的失真程度无关，而只取决于抽样时刻信噪比。信噪比越大，错误判决的概率越小。

（2）匹配滤波器依据的最佳接收准则　所谓最佳接收是指在某种准则意义下的最佳接收。匹配滤波器依据的最佳接收准则:"输出信噪比最大"准则。

3. 匹配滤波法最佳接收机的系统函数 $H(\omega)$

设计接收机就是求接收机的系统函数 $H(\omega)$。匹配滤波器的 $H(\omega)$ 应该具有什么样的特性时才能使输出信噪比达到最大呢?设计思路:首先求输出信噪比,再求使输出信噪比最大的 $H(\omega)$ 和 $h(t)$,然后根据 $H(\omega)$ 给出匹配滤波器接收机的结构。

数字信号接收等效原理图如图 9-13 所示。接收机的设计实质是求解满足条件的 $H(\omega)$ 和 $h(t)$,求出 $H(\omega)$ 和 $h(t)$ 就设计出了最佳接收机。下列推导是围绕图 9-13 进行的。

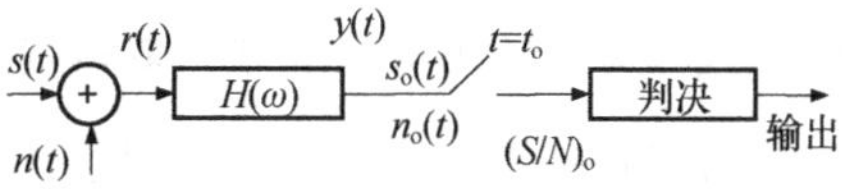

图 9-13 数字信号接收等效原理图

发送信号 $s(t)$ 经信道传输后到达接收端,接收端接收信号 $r(t)$,即滤波器的输入信号,是输入信号与信道噪声 $n(t)$ 的合成波,即

$$r(t) = s(t) + n(t)$$

式中,$s(t)$ 为发送数字信号,可以是数字基带信号也可以是数字带通信号,其傅里叶变换即频谱函数为 $S(\omega)$;$n(t)$ 为高斯白噪声,其双边功率谱密度为 $n_o/2$。

匹配滤波器是线性滤波器,满足线性叠加原理,因此滤波器输出信号 $y(t)$ 也由输出信号 $s_o(t)$ 和输出噪声 $n_o(t)$ 两部分组成,即

$$y(t) = s_o(t) + n_o(t)$$

输出信号 $s_o(t)$ 的傅里叶变换为 $S_o(\omega)$。$s_o(t)$ 是 $s(t)$ 经匹配滤波器后的输出信号,则

$$S_o(\omega) = S(\omega)H(\omega)$$

根据傅里叶反变换公式,频域 $S_o(\omega)$ 对应的时域信号 $s_o(t)$ 为

$$s_o(t) = \frac{1}{2\pi}\int_{-\infty}^{\infty} S_o(\omega) e^{j\omega t} d\omega = \frac{1}{2\pi}\int_{-\infty}^{\infty} S(\omega)H(\omega) e^{j\omega t} d\omega \tag{9-25}$$

匹配滤波器输出信号功率为 $S_o = |s_o(t)|^2$。

信道噪声 $n(t)$ 是高斯白噪声,是一个随机过程,是匹配滤波器的输入噪声,滤波器的输出噪声 $n_o(t)$ 也是一个随机过程。匹配滤波器 $H(\omega)$ 是一个线性系统,根据随机过程经过线性系统的理论,输出过程与输入过程之间唯一的一个一一对应关系式是二者的功率谱密度之间满足:

$$P_{n_o}(\omega) = P_{n_i}(\omega) |H(\omega)|^2$$

式中,$P_{n_o}(\omega)$ 为输出噪声 $n_o(t)$ 功率谱密度;$P_{n_i}(\omega)$ 为输入噪声 $n(t)$ 功率谱密度,$n(t)$ 是双边噪声功率谱密度为 $n_o/2$ 的高斯白噪声,$P_{n_i}(\omega) = n_o/2$。

匹配滤波器输出噪声 $n_o(t)$ 的功率 N_o 为其功率谱密度的积分,即

$$\begin{aligned} N_o &= \frac{1}{2\pi}\int_{-\infty}^{\infty} P_{n_o}(\omega) d\omega = \frac{1}{2\pi}\int_{-\infty}^{\infty} P_{n_i}(\omega) |H(\omega)|^2 d\omega \\ &= \frac{1}{2\pi}\int_{-\infty}^{\infty} \frac{n_o}{2} |H(\omega)|^2 d\omega = \frac{n_o}{4\pi}\int_{-\infty}^{\infty} |H(\omega)|^2 d\omega \end{aligned} \tag{9-26}$$

设 t_0 为接收机抽样时刻,在 t_0 时刻,由式 (9-25) 和式 (9-26),可得匹配滤波器输出信噪比为

$$\left(\frac{S}{N}\right)_o = r_o = \frac{|s_o(t_0)|^2}{N_o} = \frac{\left|\frac{1}{2\pi}\int_{-\infty}^{\infty} H(\omega)S(\omega) e^{j\omega t_0} d\omega\right|^2}{\frac{n_o}{4\pi}\int_{-\infty}^{\infty} |H(\omega)|^2 d\omega} \tag{9-27}$$

式中,r_o 与 $S(\omega)$ 和 $H(\omega)$ 有关。使 r_o 达到最大的 $H(\omega)$ 就是想求的最佳滤波器的传输函数。

求式 (9-27) 的极值是一个泛函求极值的问题,可以采用施瓦兹 (Schwartz) 不等式来解决。

施瓦兹不等式为

$$\left|\frac{1}{2\pi}\int_{-\infty}^{\infty}X(\omega)Y(\omega)\mathrm{d}\omega\right|^2 \leq \frac{1}{2\pi}\int_{-\infty}^{\infty}|X(\omega)|^2\mathrm{d}\omega \frac{1}{2\pi}\int_{-\infty}^{\infty}|Y(\omega)|^2\mathrm{d}\omega \tag{9-28}$$

式中，$X(\omega)$ 和 $Y(\omega)$ 都是实变量 ω 的复函数。当且仅当

$$X(\omega) = KY^*(\omega) \tag{9-29}$$

时，式 (9-28) 中等号成立，取得极大值。K 为任意常数。$Y^*(\omega)$ 是 $Y(\omega)$ 的复共轭。

将施瓦兹不等式 (9-28) 用于式 (9-27) 的分子式 $\left|\frac{1}{2\pi}\int_{-\infty}^{\infty}H(\omega)S(\omega)\mathrm{e}^{\mathrm{j}\omega t_{\mathrm{o}}}\mathrm{d}\omega\right|^2$ 中，令

$$X(\omega) = H(\omega), Y(\omega) = s(\omega)\mathrm{e}^{\mathrm{j}\omega t_{\mathrm{o}}} \tag{9-30}$$

代入式 (9-27) 可得

$$r_{\mathrm{o}} = \frac{\left|\dfrac{1}{2\pi}\int_{-\infty}^{\infty}H(\omega)S(\omega)\mathrm{e}^{\mathrm{j}\omega t_{\mathrm{o}}}\mathrm{d}\omega\right|^2}{\dfrac{n_{\mathrm{o}}}{4\pi}\int_{-\infty}^{\infty}|H(\omega)|^2\mathrm{d}\omega}$$

$$\leq \frac{\dfrac{1}{4\pi}\int_{-\infty}^{\infty}|H(\omega)|^2\mathrm{d}\omega\int_{-\infty}^{\infty}|S(\omega)\mathrm{e}^{\mathrm{j}\omega t_{\mathrm{o}}}|^2\mathrm{d}\omega}{\dfrac{n_{\mathrm{o}}}{4\pi}\int_{-\infty}^{\infty}|H(\omega)|^2\mathrm{d}\omega} = \frac{\dfrac{1}{2\pi}\int_{-\infty}^{\infty}|S(\omega)|^2\mathrm{d}\omega}{\dfrac{n_{\mathrm{o}}}{2}} = \frac{2E}{n_{\mathrm{o}}} \tag{9-31}$$

式中，约去了分子和分母中的公共部分，且根据帕塞瓦尔定理：$\dfrac{1}{2\pi}\left|\int_{-\infty}^{\infty}S(\omega)\mathrm{d}\omega\right|^2 = \int_{-\infty}^{\infty}s^2(t)\mathrm{d}t = E$，$E$ 为发送信号 $s(t)$ 在一个码周期内的能量。

式 (9-31) 中，$r_{\mathrm{o}} \leq 2E/n_{\mathrm{o}}$，可见，线性滤波器所能给出的最大输出信噪比为

$$(r_{\mathrm{o}})_{\max} = \frac{2E}{n_{\mathrm{o}}} \tag{9-32}$$

施瓦兹不等式等号成立的条件是式 (9-29)，把式 (9-30) 代入式 (9-29)，可得信噪比不等式中等号成立的条件，即最佳接收匹配滤波器的传输函数 $H(\omega)$ 为

$$H(\omega) = KS^*(\omega)\mathrm{e}^{-\mathrm{j}\omega t_{\mathrm{o}}} \tag{9-33}$$

式中，K 为常数，通常选择 $K=1$；$S^*(\omega)$ 是信源信号频谱 $S(\omega)$ 的复共轭。匹配滤波器的传输函数 $H(\omega)$ 与信源信号频谱的复共轭相一致，所以称该滤波器为匹配滤波器。此 $H(\omega)$ 就是所要找的最佳线性滤波器的传输函数，在给定时刻 t_{o} 能获得最大输出信噪比。

4. 匹配滤波法最佳接收机的冲激响应 $h(t)$

冲激响应 $h(t)$ 为系统函数 $H(\omega)$ 的傅里叶反变换：$h(t) = F^{-1}[H(\omega)]$，式 (9-33) 中：$S^*(\omega)$ 对应时域为 $s(t)$ 的反折，即 $s(-t)$；频域乘以 $\mathrm{e}^{-\mathrm{j}\omega t_{\mathrm{o}}}$，对应时域为时移 t_{o}，故

$$h(t) = Ks(-(t-t_{\mathrm{o}})) = Ks(t_{\mathrm{o}}-t)$$

式中，K 为常数，通常选择 $K=1$；t_{o} 为输出最大信噪比时刻。匹配滤波器的冲激响应 $h(t)$ 为

$$h(t) = s(t_{\mathrm{o}}-t) \tag{9-34}$$

上式表明，匹配滤波器的单位冲激响应 $h(t)$ 是 $s(t)$ 的镜像时移函数。

图解法由 $s(t)$ 求 $h(t)$ 如图 9-14 所示。已知发送信号 $s(t)$ 波形，由式 (9-34)，可以用图解法求与 $s(t)$ 相匹配的匹配滤波器的冲激响应 $h(t)$，步骤为

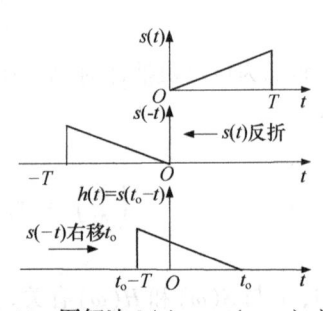

图 9-14 图解法 $h(t) = s(t-t_{\mathrm{o}})$ 过程

$$s(t) \xrightarrow{\text{反折}} s(-t) \xrightarrow{\text{右移} t_o} s(-(t-t_o)) = s(t_o - t) = h(t)$$

$h(t)$是匹配滤波器的冲激响应，表征的是一个系统，要求系统物理可实现。系统物理可实现的条件：系统是因果系统，即因果系统是物理可实现的。因果系统的冲激响应需满足的条件是：

$$h(t) = \begin{cases} s(t_o - t), & t \geq 0 \\ 0, & t < 0 \end{cases}$$

即$t < 0$时，$h(t) = s(t_o - t) = 0$；观察图9-14中$s(t_o - t)$波形，即要求$h(t)$波形不能在t的负半轴有值，要将$s(t_o - t)$波形右移至t轴的正半轴上，使$s(t_o - t)$波形的左端点$t_o - T \geq 0$，即要求：$t_o \geq T$。因果系统对冲激响应的要求如图9-15所示。

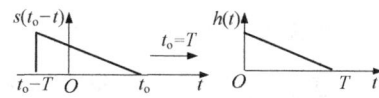

图9-15 因果系统对冲激响应的要求：$t_o \geq T$

t_o是抽样判决时刻，对于接收机来说也是时间延迟，通常总是希望判决的时间延迟尽可能小，对于数字码元而言，希望在一个码周期T内完成抽样判决。满足$t_o \geq T$的t_o的最小值为T，因此一般情况下取$t_o = T$，取抽样判决时刻为码周期的结束时刻。故由式（9-34）得匹配滤波器的冲激响应为

$$h(t) = s(T - t) \quad (9-35)$$

用图解法求与信号$s(t)$相匹配的匹配滤波器的冲激响应$h(t)$：依据式（9-35），已知发送信号$s(t)$波形，用图解法求与$s(t)$相匹配的匹配滤波器冲激响应$h(t)$，步骤：$s(t) \xrightarrow{\text{反折}} s(-t)$

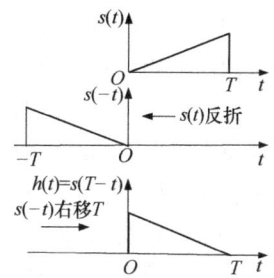

图9-16 图解法由$s(t)$求$h(t)$

$\xrightarrow{\text{右移} T} s(T-t) = h(t)$，图解法由$s(t)$求$h(t)$如图9-16所示。

5. 匹配滤波器的输出信号$s_o(t)$

$r(t)$经过匹配滤波器$h(t)$后，输出信号$s_o(t)$为

$$s_o(t) = r(t) * h(t) = r(t) * s(T - t)$$

$$= \int_{-\infty}^{\infty} r(t - \tau) s(T - \tau) d\tau$$

$$\xrightarrow{\text{令} t - \tau = \tau'} s_o(t) = \int_{-\infty}^{\infty} r(\tau') s(T - t + \tau') d\tau'$$

在抽样时刻$t = T$，匹配滤波器输出$s_o(t)$抽样值为

$$s_o(t) \big|_{t=T} = \int_{-\infty}^{\infty} r(\tau') s(\tau') d\tau' = \int_0^T r(t) s(t) dt \quad (9-36)$$

$\int_0^T r(t) s(t) dt$是$r(t)$与$s(t)$的相关运算，是$r(t)$经过与$s(t)$的相关器之后的输出。可见：

在$t = T$时的采样时刻，匹配滤波器与相关器的运算结果相等，匹配滤波器与相关器等价。

当$t = T$且$r(t) = s(t)$，即接收信号为发送信号$s(t)$时，由式（9-35），匹配滤波器的输出信号$s_o(t)$为

$$s_o(t) \big|_{t=T} = \int_0^T s(t) s(t) dt = R_s(0) = E \quad (9-37)$$

在抽样时刻$t = T$时，匹配滤波器的输出$s_o(t)$的抽样值为$R_s(0)$。$R_s(0)$为$s(t)$的自相关函数$R_s(\tau)$在$\tau = 0$时的值，为$R_s(\tau)$的最大值，即相关峰值，等于$s(t)$在一个码周期内的能量E。

可以看出匹配滤波器在抽样时刻$t = T$时的输出样值与相关器形式的最佳接收机在$t = T$时的输出样值相等，在$t = T$时刻，匹配滤波器与相关器等效。

6. 匹配滤波器与相关器的等效

在抽样时刻 $t=T$ 时，匹配滤波器形式的最佳接收机与相关器形式的最佳接收机等效。无论是相关器还是匹配滤波器形式的最佳接收机，它们的比较器都是在 $t=T$ 时刻才做出判决，也即在码元结束时刻才能给出最佳判决结果。该时刻二者才等效，其他时刻二者不一定相等。因此，判决时刻的任何偏差都将影响接收机的性能。

输出信号在 $t=T$ 时刻，得到最大输出信噪比为式（9-32）：$(r_0)_{\max}=2E/n_0$。最大输出信噪比和信号波形无关，只决定于信号码元能量 E 与双边噪声功率谱密度 $n_0/2$ 之比。

9.4.2 确知数字信号匹配滤波器形式的最佳接收

1. 确知信号匹配滤波器形式的最佳接收机结构

以二进制确知信号为例，设到达接收机输入端的确知信号 $r(t)$ 有两个可能取值，分别为 $s_1(t)$ 和 $s_2(t)$。图 9-5 为相关器形式的二进制确知信号最佳接收机原理框图，将其中的相关器换成匹配滤波器，即构成匹配滤波器形式的最佳接收机，如图 9-17 所示。图中的两个匹配滤波器 $h_1(t)$ 和 $h_2(t)$ 分别与 $s_1(t)$ 和 $s_2(t)$ 相匹配，在每个码周期的结束时刻 $t=T$ 时，对匹配滤波器输出进行抽样判决，哪个抽样值大，判决哪个为输出。

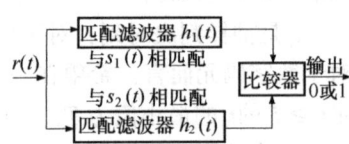

图 9-17 二进制确知信号匹配滤波器形式接收机结构图

1）判决规则：在抽样时刻 T 对上、下两路抽样值进行比较判决。哪个匹配滤波器的输出抽样值更大，就判决哪个为输出。

2）最佳判决时刻：$t=T$。

3）最大输出信噪比：$(r_o)_{\max}=2E/n_o$。

匹配滤波法不仅适用于频带数字信号的最佳接收，也适用于基带数字信号的最佳接收。匹配滤波器可以用不同的硬件电路实现，例如声表面波（SAW）匹配滤波器，也可以用软件实现，例如 FPGA 等。

2. 确知信号的匹配滤波器形式的最佳接收机设计实例

例 9-4、例 9-5、例 9-6 为基带数字信号的最佳接收；例 9-7、例 9-8、例 9-9 为频带数字信号的最佳接收。

【例 9-4】 设发送信号 $s(t)$ 的码元波形表达式为

$$s(t)=\begin{cases}1, & 0\leqslant t\leqslant T_B\\ 0, & 其他\end{cases}, T_B\ 为码周期$$

试求：1）$s(t)$ 的匹配滤波器的频域特性 $H(f)$ 和时域特性 $h(t)$。
2）$s(t)$ 经过匹配滤波器后的输出信号 $s_0(t)$ 的码元波形。

解：例 9-4 图如图 9-18 所示。1）$s(t)$ 为矩形脉冲，如图 9-18a，$s(t)=u(t)-u(t-T_B)$，$u(t)$ 的傅里叶变换为 $1/(\mathrm{j}\omega)$，$u(t-T_B)$ 的傅里叶变换为 $\mathrm{e}^{-\mathrm{j}\omega T_B}/\mathrm{j}\omega$，故：$S(\omega)=\dfrac{1}{\mathrm{j}\omega}(1-\mathrm{e}^{-\mathrm{j}\omega T_B})$。

由 $H(\omega)=S^*(\omega)\mathrm{e}^{-\mathrm{j}\omega T_B}$，共轭为将 j 变为 −j，得

$$H(\omega)=\frac{1}{-\mathrm{j}\omega}(1-\mathrm{e}^{\mathrm{j}\omega T_B})\mathrm{e}^{-\mathrm{j}\omega T_B}=\frac{1}{\mathrm{j}\omega}(1-\mathrm{e}^{-\mathrm{j}\omega T_B})$$

$\dfrac{1}{\mathrm{j}\omega}$ 为理想积分器，$\mathrm{e}^{-\mathrm{j}\omega T_B}$ 为延时器，延时一个码周期 T_B。依据 $H(\omega)$ 表

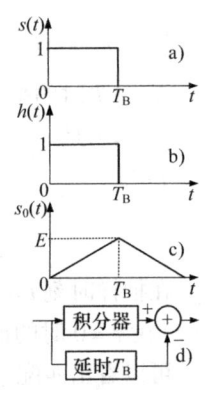

图 9-18 例 9-4 图

达式,可得此匹配滤波器的原理框图,如图9-18d所示。

由 $h(t)=s(T_B-t)$,将 $s(t)$ 波形沿纵轴反折,即右移 T_B,得到 $h(t)$ 波形,本例中 $h(t)$ 波形与 $s(t)$ 波形相同, $h(t)=s(t)$,如图9-18b 所示。

2) $s_o(t)=s(t)*h(t)$,图解法求两个矩形的卷积,可得 $s(t)$ 经过匹配滤波器后的输出信号 $s_o(t)$ 波形,为图9-18c 中的三角形,峰值在 $t=T_B$ 时刻,此时刻为抽样判决时刻,此峰值为码元能量 E。

【例9-5】 设输入信号 $s(t)$ 如图9-19所示,T 为码周期。试求:1)该信号的匹配滤波器冲激响应 $h(t)$ 并画 $h(t)$ 波形。2)画匹配滤波器输出信号波形。3)指出输出信号取得最大值时刻以及此时刻的最大输出值(即信号码元能量 E 是多少),求最大输出信噪比。

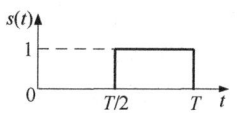

图9-19 例9-5 图1

解:1)图解法,由 $s(t)$ 求 $h(t)$ 的过程如图9-20所示。匹配滤波器的单位冲激响应为 $h(t)=s(T-t)$。将 $s(t)$ 反折得到 $s(-t)$,再右移一个码周期 T,$s(-(t-T))=s(T-t)=h(t)$,得到 $h(t)$,波形如图9-20所示。

2)匹配滤波器的输出 $s_o(t)=s(t)*h(t)=\int s(\tau)h(t-\tau)d\tau$。采用图解法求卷积,求解过程如图9-21所示。图中分成下列各段:$t<T/2$,$T/2 \leq t<T$,$T \leq t \leq 3T/2$,$t>3T/2$ 分别求解,求解结果:

$$s_o(t)=\begin{cases} -\dfrac{T}{2}+t, & \dfrac{T}{2} \leq t \leq T \\ -\dfrac{T}{2}+t, & \dfrac{T}{2} \leq t \leq T \\ 0, & 其他 \end{cases}$$

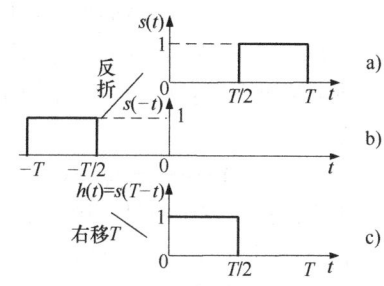

图9-20 例9-5 图2

3)图9-21e 匹配滤波器输出 $s_o(t)$ 中,取得最大值时刻:$t=T$,码周期结束时刻,为抽样判决时刻;在实际系统工作中 $t=T$ 之后的 $s_o(t)$ 不必再计算。$t=T$ 时刻 $s_o(t)$ 取得峰值,为信号码周期能量 $E=T/2$;最大输出信噪比 $(r_o)_{max}=2E/n_o=T/n_o$。

【例9-6】 采用双极性波形的二进制基带系统的最佳接收机设计问题。采用双极性归零信号,50%占空比的二进制基带系统。设到达接收机输入端的二进制确知信号码元为 $s_1(t)$ 或 $s_2(t)$,其中 $s_1(t)=s(t)$,$s_2(t)=-s(t)$,$s(t)$ 波形与例9-5相同,如图9-19所示,T 为码周期。1)画出匹配滤波器形式的最佳接收机结构图。指出最佳判决时刻和判决规则。2)当接收机的输入信号为 $r(t)=s_1(t)$ 时,画出上述结构图中各点波形。

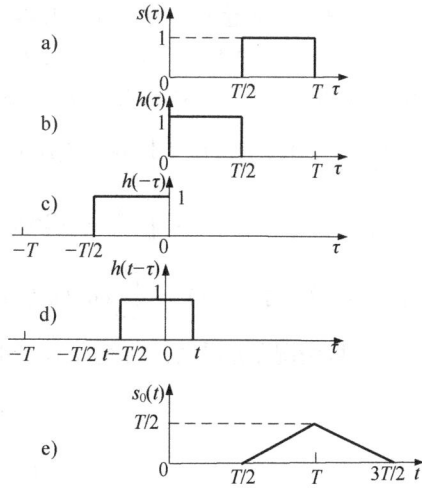

图9-21 例9-5 图3

解:1)匹配滤波器接收法接收机结构图如图9-22所示。最佳判决时刻为 $t=T$;判决规则:比较器中比较上、下两路 $t=T$ 时刻抽样值的大小,哪路大就判为该路并输出相应码。

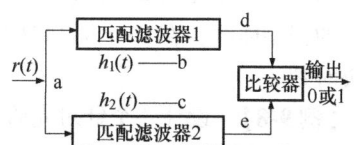

图9-22 例9-6 匹配滤波器接收法接收机结构图

2) 结构图中各点可能的工作波形如图 9-23 所示。图中，b 点和 c 点波形为 $h_1(t)$ 和 $h_2(t)$，分别与 $s_1(t)$ 和 $s_2(t)$ 相匹配；d 点为 a 点与 b 点的卷积；e 点为 a 点与 c 点的卷积；在 $t=T$ 时刻，分别对 d 点和 e 点抽样，d 点抽样值为正，e 点抽样值为负，d 点大于 e 点，判为 a 点 $s_1(t)$ 出现，实现了正确判决。

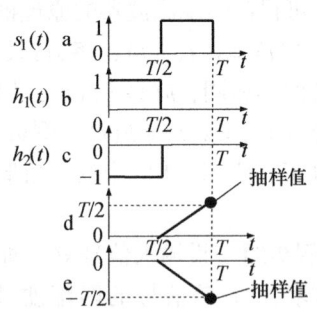

图 9-23 例 9-6 各点可能的工作波形

【**例 9-7**】 设信号的表示式为 $s(t)=\cos 2\pi f_0 t$，$0 \leq t \leq T$，T 为码周期，设 $f_0=30\text{kHz}$，码速率为 $R_B=10\text{kBaud}$，试求其匹配滤波器的特性 $h(t)$，画匹配滤波器输出的波形示意图。

解：$s(t)$、$h(t)$ 以及匹配滤波器输出 $s_o(t)$ 波形如图 9-24 所示。匹配滤波器的冲激响应为：

$$h(t)=s(T-t)=\cos 2\pi f_0(T-t), 0 \leq t \leq T$$

通常情况下取：$f_0=n/T$，n 为正整数。这样，上式化简为

$$h(t)=\cos 2\pi f_0 t=s(t), 0 \leq t \leq T$$

即若 $s(t)$ 为正弦信号，图 9-24a 所示，其匹配滤波器 $h(t)$ 就是其本身，图 9-24b 所示。匹配滤波器输出 $s_o(t)$ 波形可以由卷积公式求出，即

$$s_o(t)=s(t)*h(t)=\int_{-\infty}^{\infty}s(\tau)h(t-\tau)\mathrm{d}\tau$$

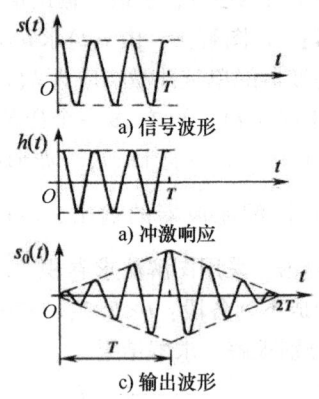

图 9-24 例 9-7 图

用图解法求卷积，分为如下几段进行计算，即

$$t<0, 0 \leq t<T, T \leq t \leq 2T, t>2T$$

当 $t<0$ 和 $t>2T$ 时，$s(\tau)$ 和 $h(t-)$ 不相交，$s_o(t)=0$。

当 $0 \leq t<T$ 时，$s_o(t) = \int_0^t \cos 2\pi f_0 \tau \cos 2\pi f_0(t-\tau)\mathrm{d}\tau$

$$= \int_0^t \frac{1}{2}[\cos 2\pi f_0 t + \cos 2\pi f_0(t-2\tau)]\mathrm{d}\tau = \frac{t}{2}\cos 2\pi f_0 t + \frac{1}{4\pi f_0}\sin 2\pi f_0 t$$

当 $T \leq t \leq 2T$ 时，$s_o(t) = \int_{t-T}^{T} \cos 2\pi f_0 \tau \cos 2\pi f_0(t-\tau)\mathrm{d}\tau = \frac{2T-t}{2}\cos 2\pi f_0 t - \frac{1}{4\pi f_0}\sin 2\pi f_0 t$

一般情况下 f_0 很大，而使含 $1/(4\pi f_0)$ 项可以忽略，则最后得到

$$s_o(t)=\begin{cases} \dfrac{t}{2}\cos 2\pi f_0 t, & 0 \leq t<T \\ \dfrac{2T-t}{2}\cos 2\pi f_0 t, & T \leq t \leq 2T \\ 0, & 其他 \end{cases}$$

图 9-24a 与图 9-24b 相同；图 9-24c 为图 9-24a 和图 9-24b 的卷积，是振荡频率为 f_0、包络是三角形的振荡曲线，在 $t=T$ 时刻取得峰值，此峰值等于码元能量，此时刻是码元结束时刻，为抽样判决时刻。

【**例 9-8**】 设计一个针对先验等概 2FSK 确知信号的最佳接收机，要求采用匹配滤波器形式。设 2FSK 信号的载频 $f_1=30\text{kHz}$，$f_2=60\text{kHz}$，码速率 $R_B=10\text{kBaud}$，"0" 码采用载频 f_1，"1" 码采用载频 f_2。$r(t)=\begin{cases} s_1(t)=\cos(2\pi f_1 t), 0 \leq t \leq T, & 发送"0"码 \\ s_2(t)=\cos(2\pi f_2 t), 0 \leq t \leq T, & 发送"1"码 \end{cases}$，$T$ 为码周期。

1）画出匹配滤波器形式的最佳接收机结构图；指出判决规则及最佳判决时刻。2）若当前码元为"0"码，画出此时结构图中各点波形。

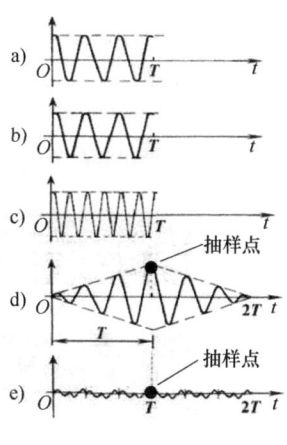

图 9-25　例 9-8 图

解：1）匹配滤波器接收法接收机结构图如图 9-22 所示，与例 9-6 中相同。最佳判决时刻：在每一码周期的结束时刻，在 $t=T$ 时刻。判决规则：在最佳判决时刻 $t=T$ 进行抽样，比较上、下两路抽样值的大小，哪路抽样值大就判为该路出现并输出相应码。若上路值大，判为 $s_1(t)$ 出现，判为"0"码；若下路值大，判为 $s_2(t)$ 出现，判为"1"码。

2）结构图中各点可能的工作波形如图 9-25 所示。设当前码元为"0"码，$r(t) = s_1(t)$ 时，上路输出 d 点在最佳判决时刻 T 的抽样点产生峰值。下路匹配滤波器 c 点的波形与 $s_2(t)$ 相同，下路输出 e 点是 a 点与 c 点的卷积，波形是在 t 轴附近振荡，没有高的幅值产生。

在抽样值：上路输出 d 点 > 下路输出 e 点，判为上路 $s_1(t)$ 出现，判为"0"码，实现正确判决。

判决器的判决规则中比较上、下两路的大小，没有判决门限，因此，与 2ASK 相比，匹配滤波器形式的 2FSK 最佳接收机更能抵抗信道衰落。

【例 9-9】 设有一个信号码元 $s(t)$ 如图 9-24a 所示，与例 9-7 中 $s(t)$ 相同，试求信号 $s(t)$ 通过相关器后的输出信号；对 $s(t)$ 分别通过匹配滤波器和相关接收器时的输出波形进行比较。

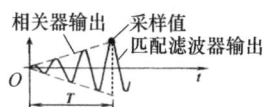

图 9-26　例 9-9 图

解：此信号码元通过相关接收器后，相关器输出信号为

$$\begin{aligned} y(t) &= \int_0^t s(t)s(t)\mathrm{d}t = \int_0^t \cos(2\pi f_0 t)\cos(2\pi f_0 t)\mathrm{d}t \\ &= \int_0^t \cos^2(2\pi f_0 t)\mathrm{d}t = \frac{1}{2}\int_0^t (1+\cos 4\pi f_0 t)\mathrm{d}t \\ &= \frac{1}{2}t + \frac{1}{8\pi f_0}\sin 4\pi f_0 t \approx \frac{t}{2} \end{aligned}$$

假定 f_0 很大，忽略含 $1/(8\pi f_0)$ 项，相关器的输出 $y(t)$ 曲线接近为直线上升，如图 9-26 所示。

匹配滤波器的输出 $y(t)$ 曲线已在例 9-7 中求出，如图 9-25d 所示，以 f_0 的频率振荡上升，由于振荡频率很高，一旦抽样判决时刻产生偏差，采样值可能产生很大差异，不但不是峰值还可能是负值。因此，与相关器形式的最佳接收机相比，匹配滤波器形式的最佳接收机对采样定时精度要求更严格。

比较匹配滤波器和相关接收器时的输出波形可见，相关器的输出是匹配滤波器输出的包络，当 $t=T$ 时，匹配滤波器与相关器的抽样值相等，两者完全等效。在其余时刻，二者不一定相等。只有在 $t=T$ 时，二者等效。

3. 匹配滤波器形式最佳接收系统仿真

双极性不归零二进制基带系统的匹配滤波器形式的最佳接收机的 LabVIEW 仿真结果如图 9-27 所示。最佳接收机结构图如图 9-17 所示，设 $s(t)$ 为 100% 占空比的双极性矩形脉冲序列，图中 "$s(t)*h_1(t)$" 波形和 "$s(t)*h_2(t)$" 波形为结构图中上、下两路输出波形。

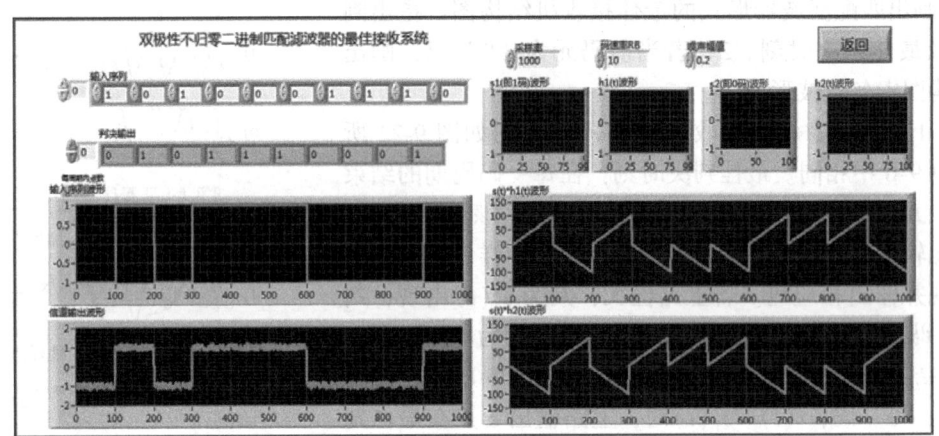

图 9-27　匹配滤波器形式的最佳接收机 LabVIEW 仿真

9.4.3　随相数字信号匹配滤波器形式的最佳接收

匹配滤波器的冲激响应应该和信号波形 $s(t)$ 严格匹配,包括对相位也有要求。对于确知信号的接收,这是可以做到的。对于随相信号而言,不可能使信号的随机相位和 $h(t)$ 的相位匹配。但是,匹配滤波器还是可以用于接收随相信号的。

以 2FSK 随相信号为例来推导。假设接收的 2FSK 随相信号为

$$r(t) = \begin{cases} s_0(t,\varphi_0) = A\cos(\omega_0 t + \varphi_0), & \text{发送码元"0"} \\ s_1(t,\varphi_1) = A\cos(\omega_1 t + \varphi_1), & \text{发送码元"1"} \end{cases}$$

随机相位 φ_0 和 φ_1 服从均匀分布。设计匹配滤波器为

$$h_0(t) = s_0(T-t) = \cos\omega_0(T-t) = \cos\omega_0 t$$
$$h_1(t) = s_1(T-t) = \cos\omega_1(T-t) = \cos\omega_1 t$$

上路匹配滤波器输出为

$$y_0(t) = r(t) * h_0(t) = \int_0^t r(\tau) h_0(t-\tau)\mathrm{d}\tau = \int_0^t r(\tau)\cos 2\pi f_0(t-\tau)\mathrm{d}\tau$$
$$= \cos 2\pi f_0 t \int_0^t r(\tau)\cos(2\pi f_0\tau)\mathrm{d}\tau - \sin(2\pi f_0 t)\int_0^t r(\tau)\sin(2\pi f_0\tau)\mathrm{d}\tau$$
$$= \sqrt{\left[\int_0^t r(\tau)\cos 2\pi f_0\tau\mathrm{d}\tau\right]^2 + \left[\int_0^t r(\tau)\sin 2\pi f_0\tau\mathrm{d}\tau\right]^2}\cos[2\pi f_0 t + \theta]$$

式中, $\theta = \arctan\left[\dfrac{\int_0^t r(\tau)\cos 2\pi f_0\tau\mathrm{d}\tau}{\int_0^t r(\tau)\sin 2\pi f_0\tau\mathrm{d}\tau}\right]$,包络为 M_0。

$y_0(t)$ 的包络 M_0 和 9.3 节随相信号最佳接收判决条件式中的 M_0 形式相同。所以,按照 9.3 节随相信号最佳接收时的判决规则比较 M_0 和 M_1,相当于比较匹配滤波器输出信号包络。

依此得到 2FSK 随相数字信号匹配滤波器形式的最佳接收机结构图 9-28 所示。图中两个匹配滤波器的特性分别与二进制的两种码元相匹

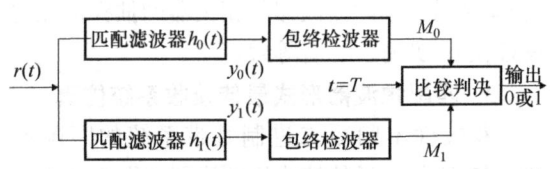

图 9-28　2FSK 随相数字信号匹配滤波器形式的最佳接收机结构图

配，其输出经过包络检波，在 $t=T$ 码周期结束时刻进行抽样和比较判决。由于起伏信号最佳接收机的结构和随相信号的相同，图 9-28 同样适用于对起伏信号做最佳接收。

9.5 最佳基带传输系统

前面讨论的最佳接收机的设计是在接收端进行，本节将发送、信道和接收作为一个整体，从系统的角度出发来讨论通信系统最佳化的问题。结合数字基带系统无码间串扰条件和匹配滤波器形式最佳接收条件这两个方面的要求，推导出最佳基带传输系统结构。

(1) 基带传输系统的组成　基带传输系统的组成如图 9-29 所示，系统总的传输函数为 $H(\omega) = G_T(\omega) C(\omega) G_R(\omega)$。对于理想信道：$C(\omega)=1$，此时系统总的传输函数为

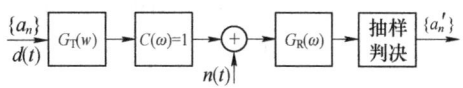

图 9-29　普通基带传输系统的组成

$$H(\omega) = G_T(\omega) G_R(\omega) \qquad (9\text{-}38)$$

(2) 基带传输系统无码间串扰条件，即满足奈奎斯特第一准则　首先，基带系统的系统函数需满足无码间串扰条件。当系统总的传输函数 $H(\omega)$ 满足奈奎斯特第一准则，即满足式（9-39）时，就可以消除抽样时刻的码间干扰。

$$H_{eq}(\omega) = \begin{cases} \sum_i H\left(\omega + \dfrac{2\pi i}{T_s}\right) = k, & |\omega| \leqslant \dfrac{\pi}{T_s} \\ 0, & |\omega| \geqslant \dfrac{\pi}{T_s} \end{cases} \qquad (9\text{-}39)$$

奈奎斯特第一准则是设计基带系统总传输函数的依据。

(3) 基带传输系统最佳接收条件，即满足匹配滤波器理论　从最佳接收的角度，根据匹配滤波器设计理论，为使接收滤波器输出在抽样时刻得到最大信噪比，接收滤波器传输函数 $G_R(\omega)$ 应满足与其输入信号频谱复共轭一致。

在匹配滤波器设计中，$G_R(\omega)$ 相当于匹配滤波器，即相当于匹配滤波器中的 $H(\omega)$；$G_T(\omega)$ 为匹配滤波器的输入信号，相当于匹配滤波器的输入 $S(\omega)$。按照匹配滤波理论，$H(\omega) = S^*(\omega) e^{-j\omega t_0}$，则

$$G_R(\omega) = G_T^*(\omega) e^{-j\omega t_0} = G_T^*(\omega)，取 t_0 = 0 \qquad (9\text{-}40)$$

(4) 无码间串扰条件且最佳接收的基带传输系统条件　结合式（9-37）和式（9-40），可得以下方程组：

$$\begin{cases} H(\omega) = G_T(\omega) G_R(\omega) \\ G_R(\omega) = G_T^*(\omega) \end{cases}$$

解得：$H(\omega) = G_T^2(\omega) = G_R^2(\omega)$，即

$$G_T(\omega) = G_R(\omega) = H(\omega)^{1/2} \qquad (9\text{-}41)$$

若已知一个无码间串扰系统 $H(\omega)$，选择合适的相位，即可得到 $G_T(\omega)$ 和 $G_R(\omega)$，即可得到无码间串扰的最佳接收系统。

(5) 最佳基带传输系统的设计步骤　首先，选择一个无码间干扰的系统总的传输函数 $H(\omega)$，使 $H(\omega)$ 满足式（9-39）奈奎斯特第一准则；然后，按式（9-41），将 $H(\omega)$ 开二次方，一分为二：一半作为发送滤波器的传输函数 $G_T(\omega) = H(\omega)^{1/2}$，另一半作为接收滤波器的传输函数 $G_R(\omega) = H(\omega)^{1/2}$。

此时构成的基带系统即满足无码间串扰条件，又能实现最佳接收，是一个在发送信号功率一定的约束条件下，输出信噪比最大，误码率最小的最佳基带传输系统。

(6) 最佳基带传输系统组成　理想信道下，$C(\omega)=1$，最佳基带系统如图 9-30 所示。

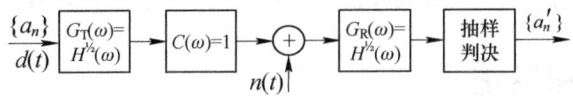

图 9-30　最佳基带传输系统组成

非理想信道下，$C(\omega)\neq 1$，最佳基带传输系统组成如图 9-31 所示。接收端按照匹配滤波器理论来设计，接收端需与发送端相匹配，最佳接收滤波器为发送端的复共轭：$G_T^*(\omega)C^*(\omega)$。最佳接收滤波器中还需要加入均衡器 $T(\omega)$ 来补偿系统总的传输函数 $H(\omega)$，从而减小由于信道等不理想造成的码间串扰。

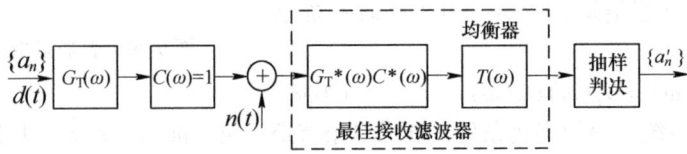

图 9-31　非理想信道的最佳基带传输系统组成

非理想信道下二进制最佳接收基带系统的误码率为

$$p_e = \frac{1}{2}\text{erfc}\sqrt{\frac{E_b}{n_0}} \tag{9-42}$$

式中，n_0 为信道高斯白噪声的单边功率谱密度；E_b 为码元能量。

思考题与习题

9-1　试问数字信号的最佳接收以什么指标作为准则？

9-2　试分别画出相关器形式和匹配滤波器形式的二进制确知信号的最佳接收机原理框图。

9-3　试写出二进制信号的最佳接收的判决准则。

9-4　试问如何才能使普通接收机的误码率达到最佳接收机的水平？

9-5　何谓匹配滤波器？试问匹配滤波器的冲激响应与信号波形有什么关系？其传输函数和信号频谱又有什么关系？

9-6　试述滤波器的物理可实现条件。

9-7　何谓相关接收？试画出 2FSK 信号的相关接收方框图。

9-8　试比较相关接收和匹配滤波的异同点。试问在什么条件下两者能够给出相同的输出信噪比？

9-9　什么是理想信道？画出理想信道下的最佳基带传输系统结构图。

9-10　对于理想信道，最佳基带传输系统的发送滤波器和接收滤波器特性之间有什么关系？简述最佳基带传输系统的设计步骤。

9-11　简述确知信号、随相信号和起伏信号的特点。

9-12　相干解调器由（　　）构成。

A. 乘法器和低通滤波器　　B. 带通滤波器和积分器　C. 乘法器和积分器　　D. 加法器和低通滤波器

9-13　相关器由（　　）构成。

A. 乘法器和低通滤波器　　B. 带通滤波器和积分器　C. 乘法器和积分器　　D. 加法器和低通滤波器

9-14　相关器形式的最佳接收机的核心是由（　　）和（　　）构成相关运算，常称这种算法为相关接收法。

9-15　二进制确知信号的最佳接收机性能与波形的相关系数 ρ 有关，最佳波形为 ρ 等于（　　），对应的二进制数字调制是（　　）。

9-16　最佳接收机中，匹配滤波器可在抽样时刻获得最大（　　），所以数字信号的最佳接收是使（　　）

为最小的接收方法。

9-17 匹配滤波器所依据的最佳准则为( )，如果信号的频谱为 $S(\omega)$，则匹配滤波器的传输函数为( )，时域响应为( )。

9-18 设 2FSK 确知信号为

$$\begin{cases} s_0(t) = A\sin(2\pi f_0 t), 0 \leq t \leq T_B, & 发送"0"码 \\ s_1(t) = A\sin(2\pi f_1 t), 0 \leq t \leq T_B, & 发送"1"码 \end{cases}$$

T_B 为码周期，且 $f_0 = 2/T_B$，$f_1 = 2f_0$，$s_0(t)$ 和 $s_1(t)$ 等概出现。1) 试画出其相关接收机原理框图；2) 设发送码元 010，试画出接收机各点时间波形；3) 设信道高斯白噪声的双边功率谱密度为 $(n_0/2)$ W/Hz，试求该系统的误码率。

9-19 先验等概 2PSK 确知信号的最佳接收机设计，要求采样匹配滤波器形式。2PSK 信号为

$$\begin{cases} s_0(t) = \cos(2\pi f_c t), 0 \leq t \leq T_B, & 发送"0"码 \\ s_1(t) = -\cos(2\pi f_c t), 0 \leq t \leq T_B, & 发送"1"码 \end{cases}$$

1) 画出其匹配滤波器接收法接收机原理方框图；2) 画出方框图中各点可能的工作波形，设载频 f_c = 10kHz，码速率为 5kBaud；3) 该接收机的最佳判决时刻？判决规则是什么？与 2ASK 信号的抽样判决门限相比有什么优势？

9-20 在功率谱密度为 $n_0/2$ 的高斯白噪声背景下，设计一个与图 9-32 中信号波形相应的匹配滤波器，并确定：1) 最大输出信噪比时刻；2) 画出该滤波器的冲激响应波形和输出信号波形；3) 最大输出信噪比。

9-21 设到达接收机输入端的二进制信号码元 $s_1(t)$ 和 $s_2(t)$ 波形如图 9-33 所示。输入高斯白噪声的双边功率谱密度为 $(n_0/2)$ W/Hz。1) 画出匹配滤波器形式的最佳接收机结构图；2) 确定匹配滤波器的冲激响应和输出波形；3) 求此系统的最大输出信噪比和误码率。

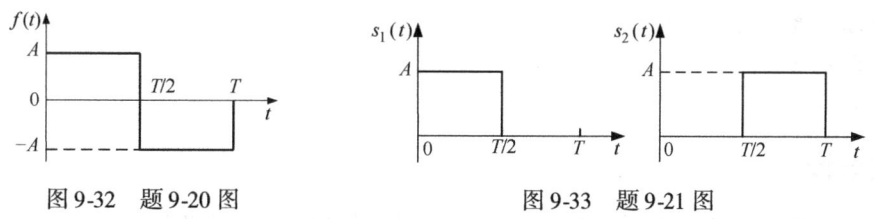

图 9-32 题 9-20 图　　　图 9-33 题 9-21 图

第10章 信源编码

本章要点

- 信源编码概述
- 抽样定理及脉冲振幅调制 PAM
  - ☆ 抽样定理
  - ☆ 脉冲振幅调制 PAM
- 模拟信号的量化
  - ☆ 均匀量化
  - ☆ 非均匀量化
- 脉冲编码调制 PCM
  - ☆ PCM 定义及其系统组成
  - ☆ PCM 十三折线 A 律编译码
  - ☆ PCM 编码器和译码器
  - ☆ PCM 系统性能分析
- 差分脉冲编码调制 DPCM
- 增量调制 ΔM
- 时分复用

内容导读

- 信源编码研究两部分内容：模拟信源编码针对模拟信源，目的是把模拟信号数字化，属于本章主要内容；数字信源编码是对数字化后的信号进行编码，目的是提高编码效率，研究如何用最少的位数来表示数字信号，属于信息论的内容，本章仅初步介绍。
- 模拟信号数字化的方法，即 A/D（模/数）转换。本章与一般 A/D 转换不同，一般的 A/D 转换是均匀量化编码，本章中的 A/D 转换属于非均匀量化编码，是压缩编码。
- 本章针对语音信号，从抽样、量化、编译码到时分复用，给出了模拟信号数字传输系统的设计。本章中模拟信号数字化后的波形采用矩形脉冲，属于脉冲调制，属于数字基带传输系统。

10.1 信源编码概述

1. 信源编码的目的和主要内容

（1）本章内容在数字通信系统模型中的位置　本章研究模拟信源信号数字化，在数字通信系统模型位置如图 10-1 所示，属于信源编码和信源译码。数字通信系统首先要将信源数字化，由信源编码器来实现，输出的数字信号再经数字基带或频带系统传输。

（2）信源编码的目的

1）针对模拟信源，A/D（模/数）变换，实现数字化，以便数字传输。将信源输出的模拟信

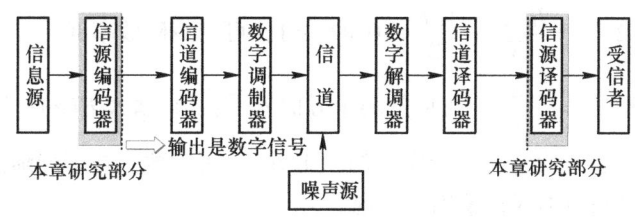

图 10-1 本章内容在数字通信系统模型中的位置

号转换为数字信号,经过信源编码输出的信号应该是在时间上离散、在取值上为有限个状态的数字脉冲串。

2) 针对数字信源,减少编码位数,提高通信有效性,减少原消息的冗余度。

(3) 信源编码的主要研究内容 信源编码的主要研究内容如图 10-2 所示。模拟信源编码针对模拟信源,目的是把模拟信号数字化。数字信源编码是对数字化后的信号进行编码,目的是提高编码效率,研究如何用最少的编码位数来表示数字信号。

$$\begin{cases} 数字信源的编码(信源是数字信号) & \text{DMS} \\ \quad(在《信息论》中学习) \\ 模拟信源的编码(信源是模拟信号) \\ \quad(本章研究内容) \end{cases} \begin{cases} \text{PCM} \\ \text{DPCM} \\ \Delta M \end{cases}$$

图 10-2 信源编码的主要研究内容

2. 离散无记忆信源(DMS)编码

离散无记忆信源(Discrete Memoryless Source,DMS),假定信源的输出是由有限个符号 $(x_i, i=1,2,\cdots,L)$ 构成的集合,这些符号出现的概率分别为 $P(x_i)$,则信源熵为

$$H(x) = -\sum_{i=1}^{L} P(x_i)\log_2 P(x_i) \leq \log_2 L$$

等概率时,$H(x)$ 取得最大值 $\log_2 L$。

DMS 编码分为等长编码和不等长编码两类。

(1) 等长编码 等长编码又称均匀编码,不论符号出现的概率如何,对每个符号都用 N 位二进制码表示。

1) 等长编码的编码长度 N。设信源共有 L 种符号,每个符号用 N 位二进制表示,则有

$$N = \begin{cases} \log_2 L, & L = 2^m \\ (\log_2 L) + 1, & L \neq 2^m \end{cases}$$

2) 等长编码的编码效率 η 定义为

$$\eta = \frac{H(x)}{N} \tag{10-1}$$

即每位二进制码所代表的信息量,希望 η 越大越好。

当 L 刚好是 2 的整数次幂且每个符号等概率出现时,编码效率取得最大值 $\eta = 1$。

$$N = \log_2 L = H(x), \quad \eta = 1$$

当 L 不是 2 的整数次幂,符号等概率出现时 $H(x)$ 与 N 最多相差 1bit,$\eta < 1$。

$$N = (\log_2 L) + 1, \quad H(x) = \log_2 L, \quad \eta = \frac{\log_2 L}{(\log_2 L) + 1} < 1$$

当 $L > >1$ 时,编码效率下降不严重;当 L 较小时,编码效率较低。

【例 10-1】 由 4 种符号组成的四进制信源,符号及出现的概率分别为 A(1/2)、B(1/4)、C(1/8)、D(1/8)。求 DMS 等长编码的编码效率 η。

解:$H(x) = \frac{1}{2}\log_2 2 + \frac{1}{4}\log_2 4 + \frac{1}{8}\log_2 8 + \frac{1}{8}\log_2 8 = 1.75$

$L=4$，$N=\log_2 L=2$，$\eta=\dfrac{H(x)}{N}=\dfrac{1.75}{2}=0.875<1$，可见编码效率低。

如何提高编码效率？$\eta=\dfrac{H(x)}{N}$，可以从两个方面入手：1）增大 $H(x)$；2）减小编码位数 N。

$H(x)$ 由信源的统计特性决定，若给定信源，则 $H(x)$ 为常数，是不能随意增减的；减小编码位数 N 是可行的，可以采用不等长编码来实现。

(2) 不等长编码

1）平均码元长度：$\overline{N}=\sum\limits_{i=1}^{L} P(x_i)\times n_i$，其中 n_i 是概率为 $P(x_i)$ 的符号 x_i 的编码长度，$\overline{N}$ 是 n_i 的统计平均值。

2）不等长编码的编码效率 η 定义为

$$\eta=\dfrac{H(x)}{\overline{N}} \tag{10-2}$$

(3) Huffman 编码　Huffman 编码是不等长编码，编码方法如下：

1）将信源符号按概率 P 排队，概率最小的放下面。
2）将概率最小的两种符号分别用"0"和"1"表示，合并其概率。
3）重复1）和2），直到得到最大概率的符号。
4）按次序连线，形成编码"树"，按路径读数即可获得码字。

【例 10-2】　信源共有 4 种符号 A、B、C、D，设它们出现的概率分别为 1/2、1/4、1/8、1/8，求其 Huffman 编码及其编码效率 η。

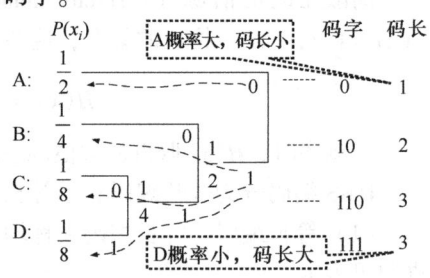

图 10-3　例 10-2 Huffman 编码

解：Huffman 编码如图 10-3 所示。按虚线来读码树，得到码字：符号 A 用 0 表示，B 用 10 来表示，C 用 110 来表示，D 用 111 来表示。4 个符号对应的码长是不等长的，分别为 1、2、3、3 位。码长为 1 位的 A 符号，是大概率事件；码长为 3 位的 C 和 D 符号，是小概率事件。

若此四进制信源采用等长编码，需要编码位数为两位，$N=2$；若采用不等长编码，有的符号的编码位数出现了三位，但是三位码的符号是小概率事件，而对于大概率事件的符号只用一位码，这样的话，平均码长会减小，小于等长编码。

平均码长是用符号的概率乘以符号的码长，是符号的码长的统计平均，即概率加权：

$$\overline{N}=\sum_{i=1}^{L} P(x_i) n_i = \dfrac{1}{2}\times 1+\dfrac{1}{4}\times 2+\dfrac{1}{8}\times 3+\dfrac{1}{8}\times 3=1.75<2$$

式中，A 用 1 位码，A 出现的概率为 1/2；B 用 2 位码，B 出现的概率为 1/4；C 用 3 位码，C 出现的概率为 1/8；D 用 3 位码，出现的概率为 1/8；不等长编码的平均码长是 1.75，小于 2，小于等长编码所需位数。

例 10-1 中求得 $H(x)=\dfrac{1}{2}\log_2 2+\dfrac{1}{4}\log_2 4+\dfrac{1}{8}\log_2 8+\dfrac{1}{8}\log_2 8=1.75$，此时，$\eta=\dfrac{H(x)}{\overline{N}}=1$，采用 Huffman 编码使编码效率 η 提高为最大值 1。可见，采用不等长编码能够提高编码效率，去除冗余。

离散无记忆信源编码 DMS 的中心思想是在已经数字化之后，根据信源的统计特性采用不等长编码，大概率符号用小的位数，小概率符号用长的位数，使平均码长减小，从而使信息码的总码长减小，提高了通信系统的有效性。

3. 模拟信号数字化

（1）模拟信号数字传输的原理图和步骤　模拟信号的数字传输原理图如图 10-4 所示。模拟信号数字传输的步骤：1）把模拟信号数字化，即 A/D 转换；2）送入数字通信系统，数字基带传输或选用某种数字调制方式进行数字频带传输；3）把数字信号还原为模拟信号，即 D/A 转换。

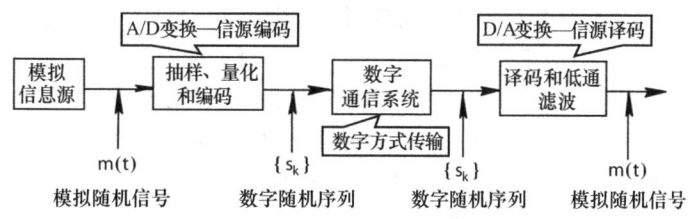

图 10-4　模拟信号的数字传输原理图

把发送端的 A/D 变换称为信源编码，接收端的 D/A 变换称为信源译码。

（2）模拟信号数字化编码方法

1）波形编码。波形编码是对信号的波形进行采样，对采样值进行量化、编码后传输，传输的是信号的波形，是本章的主要内容。

波形编码直接把时域波形变换为数字代码序列，比特率通常在 16～64kbit/s 范围内，接收端重建信号的质量好。目前使用最普遍的波形编码方法有脉冲编码调制（PCM）、差分脉冲编码调制（DPCM）和增量调制（ΔM）。

2）参量编码。参量编码传输的不是信号的波形，而是信号的某些特征参量，与波形编码相比，可以使传输的比特率减小到 16 kbit/s 以下。

例如语音参量编码，利用信号处理技术，提取语音信号的特征参量，再变换成数字代码，其比特率在 16kbit/s 以下，但接收端重建（恢复）信号的质量不够好。

3）模型基编码。模型基编码根据信号建立传输系统模型，确定模型参数，不用传输信号，接收端只需给相应模型加入高斯白噪声就能恢复原信号。模型基编码能使传输的比特率进一步降低，是新型的编码技术。

本章介绍的 PCM 等方法，属于波形编码，但编码方法不是只有波形编码方法一种，波形编码是其中最基础最实用的一种，直接对波形进行数字化传输。

10.2　抽样定理及脉冲振幅调制 PAM

模拟信号数字传输是一个 A/D 转换的过程，首先对模拟信号进行采样，在对采样值进行量化和编码。本知识点介绍采样，内容包括：模拟信号数字化的理论依据、抽样分类、低通抽样定理、带通抽样定理、脉冲振幅调制 PAM。

10.2.1　抽样定理

1. 抽样定理是模拟信号数字化的理论依据

抽样定理：如果对一个频带有限的时间连续的模拟信号抽样，当抽样速率达到一定数值时，它的抽样值就能表示原信号，并且能根据抽样值重建恢复原信号。

模拟信号数字化传输时只传送信号的有限个抽样值，而不是传送全部模拟信号，接收端用采样值来恢复原信号，要求采样值能表示原信号，由采样值能恢复原信号，抽样定理阐述此内容。也就是说，若要传输模拟信号，不一定要传输模拟信号本身，只需传输按抽样定理得到的抽样值

2. 抽样分类

（1）根据信号是低通型或带通型把抽样分为低通抽样和带通抽样　模拟信号数字化传输的是抽样值，抽样定理对原信号的要求是：原信号必须是带限信号，否则不能由抽样值来恢复原信号。带限信号的频带在 $f_L \sim f_H$ 一个有限的区间范围内，带宽 $B = f_H - f_L$ 不能是无穷大。

低通型信号是指截止频率小于带宽的信号。当 $f_L < B$ 时，称为低通信号。

带通型信号 $m(t)$ 的频谱 $M(f)$ 示意图如图 10-5 所示。带通型信号也叫窄带信号频带信号，指截止频率大于带宽的信号，当 $f_L \geq B$ 时，称为带通信号。中心频率为 $f_0 = (f_L + f_H)/2$。中心频率通常是系统工作频率。

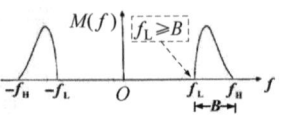

图 10-5　带通型信号的频谱示意图

带通型信号的基本特点：中心频率 f_0 远离零频，带宽远小于中心频率 f_0。

（2）根据抽样脉冲序列等间隔或非等间隔把抽样分为均匀抽样和非均匀抽样　均匀抽样是以 T_s 为周期对信号进行等间隔采样。常用的是均匀抽样。本章中的抽样都是采用均匀抽样。

（3）根据抽样脉冲序列是冲激序列或非冲激序列把抽样分为理想抽样和实际抽样

1）理想抽样，采用冲激脉冲序列 $\delta_T(t)$ 对信号 $m(t)$ 进行抽样，波形如图 10-6 所示。

冲激脉冲序列 $\delta_T(t)$ 为

$$\delta_T(t) = \sum_n \delta(t - nT_s) \Leftrightarrow \delta_T(\omega) = \sum_n \delta(t - n\omega_s) \quad (10\text{-}3)$$

$\delta_T(t)$ 是以 T_s 为采样周期的周期信号，其频谱 $\delta_T(\omega)$ 是以采样频率 ω_s 为周期的周期信号。T_s 为采样周期，ω_s 和 f_s 为采样频率，$\omega_s = (2\pi/T_s)$ rad/s，$f_s = (1/T_s)$ Hz。

图 10-6a 和图 10-6b 是原信号 $m(t)$ 以及它的频谱 $M(\omega)$；图 10-6c 和图 10-6d 是冲激序列 $\delta_T(t)$ 以及它的频谱 $\delta_T(\omega)$；图 10-6e 和图 10-6f 是采样信号 $m_s(t)$ 及其频谱 $M_s(\omega)$。$m(t)$ 的抽样信号 $m_s(t)$ 为 $m_s(t) = m(t) \times \delta_T(t)$。时域相乘 $\delta_T(t)$ 是对信号进行采样，得到的是采样信号。时域两个信号相乘，频域对应的是两个信号频谱的卷积。$M(\omega)$ 和冲激序列 $\delta_{\omega s}(\omega)$ 的卷积结果是对 $M(\omega)$ 的频谱搬移，分别搬移到 ω_s、$2\omega_s$、$3\omega_s$ 等处，是采样信号的谱，如图 10-6f 所示。接收端收到抽样信号后，只要加一个理想低通滤波器（见图 10-6f 中虚线方框），就能恢复出原信号的频谱 $M(\omega)$，也就恢复了原信号。

2）实际抽样，即矩形抽样：理想冲激脉冲序列 $\delta_T(t)$ 在现实中是不存在的，实际中，用矩形窄脉冲序列 $G_T(t)$ 来代替进行抽样，矩形抽样如图 10-7 所示。

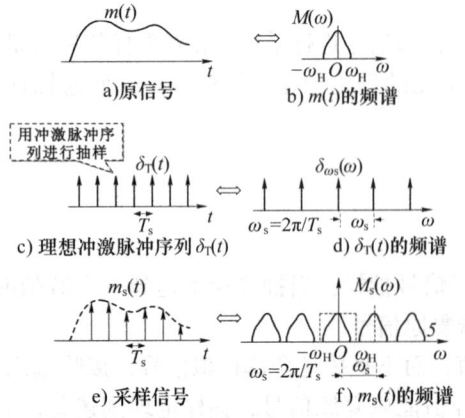

图 10-6　理想抽样过程的时间函数及对应频谱图

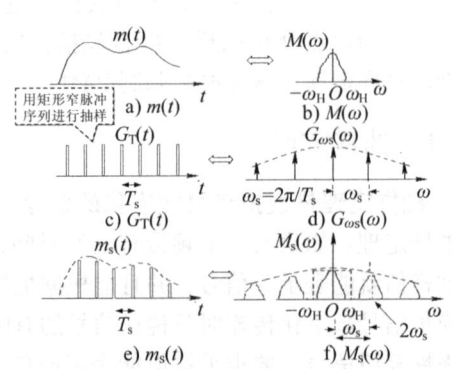

图 10-7　矩形抽样过程的时间函数及对应频谱图

$m(t)$ 的抽样信号 $m_s(t)$ 为 $m_s(t) = m(t) \times G_T(t)$。频域 $M_s(\omega)$ 是 $M(\omega)$ 和 $G_{\omega s}(\omega)$ 的卷积，结果是对 $M(\omega)$ 的频谱搬移，分别搬移到基频 ω_s、$2\omega_s$、$3\omega_s$ 等处，如图 10-7f 所示。接收端收到抽样信号后，只要加一个理想低通滤波器（见图 10-7f 中虚线方框），就能恢复出原信号的频谱 $M(\omega)$，也就恢复了原信号。

3) 矩形脉冲序列抽样与理想冲激脉冲序列抽样在频域的区别在于频谱包络不同：

① 理想抽样脉冲序列的频谱 $\delta_{\omega s}(\omega)$ 的包络是常数，是恒定包络的。

② 矩形脉冲序列的频谱 $G_{\omega s}(\omega)$ 的包络是抽样函数 $Sa(x)$。矩形脉冲占空比（脉冲的高电平持续时间/采样周期）决定了包络的形状，如图 10-7d 中虚线所示。

时域与频域是一对矛盾，时域脉冲越窄，频域占据的频带越宽。矩形脉冲序列的频谱的包络是抽样函数。矩形窄脉冲越窄越接近理想冲激脉冲，时域窄到无穷小时，频域的包络趋向常数，趋于理想抽样。

3. 抽样定理

原信号分为低通型或带通型，相应的，对其抽样适用的抽样定理也分为低通抽样定理和带通抽样定理。

(1) **低通抽样定理** 一个频带限制在 $(0, f_H)$（单位为 Hz）内的时间连续信号 $m(t)$，如果以 $T_s \leq 1/(2f_H)$（单位为 s）的间隔（或以 $f_s \geq 2f_H$ 的频率）对它进行等间隔（均匀）抽样，则 $m(t)$ 将被抽样值完全确定，可以由抽样值无失真的恢复原信号。要求抽样频率 f_s（每秒内的抽样点数）$\geq 2f_H$；若抽样频率 $f_s < 2f_H$，则频谱会产生混叠现象而失真，叫混叠失真。混叠现象如图 10-8 所示。

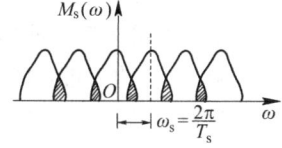

图 10-8 混叠现象

奈奎斯特间隔，即最大允许抽样间隔为

$$T_s = 1/(2f_H)$$

奈奎斯特抽样频率，即允许的最低抽样频率为

$$f_s = 2f_H$$

例如：语音信号是带限信号，频带在 300～3400Hz 之间，最高频率为 $f_H = 3400$Hz，则奈奎斯特抽样频率 $f_s = 2f_H = 2 \times 3400$Hz $= 6800$Hz。

国际电话与电报顾问委员会（International Telephone and Telegraph Consultative Committee，CCITT）和国际电信同盟（International Telecommunications Union，ITU）规定的语音信号抽样频率为 $f_s = 8000$Hz。

(2) **带通抽样定理** 对频率限制在 f_L 与 f_H 之间的带通型信号进行抽样，如果抽样频率取为信号最高频率 f_H 的 2 倍，按低通抽样定理来抽样，显然能满足频谱不混叠的要求，可以恢复原信号。但因为信号工作频带在高频段，f_H 值很高，这样选择会使采样频率 f_s 太高，会使 0～f_L 一大段频谱空隙得不到利用，降低了信道的利用率；另外，通常带通型信号的 f_H 很高，如毫米波，即使接收端经过混频将其降至中频段，实际物理器件也难以做到如此高的采样频率。

如果信号最高频率是带宽的整数倍，$f_H = nB$ 时，用带通采样定理来采样，能使采样频率降低为信号带宽的 2 倍，也能由抽样信号来恢复原信号。$f_H = nB$ 时带通信号的抽样频谱如图 10-9 所示，图中设 $f_H = 5B$，$f_H = 2.5 f_s$，采用的 f_s 小于 f_H，也能做到 $M_s(\omega)$ 不混叠。

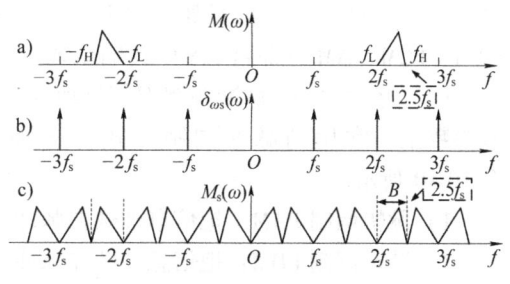

图 10-9 $f_H = nB$ 时带通信号的抽样频谱

如果带通信号的最高频率不是带宽的整数倍，则先求 f_H/B 的商，再采用下面带通抽样定理中的采样频率 f_s 来采样，也能做到采样信号频谱不混叠。

带通抽样定理：一个带通信号 $m(t)$（频谱见图 10-5），其频率限制在 f_L 与 f_H 之间，带宽为 $B = f_H - f_L$，如果最小抽样速率 f_s 为式（10-4）时，那么 $m(t)$ 可完全由其抽样值确定。

$$f_s = 2B\left(1 + \frac{k}{n}\right) \tag{10-4}$$

式中，n 为 f_H/B 的商的整数部分，$n=1,2,\cdots$；k 为 f_H/B 的商的小数部分，$0 < k < 1$。

当 n 很大，无论 f_H 是否为带宽 B 的整数倍，均有

$$f_s \approx 2B \tag{10-5}$$

通常的通信中调制系统中的载频远大于带宽，均满足上述条件

【例 10-3】 某信号频带在 312～552kHz 之间，求采样频率 f_s。

解：$f_L = 312\text{kHz}$，$f_H = 552\text{kHz}$，$B = (552 - 312)\text{kHz} = 240\text{kHz}$，$f_L > B$，是带通型信号，用带通抽样定理求 f_s：

$$f_H/B = 552/240 = 2.3 = 2 + 0.3 = n + k, n = 2, k = 0.3$$

由式（10-4）得：$f_s = 2B(1 + k/n) = 2 \times 240 \times (1 + 0.3/2)\text{kHz} = 552\text{kHz}$

本例如果按低通抽样定理来抽样，采样频率为 $2f_H = 1104\text{kHz}$。按带通抽样定理来抽样使采样频率降低，f_s 约为带宽的 2 倍，而不是最高频率的 2 倍。

带通信号一般为窄带信号。f_H 大而 B 小，满足：$f_L \gg B$，$k \ll n$，则

$$f_s = 2B(1 + k/n) \approx 2B$$

因此，带通信号通常可按 $2B$（单位为 Hz）的速率来抽样，而不是按最高频率的 2 倍来抽样。实际中应用广泛的调制信号都属于高频窄带信号，适用带通抽样定理。

10.2.2 脉冲振幅调制 PAM

（1）脉冲振幅调制　脉冲振幅调制（Pulse Amplitude Modulation，PAM），时间上连续的模拟信号经过矩形脉冲序列抽样后，成为时间上离散但幅度取值仍是连续变化的信号，即 PAM 信号。

PAM 是脉冲载波的幅度随基带信号变化的一种调制方式。把信息加载到载波的某些参数上的过程称为调制，加载在幅度上称为幅度调制，采用的载波是矩形脉冲序列，因此称为脉冲振幅调制。

（2）正弦载波调制与脉冲调制

1）通常所谓的"调制"是指正弦载波调制，采用正弦信号做载波，已调信号产生频谱搬移，属于带通型信号或称为频带信号。

2）脉冲调制采用矩形脉冲序列做载波，已调信号不产生频谱搬移，仍然属于基带信号。本章中的 PAM、PCM、ΔM 等都属于基带传输系统。

（3）脉冲调制　脉冲调制把信息加载在脉冲的某些参数上。常用的脉冲调制方式有 3 种，波形如图 10-10 所示。

1）脉幅调制 PAM：把信息加载在脉冲的幅度上。
2）脉宽调制 PDM：把信息加载在脉冲的宽度上。
3）脉位调制 PPM：把信息加载在脉冲的位置上。

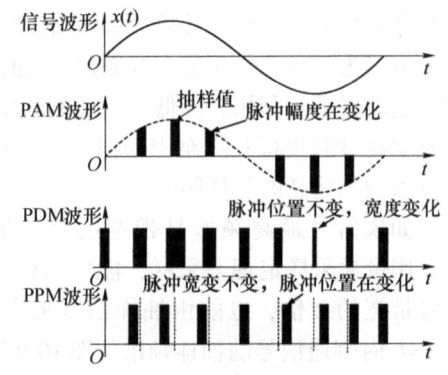

图 10-10　三种脉冲调制 PAM、PDM、PPM 信号波形

(4) PAM 与 PCM

1) PAM 属于模拟调制。PAM 的幅度是随基带信号的变化而变化的，基带信号是模拟信号，所以 PAM 的幅度是模拟量，PAM 属于模拟调制。图 10-10 中的 PAM 波形的"抽样值"是连续变化的模拟量。

2) PCM 属于数字调制。将 PAM 的幅值进行量化和编码，就是脉冲编码调制 PCM。

模拟信号与数字信号，指的是信号的幅值是模拟量与数字量。模拟量取值连续变化，个数无穷多，数字量取值个数有限。数字化过程是将幅值量化为有限个取值，再进行编码，传输的是码流。

(5) 抽样定理以及脉冲振幅调制 PAM 的 LabVIEW 仿真 仿真程序的运行结果如图 10-11 所示。为清晰演示，仿真的基带模拟信号设置为 1Hz 的正弦信号，用占空比为 20% 的矩形脉冲序列来对基带模拟信号抽样，矩形频率（采样频率）为 10Hz。图 10-11 中给出了模拟信号、矩形脉冲序列、抽样信号这三个信号的波形和频谱。可见：1) 矩形脉冲序列的频谱的包络是 $Sa(\ )$ 函数。2) 抽样信号的频谱是模拟信号频谱的一系列搬移，频谱不混叠。3) 接收端对收到抽样信号采用低通滤波后，恢复了模拟信号。

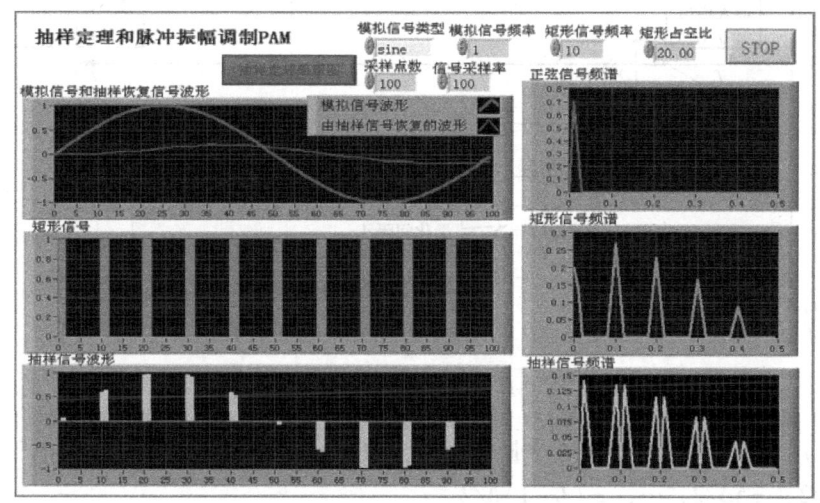

图 10-11 抽样定理以及脉冲振幅调制 PAM 仿真

10.3 模拟信号的量化

模拟信号的抽样值是取值连续的模拟量，把取值范围无穷的模拟抽样值用有限个电平来表示，即模拟信号的量化。量化之后，电平个数有限，可以用编码来表示。例如若量化电平数为 8，用 3 位二进制码来表示这 8 个电平。

量化器的模块化表示如图 10-12 所示。模拟信号 $m(t)$，量化器输入是 $m(t)$ 的采样信号 $m(kT_s)$，以 T_s 为采样周期。量化器输出是 $m(kT_s)$ 的量化信号 $m_q(kT_s)$。

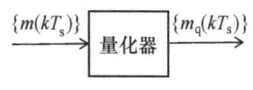

图 10-12 量化器模块

量化：利用预先规定的有限个电平来表示模拟信号抽样值的过程称为量化。

量化分为均匀量化和非均匀量化两种。本知识点主要内容：均匀量化的物理过程和量化信噪比；非均匀量化的优点和实现非均匀量化的方法，包括压缩扩张技术、常见对数压扩特性曲线、A 律十三折线法。语音信号的数字化传输中常采用 A 律十三折线法。

10.3.1 均匀量化

均匀量化也称为线性量化，把输入信号的取值域按等距离分割的量化称为均匀量化。均匀量化器广泛应用于线性 A/D 变换的数字化。

（1）均匀量化的物理过程　均匀量化的物理过程如图 10-13 所示。设输入信号的取值域为 $-A \sim A$，量化级数为 L，通常令 $L = 2^k$。图中 $L = 8$。

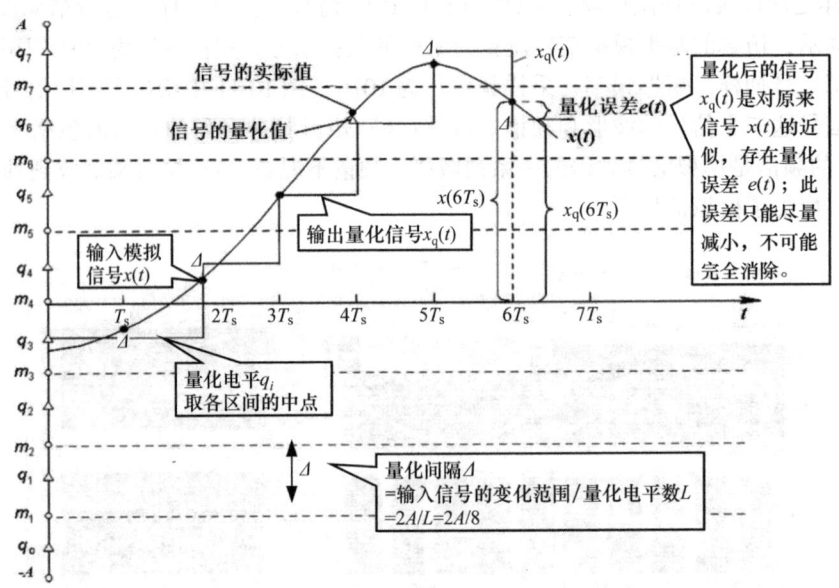

图 10-13　均匀量化的物理过程

量化电平 q_i：把取值域划分成 L 个量化区间，取各区间的中点，作为量化电平；q_i 取值为：$\pm \Delta/2$，$\pm 3\Delta/2$，$\pm 5\Delta/2$，$\cdots$，$\pm (L-1)\Delta/2$。

量化间隔 Δ：Δ = 输入信号的变化范围/量化电平数 L；图 10-13 中，$\Delta = 2A/L$。

如果输入信号的采样值 $x(kT_s)$ 落在第 i 个区间，量化信号 $x_q(t)$ 就在本采样周期内输出电平为 q_i 的信号。量化器输出的量化信号 $x_q(t)$ 是阶梯波，与原信号 $x(t)$ 之间存在误差，称为量化误差。量化误差是量化造成的，是不可避免的，是不可能消除的，只能尽量减小。量化误差是量化器存在的固有误差。

（2）量化噪声功率 N_q　量化噪声功率 N_q 是量化误差 $e(t) = x(t) - x_q(t)$ 的均方值 $E[e^2(t)]$。

设信号 $x(t)$ 取值的概率分布是在 $[-A, A]$ 内均匀分布，概率密度函数 $f(x) = 1/2A$。求 $E[e^2(t)]$ 时把积分区间分段累加，得到量化噪声功率为

$$N_q = E[e^2(t)] = \int_{-A}^{A} (x - x_q)^2 f(x) dx = \sum_{i=1}^{L} \int_{m_{i-1}}^{m_i} (x - q_i)^2 f(x) dx$$

$$= \sum_{i=1}^{L} \int_{m_{i-1}}^{m_i} (x - q_i)^2 \left(\frac{1}{2A}\right) dx = \sum_{i=1}^{L} \int_{-A+(i-1)\Delta}^{-A+i\Delta} \left(x - (-A + i\Delta) + \frac{\Delta}{2}\right)^2 \left(\frac{1}{2A}\right) dx$$

$$= \sum_{i=1}^{L} \left(\frac{1}{2A}\right)\left(\frac{\Delta}{12}\right)^3 = \frac{L\Delta^3}{24A} \xrightarrow{\Delta = \frac{2A}{L}} = \frac{\Delta^2}{12}$$

量化噪声功率为
$$N_q = \frac{\Delta^2}{12} \tag{10-6}$$

可见，量化噪声功率与量化台阶 Δ 的大小有关，量化台阶要越小，量化噪声功率就越小。量化级数越多，量化台阶越小，量化分层越细，量化误差越小，量化噪声功率也越小。

（3）量化信号功率 S_q 设信号 $x(t)$ 取值的概率分布是在 $[-A,A]$ 内均匀分布，概率密度函数 $f(x) = \frac{1}{2A}$。量化信号功率 S_q 为量化信号 $x_q(t)$ 的均方值 $E[(x_q)^2]$，即

$$S_q = E[(x_q)^2] = \int_{-A}^{A} x^2 f(x)\,dx = \int_{-A}^{A} x^2 \frac{1}{2A} dx = \frac{1}{2A} \frac{x^3}{3}\Big|_{-A}^{A} = \frac{A^2}{3} \xrightarrow{\Delta = \frac{2A}{L}} = \frac{\Delta^2}{12} L^2 \tag{10-7}$$

（4）量化信噪比 量化信噪比：量化信号功率 S_q 与量化噪声功率 N_q 之比。

$$\frac{S_q}{N_q} = \left(\frac{\Delta^2}{12} L^2\right)\Big/\frac{\Delta^2}{12} = L^2, \frac{S_q}{N_q}\Big|_{dB} = 10\lg L^2 = 20\lg L = 20\lg 2^k = 20k\lg 2 \approx (6k)\,\text{dB}$$

式中，$L = 2^k$，k 为编码位数。量化信噪比随量化电平数 L 的增加而提高，L 越大，信号的逼真度越好。但是，随着 L 的增加，需要的编码位数也随之增加，系统带宽也相应增大。应根据系统对量化信噪比的要求来综合考虑，选择合适的量化级数。

10.3.2 非均匀量化

（1）均匀量化的不足 在语音信号数字化通信（数字电话通信）中，均匀量化的量化信噪比随信号电平的减小而下降。产生原因：均匀量化中量化间隔 Δ 为固定值，$N_q = \frac{\Delta^2}{12}$，$N_q$ 与信号大小无关，只与量化间隔有关。因而，无论信号大小如何，量化噪声功率固定不变。当小信号时，信号幅值小，信号功率小，而噪声功率不变，二者之比，即量化信噪比，就难以达到给定的要求。

量化信噪比是系统设计中必须达到的工作指标，达到量化信噪比指标才能保证相应的误码率要求。如果小信号时不能达到量化信噪比要求，幅值很小的信号就不在输入信号的工作范围之内，输入信号的动态范围将受到较大的限制。为此，实际中往往采用非均匀量化。

（2）非均匀量化的设计思想

1）非均匀量化的定义。非均匀量化是一种在整个动态范围内量化间隔不相等的量化。大信号用大的量化间隔，小信号用小的量化间隔，提高小信号的量化信噪比，扩大输入信号的动态范围。

小信号时：量化间隔小，使量化噪声减小，量化噪声功率也相应地减小。虽然小信号的信号功率小，但是噪声功率也小了，可以使量化信噪比满足要求。

大信号时：量化间隔大，使量化噪声功率增加，但是因为大信号的信号幅值大，信号功率也大，也能够使量化信噪比满足设计指标。

2）非均匀量化的优点：非均匀量化能提高小信号的量化信噪比，增加信号的动态范围。

（3）实现非均匀量化的方法－压缩扩张技术 采用压缩扩张技术来实现非均匀量化，如图 10-14 所示。在发送端，输入信号 x 经过瞬时压缩映射为 z，$z = f(x)$，再对 z 进行均匀量化。$z = f(x)$ 是非线性映射，一般取对数的扩张特性，图中选择对数 $\ln x$ 中的一段的规格化值作为 $f(x)$：当 x 为大信号时，$x = 1$，$z = 1$，映射后不变；当 x 为小信号时，例如 $x = 0.2$ 时 $z = 0.6$，映射后增加，小信号被放大。发送端，小信号被放大，经瞬时压缩以后再去均匀量化和编码；接收端采用和发送端相反的非线性映射，经解码和瞬时扩张之后，就能正确恢复原信号。

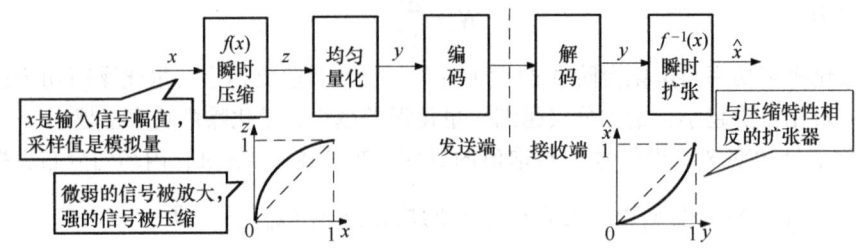

图 10-14 非均匀量化编码的压缩扩张技术

(4) 常见对数压扩特性曲线

1) 常见对数压扩特性曲线有 μ 律和 A 律两种，压扩特性曲线如图 10-15 所示。我国采用的是 A 律，A 律可以采用十三折线法来近似，容易用电路实现。

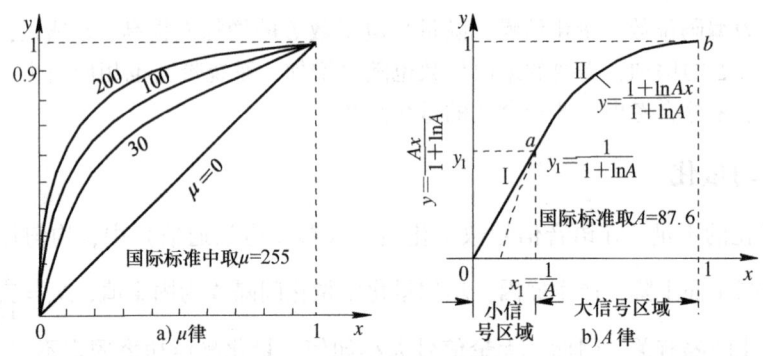

图 10-15 常见对数压扩特性曲线

$$\mu \text{ 律}: y = \pm \frac{\ln(1+\mu|x|)}{\ln(1+\mu)} (0 \le |x| \le 1) \quad A \text{ 律}: y = \begin{cases} \dfrac{Ax}{1+\ln A}, & 0 \le |x| \le \dfrac{1}{A} (\text{小信号区}) \\ \pm \dfrac{1+\ln A|x|}{1+\ln A}, & |x| \ge \dfrac{1}{A} (\text{大信号区}) \end{cases}$$

在电路上实现 A 律的函数是相当复杂的，实际中，往往采用近似于 A 律的十三折线法来描述 A 律的压扩特性。这样，基本保持连续压扩曲线的优点，电路上又易于实现。

2) A 律十三折线法。对信号进行采样，再对采样值 x 进行量化和编码。采样值可能的取值范围是 $[-E, E]$，归一化为 $[-1, 1]$。其中正的部分 x 范围为 $[0, 1]$，负的部分 x 范围为 $[-1, 0]$。十三折线逼近 A 律函数如图 10-16 所示。图中：

① 将 x 的范围 $[0, 1]$ 不断对分为 8 段，段端点为：$x_i = \dfrac{1}{128}, \dfrac{1}{64}, \dfrac{1}{32}, \dfrac{1}{16}, \dfrac{1}{8}, \dfrac{1}{4}, \dfrac{1}{2}, 1$。

② 将 y 的范围 $[0, 1]$ 等间隔划分为 8 段，段端点为：$y_i = \dfrac{1}{8}, \dfrac{2}{8}, \dfrac{3}{8}, \dfrac{4}{8}, \dfrac{5}{8}, \dfrac{6}{8}, \dfrac{7}{8}, 1$。

③ 对应 x_i、y_i 坐标点分别连线，连成一条曲线，第 1 段和第 2 段斜率相同，是一段，正半周共 7 段。

④ x 的范围 $[-1, 0]$ 负的部分的曲线，与 x 的范围 $[0, 1]$ 正的部分的曲线关于原点奇对称，而且过原点的两段斜率相同是一段，考虑负半周在内，曲线一共 13 段，故称十三折线。图 10-16 中只画了 x 正半轴部分的曲线，x 负半轴部分的曲线与之关于原点奇对称。

3) $A = 87.6$ 与十三折线压缩特性的比较。把 13 条折线和 $A = 87.6$ 时的 A 律函数公式计算值列表对比，如图10-17所示。

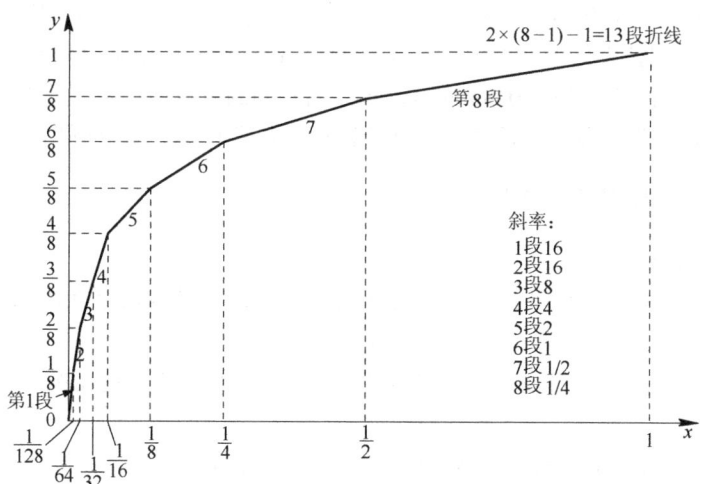

图 10-16　十三折线逼近 A 律函数

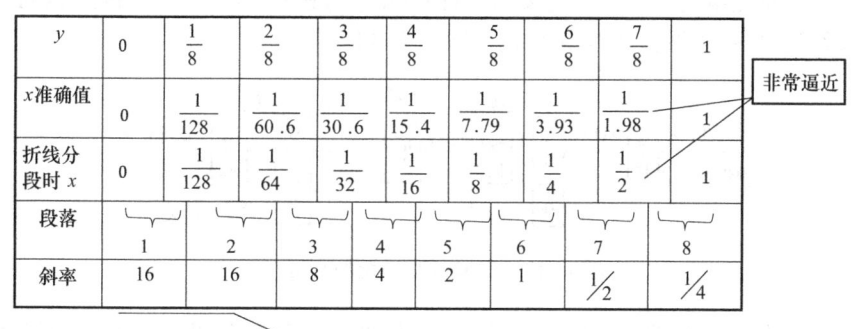

图 10-17　$A = 87.6$ 的 A 律函数与十三折线的比较

$y_i = 0, \dfrac{1}{8}, \dfrac{2}{8}, \dfrac{3}{8}, \dfrac{4}{8}, \dfrac{5}{8}, \dfrac{6}{8}, \dfrac{7}{8}$，且 $A = 87.6$ 时，代入 A 律函数公式，计算得到 x 准确值为 $x_i = 0, \dfrac{1}{128}, \dfrac{1}{60.6}, \dfrac{1}{30.6}, \dfrac{1}{15.4}, \dfrac{1}{7.79}, \dfrac{1}{3.93}, \dfrac{1}{1.98}$，与折线分段时的 x 值非常逼近。可见，十三折线非常接近 $A = 87.6$ 时的 A 律压扩特性函数，近似为 A 律压扩特性。

十三折线逼近 A 律函数，利用十三折线法，可以方便地进行量化编码（是压缩量化编码），以及电路实现，是下面介绍的 PCM 所采用的方法。

10.4　脉冲编码调制 PCM

脉冲编码调制（Pulse Code Modulation，PCM），是把模拟信号的采样值编成一组二进制的码流的过程。PAM 是脉冲振幅调制，脉冲做载波，信息加载在脉冲幅度上。把 PAM 的幅度值量化和编码数字化，就是 PCM。PCM 也是把信息加载在脉冲幅度上，所以称为脉冲调制，对脉冲的幅值进行了编码，因此称为脉冲编码调制。此"调制"是脉冲调制，非正弦载波调制，不产生频谱搬移到高频处，属于基带。

PCM 通信方式用压缩编码实现了 A/D 变换,产生数字基带信号,为数字通信奠定了基础,抗干扰能力强,在市话语音传输、光纤通信、数字微波通信、卫星通信中均获得了极为广泛的应用。PCM 采用时分复用技术传输,有 E1 和 T1 两个标准,我国采用的是欧洲的 E1 标准。T1 的速率是 1.544Mbit/s,E1 的速率是 2.048Mbit/s。脉冲编码调制可以向用户提供多种业务,如提供语音、图像传送及远程教学等业务,适于对数据传输速率要求较高,需要更高带宽的用户使用。

10.4.1 PCM 定义及其系统组成

(1) 脉冲编码调制 PCM

1) 对连续信号的抽样值(即 PAM)进行编码,用一组二进制数字代码来表示,即得到脉冲编码调制 PCM。

2) 在 PCM 中,信息加载在脉冲载波的幅度上,并对幅度进行量化编码,故称为脉冲编码调制。

3) PCM 信号是数字基带信号,PCM 通信系统属于数字基带系统。

4) PCM 采用十三折线 A 律编译码,属于压缩编码。

(2) PCM 系统组成 PCM 系统的原理框图如图 10-18 所示。语音信号经抽样之后得到 PAM 信号,采用非均匀量化编码即压缩量化编码,对 PAM 信号进行 A/D 变换,得到 PCM 码流,送入信道。接收端经过 PCM 译码实现 D/A 变换,恢复语音信号。

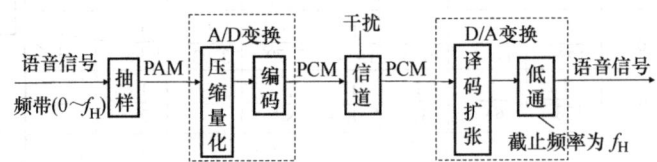

图 10-18 PCM 通信系统原理框图

PCM 的量化有均匀量化和非均匀量化两种,本知识点重点介绍的是十三折线 A 律非均匀量化。

图 10-19 给出的是均匀量化 PCM 信号的形成过程示意图,目的是表述由 A/D 变换前后模拟信号波形与数字信号波形之间的关系。PCM 编码是对模拟信号抽样值用一组二进制码来表示,对每个抽样值用一组(n 位)二进制码来表示,这 n 位二进制码称为一个码字。图中,采用 8 级均匀量化,对模拟信号的每个采样点编 3 位二进制码,T_s 为采样周期,T_B 为码周期。在每个采样周期 T_s 内有 3 位码,$T_s = 3T_B$。送入信道的 PCM 码流可以采用双极性或单极性波形,是数字基带脉冲序列。

若 PCM 采用非均匀量化编码,PCM 码流与图 10-19 类似,不同的是编码位数不同,十三折线 A 律 PCM 中对每个抽样值编 8 位码,编码位数是 8 位,在 T_s 采样周期内有 8 位码,$T_s = 8T_B$,T_B 为码周期。

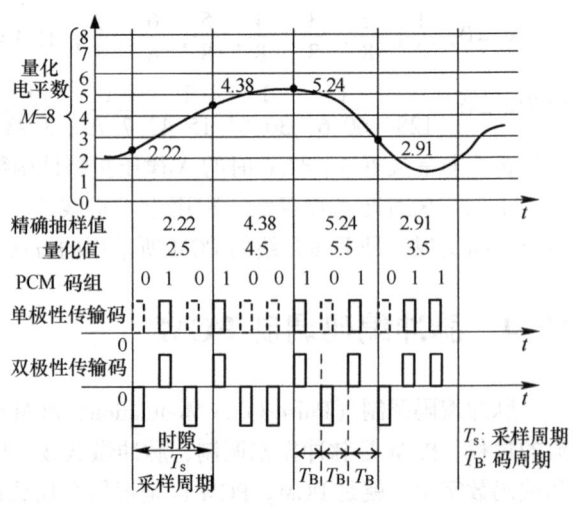

图 10-19 均匀量化 PCM 信号形成示意图

10.4.2 PCM 十三折线 A 律编译码

把量化后的信号电平值变换成二进制码组的过程称为编码,其逆过程称为解码或译码。

1. PCM 码字、码型和编码位数

1) 码字。对每一个量化电平值用 N 位二进制码来表示,这 N 位二进制码称为一个码字。

2) 码型。在 PCM 中常用的二进制码型有 3 种:自然二进码、折叠二进码、格雷二进码(反射二进码)。常用二进制码型见表 10-1。表中,4 位自然二进码,16 种状态的排列是由 0000 到 1111,是最常用的码型。四位折叠二进码,最高位表示极性,"1"表示正信号,"0"表示负信号,后 3 位码的 8 种状态排列沿正负中分线对称,正和负互为折叠,故称为折叠二进码。

总体上来说,PCM 编码采用的是折叠二进码,它是 A 律十三折线 PCM 30/32 路基群设备中所采用的码型。PCM 编码一共 8 位码,第 1 位 a_1 采用折叠二进码表示信号的极性,段落码 $a_2a_3a_4$ 和段内码 $a_5a_6a_7a_8$ 采用自然二进码或格雷码,无明确指出时默认为自然二进码。

表 10-1 中 4 位格雷码的 16 种状态的排列是由 0000 到 0001、由 0001 到 0011 等,相邻码字只有 1 位改变,这样排列的好处是能减小传输中由错码引起的误差值。

表 10-1 常用二进制码型表

样值脉冲极性	自然二进码	折叠二进码	格雷二进码	量化级序号
正极性部分	1111	1111	1000	15
	1110	1110	1001	14
	1101	1101	1011	13
	1100	1100	1010	12
	1011	1011	1110	11
	1010	1010	1111	10
	1001	1001	1101	9
	1000	1000	1100	8
负极性部分	0111	0000	0100	7
	0110	0001	0101	6
	0101	0010	0111	5
	0100	0011	0110	4
	0011	0100	0010	3
	0010	0101	0011	2
	0001	0110	0001	1
	0000	0111	0000	0

3) 编码位数 N 的选择。编码位数 N 的多少,决定了量化分层的多少,反之,若信号量化分层数一定,则编码位数也被确定。均匀量化时,设量化分层数为 L,通常取 $L=2^N$。

在信号变化范围一定时,用的码位数越多,量化分层越细,量化误差就越小,通信质量当然就更好。

但码位数越多,设备越复杂,使码速率增加,传输带宽加大,有效性越低。

量化级数越多,量化信噪比越大,信噪比就越好。但是,需要的编码位数也越多,系统负担也越大。编码位数要根据信号的特征来合理地选择。

十三折线 A 律 PCM 编码选择的编码位数 N 为 8 位,PCM 码的一个码字是 8 位二进制码。例如信号的采样值 $x=-0.36V$,PCM 编码要用 8 位码来表示这个电平值。

2. PCM 编码和译码的思路和过程

1) 采样值的归一化和取值范围。设信号的采样值 x 取值范围为 $[-E,E]$,为统一计算,归一化为 $[-1,1]$,采样值 x 的取值范围 $[-1,1]$。

2) 极性判决和编码区间。PCM 编码中,用 1 位码表示 x 的极性正负。极性判决之后,x 被整流,相当于取绝对值以后则按信号的绝对值进行编码,只考虑 x 取值为 $[0,1]$ 区间为编码区间。

3) 极性判决之后 x 的取值范围在 $[0,1]$ 区间,因此,段落码和段内码只要考虑十三折线中的正方向的 8 段折线就行了。

4) PCM 编码。已知信号采样电平值 x,求 8 位 PCM 码,即求 x 极性、所在段落和段内量化级。把 x 取值为 $[0,1]$ 区间按十三折线法分为 8 段,用 3 位二进制码(段落码)表示。再对每段进行 16 等级均匀量化,用 4 位二进制码(段内码)表示。段落码和段内码表示信号采样电平

（例如 $x = -0.36$）落在哪一段哪个量化级上，就实现了 PCM 编码。

5) PCM 译码。已知 8 位 PCM 码，求信号采样电平值 x，即接收端根据接收到的 PCM 码字就可以知道信号的极性、所在的段落以及段内量化级，就可以用量化电平来近似恢复信号电平值，实现 PCM 译码。

3. PCM 编码的 8 位码的安排

PCM 码：$a_1 a_2 a_3 a_4 a_5 a_6 a_7 a_8$，第一位码 a_1 表示信号采样值 x 的极性；$a_2 a_3 a_4$ 是段落码，3 位二进制码可以表示 8 个段落；段内再进行 16 个等级的均匀量化，可以用 4 位二进制码 $a_5 a_6 a_7 a_8$ 表示 16 个量化级。

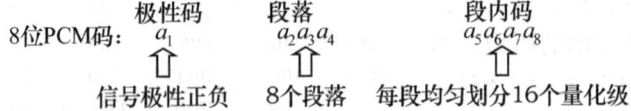

4. 极性码 a_1 的编码

若信号的采样值 x 为负极性，$x \leq 0$，则 $a_1 = 0$；若信号的采样值 x 为正极性，$x > 0$，则 $a_1 = 1$。

在极性判决后 x 被整流（相当取绝对值）以后则按信号的绝对值进行编码，因此，之后的段落码和段内码只要考虑十三折线中的正方向的 8 段折线就行了。

5. 段落码 $a_2 a_3 a_4$ 的编码

1）段落码表见表 10-2。3 位段落码的 8 种可能状态分别表示信号 x 的绝对值处在哪个段落，段落码采用自然二进码，000 ~ 111，分别表示第 1 ~ 8 段，例如，若 x 的绝对值在第 5 段，段落码 $a_2 a_3 a_4 = 100$。

x 取值为 $[0,1]$ 区间的段落划分采用十三折线法，如图 10-20 所示。图中的十三折线法详解：

把 x 取值为 $[0,1]$ 区间划分为 8 段，第 1 ~ 8 段的段起点分别为 0、1/128、1/64、1/32、1/16、1/8、1/4、1/2。各段的段长分别为 1/128、1/128、1/64、1/32、1/16、1/8、1/4、1/2。第 8 段在 [1/2,1] 区间，段长最长，等于 1/2。第 1 段和第 2 段段长相等，段长最短，等于 1/128。

段内进行 16 等级均匀量化。段内量化间隔 = 段长/16。

最小量化单位 Δ。

第 1 ~ 2 段的段内量化间隔最小，为

$$\frac{1}{128} \div 16 = \frac{1}{2048}$$

把最小量化间隔 1/2048 定义为一个量化单位，记为 Δ，则

$$\Delta = \frac{1}{2048}$$

用量化单位 Δ 来表示各段的段起点、段长，比用分数表示简洁了很多。因此，段起点、

表 10-2 PCM 段落码和段起点及段内量化间隔表（以 $\Delta = 1/2048$ 为量化单位）

段落序号	段落码 $a_2 a_3 a_4$	段起始电平	段内量化间隔
8	111	1024	64
7	110	512	32
6	101	256	16
5	100	128	8
4	011	64	4
3	010	32	2
2	001	16	1
1	000	0	1

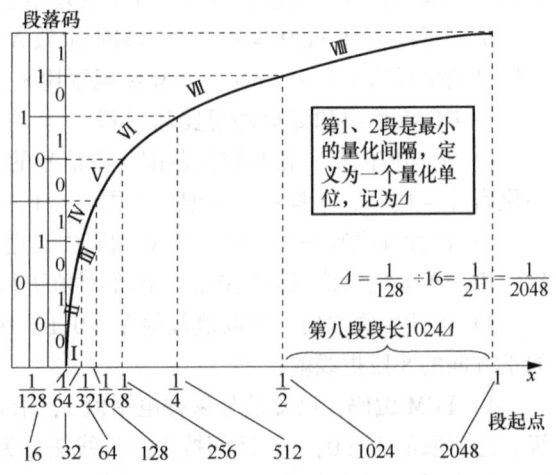

图 10-20 x 取值为 $[0,1]$ 区间的段落划分（以 Δ 为单位）

段长、段内量化间隔、信号采样值 x，都采用最小量化单位 Δ 来表示如下：

第 1~8 段的段起点分别为：0、16、32、64、128、256、512、1024Δ。

第 1~8 段的段长分别为：16、16、32、64、128、256、512、1024Δ。

第 1~8 段的段内量化间隔分别为：1、1、2、4、8、16、32、64Δ。

第 8 段的段内量化间隔 = 段长/16 = 1024/16 = 64Δ；第 7 段的段内量化间隔 = 段长/16 = 512/16 = 32Δ；依此类推，得到第 1~8 段的段内量化间隔。记住第 8 段的 64Δ，其余段按 2 的幂次递减。

以 Δ 为单位的段落码编码表、段起点、段内量化间隔表见表 10-2，PCM 编码依照此表，需记住。

2）信号采样值 x 映射为以最小量化间隔 Δ 为单位。将信号采样值 x 的归一化值映射成以 Δ 为单位，求解公式为

$$[信号\ x\ 的归一化值 \times 2048]_{取整} \quad (10\text{-}8)$$

例如：设输入信号归一化值为 0.36，将 0.36 以 Δ 为单位表示为

$$[0.36 \times 2048]_{取整} = [737.28]_{取整} = 737\Delta，即 0.36 = 737\Delta$$

表 10-2 为以 Δ 为单位的 PCM 编码表，记住各段段落码、段起点，就可以求 PCM 段落码。例如：设输入信号的电平为 1260Δ，根据表 10-2 中段起点，第 8 段的段起点为 1024Δ，而：1024 < 1260 < 2048，1260Δ 在第 8 段，第 8 段的段落码为 $a_2a_3a_4 = 111$。

6. 段内码 $a_5a_6a_7a_8$ 的编码及量化误差

1）段内码表见表 10-3。采用 4 位自然二进码表示信号 x 的绝对值处在段内哪个量化级上。4 位码的 16 种可能状态表示段落内的 16 个均匀划分的量化级，待编码的量化电平处在段内哪个量化级上，按照表 10-3，就可以把信号 x 所在量化级用 4 位自然二进码表示，得到段落码 $a_5a_6a_7a_8$。

2）求信号电平值 x 所在量化级的公式。段内一共 16 个量化级，每个量化级等长 = 段内量化间隔。求量化级和量化误差公式为

$$\frac{待编码的量化电平 - 所在段的段起点}{所在段的段内量化间隔} = 整数\ n \cdots 余数\ m \quad (10\text{-}9)$$

式中，商的整数部分 n 是 x 所在量化级；商的余数 m 为 PCM 编码的量化误差。

表 10-3 PCM 段内量化级与段内码表

段内量化级	段内码 $a_5a_6a_7a_8$	段内量化级	段内码 $a_5a_6a_7a_8$
15	1111	7	0111
14	1110	6	0110
13	1101	5	0101
12	1100	4	0100
11	1011	3	0011
10	1010	2	0010
9	1001	1	0001
8	1000	0	0000

7. 十三折线 PCM 编译码小结

1）十三折线 PCM 编码中，虽然各段内的 16 个量化级是均匀的，但因段落长度不等，故不同段落间的量化级是非均匀的。小信号时，段落短，量化间隔小；大信号时，量化间隔大。

2）十三折线 PCM 的最小量化间隔为 $\Delta = 1/2048$，按照二进制编码位数 N 与量化级数 M 的关系：$M = 2^N$，$2048 = 2^{11}$。可见，均匀量化需要编 11 位码，而非均匀量化只需要 7 位编码（段落码 + 段内码）。

3）通常把按非均匀量化编码称为非线性编码；把按均匀量化的编码称为线性编码。量化间隔相同的条件下，7 位非线性编码与 11 位线性编码等效，实现了压缩编码。

4）非线性编码（压缩编码）的优势：1）改善小信号时的量噪比，增加输入信号的动态范

围。2）由于非线性编码的码位数减少，所需数字传输系统带宽减小。

【例10-4】 采样信号幅值为 $-1260\Delta<0$，求：1）十三折线 A 律 PCM 编码。2）量化误差。3）此 PCM 码对应的均匀量化 11 位码。

解：1）十三折线 A 律 PCM 编码。

① 极性码 a_1：$-1260\Delta<0$，$a_1=0$。

② 段落码 $a_2a_3a_4$：查段落码编码表 10-2，第 8 段的段起点为 1024Δ，$1024<1260<2048$，1260Δ 在第 8 段，段落码 $a_2a_3a_4=111$。

③ 段内码 $a_5a_6a_7a_8$：求 1260 所在量化级，1260 在第 8 段，查表 10-2，第 8 段的段起点 1024Δ，第 8 段的段内量化间隔 64Δ，代入式（10-9）求量化级，即

$$\frac{1260-1024}{64}=3\cdots44$$

商的整数部分 $n=3$，余数部分 $m=44$。整数部分是 1260 所在量化级，第 3 级对应的 4 位自然二进码为 0011，段内码 $a_5a_6a_7a_8=0011$。

图 10-21 中详细画出了第 8 段的段内量化级。第 8 段均匀量化为 0~15 共 16 个量化级，从 1024 到 2048，段长是 1024，段内量化间隔是段长除以 16 等于 64，即每一个量化级的长度是 64，信号 1260 落在哪个量化级上就编码成相应的码字，得到段内码。所以，关键问题是求 1260 在哪个量化级上。求 1260 落在哪个量化级上是求从第 8 段的段起点 1024 到 1260 的长度内含有几个 64，就在第几个量化级上。

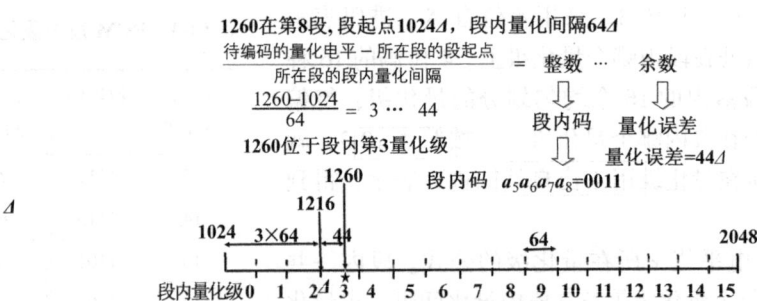

图 10-21　例 10-4 中 1260Δ 在第 8 段的段内量化级详解图

设 1260 在第 n 个量化级上，则从第 8 段段起点 1024 到 1260 的这段长度内含有 n 个 64。n 的求法：

（待编码的量化电平 1260 – 所在段的段起点 1024）/所在段的段内量化间隔 $64=3\cdots44$。

除后得到的商为一个整数 n 和一个余数 m。整数 n 是 1260 所在量化级，在第 n 个量化级上。余数 m 是量化误差。整数部分 $n=3$，在第 3 量化级上，相应的段内码就是 0011。第 0 量化级的段内码是 0000，第 15 个量化级的段内码是 1111，第 3 个量化级的段内码是 0011，这样就得到了段内码。

8 位 PCM 编码：极性码 $a_1=0$，段落码 $a_2a_3a_4=111$，段内码 $a_5a_6a_7a_8=0011$，由极性码、段落码和段内码组成 8 位 PCM 码为：$a_1a_2a_3a_4a_5a_6a_7a_8=01110011$，就得到了信号幅值为 -1260Δ 的十三折线 A 律 PCM 编码。

2）量化误差。商的余数 m 为量化误差，$m=44$，量化误差 $=44\Delta$。此 PCM 码字表示信号在第 8 段第 3 量化级，表示的电平是 $1024+3\times64=1216$，并不是 1260，二者的差值 44 是量化误差。量化误差的最大值等于段内量化间隔。

为减小量化误差，在接收端实际恢复信号时，恢复的量化电平取量化区间的中点。第 8 段第 3 量化级的中点电平为 $1024 + 3 \times 64 + 32 = 1248$，32 是 64 的一半，即量化值增加了段内量化间隔的一半，使量化误差减小为 $1260 - 1248 = 12\Delta$，即

量化误差 $= |44 - 64/2| = 12\Delta$，64/2 为段内量化间隔的一半。

取量化区间的中点作为恢复的量化电平，使量化误差减小，最大量化误差为段内量化间隔的一半。

3）除极性码之外的 PCM 码 $a_2a_3a_4a_5a_6a_7a_8 = 1110011$，对应的量化电平为 $1024 + 3 \times 64 = 1216\Delta$。将十进制转换为二进制：$(1216)_{十进制} = (10011000000)_{二进制}$，二进制码 10011000000 是 1110011 对应的均匀量化 11 位码，即 7/11 转换编码为 10011000000。

8. PCM 码对应的均匀量化 11 位码

求 PCM 码对应的均匀量化 11 位码的简便方法是通过即 7/11 变换，例 10-4 的 7/11 变换示意图如图 10-22 所示。均匀量化 11 位码 b_1，b_2，…，b_{11}，每位对应的权重是：2^{10}，2^9，…，2^0。已知 PCM 码中的后 7 位为 1110011，即已知段落码和段内码或已知 PCM 量化电平值为 1216，求均匀量化 11 位码方法：

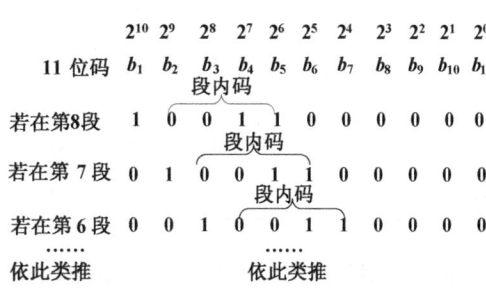

图 10-22 例 10-4 的 7/11 变换示意图

1）首先看信号在哪一段，若在第 8 段，第 8 段的段起点是 $1024 = 2^{10}$，即将最高位 b_1 置 1；

2）之后的四位，$b_2b_3b_4b_5$，对应的是四位 16 级均匀量化码，即 PCM 的段内码 $a_5a_6a_7a_8$；b_5 的权重 $2^6 = 64$，是第 8 段的段内量化间隔，$b_2b_3b_4b_5$ 表示的是量化级数。1216 的段内码为 0011。

3）再之后的各位 $b_6 \sim b_{11}$，均置 0，得到均匀量化 11 位码。

4）重复上述过程，如果信号在第 7 段，最高位置 0，次高位 b_2 置 1，之后的四位 $b_3b_4b_5b_6$ 对应段内码 $a_5a_6a_7a_8$，其余各位均置 0，得到均匀量化 11 位码。如果信号在其他各段时，依此类推。

由上述分析得到 7/11 变换表见表 10-4。可用此表求 PCM 码对应的均匀量化 11 位码。

表 10-4 7/11 变换表

所在段落	$a_2a_3a_4$	b_1 2^{10} 1024	b_2 2^9 512	b_3 2^8 256	b_4 2^7 128	b_5 2^6 64	b_6 2^5 32	b_7 2^4 16	b_8 2^3 8	b_9 2^2 4	b_{10} 2^1 2	b_{11} 2^0 1
8	111	1	a_5	a_6	a_7	a_8	0	0	0	0	0	0
7	110	0	1	a_5	a_6	a_7	a_8	0	0	0	0	0
6	101	0	0	1	a_5	a_6	a_7	a_8	0	0	0	0
5	100	0	0	0	1	a_5	a_6	a_7	a_8	0	0	0
4	011	0	0	0	0	1	a_5	a_6	a_7	a_8	0	0
3	010	0	0	0	0	0	1	a_5	a_6	a_7	a_8	0
2	001	0	0	0	0	0	0	1	a_5	a_6	a_7	a_8
1	000	0	0	0	0	0	0	0	a_5	a_6	a_7	a_8

9. PCM 译码中 7/12 变换

7/12 变换是实际 PCM 系统译码中减小量化误差的方法。为了减少量化误差，在接收端取量化级的中点作为输出量化电平，增补一个段内量化间隔的一半 $\Delta_i/2$，相当于接收端进行 7/12 变

换。接收端 7/12 变换表见表 10-5 所示。

表 10-5 接收端 7/12 变换表

$a_2a_3a_4$	b_1 2^{10} 1024	b_2 2^9 512	b_3 2^8 256	b_4 2^7 128	b_5 2^6 64	b_6 2^5 32	b_7 2^4 16	b_8 2^3 8	b_9 2^2 4	b_{10} 2^1 2	b_{11} 2^0 1	b_{12} 2^{-1} 0.5
111	1	a_5	a_6	a_7	a_8	1	0	0	0	0	0	0
110	0	1	a_5	a_6	a_7	a_8	1	0	0	0	0	0
101	0	0	1	a_5	a_6	a_7	a_8	1	0	0	0	0
100	0	0	0	1	a_5	a_6	a_7	a_8	1	0	0	0
011	0	0	0	0	1	a_5	a_6	a_7	a_8	1	0	0
010	0	0	0	0	0	1	a_5	a_6	a_7	a_8	1	0
001	0	0	0	0	0	0	1	a_5	a_6	a_7	a_8	1
000	0	0	0	0	0	0	0	a_5	a_6	a_7	a_8	1

例如信号在第 8 段，在 4 位段内码之后将 b_6 置 1，b_6 权重 $2^5=32$，是第 8 段段内量化间隔 $\Delta_i=64$ 的一半。接收端译码时，恢复的量化值增补一个 $\Delta_i/2$，7/12 变换使译码后最大误差不超过 $\Delta_i/2$。

10.4.3 PCM 编码器和译码器

1. PCM 编码器

以电话信号为例，PCM 编码器的电路形式有：逐次比较型、级联型、混合型。下面以逐次比较型为例介绍。

电话信号逐次比较型编码器原理图如图 10-23 所示。对信号的抽样值先进行极性判决，输出极性码 a_1；再把信号整流，整流之后就不再考虑信号极性了，都看成是正的；然后对信号进行比较判决，因为需要多次比较，所以用保持器使信号在比较期间保持不变；比较判决中有一个恒流源，类似权重表，即 11 位不同权重的权重表，把 b_i 置 1，输出相应权重的电流，即相应的量化值。经过 7 次比较，输出段落码和段内码，加上极性码，得到 PCM 码流。

逐次比较法编码流程图如图 10-24 所示。逐次比较法编码流程：

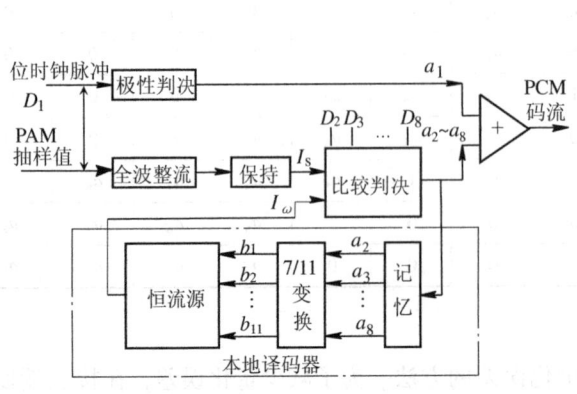

图 10-23 电话信号逐次比较型编码器原理图

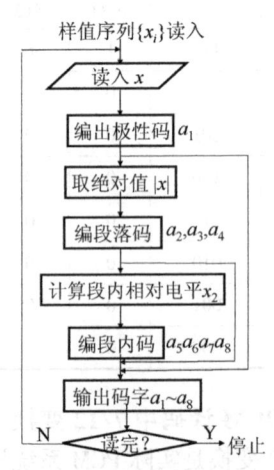

图 10-24 逐次比较法编码流程

1) 判别样值 x 的极性，编出极性码 a_1。
2) 取 x 的绝对值 $|x|$，分 3 次判断编出段落码 $a_2a_3a_4$。
3) 计算段内相对电平，分 4 次判断编出段内码 $a_5a_6a_7a_8$。

段落码编码子流程和各次比较权重如图 10-25 所示。权重电平类似于判决一个物体的重量时不同重量的砝码分别用来称重。权重电平先取中间值，比较信号电平和权重电平，经 3 次比较和调整权重得到段落码。

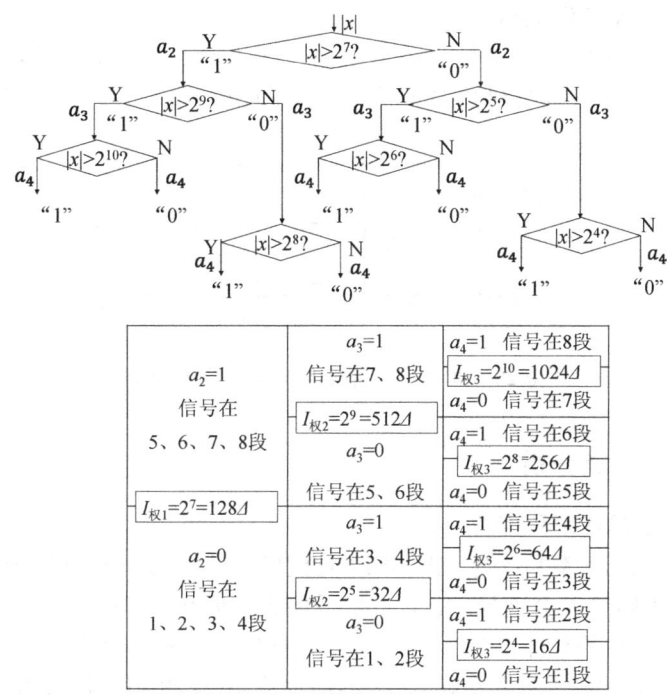

图 10-25 段落码编码子流程和各次比较权重

【例 10-5】 采用逐次比较法求 PCM 编码。设输入信号抽样值电平 $x = -1260\Delta$，量化单位 $\Delta = 1/2048$，要求采用逐次比较型编码器，按十三折线 A 律实现 PCM 编码，求此电平的 8 位 PCM 编码。

解：例 10-4 中 PCM 编码采用的方法是通过计算求出抽样电平所在的段落和段内量化级，本例要求采用逐次比较的方法求出抽样电平所在的段落和段内量化级。

编码过程如下。

1) 确定极性码 a_1：由于输入信号抽样值 x 为负，$x = -1260 < 0$，故极性码 $a_1 = 0$。

2) 确定段落码 $a_2a_3a_4$：参看图 10-25 权重表可知：

$|x| > I_{权1} = 128$，$a_2 = 1$；$|x| > I_{权2} = 512$，$a_3 = 1$；$|x| > I_{权3} = 1024$，$a_4 = 1$；

经过 3 次比较，得段落码 $a_2a_3a_4 = 111$。

3) 确定段内码 $a_5a_6a_7a_8$：第 8 段的段内量化间隔为 $D_8 = 64\Delta$，段起始电平为 $I_8 = 1024\Delta$。

确定 a_5：权重 $I_{权4} = $ 段起始电平 $ + 8 \times $（段内量化间隔）$ = I_8 + 8 \times D_8 = 1024 + 8 \times 64 = 1536\Delta$，

第 4 次比较：$|x| < I_{权4} = 1536\Delta$，故 $a_5 = 0$。

确定 a_6：权重 $I_{权5} = I_8 + 4 \times D_8 = 1024 + 4 \times 64 = 1280\Delta$。

第 5 次比较：$|x| < I_{权5} = 1280\Delta$，故 $a_6 = 0$。

确定 a_7：权重 $I_{权6} = I_8 + 2 \times D_8 = 1024 + 2 \times 64 = 1152\Delta$。
第 6 次比较：$|x| > I_{权6} = 1152\Delta$，故 $a_7 = 1$。
确定 a_8：权重 $I_{权7} = I_8 + 3 \times D_8 = 1024 + 3 \times 64 = 1216\Delta$。
第 7 次比较：$|x| > I_{权7} = 1216\Delta$，故 $a_8 = 1$。
段内码经过 4 次比较，得 $a_5 a_6 a_7 a_8 = 0011$。
-1260Δ 电平的十三折线 A 律 PCM 编码为 0　111　0011。

2. PCM 十三折线 A 律译码器

译码的作用是把收到的 PCM 信号还原成相应的 PAM 样值信号，即进行 D/A 变换。译码器原理框图如图 10-26 所示。接收端收到 PCM 码流，经过记忆和 7/12 变换等，恢复 PAM 脉冲值。

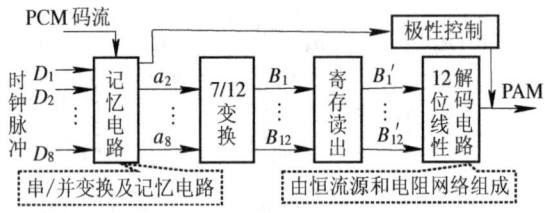

图 10-26　PCM 十三折线 A 律译码器原理框图

10.4.4　PCM 系统性能分析

1. 各 PCM 信号的码速率和带宽

（1）PCM 信号的码元速率和带宽　图 10-27 是模拟信号与 PCM 脉冲序列信号波形。模拟信号 $m(t)$ 经 PCM 量化编码的 A/D 变换后，送入信道传输的是 PCM 码流 $s(t)$。对模拟信号进行抽样，采样周期为 T_s，$m(t)$ 的采样点为 A、B、C 等。把每个采样值编成 N 位 PCM 码，码周期为 T_B。A 点采样值的 N 位 PCM 码需要在 $0 \sim T_s$ 时间内传输完毕，B 点采样值的 N 位 PCM 码需要在 $T_s \sim 2T_s$ 时间内传输完毕。采样周期和码周期之间需要求：$T_s = NT_B$。

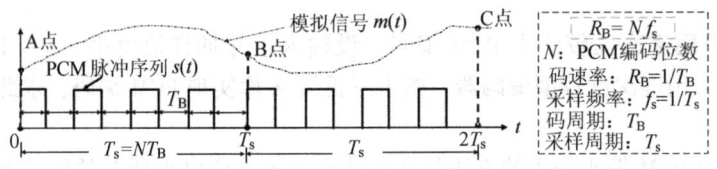

图 10-27　模拟信号与 PCM 脉冲序列信号波形

信号的采样频率 $f_s = 1/T_s$，码速率 $R_B = 1/T_B$，PCM 编码位数为 N 位。则信号的采样频率和 PCM 码速率的关系：

$$R_B = Nf_s \tag{10-10}$$

PCM 编码采用的是二进制，对于二进制编码，信息速率和码速率相等，$R_b = R_B$，故：单路 PCM 信号的信息速率和码速率为

$$R_b = R_B = Nf_s \tag{10-11}$$

式中，N 为 PCM 编码位数，f_s 为采样频率。

码位 N 越多，码元宽度 T_B 越小，码速率 R_B 越大，占用的带宽越大。显然，传输 PCM 信号所需要的带宽要比模拟基带信号 $m(t)$ 的带宽大得多。

（2）单路 PCM 信号的信息速率和码速率　设 $m(t)$ 为低通信号，最高频率为 f_H；设采样频率

为 f_s，按照抽样定理：$f_s = 2f_H$。

对于语音信号：$f_H = 4\text{kHz}$，采样频率 f_s 为 8kHz。

若 PCM 编码位数为 N，则 PCM 码流的码速率 R_B 为 $R_B = Nf_s = 2Nf_H$。

PCM 量化分为均匀量化和非均匀量化，十三折线 A 律属于非均匀量化。

1) 当 PCM 采用均匀量化时，若量化电平数为 L，$L = 2^N$，采用二进制编码位数为 N，则

$$R_B = Nf_s = 2f_H \log_2 L$$

2) 若 PCM 采用十三折线 A 律非均匀量化时，十三折线 A 律 PCM 编码的编码位数为 8 位，是固定的，$N = 8$，则

$$R_B = Nf_s = 8 \times 2f_H$$

对于语音信号，采样频率 f_s 为 8kHz，则单路语音信号 PCM 编码的码速率和信息速率为

$$R_B = Nf_s = 8 \times 8\text{kBaud} = 64\text{kBaud}, \ R_b = R_B = 64\text{kbit/s}$$

单路 PCM 的信息速率远大于模拟话音的最高频率 4kHz，可见数字化传输需要大带宽。

(3) 时分多路复用时的 PCM 信号的信息速率和码速率 时分多路复用：是指多路信号分别占用不同的时隙，在同一信道中传输。

两路信号时分复用示意图如图 10-28 所示。信号 $m_1(t)$ 和 $m_2(t)$ 两路复用时，把采样周期 T_s 分为两个时隙，时隙 1 传输的是 $m_1(t)$ 的 A 点采样值的 N 位 PCM 码，时隙 2 传输的是 $m_2(t)$ 的 B 点采样值的 N 位 PCM 码。

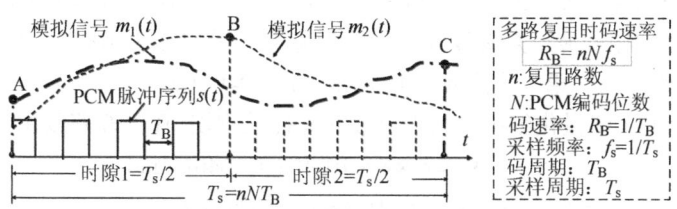

图 10-28 两路信号时分复用示意图

设复用路数为 n，每一路的 PCM 编码位数为 N，则：$T_s = nNT_B$，故

多路复用时的 PCM 的信息速率和码速率为

$$R_b = R_B = nNf_s \tag{10-12}$$

式中，n 为复用路数；N 为每一路的 PCM 编码位数；f_s 为采样频率；对于语音信号，$f_s = 8\text{kHz}$。

(4) 传输 PCM 信号所需的带宽 PCM 系统属于基带系统。

1) 当基带系统函数采用理想低通传输特性的情况下的系统带宽。基带系统达到最高频带利用率 $\eta = \dfrac{R_B}{B} = 2\text{Baud/Hz}$，PCM 系统所需最小理论带宽，也称为奈奎斯特带宽 B（单位为 Hz）为

$$B = \dfrac{R_B}{2} \tag{10-13}$$

单路 PCM 十三折线 A 律编码时，若 $R_B = 64\text{kBaud}$，则所需最小理论带宽为 $B = \dfrac{R_B}{2} = 32\text{kHz}$。此带宽是最小理论带宽，是所需带宽的理论极小值。

2) 实际 PCM 信号的带宽取决于 PCM 脉冲序列波形的形状和占空比等。

当 PCM 码流采用矩形波形时，设 τ 为矩形脉冲宽度，T_B 为矩形脉冲序列码周期，τ/T_B 为占空比。矩形脉冲序列频谱的第一过零点为带宽，故 PCM 码流采用矩形波形时带宽 B（单位为 Hz）为

$$B = \frac{1}{\tau}$$

单路 PCM 十三折线 A 律编码时，若 $R_B = 64\text{kBaud}$，则

当 $\tau = T_B$，即 100% 占空比矩形波形时，$B = \frac{1}{T_B} = R_B = 64\text{kHz}$。

PCM 码流采用 100% 占空比矩形波形是常用情况，此时的带宽并没有达到理论极小值。

当 $\tau = T_B/2$，即 50% 占空比矩形波形时，$B = \frac{1}{T_B/2} = 2R_B = 128\text{kHz}$。

可见，传输 PCM 信号所需要的带宽要比模拟基带信号的带宽大得多。

【例 10-6】 对 10 路带宽均为 300~3400Hz 的模拟信号进行 PCM 时分复用传输。抽样频率为 8000Hz，码元波形是宽度为 τ 的矩形脉冲，且占空比为 100%（脉冲宽度 = 码元宽度）。1）若抽样后进行 8 级量化，并编为自然二进制码，试求传输此时分复用 PCM 信号所需的码速率和带宽。2）若抽样后进行 PCM 十三折线 A 律量化编码，试求传输此时分复用 PCM 信号所需的码速率和带宽。3）若 32 路十三折线 A 律 PCM 复用时的码速率和信息速率。

解题思路：抽样频率 $f_s = 8\text{kHz}$，抽样间隔 $T_s = 1/f_s = (1/8000)\text{s} = 125\mu\text{s}$，PCM 复用时的码速率 $R_B = f_s N n$。

解：1）8 级量化，即均匀量化，编为自然二进制码，$L = 8$，编码位数 $N = \log_2 L = \log_2 8 = 3$。

10 路复用，即复用路数 $n = 10$，代入得 $R_B = f_s N n = 8 \times 3 \times 10\text{kBaud} = 240\text{kBaud}$。

求带宽：PCM 脉冲序列波形是宽度为 τ 的矩形脉冲，占空比为 100%，即不归零（NRZ）波形，$\tau = T_B$，则系统的带宽（第一零点频率）为 $B = R_B = 240\text{kHz}$。

2）PCM 十三折线 A 律量化编码，编码位数 $N = 8$，是固定值。10 路复用，$n = 10$，则

$$R_B = f_s N n = 8 \times 8 \times 10\text{kBaud} = 640\text{kBaud}$$

占空比为 100% 时，$\tau = T_B$，系统的带宽为 $B = R_B = 640\text{kHz}$。

3）复用路数 $n = 32$，十三折线 A 律 PCM 中编码位数 $N = 8$，则

$$R_B = f_s N n = 8 \times 8 \times 32\text{kBaud} = 2.048\text{MBaud}, R_b = R_B = 2.048\text{Mbit/s}$$

2.048Mbit/s 是十三折线 A 律 PCM32 路复用时的速率。

2. PCM 系统的抗噪声性能

接收端低通滤波器的输出为

$$\hat{m}(t) = m_0(t) + n_q(t) + n_e(t) \tag{10-14}$$

式中，$m_0(t)$ 为输出信号成分；$n_q(t)$ 为量化噪声引起输出噪声；$n_e(t)$ 为信道噪声引起输出噪声。系统输出端信噪比为

$$\frac{S_0}{N_0} = \frac{E[m_0^2(t)]}{E[n_q^2(t)] + E[n_c^2(t)]} = \frac{L^2}{1 + 4P_e 2^{2N}} = \frac{2^{2N}}{1 + 4P_e 2^{2N}} \tag{10-15}$$

在大信噪比情况下（弱干扰），信噪比为

$$\frac{S_0}{N_0} \approx \frac{S_0}{N_q} = 2^{2N} \tag{10-16}$$

在理论极值下，信噪比为

$$\frac{S_0}{N_0} \approx \frac{S_0}{N_q} = 2^{2N} \stackrel{N=\frac{B}{f_H}}{\Rightarrow} 2^{\left(\frac{2B}{f_H}\right)} \tag{10-17}$$

式中，N 为编码位数。可见，信噪比由系统带宽 B 和模拟信号的最高频率 f_H 决定。PCM 系统的常用情况是大信噪比下，信噪比计算公式为上式。计算结果是理论最小值，理论最小信噪比或理论

最小带宽。

证明理论极值下

$$N = \frac{B}{f_H}$$

式中，N 为编码位数；B 为 PCM 信号所需的奈奎斯特带宽；f_H 为模拟信号的最高频率。

理论极值情况下（奈奎斯特速率下），$\eta = \frac{R_B}{B} = 2$，$2B = R_B$。

因为 $R_B = Nf_s$，$f_s = 2f_H \Rightarrow R_B = 2Nf_H$，所以 $2B = R_B = 2Nf_H \Rightarrow B = Nf_H$，$N = \frac{B}{f_H}$。得证。

说明：式（10-17）是系统量噪比所能达到理论最小值，并不一定等于系统实际量噪比，实际量噪比由量化台阶大小决定，即 $\frac{S_0}{N_q} = 2^{2N}$。

【例 10-7】 语音信号采用十三折线 A 律 PCM 传输，采样信号幅值为 -280Δ，求 1）PCM 编码（要求写出求解过程）和量化误差。2）此 PCM 信号的码速率和信息速率。3）传输此 PCM 信号需要的最小理论带宽是多少？

解：1）$-280\Delta < 0$，极性码 $a_1 = 0$；$256 < 280 < 512$，在第 6 段，段落码 $a_2a_3a_4 = 101$；

280 在第 6 段，段起点 256Δ，段内量化间隔 16Δ，$\frac{280-256}{16} = 1 \cdots 8$，整数部分等于 1，对应量化级为 1，段内码 $a_5a_6a_7a_8 = 0001$。余数部分为量化误差 8Δ。PCM 编码为 1 101 0001。

2）十三折线 A 律 PCM 的编码位数 $N = 8$，语音信号的采样率 $f_s = 8\text{kHz}$，$R_B = Nf_s = 8 \times 8 \times 10^3$ Baud = 64kBaud。PCM 编码为二进制，$R_b = R_B = 64 \text{ kbit/s}$。

3）PCM 为基带，最小理论带宽为奈奎斯特带宽，$B = R_B/2 = 32 \text{ kHz}$。

10.5　差分脉冲编码调制 DPCM

以较低的速率获得高质量编码，一直是语音编码追求的目标。64kbit/s 的 A 律或 μ 律 PCM 信号占用频带要比模拟通信系统中的一个标准话路带宽（3.1 kHz）宽很多倍，这样，对于大容量的长途传输系统，尤其是卫星通信，采用 PCM 的经济性能变差。为进一步减小编码位数，提高系统有效性，采用语音压缩编码技术。把话路速率低于 64kbit/s 的语音编码方法，称为语音压缩编码技术。差分脉冲编码调制 DPCM 即是其中一种。

（1）PCM 的冗余　在 PCM 中，每个波形样值都独立编码，与其他样值无关，这样，样值的整个幅值进行编码需要较多位数，比特率较高，造成数字化的信号带宽大大增加。然而，大多数以奈奎斯特或更高速率抽样的信源信号在相邻抽样间表现出很强的相关性，有很大的冗余度（Redundancy）。如何去冗余？相邻抽样值的差值不含冗余，而且幅度小，编码所需位数少，差值同样能表示信号，对差值进行编码即差分脉冲编码调制 DPCM。

（2）差分脉冲编码调制的定义　差分脉冲编码调制（Differential Pulse Code Modulation, DPCM）利用信源的相关性，对相邻样值的差值而不是样值本身进行编码，就是差分脉冲编码调制 DPCM。

1）DPCM 优点。由于相邻样值的差值比样值小，可以用较小的编码位数表示差值。这样，对差值编码可以在量化台阶不变的情况下（即量化噪声不变），使编码位数显著减少，信号带宽大大压缩。

2）DPCM 编码和译码。DPCM 用前后抽样值的差值来表示信号，样值信号与差值信号如

图 10-29 所示。样值信号可以用差值信号表示，由差值可以恢复样值，因此，可以用传输差值代替传输样值。差分编码器和差分译码器如图 10-30 所示。

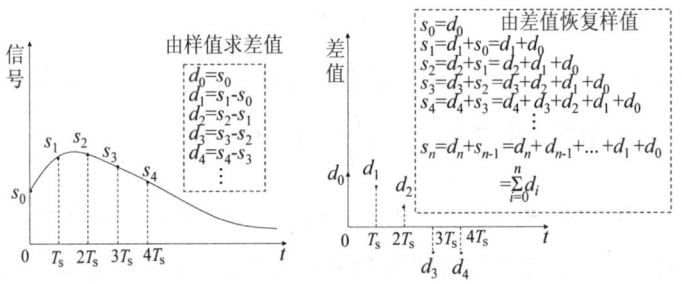

图 10-29　样值信号与差值信号

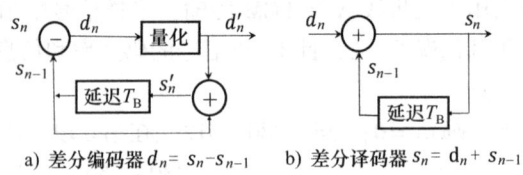

图 10-30　差分编码和差分译码器

样值 s_n 与差值 d_n 之间的关系，即差分编码公式为

$$d_n = s_n - s_{n-1} \tag{10-18}$$

发送端对差值 d_n 进行量化编码，实现差分编码，差分编码器如图 10-30a 所示。

$$s_n = d_n + s_{n-1} \tag{10-19}$$

此式为差分译码公式，接收端依此公式实现的差分译码器如图 10-30b 所示。

(3) DPCM 与 PCM 的比较　相同点：它们都是用二进制代码去表示模拟信号的脉冲编码调制方式。

区别：在 PCM 中，PCM 码表示样值本身的大小，所需码位数较多，从而导致编译码设备复杂；信号带宽大；在 DPCM 中，它对相邻样值的差值进行编码，DPCM 码表示相邻样值的差值，表示相邻样值的相对大小，与样值本身的大小无关。使编码位数显著减少，信号带宽大大压缩。

(4) DPCM 系统原理框图　DPCM 系统原理框图如图 10-31 所示。语音信号 DPCM 系统中，将"语音信号抽样值与预测样值的差"做量化编码，DPCM 系统设计的核心是预测器的设计。接收端的预测器与发送端完全相同。

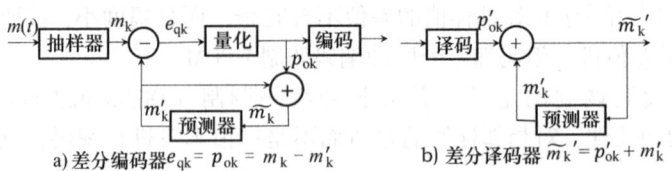

图 10-31　DPCM 系统原理框图

(5) 预测器的设计　预测器：根据前面的 p 个样值预测当前时刻的样值，采用 p 阶预测器来实现。预测器输出与输入关系为

$$m'_k = \sum_{i=1}^{p} a_i \tilde{m}_{k-i} \tag{10-20}$$

预测值m'_k是前 p 个样值的加权和。p：预测器的阶数；$\{a_i\}$：加权系数。

$\{a_i\}$ 的确定是预测器的设计的核心内容：

1）当$a_i = 1$时，预测值是前 p 个样值的算术平均。

2）当$a_i \neq 1$时，预测值是前 p 个样值的加权平均。

3）当采用自适应算法求a_i时，a_i能随信号的变化实时自适应调整，此时的 DPCM 是自适应差分脉冲编码调制（ADPCM）。

4）当$a_i = 1$且$p = 1$时，预测器是一个延时器，延时一个码周期T_B，把前一个样值作为预测值，是最简单的 DPCM 系统，如图 10-32 所示。图中，s_n为当前抽样值；s_{n-1}为前一个抽样值，用来代替预测值；d_n为预测值与当前样值的差值。

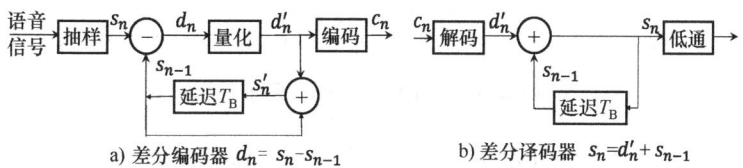

图 10-32　最简单的 DPCM 系统

（6）自适应差分脉冲编码调制 ADPCM　自适应差分脉冲编码调制（Adaptive Differential Pulse Code Modulation，ADPCM）。ADPCM 是在 DPCM 的基础上发展起来的，是语音压缩中复杂度较高的一种编码方法。

ADPCM 主要特点：

1）用自适应量化取代固定量化，量化台阶随信号变化而自适应的变化，使量化误差减小。

2）用自适应预测取代固定预测。指预测器系数$\{a_i\}$可以随信号的统计特性而自适应调整，提高了预测信号的精度，从而得到高预测增益。

通过这两点改进，可大大提高输出信噪比和编码动态范围，可在 32kbit/s 的比特率上达到 64kbit/s 的 PCM 数字电话质量。ADPCM 已成为长途传输中的国际通用的语音编码方法。

10.6　增量调制ΔM

DPCM 是对信号采样值的差值进行量化编码，用 N 位二进制码元来表示相邻样值的差值；当对差值进行两级量化编 1 位二进制码时，就是增量调制 ΔM，ΔM 是 $N = 1$ 时的 DPCM，ΔM 的目的在于进一步简化语音编码方法。增量调制是 DPCM 的一个特例，用一位二进制码来表示前后抽样值的差值，即用一位码的两种状态表示信号波形变化的趋势，即增加一个台阶或减小一个台阶。

（1）增量调制　增量调制（Delta Modulation，DM）简称 ΔM，也称为简单增量调制。

1）ΔM 是用一位二进制码来表示相邻样值的差值。从而反映出抽样时刻波形的变化趋势。

2）ΔM 是 DPCM 的一个重要特例。DPCM 用 N 位二进制码元来表示相邻样值的差值，$N = 1$ 时的 DPCM 就是 ΔM。

3）ΔM 的目的在于简化语音编码方法。

（2）ΔM 编码的基本思想　一个语音信号，如果抽样速率很高（远大于奈奎斯特速率），抽样间隔很小，那么相邻样点之间的幅度变化不大，相邻抽样值的相对大小（差值）又称"增量"，其值为正或负，可用一位二进制码表示，反映模拟信号变化的趋势。

图 10-33 为增量调制编码波形示意图。用量化信号阶梯波 $m'(t)$ 或斜变波 $m_1(t)$ 来逼近模拟信号 $m(t)$，量化间隔，即量化台阶为 σ，采样周期为 $T = \Delta t$。在每个采样周期内，比较当前采样值与前一编码的量化电平如下。

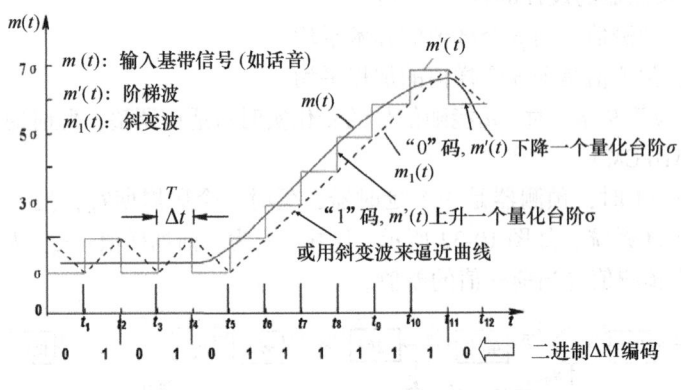

图 10-33 增量调制编码波形示意图

1）如果增加了，将本码元量化电平上升一个台阶 σ，ΔM 编码输出"1"码。
2）否则，在前一个码元电平的基础上下降一个台阶 σ，ΔM 编码输出"0"码。
ΔM 编码器输出的是二进制序列码流。

(3) ΔM 译码的基本思想　增量调制译码器及其输入输出波形如图 10-34 所示。ΔM 译码由一个积分器即可实现。接收端对收到的增量编码进行积分，积分器输出的 $m_0(t)$ 为恢复的模拟信号。

收到"1"码，积分器上升一个台阶 ΔE，收到"0"码，积分器下降一个台阶 ΔE，$\Delta E = \sigma$。

图 10-35 为简单 ΔM 系统方框图。发送端和接收端的本地译码器完全相同，由脉冲发生器和积分器组成，起预测器的作用，根据 $p_0(t)$ 形成预测信号 $m'(t)$。预测前一个码元电平，将本码元采样电平与预测值进行比较，经判断器输出 ΔM 信号 $p_0(t)$。接收端将收到的 ΔM 信号 $p'_0(t)$ 进行本地译码和低通滤波，输出恢复的模拟信号 $m_0(t)$。

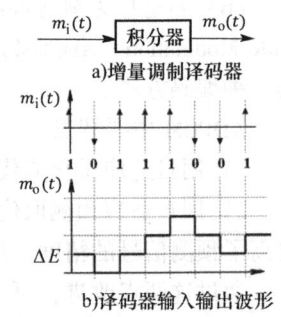

图 10-34 增量调制译码器及其输入输出波形

(4) ΔM 系统过载特性
1）ΔM 系统的量化噪声。ΔM 系统存在两种量化噪声，如图 10-36 所示。

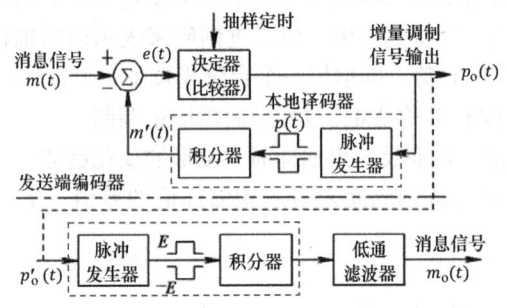

图 10-35 简单 ΔM 系统方框图

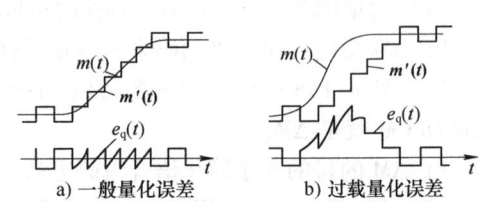

图 10-36 ΔM 系统存在两种量化噪声

一般量化噪声是量化中普遍存在的噪声。

过载量化噪声（斜率过载失真）是 ΔM 量化特有的噪声。

过载是指如果信号的变化太陡峭太快了，量化台阶跟不上信号的变化了，就叫过载。过载会造成很大量化噪声，量化信号跟不上信号的变化，在设计 ΔM 系统时要避免这种情况发生，满足无过载条件。

ΔM 在量化中产生过载的原因是当 $m(t)$ 变化过快，σ 过小时，阶梯波 $m'(t)$ 跟不上 $m(t)$ 的变化，造成失真。

2）ΔM 系统的跟踪斜率。ΔM 最大跟踪斜率如图 10-37 所示。Δt 为采样周期，采样频率 $f_s = \dfrac{1}{\Delta t}$。信号的导数为斜率，$m(t)$ 的斜率为 $\left|\dfrac{\mathrm{d}m(t)}{\mathrm{d}t}\right|$；阶梯波 $m'(t)$ 的斜率为

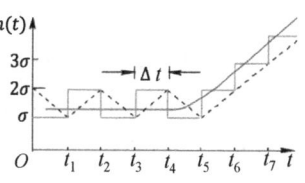

图 10-37　ΔM 最大跟踪斜率

$$K = \frac{\Delta y}{\Delta x} = \frac{\sigma}{\Delta t} = \sigma f_s$$

当 $\left|\dfrac{\mathrm{d}m(t)}{\mathrm{d}t}\right| > \sigma f_s$ 时，阶梯波 $m'(t)$ 无法逼近曲线 $m(t)$，出现过载失真。

3）ΔM 系统的无过载条件。为了不发生过载，必须满足无过载条件，即

$$\left|\frac{\mathrm{d}m(t)}{\mathrm{d}t}\right| \leq \sigma f_s \tag{10-21}$$

可以通过增大 σ 和 f_s，来减小过载的产生，但是

① $\sigma\uparrow$，则一般量化误差也大。

② $f_s\uparrow$，虽然一般量化误差和过载噪声都减小，但采样点数增多，有效性下降。

因此，σ 和 f_s 要综合考虑来确定。通常情况下，ΔM 系统的采样频率要比 PCM 系统的采样频率高得多（通常 2 倍）。

4）起始编码电平。若信号 $m(t)$ 的振幅 A 太小，会使增量调制器不能正常编码。若信号振幅太小，小于量阶 $\sigma/2$，则 ΔM 无法识别信号大小，输出码字不随输入信号的变化而变化，而是一直输出"0""1"交替序列 010101…。码流就不能反映信号变化了。

不希望发生上述现象，实际上，对输入信号的起始编码电平有一个限制，信号的幅度 A 不能太小，至少为 $A_{\min} = \sigma/2$，称 $A_{\min}$ 为起始编码电平。要求输入信号的振幅 A 满足：

$$A \geq A_{\min} = \sigma/2 \tag{10-22}$$

例如：设输入模拟信号为 $m(t) = A\cos\omega_k t$，则导数为 $\dfrac{\mathrm{d}m(t)}{\mathrm{d}t} = A\omega_k \sin\omega_k t$。

导数的最大值为最大斜率，无过载时要求模拟信号最大斜率 $A\omega_k$ 小于量化信号斜率 σf_s，即无过载条件：

$$\left.\frac{\mathrm{d}m(t)}{\mathrm{d}t}\right|_{\max} = A\omega_k \leq \sigma f_s$$

最大允许编码电平（无过载时模拟信号幅度的最大值）为

$$A_{\max} = \frac{\sigma f_s}{\omega_k} = \frac{\sigma f_s}{2\pi f_k} \tag{10-23}$$

式中，f_k 是模拟信号频率，本例为推导假定的模拟信号是单一频率，实际信号是频率在 $0 \sim f_k$ 之间，同样适用上式。

允许的信号幅度 $A_{\max}$ 随信号频率 f_k 的增加而减小，信号频率越高越容易发生过载，这将导致语音高频段的量化信噪比下降，这是简单增量调制不能实用的原因之一。

ΔM 系统要想正常编码，输入模拟信号的幅度范围受到限制，要求满足

$$A_{\min} \leqslant 信号幅度\ A \leqslant A_{\max}$$

即

$$\frac{\sigma}{2} \leqslant A \leqslant \frac{\sigma f_s}{2\pi f_k} \tag{10-24}$$

【例 10-8】 对信号 $m(t) = M\sin(2\pi f_0 t)$ 进行简单的增量调制，若台阶 σ 和抽样频率选择的既保证不过载又保证不致因信号振幅太小而使增量调制器不能正常编码，试证明此时要求采样率 $f_s > \pi f_0$。

解：信号 $m(t) = M\sin(2\pi f_0 t)$，斜率需满足：$\left|\dfrac{dm(t)}{dt}\right|_{\max} \leqslant \sigma f_s$

$$\left|\frac{dm(t)}{dt}\right| = M2\pi f_0 \cos 2\pi f_0 t \leqslant M2\pi f_0 \leqslant \sigma f_s$$

起始电平需满足：$M > \dfrac{\sigma}{2} \Rightarrow 2\pi f_0 M > \pi f_0 \sigma$，即 $\pi f_0 \sigma < 2\pi f_0 M \leqslant \sigma f_s$。

采样率为 $f_s > \pi f_0$，得证。可见：采样率 $f_s >$ 奈奎斯特采样频率 $2f_0$。

本例设模拟信号为单音（单一频率）信号，实际的模拟信号通常在 $0 \sim f_H$ 频带范围内，最高频率为 f_H，对实际的模拟信号进行增量调制时，要求采样率 $f_s > \pi f_H$。本例说明：ΔM 系统的采样频率高于奈奎斯特采样频率 $2f_H$，采用增量调制要以更高的频率进行采样。

(5) 增量调制系统的抗噪声性能　在 ΔM 系统中同样存在两类噪声：量化噪声和信道加性噪声。量化噪声包括一般量化噪声和过载噪声。由于在实际应用中都是防止工作到过载区域，因此量化噪声仅考虑一般量化噪声。由于量化噪声和信道加性噪声是互不相关的，可以分别讨论。在不过载的情况下，系统最大的量化信噪比为

$$\frac{S_{\max}}{N_q} = \frac{3}{8\pi^2} \frac{f_s^3}{f_k^2 f_m} \approx 0.04 \frac{f_s^3}{f_k^2 f_m} \tag{10-25}$$

可见：1) 量化信噪比与抽样速率 f_s 成三次方关系，即 f_s 提高，量化信噪比提高。2) 量化信噪比与基带信号最高频率 f_k 的二次方成反比，即 f_k 提高，量化信噪比下降。式中，f_m 是接收端低通滤波器的截止频率，通常等于基带信号最高频率 f_k。

(6) PCM 与 ΔM 系统性能的比较

1) PCM 与 ΔM 系统的异同点。

① PCM 和 ΔM 都是模拟信号数字化编码的基本方法，统称为脉冲编码。

② ΔM 实际上是 DPCM 的一种特例，所以有时把 DPCM 和 ΔM 统称为差分脉冲编码。

③ 但应注意，PCM 是对样值本身编码，ΔM 是对相邻样值的差值的极性（符号）进行二电平编码。这是 ΔM 与 PCM 的本质区别。

2) 采样频率的比较。PCM 系统中的采样速率 f_s 是根据抽样定理来确定的。若模拟信号的最高频率为 f_H，则 $f_s \geqslant 2f_H$。对语音信号，取 $f_s = 8\text{kHz}$。

在 ΔM 系统中传输的不是信号本身的样值，而是信号的增量（即斜率），因此其采样频率 f_s 不能根据抽样定理来确定。ΔM 的采样频率与最大跟踪斜率和信噪比有关。

在保证不发生过载，达到与 PCM 系统相同的信噪比时，ΔM 的采样频率高于奈奎斯特采样频率。

3) 码速率和带宽的比较。

① ΔM 系统在每一次抽样时只传送 1 位代码，因此，ΔM 系统的码元速率为 $R_B = f_s$。根据基带

系统带宽与码速率的关系，有：ΔM 系统要求的理论最小带宽为 $B_{\Delta M} = \frac{1}{2}f_s$。当 ΔM 系统的码元波形采用矩形波形时的带宽为 $B_{\Delta M} = f_s$。

例如：ΔM 系统，若采样频率 f_s 至少为 100kHz，则要求的理论最小带宽为 50kHz；当码元波形采用矩形波形时的带宽为 100kHz，达不到理论最小值。

② PCM 系统在每一次抽样时传送 8 位代码，码速率为 $R_B = Nf_s$。

在同样的语音质量要求下，PCM 系统的码速率为 64kBaud，因而要求理论最小信道带宽为 32kHz。

实际 ΔM 语音系统通常采用低采样频率，但语音质量不如 PCM 系统，只有采用高采样频率才能达到与 PCM 系统同样的语音质量。

4）信道误码的影响。出现误码时，ΔM 系统误差小于 PCM 系统。在 ΔM 系统中，每一个误码代表造成一个量阶 σ 的误差，所以它对误码不太敏感。故对误码率的要求较低，一般在 $10^{-3} \sim 10^{-4}$。而 PCM 的每一个误码会造成较大的误差，尤其高位码元，错一位可造成许多量阶的误差。所以误码对 PCM 系统的影响要比 ΔM 系统严重些，故对误码率的要求较高，一般为 $10^{-5} \sim 10^{-6}$。

5）设备复杂度。PCM 系统是多路信号统一编码，一般采用 8 位（对语音信号），编码设备复杂，但质量较好。PCM 一般用于大容量的干线（多路）通信。ΔM 系统是单路信号独用一个编码器，设备简单，单路应用时，不需要收发同步设备。但在多路应用时，每路独用一套编译码器，所以路数增多时设备成倍增加。ΔM 一般适于小容量支线通信，话路上、下方便灵活。

总之，ΔM 适用于误码率较高的信道条件。随着集成电路的发展，ΔM 的优点已不再那么显著。在传输语音信号时，ΔM 话音清晰度和自然度方面都不如 PCM。因此目前在通用多路系统中很少用或不用 ΔM。ΔM 一般用在通信容量小和质量要求不十分高的场合以及军事通信和一些特殊通信中。

10.7 时分复用

1. 时分复用的基本概念和原理

(1) 时分多路复用　时分多路复用（Time Division Multiplexing，TDM）使多路信号的抽样值占用不同的时隙，在时间上不相互重叠，在同一信道中传输多路信号。

1）多路复用。为了扩大通信链路的容量，在一个信道上传输多路独立的信号，称为多路复用，简称复用，使多路信号在同一信道中传输。复用指的是信道的复用。

2）三种常用复用方式：时分复用、频分复用、码分复用（码分复用属于正交复用）。

① 时分复用：多路信号（即多路信号的抽样值）分别占用不同的时隙，在同一信道中传输。

② 频分复用：多路信号分别占用不同的频率，在同一信道中传输。

③ 码分复用：采用一组正交码作为多路信号的扩频码，使各路信号彼此正交，属于正交复用。

3）三种复用方式在频率和时间上的重叠情况。频分复用中，各路信号在频率上不重叠，在时间上是重叠的。时分复用中，各路信号在时间上不重叠，在频率上是重叠的；TDM 信号在时域上是分开的，而在频域上是混叠在一起的。码分复用中，各路信号在频率上和时间上都是重叠的，但是彼此是正交的。

4）语音 PCM 系统采用时分多路复用技术来传输，采用的原因如下。

① 原因之一：时分复用技术可以多路共用一个编码器。

为了提高语音信号的质量，要求样值脉冲编码的位数较长（一般为8位），使实际的编码器比较复杂。如果有几十个话路，需要几十个编码器，这是不经济的。因此实际中常将几十路语音信号复用一个质量指标较高的 PCM 编码器。

② 原因之二：这是主要原因，是信道复用的问题，在同一个信道里传输多路信号。

5) 时分复用的主要优点。便于实现数字通信、易于制造、适于采用集成电路实现、生产成本较低。

(2) 时分多路复用原理　图 10-38 为时分复用系统及其各路波形。图 10-38a 系统组成中，多路信号送入合路器，即发送通过同步旋转开关对每路信号进行分时隙采样，接收端采用与发送端同步的分路器来对复用信号进行分路。对语音信号用 8kHz 速率抽样，$f_s = 8$kHz，旋转开关应每秒旋转 8000 周。旋转开关输出的每路信号实际上是 PAM 调制的信号，合路器输出 n 路复用信号，波形如图 10-38b 所示。采样周期 $T_s = 1/f_s$，n 路复用时，把 T_s 等分成 n 个时隙，每路信号各占用 1 个时隙，一个采样周期的复用信号称为一帧，一帧内每路信号轮流采样一次，下一帧重复上述过程。

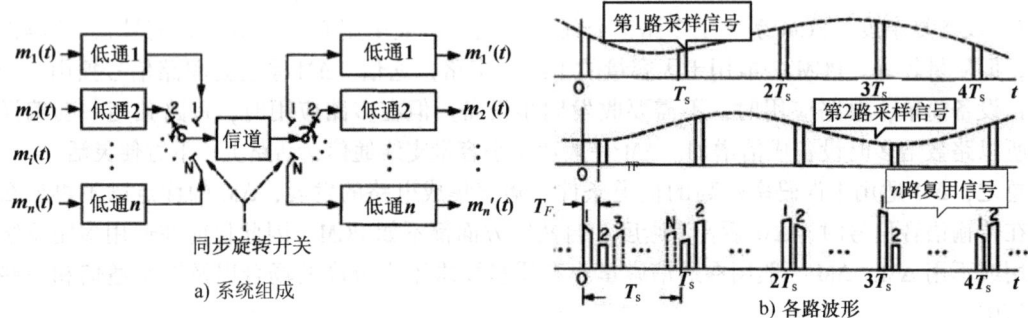

图 10-38　时分复用系统及各路波形

例如当 10 路语音信号复用时，$T_s = 1/8000\text{s} = 125\mu\text{s}$，每路占用时隙 $T_F = T_s/10 = 12.5\mu\text{s}$。

2. PCM30/32 时分复用系统

(1) 30/32 路话音 PCM 码流的帧结构　30/32 路话音 PCM 码流的帧结构如图 10-39 所示。采用 32 路复用，其中话音占 30 路，信令和同步占 2 路，故称为 30/32PCM。在 TDM 中，一个采样周期 T_s 称为一帧，32 路信号构成一帧。语音信号的采样频率 $f_s = 8$kHz，一帧的长度是 $T_s = 1/8000\text{s} = 125\mu\text{s}$。每路信号占用时隙长度 $T_F = T_s/n$，$n = 32$ 为复用路数。在 T_F 时隙长度内，每路信号编 N 位码，$T_F/N = $ 码周期 T_B。故：$T_s = nNT_B$，码速率 $R_B = 1/T_B \rightarrow R_B = nNf_s$。

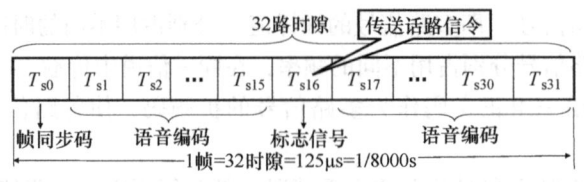

图 10-39　30/32 路话音 PCM 码流的帧结构

(2) 30/32 路话音十三折线 A 律 PCM 基群的信息速率 R_b 和码速率 R_B　多路复用 PCM 的信息速率和码速率为

$$R_b = R_B = f_s n N$$

式中，f_s 为采样频率，语音信号时，$f_s = 8000$Hz；n 为一帧所含时隙数，即复用路数，30/32 路话音十三折线 A 律 PCM 系统中，复用路数 $n=32$；N 为一个时隙所含码元数，即每个采用值的编码位数，十三折线 A 律 PCM 系统中，编码位数 $N=8$。则 30/32 路话音十三折线 A 律 PCM 基群的信息速率 R_b 和码速率 R_B 为

$$R_B = f_s nN = 8000 \times 32 \times 8 \text{Baud} = 2.048 \text{MBaud}, R_b = R_B = 2.048 \text{Mbit/s}$$

（3）PCM30/32 时分多路系统高次群　把 32 路时分复用 PCM 叫作一个基群或一次群，4 个基群再复用得到二次群，4 个二次群再复用得到三次群。

各次群的速率：二次群由 4 个基群组成，速率是一次群的 4 倍，实际速率略大于 2048×4，用于额外的开销。依此类推，每次群的速率都近似等于前次群的速率的 4 倍。

1）PCM30/32 时分多路系统称为基群或一次群。信息速率（传信率）为

$$R_b = R_B = f_s nN = 8000 \times 32 \times 8 \text{bit/s} = 2048 \text{kbit/s}$$

2）一个二次群 = 4 个基群，$R_b = 8448 \text{kbit/s}$。
3）一个三次群 = 4 个二次群，$R_b = 34368 \text{kbit/s}$。4）一个四次群 = 4 个三次群，$R_b = 139264 \text{kbit/s}$。

3. 准同步数字体系

目前大容量链路的复接几乎都是 TDM 信号的复接。复接：将低次群合并成高次群的过程。分接：将高次群分解为低次群的过程。关于复用和复接，国际电信联盟（International Telecommunication Union, ITU）对于 TDM 多路电话通信系统，制定了两种标准：准同步数字体系（PDH）和同步数字体系（SDH）。

ITU 提出两个准同步数字体系（PDH）建议体系：E 体系和 T 体系。E 体系和 T 体系多路复用速率见表 10-6。E 体系在我国、欧洲等地采用，E 体系是一次群为 2.048Mbit/s 的 30/32 路复用语音服务，复用路数为 32 路，其中 30 路语音。T 体系在北美、日本和其他少数国家和地区采用。

表 10-6　E 体系和 T 体系多路复用速率

层次		比特率/(Mbit/s)	路数（每路 64kbit/s）
E 体系	E-1	2.048	30
	E-2	8.448	120
	E-3	34.368	480
	E-4	139.264	1920
	E-5	565.148	7680
T 体系	T-1	1.544	24
	T-2	6.312	96
	T-3	32.064（日本）	480
		44.736（北美）	672
	T-4	97.728（日本）	1440

思考题与习题

10-1　信源编码的目的？

10-2　试述模拟信号数字传输的过程。模拟信号数字化传输的理论依据是什么？

10-3　试说明什么是奈奎斯特抽样速率和奈奎斯特抽样间隔？

10-4　试述带通抽样定理。带通信号为什么不采用低通抽样定理来抽样？

10-5　脉冲调制有哪几种方式？PAM 属于基带调制还是频带调制？属于数字调制还是模拟调制？

10-6　PCM 电话通信常用的标准抽样频率等于多少？

10-7　简述非均匀量化原理，与均匀量化相比较，非均匀量化的主要优点和缺点。

10-8　对电话信号进行非均匀量化有什么优点？

10-9　何谓信号量噪比，它有无办法消除？

10-10　增量调制系统中有哪几种噪声？各有何特点？

10-11　PCM 与 DPCM 两种调制方式的区别。

10-12　在 PCM 系统中，量噪比与信号（系统）带宽有什么关系？

10-13　DPCM 与增量调制之间有什么关系？

10-14　比较 PCM 与 ΔM 系统性能。

10-15 什么是多路复用？复用方式有哪几种并分别解释？

10-16 试述时分复用的优点。

10-17 以下属于模拟信号是（　　）。
A. PAM 信号　　　　B. PCM 信号　　　　C. ΔM 信号　　　　D. DPCM 信号

10-18 通信系统可分为基带传输和频带传输，以下属于频带传输方式的是（　　）。
A. PAM 传输方式　　B. PCM 传输方式　　C. PSK 传输方式　　D. ΔM 传输方式

10-19 通信系统可分为基带传输和频带传输，以下属于基带传输方式的是（　　）。
A. PSK 传输方式　　B. PCM 传输方式　　C. QAM 传输方式　　D. SSB 传输方式

10-20 按信号特征通信系统可分为模拟和数字通信系统，以下为数字通信系统的是（　　）。
A. 采用 PAM 方式的通信系统　　　　B. 采用 SSB 方式的通信系统
C. 采用 VSB 方式的通信系统　　　　D. 采用 PCM 方式的通信系统

10-21 设模拟信号的频率范围为 10~100kHz，该信号是（　　）型信号还是型信号，最低抽样频率为（　　）。
A. 低通，200 kHz　　B. 带通，180kHz　　C. 低通，20kHz　　D. 带通，210kHz

10-22 通过抽样可以使模拟信号实现（　　）。
A. 时间和幅值的离散　　B. 幅值上的离散　　C. 时间上的离散　　D. 频谱上的离散

10-23 有关抽样定理错误的概念是（　　）。
A. 对于低通型信号，抽样频率可以大于信号最高频率的 2 倍
B. 对于带通型信号，抽样频率必须大于信号最高频率的 2 倍
C. 对于低通型信号，抽样频率可以等于信号最高频率的 2 倍
D. 对于带通型信号，抽样频率可以小于信号最高频率的 2 倍

10-24 采用非均匀量化的目的是（　　）。
A. 同时提高大信号和小信号的量化信噪比
B. 不改变信号的量化信噪比而提高信源编码的效率
C. 以降低小信号的量化信噪比为代价，换取大信号量化信噪比的提高
D. 提高小信号的量噪比，增加信号的动态范围

10-25 PCM30/32 路系统的帧周期为 125μs。这个数值是基于以下哪个因素确定的？（　　）。
A. 基于 32 路时分复用　　　　　　　B. 基于对话音信号的采样频率
C. 基于 PCM 8 bit 编码　　　　　　D. 基于 A 律压缩

10-26 非均匀量化时，量化间隔的大小与（　　）成正比。
A. 信号的幅度　　B. 信号的带宽　　C. 信号的功率　　D. 信号的频率

10-27 被用在实际应用中的抽样方式为（　　）。
A. 理想抽样　　B. 自然抽样　　C. 矩形抽样　　D. 理想抽样和矩形抽样

10-28 PCM30/32 基群的信息速率为（　　）。
A. 64kbit/s　　B. 256kbit/s　　C. 1024kbit/s　　D. 2048kbit/s

10-29 电话采用的 A 律十三折线 PCM 编码，除极性码外的另 7 位非线性码的性能相当于编线性码位数为（　　）。
A. 8 位　　B. 10 位　　C. 11 位　　D. 12 位

10-30 在脉冲编码调制 PCM 系统中，若采用十三折线 A 律压缩特性，且编码器为逐次比较型，最小的量化级为 1 个单位，则抽样值为 –138 个单位时的码组为（　　）。
A. 10010010　　B. 01000001　　C. 00010001　　D. 11010010

10-31 在增量调制系统中，信息传输速率为 40kbit/s，则码周期为（　　）。
A. 10μs　　B. 25μs　　C. 0.5μs　　D. 50μs

10-32 某模拟基带信号的频谱范围为 0~1kHz。对其按奈奎斯特抽样速率进行取样，再经过 A 律十三折

线编码，编码后的信息速率为（　　　）kbit/s。

10-33　若信号频带范围为 100~120kHz，则可以无失真恢复信号的最小采样频率为（　　　）kHz。

10-34　一个信号 $x(t)=2\cos400\pi t+6\cos40\pi t$，用 $f_s=500$Hz 的抽样频率对它理想抽样。若已抽样后的信号经过一个截止频率为 400Hz 的理想低通滤波器，输出端将有哪些频率成分？

10-35　单路话音信号的频率范围为 200~3000Hz，抽样频率为 8kHz，将所得的抽样值用 PAM 或 PCM 系统传输。1) PAM 系统要求的最小信道带宽。2) 在 PCM 系统中，抽样值按 128 级量化进行二进制编码，PCM 系统要求的最小信道带宽多大？

10-36　增量调制系统的量化台阶 $\sigma=50$mV，抽样频率为 32kHz，求当输入信号为 800Hz 正弦波时，允许的最大振幅为多大？

10-37　设计一个 PCM 系统，使系统的输出量信噪比满足 30dB 的要求，已知模拟信号的最高频率 $f_H=4$kHz，按奈奎斯特采样频率来采样，求系统所要求的带宽（dB=$10\lg[S_0/N_q]$，lg2=0.3）

10-38　话音信号的最高频率为 4kHz，以十三折线 A 律 PCM 方式传输。1) 若某抽样样点为 157 个量化单位，求相应的 PCM 码组以及对应的均匀量化 11 位码。2) 设传输信号的波形是占空比为 100% 矩形脉冲，求 PCM 信号第一零点频宽。

10-39　语音信号采用十三折线 A 律 PCM 传输，最小量化间隔为 1 个量化单位 Δ，量化电平为 -189Δ，求：1) PCM 码组；2) 该码组所对应的均匀量化 11 位码和量化误差。3) 若 24 路上述 PCM 信号进行时分复用传输，求信息速率和奈奎斯特带宽。

参 考 文 献

[1] 樊昌信,曹丽娜. 通信原理[M]. 7 版. 北京:国防工业出版社,2012.
[2] 郑君里,应启珩,杨为理. 信号与系统:上册[M]. 3 版. 北京:高等教育出版社,2011.
[3] 李环,任波,华宇宁. 通信系统仿真设计与应用[M]. 北京:电子工业出版社,2009.
[4] ZIEMER R E, TRANTER W H. Principles of Communication: System, Modulation and Noise. 5th ed [M]. 影印版. 北京:高等教育出版社,2003.
[5] PROAKIS J G. Digital Communications, 4th ed [M]. 影印版. 北京:电子工业出版社,2006.
[6] 陈爱军. 深入浅出通信原理[M]. 北京:清华大学出版社,2018.
[7] HAYKIN S. Communication Systems, 4th ed [M]. 影印版. 北京:电子工业出版社,2015.
[8] 周炯槃,庞沁华,续大我,等. 通信原理[M]. 4 版. 北京:北京邮电大学出版社,2019.
[9] 王秉钧,窦晋江,张广森,等. 通信原理及其应用[M]. 天津:天津大学出版社,2000.
[10] 曹志刚,钱亚生. 现代通信原理[M]. 北京:清华大学出版社,1992.
[11] 张辉,曹丽娜. 现代通信原理与技术[M]. 西安:西安电子科技大学出版社,2018.
[12] 苗长云. 现代通信原理[M]. 北京:人民邮电出版社,2012.
[13] 马东堂,赵海涛,李保国,等. 通信原理[M]. 北京:高等教育出版社,2018.
[14] 杨鸿文,桑林. 通信原理习题集[M]. 北京:北京邮电大学出版社,2005.
[15] BLAKE R. Electronic System. 2nd ed [M]. 影印版. 北京:电子工业出版社,2002.
[16] LUDEMAN L C. 随机过程:滤波、估计与检测[M]. 邱天爽,李婷,毕英伟,等译. 北京:电子工业出版社,2005.
[17] 南利平. 通信原理简明教程[M]. 北京:清华大学出版社,2000.
[18] 邬正义,汤晓燕,陈琦玮. 通信原理简明教程[M]. 2 版. 北京:机械工业出版社,2016.
[19] 李学华,王亚飞,南利平,等. 通信原理简明教程:学习辅导与习题解答[M]. 3 版. 北京:清华大学出版社,2014.
[20] 曹志刚,宋铁成,张辉,等. 通信原理与应用:基础理论部分[M]. 北京:高等教育出版社,2015.
[21] 陈刚,张晓杰,孙波,等. 数字信号处理[M]. 北京:机械工业出版社,2017.
[22] RAPPAPORT T S. 无线通信原理与应用[M]. 影印版. 北京:电子工业出版社,1998.
[23] HEATH R W, Jr. 无线数字通信:信号处理的视角[M]. 郭宇春,张立军,李磊,译. 北京:机械工业出版社,2019.
[24] 陈勇将,高明泽. LabVIEW 案例实战[M]. 北京:清华大学出版社,2019.
[25] 樊昌信,宫锦文,刘忠成. 通信原理及系统实验[M]. 北京:电子工业出版社,2007.
[26] 杨明远,邵玉斌. MATLAB 在通信与电子工程中的应用[M]. 西安:西安电子科技大学出版社,2005.
[27] 韦刚,李飞,傅娟. 通信系统建模与仿真[M]. 北京:电子工业出版社,2007.
[28] 陈树新. 通信系统建模与仿真教程[M]. 北京:电子工业出版社,2017.
[29] TRAVIS J. LabVIEW 大学实用教程[M]. 乔瑞萍,等译. 北京:电子工业出版社,2016.